셀프트래블

베트남

상상출판

셀프트래블
베트남

개정 4판 1쇄 | 2024년 11월 13일

글과 사진 | 정승원

발행인 | 유철상
편집 | 김수현, 김정민
디자인 | 주인지, 노세희
마케팅 | 조종삼, 김소희
콘텐츠 | 강한나

펴낸 곳 | 상상출판
주소 | 서울특별시 성동구 뚝섬로17가길 48, 성수에이원센터 1205호(성수동 2가)
구입 · 내용 문의 | **전화** 02-963-9891(편집), 070-7727-6853(마케팅)
팩스 02-963-9892 | **이메일** sangsang9892@gmail.com
등록 | 2009년 9월 22일(제305-2010-02호)
찍은 곳 | 다라니
종이 | ㈜월드페이퍼

※ 가격은 뒤표지에 있습니다.

ISBN 979-11-6782-211-6(14980)
ISBN 979-11-86517-10-9(set)

www.esangsang.co.kr

셀프트래블

베트남

Vietnam

정승원 지음

상상출판

미얀마
Myanmar

네피도
Naypyidaw

라오스
Laos

비엔티안
Vientiane

양곤
Yangon

태국
Thailand

방콕
Bangkok

N

베트남 전도

❹ 정보 업데이트

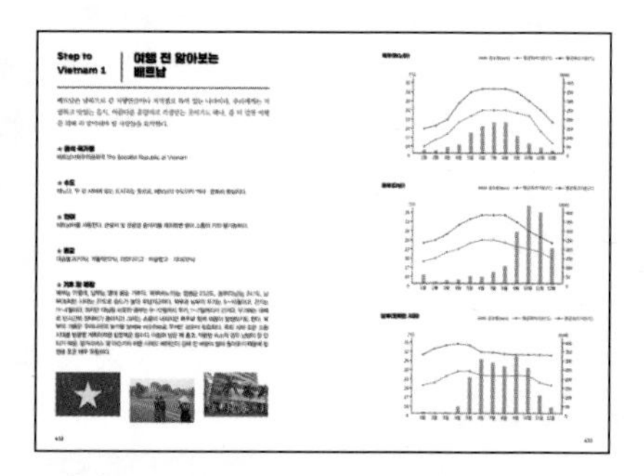

이 책에 실린 모든 정보는 2024년 11월까지 취재한 내용을 기준으로 하고 있습니다. 현지 사정에 따라 요금과 운영시간 등이 변동될 수 있으니 여행 전 한 번 더 확인하시길 바랍니다. 잘못되거나 바뀐 정보는 개정판에서 업데이트하겠습니다.

❺ 구글맵 GPS 활용법

이 책에 소개된 모든 관광명소와 식당, 숍, 숙소에는 구글 맵스의 GPS 좌표를 표시해두었습니다. 스마트폰 앱 구글맵Google Maps 혹은 www.google.co.kr/maps로 접속해 검색창에 GPS 좌표를 입력하면 빠르게 위치를 체크할 수 있습니다. '길찾기' 버튼을 터치하면 현재 위치에서 목적지까지의 경로도 확인 가능합니다.

❻ 지도 활용법

이 책의 지도에는 아래와 같은 부호를 사용하고 있습니다.

주요 아이콘

- 관광지, 스폿

Ⓡ 레스토랑, 카페 등 식사할 수 있는 곳

Ⓢ 쇼핑몰, 시장 등 쇼핑 장소

Ⓗ 호텔, 리조트 등 숙소

Ⓜ 마사지, 스파숍 등의 시설

Ⓐ 캐니어닝, 쿠킹 클래스 등 액티비티 관련 장소

Ⓝ 클럽, 바 등 나이트라이프를 즐기기 좋은 곳

Self Travel Vietnam
일러두기

❶ 주요 지역 소개

『베트남 셀프트래블』은 베트남의 북부 지역(하노이, 하이퐁, 하롱베이, 닌빈, 깟바섬, 사파, 퐁냐케방), 중부 지역(후에, 다낭, 호이안), 남부 지역(나트랑, 달랏, 무이네, 호찌민 시티), 푸꾸옥을 다룹니다.

❷ 알차디알찬 여행 핵심 정보

Mission

베트남에서 놓치면 100% 후회할 볼거리, 먹거리, 살 거리 등 재미난 정보를 테마별로 보여줍니다. 필요한 것만 쏙쏙~ 골라 여행을 계획하세요.

Enjoy

지역별 추천 일정은 물론 지역별 주요 스폿을 상세하게 소개합니다. 주소, 가는 법, 홈페이지 등 상세 정보와 함께 알아두면 좋은 Tip도 수록했습니다.

Step

베트남으로 떠나기 전 꼭 필요한 여행 정보를 모았습니다. 베트남 일반 정보, 출입국 수속, 여행 준비 A to Z, 알아두면 유용한 베트남어 회화 및 기본 영어 회화까지 실어 초보 여행자도 쉽게 여행할 수 있도록 했습니다.

❸ 원어 표기

최대한 외래어 표기법을 기준으로 표기했으나 관광명소와 업소의 경우 현지에서 사용 중인 한국어 안내와 여행자들에게 익숙한 이름을 택했습니다. 주소나 이름을 인터넷으로 검색할 때는 알파벳을 입력하면 대부분 쉽게 찾을 수 있습니다.

Enjoy Vietnam

베트남을 즐기는 가장 완벽한 방법

Contents
목차

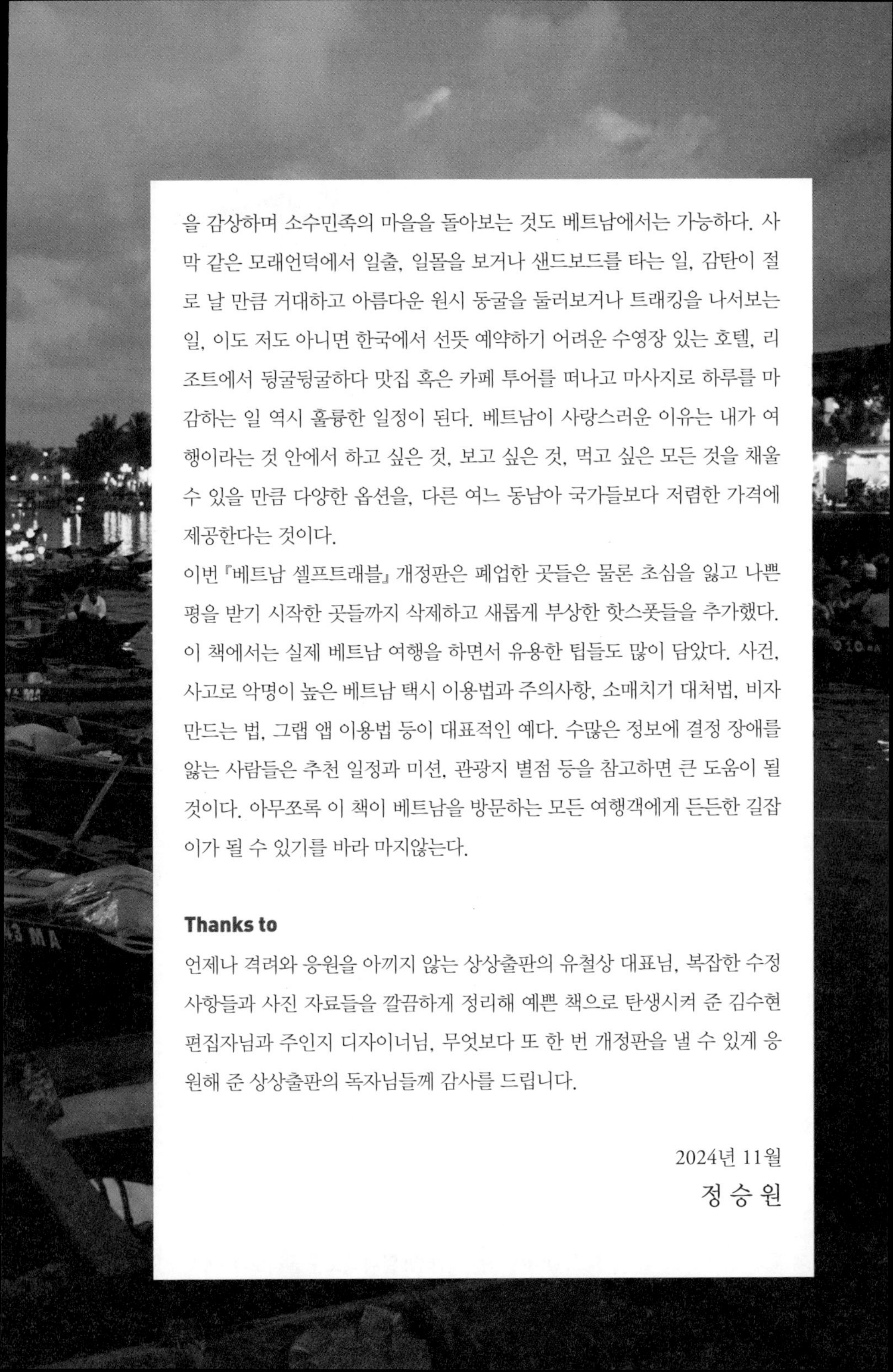

을 감상하며 소수민족의 마을을 돌아보는 것도 베트남에서는 가능하다. 사막 같은 모래언덕에서 일출, 일몰을 보거나 샌드보드를 타는 일, 감탄이 절로 날 만큼 거대하고 아름다운 원시 동굴을 둘러보거나 트래킹을 나서보는 일, 이도 저도 아니면 한국에서 선뜻 예약하기 어려운 수영장 있는 호텔, 리조트에서 뒹굴뒹굴하다 맛집 혹은 카페 투어를 떠나고 마사지로 하루를 마감하는 일 역시 훌륭한 일정이 된다. 베트남이 사랑스러운 이유는 내가 여행이라는 것 안에서 하고 싶은 것, 보고 싶은 것, 먹고 싶은 모든 것을 채울 수 있을 만큼 다양한 옵션을, 다른 여느 동남아 국가들보다 저렴한 가격에 제공한다는 것이다.

이번 『베트남 셀프트래블』 개정판은 폐업한 곳들은 물론 초심을 잃고 나쁜 평을 받기 시작한 곳들까지 삭제하고 새롭게 부상한 핫스폿들을 추가했다. 이 책에서는 실제 베트남 여행을 하면서 유용한 팁들도 많이 담았다. 사건, 사고로 악명이 높은 베트남 택시 이용법과 주의사항, 소매치기 대처법, 비자 만드는 법, 그랩 앱 이용법 등이 대표적인 예다. 수많은 정보에 결정 장애를 앓는 사람들은 추천 일정과 미션, 관광지 별점 등을 참고하면 큰 도움이 될 것이다. 아무쪼록 이 책이 베트남을 방문하는 모든 여행객에게 든든한 길잡이가 될 수 있기를 바라 마지않는다.

Thanks to

언제나 격려와 응원을 아끼지 않는 상상출판의 유철상 대표님, 복잡한 수정사항들과 사진 자료들을 깔끔하게 정리해 예쁜 책으로 탄생시켜 준 김수현 편집자님과 주인지 디자이너님, 무엇보다 또 한 번 개정판을 낼 수 있게 응원해 준 상상출판의 독자님들께 감사를 드립니다.

2024년 11월

정 승 원

Prologue

나의 직업은 국외여행인솔자다. 이 일을 하면서 가장 많이 듣는 질문은 "다녀온 나라 중 가장 좋았던 곳은 어디예요?"다. 어디를 가든 다 그 나라만의 장점이 있는 터라, "다 좋죠"라고 말하면 다들 실망을 한다. 뭔가 특별한 정보, 즉 다음 여행지로 고려해 볼 만한 곳을 알고 싶었기 때문이다. 이때를 놓치지 않고 항상 덧붙이는 말. "그런데 베트남 자주 가요. 1년에 두세 번? 그 중 한 번은 꼭 한 달씩 머물고요."

이때 베트남을 이미 여행한 사람과 아닌 사람의 비율은 반반쯤 되는데, 예전에는 다녀온 곳이 하노이나 호찌민이 많았다면, 요즘은 영락없이 다낭이다. 그리고 다녀온 사람이나 아닌 사람이나 베트남에 흥미를 갖는 사람은 "나트랑이나 푸꾸옥 가보고 싶은데 어때요?"라고 묻는다.

베트남 관광청의 발표를 보면, 2023년 베트남을 방문한 외국인 여행객 1위는 한국 360만 명, 2위 중국 170만 명, 3위 대만 85만 명이다. 한국인들이 많이 방문하는 나라 2~3위는 베트남과 태국이 엎치락뒤치락하는 상황이며, 여행 온라인 플랫폼인 마일리얼트립의 상품 검색량 1위에 나트랑, 6위에 푸꾸옥이 올라가 있다.

내가 베트남을 처음 만난 것은 이제 20년쯤 된 것 같다. 프랑스에서 유학을 했던 나는 저렴한 항공편 중 하나인 베트남항공을 자주 이용하게 됐는데, 그때마다 스톱오버를 신청해 구석구석 베트남 여행을 다녔다. 한식 없이는 못 사는 내 입맛에도 쌀국수나 스프링롤, 반쎄오, 분짜, 반미 같은 음식들은 거부감 없이 잘 맞았고, 배불리 먹어도 우리 돈 5천 원을 넘기지 않았던 착한 가격은 나를 열심히 베트남에 드나들게 만든 큰 동력이었다. 크고 웅장한 건축물이나 예술적 문화유산 등은 상대적으로 부족한 편이지만, 카르스트 지형의 산과 바다, 강, 동굴 같은 자연적 아름다움은 어디에 내놔도 손색이 없었다. 가성비가 좋은 숙소들과 마사지숍, 쇼핑도 매력적이기는 마찬가지였으니, 왜들 베트남으로 가는지 충분히 이해가 된다.

화이트 비치의 야자수 아래에서 오수를 즐기는 것도, 우리네 경주 같은 고도를 여행하며 왕궁과 황릉을 방문해 보는 것도, 혹은 라이스테라스의 장관

TAM TAM Café

Bếp 1919

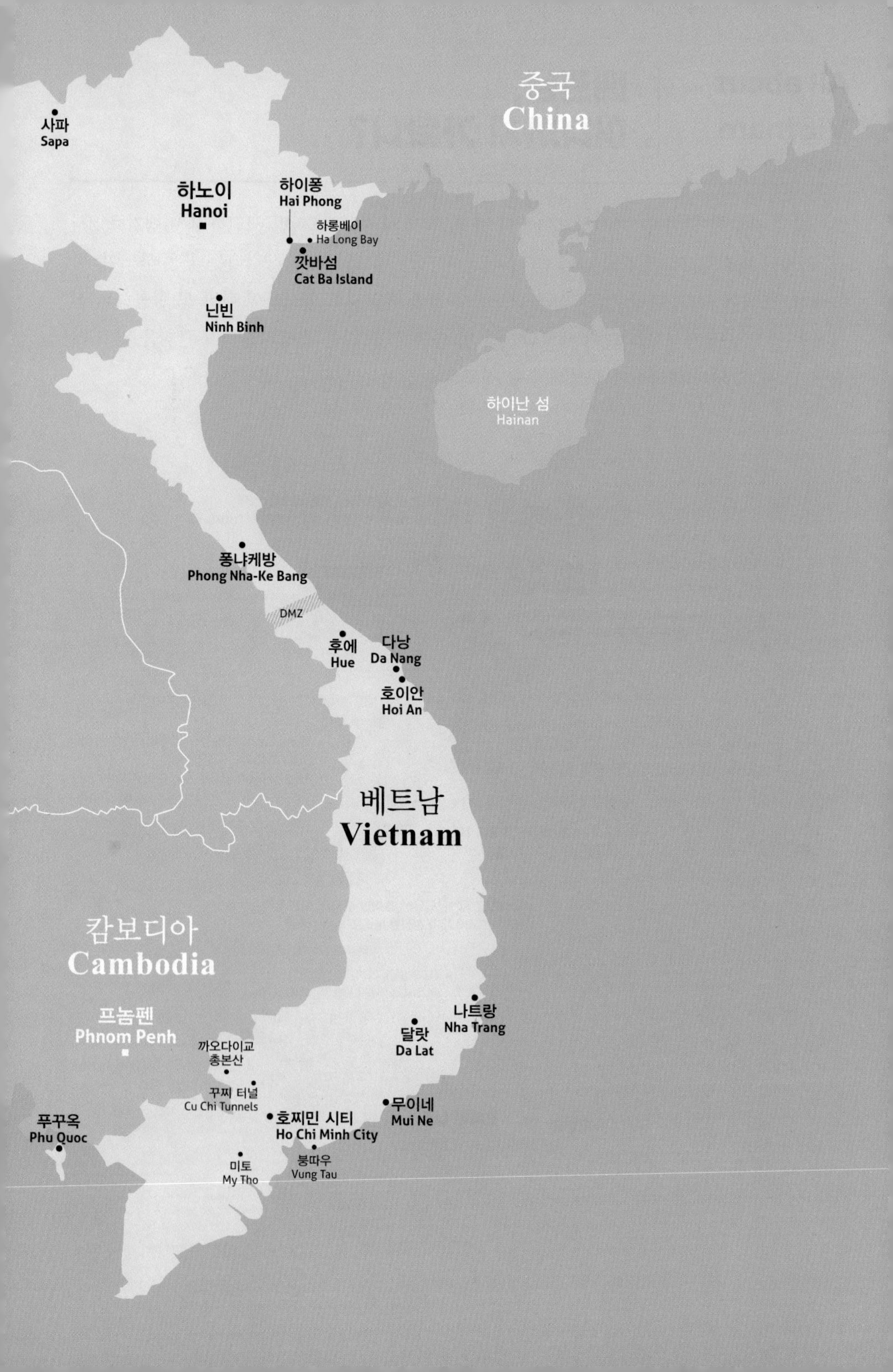

중국
China
사파
Sapa
하노이
Hanoi
하이퐁
Hai Phong
하롱베이
Ha Long Bay
깟바섬
Cat Ba Island
닌빈
Ninh Binh
하이난 섬
Hainan
퐁냐케방
Phong Nha-Ke Bang
DMZ
후에
Hue
다낭
Da Nang
호이안
Hoi An
베트남
Vietnam
캄보디아
Cambodia
프놈펜
Phnom Penh
나트랑
Nha Trang
달랏
Da Lat
까오다이교
총본산
꾸찌 터널
Cu Chi Tunnels
무이네
Mui Ne
호찌민 시티
Ho Chi Minh City
푸꾸옥
Phu Quoc
미토
My Tho
붕따우
Vung Tau

All about Vietnam

베트남, 어디까지 가봤니?

베트남은 북부에 위치한 수도 하노이에서 경제, 문화의 수도 호찌민 시티까지 비행기로 2시간, 기차나 버스로 2일이 걸릴 만큼 큰 나라다. 하지만 '베트남' 하면 생각나는 곳은 하노이, 하롱베이, 호찌민 시티, 다낭 정도. 최근 나트랑도 가족 휴양지로 입소문이 나고 모 항공사의 적극적인 광고 공세가 시작되면서 베트남 전역의 숨은 진주 같은 관광지들까지 관심을 받기 시작했다. 자, 그렇다면 당신이 주목해야 할 베트남 관광지는 어디가 있을까?

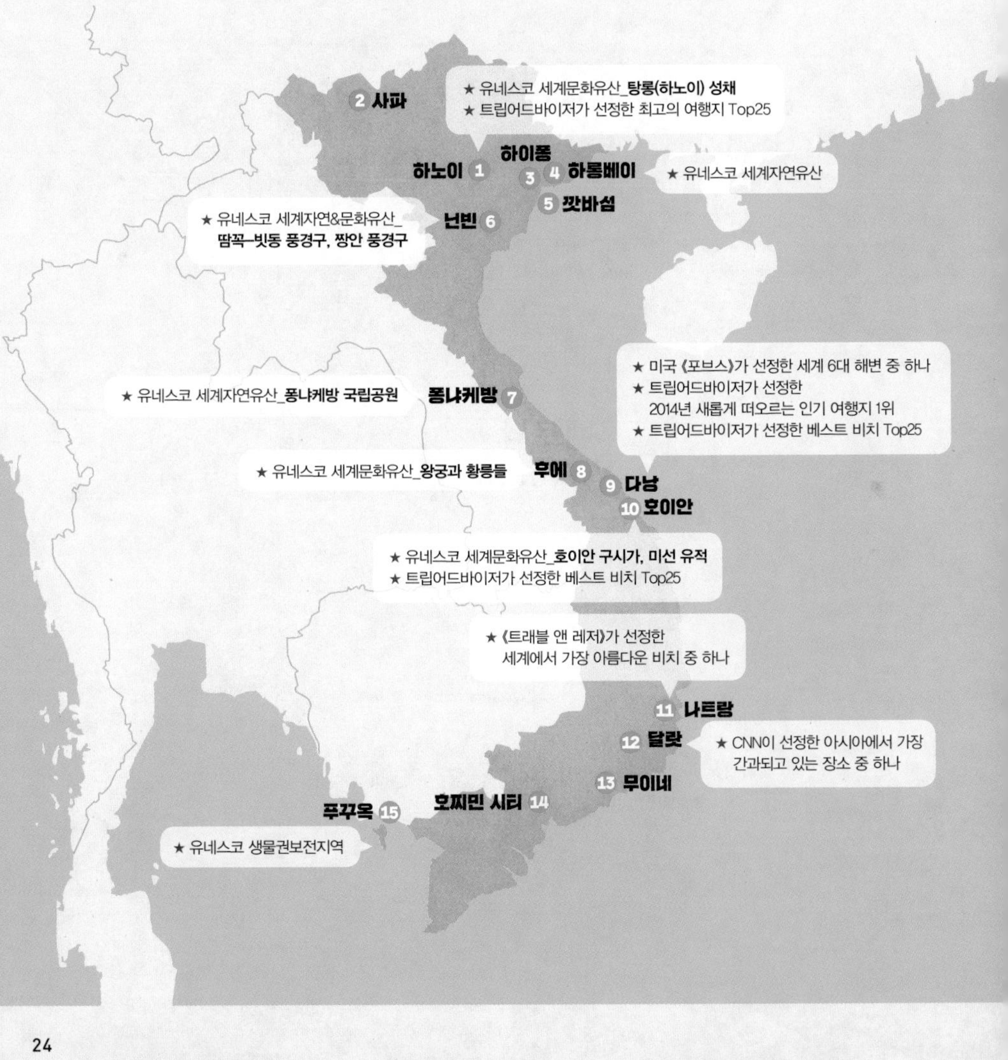

1 하노이
★ 유네스코 세계문화유산_**탕롱(하노이) 성채**
★ 트립어드바이저가 선정한 최고의 여행지 Top25

2 사파

3 하이퐁

4 하롱베이
★ 유네스코 세계자연유산

5 깟바섬

6 닌빈
★ 유네스코 세계자연&문화유산_**땀꼭-빗동 풍경구, 짱안 풍경구**

7 퐁냐케방
★ 유네스코 세계자연유산_**퐁냐케방 국립공원**

8 후에
★ 유네스코 세계문화유산_**왕궁과 황릉들**

9 다낭
★ 미국 《포브스》가 선정한 세계 6대 해변 중 하나
★ 트립어드바이저가 선정한 2014년 새롭게 떠오르는 인기 여행지 1위
★ 트립어드바이저가 선정한 베스트 비치 Top25

10 호이안
★ 유네스코 세계문화유산_**호이안 구시가, 미선 유적**
★ 트립어드바이저가 선정한 베스트 비치 Top25

11 나트랑
★ 《트래블 앤 레저》가 선정한 세계에서 가장 아름다운 비치 중 하나

12 달랏
★ CNN이 선정한 아시아에서 가장 간과되고 있는 장소 중 하나

13 무이네

14 호찌민 시티

15 푸꾸옥
★ 유네스코 생물권보전지역

1 하노이 Hanoi (p.64)
역사와 문화의 관광 1번지

베트남의 수도. 생전 모습 그대로 방부 처리된 베트남의 국가 영웅 호찌민을 볼 수 있는 곳. 베트남의 역사가 살아 있는 관광지와 베트남 최고의 박물관이 모두 모여 있다. 최고급 실크 제품부터 소소한 수공예 기념품까지 저렴한 가격과 뛰어난 디자인에 쇼핑마저 즐거운 곳.

2 사파 Sapa (p.110)
푸른 자연 속에서 트레킹을 즐긴다

베트남 북단에 위치한 고산지대 소수민족 거주지. 숲과 계곡, 계단식 논을 지나 소수민족 마을까지 하이킹을 떠난다. 복잡한 도심을 떠나 푸른 자연의 아름다움이 가득한 곳.

3 하이퐁 Hải Phòng (p.128)
하롱베이의 관문

베트남에서 3번째로 큰 도시로, 베트남의 국제공항 중 한국에서 가장 가깝다. 하롱베이와 깟바섬을 오갈 때 방문한다.

4 하롱베이 Ha Long Bay (p.140)
기암괴석 아름다운 바다 위의 크루즈 여행

1,969개의 크고 작은 섬들이 신비하고 아름다운 광경을 선사하는 곳. CF에 등장한 이래 베트남에서 한국인이 가장 많이 찾는 관광지가 되었다. 저렴한 가격에 1박 2일 크루즈를 즐길 수 있다는 점에서도 큰 인기를 끌고 있다.

5 깟바섬 Cat Ba Island (p.158)
하롱베이의 업그레이드 버전!

깟바섬은 하롱베이의 절경을 고스란히 간직하고 있으면서도 덜 북적이고 여행객을 위한 편의시설을 잘 갖추고 있는 휴양지다. 호핑 투어를 통해 에메랄드빛 바다를 만날 수 있다는 점 역시 독보적인 장점이다. 육지의 하롱베이로 불리는 깟바 국립공원은 산과 트레킹을 좋아하는 사람들에게 또 다른 매력을 선사한다.

6 닌빈 Ninh Binh (p.170)
육지의 하롱베이에서 강 따라 뱃놀이를!

육지의 하롱베이라 불리는 곳. 배를 타고 기암괴석과 동굴들을 지나며 뱃놀이를 즐긴다.

7 퐁냐케방 Phong Nha-Ke Bang (p.186)
'지상의 파라다이스'라 불리는 동굴의 세계

유네스코 세계자연유산에 등재돼 있는 퐁냐케방 국립공원은 300개의 석회 동굴과 석회암 산지를 보유한 세계에서 2번째로 큰 카르스트 지형이다. 태곳적 신비와 원시미, 자연의 위대함이 감탄을 자아내는 곳. 액티비티를 즐기는 사람이라면 다크 케이브 탐험을 놓치지 말자.

8 후에 Hue (p.198)
세계문화유산의 고대 도시

베트남 마지막 왕조의 수도로 우리나라 경주에 비견될 만한 도시다. 황실 요리로도 유명하다. 베트남 전쟁의 상흔을 돌아볼 수 있는 DMZ 투어의 출발점이다.

9 다낭 Da Nang (p.228)
비치에서 보내는 완벽한 휴가

최근 필리핀과 태국을 벗어나 새로운 동남아 휴양지를 찾는 한국인 가족 여행객들에게 가장 핫한 여행지로 급부상하고 있으며 장장 30km 길이의 해변을 따라 고급 리조트들이 늘어서 있다. 바나힐, 응우한선(오행산), 린응사 등 다양한 볼거리도 있다. 휴식 공간과 볼거리, 둘 다 갖춘 매력적인 관광지다.

10 호이안 Hoi An (p.260)
노란빛의 찬란한 구시가

전 세계 문화가 한데 혼합된 19세기 가옥들이 보존돼 있는 곳. 역사와 문화, 예술, 먹거리, 쇼핑 등 모든 면에서 손색이 없다.

11 나트랑 Nha Trang (p.286)
동양의 나폴리라 불리는 곳

최고급 리조트들을 비롯해 해안 휴양지가 일찍부터 개발된 곳. 비치를 따라 수많은 레스토랑과 바, 클럽들이 들어서 있어 좀 더 활기차고 들뜬 분위기다. 유쾌한 20달러짜리 호핑 투어로도 명성이 자자하다.

12 달랏 Da Lat (p.312)
산과 계곡, 호수가 있는 꽃의 도시

베트남 국내 신혼여행지로 인기 있는 곳. 선선한 기후와 아름다운 자연이 눈과 마음을 즐겁게 한다. 캐니어닝 같은 액티비티도 즐길 수 있다.

13 무이네 Mui Ne (p.340)
사막과 리틀 그랜드 캐니언을 갖추다

리틀 그랜드 캐니언과 사막의 분위기를 전해주는 모래언덕은 베트남에서 가장 인상적인 관광지 중 하나일지도 모른다.

14 호찌민 시티 Ho Chi Minh City (p.354)
문화와 쇼핑을 즐긴다

프랑스식 건물과 파인 다이닝, 쇼핑몰이 즐비하다. 그 외 꾸찌 터널, 메콩강 유역 원주민들의 삶 속으로 들어가 보는 메콩강 투어는 호찌민 시티 여행의 백미다.

15 푸꾸옥 Phu Quoc (p.400)
베트남 휴양지의 신흥 강자

세계적인 여행 전문지 《콘데 나스트 트래블러》가 아시아 인기 휴양섬 6위에 선정한 "베트남의 진주섬"이다. 맑고 푸른 바다, 고운 백사장, 저렴한 고급 리조트들 등 휴양지의 모든 조건을 잘 갖췄다.

Pick!
Vietnam

나에게 딱 맞는 여행 지역은 어디?

베트남의 면적은 남북한을 합친 것의 3배 정도다. 남북 분단의 역사를 간직한 만큼, 각 지역마다 자연환경이 다르고 생활 문화 역시 큰 차이를 보인다. 여기저기 좋다는 곳은 많은데 도대체 어디로 가야 할지 몰라 고민이라면 여기를 주목해 보자.

관심 분야별

인생에 한 번쯤은 **크루즈 여행**을
↓
하롱베이(p.140)

라이스테라스가 펼쳐진 산의 장관을 즐기자
↓
사파(p.110)

멋진 해변에 누워 예쁜 바다를 보고 싶어(feat. **머드 온천**)
↓
나트랑(p.286) **푸꾸옥**(p.400)

고즈넉한 경주처럼 **명승고적**이 많은 곳이 좋아
↓
후에(p.198)

워터파크나 **테마파크**를 1년에 한 번 이상 꼭 간다
↓
하롱베이(p.140) **다낭**(p.228) **호이안**(p.260) **나트랑**(p.286) **푸꾸옥**(p.400)

맛집 탐방과 **쇼핑**, **마사지**면 OK
↓
하노이(p.64) **호찌민 시티**(p.354)

베트남 전통마을과 **프랑스 마을**이 한곳에
↓
다낭(p.228) **호이안**(p.260)

사막 같은 모래언덕에서 일출과 일몰을!
↓
무이네(p.340)

카야킹, 동굴탐험 같은 **액티비티**를 즐기고 싶다
↓
퐁냐케방(p.186) **달랏**(p.312)

어린 자녀, 연세 드신 부모님과 함께해요
↓
하롱베이(p.140) **다낭**(p.228) **나트랑**(p.286) **푸꾸옥**(p.400)

카르스트 지형의 자연미에 빠져 봅시다~
↓
닌빈(p.170) **깟바섬**(p.158) **퐁냐케방**(p.186)

산과 **호수**가 어우러지는 춘천 같은 곳이 좋더라 (feat. 커피)
↓
달랏(p.312)

여행지 선호도별

바다 자연파
↓
하롱베이(p.140) **깟바섬**(p.158)
무이네(p.340) **푸꾸옥**(p.400)

산 자연파
↓
닌빈(p.170) **사파**(p.110)
퐁냐케방(p.186) **달랏**(p.312)

도시파
↓
하노이(p.64)
호찌민 시티(p.354)

리조트파
↓
다낭(p.228) **호이안**(p.260) **나트랑**(p.286) **푸꾸옥**(p.400)

역사 문화 유적파
↓
후에(p.198) **호이안**(p.260)

여전히 결정이 어려워요! 도와줘요~

Q1. 하노이와 호찌민 시티, 둘 중 어디로 가야 할까요?

A1. 하노이는 베트남의 수도이자 북베트남(사회주의)의 수도였다. 호찌민 시티는 프랑스 식민시절 수도 역할을 담당했다. 하노이가 베트남의 전통적 색채를 더 잘 간직한 반면, 호찌민 시티는 서구식 문화를 잘 융합해 놓았다. 둘 중 하나를 선택하는 기준은 그 도시 자체보다 '어디를 다녀올 수 있느냐'다. 호찌민 시티는 무이네와 달랏, 하노이는 하롱베이나 닌빈, 사파 때문에 간다.

Q2. 하롱베이와 깟바섬 중 어디가 더 좋을까요?

A2. 하롱베이에는 고급 리조트와 호텔, 대형 테마파크가 있어 관광하기 편리하다. 깟바섬은 자연미가 돋보이지만 하롱베이보다 개발이 덜 되어 불편한 편이다. 하롱베이는 현지인과 한국인 (패키지) 관광객들이 많다. 깟바섬은 서양 배낭여행객들이 많고, 그곳에서 방문하는 하롱베이 남단의 란하베이는 훨씬 호젓하고 물도 더 맑아 물빛도 옥색을 띤다. 숙소 컨디션이 중요하고 테마파크를 좋아한다면 하롱베이로, 자연미를 선호하고 조용한 곳을 좋아한다면 깟바섬으로 가자.

Q3. 하롱베이 1일 투어와 닌빈 1일 투어, 어디를 선택할까요?

A3. 하롱베이 1일 투어는 왕복 5~6시간 가까이 버스를 타야 하고 투어는 3~4시간 정도면 끝난다. 닌빈은 왕복 4시간 정도 소요되며, 강을 따라 배를 타고 하롱베이와 같은 절경을 즐길 수 있다. 그 외 베트남 최대 사원이나 옛 수도 등을 방문하기도 한다. 2곳 모두 아름답지만, 피치 못해 1곳만 골라야 한다면 접근성이 좋은 닌빈 쪽에 살짝 손을 들어주고 싶다. 대신 하롱베이는 넉넉히 시간을 두고 다음 기회에 다녀오는 것으로!

Q4. 시간이 없는데 무이네가 좋을까요, 달랏이 좋을까요?

A4. 호찌민 시티로 들어가는 여행객들의 고민 중 하나다. 무이네는 바닷가고 달랏은 호수가 있는 산악지대다. 무이네는 사막을 연상시키는 모래언덕을 보고 저렴한 해산물을 즐기러 간다. 달랏은 선선한 날씨에 맑고 깨끗한 공기, 꽃과 정원, 산과 폭포 등을 둘러볼 수 있으며, 캐니어닝이 유명하다. 워낙 극명한 차이가 있기 때문에 선호도에 따라 선택하면 된다. 단, 무이네는 호찌민 시티에서, 달랏은 나트랑에서 가깝다.

Vietnam
Q&A

베트남 여행 전 가장 많이 하는 질문 5가지

'베트남 여행 한번 가볼까?' 하고 생각하는 사람들이 가장 궁금해하는 질문들은 하루에도 수십 건씩 인터넷에 올라온다. 네이버와 베트남 여행 카페의 질문들을 종합해 처음 베트남 여행을 계획하는 사람들에게 도움이 될 만한 사항 5가지를 뽑았다.

Q1. 베트남 언제 가야 좋아요?

A1.

우기 때 종일 비가 내리는 것은 아니지만 건기 때가 더 쾌적한 것은 사실이다. 북부(하노이 일대)와 남부(호찌민 시티 일대)는 10월부터 5월까지, 중부(다낭)는 2월부터 6월까지가 날씨가 좋은 편이다(근래에는 이상 기후로 날씨는 그날 가봐야 안다는 말이 많다). 한여름은 어디든 고온에 후텁지근하지만 스콜이 자주 내려 견딜 만하다. 북부는 11월부터 차츰 기온이 떨어져 아침저녁으로 긴 옷이 필요하다.
비가 내리는 날이나 사파, 달랏 같은 고지대에서는 경량 패딩을 챙기자. 겨울철 중남부 역시 비가 내리면 체감온도가 떨어져 수영은 불가능하다.

Q2. 여행 비용은 얼마나 잡으면 될까요?

A2.

가장 큰 비중을 차지하는 것은 항공료와 호텔 요금이다. 항공료는 25만 원에서 50만 원까지. 호텔(리조트)은 1박에 최저 5만 원에서 30만 원 이상으로 그 폭이 넓다. 식사는 1인 기준 로컬식당 5천 원, 중급 레스토랑은 1만 원 이상 예상하면 된다(해산물은 훨씬 비싸다).
기타 교통비, 간식, 잡비 등은 1일 1만 원 정도로 잡는다. 여기에 관광지의 입장료(바나힐, 하롱파크 등은 5만 원 정도로 비싸고 박물관은 몇천 원 정도로 저렴한 편)와 투어 비용(하롱베이 1일 투어, 땀꼭/짱안 1일 투어 등), 공항택시나 장거리 교통비(사파나 하롱베이 등을 투어로 가지 않고 개별적으로 이동한다고 할 때), 마사지(팁 포함 1만 5천 원에서 5만 원 이상까지), 쇼핑 비용 등을 일정에 따라 추가하면 된다.

Q.3. 환전은 어떻게 하나요?

A3.

한국에서 베트남 동으로 환전해 주는 곳은 매우 제한돼 있고 환율도 좋지 않다. 우선 달러로 환전한 후(50, 100달러의 고액권이 환율이 더 좋다), 현지 환전소(주로 재래시장 근처에 있는 금은방)나 은행 등에서 베트남 동으로 재환전한다. 호찌민 시티나 하노이 공항은 공항 내 환전소와 시내 간 환율차가 크지 않기 때문에 큰돈이 아니라면 공항 환전소를 이용해도 큰 손해는 없다. 수수료가 있는지 확인하고 환전 시 그 자리에서 금액 확인은 필수다. 자세한 사항은 각 지역별 환전 정보 참고.

Q.4. 비자를 받아야 하나요?

A4.

45일 내 관광을 목적으로 방문할 때는 비자가 필요 없다. 하지만 그 이상 여행할 경우에는 반드시 비자가 필요하다. 비자는 도착비자(팬데믹 이후 잠정 중단)와 전자비자 2가지가 있으며, 발급 방법에 관해서는 p.448을 참고한다. 참고로 여권은 6개월 이상 유효기간이 남아 있어야 하며, 낙서나 스티커 부착 등으로 훼손된 경우 재발급을 받아야 한다.

Q.5. 치안이나 위생 등에서 주의할 점이 있나요?

A5.

베트남은 범죄율이 낮은 편이지만, 밤늦은 시간 여행자 혼자 돌아다니는 것은 어디서나 위험하다. 베트남에서 가장 빈번한 사건 사고는 택시 사기와 오토바이 소매치기다. 마이린 같은 믿을 만한 택시를 탈 것을 추천하며 구글맵을 이용해 먼 길로 돌아가는지 체크하고 운전사에게 고액의 지폐나 지갑을 주고 알아서 가져가라는 행동을 하지 않는 것이 중요하다. 안전한 택시 이용법은 p.440을 참고한다. 오토바이 소매치기는 호찌민 시티와 하노이, 나트랑에서 주로 발생하는데, 이 지역을 여행할 계획이라면 특히 조심하자.

베트남은 대체로 위생 면에서 많이 떨어진다. 특히 유명한 맛집은 로컬식당이 많고 위생적이지 못한 곳이 대부분이다. 맛과 위생 둘 중 하나를 적당히 포기하면 여행이 훨씬 즐거워진다. 단, 수돗물은 절대 먹지 말자. 여행 전 예방접종이 필수는 아니다. 오지로 들어가지 않는 이상 말라리아는 흔치 않고 생수만 잘 챙겨 먹는다면 장티푸스도 큰 문제가 안 된다.

Try Vietnam | 베트남 추천 일정

한국과 베트남 간 직항편이 운행되는 도시는 북부의 하노이와 하이퐁, 중부의 다낭, 남부의 나트랑, 호찌민 시티로 나뉘어 있다. 따라서 이 5곳을 중심으로 4박 5일 단기 일정과 7박 8일 장기 일정을 각각 소개해 본다. 또한 26일간의 베트남 종주 일정도 살펴본다.

※ 모든 일정은 첫날 오후 현지에 도착해서 본격적인 일정은 2일째부터 시작되며, 마지막 날 늦은 밤 출국하는 것이 기준임.

하노이로 들어갈 경우

1 | 4박 5일 일정

4박 5일 일정은 2일간의 하노이 관광과 하롱베이 1일 투어, 땀꼭 혹은 짱안 1일 투어로 구성된다. 하롱베이와 땀꼭/짱안은 바다와 강이라는 차이가 있고 둘 다 카르스트 지형의 거대 바위 절벽을 감상한다는 면에서 비슷한 감이 없지 않다. 과감하게 땀꼭/짱안을 생략하고 1박 2일 하롱베이 크루즈를 다녀오는 것도 좋다. 혹은 하노이 투어를 1일로 줄이고 땀꼭 혹은 짱안 중 1곳을 돌고, 하롱베이 크루즈를 다녀오는 것도 한 방법이다.

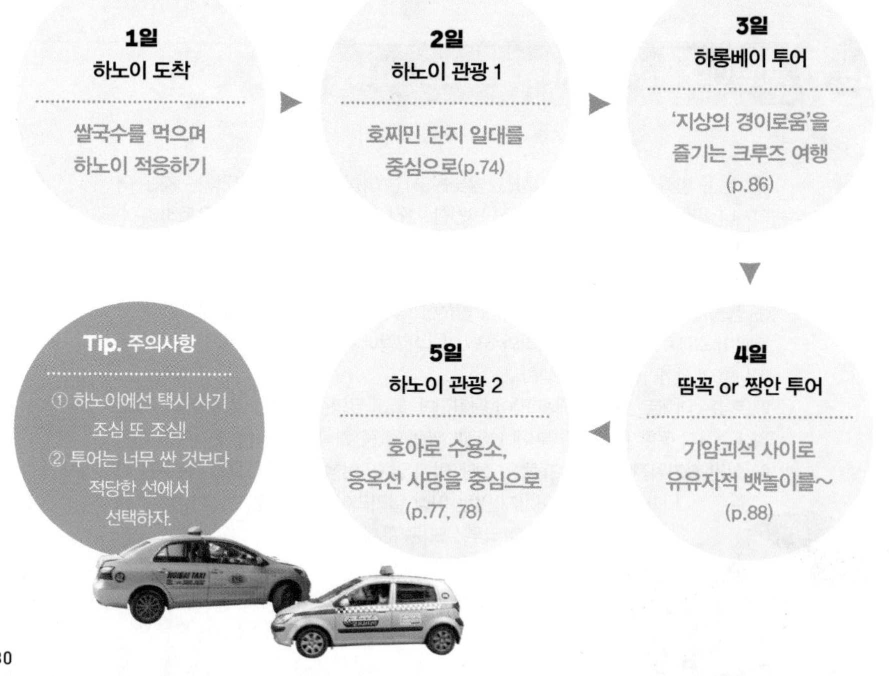

1일
하노이 도착
쌀국수를 먹으며 하노이 적응하기
2일
하노이 관광 1
호찌민 단지 일대를 중심으로(p.74)
3일
하롱베이 투어
'지상의 경이로움'을 즐기는 크루즈 여행 (p.86)
4일
땀꼭 or 짱안 투어
기암괴석 사이로 유유자적 뱃놀이를~ (p.88)
5일
하노이 관광 2
호아로 수용소, 응옥선 사당을 중심으로 (p.77, 78)
Tip. 주의사항
① 하노이에선 택시 사기 조심 또 조심!
② 투어는 너무 싼 것보다 적당한 선에서 선택하자.

2 | 7박 8일 일정

4박 5일 일정에 사파 여행을 더했다. 고산지대 소수민족의 삶을 돌아보는 트레킹, 바다에서의 휴식, 강에서의 여유로운 뱃놀이, 도시 문화와 쇼핑, 맛집 순례 등 여행에서 즐길 수 있는 모든 것이 포함돼 있다.

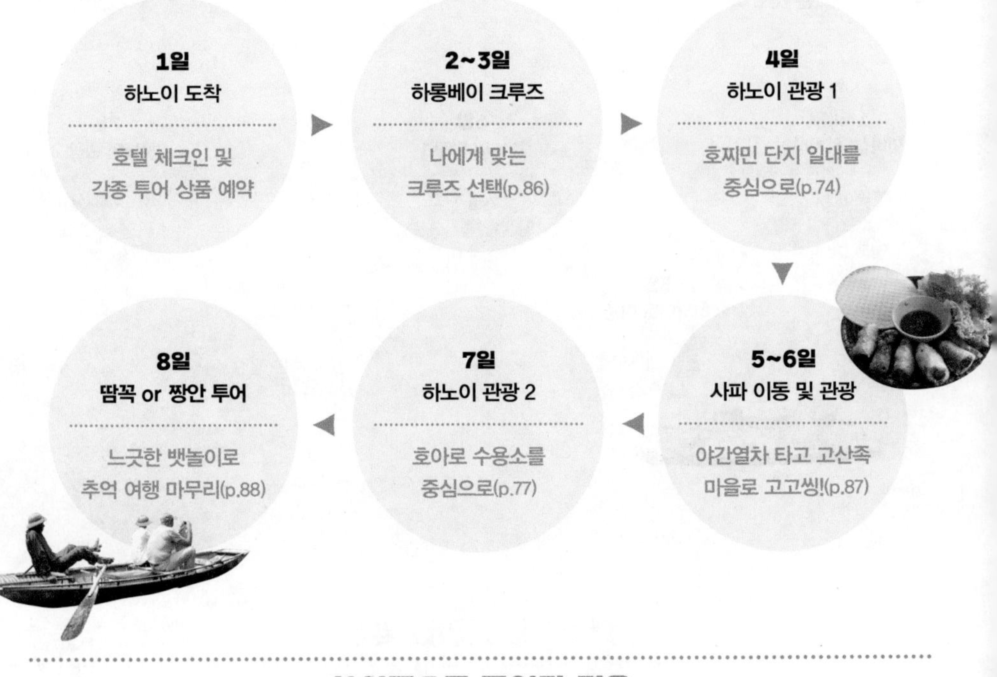

하이퐁으로 들어갈 경우

1 | 4박 5일 일정

3박 4일 일정이라면 깟바섬 혹은 하롱베이 중 1곳을 선택해 온전하게 시간을 보내면 된다. 1일째 공항에서 숙소 이동 및 휴식, 2일째 하롱베이 투어, 3일째는 깟바섬의 경우 캐논 포트 및 비치에서 휴식, 하롱베이의 경우 하롱 파크 즐기기, 4일째 하이퐁을 거쳐 공항으로 가면 된다. 4박 5일 일정이라면, 아래 일정을 참고하자.

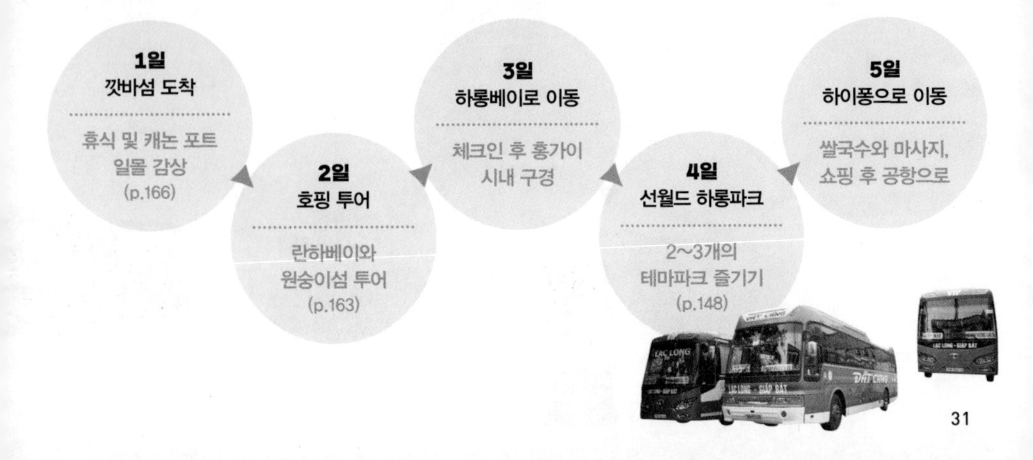

2 | 7박 8일 일정

하이퐁으로 입국해 하노이에서 출국하는 일정이다(그 반대도 가능). 이를 위해서는 앞서 소개한 4박 5일 일정 중 4박을 그대로 진행하고 5일째 하노이로 이동해 6일째 하노이 관광, 7일째 닌빈(땀꼭 혹은 짱안) 투어, 8일째 하노이 관광 및 쇼핑 후 공항으로 가면 된다. 하노이 관광을 하루로 줄이고, 닌빈을 2일로 늘리거나 사파 1박 2일 투어를 다녀오는 것도 좋다.

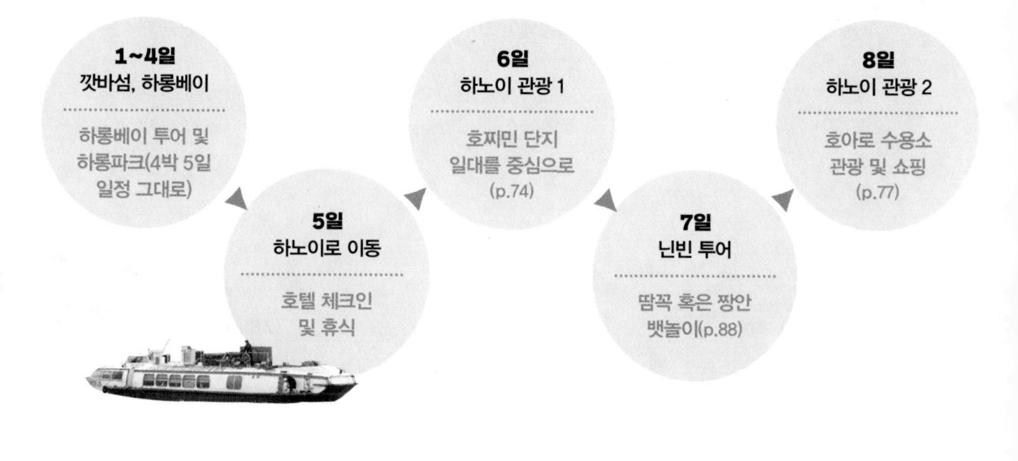

다낭으로 들어갈 경우

1 | 4박 5일 일정

다음 소개된 일정은 관광을 중심으로 후에, 호이안, 다낭 3곳을 모두 둘러보려는 사람들을 위한 것이다. 아이가 있거나 휴양만을 목적으로 한 여행이라면 리조트에 초점을 두고 후에나 미선 유적은 과감히 생략하는 것도 나쁘지 않다. 전 일정 동안 주로 리조트에서 휴식을 취하며 하루 서너 시간씩 투자하여 호이안 구시가, 응우한선(오행산), 린응사, 바나힐 등을 즐기면 된다.

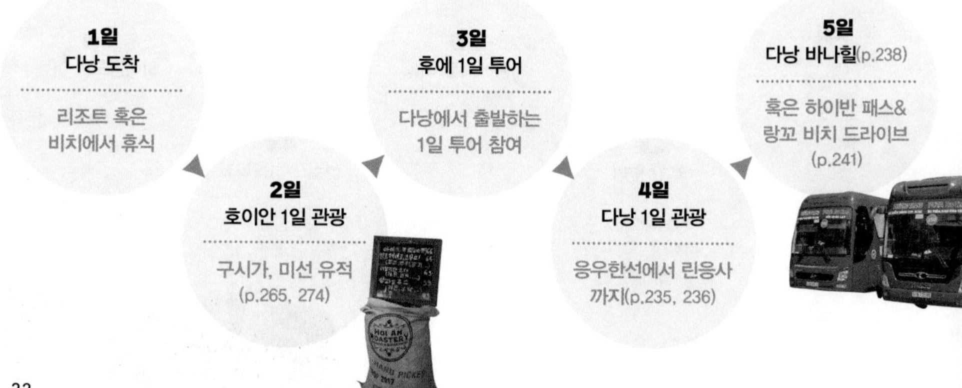

2 | 7박 8일 일정

중부 베트남의 매력을 한껏 맛볼 수 있는 일정이다. 다낭 리조트에서 확실하게 휴식을 취하며, 호이안과 후에의 화려했던 역사적 문화유산을 여유롭게 둘러보고 맛집 탐방, 쇼핑 등을 마음껏 즐길 수 있다. 첫날 장시간 비행으로 피곤하긴 하지만 후에로 곧장 이동하여 다음 날 오전까지 충분한 휴식을 취하는 것이 좋다. DMZ 투어와 세계자연유산으로 지정된 퐁냐케방 국립공원 투어는 장거리 이동으로 몸이 고된(?) 일정이지만 관심도에 따라 1곳 정도는 다녀올 것을 추천한다. 이후 다낭, 호이안 일정은 리조트에서 머물며 휴식과 관광을 겸한다.

1일
다낭 도착
호텔 체크인
및 휴식
2일
오전 후에로 이동
오후 후에 왕궁
(p.205)
3일
DMZ 투어(p.216)
혹은 퐁냐케방 동굴 투어
(p.219)
4일
티엔무 사원&황릉 투어
편하고 실속 있는
1일 투어 참여(p.215)
5일
오전 다낭으로 이동
오후 리조트 체크인
및 휴식
6일
오전 미선 유적(p.274)
오후 호이안 구시가
(p.265)
7일
오전 리조트 휴식
오후 응우한선(오행산),
참조각 박물관, 린응사
(p.234~236)
8일
오전 다낭 바나힐
(p.238)
오후 리조트 휴식&
쇼핑&다낭 다운타운
(p.239)
HUE
GA HUE
KÍNH CHÀO QUÝ KHÁCH - WELCOME TO HUE RAILWAY STATION
CHỦ TỊCH HỒ CHÍ MINH VĨ ĐẠI SỐNG MÃI TRONG SỰ NGHIỆP CỦA CHÚNG TA !

나트랑으로 들어갈 경우

1 | 4박 5일 일정(나트랑 중심)

최근 나트랑은 저비용 항공 직항편이 증가할 만큼 주목을 끌기 시작했다. 이 국제선을 이용하는 여행객들은 크게 휴양을 목적으로 한 가족 여행객과 신혼 여행객으로 나뉜다. 따라서 2박 정도 외딴 리조트에 머물며 휴양을 즐기고, 2박 정도를 나트랑 내에 머물며 머드 온천을 즐기거나 호핑 투어, 혼쫑 등을 다녀오면 좋다.

2 | 7박 8일 일정(나트랑과 달랏)

좀 더 시간적 여유가 있다면 달랏 방문을 추천한다. 소나무 숲과 호수의 도시 달랏은 4계절 내내 덥지 않고 공기가 신선하며 많은 볼거리, 랑팜 쇼핑, 먹거리 등 즐길 것이 풍성하다. 전체 8일 일정은 앞선 5일 일정에 아래 3일을 추가해 넣으면 된다.

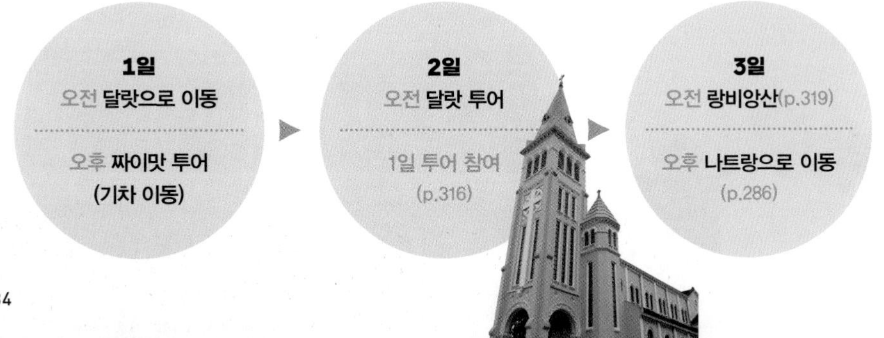

1일
오전 달랏으로 이동
오후 짜이맛 투어 (기차 이동)
2일
오전 달랏 투어
1일 투어 참여 (p.316)
3일
오전 랑비앙산(p.319)
오후 나트랑으로 이동 (p.286)

호찌민 시티로 들어갈 경우

1 | 4박 5일 일정(호찌민 시티 중심)

호찌민 시티를 중심으로 꾸찌 터널과 메콩강, 붕따우를 여행하는 일정이다. 적당한 볼거리와 휴식, 맛집 탐방, 마사지 등을 골고루 즐길 수 있어 무난한 여행이 된다. 하지만 관광지, 휴양지로서 남부 베트남의 진가를 발견하고 싶다면 무이네, 달랏으로 가야 한다. 장거리 이동을 해야 하지만, 그만한 가치는 충분히 있다.

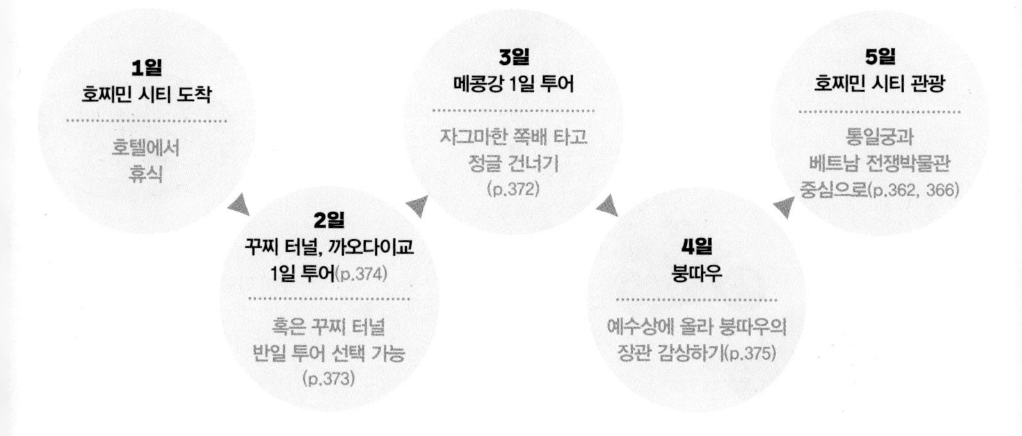

1일
호찌민 시티 도착
호텔에서 휴식
2일
꾸찌 터널, 까오다이교 1일 투어(p.374)
혹은 꾸찌 터널 반일 투어 선택 가능 (p.373)
3일
메콩강 1일 투어
자그마한 쪽배 타고 정글 건너기 (p.372)
4일
붕따우
예수상에 올라 붕따우의 장관 감상하기(p.375)
5일
호찌민 시티 관광
통일궁과 베트남 전쟁박물관 중심으로(p.362, 366)

2 | 4박 5일 일정(호찌민 시티와 무이네)

호찌민 시티와 무이네 2곳을 여행하는 일정이다. 호찌민 시티 투어를 1일에서 반나절(베트남 전쟁박물관–통일궁–노트르담 대성당–중앙우체국 등 핵심만 돌아보는 코스)로 줄이고 꾸찌 터널 반나절 코스를 더한다. 그 후 무이네로 이동하여 모래언덕의 아름다움을 감상한 후, 마지막 날 호찌민 시티 메콩강 투어로 마무리한다. 좀 더 휴식이 필요하다면 호찌민 시티의 일정을 줄이고 무이네 일정을 늘리는 것도 좋은 방법이라 할 수 있다.

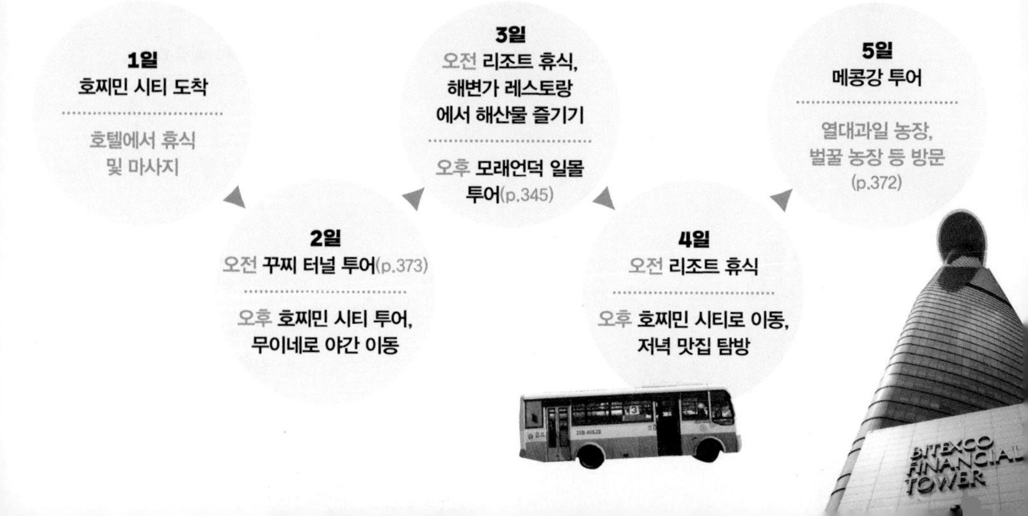

1일
호찌민 시티 도착
호텔에서 휴식 및 마사지
2일
오전 꾸찌 터널 투어(p.373)
오후 호찌민 시티 투어, 무이네로 야간 이동
3일
오전 리조트 휴식, 해변가 레스토랑에서 해산물 즐기기
오후 모래언덕 일몰 투어(p.345)
4일
오전 리조트 휴식
오후 호찌민 시티로 이동, 저녁 맛집 탐방
5일
메콩강 투어
열대과일 농장, 벌꿀 농장 등 방문 (p.372)
BITEXCO FINANCIAL TOWER

3 | 4박 5일 일정(호찌민 시티와 달랏 혹은 나트랑)

앞서 소개한 호찌민 시티-무이네 일정과 대동소이하다. 무이네 대신 달랏 혹은 나트랑을 다녀오는 것이다. 나트랑은 거리가 멀기 때문에 비행기로 이동하는 편이 낫다. 바다를 좋아하는 사람은 나트랑을, 산과 호수, 계곡을 좋아하는 사람은 달랏을 선택한다. 참고로 달랏은 현지인들이 가장 가고 싶어 하는 관광지이자 신혼여행지다.

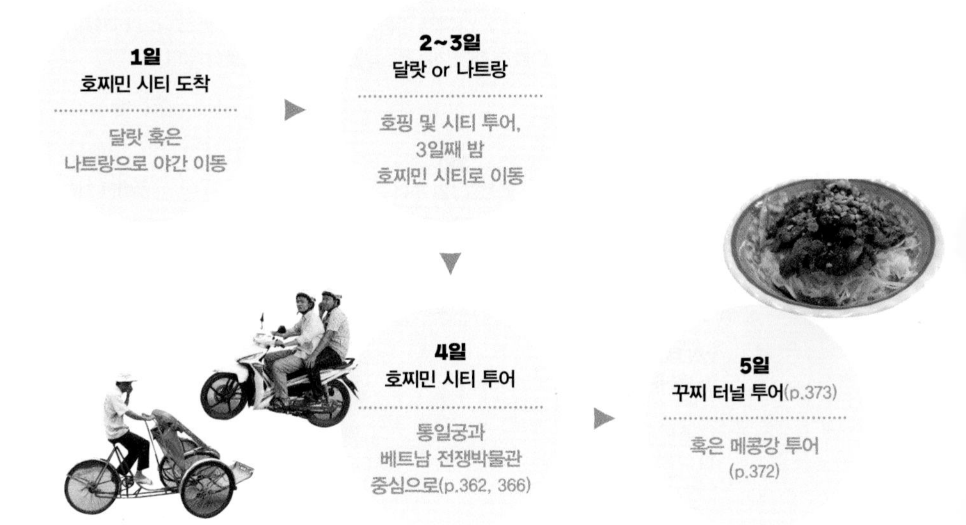

1일
호찌민 시티 도착
달랏 혹은
나트랑으로 야간 이동
2~3일
달랏 or 나트랑
호핑 및 시티 투어,
3일째 밤
호찌민 시티로 이동
4일
호찌민 시티 투어
통일궁과
베트남 전쟁박물관
중심으로(p.362, 366)
5일
꾸찌 터널 투어(p.373)
혹은 메콩강 투어
(p.372)

4 | 4박 5일 일정(달랏과 무이네)

호찌민 시티 중심으로 여행한 경험이 있는 사람들에게 추천하는 루트다. 산과 계곡, 호수, 바다를 고루 다녀올 수 있다. 호찌민 시티-무이네 루트를 다녀온 사람이라면 비슷한 일정으로 나트랑-달랏을 다녀오면 된다. 이때는 호찌민 시티에서 나트랑으로 이동 후 달랏을 거쳐 호찌민 시티로 돌아온다.

1일
호찌민 시티 도착
달랏으로
야간 이동
2일
달랏 투어
여행사 1일 투어 참여
(p.316)
3일
오전 **랑비앙산**(p.319)
오후 **무이네로 이동**
및 리조트 체크인
4일
오전 **리조트 휴식**
오후 **모래언덕**
일몰 투어(p.345)
5일
오전 **호찌민 시티로 이동**
맛집&마사지
체험 후 출국

5 | 7박 8일 일정

남부 베트남의 주요 관광지를 모두 돌아볼 수 있는 일정이다. 좀 더 무리를 한다면 나트랑까지 돌아볼 수는 있지만, 무이네와 나트랑은 바닷가 휴양지로 비슷한 콘셉트를 갖는다. 개인 취향에 따라 무이네와 나트랑 중 1곳을 택하는 것이 낫다. 무이네는 중동, 아프리카까지 가지 않더라도 사막을 느껴볼 수 있다는 게 큰 매력이다. 마지막 2일은 호찌민 시티에 할애한다. 선호도에 따라 각종 투어를 조합해 일정을 조정할 수 있다. 꾸찌 터널이나 메콩강 투어 중 하나를 선택하고 마지막 날 느긋하게 호찌민 시티에 머물며 가벼운 시티 투어와 마사지, 쇼핑, 파인 다이닝 등으로 마무리하는 것도 좋다.

1일
호찌민 시티 도착,
달랏으로 야간 이동
풍짱버스나 신투어리스트
오픈버스 이용
2~3일
달랏 투어
달랏 시내 외
관광지 섭렵하기
4일
오전 무이네로 이동
오후 리조트 체크인
및 휴식
5일
오전 모래언덕 일출 투어
(p.345)
오후 리조트 휴식
6일
오전 리조트 휴식
오후 호찌민 시티
이동
7일
오전 꾸찌 터널 투어
(p.373)
오후 호찌민 시티 투어
8일
메콩강 투어
메콩강 원주민의 생생한
생활상 체험(p.372)
L'ANGFARM

베트남 종주 일정 26일

하노이에서 시작해서 호찌민 시티로 끝나는 베트남 배낭여행 종주 일정이다. 소개된 26일은 각 지역별 관광에 필요한 최소시간만을 고려한 것으로, 빡빡한 일정이다. 개인 체력과 여유시간, 경비, 관심도 등을 고려하여 필요에 따라 하루 이틀 추가해 넣는 것이 좋다(단, 45일 이상 체류 시 비자 발급은 필수다(p.448 참고)). 다낭은 상대적으로 특별한 볼거리가 없어 일정에서 뺐지만, 다낭의 명성(?)과 바나힐이 궁금하다면 후에-호이안 이동 중 1~2일 정도 머물러도 나쁘지 않다. 후에-호이안 간 논스톱 이동은 랑꼬 비치와 하이반 패스, 응우한선(오행산)을 통과하는 투어 상품 이용(p.214 참고)을 적극 추천한다. 휴양을 위해 푸꾸옥 방문까지 고려한다면, 최소한 3일 이상을 추가한다. 푸꾸옥 일정은 p.407 참고.

14일
오전 다낭으로 이동
오후 응우한선(오행산)을 거쳐 호이안으로 이동(버스) (p.235)

15일
오전 미선 유적 투어(p.274)
오후 호이안 구시가 구경 후 나트랑으로 야간 이동(버스)(p.265)

16일
나트랑
나트랑 대성당, 롱선사, 뽀나가르 참탑 등 방문 (p.292~294)

17일
나트랑 호핑 투어(p.297)
투어 종료 후 국립 해양학박물관 방문 (p.294)

18일
오전 달랏으로 이동(버스)
오후 달랏 짜이맛 다녀오기 (기차 운행시간 준수)

19~20일
달랏 1일로 투어
캐니어닝 액티비티 즐기기 (p.328)

21일
무이네로 이동
해변가 레스토랑에서 해산물 즐기기

22일
오전 리조트 휴식
오후 모래언덕 일몰 투어, 호찌민 시티로 야간 이동(버스)(p.345)

23일
호찌민 시티 투어
통일궁과 베트남 전쟁박물관 중심으로 (p.362, 366)

24일
오전 까오다이교(p.374)
오후 꾸찌 터널 방문 투어 참여 (p.373)

25일
메콩강 투어
미토와 벤쩨섬 방문, 전통 나룻배 타고 정글 지나기(p.372)

26일
여행 마무리
맛집 탐방과 마사지, 쇼핑 즐기기

베트남에서 꼭 해봐야 할 모든 것

Mission in Vietnam

Mission in Vietnam 1 | CNN이 주목한 베트남의 관광지

2018년 CNN은 베트남에서 가장 아름다운 관광지 30곳을 소개했다. 그중 이 책에 소개된 지역 및 관광지 13곳과 선정 이유를 키워드로 소개한다(순서는 무작위).

노트르담 대성당(호찌민 시티)
Nhà Thờ Đức Bà Sài Gòn(p.363)
60m의 종탑, 프랑스 식민시대 건축물,
파리 노트르담 대성당 모방, 네오로마네스크 양식

사파 Sapa(p.110)
산악지대의 신선한 공기,
라이스테라스,
소수민족 마을, 하이킹,
해발 3,143m의 판시판산

호이안 Hoi An(p.260)
유네스코 세계문화유산, 15세기의 세계 무역항,
핸드메이드 랜턴, 각종 상점과 마켓

짱안 풍경구(닌빈)
Danh Thắng Tràng An(p.176)
에코 투어리즘, 옥색 물빛 강과 보트, 논밭, 하이킹, 깎아지른 듯한 카르스트 지형과 동굴

하롱베이 Ha Long Bay(p.140)
유네스코 세계자연유산,
수천 개의 카르스트 바위와 섬,
동굴, 세계적인 포토 스폿

달랏 Da Lat(p.312)
해발 4,900m에 위치,
연중 봄날의 날씨, 소나무 숲, 폭포

까오다이교 총본산(떠이닌)
Tòa Thánh Đạo Cao Đài(p.374)
베트남 신흥종교, 전 종교 평등설,
화려한 건축물,
베트남 전통악기 연주 및 찬양대 노래

린프억 사원(달랏)
Chùa Linh Phước(p.326)
베트남에서 가장 높은 종탑,
화려하고 거대한 모자이크 장식,
깨진 병 조각으로 꾸민 용 상

깟바섬 **Cat Ba Island(p.158)**
하롱베이 섬 중 하나, 해변,
맹그로브 숲, 암벽등반,
네이처 트레일(자연 산책로), 요새

하노이 오페라 하우스 **Nhà Hát Lớn Hà Nội(p.79)**
20세기 초 건축, 베트남에서 가장 큰 극장
파리 팔레 가르니에 오페라 하우스 모방

퐁냐케방 국립공원
Phong Nha-Ke Bang National Park(p.186)
300개 동굴, 카르스트 지형, 정글 트랙, 지하강, 세계에서 가장 큰 손둥 동굴

후에 Hue(p.198)
유네스코 세계문화유산, 16~20세기 중반 응우옌 왕조의 수도, 왕과 황제릉

카이딘 황제릉(후에) Lăng Khải Định(p.211)
유럽과 아시아 건축 양식의 아름다운 조화, 색유리와 도자기 조각들의 화려한 실내 장식

Mission in Vietnam 2 | 베트남을 대표하는 음식들은 뭐?

베트남 전역에서 맛볼 수 있는 대표적인 베트남 음식들이다. 대체로 우리 입맛에 잘 맞아서 어느 것을 선택해도 큰 실패는 없다. 단, 한국인에게 낯선 고수와 레몬그라스 같은 허브류는 입에 안 맞는 사람이 많으므로 주문 시 유의하자.

1 퍼 Phở
말이 필요 없는 베트남 대표 음식, 쌀국수

2 껌땀(껌슨) Cơm Tấm(Cơm Sườn)
밥 위에 숯불돼지고기구이를 얹은 음식

3 반쎄오(반 코아이) Bánh Xèo(Bánh Khoái)
숙주와 고기, 새우 등을 넣은 베트남식 빈대떡

4 분 리에우 꾸어 Bún Riêu Cua
토마토와 민물게를 넣은 쌀국수

5 분짜 Bún Chả
숯불돼지고기구이, 쌀국수 면, 야채를 새콤한 소스에 찍어 먹는 음식

6 분팃느엉 Bún Thịt Nướng
숯불돼지고기구이를 넣은 비빔면

7 카페쓰어다 Cà Phê Sữa Dà
연유를 넣은 진한 아이스 커피

8 반미 Bánh Mì
베트남식 바게트 샌드위치. 고수에 주의!

9 껌가 Cơm Gà
베트남식 치킨라이스

10 자우 무엉 싸오 또이
Rau Muống Xào Tỏi
시금치과 야채 마늘 볶음. 볶음밥과 단짝!

11 반꾸온 Bánh Cuốn
돼지고기나 새우 등을 넣고 얇게 부친 찹쌀 전병

12 쩨 Chè
코코넛 밀크에 팥, 땅콩, 젤리 등을
넣은 디저트

13 짜조(넴 or 넴잔)
Chả Giò(Nem or Nem Rán)
튀긴 스프링롤

14 신또 Sinh Tố
베트남식 생과일 셰이크

15 쏘이 Xôi
돼지고기나 닭고기, 계란 등을 얹은 찰밥

16 고이꾸온 Gỏi Cuốn
우리가 흔히 말하는 월남쌈(스프링롤)

Mission in Vietnam 3 | 그 지역만의 먹거리를 사수하라!

꼭 특정 지역에서만 먹을 수 있는 전통 음식이 있다. 아래의 음식들은 어느 것 하나 놓치기 아까운 스페셜 푸드다. 대도시에선 간혹 다른 지역의 음식을 내놓는 가게들이 있긴 하지만 그 지역의 고유한 맛은 느낄 수 없다. 해당 지역을 방문한다면 유명 맛집을 찾아 꼭 한번 맛보자.

하노이

분보남보 Bún Bò Nam Bộ
양파 플레이크, 땅콩을 얹은 소고기 비빔쌀국수

짜까 Chả Cá
숯불생선구이를 야채와 함께 다시 볶아 쌀국수 면과 먹는다.

까페 쯩 Cà Phê Trứng
진한 베트남 블랙커피에 커스터드를 얹은 에그커피

호이안

반바오 반박 Bánh Bao Bánh Vạc
새우 소를 넣은 쫄깃한 찹쌀 딤섬

까오러우 Cao Lầu
굵은 면에 쌀 튀김, 돼지고기, 야채를 넣은 비빔면

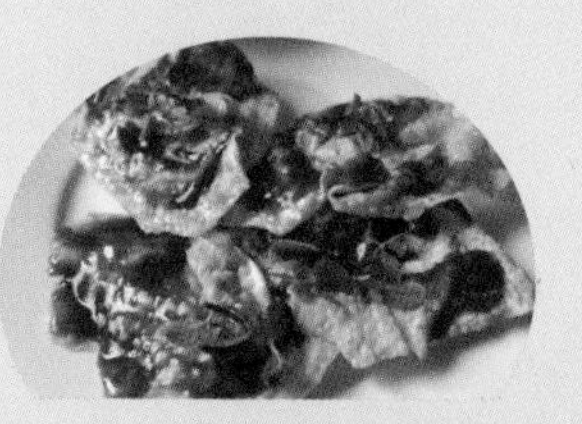

호안탄찌엔 Hoành Thánh Chiên
한마디로 호이안식 타코

하이퐁

반 다 꾸어 Bánh Da Cua
바닷게, 가재, 새우, 미역 등을 넣은 널찍한 갈색 쌀국수

넴 꾸어 베 Nem Cua Bể
바닷게를 넣은 프라이드 스프링롤. 달착지근한 소스에 적셔 야채와 같이 먹는다.

Tip. 고수 빼주세요!

향신료인 고수에 익숙하지 않다면 이렇게 말해 보자.
Không rau thơm
[콤 자우 텀] 혹은
Không rau mùi
[콤 자우 무이]

다낭

미꽝 Mì Quảng
넓은 쌀국수 면에
고기와 야채를 넣고 자작자작하게
부은 소스에 비벼 먹는다.

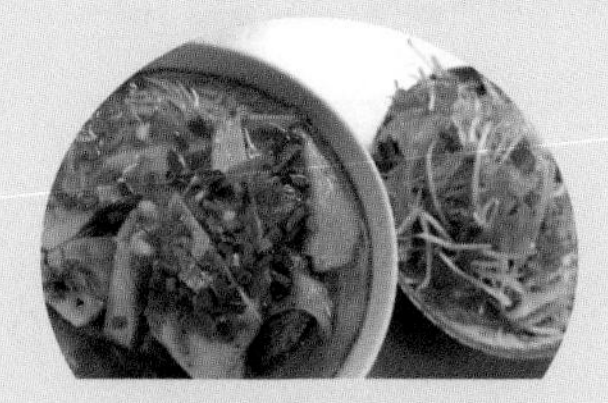

분짜까 Bún Chả Cá
일종의 어묵 쌀국수로,
죽순과 토마토가 들어가는 것이
특징이다.

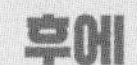

후에

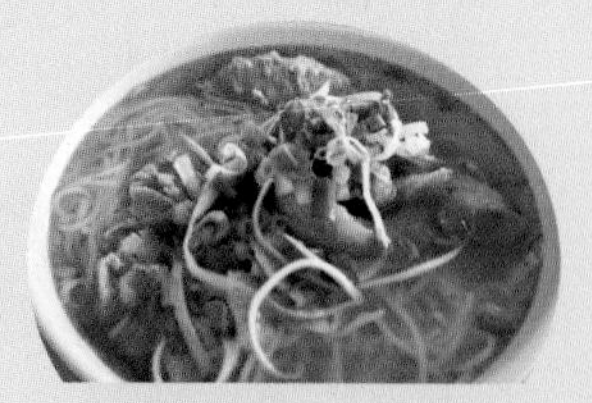

분보후에 Bún Bò Huế
매콤한 후에식 소고기
쌀국수. 일반 쌀국수와
다른 매력이 있다!

껌헨 Cơm Hến
향강에서 잡은 민물조개와 야채,
땅콩, 각종 소스로 맛을 낸 조개밥

반 베오 Bánh Bèo
쌀전병 위에 새우를 얹어
소스와 같이 먹는 것

넴루이 Nem Lụi
레몬그라스 막대에
숯불돼지고기구이를 꽂은 것

달랏

반깐 Bánh Căn
따뜻한 계란빵을
고깃국에 적셔 먹는 것으로,
아침이나 간식으로 딱 좋다.

반짱느엉
Bánh Tráng Nướng
라이스페이퍼 위에
계란, 고기, 치즈, 야채, 소스 등을
얹어 구운 달랏식 피자

호찌민 시티(붕따우)

반콧 Bánh Khọt
한입 크기의 바삭한 팬케이크에
새우를 얹은 것. 소스에 찍어
야채에 싸 먹는다.

하롱베이

짜믁 Chả Mực
오징어와 돼지고기 등을
섞어 양념한 뒤 으깨 튀긴
오징어 어묵 튀김

Mission in Vietnam 4 | 당신이 알아야 할 쌀국수의 모든 것

한국인들에게 가장 친숙한 베트남 음식은 쌀국수다. 그러나 우리가 흔히 아는 쌀국수의 모습과 달리 실제로 쌀국수 종류는 다양하다. 종류뿐만 아니라 먹는 법, 주문용 베트남어까지 알아보자.

★ 국물국수의 종류

반깐Bánh Canh 타피오카와 쌀을 섞어 만든 두툼한 면 쌀국수
반다꾸어Bánh Da Cua 바닷게로 육수를 낸 갈색 면의 쌀국수
분보후에Bún Bò Huế 매콤한 후에식 소고기 쌀국수
분리에우Bún Riêu 민물게와 토마토로 맛을 낸 가는 면 쌀국수
분짜까Bún Chả Cá 죽순과 토마토가 들어간 어묵 쌀국수
퍼Phở 우리가 흔히 아는 그 쌀국수

★ 비빔국수의 종류

분팃느엉Bún Thịt Nướng 돼지고기 바비큐를 넣은 비빔국수
분보싸오Bún Bò Xào 우리식 소고기 불고기를 넣은 비빔국수
보분Bò Bún 분보남보로 더 유명한 소고기 비빔국수
미꽝Mì Quảng 넓은 면을 사용한 중부 지방 전통 비빔국수
까오러우Cao Lầu 우동 같은 면에 쌀튀김, 돼지고기 등을 넣은 것

★ 더 맛있게 쌀국수 먹는 법

① 라임을 짜 넣으면 풍미가 더 산다.
② 숙주, 양파절임 등 야채를 넣는다. 고수는 취향껏 넣고 뺀다.
③ 고수에 익숙하지 않다면, 이렇게 얘기하자.
"콤 자우 텀 Không rau thơm**(고수 빼주세요)."**
④ 찹쌀 꽈배기인 꽈이Quay는 국물에 적셔 먹는다.
맛도 좋고 속도 훨씬 든든하다.

★ 쌀국수 주문용 베트남어

로컬 쌀국숫집에서 당황하지 말자!
아래 단어들을 조합하면 어려움 없이 주문 가능하다.

퍼Phở 쌀국수	**남**Nằm 치마살
보Bò 소고기	**또론**To Lớn 큰 것
가Gà 닭고기	**또노**To Nhỏ 작은 것
따이Tái 덜 익은	**닥비엣**Đặc Biệt 스페셜
찐Chín 잘 익은	**꽈이**Quay 찹쌀 꽈배기

Mission in Vietnam 5 | 커피의 신세계를 만나다!

베트남은 브라질에 이어 2번째로 전 세계에서 가장 많은 커피를 생산하는 나라다. 1857년 프랑스에 의해 처음 커피가 소개되고 쌀에 이어 2번째로 중요한 수출 농작물이 될 만큼 커피는 베트남과 떼려야 뗄 수 없는 주요 먹거리다.

★ 베트남 대표 커피 회사는?

쭝응우옌 커피Trung Nguyên Coffee(1996)와 하일랜드 커피Highlands Coffee(1998)다. 자체 생산, 제조, 유통은 물론 베트남 전역에 카페 체인을 운영하고 있다.

★ 베트남 최고의 커피 생산지는?

나트랑 인근의 닥락Đắk Lắk은 해발 600m 이상의 고원지대로 커피 재배에 유리한 기후 및 지형을 갖추고 있다. 베트남의 인기 관광지 달랏은 닥락 인근에 위치해, 소규모의 커피 농장(시외)과 카페(시내)가 많다. 커피 마니아들이라면 달랏 방문을 고려해 보자.

★ 베트남 스타일 커피는?

베트남에서는 커피 잔에 핀 필터Phin Filter를 얹어 개별적으로 커피를 내려 마신다. 베트남식 아이스 커피를 주문하면 얼음이 따로 나오는데, 커피가 다 걸러지면 필터를 내려놓고 얼음을 넣어 마시면 된다.

★ 베트남식 커피 이름은?

카페쓰어다Cà Phê Sữa Dà 아이스 연유커피
카페 다Cà Phê Dá 아이스 커피
카페 덴Cà Phê Den 블랙커피
카페쓰어다핀Cà Phê Sữa Dà Phin
핀 필터가 나오는 아이스 연유커피
카페 쯩Cà Phê Trứng 에그커피
박씨우Bạc Xiu 베트남식 플랫화이트

★ 어떤 품종이 좋을까?

로부스타Robusta

베트남에서 가장 많이 재배된다. 쓴맛이 강한 저품질의 커피로, 저렴한 만큼 대중적으로 보급되고 있다. 이 쓴맛을 완화하기 위해 베트남 전통 커피는 연유와 설탕을 많이 넣는다.

아라비카Arabica

맛과 향이 풍부한 고급 커피콩으로, 최근 재배량이 점차 증가하고 있다. 국내에서도 고품질의 커피를 찾는 사람이 많아지면서 로부스타와 아라비카를 혼합한 커피가 많아지고 있다.

위즐 커피&콘삭 커피 Weasel Coffee & Con Soc Coffee

위즐 커피는 사향족제비의 배설물에서 추출한 고급 커피로 원두 전문점에서 찾아볼 수 있다. 슈퍼마켓에서 저렴하게 판매하는 콘삭 커피는 다람쥐를 브랜드로 한 커피 이름일 뿐 향 좋은 일반 커피다.

하일랜드 커피

쭝응우옌 커피

Mission in Vietnam 6

슈퍼마켓 쇼핑에서 놓치지 말아야 할 것들

베트남 필수 쇼핑 품목은 슈퍼마켓에 있다! 아래 리스트들은 대체로 네티즌들의 검증을 거친 품목들이지만, 개인 입맛에 따라 다를 수 있다. 체류 기간 중에 한번 맛보고서 본격 구매하는 것이 좋다.

콘삭 커피

맛 좋은 인스턴트커피의 대명사

아치 카페(파란색)

콩 카페의 코코넛 커피 맛이 그립다면!

각종 차

값싸고 품질 좋은 우롱차, 아티초크차

말린 망고

망고 가공식품의 넘버원 베스트셀러

체리쉬 망고 푸딩

얼려 먹으면 더 맛있는 망고맛 푸딩

코코넛 크래커

진한 코코넛 향의 달달한 크래커

코코넛 칩

코코넛 마니아라면 놓칠 수 없는 맛

반쎄오 가루

바삭바삭 반쎄오를 우리 집에서!

새우소금&후추

다양한 맛의 천일염과 후추 짱!

비폰 쌀국수

집에서도 간단하고 맛있게!

과일칩

각종 열대과일을 칩으로 먹자~

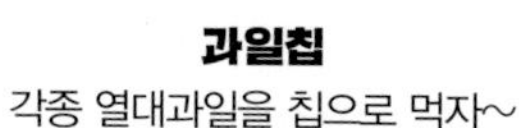

하오하오 라면

라면의 또 다른 세계! 특히 새우맛

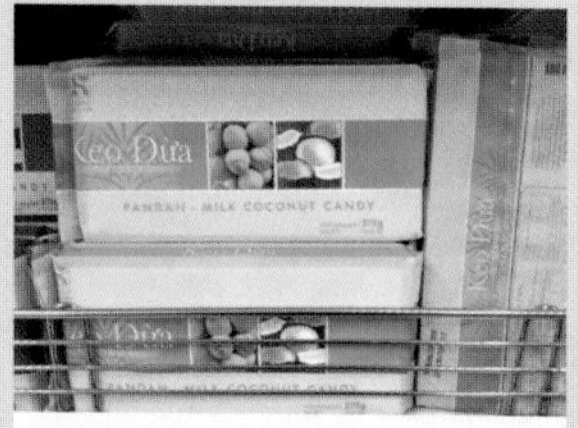

코코넛 캔디

고소함이 남다른 100% 천연 캔디

망고 젤리

망고 향이 살아 있는 탱탱한 젤리

버진 코코넛 오일

다이어트 열풍의 주인공

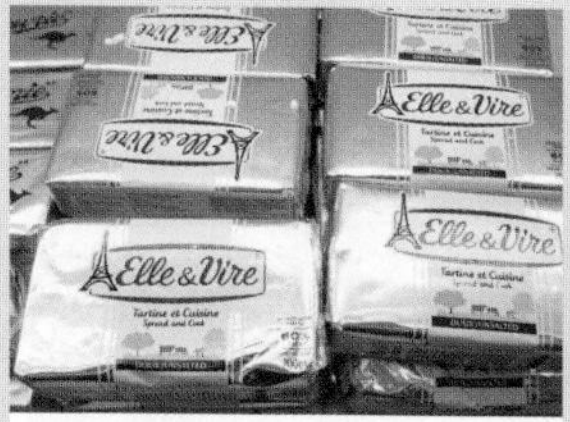

엘엔비르 버터

프랑스산 최고의 고메버터

달리 치약

화이트닝 치약계의 지존

캐슈너트

베트남 수출품목 1위

핀 필터

베트남 스타일 커피의 필수품

각종 소스류

베트남의 맛을 한국에서 즐기자!

스톡

요리 초짜도 베트남의 맛을 낸다.

Mission in Vietnam 7 | 약국에서 쟁여놓아야 할 의약품 쇼핑 리스트

베트남의 다양한 쇼핑 품목 중 의약품이야말로 최고라 할 수 있다. 베트남 거리 곳곳에는 수많은 약국이 있고, 이곳에서 전세계 유명 제약회사의 약품을 쉽게 구입할 수 있는데, 가격이 한국의 반, 혹은 반의 반도 안 한다. 한국에서 구입할 수 있는 똑같은 제품인데도 말이다! 하물며, 의약분업이 철저하지 않아 처방전 없이도 항생제 같은 전문의약품까지 구입할 수 있다. 하지만 내 건강을 위해, 의약품 오남용은 금물. 전문가의 조언이나 복용법을 준수하자.

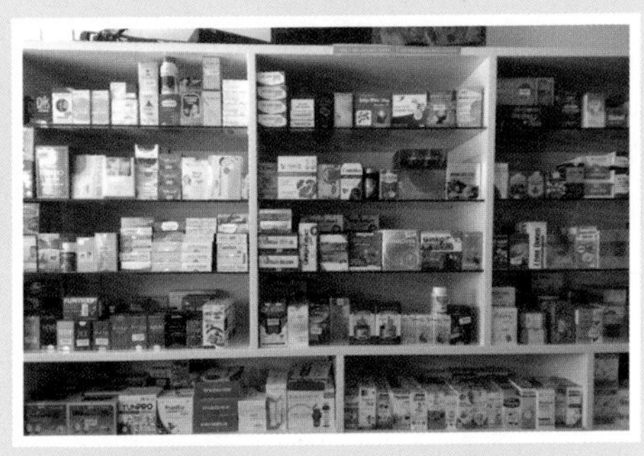

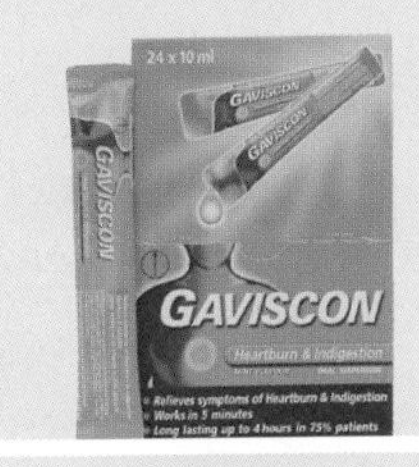

개비스콘
Gaviscon
역류성 식도염에 효과 좋은 위장약

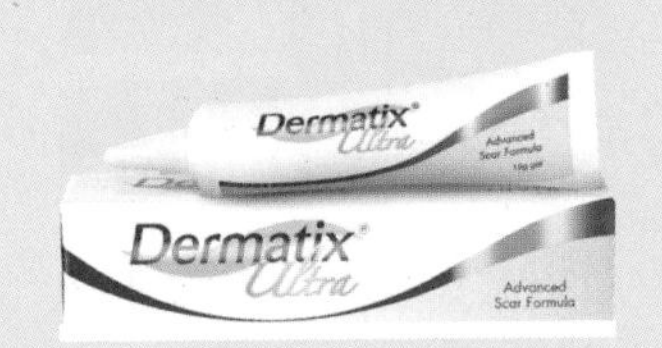

더마틱스 울트라
Dermatix ultra
크고 작은 흉터 및 색소 침착 케어 연고

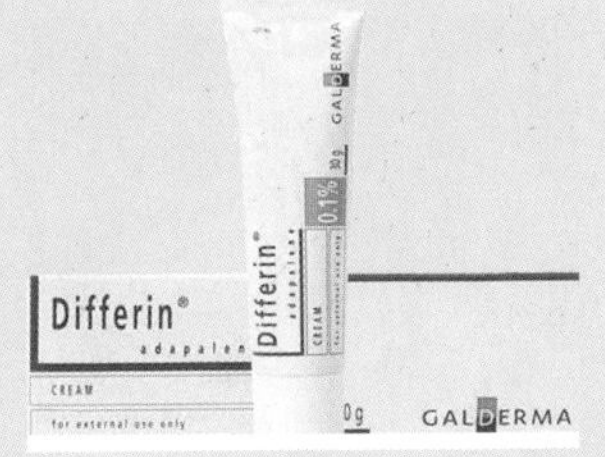

디페린
Differin
화농성 여드름에 효과 좋은 크림

메벤다졸(푸가카) Fugacar
얀센에서 제조한
기생충 감염 치료제(구충제)

베로카Berocca
광고나 PPL에 자주 나오는 발포
비타민

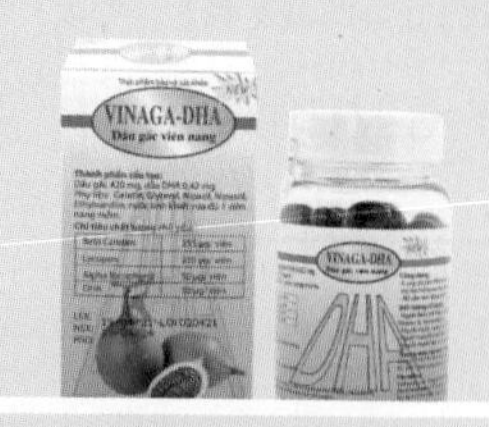

비나가 DHA Vinaga-DHA
'걱'이라는 과일에서
추출한 눈 영양제

비아핀 Biafine
물집 잡힌 화상까지 커버하는
전문의약품

비판텐 연고
Bepanthen Balm
유아도 사용하는 비스테로이드성
피부 연고

샤론파스 Salonpas
통증에 효과 좋은 후끈후끈
미니 파스

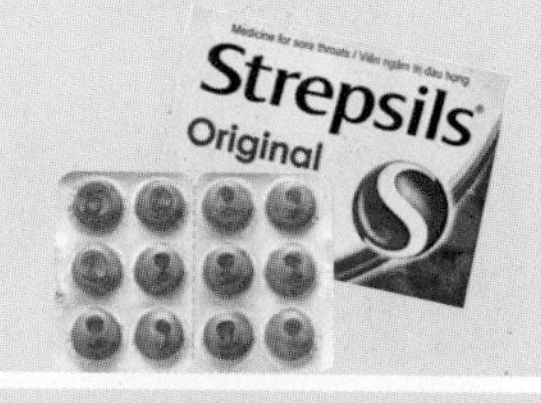

스트렙실 Strepsils
목 아픈 데 먹는 캔디형 소염진통제

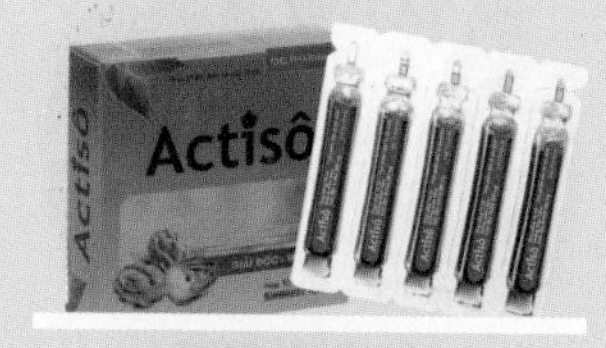

아티소 Atisô
간 해독에 탁월한
아티초크 진액 앰플

카네스텐 Canesten
무좀, 칸디다성 질염 등을
치료하는 크림

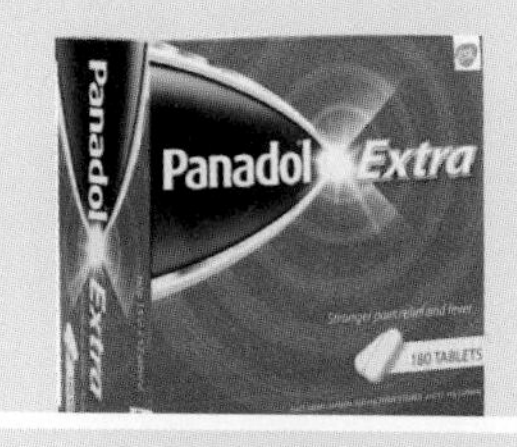

파나돌 Panadol
'타이레놀'과
동일 성분의 세계적인 진통제

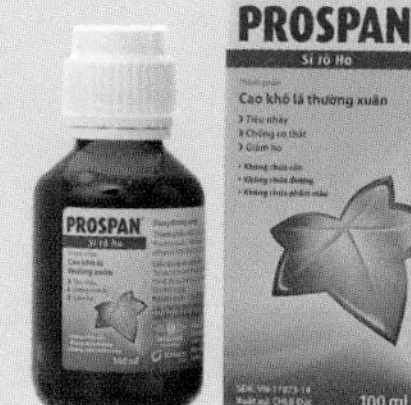
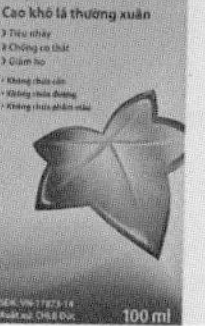

프로스판 Prospan
기침, 가래에 탁월한
천연 시럽 감기약

호랑이 연고
White Tiger Balm
삔 데, 멍든 데, 근육통 등에
바르는 연고

Mission in Vietnam 8 | 알뜰살뜰 꼼꼼한 베트남 쇼핑 리스트

저렴한 가격에 꽤 괜찮은 아이템들을 소장할 수 있는 곳이 베트남이다. 소소한 기념품부터 맞춤옷, 메이드 인 베트남 브랜드까지, 꼼꼼히 찾아보고 똑똑하게 구매하자. 메이드 인 베트남 제품을 구입하는 꿀팁까지 제시했으니 놓치지 말자.

마그네틱(전 지역)
여행자들의 No.1 기념품. 각 지역을 대표하는 상징물들을 모아보자.

가죽 제품(호이안 구시가)
가죽이라고 생각하기 어려운 예쁜 색과 디자인, 착한 가격이 놀랍다!

맞춤옷(호이안 구시가)
내 몸에 꼭 맞게, 내 스타일대로 저렴하게 맞춰 입자.

소수민족 수공예품 (사파, 전 지역)
알록달록 토속적인 공예품

수예품(전 지역)
베트남 여인들의 솜씨 좋은 소박한 수예품들

아오자이(전 지역)
베트남 여인처럼 아오자이 입고 예쁜 스냅 사진 찰칵~

Tip | 'Made in Vietnam' 제품 구입법

1 베트남에는 유명 브랜드(노스페이스, 나이키, 크록스 등)의 제조공장이 많다. 과거에는 약간의 흠이 있는 제품이 저렴한 가격으로 시장에 풀리기도 했고, 이때 짝퉁들도 많이 섞여 장사치들이 배를 불리기도 했다.
2 제조공장들도 제품 단속을 더 철저히 하지만, 많은 공장들이 베트남을 떠났고 탈출을 모색 중이다. 이런 상황에서 진짜 '메이드 인 베트남'을 여행자 거리(혹은 재래시장) 여기저기에서 놀랄 만큼 저렴한 가격에 구입할 수 있다는 건 의심해 볼 일이다.
3 진품을 가려내는 법(홀로그램 부착 여부 확인)도 전문가가 아니면 별 소용이 없다. 반드시 진품을 사야겠다는 마음보다 일단 디스플레이 제품들은 짝퉁이라 생각하고, 최대한 진품 같은 퀄리티와 지불 가능한 가격대, 자신의 만족도를 기준으로 쇼핑하는 것이 좋다.
4 흥정은 필수! 구매를 망설이거나 나가려고 하면 원하는 가격이 얼마냐고 물어오는 게 대부분이다. 50% 싼 가격에서 시작해 조율해 나가면 된다.
5 구입장소. 하노이_여행자 거리, 다낭_한시장, 호찌민시티_사이공 스퀘어, 벤탄 시장

입체 카드(전 지역)
베트남 분위기가
물씬 풍기는 디자인 카드

농모자(전 지역)
베트남 다녀온 티 팍팍!
비 올 때, 햇빛 가릴 때도
최고 아이템

베트남 테디베어(전 지역)
베트남에서만 판매한다.
농모자 쓴 귀여운 곰 인형

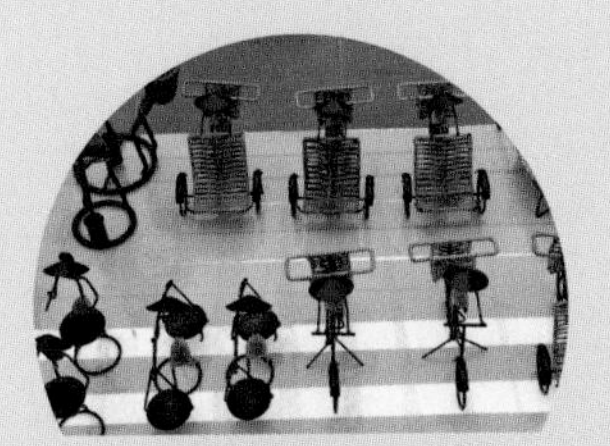

장식 소품(전 지역)
농모자 쓰고 씨클로 끄는
사람처럼 베트남을 상기시키는
소품들

마스크(전 지역)
베트남의 매연과 자외선도
완벽 차단할 만큼 커다랗고
알록달록한 마스크

허브 스파 제품(사파)
고산지대의 싱싱한
허브로 만든 스파 용품

전통주(사파)
한국의 안동소주에 비견될 만큼
정성스레 빚은 맑은 곡주

방달랏(달랏)
달랏에서만 제조되는
베트남 와인 맛은 어떨까?

천연비누(전 지역)
피부에 좋은 자연 성분 100%의
미용비누. 너무너무 저렴해요.

메이드 인 베트남 제품
(하노이, 전 지역)
가성비가 훌륭한 진짜(?) 브랜드

다기 용품(하노이)
'다도'까진 아니라도 '제대로 한번
마셔봐?' 생각이 들 만큼 예쁜 다기구

라탄백(전 지역)
더운 여름, 경쾌하고 시원한
느낌을 주는 라탄백 한번 들어봐?

Mission in Vietnam 9 | 베트남 마사지가 궁금해!?

동남아 여행에서 빠질 수 없는 것, 바로 마사지다. 베트남에서도 한국보다 훨씬 저렴한 가격에 마사지를 즐길 수 있는데, 가격과 시설은 숍들에 따라 천차만별이다. 미리 알아두면 좋은 마사지 알짜 정보들을 모았다.

★ 마사지 종류

베트남 마사지숍에서 기본적으로 받을 수 있는 보디마사지 종류는 다음과 같다.
이 외에도 발마사지와 얼굴 케어, 보디 스크럽 등이 있다.

스웨디시 Swedish
서양식 수기 요법으로, 부드럽게 압력을 가해 근육 이완과 혈액 순환을 돕는다.

아로마 Aroma
몸에 좋은 오일을 사용하여 피부 영양뿐 아니라 향을 통해 정신적 안정까지 추구한다.

시아추 Shiatsu
혈 자리를 찾아 손가락으로 꾹꾹 눌러 혈액 순환을 촉진시키는 중국 지압식 일본 마사지

핫스톤 Hot Stone
따뜻하게 데운 돌로 뭉친 근육을 풀어주고 혈액 순환 촉진 및 노폐물 배출에 도움을 준다.

타이 Thai
마사지사가 손, 팔꿈치, 무릎, 발 등을 사용해 신체 곳곳에 압력을 가하고, 당기고 꺾는 등의 스트레칭을 통해 피로를 풀어주고 시원한 느낌을 갖게 한다.

대나무 Bamboo
따뜻한 대나무 봉을 이용해 뭉친 근육을 풀어주는 마사지

허벌 Herbal
몸에 좋은 약초들을 넣고 쪄낸 둥근 허브 볼로 마사지해 심신안정과 피로 회복을 돕는다.

베트남 Vietnam
스웨디시와 시아추, 타이마사지를 결합시킨 것으로, 저가 숍에서 보통 '보디마사지'라고 통칭되는 마사지

★ 저가 마사지숍 vs. 고가 스파

베트남에는 수많은 마사지숍이 있는데 크게 두 갈래로 나눈다면 저가 마사지숍과 고가 스파가 있다. 각각의 장단점을 비교해 보고 나에게 더 맞는 곳을 선택하자.

저가 마사지숍

큰 방에 마사지 의자가 일렬로 놓여 있어 단체로 마사지를 받게 된다. 보디마사지용 베드는 보통 커튼을 사용해 공간 구분을 하지만, 이마저도 없는 곳이 있다. 공용 공간인 만큼 어수선하고, 쾌적한 시설, 세심한 서비스가 부족하다. 그래도 검증받은 저가 숍은 믿을 만하다.

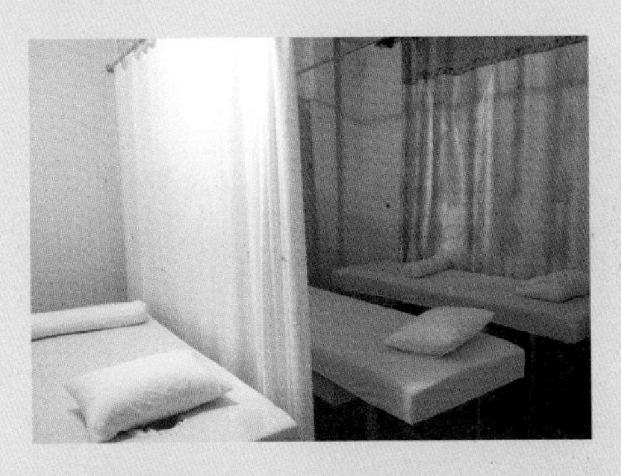

고가 스파

비싼 만큼 시설 좋고, 위생에 신경 쓰며, 서비스 태도도 좋고, 질 좋은 고급 오일을 사용한다. 개인 공간을 보장하거나 1회용 위생팬티, 마사지복, 티와 스낵 등을 제공한다. 마사지 전 고객의 요구사항을 체크하고 마사지 후 피드백을 받아 만족도 향상에 신경을 쓴다.

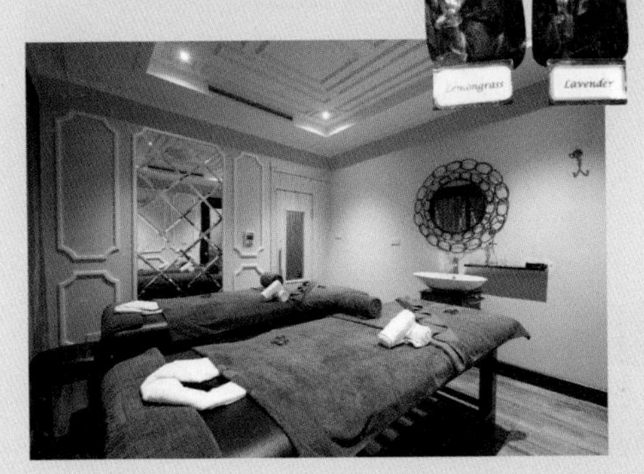

★ 기타 미용숍

전통적인 마시지숍 외에 한국인들이 운영하는 'OOO 이발관'이나 네일숍 등이 있다.

OOO이발관

마사지뿐 아니라 면도, 얼굴팩, 귀 청소, 손발톱 손질, 샴푸, 드라이 등 토털 서비스를 제공하는 신개념 마시지숍이다. 여성들도 가능하다.

네일숍

한국의 반값에 네일 관리를 받을 수 있다. 현지인이 운영하는 곳은 가성비가 좋고, 한국인이 운영하는 곳은 퀄리티가 좋아 많이 찾는다.

★ 마사지숍 이용법

① 인기 마사지숍은 예약 필수다. 홈페이지나 이메일(영어 사용), 카카오톡(한인 마사지숍), 전화 등을 이용하거나 직접 방문한다.

② 최소한 예약 10분 전에 도착해야 한다. 피치 못할 사정이 생겼다면 반드시 예약 취소 연락을 주자.

③ 보디마사지의 경우, 대체로 마사지복이 따로 준비돼 있지 않다. 이때에는 팬티만 입고 모두 탈의해야 한다. 타월을 가운 대신 이용하는 방법도 있다. 탈의 후, 베드에 엎드려 있으면 된다. 스톤마사지를 선택한 경우, 보통은 바로 누운 자세에서 마사지를 시작한다.

④ 메뉴판에 '팁 포함Tip included'이라는 표현이 없다면, 팁은 꼭 챙겨주어야 한다. 대부분의 마사지사들은 팁이 곧 월급이기 때문이다. 60분 마사지에 5만 동(2달러), 90분에 10만 동(5달러) 정도가 관례다.

Tip | 마사지 예약 이메일 혹은 카톡 양식

Hello, I want to make a reservation as below;

- **NAME**(이름): GILDONG HONG
- **DATE**(날짜): 12 DEC. 2023
- **TIME**(시간):
  Around 7 pm or any time in the night
- **PAX**(인원): 2 Person

Mission in Vietnam 10 | 아는 것이 힘! 알짜 숙소를 골라보자

잠이 편해야 여행도 즐거운 법. 여행 목적과 예산, 개인 취향에 따라 어떤 숙소를 골라야 할지 심사숙고하는 일은 반드시 필요하다. 호화로운 리조트에서 저렴한 호스텔까지 알아두면 유용한 베트남 숙소 정보들을 살펴보자.

★ 리조트

주로 다낭과 호이안, 나트랑, 무이네와 같이 해변을 낀 지역에서 선호되는 숙소다. 평균적으로 무이네, 호이안, 다낭, 나트랑 순으로 비싸진다. 나트랑의 리조트들은 나트랑 시내, 메인 비치에서 멀리 떨어져 있거나 외딴 섬에 위치해 있다. 그 대신 주위 환경(특히 비치)이 좋고 시설이 뛰어나다. 다낭 리조트들은 10만 원대 중반부터 100만 원대 이상까지 가격 및 시설, 서비스가 천차만별이다. 특히 가족끼리 오붓이 지낼 풀빌라를 선호한다면 다낭 지역 리조트를 주목하자. 호이안에는 다낭보다 가성비 좋은 리조트가 많고, 중부 지역 관광지의 하이라이트인 호이안 구시가로의 접근성이 좋아 이점이 많다. 무이네 역시 다양한 가격대의 리조트들이 대거 포진해 있지만 전반적으로 다낭보다 가격대가 낮고 가성비가 훌륭해, 알뜰 여행객들이 선호한다.

★ 고급 호텔

하노이, 호찌민 시티, 다낭 시내, 나트랑 시내와 같은 대도시 쪽에선 쉐라톤, 인터콘티넨털, 노보텔, 소피텔, 힐튼 등의 세계적인 체인 호텔들을 쉽게 찾아볼 수 있다. 베트남 물가를 반영하여 4~5성급 호텔 요금 역시 '대체로' 착한 편이다. 프랑스의 지배를 받았던 과거사의 영향으로, 콜로니얼풍 인테리어를 간직하고 있는 고급 호텔들이 눈에 띈다. 하노이의 힐튼이나 소피텔 레전드, 달랏의 팰리스 호텔, 후에의 사이공 모린 호텔, 인도친 팰리스 호텔 등이 그것이다. 베트남에서만 느낄 수 있는 고풍스러운 역사적 호텔에서의 하룻밤은 독특한 추억이 될 것이다.

★ 중저가 호텔

베트남 여행을 부담스럽지 않게 만드는 것은 바로 이들 중저가 호텔들이다. 7만 원대 전후의 예산이라면, 부대시설은 부족할지라도 괜찮은 컨디션의 객실과 고급 호텔급 직원 서비스, 괜찮은 조식 3박자를 겸비한 호텔 찾기란 크게 어렵지 않다. 관광 중심의 일정에 잠만 자는 개념의 숙소를 찾는다면 4~5만 원대의 예산에서도 깨끗하고 위치 좋은 미니 호텔들을 잡을 수 있다. 같은 대도시여도 하노이가 호찌민 시티보다 숙소 수도 많고 가격도 더 저렴하다.

★ 초저가 호텔&호스텔

배낭여행자들이나 나 홀로 여행자들에게 꼭 필요한 초저가 숙소들은 보통 게스트하우스나 호스텔, 홈스테이 형식을 띤다. 허름한 시설의 2만 원대 숙소는 대도시에서 거의 찾아보기 어렵다. 따라서 도미토리룸을 대안으로 많이 선택하는데, 1만 원 전후의 가격에 조식이 포함되고, 2층 침대를 쓰며, 여럿이 한 방을 공유하더라도 각 베드마다 커튼을 칠 수 있어 개인 공간이 완벽하게 보장되는 호스텔들도 많아서 주목해 볼 만하다.

★ 지역별 숙소 상황

지역별로 숙소 상황은 천차만별이니 미리 꼼꼼하게 검색해 봐야 한다. 하노이, 호찌민 시티, 다낭, 호이안, 나트랑, 무이네는 숙소가 많고 컨디션도 좋으며 가격대도 다양하다. 반면 달랏, 후에, 퐁냐케방, 닌빈, 깟바섬, 사파는 고급 숙소 수가 매우 적고 중저가 호텔 및 호스텔 위주로 되어 있다. 후에에는 1만 원 정도에 더블룸을 쓸 수 있는 숙소도 있다. 호이안의 호스텔 도미토리는 모두 남녀 혼성 사용에 1인용 개인 침대를 써 지나치게 오픈된 느낌이 든다.

Tip | 숙소에서 경비 줄이는 꿀팁

1 다낭, 호이안, 나트랑, 푸꾸옥의 리조트들은 호텔예약 사이트보다 온라인에 기반한 한인 여행사에서 예약하는 것이 더 낫다. 1박 무료, 룸 업그레이드, 늦은 체크아웃 등의 각종 프로모션을 제공하기 때문이다.
2 늦은 밤 도착하거나 이른 아침 비행기를 이용해야 할 때나 1일 투어 등 관광 중심으로 일정이 잡힌 날 전후에는, 잠만 자는 목적으로 투숙하게 되므로 외지고 비싼 리조트보다 시내 쪽에 위치한 중저가 호텔을 이용하는 것이 경비 절약의 노하우다.

베트남을 즐기는 가장 완벽한 방법

Enjoy Vietnam

01

역사와 문화의 관광 1번지

하노이 Hanoi

》 **하노이에서 꼭 해야 할 일 체크!**

- ☐ 호찌민 단지 방문하기
- ☐ 마음에 드는 박물관 1~2개는 꼭 방문하기
- ☐ 호안끼엠 호수를 바라보며 베트남 커피 마시기
- ☐ 로컬식당에서 하노이 명물 요리 맛보기

하노이는 2천 년에 이르는 도시 역사 중 약 1천 년간 베트남의 수도 역할을 담당해 오면서 정치, 경제, 사회, 문화의 중심지이자 과거와 현재가 공존하는 베트남 제1의 도시로서 위용을 자랑하고 있다. 하노이 관광의 핵심은 호찌민 단지다. 베트남 민족운동의 지도자이자 북베트남의 대통령을 지낸 호찌민의 묘(김일성 등과 마찬가지로 방부 처리돼 대중들에게 공개되고 있다)와 그가 거주했던 저택들, 호찌민 박물관 등은 단순한 볼거리 이상으로 베트남의 역사를 이해하는 데 큰 도움을 준다. 그 외에도 호아로 수용소, 민족학박물관, 역사박물관, 여성박물관 등 베트남 최고의 박물관들이 다양한 테마들로 세워져 있어 볼거리는 더욱 늘어난다.

하노이는 300여 개의 호수가 있어 일명 '호수의 도시'라고도 불리는데, 그 가운데 가장 큰 호수 서호와 관광객들의 랜드마크로 자리 잡은 호안끼엠 호수는 밤낮 가릴 것 없이 현지인과 관광객들로 북적거린다. 하노이의 서민 생활이 궁금하다면 구시가를 방문해 보도록 한다. 저렴한 숙소와 식당, 바, 기념품숍, 환전소 등은 물론 현지인들의 생활용품 가게들이 골목마다 빼곡히 들어서 있다. 특히 동쑤언 시장과 주말 밤에만 열리는 야시장 역시 여행객들에게 인기를 끌고 있다. 골목골목을 따라 플라스틱 의자를 내다 놓은 로컬 음식점과 프랑스의 영향을 받아 프렌치 레스토랑, 카페들도 쉽게 찾아볼 수 있는데 시원한 쌀국수 퍼와 분짜에 베트남식 커피를 맛보고 저녁에는 정통 프렌치 레스토랑에서 멋진 파인 다이닝을 즐기는 미식탐험 또한 하노이에서 빼놓지 말아야 할 즐거움 중 하나이다.

인터콘티넨털 하노이 웨스트 레이크
쉐라톤 하노이
노이바이 국제공항
조마 베이커리 카페
L7 웨스트 레이크 하노이
롯데몰(롯데마트) 서호점
서호
Hanoi West Lake
팬퍼시픽 하노이
Pan Pacific Hanoi
쩐꾸옥 사당
Chùa Trấn Quốc
꽌탄 사당
Đền Quán Thánh
베트남 민족학박물관
주석궁
Phủ Chủ Tịch
호찌민 관저
Nhà Sàn Bác Hồ
호찌민 관저 매표소
바딘 광장
Quảng Trường Ba Đình
탕롱(하노이) 제국주의 시대의 성채
Hoàng Thành Thăng Long
호찌민 묘
Lăng Chủ Tịch Hồ Chí Minh
호찌민 박물관
Bảo Tàng Hồ Chí Minh
원주탑
Chùa Một Cột
롯데 센터 하노이
롯데호텔 하노이
팀호완
레닌 광장
Lenin Park
베트남 군역사박물관
Bảo Tàng Lịch Sử Quân Sự Việt Nam
베트남 국립미술관
Bao Tang My Thuât Viêt Nam
문묘
Văn Miếu
하노이 기찻길
Hanoi Train Street
하노이 기차역
롱비엔 버스터미널
(공항 · 밧짱 도자기 마을행)
롱비엔 기차역
동쑤언 시장
Chợ Đồng Xuân
하노이 구시가 (여행자 거리)
메가 그랜드월드 하노이
롱비엔 철교 Cầu Long Biên
Cầu Chương Dương
환전소 (금은방) 거리
탕롱 수상인형극
Nhà Hát Múa Rối Thăng Long
미스 클라우드 트래블 에이전시
응옥선 사당
Đền Ngọc Sơn
호안끼엠 호수
Hoan Kiem Lake
꽌쓰사
Chùa Quán Sứ
성 요셉 대성당
Nhà Thờ Lớn Hà Nội
하노이 타워
Hanoi Tower
베트남항공
소피텔 레전드 메트로폴 하노이
Sofitel Legend Metropole Hanoi
베트남 혁명박물관
Bảo Tàng Cách Mạng
하노이 공안박물관
Bảo Tàng Công An Hà Nội
호아로 수용소
Nhà Tù Hỏa Lò
하노이 오페라 하우스
Nhà Hát Lớn Hà Nội
베트남 역사박물관
Bảo Tàng Lịch Sử Quốc Gia
베트남 여성박물관
Bảo Tàng Phụ Nữ Việt Nam
서호 주변
호안끼엠 호수 주변
후지 마트
Yên Phụ
Nghi Tàm
Thanh Niên
Quán Thánh
Hoàng Hoa Thám
Phan Đình Phùng
Trần Nhật Duật
Hàng Gà
Hàng Lược
Hàng Đào
Hàng Bồ
Hàng Gai
Hoàng Diệu
Nguyễn Tri Phương
Điện Biên Phủ
Chu Văn An
Nguyễn Thái Học
Lê Duẩn
Phan Bội Châu
Tràng Thi
Hai Bà Trưng
Lý Thường Kiệt
Trần Hưng Đạo
Hàng Khay
Đinh Tiên Hoàng
Lý Thái Tổ
Trần Quang Khải
Hàng Bài
Phan Chu Trinh
Hàm Long
Nguyễn Du
Trần Nhân Tông
Trần Xuân Soạn
Khâm Thiên
Tôn Đức Thắng
Trần Khánh Dư
Nguyễn Khoái
Hòa Mã
Lò Đúc
Huế
Trần Khát Chân
Đại Cồ Việt
N
하노이
1 Quang Trung
2 Bà Triệu

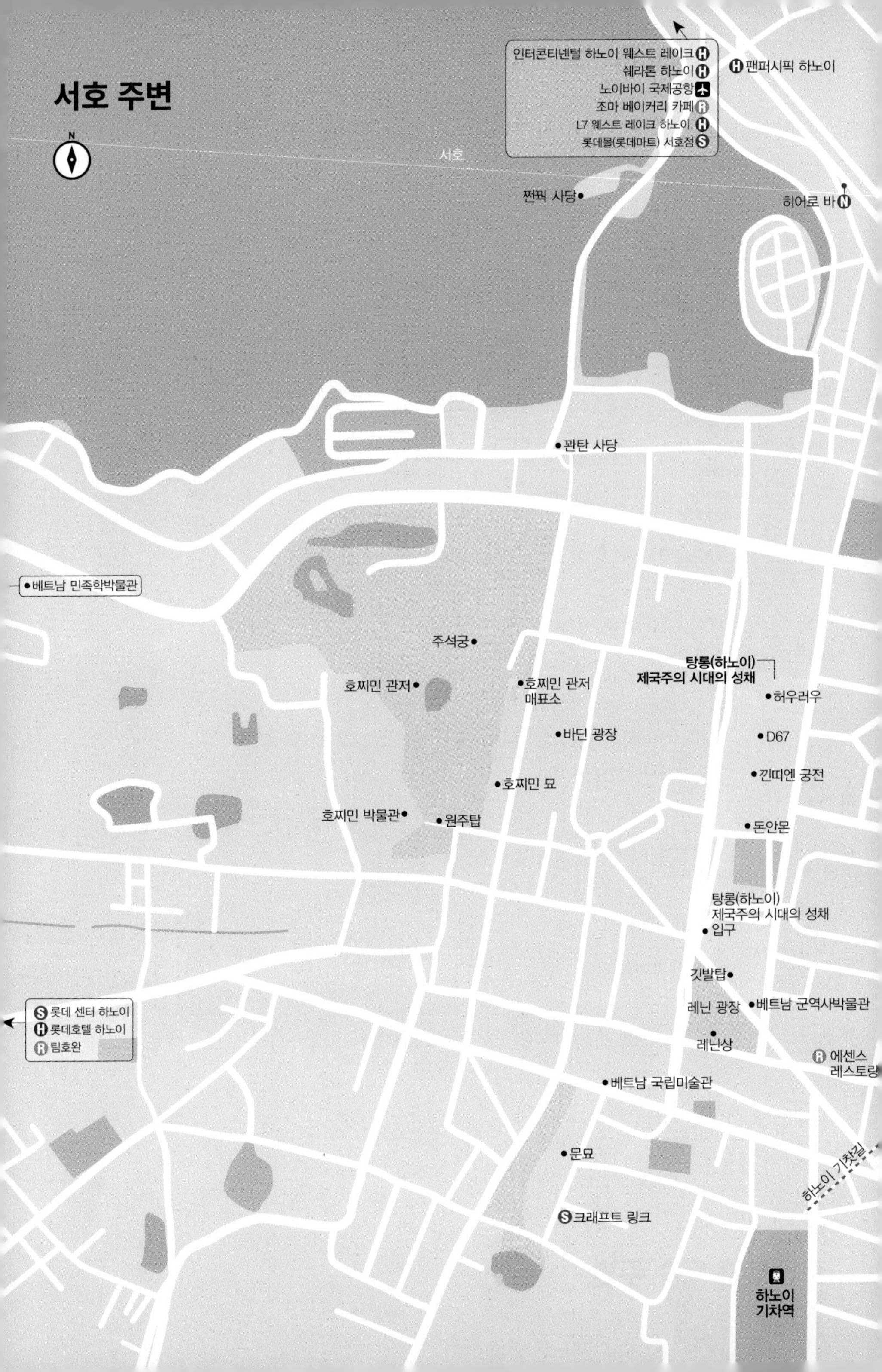

서호 주변
N
서호
인터콘티넨털 하노이 웨스트 레이크
쉐라톤 하노이
노이바이 국제공항
조마 베이커리 카페
L7 웨스트 레이크 하노이
롯데몰(롯데마트) 서호점
팬퍼시픽 하노이
쩐꾸억 사당
히어로 바
꽌탄 사당
베트남 민족학박물관
주석궁
호찌민 관저
호찌민 관저 매표소
탕롱(하노이) 제국주의 시대의 성채
허우러우
바딘 광장
D67
호찌민 묘
낀띠엔 궁전
호찌민 박물관
원주탑
돈안몬
탕롱(하노이) 제국주의 시대의 성채 입구
깃발탑
레닌 광장
베트남 군역사박물관
레닌상
롯데 센터 하노이
롯데호텔 하노이
팀호완
에센스 레스토랑
베트남 국립미술관
문묘
하노이 기찻길
크래프트 링크
하노이 기차역

호안끼엠 호수 주변
노이바이 국제공항
롱비엔 버스터미널
(공항 · 밧짱 도자기 마을행)
롱비엔 철교 Cầu Long Biên
하노이 구시가
(여행자 거리)
롱비엔 기차역
따이런 짜 꽌
동쑤언 시장
메이플라워 호텔 하노이
꽌 프엉베오
반다꾸어 꼬텀
짜까 라봉
반꾸온 쟈 쭈웬 탄 반
반미 25
박마 사당
1900 르테아트르
맥주 거리
하노이 라시에스타 호텔&스파
레드빈 마머이
라 스파 마머이 지점
껌슨 47
콩 카페
득롱 도네르 케밥
스모추 스테이크
서린 부티크 호텔&스파
뉴데이 레스토랑
분짜타
라시에스타 프리미엄 호텔
라 스파 항베 지점
클라우드 나인 레스토랑
미스 클라우드 트래블 에이전시
하노이 에스플랜도르 호텔&스파
홍호아이 레스토랑
환전소 (금은방) 거리
콩 카페
쏘이 옌
깟바 익스프레스
카페 지앙
마머이 82번지 고가
퍼 짜쭈옌
짜까 탕롱
콩 카페
넥시 호스텔
사파 익스프레스
분보남보
신또 호아베오
콩 카페
분짜 닥낌
미도 스파
전기차 투어 매표소
라이스 비스트로
실크 스트리트
핸디 크래프트
동낀 응이아툭 광장
탕롱 수상 인형극
하노이 파라다이스 센터 호텔&스파
하노이 골든 레전드 다이아몬드 호텔
퍼 10 리꿕수
탄미 디자인
피자 포피스
응옥선 사당
케이비젼투어
반 쑤언 발마사지
센스파 하노이
어메이징 하노이
미도리 스파
나구 기프트&카페
BRG마트
성 요셉 대성당
더크래프트 하우스
콩 카페
콜렉티브 메모리
호안끼엠 호수
하노이 기차역
후지 마트
라바디안
꽌안응온
자스파스
하노이 타워
베트남항공
칼리나 카페
소피텔 레전드 메트로폴 하노이
호아로 수용소
꽌쓰사
하노이 공안박물관
피자 포피스
짱띠엔 플라자
껨짱띠엔 35
베트남 혁명박물관
베트남 역사박물관
하노이 오페라 하우스
베트남 여성박물관
콩 카페
분짜 흐엉리엔
퍼틴
맨션 비
Quán Thánh
Hòe Nhai
Phan Đình Phùng
Hàng Đậu
Hàng Cót
Hàng Giấy
Nguyễn Thiện Thuật
Hàng Khoai
Nguyễn Tư Giản
Hàng Lược
Thanh Hà
Trần Quang Khải
Lý Nam Đế
Phùng Hưng
Hàng Chiếu
Hàng Mã
Đào Duy Từ
Cầu Chương Dương
Hàng Buồm
Hàng Vải
Bát Sứ
Thuốc Bắc
Hàng Ngang
Lương Ngọc Quyến
Mã Mây
Nguyễn Khiết
Bát Đàn
Hàng Bạc
Hàng Đào
Lương Văn Can
Gia Ngư
Hàng Tre
Phúc Tân
Hàng Quạt
Nguyễn Hữu Huân
Hàng Nón
Hàng Thùng
Hàm Tử Quan
Nguyễn Văn Tố
Hàng Dầu
Hàng Gai
Bạch Đằng
Ngõ Trạm
Hà Trung
Trần Phú
Lý Quốc Sư
Hàng Vôi
Lý Thái Tổ
Vọng Hà
Chương Dương Độ
Trần Nguyên Hãn
Nhà Thờ
Hàng Bông
Tràng Thi
Đinh Tiên Hoàng
Lê Lai
Lê Thạch
Tông Đản
Ngô Quyền
Nhà Chung
Lê Thái Tổ
Thợ Nhuộm
Đinh Lễ
Hai Bà Trưng
Lý Thường Kiệt
Quang Trung
Tràng Tiền
Quán Sứ
Trần Hưng Đạo
Phạm Ngũ Lão
Lê Thánh Tông
Yết Kiêu
Trần Bình Trọng
Liên Trì
Bà Triệu
Hàng Bài
Phan Chu Trinh
Phan Huy Chú
Hàn Thuyên

1 하노이 드나들기

비행기

》 국제선

인천공항에서는 대한항공과 아시아나, 베트남항공을 비롯해 저비용 항공사인 제주항공, 비엣젯(베트남)이 운항 중으로, 비행시간은 총 4시간 30분 정도다. 또한 부산에서는 비엣젯과 베트남항공을 이용할 수 있다.

》 국내선

베트남의 수도인 만큼 한국인이 방문하는 모든 관광지와 비행기로 연결된다. 운행 항공사는 베트남 국영 항공사인 베트남항공과 저비용 항공사인 비엣젯이 있다. 항공기 국내선에 관한 자세한 정보는 p.437 참고.

기차

하노이를 중심으로 북쪽으로는 사파, 남쪽으로는 닌빈, 후에, 다낭, 나트랑, 호찌민 시티와 연결된다. 하노이 기차역은 호아로 수용소 인근에 위치해 있어 접근이 편리하다. 하이퐁행 열차는 구시가에 있는 롱비엔 기차역에서 탑승한다. 기차 이용에 관한 자세한 정보는 p.439 참고.

버스

다낭, 후에 등 중부 도시에서 버스를 타고 하노이에 들어오는 경우(혹은 그 반대의 경우) 13시간 이상 소요되기 때문에, 비행기를 선호한다. 후에와 하노이 사이에 위치한 퐁냐케방 국립공원, 닌빈 등을 방문한 후 최종 하노이로 들어갈 경우, 숙소나 여행사, 혹은 베트남 버스 티켓 예약 사이트(혹은 애플리케이션 이용) vexere.com을 통해 버스표를 예약한다.

사파-하노이 간 버스 운행을 하는 사파 익스프레스를 비롯해 4~5곳의 업체들이 있다. 깟바섬은 깟바 익스프레스처럼 버스-페리-버스를 연계해 주는 서비스를 이용하는 것이 좋다. 하노이-하롱베이 구간은 하노이 미딘 버스터미널Bến xe Mỹ Đình에서 출도착하는 버스를 이용하거나, vexere.com 혹은 클룩klook을 통해 리무진(구시가 내 호텔 픽드롭 가능)을 예약하면 된다.

2 공항에서 시내 이동하기

택시

국제공항 신청사에서 나와 택시 스탠드로 가 탑승하면 시내까지 대체로 40만 동 전후로 나온다. 소요시간 약 40분(정체가 없는 경우). 하지만 택시기사들이 미터기 속이기, 돌아가기, 돈 가로채기 등의 문제를 자주 일으키는 편이다. 택시 대신 카카오 택시 같은 그랩Grab을 많이 이용한다. 탑승 전 가격을 알 수 있고 카드 결제 가능하며(앱에 카드 저장 필수) 운전사 신원이 확실하다는 점에서 안심할 수 있다. 그랩 사용법은 p.441 참고. 택시나 그랩 모두 톨게이트 사용료(1만 4천 동)를 추가로 지불해야 한다.

픽업 서비스

예약한 호텔이나 여행사에 픽업 서비스를 신청하거나, 공항 픽드롭을 전문으로 하는 업체를 이용할 수 있다. 최근에는 여행 관련 온라인 플랫폼 클룩KLOOK의 픽드롭 서비스를 많이 이용한다.

일반 버스

국제공항을 나와 길을 하나 건넌 후 왼쪽 끝으로 가면, 86번 공항버스를 탈 수 있다. 하노이 공항(05:30~20:30)–롱비엔 버스터미널–하노이 구시가(여행자 거리)–하노이 오페라 하우스–하노이 기차역(07:00~22:00) 간을 운행하며 편도 4만 5천 동. 약 45분 소요. 그 외 목적지에 따라 7번, 17번, 90번 등의 일반 버스를 이용할 수 있는데, 하노이 버스 앱 BusMap을 다운받아 참고하면 된다.

3 시내에서 이동하기

택시

하노이는 바가지요금이 심하므로, 녹색의 마이린 택시처럼 믿을 만한 대형 업체, 혹은 그랩 카(베트남의 카카오 택시) 이용을 추천한다. 택시 이용 시 주의점(필독!)은 p.440, 그랩 카 이용 방법은 p.441 참고.

버스

거리에 상관없이 8~9천 동(에어컨 버스)이다. 탑승 후 차장이 요금을 걷으러 오며 하차 전 벨을 누른 후 뒷문으로 내리면 된다. 하노이 버스 앱 BusMap이 굉장히 잘돼 있기 때문에, 이거 하나면 못 갈 곳이 없다. 시내 곳곳 모든 관광지 및 공항, 기차역, 미딘 터미널(하롱베이 이동 시), 롯데마트 등 안 닿는 곳이 없어 매우 편리하다.

기타

그 외 오토바이 택시 쎄옴과 관광용 씨클로(구시가 내)가 있다. 2가지 모두 바가지요금에 주의해야 하며, 쎄옴을 탈 예정이라면 그랩 앱을 이용해 그랩 바이크를 부르는 것이 더 저렴하고 안전하다.

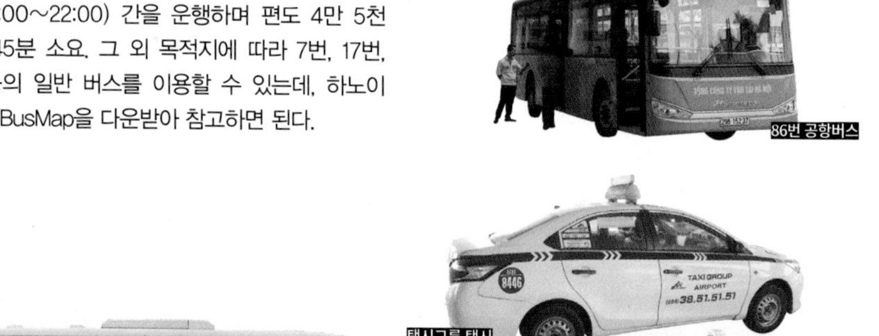

86번 공항버스
택시그룹 택시
마이린 택시

일반 버스

4 기타 정보

환전

국내에서 달러로 환전(50달러나 100달러짜리 지폐)한 후 현지에서 다시 베트남 동VND으로 재환전하는 것이 환율 면에서 더 낫다. 하노이 국제공항 도착홀에는 많은 환전소들이 있는데, 예전과 달리 환율도 좋아져 시내와 큰 차이를 보이지 않는다. 매일 환율이 변하기 때문에 어느 한 곳이 늘 환율이 좋다고 말할 수 없다. 공항 내부가 작으므로 직접 환전소를 돌아다니며 환율을 비교해 보자. 커미션이 없는지No Commission 확인하는 것은 필수다. 단돈 몇천 원이라도 아끼고 싶다면 구시가의 항박 거리에 모여 있는 금은방들(그중 Quang Huy가 유명)을 이용한다. 이곳 역시 부르는 환율이 제각각이므로 몇 군데 돌아다니며 환율을 비교해야 한다. 달러 환율이 강세인 경우, 한국 돈 5만 원권을 가져가 베트남 동으로 환전하는 것도 나쁘지 않다. 최근에는 현지 ATM에서 베트남 동을 직접 인출하는 방법을 선호하는 편이다. ATM 사용법은 p.435 참고.

하노이 시티투어버스

유럽의 여느 관광도시처럼, 붉은색 2층 투어버스(오픈형)가 시내 주요 관광지를 운행하고 있다(09:00~17:00). 정해진 시간 동안 무제한 승하차가 가능하고, 한국어 오디오가이드 서비스가 제공된다. 요금은 4시간 30만 동, 24시간 45만 동. 60분 동안 하차 없이 명소들을 돌아보는 버스투어(한국어 오디오가이드 포함, 15만 동)도 있다. 호안끼엠 호수 북단, 분수광장(하일랜드 커피숍 건물 쪽) 근처에 매표소와 정류소가 있다. 자세한 정보는 홈페이지 www.hopon-hopoff.vn 참고.

전기차 투어

골프 카트와 같은 전기차를 타고 호안끼엠 북쪽 구시가 일대 혹은 호안끼엠 호수와 남쪽(하노이역에서 오페라 하우스까지)을 돌아보는 투어버스다. 공식적으로는 총 3가지의 노선이 있으며, 매표소 옆 지도를 보고 원하는 코스를 말하면 된다. 그렇지 않은 경우, 일반적으로 호안끼엠 호수 일대를 도는 코스로 진행된다. 1시간 기준, 1대당 36만 동. 매표소는 호안끼엠 호수 북단, 탕롱 수상인형극장 건너편에 위치한다(흰색 전기차들이 주차돼 있어 한눈에 알 수 있다).

여행사

호안끼엠 호수 북단에 위치한 여행자 거리 중 항베Hang Be 거리와 마머이Ma May 거리, 르엉응옥꾸옌Luong Ngoc Quyen 거리에 여행사들이 대거 포진해 있다. 한국인 여행사로는 케이비젼투어가 있다. 한국인이 항시 상주하여 투어 상담을 돕고 있다. 한국인들이 믿고 찾는 로컬 여행사로는 미스 클라우드Ms Cloud가 있다. 가격도 착하고 서비스도 만족스러우며, 카톡으로 소통(영어 사용)도 문제없다.

케이비젼투어 K Vision Tours

주소 7 P. Chan Cam, Hang Trong, Hoan Kiem, Ha Noi
위치 성 요셉 대성당에서 도보 4분
전화 093-508-2402 **카카오톡 ID** hanoi2402
홈피 blog.naver.com/visiontourvn

미스 클라우드 Ms Cloud Travel Agency

주소 7 Ng. Hang Hanh, Hang Trong, Hoan Kiem, Hanoi
위치 호안끼엠 호수 북단 동킨 응이아툭 광장에서 도보 2분
전화 096-602-2987 **카카오톡 ID** mscloudtravel
홈피 mscloudtravelagency.com

5 하노이 추천 일정

하노이 관광의 하이라이트는 호찌민 묘를 비롯한 호찌민 관련 장소들이다. 그 외 세계문화유산에 등재된 탕롱(하노이) 성채, 호아로 수용소, 문묘, 그리고 프랑스풍 건축물들과 각종 박물관들을 취사선택해 돌아보면 된다. 어떤 박물관을 선택해 돌아보느냐에 따라 소요시간은 달라진다. 하노이에서 가장 주목해 볼 만한 박물관 3곳을 포함하여 일정을 잡으면 다음과 같다. 하노이의 박물관들은 전시 내용도 좋고 입장료도 저렴하므로 하루쯤 더 시간을 내 모든 박물관을 돌아보는 것도 좋다. 그 외 하롱베이, 사파, 땀꼭 등 투어를 추가하면 북부 여행이 완성된다.

1일 차

09:00
호찌민 단지
호찌민 묘 -
주석궁과 호찌민 관저 -
호찌민 박물관 - 원주탑
(p.74, 75)
12:00
점심-짜까 탕롱
하노이의 명물,
가물치 요리 맛보기
(p.95)
13:00
탕롱(하노이) 성채
1천 년의 역사를 간직한
유네스코 세계문화유산
(p.76)
(관심에 따라 선택)
베트남 군역사박물관
베트남 국립미술관
베트남 전쟁과 수준 높은
베트남 미술에 관심이 있다면!
(p.82, 84)
14:30
문묘
공자 위패를 모신
베트남 최초의 대학
(p.78)
16:00
베트남 민족학박물관
소수민족들이 직접 만든
전통 가옥을 한자리에
(p.81)

2일 차

10:00

서호와 쩐꿕 사당

하노이에서 가장 큰 호수와
가장 오래된 절

(p.81)

11:00

하노이 구시가

현지인의 생활 문화 체험부터
쇼핑, 맛집 투어까지 한 번에

(p.103)

13:00

응옥선 사당

붉은 다리가 아름다운
하노이 최고의 포토존

(p.78)

점심

14:00

하노이 오페라 하우스

파리 오페라 하우스를
모델로 한 문화의 전당

(p.79)

14:20

베트남 역사박물관

수준 높은 예술품과
베트남 역사의 만남

(p.82)

(관심에 따라 선택)

베트남 여성박물관

트립어드바이저도 추천한
여성들의 필수 방문 코스

(p.83)

16:00

꽌쓰사

경내가 아름다운
노란빛의 불교 사찰

(p.77)

16:30

호아로 수용소

잔혹한 수용소의
실상을 한눈에!

(p.77)

17:30

성 요셉 대성당

아름다운 스테인드글라스와
화려한 내부 장식이 인상적인 곳

(p.79)

★★☆

GPS 21.036919, 105.834655

호찌민 묘 Lăng Chủ Tịch Hồ Chí Minh

1969년 사망한 베트남의 영웅 호찌민의 시신이 방부 처리돼 안치돼 있다. 생전에 호찌민은 자신이 사망한 후 거창한 장례식 말고 소박하게 화장을 해달라고 요청했지만, 레닌이나 스탈린, 모택동, 김일성 같은 공산주의 국가의 지도자들처럼 매년 엄청난 비용을 들여가며 시신을 대중들에게 공개하고 있다. 실내는 사진 촬영이 불가하며, 복장 및 입장시간이 철저하게 제한되므로 방문 계획이 있다면 단정한 옷차림을 갖추고 되도록 일찍 도착하도록 한다. 1년 중 일정 기간은 시신 및 시설 보수를 위해 휴관한다.

주소 Hung Vuong, Ba Dinh, Hanoi
위치 호찌민 박물관 서쪽 입구에 대기 줄을 선 후 차례로 입장. 응옥하(Ngoc Ha) 거리 19번지 19
운영 4~10월 07:30~10:30, 11~3월 08:00~11:00
휴무 월·금요일
요금 무료

Tip | 호찌민 단지

호찌민의 묘와 박물관, 주석궁, 호찌민이 죽기 전까지 살았던 집 등 그와 관련된 시설물들이 서로 아래쪽에 한데 모여 있는데, 이곳을 통칭하여 호찌민 단지Ho Chi Minh Complex라고도 한다.

★★☆

GPS 21.035756, 105.832652

호찌민 박물관 Bảo Tàng Hồ Chí Minh

베트남 독립의 전 국가적인 영웅 호찌민 주석의 탄생 100주년을 기념하여 1990년에 개장한 박물관이다. 외관은 연꽃을 상징하며, 총 3층으로 구성돼 있는데 1층에는 회의실이 있고, 2층에는 호찌민과 베트남 전쟁에 관련된 특별전이 기획, 전시되고 있다. 3층에 올라서면 거대한 호찌민 동상이 정면에 보이는데, 사실 여기서부터 본격적으로 호찌민 박물관이 시작된다고 봐도 무방하다. 박물관은 호찌민의 삶과 정치적 활동, 호찌민 시대 베트남 사람들의 삶과 투쟁, 호찌민에게 영향을 미친 역사적 사건 등 총 3개의 테마로 나눠져 있다. 베트남 전국에 있는 동일한 콘셉트의 박물관과 마찬가지로 호찌민과 베트남 독립에 관련된 역사적 자료와 사진들, 호찌민의 유품들 등이 전시돼 있지만, 단순히 자료 전시에만 급급하지 않고, 전달하려는 메시지를 조각으로 상징화하고 보다 시각적인 자료들을 예술적으로 디스플레이해 놓아 호찌민 박물관 중 최고라 할 수 있다.

주소 19 Ngoc Ha, Ba Dinh, Hanoi
위치 바딘 광장 남단부에서 쭈어 못꼿(Chua Mot Cot) 거리를 따라 진입
운영 08:00~12:00, 14:00~16:30
휴무 월·금요일
요금 4만 동

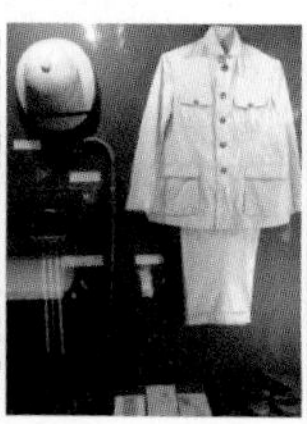

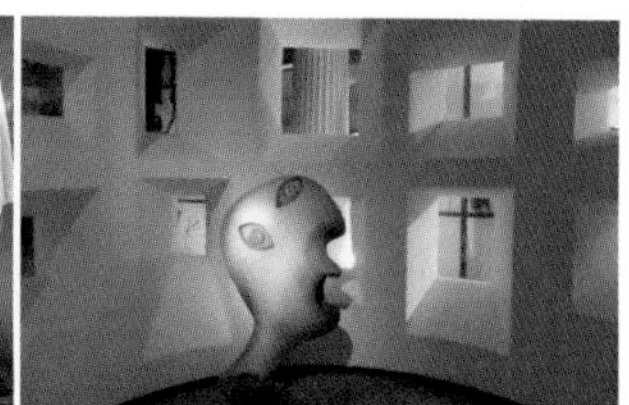

★★★

GPS 21.038226, 105.833142

주석궁과 호찌민 관저 Phủ Chủ Tịch & Nhà Sàn Bác Hồ

1908년 프랑스 식민지 시대에 건축된 이 건물은 당시 프랑스 총독의 관저로 사용되었다. 그리고 1954년 베트남이 프랑스로부터 독립한 후에는 주석궁으로 쓰일 예정이었는데 소박한 삶을 사랑했던 호찌민은 그 근처에 있던 작은 전기공의 집을 선택해 1958년까지 지냈다. 또, 1858년부터 그가 사망한 1969년까지는 다시 근처 호숫가에 있는 목재 2층집으로 옮겨 가 생활했는데, 당시 그가 사용했던 가구들과 생활용품들이 그대로 남아 있어 더욱 흥미롭다.

주소 **주석궁**
2 Hung Vuong, Ba Dinh, Hanoi
호찌민 관저
So 1 Ngo Bach Thao, Ba Dinh, Hanoi
위치 입구는 바딘 광장에서 호찌민 묘를 바라보고 그 오른쪽에 위치
운영 **주석궁** 내부 관람 불가
호찌민 관저
07:30~11:00, 13:30~16:00
휴무 월요일 오후
요금 4만 동

★☆☆

GPS 21.037437, 105.836171

바딘 광장 Quảng Trường Ba Đình

1945년 9월 2일 호찌민이 베트남 독립 선언서를 낭독했던 곳으로, 호찌민 묘와 주석궁 등 호찌민과 관련된 장소 및 각종 정부 청사들이 이웃하여 자리하고 있다. 이곳에서는 매시 정각에 경비병 교대식이 거행되는데, 화려하지는 않아도 절제된 동작과 근엄한 분위기가 여행자들에게 특별한 볼거리를 제공한다.

주소 Ba Dinh, Hanoi 위치 호찌민 묘 앞

★★☆

GPS 21.035952, 105.833616

원주탑 Chùa Một Cột

베트남 국보 1호로, 1049년 리 왕조 제2대 왕이 관음보살의 꿈을 꾼 후 마침내 아들을 얻게 된 것을 감사하고 장수와 복을 기원하며 건축했다. 하나의 큰 기둥 위에 사당을 얹은 구조는 연못 위에 줄기를 세우고 꽃을 틔운 연꽃을 재현했다. 현재의 탑은 1954년 프랑스 군대에 의해 파손되었다 그다음 해 복원된 것이다. 현지인들은 소원 성취를 기원하며 이곳을 방문한다. 한국인 관광객도 많아 막상 탑 위로 올라가려면 기다려야 할 때도 있다.

주소 8 Chua Mot, Ba Dinh, Hanoi
위치 호찌민 박물관과 호찌민 묘 사이 (호찌민 박물관 들어가기 전 오른쪽)
운영 07:00~18:00
요금 무료

★★☆ 유네스코 세계문화유산

GPS 21.037077, 105.839906

탕롱(하노이) 제국주의 시대의 성채 Hoàng Thành Thăng Long

7세기 중국의 당 왕조가 세운 성채 유적 위에 1010년 베트남의 리 왕조가 다시 새로운 성을 세워 서로 다른 문화 양식이 한곳에 공존하는 독특한 양상을 보였다. 하지만 프랑스의 식민 지배가 시작되면서 왕궁을 비롯해 대부분의 건물이 파괴되고 그 자리에 신고전주의 양식의 유럽식 건축물이 들어섰다. 또한 미군이 개입되고 베트남이 남북으로 갈라져 싸운 제2차 독립전쟁 중에는 북베트남군이 이곳에 작전 본부를 세우기도 했다. 이처럼 탕롱(리 왕조 당시 하노이의 이름) 제국주의 시대의 성채(흔히 시타델Citadel이라고 부른다)는 베트남의 굵직한 역사를 고스란히 간직하고 있는 곳으로, 2010년 세계문화유산에 등재되었다.

성채를 방문하면 가장 먼저 마주하게 되는 것은 **도안몬**Doan Mon('남쪽 문'을 뜻함)으로, 깃발탑과 낀티엔 궁전Dien Kinh Thien을 잇는 중심축 선상에 위치해 있다. 도안몬에는 3개의 아치문이 있는데, 가장 큰 가운데 문은 황제가 드나들고 양쪽의 작은 문은 궁정 대신들과 왕족들이 이용하였다. 도안몬 바로 뒤에는 리 왕조 때(11~12세기) 것으로 추정되는 돌길이 지하 1.9m 아래서 발굴되었는데, 방문객들은 투명한 유리 바닥 위에 서서 이를 살펴볼 수 있다. 도안몬 뒤에는 본래 황제가 사용했던 **낀티엔궁**이 위치해 있었는데 옛 모습을 간직하고 있는 것은 용 모양이 새겨진 석조 계단뿐, 지금은 프랑스식 건물들이 그 자리를 차지하고 있다. 이곳에는 성채 유적에서 발굴된 고고학적 유물들이 전시돼 있다. 낀티엔궁을 지나 좀 더 안쪽으로 들어가면 **D67건물**이 나온다. 안쪽에는 호찌민을 중심으로 한 북베트남군의 작전 회의실과 지하 벙커가 있고, 당시 전쟁과 관련된 각종 소품 및 자료들이 전시돼 있다. 성채에서 방문객들에게 공개된 구역 가장 안쪽에 위치한 **허우러우**Hau Lau는 후에로 수도를 옮겨 간 황제가 하노이의 성채를 방문할 때 함께 동행했던 후궁의 거처로 사용되었지만, 19세기 말 지금의 모습을 띠게 되었다. 하지만 9세기부터 20세기에 이르는 건축 양식들을 모두 아우르고 있기 때문에 역사적 중요성을 간과할 수 없다.

주소 Quan Thanh, Ba Dinh, Hanoi
위치 베트남 군역사박물관 뒤쪽. 호찌민 묘에서 디엔비엔푸(Dien Bien Phu) 거리를 따라 내려오다 호앙지에우(Hoang Dieu) 거리로 진입하면 성채 입구가 나온다.
운영 08:00~17:00
요금 7만 동

★★★

GPS 21.025440, 105.846594

호아로 수용소 Nhà Tù Hỏa Lò

프랑스 식민 지배 아래 있던 19세기 후반, 베트남 지식인들의 독립 열기가 거세지면서 프랑스 정부는 이들의 저항을 제지하기 위해 당시 하노이에서 가장 큰 호아로 수용소를 세웠다. 이후 베트남 독립운동에 참여했던 수많은 정치 인사들이 이곳에 수용되었지만 비인간적인 환경과 잔인한 고문 속에서 저항의 의지는 더욱 커져갔고 수용자 간의 정치 학습이 이뤄지면서 수용소는 일종의 '혁명 학교'가 되었다. 1993년 베트남 정부는 수용소로 사용됐던 건물 일부를 하노이의 독립 혁명 유적지로 재단장해 대중들에게 공개하기로 결정했다. 이에 따라 당시 수용소 내부 모습을 최대한 복원하고 수용자들의 생활 모습을 짐작게 하는 마네킹과 단두대를 비롯한 각종 고문 도구, 사진 자료들을 활용해 잔인했던 수용소 내 참상을 생생하게 전달하고 있다.

주소 18 Hoa Lo, Hoan Kiem, Hanoi
위치 꽌쓰사(Chua Quan Su)와 하노이 타워에서 5분 거리
운영 08:00~17:00
요금 5만 동(오디오 가이드 10만 동)

★☆☆

GPS 21.024537, 105.845426

꽌쓰사 Chùa Quán Sứ

15세기에 지어진 불교 사찰로, 본래는 라오스와 참파 왕국에서 온 사절단들을 맞이하는 대사관이었다. 이후 불교를 믿는 대사들을 위해 사찰이 추가 건축되었다. 하지만 대사관은 화재로 소실되었고 이 절만이 남아 오늘에 이르고 있다. 노란빛의 아름다운 사찰 경내에는 향을 피우고 제물을 바치며 행운과 평안을 기원하는 현지인 신자들로 인산인해를 이룬다.

주소 73 Quan Su, Hoan Kiem, Hanoi
위치 호아로 수용소와 하노이 타워에서 5분 거리
운영 07:30~11:30, 13:30~17:30
요금 무료

★★☆

문묘 Văn Miếu

GPS 21.029392, 105.836160

베트남 최초의 대학으로도 알려진 이곳은 1070년 공자와 그의 제자들을 기리기 위해 처음 세워졌으며, 이후 베트남 최초의 유학자로 알려진 주반안Chu Van An의 상까지 모셔져 명실상부한 베트남 유학의 본산지라 할 수 있다. 문묘의 핵심은 공자의 위패를 모신 대성전이지만, 베트남 관광객들의 더 큰 관심을 받는 것은 정원에 들어선 82개의 거대한 거북이 받침 석비다. 여기에는 리 왕조 때부터 3년마다 치러진 과거에서 탁월한 성적을 낸 졸업생 1,307명의 이름과 생년월일, 업적이 기록돼 있는데, 이 비석을 만지는 사람은 시험에서 좋은 결과를 얻을 수 있다는 믿음이 전해져 내려오면서 수많은 수험자들이 이곳을 방문하고 있다.

주소 58 Quoc Tu Giam, Dong Da, Hanoi
위치 베트남 국립미술관을 등지고 길 건너 문묘 담을 따라 600m쯤 가서 오른쪽
운영 08:00~17:00
요금 7만 동, 한국어 오디오 가이드 10만 동

★★☆

응옥선 사당 Đền Ngọc Sơn

GPS 21.030796, 105.852323

하노이 여행의 이정표 역할을 하는 호안끼엠 호수 섬 안에 있는 사당이다. 몽골군을 격퇴한 베트남의 영웅 쩐흥다오Tran Hung Dao와 유교 및 도교의 성자들을 섬긴다. 여기에는 1968년에 잡힌 2m가량의 거대한 거북이 박제돼 있는데, 유독 거북이 많이 서식하는 이 호수에서 대대로 거북과 관련된 전설이 내려오고 있어 신성시되고 있다. 사당으로 들어가는 다리는 '따뜻한 아침 햇살'이라는 뜻을 갖고 있을 만큼 붉은색이 인상적이라, 사진 찍는 사람들로 항상 인산인해를 이룬다. 어둠이 내리면 붉은 조명을 밝히는 다리는 낮보다 더 강렬한 인상을 남기므로 근처에 숙소가 있다면 저녁 산책 삼아 꼭 한번 가보자.

주소 Dinh Tien Hoang, Hoan Kiem, Hanoi
위치 호안끼엠 호수 북단(구시가 아래)
운영 08:00~18:00
요금 성인 5만 동, 15세 이하 무료

Tip | 거북 전설

황제 레러이Le Loi가 중국 명나라와 전쟁을 벌일 때 거북이 건네준 마술 검을 휘둘러 승전을 거뒀다. 이후 황제가 이곳에서 뱃놀이를 즐기는데 그 거북이 다시 나타났지만 검과 함께 사라져 버렸다는 이야기.

★★☆ GPS 21.028913, 105.848922

성 요셉 대성당 Nhà Thờ Lớn Hà Nội

1886년 건축된 네오고딕 양식의 성당으로 파리의 노트르담 대성당에서 영감을 받았다. 실내에는 섬세하고 화려한 금장식과 스테인드글라스가 한데 어우러져 유럽의 어느 성당 못지않게 아름답다. 성당 앞에는 마리아상이 서 있고, 그 주변으로 많은 카페와 레스토랑, 숍들이 들어서 있어 대성당을 바라보며 식사나 차를 즐기는 여행객들이 많다.

주소 3 Nha Tho, Hoan Kiem, Hanoi
위치 호안끼엠 호수 냐토 거리와 냐쭝 거리 교차점
운영 08:00~11:00, 14:00~17:00

Tip | 대성당 입장

정면에서 보이는 대성당 입구가 닫혀 있을 때는 왼쪽 거리로 나 있는 옆문을 이용한다.

★☆☆ GPS 21.024427, 105.857848

하노이 오페라 하우스 Nhà Hát Lớn Hà Nội

파리의 팔레 가르니에 국립오페라 하우스를 모델로 1911년 건축된 것으로 하노이에서 주목할 프랑스 건축물 중 하나로 손꼽힌다. 연중 다양한 문화 공연이 열리고 있으며, 티켓 가격은 최소 20만 동 이상으로 오페라 하우스 내부와 공연 관람을 동시에 즐길 수 있다(내부 관람만은 불가). 프로그램 및 일정은 홈페이지에서 확인.

주소 1 Trang Tien, Hoan Kiem, Hanoi
위치 호안끼엠 호수 남쪽에서 짱띠엔 거리를 따라 5분 거리
운영 티켓 오피스는 오전 10시부터 공연 전까지
홈피 hanoioperahouse.org.vn

★☆☆

GPS 21.039928, 105.850154

롱비엔 철교와 기차역 Cầu Long Biên & Ga Long Biên

1902년 프랑스 건축가 데데와 피예가 건축한 롱비엔 철교는 당시 1.68km로 아시아에서 가장 긴 다리였다. 홍강을 건너 하노이와 하이퐁을 연결해 주는 매우 중요한 수송로로 베트남 전쟁 당시 심한 폭격을 입었다. 이후 재건축되면서 일부 손상되지 않은 그대로의 모습을 간직하고 있으며, 안전을 위해 자동차 출입은 제한하고 하이퐁행 기차와 오토바이, 자전거, 보행자만 통행하도록 되어 있다. 철교의 빈티지한 느낌과 작은 시골역의 분위기를 살려 이곳에서 기념사진을 찍는 관광객들과 웨딩 촬영을 하는 현지인들을 많이 볼 수 있다. 홍강 너머 붉게 물드는 일몰 역시 인상적이라 레일을 배경으로 베트남스러운 사진을 찍기 원한다면 가볼 만하다. 단, 철로와 보행로 사이사이 홍강이 그대로 보이므로 상당히 무섭다. 기차 운행에도 절대 유의할 것.

주소 Cau Long Bien, Ngoc Thuy, Hoan Kiem, Ha Noi
위치 롱비엔 철교의 보행로는 롱비엔 기차역 앞 오토바이들이 다니는 길을 따라가면 된다. 철로로 진입하려면 롱비엔 기차역 안 플랫폼으로 들어가야 한다.

★★☆

GPS 21.030179, 105.844019

하노이 기찻길 Hanoi Train Street

하노이 기차역에서 롱비엔 기차역으로 이어지는 기차가 시내를 관통하면서 사람이 살고 있는 가정집 사이로 기찻길이 놓였다. 하노이 현지인들의 삶을 고스란히 들여다볼 수 있는 동시에 기찻길을 배경으로 하노이스러운(?) 사진을 남길 수 있다는 소문이 돌면서 하나둘씩 관광객들이 몰려들기 시작했지만, 열차 사고 이후 선로 내 진입은 불가한 상황. 단, 눈치 빠른 사람들은 이곳의 가정집을 사들여 예쁘게 단장한 후 카페를 오픈했는데, 여기를 방문해 창밖 경치를 감상하는 것은 가능하다. 하노이 기차역 남쪽에도 같은 분위기의 기찻길이 있는데 단속이 덜한 편이다.

주소 5 Tran Phu, Hang Bong, Hoan Kiem, Hanoi
위치 비엔디엔푸(Dien Bien Phu) 거리와 쩐푸(Tran Phu) 거리 사이 레일을 따라간다. 구글맵 이용 시 Hanoi Train Street로 검색

★★☆

GPS 21.048166, 105.836796

서호와 쩐꿕 사당 Hồ Tây & Chùa Trấn Quốc

하노이에서 가장 큰 호수로, 강변 길이만도 총 17km에 달한다. 잘 조성된 가로수에 탁 트인 시야, 시원한 강바람으로 주말에는 특히 현지인들로 북적거린다. **서호** 북단의 작은 섬에는 베트남에서 가장 오래된 절 **쩐꿕 사당**이 위치해 있는데, 6세기에 처음 세워진 15m의 붉은색 11층 불탑은 사실 호수 근방 다른 곳에 위치하다 17세기에 지금의 자리로 옮겨 온 것이다. 1959년 인도의 대통령이 베트남을 국빈 방문했을 때, 실제 인도 보드가야에서 부처가 깨달음을 얻을 때 그늘막이 되어 주었던 쩐꿕 사당 앞의 보리수의 일부를 잘라 선물한 것으로 알려져 있다.

주소 46 Thanh Nien, Yen Phu, Tay Ho, Ha Noi
위치 호찌민 단지 북쪽 일대

★★☆

GPS 21.040713, 105.798516

베트남 민족학박물관 Bảo Tàng Dân Tộc Học Việt Nam

54개의 소수민족으로 구성된 베트남 민족의 오랜 역사와 생활 문화를 소개한 대규모의 박물관이다. 실내와 실외 공간으로 나뉘어져 있으며, 정문 바로 앞에 있는 본관은 총 2층에 걸쳐 각 종족들의 의복과 생활용품, 공예품, 각종 의례 용품 등을 비디오 자료와 함께 전시해 놓고 있다. 본관을 나와 동남아관을 거쳐 야외 전시 구역으로 가보자(본관에서 나와 시계 반대 방향으로 이동). 이곳에는 각 지역 소수민족들이 직접 제작한 10여 개의 전통 가옥이 세워져 있다. 집 안은 실제 주거지를 그대로 재현해 놓고 있어 그들의 삶을 보다 쉽게 짐작해 볼 수 있다. 참고로 본관 인포메이션 데스크에는 한글 설명서도 준비돼 있어 전시물을 흥미롭게 관람하는 데 도움을 얻을 수 있다.

주소 60 Nguyen Van Huyen, Cau Giay, Hanoi
위치 호안끼엠 호수에서 서쪽으로 6.5km. 택시나 시내 버스 이용
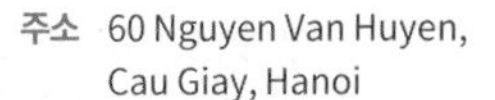
운영 08:30~17:30 **휴무** 월요일
요금 4만 동
홈피 www.vme.org.vn

★★☆ GPS 21.024383, 105.859866

베트남 역사박물관 Bảo Tàng Lịch Sử Quốc Gia

선사시대부터 베트남 독립에 이르기까지 베트남의 역사와 문화를 살펴볼 수 있는 곳이다. 7천여 개의 소장품이 시대별로 전시돼 있는데, 전시품 하나하나가 상당한 예술적 수준을 자랑하고 있어 학술적이고 딱딱하기만 할 것이라는 선입견은 절대 금물! 특히 1세기 중엽의 세련된 금속 제련 기술을 보여주는 동선 청동북과 2,500년 된 카누 관에 주목해 보자. 프랑스를 비롯해 일본과 미국 등 세계열강에 대한 저항과 독립을 주제로 한 베트남의 근대사는 베트남 역사박물관 길 건너에 위치한 **베트남 혁명박물관**Bảo Tàng Cách Mạng(216 Tran Quang Khai)에서 살펴볼 수 있다. 독립운동가들의 활동을 담은 각종 사진 및 서류, 군복이나 무기 등이 전시돼 있다.

주소 1 Pham Ngu Lao, Hoan Kiem, Hanoi
위치 베트남 역사박물관은 하노이 오페라 하우스 왼쪽 길로 직진 후 오른쪽 노란색 건물. 베트남 혁명박물관은 짱띠엔(Tran Tien) 거리 건너에 위치한다.
운영 08:00~12:00, 13:30~17:00
휴무 월요일
요금 3만 동(역사박물관과 혁명박물관 통합권)

★★☆ GPS 21.032372, 105.840280

베트남 군역사박물관 Bảo Tàng Lịch Sử Quân Sự Việt Nam

프랑스, 일본, 미국 등과 끊임없이 항전을 이어왔던 베트남의 전쟁사를 한눈에 볼 수 있는 곳이다. 당시 실전에 사용됐던 창과 탄약, 총 등의 무기들은 물론 호찌민이 직접 타고 다녔던 전용기 및 각종 전투에 투입됐던 비행 전투기, 탱크, 사격포 등이 다수 전시돼 있다. 특히 B-52D, F-111A, 프랑스 수송기의 잔해들로 거대한 피라미드 탑을 쌓고 중앙에 베트남 여군이 미군기의 잔해를 끌어당기는 사진을 놓은 거대한 설치 작품은 외세 침략에 당당히 맞선 베트남인들의 자부심을 엿볼 수 있어 더욱 흥미롭다. 제1 전시관 왼쪽으로는 하노이 성채의 일부였던 깃발탑이 위치해 있는데, 예나 지금이나 변함없이 국기 게양대로 사용되고 있다.

주소 28A Dien Bien Phu, Ba Dinh, Hanoi
위치 탕롱(하노이) 성채 아래쪽
운영 08:00~11:00, 13:00~16:30
휴무 월·금요일
요금 4만 동

★★★ GPS 21.023575, 105.851564

베트남 여성박물관 Bảo Tàng Phụ Nữ Việt Nam

베트남 여성의 삶을 테마로 꾸민 박물관으로, 여성 감각에 맞춘 스타일리시한 인테리어와 디스플레이가 여타 박물관들과는 확연한 차이를 보인다. 2층은 결혼과 출산, 3층은 가정 내 여성의 역할, 4층은 베트남 역사 및 사회 속의 여성들, 5층은 여성의 패션을 주제로 삼고 있다. 트립어드바이저가 하노이에서 꼭 가봐야 할 박물관 중 하나로 추천한 바 있다.

주소 36 Ly Thuong Kiet, Hoan Kiem, Hanoi
위치 호안끼엠 호수 남단 바찌에우(Ba Trieu) 거리에서 리트엉끼엣(Ly Thuong Kiet) 거리로 들어선다.
운영 08:00~17:00
요금 4만 동
홈피 baotangphunu.org.vn

★☆☆ GPS 21.024497, 105.845843

하노이 공안박물관 Bảo Tàng Công An Hà Nội

총 2층에 걸쳐 1945년부터 현재까지 시대별로 전시실을 나누고 공안(경찰)의 역할과 주요 활동, 역사적 사건 등을 정리하고 사진과 서류 자료, 공안제복, 각종 소지품 등을 전시해 놓았다. 요청 시 직원의 가이드를 받을 수 있다.

주소 67 Ly Thuong Kiet, Hoan Kiem, Hanoi
위치 하노이 타워에서 도보 3분
운영 08:00~11:30, 13:30~16:30
휴무 월·일요일
요금 무료

★★☆

GPS 21.030652, 105.836981

베트남 국립미술관 Bảo Tàng Mỹ Thuật Việt Nam

베트남 최대의 미술관이다. 2개의 빌딩으로 나눠져 있으며, 본관 1층에는 베트남뿐 아니라 베트남에 영향을 미친 동남아시아의 고대 미술품들이, 2층부터는 베트남의 근현대 예술품들이 본격적으로 전시돼 있다. 특히 베트남 특유의 옻칠화 기법을 사용한 작품Lacquer Painting들에 주목해 보자.

주소 66 Nguyen Thai Hoc, Ba Dinh, Hanoi
위치 탕롱(하노이) 성채 남쪽 응우옌타이혹 거리에 위치 (문묘 근처)
운영 08:30~17:00
요금 4만 동

★☆☆

GPS 20.974973, 105.911886

밧짱 도자기 마을 Bát Tràng

하노이에서 13km 정도 떨어진 곳에 위치한 밧짱은 14세기 이래 베트남 최고의 도자기 생산지로 알려져 왔다. 하지만 '도자기 마을'이라는 명칭이 무색할 만큼 장인들이 직접 도자기를 만들고 가마에서 구워내는 등의 모습은 거의 찾아보기 힘들고 도자기 판매점들만 빽빽이 들어서 있는 실정. 게다가 도자기의 질과 예술성마저 떨어지는 터라 큰 기대를 갖고 찾다가는 실망하기 십상이다. 하지만 관광객을 대상으로 한 도자기 체험장은 흥미로운 것도 사실.

주소 Bat Trang, Bat Trang, Gia Lam, Ha Noi
위치 롱비엔 버스터미널에서 47A번 버스를 타고 종점 하차 (40분 소요, 편도 7천 동)

★★☆ GPS 20.953772, 105.975880

메가 그랜드월드 하노이 Mega Grand World Hà Nội

베트남 최대의 리조트 그룹 빈펄이 운영하는 테마파크로, 그랜드월드 푸꾸옥의 하노이 버전이라 할 수 있다. 유럽 스타일의 알록달록한 건축물들 사이로 베니스 운하 같은 강이 흘러 곤돌라도 탈 수 있고, 각종 거리 공연과 퍼레이드, 야간 3D 맵핑쇼 '대항해The Grand Voyage'도 즐길 수 있다. 한국의 강남과 이태원, 홍대의 거리 분위기를 재현한 K-타운도 있다. 참고로 그랜드월드 근처에는 빈펄 그룹이 운영하는 워터파크인 웨이브 파크Wave Park가, 호안끼엠 호수 남쪽 4.5km 지점에는 빈펄 아쿠아리움 타임즈 시티Vinpearl Aquarium Times City가 있다.

주소 Me Tri, Van Hung Yen, Ha Noi
위치 호안끼엠 호수에서 남동쪽으로 20km.
하노이 오페라하우스 근처에서 빈 버스 셔틀
(VinBus 애플리케이션에서 운행 시간 및 정류장 확인)
혹은 택시 이용
운영 24시간
요금 곤돌라 편도 15만 동
홈피 vinwonders.com/en/grand-world

★★★ GPS 21.031806, 105.853332

탕롱 수상인형극 Nhà Hát Múa Rối Thăng Long

여행객들이 가장 많이 찾는 베트남 전통 공연장이다. 말 그대로 물 위에 작은 인형들을 띄우고, 베트남 농부들의 일상이나 예부터 내려오던 전설들, 용춤, 동물춤 등을 선보인다. 흥겨운 전통 음악과 사람들의 노랫가락이 한데 어우러져 생동감이 느껴진다. 하지만 베트남어로 진행돼 줄거리 이해가 어렵고 인형도 작아 먼 좌석에서는 잘 안 보인다는 단점이 있다. 기대가 크면 실망도 크지만, 가격 대비 한 번쯤은 볼 만하다. 저녁 공연은 미리 예약하는 것이 좋다.

주소 57B P.Dinh Tien Hoang, Hang Bac, Hoan Kiem, Ha Noi
위치 호안끼엠 호수 북단 응옥선 사당 인근
운영 매일 16:10, 17:20, 18:30, 20:00 (시즌에 따라 변동이 큼)
요금 10~20만 동

©Gryffindor

Special Tour 01

하롱베이 Ha Long Bay

한국의 모 항공사 CF에도 등장할 만큼 베트남을 대표하는 관광지로 세계자연유산에 등재돼 있다. 하노이에서 동쪽으로 약 170km 떨어져 있으며, 1,969개의 크고 작은 섬들이 해수면 상승과 침식 작용의 반복으로 수억 년간 지형 변화를 거쳐 지금의 신비하고 아름다운 모습을 자랑하고 있다. 이를 두고, 베트남의 유명 시인 응우옌 짜이Nguyen Trai는 '높은 하늘을 향해 솟아있는 지상의 경이로움'이라고 극찬했을 정도다.

Tip | 이름에 얽힌 전설

베트남어로 '하롱Ha Long'은 하늘에서 용이 내려온다는 뜻으로, 바다 건너 침략자들이 몰려오자 하늘에서 용이 내려와 불을 내뿜었고, 불똥이 바다로 떨어지면서 지금과 같이 아름다운 기암괴석의 섬이 되었다고 한다.

▶▶ 하롱베이 투어

베트남 제1의 관광지인 만큼 다양한 투어 상품들이 존재한다. 1일 투어는 오전 일찍 하노이를 출발하여 4시간 후 하롱베이에 도착, 선상에서 점심 식사를 즐기며 하롱베이의 아름다운 섬들을 감상하고 띠엔꿍Thien Cung 석회 동굴을 방문한 후 하노이로 돌아오는 일정이다. 이동시간이 8시간(고속도로를 이용하는 경우 왕복 4시간 단축. 단, 투어 요금이 비싸진다)이나 되지만 정작 중요한 관광시간은 그 반도 안 된다는 면에서 아쉬움이 크고 피로도도 높은 투어다.

반면 1박 2일 투어는 선상에서 1박을 하며 좀 더 멀리까지 하롱베이를 돌아보기 때문에 편안하고 느긋한 여행을 즐길 수 있다. 첫째 날은 1일 투어와 대동소이한 일정이며, 둘째 날에는 비치가 있고 전망이 아름다운 티톱섬을 방문한다. 그 외 1박 2일 일정에 하루 더 깟바섬에 머물며 트레킹까지 즐기는 2박 3일 투어도 있다.

1일 투어

소요시간 07:45~20:30
비용 120만 동~
포함 내역 호텔 픽드롭, 투어가이드, 보트 승선료, 동굴 입장료, 점심
불포함 내역 여행자 보험, 점심 음료, 카야킹(신청자에 한함), 개인 비용

1박 2일 투어

소요시간 첫째 날 07:00~둘째 날 17:00
비용 평균 300만 동~(보트 등급에 따라 다르다. 너무 저렴한 보트는 잠자리가 매우 불편하므로, 조금 더 돈을 지불하더라도 3성급 이상의 보트를 선택하는 것이 좋다)
포함 내역 호텔 픽드롭, 투어가이드, 보트 승선료(객실 포함), 동굴 입장료, 식사, 카야킹
불포함 내역 여행자 보험, 식사 시 음료, 개인 비용

Special Tour 02

사파 Sapa

하노이에서 350km 떨어진 곳으로, 북쪽으로 중국 국경이 가깝다. 판시판산을 포함한 산맥에 위치해 있으며, 여름 피서지로도 인기다. 라이스테라스의 아름다운 자연 경치를 감상하고 소수민족 마을을 방문하며 트레킹을 즐길 수 있다.

▶▶ 버스 투어

1박 2일 버스 투어의 경우, 오전 7시경 호텔 픽업을 시작하여 오후 1시경 사파에 도착하게 된다. 사파 시내(성당 및 시장)를 둘러보고 블랙 흐몽족이 살고 있는 깟깟 마을을 다녀온다. 2일째에는 라이스테라스의 장관을 즐길 수 있는 본격적인 트레킹에 나서는데, 보통 라오차이 마을과 타반 마을을 방문한다. 트레킹을 마치고 다시 하노이로 돌아오면 저녁 10시경이 된다. 2박 3일 버스 투어의 경우, 마지막 날 하루 자유시간을 주는 것과 박하 선데이 마켓에 참여하는 것(금, 토요일 출발에 한함) 2가지가 있다.

비용 1박 2일 180만 동~, 2박 3일 277만 동~
포함 내역 버스 왕복, 투어가이드, 호텔(2성급), 입장료
불포함 내역 여행자 보험, 식사, 개인 비용

Tip | 사파 여행자는 주목!

1 고산지대인 사파는 10월부터 4월까지 꽤 날씨가 춥고 비 오는 날이 많다. 긴 옷과 우비, 우산 준비는 필수다. 또한 추위를 많이 타는 사람은 호텔의 난방시설 여부를 꼭 확인해야 한다.
2 사파를 개별적으로 다녀오거나 레스토랑, 관광지, 쇼핑, 마사지 등에 대한 상세 정보가 필요하다면 p.110을 참고하자.

▶▶ 기차 투어

1박 3일 기차 투어의 경우, 밤 9시 30분 야간열차에 탑승해 다음 날 새벽 6시에 라오까이 기차역에 도착, 사파로 이동해 이른 아침 호텔 체크인을 하고 아침 식사를 한다. 휴식 및 점심 식사 후 깟깟 마을을 방문한다. 다음 날 라오까이와 타반 마을을 트레킹하고 라오까이 마을로 이동, 야간열차로 하노이로 돌아오면 새벽 6시경이 된다. 박하 선데이 마켓을 둘러보고 싶다면 금, 토요일 출발 편을 이용, 1박을 더 추가하면 된다.

비용 1박 3일 300만 동~, 1박 4일 400만 동~
포함 내역 기차 소프트 침대, 버스 왕복, 투어가이드, 호텔(2성급), 입장료
불포함 내역 식사, 개인 비용

Special Tour 03

땀꼭 vs. 짱안 Tam Cốc vs. Tràng An

닌빈Ninh Bình 지역에 위치한 땀꼭과 짱안 풍경구는 '육지의 하롱베이'라 불리는 곳이다. 2곳 모두 2시간 전후로 배를 타고 강을 오르내리며 하롱베이와 비슷한 기암괴석이 아름다운 주변 경관을 즐기게 된다. 땀꼭 투어의 경우, 968년부터 1009년까지 베트남의 수도였던 호아루Hoa Lu에 들러 베트남 최초의 황제 2명의 사원을, 짱안 투어는 베트남에서 가장 큰 규모의 바이딘 사원을 방문한다.

소요시간 07:00~20:00(교통 상황에 따라 다름)
비용 70~85만 동
포함 내역 버스 왕복, 투어가이드, 보트 승선료, 입장료, 점심
불포함 내역 여행자 보험, 점심 음료, 자전거 대여료(땀꼭의 경우), 바이딘 전동차 이용료(짱안의 경우), 보트맨 팁, 개인 비용

Tip | 땀꼭과 짱안, 어디로 갈까?

땀꼭은 오래전 개발돼 허락 없이 사진을 찍고 돈을 요구하는 등 상업화가 심하다. 하지만 짱안보다 강폭이 좁아 좀 더 오밀조밀하고 예쁘게 느껴진다. 호아루의 사원은 역사적 의미를 빼면 하노이의 일반 사원들과 별 차이가 없지만, 바이딘 사원은 규모도 크고 볼거리도 많은 데다 정상에서 보는 경치도 아름답다. 둘 중 하나를 고민을 한다면, 개인적으로는 짱안 투어에 손을 들어주고 싶다.

Special Tour 04

퍼퓸 파고다 Perfume Pagoda

향사(혹은 흐엉사)로도 알려진 퍼퓸 파고다는 동굴 안에 지어진 사원이다. 이곳에서 소원을 빌면 이루어진다는 소문이 돌면서 베트남 불교 신자들에게 인기가 많다. 하노이에서 2시간가량 버스로 달린 후, 옌강에서 배를 타는데 땀꼭이나 짱안의 절경에는 미치지 못하지만 '배'는 탄다. 이후 산길을 오르거나 케이블카를 탑승하여 향사를 둘러본다. 땀꼭이나 짱안에 비해 만족도는 떨어진다.

소요시간	07:30~19:00(교통 상황에 따라 다름)
비용	100만 동
포함 내역	호텔 픽드롭, 투어가이드, 보트 승선료, 입장료, 점심
불포함 내역	여행자 보험, 점심 음료, 케이블카 이용료, 팁, 개인 비용

Special Tour 05

마이쩌우 Mai Châu

자전거를 타고 평화로운 농촌의 풍경과 소수민족의 삶을 둘러보고 싶은 사람들이라면 주목해 보자. 마이쩌우는 하노이에서 135km 떨어져 있는 호아빈 지역에 위치해 있고, 최근 에코투어리즘으로 각광을 받고 있다. 경치나 볼거리는 사파에 비할 수 없지만, 상업화가 덜 되었다는 장점이 있다.

소요시간	07:30~20:00 (교통 상황에 따라 다름)
비용	80만 동~
포함 내역	버스 왕복, 투어가이드, 점심, 입장료
불포함 내역	여행자 보험, 점심 음료, 개인 비용

GPS 21.026356, 105.843376

꽌안응온 Quán ăn Ngon

베트남 전역의 전통 음식들을 한자리에서 맛볼 수 있는 곳이다. 그만큼 메뉴들이 많아 뭘 먹어야 할지 고민되지만, 대부분의 음식이 평균 이상의 맛을 보장하고 가격도 크게 비싸지 않아, 이것저것 시도해 보거나 여러 번 방문해도 나쁘지 않다. 현지인뿐 아니라 외국인들에게도 인기가 많아 식사 시간대에는 항상 사람들로 북적이는데, 실내보다 활기찬 실외 분위기가 더 낫다. 야외 가장자리로는 오픈 키친을 배치해 베트남 음식들이 어떻게 조리되는지 구경해 볼 수 있다.

주소 18 Phan Boi Chau, Hoan Kiem, Hanoi
위치 하노이 타워에서 도보 4분
운영 06:30~22:00
요금 분짜 7만 5천 동, 쌀국수류 7만 5천 동~
홈피 www.ngonhanoi.com.vn

GPS 21.034261, 105.853322

레드빈 마머이 Red Bean Ma May

구시가 여행자 거리 내에서 파인 다이닝을 즐기기 가장 좋은 곳으로 추천되는 곳이다. 라시에스타 호텔 내에 있는 레스토랑으로 분위기도 고급스럽고 서비스도 좋다. 가장 인기 있는 베트남식 세트메뉴(반꾸온, 넴, 쌀국수, 분짜 혹은 짜까, 디저트)는 맛과 가성비 모두 훌륭하다는 평을 받고 있고 서양식 세트메뉴에는 소고기 스테이크와 푸아그라가 포함돼 있다.

주소 94 Ma May, Hoan Kiem, Hanoi
위치 구시가 마머이 거리 내 라시에스타 호텔 1층
운영 11:30~22:00
요금 베트남 요리 세트 45만 동~, 웨스턴 세트 75만 동~
전화 024-3926-3641
홈피 mamay.redbeanrestaurants.com

Tip | 파인 다이닝 즐기기

구시가 내 호텔 레스토랑 중 훌륭한 맛과 분위기, 크게 부담스럽지 않은 가격으로 파인 다이닝을 즐길 수 있는 곳은 다음과 같다. 아이라 부티크 호텔의 **에센스 레스토랑**Essence Restaurant과 라시에스타 프리미엄 호텔의 **클라우드 나인 레스토랑**Cloud Nine Restaurant이다.

쏘이 옌 Xôi Yên

현지인과 관광객은 물론 테이크아웃을 기다리는 오토바이까지 매장 앞을 가득 채우는 놀라운 풍경을 연출하는 찹쌀밥 전문점이다. 매장 안쪽과 2, 3층으로 낮은 테이블이 모여 있어, 자리에 앉으면 메뉴판을 가져다준다. 1차로 찰밥 종류, 2차로는 토핑류, 3차는 음료를 선택하면 되는데, 보통 양파 플레이크 찰밥Xoi Xeo에 돼지 바비큐, 닭고기, 계란 토핑 중 1~2개를 추가해 주문한다. 영어 메뉴판에 사진이 함께 있어 주문이 어렵진 않다.

주소 35B Nguyen Huu Huan, Hoan Kiem, Hanoi
위치 호안끼엠 호수 북단에서 도보 7분
운영 06:00~24:00
요금 찹쌀밥 2만 동, 토핑 1만 동~
전화 024-6259-3818

GPS 21.03251, 105.84795

라이스 비스트로 Rice Bistro

식당 입구부터 "박항서가 다녀간 하노이 맛집", "분짜 맛집"을 강조하는 이곳은 호안끼엠 구시가에서 고급 베트남음식점으로 유명하다. 분짜, 반쎄오, 넴(스프링롤), 찰밥, 쌀국수 등 베트남 전역의 대표적인 음식들을 모두 맛볼 수 있으며, 전통 레시피를 고집하기보다 외국인의 입맛에 맞춰 누구나 거부감 없이 베트남 음식들을 즐길 수 있다. 로컬 음식점에 비해 가격이 비싸고 부가세와 5%의 서비스 요금까지 따로 붙는 점이 아쉽다.

주소 32 P. Hang Manh, Hang Gai, Hoan Kiem, Hanoi
위치 호안끼엠 호수 북단에서 도보 6분
운영 08:00~22:00
요금 포멜로 샐러드 9만 8천 동, 반쎄오 22만 5천 동
전화 024-3928-8912
홈피 ricebistro.com.vn

GPS 21.032268, 105.846935

분보남보 Bún Bò Nam Bộ

하노이에서 반드시 먹어야 할 음식이자 꼭 들러야 할 맛집이 바로 '분보남보'다. 분보남보란 쌀국수에 야채, 남부 지역 스타일로 구운 소고기를 넣은 일종의 비빔쌀국수로, 땅콩과 마늘 플레이크 고명이 감칠맛을 더해 준다. 전형적인 로컬식당으로, 늘 손님들로 만원을 이뤄 합석은 기본이다.

주소 67 Hang Dieu, Hoan Kiem, Hanoi
위치 성 요셉 대성당에서 도보 6분
운영 07:30~22:30
요금 분보남보 8만 동

GPS 21.036054, 105.846961

반꾸온 쟈 쭈웬 탄 반 Bánh Cuốn Gia Truyền Thanh Vân

쌀가루를 얇게 부쳐 고기나 새우를 넣어 소스에 찍어 먹는 반꾸온 전문점이다. 속이 다 들여다보일 만큼 얇고 투명하게 부친 쫄깃하고 따뜻한 쌀피 위에 양파, 마늘 튀김 플레이크를 얹어 기막힌 맛을 탄생시켰다. 잘나가는(?) 로컬식당들이 그렇듯 브레이크 타임이 있기 때문에 시간 체크는 필수다.

주소 14 Hang Ga, Hoan Kiem, Hanoi
위치 구시가 내
운영 07:00~13:00, 17:00~21:00
요금 반꾸온 4만 동~

GPS 21.035102, 105.853074

껌슨 Cơm Sườn Đào Duy Từ

껌슨은 밥을 뜻하는 껌Cơm과 (돼지)갈비를 뜻하는 슨Sườn의 합성어로, 주메뉴는 마가린 볶음밥에 폭립을 얹고 백김치 같은 새콤달콤한 야채를 곁들여 내놓는 것이다. 이 외 다양한 변형 메뉴들이 있는데, 메뉴판에 사진이 있어 선택에 도움이 된다. 고기 양이 적은 편으로, 원한다면 고기를 추가할 수 있으며, 테이크아웃도 가능하다.

주소 47 Dao Duy Tu, Hoan Kiem, Hanoi
위치 호안끼엠 호수 북단에서 도보 7분
운영 10:00~22:30
요금 껌슨 6만 5천 동~

GPS 21.034689, 105.853300

뉴데이 레스토랑 New Day Restaurant

외국인들의 절대적인 인기를 얻고 있는 베트남 레스토랑이다. 다양한 메뉴에 부담 없는 가격, 좋은 평을 받는 맛까지 삼박자를 고루 갖췄다. 가성비 좋은 15만 5천 동짜리 세트메뉴는 쌀국수, 프라이드 스프링롤, 메인 육류 요리 택 1, 디저트로 구성돼 나 홀로 여행객의 한 끼 식사로 훌륭하다.

주소 72 Ma May, Hoan Kiem, Hanoi
위치 구시가 마머이 거리 내
운영 10:00~22:30
요금 싱글스타일 백반 9만 9천 동, 볶음밥 7만 동~
전화 024-3828-0315
홈피 www.newdayrestaurant.com

GPS 21.032257, 105.812375

팀호완 Tim Ho Wan

2009년 홍콩에서 시작된 딤섬 전문점이자 세상에서 가장 저렴한 미슐랭 스타 레스토랑으로 유명한 팀호완의 하노이 지점이다. 롯데센터 36층에 위치해 전망이 훌륭하고, 롯데마트 쇼핑 후 들르기 좋다. 한 판에 3개씩 들어 있는 딤섬이 우리 돈 5천 원 정도이기 때문에 가격 부담도 적다.

주소 36th Floor, Lotte Hotel Hanoi, 54 Lieu Giai, Ba Dinh, Hanoi
위치 롯데센터 36층
운영 11:30~22:00
요금 딤섬 9만 2천 동~(SC 5%, VAT 10%)
전화 024-3333-1725

GPS 21.032329, 105.848178

분짜 닥낌 Bún Chả Đắc Kim

1966년부터 분짜와 넴으로 유명해진 로컬식당으로, 한국인들 사이에서도 인기가 상당하다. 한국인 입맛에 잘 맞는 숯불돼지고기구이가 새콤달콤한 소스에 담겨져 나오는데 쌀국수와 야채를 곁들여 먹으면 된다. 전형적인 로컬식당답게(?) 양이 많고 맛있지만, 위생이나 서비스는 기대하기 힘들다.

주소 1 Hang Manh, Hoan Kiem, Hanoi
위치 항만, 항논 거리가 만나는 삼거리
운영 09:00~21:00
요금 분짜 7만 동, 분짜 넴 세트 12만 동
전화 024-3828-7060

GPS 21.036087, 105.848592

반미 25 Bánh Mì 25

트립어드바이저 맛집 상위권에 올라 어느 순간 하노이에서 가장 유명한 반미 전문점이 되었다. 현지인보다 여행객이 주 고객으로, 비닐장갑을 끼고 조리해 주며 한국인 성향을 잘 알아 고수를 넣을지 뺄지, 맵게 할지 말지 세심하게 체크해 준다. 조리부스 맞은편으로 카페 같은 깔끔한 식사 공간이 있다. 호이안의 양대 반미집에 비교하면 상당히 평범한 맛이다.

주소 25 Hang Ca, Hoan Kiem, Hanoi
위치 구시가 항다오 거리　운영 07:00~21:00
요금 반미 3만 5천 동~

GPS 21.03494, 105.85373

득롱 도네르 케밥 Đức Long Kebab

고기 러버들이 풍성한 고기와 야채를 배부르고 저렴하게 맛볼 수 있는 케밥은 터키나 유럽에서만 맛볼 수 있는 건 아니다. 구시가 곳곳에 케밥집이 있지만, 이곳만큼 북적이고 평 좋은 곳도 드물다. 샌드위치식 일반 케밥 외에도 고기와 밥을 함께 먹는 껌케밥도 있다. 실내에 테이블이 있어 먹고 갈 수도 있다.

주소 6 P. Luong Ngoc Quyen, Hang Buom, Hoan Kiem, Hanoi
위치 따히엔 맥주 거리에서 도보 2분
운영 09:00~23:00　요금 케밥 4만 동~
전화 024-3926-2726

GPS 21.033366, 105.846204

짜까 탕롱 Chả Cá Thăng Long

하노이에서만 맛볼 수 있는 가물치류의 민물고기 요리, 짜까Chả Cá를 전문으로 하는 곳이다. 짜까란 가시를 잘 발라내 양념에 잰 후, 초벌구이를 한 생선 살을 각종 야채와 함께 다시 한번 기름에 볶아 쌀국수 면과 함께 먹는 요리다. 비린내나 잡내 없이 쫄깃하고 고소한 맛이 별미다. 짜까의 원조는 '짜까 라봉Chả Cá Lã Vọng'이라는 레스토랑(지도 p.68 참고)이지만, 원조보다 가격도 저렴하고 맛 역시 훌륭해 이용자 평점은 더 높다.

주소 21 Duong Thanh, Hoan Kiem, Hanoi
위치 호안끼엠 호수 북단에서 도보 8분
운영 10:30~21:00
요금 짜까 세트(짜까, 스프링롤) 17만 6천 동

GPS 21.034350, 105.854485

분짜타 Bun Cha Ta

트립어드바이저의 맛집 상위권에 랭크된 분짜 전문점이다. 분짜 닥낌과 가격은 같지만 2층으로 된 말끔한 일반 레스토랑으로, 위생이 걱정되는 여행객들이 분짜 닥낌의 대안으로 많이 찾는다. 주인장이나 직원들 모두 친절하고, 에어컨을 가동해 찌는 더위 점심시간에 딱이다.

주소 21 Nguyen Huu Huan, Hoan Kiem, Hanoi
위치 구시가 내
운영 08:00~22:00
요금 분짜 7만 동~
전화 096-684-8389
홈피 www.bunchata.com

GPS 구시가점 21.031131, 105.850182
짱띠엔점 21.02498, 105.85421

피자 포피스 Pizza 4P's

호찌민 시티에서 시작된 수제 부라타 치즈 피자 전문점이다. 베트남에서 발견하기 힘든 최고의 피자 맛으로 베트남 전역 대도시로 지점을 확대해 가고 있다. 고급스러운 실내 분위기도 좋고 2층에 오르면 개방형 화덕 키친을 내려다볼 수 있다. 하프앤하프로 2가지 맛을 주문할 수 있는데, 식사 시간대에는 예약 혹은 웨이팅이 필수다.

주소 **구시가점** 11B, Bao Khanh Alley, Hoan Kiem, Hanoi
짱띠엔점 43 Trang Tien, Hoan Kiem, Hanoi
위치 **구시가점** 호안끼엠 호수 북단 동킨 응이아툭 광장에서 도보 3분
짱띠엔점 하노이 오페라 하우스에서 도보 3분
운영 10:30~23:00
요금 스파게티 15만 5천 동~, 피자 24만 5천 동~, 삿포로 생맥주 4만 9천 동(VAT 10%)
전화 028-3622-0500

GPS 21.033624, 105.846386

퍼 짜쭈옌 Phở Gia Truyền

현지인에게도 인기가 많지만 한국 사람들에게는 '백종원 쌀국수'로 더 유명한 곳이다. 워낙 손님이 많아 주방 앞에서 주문과 함께 쌀국수를 받아와 무조건 남는 자리에 합석하여 빨리 먹고 나와야 할 정도다. 익힌 고기 찐Chin과 덜 익힌 고기 따이Tai, 혹은 덜 익힌 안심 따이남Tai Nam, 3가지 중 하나를 선택하면 주문 끝. 진한 국물 맛은 비교를 불허한다.

주소 49 Bat Dan, Hoan Kiem, Hanoi
위치 호안끼엠 호수 북단에서 도보 10분
운영 06:00~10:00, 18:00~20:30
요금 쌀국수 6만 동~

GPS 21.018132, 105.855282

퍼틴 Phở Thin 13 Lo Duc

하노이 오페라 하우스 쪽에서 접근성이 좋은 유명 쌀국숫집이다. 점심시간이면 끊임없이 배달 나가는 쌀국수와 드나드는 손님 수만으로도 맛집임을 직감할 수 있다. 자리에 앉으면 주문할 것도 없이 무조건 쌀국수가 나온다. 고기가 워낙 많아 국수 반 고기 반일 정도. 쌀국수에 적셔 먹는 기다란 찹쌀 꽈배기 꽈이는 그냥 먹어도 맛있다.

주소 13 Lo Duc, Hai Ba Trung, Hanoi
위치 하노이 오페라 하우스에서 도보 10분
운영 06:00~21:00
요금 쌀국수 7만 동, 꽈이(6개 1접시) 1만 동

GPS 21.024881, 105.854759

껨짱띠엔 35 Kem Tràng Tiền 35

1958년 지금의 자리에 문을 연 하노이의 유명 로컬 아이스크림집이다. 가장 인기 좋은 것은 코코넛 밀크 아이스크림인데, 바 형태와 콘 형태 2가지로 판매한다. 콘 형태가 맛이 더 풍부한 데다 손잡이 부분은 센베이과자다. 유지방이 풍부한 고급 아이스크림보다 소박한 맛(?)이 매력이다.

주소 35 Trang Tien, Hoan Kiem, Hanoi
위치 짱띠엔 플라자 근처. 매장 간판을 보고 안으로 쑥 들어가야 하며, 정면 매대에서는 아이스바를, 오른쪽 매대에서는 아이스크림콘을 판매한다.
운영 07:30~23:00
요금 아이스바 1만 5천 동~, 아이스크림콘 1만 7천 동~

GPS 21.030514, 105.848784

퍼 10 리꿕수 Phở 10 Lý Quốc Sư

성 요셉 대성당 및 한국인 마사지숍에서 가까운 쌀국숫집으로, 웨이팅과 합석은 기본이다. 고기 종류(양지 Brisket and Flank 혹은 등심 Fillet)와 익힘 정도(익힌 것, 반만 익힌 것, 둘 다 섞은 것)를 선택해 주문하면 된다(영어 메뉴판). 문재인 대통령 부부가 방문한 곳으로 유명하다.

주소 10 Ly Quoc Su, Hoan Kiem, Hanoi
위치 성 요셉 대성당에서 도보 3분
운영 06:00~21:50 **요금** 쌀국수 6만 5천 동~

GPS 21.033516, 105.854555

카페 지앙 Cafe Giang

낮은 테이블, 낮은 의자에 쪼그려 앉아 오순도순 머리를 맞대고 조곤조곤 이야기를 나누는 옛 다방의 분위기가 정겨운 곳이다. 이곳의 대표 메뉴는 쌉싸름한 블랙커피 위에 진한 커스터드 크림을 두툼하게 얹은 에그커피다. 첫 모금부터 커피를 마시려 하면 계란 비린내가 살짝 날 수도 있다. 이때는 커피와 크림을 스푼으로 떠 먹는 것이 포인트다.

주소 39 Nguyen Huu Huan, Hoan Kiem, Hanoi
위치 호안끼엠 호수 북단에서 도보 5분
운영 07:00~22:00 **요금** 에그커피 3만 5천 동
전화 098-989-2298 **홈피** www.giangcafehanoi.com

GPS 21.06853, 105.82389

조마 베이커리 카페 Joma Bakery Café-Tô Ngọc Vân

서호 북단에서 맛있는 커피와 브런치를 즐기고 싶은 사람들에게 추천하고 싶은 곳이다. 조마 베이커리는 공정무역을 통해 라오스 남부 볼라벤 고원에서 생산된 유기농 아라비카 커피 원두를 들여와 로스팅 마스터가 직접 로스팅한 신선한 커피를 제공하고 있다. 또한 수익의 10%를 해당 지역 자선단체에 기부하는 착한 기업이기도 하다. 각종 파이와 케이크, 베이글 샌드위치, 샐러드, 수프 등 다양한 메뉴가 준비돼 있으며, 그랩 배달도 가능하다.

주소 43 D. To Ngoc Van, Quang An, Tay Ho, Hanoi
위치 쉐라톤 호텔에서 도보 15분
운영 07:00~21:00
요금 커피 4만 5천 동~, 케이크류 8만 동~
전화 024-3718-6071

GPS 21.032469, 105.850337

신또 호아베오 Sinh Tố Hoa Béo

현지인들에게 유명한 과일 디저트집이다. 각종 열대 과일을 기본으로 요구르트나 아이스크림을 추가할 수 있는데, 과일과 요구르트의 조합이 은근히 중독성 있다. 여기에 얼음을 섞어 빙수로 만들어 먹었는데, 요즘은 아예 빙수 메뉴(특히 망고 빙수가 인기)가 따로 있다. 신또도 판매하지만 손님 대부분이 과일 디저트를 먹는다.

주소 17 To Tich, Hoan Kiem, Hanoi
위치 호안끼엠 호수 북단에서 도보 3분
운영 10:00~24:00
요금 빙수 6만 동

GPS 21.025838, 105.846476

자스파스 Jaspas

맛은 유명한 로컬식당 못지않으면서 위생적이고 분위기 좋은 레스토랑을 찾는다면 이곳을 고려해 보자. 하노이 타워의 서머싯 그랜드 하노이 4층에 위치한 자스파스는 분짜와 쌀국수가 맛있기로 소문나 있다. 베트남 요리 외에도 피자 같은 서양 음식들도 좋은 평을 받는다.

주소 49 P.Hai Ba Trung, Tran Hung Dao, Hoan Kiem, Hanoi
위치 하노이 타워의 서머싯 그랜드 하노이 4층
운영 06:00~22:30
요금 분짜 21만 동, 퍼보 19만 동, 피자 24만 5천 동 (VAT 10%, SC 5%)
전화 024-3934-8325 홈피 www.jaspas.com.vn

GPS 21.028838, 105.849638

콩 카페 Cộng Cà Phê

하노이엔 공산주의 잔재가 남아 있는데, 이에 대한 향수(?)를 느낄 수 있는 곳이 바로 콩 카페다. 카페의 이름은 베트남 공산주의 군사조직, '베트콩'에서 가져왔으며, 베트콩의 군복이나 프로파간다 포스터 등을 장식 요소로 활용한 독특한 실내 인테리어가 눈길을 끈다. 커피 맛도 꽤 좋은데, 한국인들이 많이 찾는 메뉴는 코코넛 스무디 커피다.

주소 27 P. Nha Tho, Hang Trong, Hoan Kiem, Ha Noi
위치 성 요셉 대성당 건너편 지점 외 다수(지도 p.68 참고)
운영 07:30~23:00(매장에 따라 다름)
요금 코코넛 스무디 커피 5만 5천 동

GPS 21.026646, 105.843128

라바디안 La Badiane

화려한 플레이팅을 자랑하는 고급 프렌치 레스토랑이다. 트립어드바이저 맛집 상위권에 올라 서양인들에게 널리 알려져 있지만, 한국인들이 이곳에 눈길을 돌리게 된 것은 방송 〈원나잇 푸드트립〉에서 소개된 후다. 28달러 정도에 주문 가능한 4코스 런치는 가성비 및 만족도가 가장 높다.

주소 10 Nam Ngu, Hoan Kiem, Hanoi
위치 하노이 타워에서 도보 5분
운영 11:30~13:30, 18:00~21:30 **휴무** 일요일
요금 4코스 런치 69만 5천 동, 단품 메인 요리 30만 동~
전화 024-3942-4509

GPS 21.03386, 105.84746

홍호아이 레스토랑 Hong Hoai's Restaurant

오래전부터 서양인 여행자들에게 유명한 곳으로, 쿠킹클래스를 운영할 만큼 외국인들 입맛에 최적화된 베트남 음식들을 제공한다. 반쎄오, 분짜, 모닝글로리, 에그커피 등이 인기이며, 베트남 음식을 처음 맛보는 사람에게는 음식 설명과 먹는 방법까지 친절하게 알려준다. 로컬식당보다 가격은 있지만, 에어컨이 있는 쾌적한 실내에서 위생적이고 깔끔한 음식들을 즐기고 싶은 사람들에게 부합하는 곳이다. 신용 카드 사용도 가능.

주소 20 P. Bat Dan, Hang Bo, Hoan Kiem, Hanoi
위치 호안끼엠 호수 북단에서 도보 8분
운영 10:00~22:30
요금 분짜 12만 9천 동
전화 091-503-3556

GPS 21.03450, 105.85424

스모추 스테이크 Sumo Chou Steak

저렴한 가격에 풍미 좋은 미국산 스테이크를 맛볼 수 있는 곳이다. 고기를 주문하면 반미와 소스(5가지 중 택 1), 파테가 함께 나오며, 두꺼운 돌판 위에 직접 고기를 구워 먹는 스타일로, 가성비가 훌륭하다. 소고기 외 연어나 해산물 스테이크도 있다. 현지인과 관광객 모두에게 인기가 좋아 식사 시간대에는 합석을 해야 하고, 빨리 먹고 자리를 비워줘야 하는 분위기다.

주소 30 P. Nguyen Huu Huan, Ly Thai To, Hoan Kiem, Hanoi
위치 따히엔 맥주 거리에서 도보 3분
운영 10:30~22:30
요금 소고기 스테이크 150g 11만 9천 동
전화 090-436-1991

GPS 21.03963, 105.84638

따이런 짜 꽌 Đài Loan Trà Quán

'대만 찻집'이라는 뜻의 이 집은 각종 대만 차와 죽을 전문으로 판매하는 곳이다. 다양한 죽 가운데 한국인들이 많이 찾는 것은 폭립죽과 닭죽. 뜨거운 뚝배기에 담겨 나와 먹는 내내 따뜻함이 유지되며, 특별한 향신료를 넣지 않아 누구나 부담 없이 먹을 수 있다. 아침부터 늦은 밤까지 운영해 겨울철 으슬으슬 비 오는 날이나 술 마신 다음 날 해장으로 그만이다.

주소 3 P. Phan Dinh Phung, Hang Ma, Ba Dinh, Ha Noi
위치 동쑤언 시장에서 북쪽으로 도보 6분
운영 08:00~02:00
요금 죽 6만 동~
전화 024-3747-2139

GPS 21.02591, 105.85152

칼리나 카페 Kalina Café

호안끼엠 호수 남단에 위치한 작은 카페다. 호안끼엠 호수를 향해 야외 좌석이 마련돼 있고, 에어컨이 가동되는 실내에도 4~5개의 테이블이 있다. 프렌차이즈의 정형화된 커피 맛과 크고 딱딱한 분위기보다 아기자기한 작은 카페를 찾는 사람들에게 그만. 코코넛 커피는 물론 모든 음료들이 맛있고 가격도 착하다. 와플 맛집으로도 유명하다.

주소 2 P. Ba Trieu, Trang Tien, Hoan Kiem, Hanoi
위치 성 요셉 대성당에서 도보 7분
운영 07:00~23:30 요금 커피 3만 9천 동~
전화 024-3934-1188

GPS 21.01726, 105.85814

맨션 비 Maison Vie

현지인 상류층과 서양인들이 방문하는 고급 프렌치 레스토랑. 한국인은 대부분 방송에 소개된 라바디안으로 가서, 한국인이 없는 곳에서 럭셔리한 분위기와 함께 프렌치 요리를 즐기고 싶은 사람들에게 그만이다. 런치와 디너 세트 및 코스 요리가 우리 돈 3~6만 원 정도이며 단품 메뉴도 한국보다 저렴하다. 예약은 홈페이지에서.

주소 So 28 Pho P. Tang Bat Ho, Pham Dình Ho, Hai Ba Trung, Hanoi
위치 하노이 오페라 하우스에서 남쪽으로 1km
운영 월~금요일 10:30~14:00, 17:00~22:00, 토·일요일 10:30~14:30, 16:30~22:30
요금 티본 스테이크 350g 49만 동 (SC 5%, VAT 10%)
전화 090-415-0383
홈피 www.maisonvie.vn

GPS 21.018172, 105.853930

분짜 흐엉리엔 Bún chả Hương Liên

'오바마 분짜'라는 이름으로 더 잘 알려진 분짜 전문점이다. 미국 오바마 전 대통령이 방문한 이래 일약 하노이 분짜 맛집의 상징이 되어, 하루 종일 손님이 끊이지 않는다. 이곳은 분짜 외에도 게살 넴(짜조), 해산물 넴, 돼지꼬치구이 등을 판매하는데, 대부분은 분짜와 해산물 넴, 맥주로 구성된 오바마 콤보를 시킨다. 겉보기엔 매장이 작은 듯해도 3층까지 테이블이 있고 곳곳에 오바마 방문 당시의 사진이 걸려 있다.

주소 24 Le Van Huu, Phan Chu Trinh, Hai Ba Trung, Hanoi
위치 하노이 오페라 하우스에서 도보 10분
운영 08:00~20:30
요금 오바마 콤보 12만 동, 분짜 5만 동

GPS 꽌 프엉베오 21.03719, 105.85190 반다꾸어 꼬텀 21.03547, 105.85363

꽌 프엉베오 vs. 반다꾸어 꼬텀 Quán Phương Béo vs. Bánh Đa Cua cô Thơm

맛있다면 찐 로컬도 상관없다는 사람에게 추천할 만한 해물 국수 맛집 2곳. 먼저, **꽌 프엉베오**는 맑은 해산물 육수에 튀기지 않은 생면을 넣고, 게, 새우, 완자, 부추를 곁들인 미반탄mỳ vằn thắn 전문점이다. 시원하고 깔끔한 맛이 일품이며, 라임과 고추를 추가하면 풍미가 훨씬 산다. 두 번째 맛집은 **반다꾸어 꼬텀**이다. 반다꾸어는 하이퐁에서 유래한 민물게국수로 넓적한 갈색 면에 게살과 어묵, 테린, 야채가 곁들여지고 마늘 플레이크가 고명으로 얹어져 감칠맛을 더한다. 물국수와 비빔국수 중 선택할 수 있다.

꽌 프엉베오
주소 9 Hang Chieu, Hang Buom, Hoan Kiem, Hanoi
위치 맥주 거리에서 북쪽으로 도보 5분
운영 06:30~23:30
요금 미반탄 4만 5천 동

반다꾸어 꼬텀
주소 17 P. Hang Chinh, Hang Buom, Hoan Kiem, Hanoi
위치 맥주 거리에서 북쪽으로 도보 3분
운영 10:30~17:00 요금 반다꾸어 3만 5천 동

GPS 21.032232, 105.812843

톱 오브 하노이 Top of Hanoi

롯데센터 롯데호텔의 루프톱 바로 65층에 위치해 있다. 하노이의 스카이라인이 한눈에 들어와 파노라믹 뷰포인트로 더 유명하다. 피자, 파스타, 스테이크 등의 모던 요리들을 제공하지만, 가격 대비 맛은 조금 아쉬운 편. 하지만 맥주나 칵테일 등은 멋진 전망을 고려할 때 합리적인 가격으로, 롯데마트 쇼핑 후 일몰이나 야경을 즐기러 가는 사람들이 많다.

주소 54 Lieu Giai, Ba Dinh, Hanoi
위치 롯데호텔 65층
운영 17:00~24:00
요금 맥주 14만 동, 칵테일 27만 동 (SC 5%, VAT 10%)
전화 024-3333-3016

GPS 21.035115, 105.851934

맥주 거리&클럽 Ta Hien Beer Street

구시가의 따히엔Tạ Hiện 거리. 어둠이 내리면 야외 테이블이 하나둘씩 늘어나며 맥주를 즐기는 현지인과 외국인들로 분위기가 달아오른다. 특별히 '잘나가는 집'이 있다기보다 맥주 거리 초입 부근, 사람들이 많은 곳에 더 많은 사람이 모여든다. **맥주 거리** 내에는 하노이의 인기 클럽 중 하나인 1900 르테아트르1900 Le Théâtre도 있다. 보통 11시 이후 피크를 이룬다. 서호 근처의 히어로 바Hero Bar 역시 핫한 클럽으로 유명해, 한국인들도 많이 찾는다.

주소 Ta Hien, P. Luong Ngoc Quyen, Hang Buom, Hoan Kiem, Ha Noi
위치 맥주 거리
호안끼엠 호수 북단에서 도보 8분

하노이 구시가 Old Quarters

50여 개 이상의 거리들이 그물망처럼 뻗어 있는 이곳은 각종 생활용품부터 과일, 채소, 커피, 귀금속, 의류 및 가방, 크고 작은 기념품 등 모든 종류의 쇼핑이 가능한, 그야말로 쇼핑의 천국이다. 실크 제품은 주로 **항가이**Hang Gai **거리**, 신발은 **항더우**Hang Dau **거리**, 귀금속은 **항박**Hang Bac **거리** 식으로 특화돼 있기도 하지만, 커피나 보편적인 기념품들, 메이드 인 베트남 브랜드(노스페이스, 키플링, 캐스키드슨 등) 등은 여행자들의 동선 내 산재해 있다. 품질 좋고 디자인도 남다른 숍들은 성 요셉 대성당 근처에서도 눈에 띄는데, **나구 기프트&카페**Nagu Gifts&Café와 **콜렉티브 메모리**Collective Memory, **더크래프트 하우스**The Craft House가 특히 그렇다. 구시가에서는 벗어나 있지만, **크래프트 링크**Craft Link는 베트남 수공예 장인들의 수준 높은 제품들을 판매하는 비영리 공정무역 단체로, 믿고 찾아볼 만하다.

위치 **하노이 구시가**
호안끼엠 호수 북단과
롱비엔 버스터미널 하단 사이
크래프트 링크
문묘에서 도보 2분

Tip | 항가이 거리의 핫 쇼핑 스폿!

1. **핸디 크래프트**Handicraft
라탄백 매장 중 규모가 크고 제품이 다양하다.
2. **탄미 디자인**Tan My Design
고급 패션, 액세서리, 홈웨어들을 한국보다 저렴한 가격에 구입할 수 있다.
3. **어메이징 하노이**
Amazing Hanoi
노니 제품을 비롯해 구시가에서 볼 수 있는 모든 기념품들의 업그레이드 버전 총집합.

나구 기프트&카페

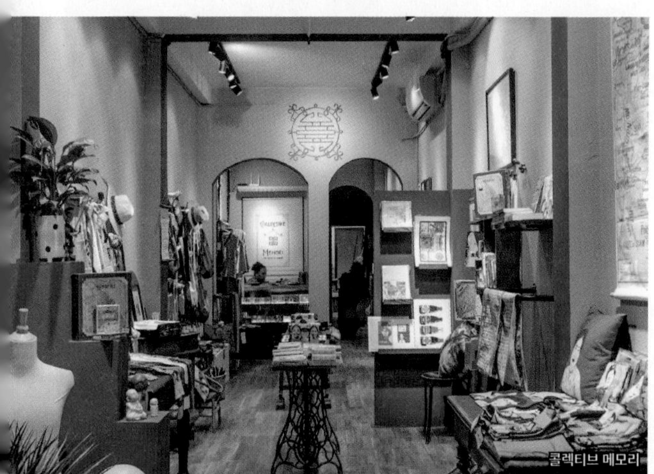
콜렉티브 메모리

핸디 크래프트

핸디 크래프트

어메이징 하노이

더크래프트 하우스

GPS 동쑤언 시장 21.038226, 105.849598

동쑤언 시장과 하노이 주말 야시장 Chợ Đồng Xuân

하노이에서 가장 큰 재래시장 중 하나다. 실내에는 의류 및 각종 생활용품 도매상들이 자리를 잡고 있고, 실외에서 야채, 과일, 생선, 육류 등의 식재료를 판매한다. 개별 여행객들이 가볍게 쇼핑을 즐기기에는 금, 토, 일요일에만 열리는 야시장이 제격이다. 관광객보다 현지인들을 위한 시장이라 물건들 품질은 썩 좋은 편이 아니지만, 베트남산 노스페이스나 기타 브랜드 제품들이 구시가의 매장들보다 반 이상 저렴한 가격에 풀리기 때문에 주목할 필요가 있다. 여느 야시장들처럼 먹거리 역시 인기가 많은데, 한류의 영향으로 떡볶이, 오뎅, 김밥 등도 맛볼 수 있어 특히 반갑다.

주소 Dong Xuan, Hoan Kiem, Hanoi
위치 **동쑤언 시장** 호안끼엠 호수 북단에서 도보 10분
야시장 동쑤언 시장 앞 항지어이 거리부터 항다오 거리까지
운영 **동쑤언 시장** 06:00~18:00
야시장 금~일요일 18:00~22:00

GPS 21.032257, 105.812375

롯데 센터 하노이 Lotte Centre Hanoi

쇼핑과 다이닝, 호텔, 오피스가 어우러진 복합공간으로, 롯데백화점, 롯데호텔, 롯데마트, 전망대 등이 들어서 있다. 식당가에는 피자 포피스, 팀호완, 아티제 같은 맛집과 고급 레스토랑들이 있다. 지하 롯데마트에는 한국인들이 많이 구입하는 물품들이 충실하게 구비돼 있어(하물며 어떤 물건을 사야 할지 한글로도 표기돼 있다) 마트 쇼핑에 비중을 두는 사람이라면 무조건 고고씽이다. 최근 서호 북단에 롯데몰(롯데마트) 서호점이 오픈했다.

주소 54 Lieu Giai, Ba Dinh, Hanoi
위치 택시 혹은 9번 버스 탑승
운영 09:30~22:00(매장에 따라 다름)
전화 024-3333-2500
홈피 www.lotteshopping.com.vn

슈퍼마켓 Supermarket

하노이의 마트쇼핑의 강자는 역시 롯데마트이지만, 호안끼엠 호수에서 너무 멀지 않은 슈퍼마켓을 찾는 사람들에게 적합한 곳은 다음과 같다. 성 요셉 대성당 근처에 있는 **BRG마트**BRGMart는 규모는 작지만 3층으로 되어 있고, 제품은 다양하지 않아도 있을 만한 것은 다 있다. 로컬 대상으로 가격도 저렴한 편이다. 하노이 기차역 하단에 있는 **후지마트**FujiMart는 코로나 기간에 문을 연 중소형 마트로, 품질 좋은 신선제품을 비롯해 다양한 수입 제품들도 갖췄다. 쾌적한 매장에 한국인들이 많이 찾는 웬만한 아이템은 잘 갖춰져 있으나 다른 마트들보다 조금 비싼 것이 흠이다.

주소 **BRG마트** 120 P. Hang Trong, Hang Trong, Hoan Kiem, Ha Noi
후지마트 36 Ng. 34 P. Hoang Cau, Cho Dua, Dong Da, Ha Noi
위치 **BRG마트** 호안끼엠 호수 인근 (지도 p.68 참고)

BRG마트

후지마트

후지마트

짱띠엔 플라자 Tràng Tiền Plaza

한마디로, 하노이의 명품 백화점이다. 총 6층에 걸쳐 버버리, 구찌, 발리 등 명품 브랜드와 MCM, 폴로, 폴앤샥 – 같은 해외 인기 브랜드, 베트남 로컬 고급 브랜드들이 입점해 있다. 5층에는 한국식 바비큐 전문점인 고기하우스와 핫팟 전문점인 키치키치, CGV 영화관도 있다. 참고로, 대부분의 명품숍들은 하노이 오페라 하우스 및 소피텔 레전드 메트로폴 호텔 일대에 포진해 있다.

주소 24 P. Hai Ba Trung, Trang Tien, Hoan Kiem, Ha Noi
위치 호안끼엠 호수 남단에서 하노이 오페라 하우스 방향으로 도보 2분
운영 월~목요일 09:30~21:30, 금~일요일 09:30~22:00
전화 024-3937-8600
홈피 www.trangtienplaza.net

GPS 21.03015, 105.84889

반 쑤언 발마사지
Vạn Xuân Foot Massage

저렴한 로컬 마사지숍 중 마사지를 잘하기로 유명한 곳으로, 가격을 중요시하는 알뜰 여행객들이 많이 찾는다. 마사지 베드나 의자가 일렬로 정렬돼 있으며 커튼을 치는 정도라 완벽한 프라이버시는 보장되지 않는다. 발마사지 70분에 우리 돈 1만 원 꼴. 하지만 팁 5만 동을 강요한다는 점에 유의하자.

주소 24c. Ly Quoc Su, Hoan Kiem, Hanoi
위치 성 요셉 대성당에서 도보 5분
운영 10:00~23:00
요금 70분 발마사지 20만 동, 70분 보디마사지 25만 동~
전화 024-2218-8833
홈피 www.vanxuanfootmassage .com

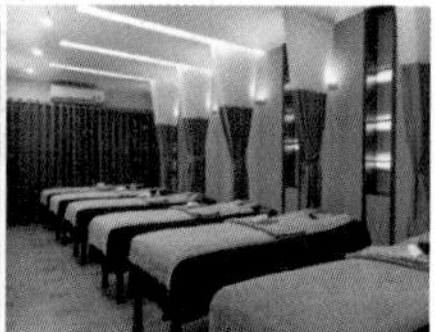

GPS 21.03137, 105.85013

센스파 하노이 Sen Spa Hanoi

깔끔한 시설과 친절함, 뛰어난 스킬로 최근 하노이 여행객들 사이에서 극찬을 받는 곳이다. 마사지 메뉴를 강도에 따라 세심하게 나눈다는 것이 특징. 약하거나 적당한 압, 기본이나 센 압, 세거나 아주 센 압으로 나누고 마사지 시간도 30분부터 90분까지 15분 단위로 세분화했다. 마사지 전 웰컴티와 간식을 즐기며 집중 마사지 부위와 강조, 특이사항 등을 체크한다. 평일에는 10% 할인해 준다.

주소 38 Hang Hanh, Hoan Kiem, Hanoi
위치 호안끼엠 호수 북단에서 도보 3분
운영 10:00~22:00 **요금** 60분 보디마사지 39만 동~
전화 096-538-1600
홈피 www.senspahanoi.com

GPS 21.031940, 105.848360

미도 스파 Mido Spa

외국인 여행자들에게 인기가 많고 트립어드바이저에서도 상위권에 랭크된 곳이다. 마사지 스킬, 서비스, 적정한 시설과 가격 등으로 볼 때 가장 무난한 곳이다. 워낙 인기가 좋아 미두Midu라는 비슷한 이름의 짝퉁숍도 있으니 주의할 것. 자매 스파이면서 좀 더 저렴한 미도리 스파Midori Spa 역시 좋은 평을 받고 있다.

주소 11 P. Hang Manh, Hang Gai, Hoan Kiem, Hanoi
위치 구시가 분짜 닥낌 근처
운영 09:00~23:30 **요금** 60분 보디마사지 45만 동~
전화 024-3828-5588

GPS 21.031534, 105.854998

라 스파 La Spa by La Siesta

2018년까지 '라시에스타'라는 이름으로 운영됐던 곳으로, 라시에스타 호텔의 고급 스파로 시작해 단독 스파 브랜드로 자리 잡았다. 오랫동안 트립어드바이저 스파 1위에 랭크돼 사랑을 받아왔던 만큼 시설, 서비스, 기술 모든 면에서 믿을 만하다. 특히 오전 9시부터 오후 12시까지의 해피아워에는 60분 이상 마사지 메뉴에 30% 할인을 받을 수 있다.

주소 21 P. Hang Thung, Pho co Ha Noi, Hoan Kiem, Ha Noi
위치 구시가 마머이 거리 라시에스타 호텔 3층, 구시가 항베 거리 내(지도 p.68 참고)
운영 09:00~21:00(라스트오더 20:00)
요금 60분 보디마사지 75만 동~
전화 2호점 024-3926-3642 **홈피** laspas.vn/ha-noi

5성급 GPS 21.074974, 105.812538

L7 웨스트 레이크 하노이
L7 West Lake Hanoi by Lotte

2023년에 신축한 5성급 호텔로, 롯데에서 운영, 관리하고 있어 한국인들 눈높이에 맞춘 서비스를 기대할 수 있다. 신상(?)인 만큼 객실 및 모든 시설의 컨디션이 좋다. 특히 서호 북단에 자리하고 있어 전망이 좋은데, 루프톱에 위치한 인피니티풀에서는 휴양지 못지않은 분위기를 즐길 수 있다. 2024년 오픈한 롯데몰(롯데마트) 서호점과도 연결돼 있어 편리하다.

주소 Ngo 683 D. Lac Long Quan, Phu Thuong, Tay Ho, Hanoi
위치 서호 북단 **요금** 슈피리어 110달러~
전화 024-3333-9000 **홈피** www.lottehotel.com

5성급 GPS 21.025527, 105.856059

소피텔 레전드 메트로폴 하노이
Sofitel Legend Metropole Hanoi

100년이 훌쩍 넘은 역사적 건물로, 프랑스 콜로니얼풍의 웅장한 흰색 외관만으로도 '레전드'라는 이름이 수긍이 갈 정도. 모던 콘셉트의 신관 오페라 윙과 클래식 콘셉트의 구관 히스토리컬 윙으로 나눠져 있으며, 고급 프렌치 스타일의 각종 편의시설 및 최상의 서비스를 제공한다.

주소 15 Ngo Quyen, Hoan Kiem, Hanoi
위치 호안끼엠 호수 남단에서 도보 5분
요금 디럭스 250달러~
전화 024-3826-6919
홈피 www.accorhotels.com

5성급 GPS 21.05836,105.83154

인터콘티넨털 하노이 웨스트 레이크
Intercontinental Hanoi West Lake

도심의 번잡함을 벗어나 서호의 아름다운 전망을 즐기며 조용하게 휴식을 취하려는 여행객들에게 인기가 많다. 특히 호수 위에 떠 있는 듯한 느낌을 주는 오버워터 파노라믹뷰 객실은 이곳만의 자랑이다. 하지만 외진 위치로, 관광, 쇼핑, 다이닝 등 호텔 밖으로의 이동은 불편할 수밖에 없다.

주소 5 Tu Hoa, Tay Ho, Hanoi
위치 서호 근처 **요금** 디럭스 180달러~
전화 024-6270-8888
홈피 www.ihg.com/intercontinental

©Intercontinental Hanoi West Lake

5성급 GPS 21.050278, 105.839894

팬퍼시픽 하노이 Pan Pacific Hanoi

구 소피텔 플라자가 팬퍼시픽으로 이름을 바꿔 새로운 서비스를 선보이고 있다. 서호 인근에 위치해 고층 객실에서 내려다보이는 서호 전망이 매우 훌륭하다. 겨울에도 수영장이 꼭 필요한 사람들에게 개폐형 지붕의 실내 수영장은 큰 플러스 요인. 서호 주변을 산책하긴 좋지만, 구시가와는 거리가 좀 있다.

주소 1 Thanh Nien, Ba Dinh, Hanoi
위치 쩐꿕 사당에서 도보 5분 **요금** 디럭스 130달러~
전화 024-3823-8888
홈피 www.panpacific.com

5성급 **GPS** 21.032393, 105.812594

롯데호텔 하노이 Lotte Hotel Hanoi

2014년 신축된 65층의 초고층 건물이다. 모던하고 고급스러운 실내 인테리어와 넓은 객실, 야외 및 실내 수영장, 피트니스 센터, 사우나 등 각종 편의시설들이 잘 갖춰져 있어 최고의 컨디션을 자랑한다. 롯데백화점 및 마트, 전망 좋은 루프톱 바, 미슐랭 스타 레스토랑 팀호완 등이 한 건물에 위치해 편리하지만 관광지와 상당히 멀리 떨어져 있다는 게 단점.

주소 54 Lieu Giai, Ba Dinh, Hanoi
위치 구시가에서 택시 20분
요금 디럭스 130달러~ **전화** 024-3333-1000
홈피 www.lottehotel.com/hanoi-hotel/en

4성급 **GPS** 21.034280, 105.853217

하노이 라시에스타 호텔&스파 Hanoi La Siesta Hotel & Spa

구시가에서 가장 큰 인기를 누리고 있는 4성급 부티크 호텔이다. 구시가 중에서도 가장 중심이 되는 마머이 거리에 위치해 있고, 넓고 깔끔한 객실, 다양하고 맛있는 조식 뷔페, 체계적이고 친절한 직원 서비스, 소형 영화관 운영 등 장점이 많다. 호텔 내 레드빈 레스토랑과 라 스파 모두 호평을 받고 있다.

주소 94 Ma May, Hoan Kiem, Hanoi
위치 호안끼엠 호수 북단에서 도보 6분
요금 슈피리어 95달러~ **전화** 024-3926-3641
홈피 www.hanoilasiestahotel.com

3성급 **GPS** 21.030339, 105.848075

하노이 골든 레전드 다이아몬드 호텔 Hanoi Golden Legend Diamond Hotel

성 요셉 대성당 근처에 위치해 각종 맛집 및 인기 마사지숍과 가깝고, 어느 관광지로든 도보 이동도 용이하다. 차량 통행이 적은 골목 안쪽에 위치해 조용한 것도 큰 장점. 깔끔한 객실 내부는 하노이 풍경을 담은 흑백 사진으로 장식돼 있고, 친절한 직원과 조식도 좋은 평을 받는다.

주소 18 Chan Cam, Hoan Kiem, Hanoi
위치 성 요셉 대성당에서 도보 4분 **요금** 디럭스 50달러~
전화 024-3828-5168
홈피 www.goldenlegenddiamondhotel.com

3성급 **GPS** 21.03393, 105.84690

하노이 에스플랜도르 호텔&스파 Hanoi Esplendor Hotel and Spa

2019년 구시가에 문을 연 3성급 부티크 호텔로, 블랙과 화이트를 사용한 고급스러운 인테리어가 인상적이다. 클래식하면서도 로맨틱한 객실, 구시가가 내려다보이는 루프톱 레스토랑, 사우나가 있는 스파 시설 등을 갖췄다. 프론트데스크에서 공항 픽드롭 서비스(유료), 환전, 심카드 판매 등 다양한 서비스를 제공해 편리하다. 가장 저렴한 객실은 창문이 없으므로 주의해야 한다.

주소 80 Hang Ga, Hoan Kiem, Hanoi
위치 호안끼엠 호수 북단에서 도보 8분
요금 더블룸 50달러~
전화 024-3927-2828
홈피 www.hanoiesplendorhotel.com

3성급 **GPS** 21.03070, 105.85606

하노이 파라다이스 센터 호텔&스파

Hanoi Paradise Center Hotel & Spa

번잡한 구시가 한가운데에서 살짝 벗어나 호안끼엠 호수의 응옥선 사당에서 가깝다. 하노이 오페라 하우스까지 도보 10분 거리로, 프랑스 식민지 시절 건축물이 많이 남아 있는 프렌치 쿼터French Quarter로의 접근성도 좋다. 팬시한 인테리어, 청결한 객실 관리, 친절한 스태프와 소박하지만 한국인 입맛에도 잘 맞는 조식 등으로 좋은 평을 받고 있다.

주소 22/5 Hang Voi, Ly Thai To, Hoan Kiem, Hanoi
위치 응옥선 사당에서 도보 5분
요금 디럭스 45달러~ **전화** 024-3939-3418
홈피 hanoiparadisecenter.com

3성급 **GPS** 21.03517, 105.84745

서린 부티크 호텔&스파

Serene Boutique Hotel & Spa

서린 호텔은 후에와 하노이에 2~3성급 호텔들을 보유하고 있으며, 착한 요금에 깔끔한 객실과 맛있는 조식, 친절한 스태프로 유명한데, 그와 같은 호평은 하노이 서린 부티크 호텔도 마찬가지다. 더블룸, 트윈룸, 트리플룸이 있어 2~3인 친구나 가족 여행객들이 주목할 만하다. 구시가에 있는 홀리데이 에메랄드, 홀리데이 다이아몬드 호텔 역시 같은 계열의 가성비 좋은 호텔이다.

주소 16-18 Bat Su, Hoan Kiem, Hanoi
위치 호안끼엠 호수 북단에서 도보 8분
요금 트윈 30달러~, 트리플 50달러~ **전화** 024-3923-4278
홈피 sereneboutiquehotel.com

3성급 **GPS** 21.03697, 105.84808

메이플라워 호텔 하노이

MayFlower Hotel Hanoi

3만 원대의 저렴한 소형 호텔이지만, 가격 이상의 만족도로 가성비가 좋은 곳이다. 디럭스룸은 동급 호텔보다 좁지만, 그 이상의 룸은 요금 대비 넓고 쾌적하다. 청결 상태와 직원 서비스, 조식 및 무료 티 제공 등 다방면에서 평가가 좋다. 동쑤언 시장 인근에 위치해 있지만, 구시가의 주요 맛집, 명소 등을 찾아다니는 데도 불편함은 없다.

주소 11 Hang Ruoi, Hoan Kiem, Hanoi
위치 동쑤언 시장에서 도보 4분
요금 디럭스 30달러~ **전화** 024-3533-1111
홈피 www.hanoimayflowerhotel.com

2성급 **GPS** 21.032641, 105.849949

넥시 호스텔 Nexy Hostel

'호텔 같은 럭셔리 호스텔'을 표방하며 2016년 처음 문을 연 호스텔이다. 호안끼엠 호수 북단 지척의 골목 안에 위치해 조용하고 어디로든 이동하기 편하다. 각 도미토리룸은 커튼을 이용해 개인 공간을 보장하고 여성 도미토리룸을 따로 운영하며, 2층에 카페식 공용룸과 게임룸을 마련해 놓고 있다. 간단한 조식 포함.

주소 12 To Tich, Hoan Kiem, Hanoi
위치 호안끼엠 호수 북단에서 도보 3분
요금 도미토리 9달러~
전화 024-7300-6399
홈피 www.nexyhostels.com

02

베트남의 스위스에서 힐링을 하다

사파 Sapa

》 사파에서 꼭 해야 할 일 체크!

- ☐ 1일 트레킹 도전하기(소수민족 마을 방문)
- ☐ 박하 선데이 마켓 구경하기
- ☐ 카페에서 차 마시며 사파 풍경 감상하기
- ☐ 소수민족 수공예품 쇼핑하기

사파로 가는 길은 지상의 별세계를 찾아가는 듯한 기분이 든다. 도시를 뒤로하고 농촌지대로 접어들어 굽이굽이 가파른 산을 넘다 보면, 어느 순간 자욱한 안개는 사라지고 넓은 호수와 알록달록한 빌라들이 옹기종기 모여 있는 사파 타운이 나타난다. 하노이와 전혀 달리 싸늘하게까지 느껴지는 맑고 신선한 공기. 사파는 중국과 국경을 이루는 라오까이 주의 고산지대 마을로, 베트남에서 가장 높은 호앙리엔산맥에 둘러싸여 있어 베트남의 스위스라 불린다. 이 지역 일대에는 약 4만 명 정도의 소수민족들이 공동체를 이뤄 살아가고 있는데, 호앙리엔산맥의 장관과 라이스테라스, 그 속에서 살아가는 소수민족들의 독특한 생활문화를 살펴보는 트레킹이 사파 여행의 하이라이트다. 하지만 사파에서는 굳이 뭔가를 하지 않아도 좋다. 호텔이나 카페 창가에 펼쳐지는 장관을 바라보는 것만으로도 힐링이 되는 느낌이 들 테니 말이다.

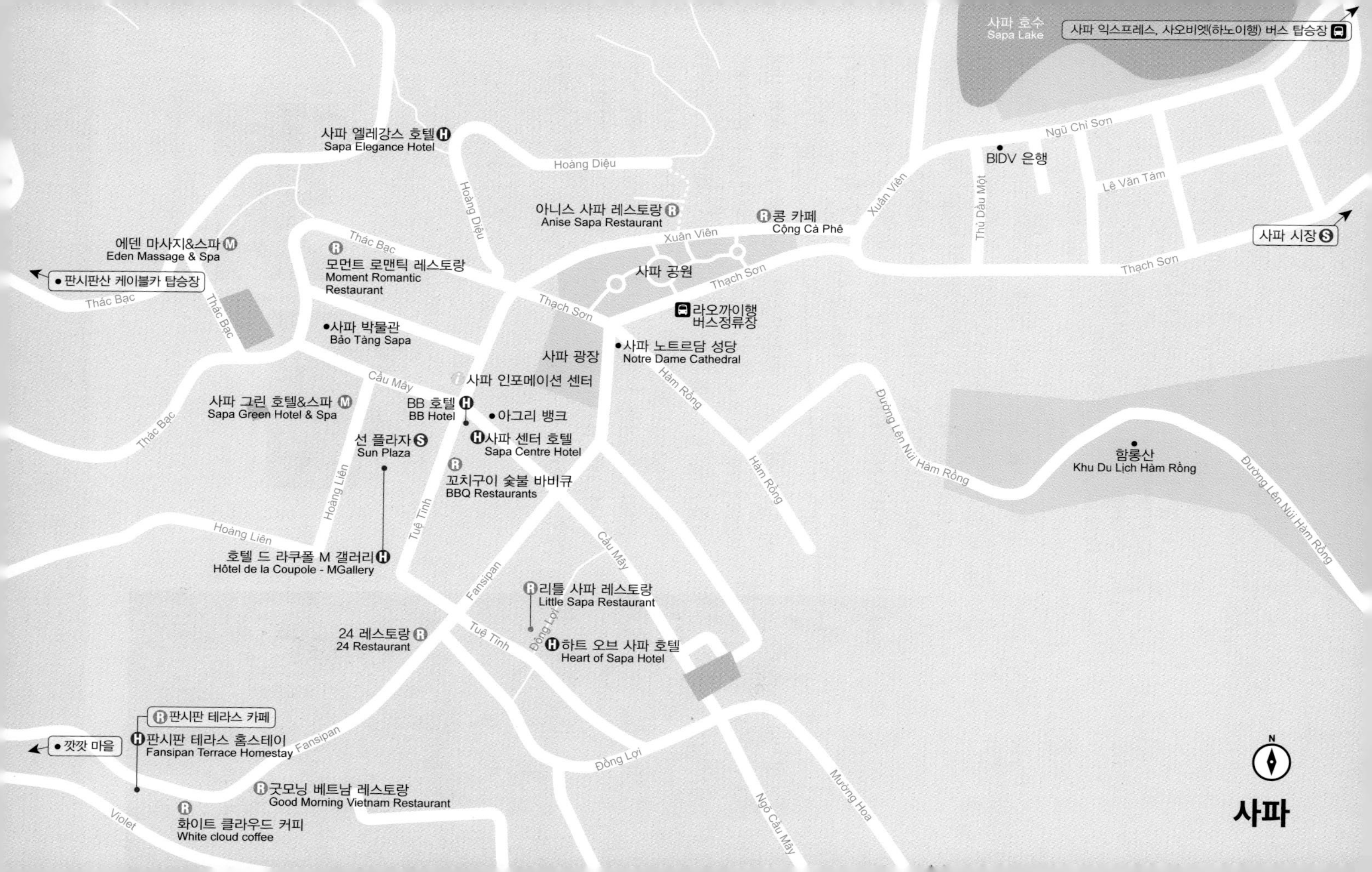
사파
사파 호수
Sapa Lake
사파 익스프레스, 사오비엣(하노이행) 버스 탑승장
사파 시장
BIDV 은행
Ngũ Chỉ Sơn
Lê Văn Tám
Thủ Dầu Một
Xuân Viên
Thạch Sơn
사파 엘레강스 호텔
Sapa Elegance Hotel
Hoàng Diệu
아니스 사파 레스토랑
Anise Sapa Restaurant
콩 카페
Cộng Cà Phê
에덴 마사지&스파
Eden Massage & Spa
판시판산 케이블카 탑승장
Thác Bạc
모먼트 로맨틱 레스토랑
Moment Romantic Restaurant
사파 공원
라오까이행 버스정류장
사파 박물관
Bảo Tàng Sapa
사파 광장
사파 노트르담 성당
Notre Dame Cathedral
Hàm Rồng
Cầu Mây
사파 인포메이션 센터
사파 그린 호텔&스파
Sapa Green Hotel & Spa
BB 호텔
BB Hotel
아그리 뱅크
Đường Lên Núi Hàm Rồng
선 플라자
Sun Plaza
사파 센터 호텔
Sapa Centre Hotel
함롱산
Khu Du Lịch Hàm Rồng
꼬치구이 숯불 바비큐
BBQ Restaurants
Hoàng Liên
Tuệ Tĩnh
호텔 드 라쿠폴 M 갤러리
Hôtel de la Coupole - MGallery
Fansipan
리틀 사파 레스토랑
Little Sapa Restaurant
Đồng Lợi
24 레스토랑
24 Restaurant
하트 오브 사파 호텔
Heart of Sapa Hotel
판시판 테라스 카페
깟깟 마을
판시판 테라스 홈스테이
Fansipan Terrace Homestay
Mường Hoa
Ngõ Cầu Mây
굿모닝 베트남 레스토랑
Good Morning Vietnam Restaurant
화이트 클라우드 커피
White cloud coffee
Violet

1 사파 드나들기

버스

하노이 구시가(여행자 거리)에서 버스를 타면 사파까지 5~6시간 소요된다. 사파 가는 길이 하노이 노이바이 국제공항을 지나가기 때문에 공항에서 버스 탑승 및 하차도 가능하다. 사파는 현지인들에게도 인기 있는 관광지여서 하노이와 사파를 잇는 버스편은 많다. 하지만 주말이나 연휴를 낀 경우, 버스표를 구하기 힘들 수 있다. 여행 일정이 정해지는 대로, 티켓을 예약하는 것이 좋다. 버스표는 베트남 버스 티켓 예약 사이트인 vexere.com에서 직접 예약하거나, 하노이 여행사들(p.71 참고)을 통해 구입할 수 있다.

일반 슬리핑 버스

VIP 좌석형 버스

》 일반 슬리핑 버스

가장 고전적인 베트남 장거리 버스 형태다. 150도 정도 등받이가 젖혀져 있어 누워 갈 수 있다. 1열 3개의 침대 좌석이 1, 2층으로 놓여 있다. 가격이 가장 저렴한데, 업체에 따라 다르지만 편도 30만 동 정도 한다.

》 VIP 좌석형 버스

우리나라의 우등고속버스를 생각하면 된다. 1열 3개의 좌석이 놓여 있으며, 독립된 1인 좌석과 2인이 붙어 앉는 좌석으로 되어 있다. 오전이나 낮에 출발하는 사파 익스프레스Sapa Express의 28인승 버스가 대표적이다.

사파 익스프레스 리무진

》 리무진

9인승의 밴을 이용하는 것이다. 1열 2좌석만 배치하였고 업체에 따라서는 좌석 컨디션을 업그레이드한 VIP 리무진을 운행하기도 한다. 대형 버스들보다 40분 정도 빨리 목적지에 도착한다는 것이 가장 큰 장점. 편도 35만 동 정도 한다.

》 VIP 캐빈 버스

객실처럼 공간 분리가 확실하고, 1열 2개의 캐빈만 배치하기 때문에 상대적으로 넓고 쾌적하다. 캐빈은 1, 2층으로 놓여 있고, 뒤쪽에 화장실도 있다. 하노이–사파 간 야간 이동 시 추천할 만한 버스 형태다. 대표적인 업체로는 사오비엣Saoviet과 사파 익스프레스가 있으며, 요금은 편도 40만~47만 동이다.

VIP 캐빈 버스

사오비엣

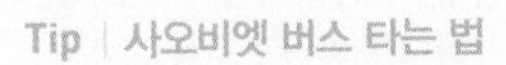

Tip | 사오비엣 버스 타는 법

1. 1층 캐빈은 2인 1석(75만 동), 2층 캐빈은 1인 1석(40만 동)이다. 체격이 큰 경우, 2인이 한 캐빈을 쓰기에는 좁을 수 있다.
2. 사오비엣은 호텔로 픽드롭 서비스를 제공하지만, 영어가 통하지 않아, 픽업 미스가 발생할 경우 대처하기 어렵다. 이 때문에 하노이나 사파 사오비엣 사무소로 직접 가 차량을 타는 사람들이 대부분이다.
3. 야간 버스의 경우, 사오비엣은 사파 도착 즉시 하차시킨다. 다른 업체들은 보통 새벽 6시까지 실내에 머물게 해준다.
4. 실내 에어컨이 무척 세고, 담요가 있지만 비위생적이다. 추위 대비를 꼭 하자.
5. 뒷좌석은 흔들림이 심하고 화장실 냄새도 난다. 가능한 한 앞쪽 좌석을 예약한다.

기차

하노이역에서 밤 10시 전후에 출발하는 기차에 탑승하면 새벽 6시 전후로 라오까이에 도착한다. 라오까이 기차역에 내리면, 역 앞 광장(역을 등지고 왼쪽편)에 사파행 로컬버스(하노이 시내버스와 동일한 디자인의 미니버스) 정류장이 있다(아래 시간표 참고). 요금은 편도 4만 동. 1시간 소요. 그 외 사설 미니버스(밴)들이 자주 운행되는데 기차 도착시간에 맞춰 호객꾼들이 몰려든다. 요금은 10만 동가량 하며 정원이 차면 바로 출발한다.

》 라오까이-사파 로컬버스 시간표

라오까이 → 사파	05:30~11:00, 13:00~16:00 30분 간격 11:00~13:00 1시간 간격
사파 → 라오까이	07:30~11:00, 13:00~18:00 30분 간격 11:00~13:00 1시간 간격

* 운행시간은 예고 없이 변경될 수 있으므로 현지에서 재확인 필수

Tip | 하노이-사파행 기차 이용

베트남 철도청 홈페이지에서는 우리가 사용하는 신용카드로 결제가 불가하다. 따라서 클룩(www.klook.com/ko) 같은 온라인 여행 플랫폼을 이용하거나, 하노이 기차역 매표소에서 직접 구입한다(4인실 침대칸 기준 40만 동~).

2 시내에서 이동하기

사파 시내에 위치한 대부분의 숙소는 도보로 이동 가능하다. 1일 투어에 참여하지 않고 인근 폭포나 소수민족 마을을 개별 방문하고자 한다면, 오토바이를 렌트(5달러 전후)하거나 쎄옴(오토바이 택시), 택시 등을 이용해야 한다. 오토바이 렌털숍은 구글맵에 사파 지역을 띄운 후 xe máy로 검색하면 된다. 사파 로컬버스 승차장 근처에 쎄옴 및 택시 호객꾼들이 많다. 쎄옴의 편도 요금은 대략 오른쪽과 같지만 기사에 따라 편차가 크므로 흥정이 필요하다. 택시의 경우 공시 요금은 1km당 1만 7천 동 정도지만 최종 요금은 미터기가 아닌 흥정으로 결정된다.

》 쎄옴 편도 요금

사파-깟깟 마을 매표소 2만 동
사파-깟깟 마을 다리 5만 동
사파-탁박 폭포(실버 폭포) 8만 동
사파-라오차이 7만 동
사파-타반 혹은 타핀 마을 10만 동

3 기타 정보

환전

전체적으로 환율이 좋지 않으므로 하노이에서 미리 환전한다. 급하게 환전해야 한다면 선 플라자 근처 아그리 뱅크Agri Bank나 BIDV ATM(인출) 등을 이용한다. 환전 시 여권이 꼭 필요하다.

사파 인포메이션 센터

사파 인포메이션 센터 Sapa Tourist Information Center

각종 그룹투어 알선은 물론 사파에 관한 모든 정보를 얻을 수 있다(하물며 택시, 쎄옴 요금까지 알려준다). 정부에서 운영하는 곳으로 믿을 수 있다. 화장실도 무료로 사용할 수 있다.

주소 2 Fansipan St. Sapa
위치 선 플라자에서 도보 2분
운영 월~금요일 07:30~17:30, 토·일요일 08:00~17:30
홈피 sapa-tourism.com

아그리 뱅크

여행사

사파의 투어 프로그램은 대동소이하고 가격도 비슷하다. 따라서 자신이 머무는 숙소에서 투어를 신청하는 사람들이 대부분이다. 하지만 가격이 좀 비싸더라도 특별한 투어들을 원한다면, 사회적 기업의 이념을 가지고 사파 지역의 소수민족을 돕고 있는 여행사 사파 오차우에 주목해 보자.

사파 오차우 Sapa O'Chau

주소 689B Dong Dien Bien Phu, Sa Pa
위치 사파 광장에서 도보 11분
운영 07:00~22:00
홈피 sapaochau.org

4 사파 추천 일정

사파의 핵심은 소수민족 마을을 방문하는 트레킹이다. 따라서 첫째 날은 가장 대표적인 트레킹 코스인 깟깟–라오차이–타반 마을 1일 투어를 다녀온다. 둘째 날에는 동남아에서 가장 높은 산 판시판의 정상을 케이블카로 올라가 보자. 오후 반나절은 사파 시내의 볼거리들(사파 노트르담 성당, 함롱산, 사파 호수, 사파 박물관)을 돌아보면 된다. 일정 중 일요일이 포함돼 있다면, 박하 1일 투어를 추천한다.

* 판시판산은 날씨의 영향을 많이 받으므로, 판시판산을 꼭 오르고 싶다면, 모든 일정을 날씨에 따라 변경 가능하도록 계획해야 한다.

Tip | 알아두면 좋아요~

1 고산지대 사파는 에어컨이 없다. 비도 자주 내려 전체적으로 눅눅하고, 10월부터 기온이 뚝 떨어진다. 긴팔, 긴바지, 머플러, 두터운 점퍼를 준비하면 좋다. 추위를 많이 탄다면 숙소에서 전기요를 제공하는지 보고, 핫팩도 미리 준비한다.

2 깟깟 마을 가는 길에 위치한 숙소들은 언덕 아래로 이동을 해야 한다. 트렁크를 이용하거나 짐이 많다면 숙소 선정에 꼭 참고하자. 중앙 광장 쪽은 상당히 시끄럽다. 사파 호수 쪽은 관광지에서 살짝 벗어나 있지만, 그만큼 조용하고 하노이행 버스(사파 익스프레스 제외) 정류장과도 가깝다.

1 Day

트레킹 투어

사파의 하이라이트.
녹음 속에 빠져보자

(p.117)

2 Day-1

판시판산

케이블카를 타고
베트남의 최고봉에 오르다!

(p.119)

2 Day-2

사파 노트르담 성당

사파 시내의 상징.
기념사진 한 장 남겨보자

(p.119)

2 Day-4

사파 호수

비 온 후 물안개가 피어오를 때
특히 운치가 최고!

(p.120)

2 Day-3

함롱산

함롱산 전망대에선
사파 시내와 호수가 한눈에

(p.120)

+1 Day

박하 선데이 마켓

볼거리, 먹거리 많은
소수민족의 일요장터

(p.118)

★★★ GPS 22.302857, 103.888001

트레킹 투어 Trekking Tours

사파를 방문하는 가장 큰 이유는 바로 아름다운 라이스테라스의 경치를 즐기며 소수민족 마을을 방문하는 트레킹이다. 가장 대표적인 트레킹 코스는 깟깟 마을 방문을 필두로 흐몽H'mong족이 살고 있는 라오차이Lao Chai 마을과 짜이Dzay족이 살고 있는 타반Ta Van 마을을 방문하는 것이다. 비슷한 콘셉트로, 붉은 자오Red Dao족이 살고 있는 타핀Ta Phin 마을과 동굴을 방문하는 1일 트레킹 코스도 있다.
그 외 흐몽H'mong족이 사는 신차이Sin Chai 마을과 탁박Thac Bac 폭포라고도 불리는 실버 폭포Silver Waterfall(혹은 러브 폭포Love Waterfall를 방문하기도 한다), 베트남에서 가장 높은 도로 짬톤 패스Tram To Pass의 정상(약 2,100m)에 있는 헤븐 게이트Heaven's Gate까지 다녀오는 1일 투어에 참여해 볼 수도 있다. 모든 투어에는 차량, 입장료, 점심, 투어 가이드가 포함돼 있다. 소수민족의 전통 가옥에서 1박을 하며 이들의 문화를 직접 체험해 보는 1박 2일 투어 프로그램도 있다.
앞서 소개된 모든 장소는 쎄옴이나 택시를 이용해 개별적으로 다녀올 수 있다. 루트 선정이나 요금 흥정이 어렵다면 사파 인포메이션 센터에 도움을 요청해 보자. 모든 장소는 3만~8만 동 정도의 입장료가 있다.

위치 모든 숙소에서 루트, 운영 방법이 비슷한 투어 상품을 판매한다.
요금 25달러
포함 내역 가이드, 입장료, 점심
불포함 내역 여행자 보험 및 점심 음료

★★★ GPS 22.331031, 103.833979

깟깟 마을 Cat Cat Village

사파 시내에서 도보로도 다녀올 수 있는 소수민족(주로 블랙흐몽족) 마을이다. 호앙리엔산맥 아래 구불구불 나 있는 라이스테라스와 폭포의 전망도 좋고, 소수민족의 삶도 엿볼 수 있어 가벼운 트레킹으로 손색이 없다. 몇 년 전부터는 본격적인 관광지로 관리 운영되는 만큼 인공 시설물이 들어서 민속촌화(?)되었다는 느낌이 들지만, 방문 가치는 충분하다. 매표소에서 주는 지도를 따라가면 혼자서도 충분히 돌아볼 수 있다. 깟깟 마을 가기 전에 위치한 헤븐 커피Heaven Coffee는 우뚝 솟은 봉우리 위에 위치해 전망이 훌륭하다. 오가는 길에 들러보길 추천한다.

위치 판시판 길을 따라 쭈욱 내려가면 된다. 갈림길이 있는 곳에는 깟깟 마을 이정표가 있다. 사파 성당에서 도보 25분. 경사가 심해 올라오는 길은 시간이 더 걸린다.
운영 06:00~18:00(시즌에 따라 시간 변동) **요금** 성인 15만 동

★★☆ GPS 22.535426, 104.291968

박하 선데이 마켓 Chợ Bắc Hà

박하의 선데이 마켓은 이 일대 소수민족들이 모두 모여 자신들이 생산한 농산물, 수공예품 등을 사고파는 대규모 전통 시장이다. 우리네 전통시장이나 7일장 개념과 비슷해 '뭐 그리 특별할 게 있겠나' 싶지만, 비슷하면 비슷한 대로, 다르면 다른 대로 쏠쏠한 재미가 있다. 100여 평쯤 되는 식당 구역에서 모든 사람들이 우리네 순대 비슷한 것으로 만든 장터국수 오직 하나만을 먹는 진기한 풍경이란! 화려한 전통 복장을 한 소수민족 여인들이 이것저것 사고파는 소박하고 일상적인 모습만으로도 보는 눈은 즐겁다. 집에서 키운 강아지며 닭, 돼지, 소를 직거래하는 광경 구경하기, 우리 돈 몇백 원에 봉투 가득 과일 사보기, 담백함이 일품인 갓 나온 빵 호호 불며 뜯어 먹어보기, 박하에서 유명한 증류식 전통 곡주 시음해 보기, 알록달록한 전통 공예품들 흥정해 보기 등 흥미로운 경험들로 가득 차 있다. 시장은 오후 1시면 폐장하고, 박하는 라오까이에서 버스로 2시간(사파에서는 3시간) 정도 더 가야 하며, 버스 편도 많지 않기 때문에 반드시 이른 아침부터 움직여야 한다.

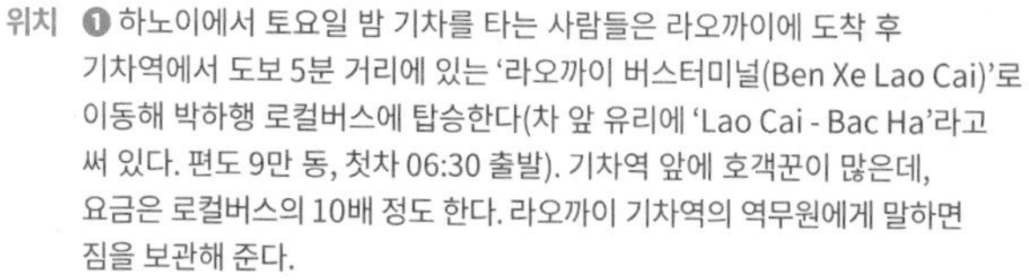

위치 ❶ 하노이에서 토요일 밤 기차를 타는 사람들은 라오까이에 도착 후 기차역에서 도보 5분 거리에 있는 '라오까이 버스터미널(Ben Xe Lao Cai)'로 이동해 박하행 로컬버스에 탑승한다(차 앞 유리에 'Lao Cai - Bac Ha'라고 써 있다. 편도 9만 동, 첫차 06:30 출발). 기차역 앞에 호객꾼이 많은데, 요금은 로컬버스의 10배 정도 한다. 라오까이 기차역의 역무원에게 말하면 짐을 보관해 준다.

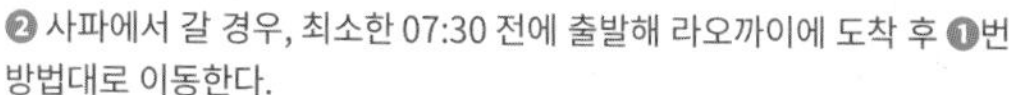

❷ 사파에서 갈 경우, 최소한 07:30 전에 출발해 라오까이에 도착 후 ❶번 방법대로 이동한다.

❸ 가장 편한 방법은 박하 선데이 마켓 1일 투어를 이용하는 것이다. 사파에서 07:30 출발. 박하에 도착하면 10:30이다. 보통 13:00까지 자유시간을 주며 점심은 자유 매식이다. 장이 끝나면 소수민족 마을을 방문하고 돌아오는 길에 라오까이의 베트남-중국 국경을 둘러본다. 사파로 돌아오면 17:00이다. 1인 요금 25달러~. 기차로 하노이로 돌아갈 사람들은 라오까이 기차역에 내려준다.

★★★ GPS 22.337521, 103.824228

판시판산 Phan Xi Păng

해발 3,143m의 판시판은 베트남에서 가장 높은 산으로, 일명 '인도차이나의 지붕'이라고도 불린다. 일반적인 등산 코스를 밟는다면 1박 2일이 소요되지만, 케이블카 운행 덕분에 1시간 내 정상 정복이 가능해졌다. 판시판산에 오르는 첫 단계는 사파 광장 맞은편에 위치한 선 플라자Sun Plaza(사파역)에서 푸니쿨라를 탑승하는 것이다. 2018년 봄부터 운행을 시작한 푸니쿨라는 사파 중심에서 판시판산 케이블카 탑승장까지 연결돼 있다. 이 구간은 깟깟 마을 근처를 지나가 이 일대의 마을과 라이스테라스를 공중에서 내려다볼 수 있다. 호앙리엔 케이블카역에서 다시 6,292m의 세계에서 가장 긴 케이블카에 올라타면 1,410m를 더 올라가게 되는데, 아찔한 공포감도 거뜬히(?) 이겨낼 수 있을 만큼, 발 밑 라이스테라스와 호앙리엔 산맥Hoàng Liên Sơn이 이뤄내는 절경은 가히 압권이라 할 수 있다.
케이블카에서 내린 후 판시판산 정상에 닿는 방법은 2가지. 다시 한번 푸니쿨라를 타는 것과 계단을 걸어 올라가는 것이다. 판시판산 정상 일대에는 쩐 왕조 시대의 건축양식으로 지어진 2개의 사원과 11층 석탑, 31m의 대형 불상과 관음상 등이 세워져 있다. 산악지대 특성상 기후 변화가 심하고, 비 오는 날, 안개 낀 날은 시야가 매우 나쁘다. 또한 사파 시내는 맑아도 산 정상은 구름이 끼고 바람이 강하게 불 수 있기 때문에, 한여름이라도 바람막이나 겉옷 하나쯤은 준비하는 것이 좋다.

위치 사파 광장 맞은편에 있는 선 플라자-사파역에서 푸니쿨라를 탑승하고 호앙리엔역에서 하차, 다시 케이블카로 갈아타 판시판역에 내린다. 이후 도보 혹은 푸니쿨라에 탑승하여 정상까지 오른다. 사파 시내와 호앙리엔 케이블카역까지는 도보(약 35분)나 택시(편도 10만 동~)로도 이동 가능
운영 월~금요일 08:15~18:00, 토·일요일 07:45~18:30
요금 **사파 시내** 푸니쿨라 18만 동, 케이블카 80만 동
판시판산 푸니쿨라 15만 동
홈피 fansipanlegend.sunworld.vn

★☆☆ GPS 22.335321, 103.842206

사파 노트르담 성당 Notre Dame Cathedral

사파의 랜드마크로, 1935년 처음 건축된 이후 2차례 재건축되어 지금의 모습을 갖게 된 것은 2007년부터다. 정문은 미사 시간 외에는 항상 잠겨 있다. 오른쪽 철문으로 들어가면 성당 내부로 연결되는 측면 문이 보인다.

주소 P. Ham Rong, TT. Sa Pa, Sa Pa, Lao Cai
위치 사파 중앙 광장 뒤쪽

★★★ GPS 22.334637, 103.847744

함롱산 Khu Du Lịch Hàm Rồng

사파 여행 중 꼭 한번 가볼 것을 추천하는 이 산은 1,800m 전망대에서 바라보는 사파 시내와 사파 호수 전경이 매우 아름다운 곳이다(뒷동산 오르듯 누구나 쉽게 오를 수 있어 크게 겁먹을 필요는 없다). 산발치에는 194종의 난초를 비롯해 다양한 꽃들로 이뤄진 예쁜 정원도 조성돼 있다. 전망대까지 오르는 길 중간중간에는 라이스테라스의 아름다운 뷰도 즐길 수 있다.

위치 사파 노트르담 성당을 바라보고 왼쪽에 난 길을 따라간다.
운영 06:00~18:00 **요금** 성인 7만 동

★☆☆ GPS 22.335636, 103.840124

사파 박물관 Bảo Tàng Sapa

거의 알려진 바 없는 이 작은 박물관은 사파 지역과 소수민족(특히 흐몽족과 붉은 자오족)들의 문화를 소개하고 있다. 전시물도 적고 낡고 오래됐지만, 영어와 프랑스어 안내가 잘되어 있어 읽다 보면 이들 문화를 좀 더 잘 이해할 수 있게 된다. 건물 1층에는 수준 높은 수공예품 및 토산물 판매장이 있는데, 사파에서 나는 각종 약초나 허브 입욕제, 전통주, 질 좋은 기념품 등을 구입할 수 있다.

주소 2 Fansipan, TT. Sa Pa, Sa Pa, Lao Cai
위치 사파 중앙 광장 북쪽 언덕길(Pho Cau May)로 올라가다 오른쪽
운영 월~금요일 08:00~11:30, 13:30~17:00 **휴무** 토·일요일
요금 무료

GPS 22.332505, 103.839592

굿모닝 베트남 레스토랑 Good Morning Vietnam Restaurant

다른 곳에 비해 살짝 비싼 편이지만 신선하고 질 좋은 재료에 맛도 훌륭하고 실내 분위기가 좋으며 주인장이 매우 친절하다. 베트남 요리들 중 특히 한국인 사이에서 선풍적인 인기를 끄는 것은 코코넛 치킨 커리. 아낌없이 재료들을 넣어 만든 진한 커리가 코코넛 열매 안에 담겨져 나와 비주얼 역시 훌륭하다.

주소 63B Fansipan, Street, Sa Pa, Lao Cai
위치 깟깟 마을 가는 판시판 거리에 위치
운영 08:00~22:00
요금 코코넛 치킨 커리 14만 동, 육류 메인 요리 12만 동~

GPS 22.33634, 103.84252

아니스 사파 레스토랑 Anise Sapa Restaurant

고급스러운 분위기에서 제대로 된 식사를 맛보고 싶다면 꼭 한번 방문해 보자. 사파 일대에서 생산된 신선한 식재료들을 사용해 전통 베트남 음식들을 외국인 입맛에도 잘 맞게 조리하였으며, 햄버거, 피자, 파스타 등의 웨스턴 음식들도 선보인다. 그중 특히 유명한 것이 족발을 기름에 튀긴 크리스피 포크 너클로 겉바속촉의 정석이라 할 수 있다. 그 외 사파 현지인들 사이에 건강식으로 유명한 검은 닭 샤부샤부와 따뜻하게 몸을 데워주는 호박 수프, 한 끼 식사로도 부족함이 없는 모닝글로리 마늘볶음(밥이 함께 나온다), 분짜 등이 대표적인 인기 메뉴다. 벽난로가 있는 실내나 식물들로 장식된 테라스 좌석 어디나 분위기가 좋다.

주소 02 Duong Bac Da Victoria, 21 pho Xuan Vien, Sapa, Lao Cai
위치 사파 공원 앞 골목길로 올라간다.
운영 09:30~22:00
요금 모닝글로리 6만 5천 동, 크리스피 포크 너클 42만 5천 동(2인용)

GPS 22.332797, 103.838592

판시판 테라스 카페 Fansipan Terrace Cafe and Homestay

깟깟 마을 가는 길에 위치한 카페로 훌륭한 전망을 자랑한다. 예쁘게 꾸며 놓은 야외 테라스가 인상적. 베트남식 핀Phin 드립 커피와 함께 간단한 스낵도 즐길 수 있다. 좀 더 위쪽엔 비슷한 콘셉트의 **화이트 클라우드 커피**White cloud coffee가 있다.

주소 067 Fansipan, Sapa, Lao Cai
위치 깟깟 마을 가는 판시판 거리에 위치
운영 06:30~22:00
요금 커피 4만 동~

GPS 22.33367, 103.84166

리틀 사파 레스토랑
Little Sapa Restaurant

사파에서 서양인과 한국 사람들 사이에 가장 유명한 레스토랑 중 하나로, 서양식 메뉴도 있지만 베트남 요리를 주로 제공한다. 팬데믹 기간 가게 이전으로 실내는 더욱 깔끔해졌고 주인장이 친절하다. 한국인들이 추천하는 메뉴는 볶음밥, 튀긴 새우나 닭, 두부, 가지 요리 등이 있다.

주소 05 D. Dong Loi, TT. Sapa, Lao Cai
위치 사파 성당에서 남쪽으로 도보 4분
운영 10:00~15:00, 17:00~22:00
요금 두부요리 8만 5천 동, 분짜 6만 9천 동

GPS 22.33198, 103.84399

파라다이스 레스토랑
Paradise Restaurant

야외석에 앉으면 깟깟 마을 내려가는 길부터 그 일대 그림 같은 전망이 한눈에 들어오는 뷰 맛집이다. 사파의 여느 레스토랑에서 파는 메뉴들은 대부분 주문 가능하고 햄버거, 스파게티 같은 서양 음식이나 양주, 칵테일, 달랏 와인, 사파 전통주 등 없는 게 없다. 뛰어난 것은 아니지만 실패하지 않는 맛과 친절함, 깔끔한 실내 분위기가 멋진 전망과 어우러져 만족도가 높은 곳이다.

주소 020 Muong Hoa, Sapa, Lao Cai
위치 사파 성당에서 타반 마을 방향으로 도보 8분
운영 08:00~22:00
요금 메인요리 12만 동~,
사파 전통주 3만 동(1잔)

GPS 22.336089, 103.840261

모먼트 로맨틱 레스토랑 Moment Romantic Restaurant

쌀쌀한 날씨에 따끈한 국물이 절로 생각나는 사파에서 맛있는 베트남식 샤부샤부를 맛볼 수 있는 집이다. 신선한 야채와 고기(사파 특산물인 연어 추천), (호불호가 갈릴 수 있지만) 레몬그라스가 들어가 매콤함에 새콤함이 더해진 육수, 라면사리에 과일 디저트까지 든든한 한 끼 식사로 그만이다. 핫팟 외에도 볶음밥/면, 두부튀김, 스프링롤 등 두루두루 괜찮고, 철갑상어나 사슴고기 등도 맛볼 수 있다.

주소 001A Thac Bac, Sapa, Lao Cai
위치 사파 성당에서 도보 4분
운영 09:30~22:00
요금 연어 샤부샤부(핫팟) 54만 동(2인분)

GPS 22.333499, 103.840754

24 레스토랑 24 Restaurant

사파에서 한국인들이 많이 찾는 레스토랑 중 하나다. 분짜, 쌀국수, 스프링롤 같은 일반적인 베트남 요리부터 피자, 파스타, 햄버거 같은 서양 요리까지 메뉴는 다양하다. 그중 한국인이 추천하는 메뉴는 돌판 위에 담겨 나오는 그릴 두부, 프라이드 스프링롤, 볶음밥, 호박 수프 등이다. 추운 사파 날씨를 고려할 때, 핫팟(베트남식 샤부샤부)이나 쌀국수 같은 국물류도 인기. 전반적으로 가격도 착한 편에 위생도 좋고 주인도 친절하다.

주소 24 Fansipan, Sapa, Lao Cai
위치 선 플라자에서 깟깟 마을 방향으로 도보 2분
운영 07:00~23:00
요금 호박 수프 4만 2천 동, 프라이드 스프링롤 6만 2천 동

콩 카페 Cộng Cà Phê

하노이를 비롯해 베트남 전역에 퍼져 있는 바로 그 콩 카페가 사파 공원 맞은편에 위치해 있다. 베트남 느낌이 물씬 풍기는 인테리어와 코코넛 커피가 유명하다. 바로 앞 공원과 사파 시내를 내려다보는 재미가 있어 커피 한잔 즐기기에 좋다. 콩 카페 주변에는 르프티 게코Le Petit Gecko 같은 예쁜 카페와 레스토랑들이 대거 포진해 있다.

주소 37 Xuan Vien, TT. Sa Pa, Sa Pa, Lao Cai
위치 사파 광장에서 사파 호수 가는 길 공원 주변
운영 07:00~23:00
요금 코코넛 스무디 커피 5만 5천 동

GPS 22.334445, 103.840843

꼬치구이 숯불 바비큐 BBQ Restaurants

선 플라자 일대에는 꼬치구이 식당들이 많다. 입구 테이블에 꼬치들(각종 육류를 비롯해 채소, 떡 등)을 내놓고, 선택한 꼬치들을 바로 옆 숯불에서 구워주는 방식이다. 안쪽으로 테이블이 있어 맥주나 추가 음식들을 주문해 먹을 수 있다. 꼬치구이 특성상 어디나 맛은 비슷하지만 북적이는 곳에 더 많은 손님이 모이는 법. 계산 시 꼬치 개수나 가격이 틀릴 수도 있으니 계산서를 꼭 확인하자.

위치 선 플라자에서 판시판 거리를 따라 내려가는 지점에 꼬치구이 식당이 나란히 붙어 있다. 그 외에도 사파 인포메이션 센터 근처에도 여럿 있다.
요금 꼬치당 1만~2만 동

선 플라자 Sun Plaza

판시판산 케이블카역으로 가기 위해 탑승하는 푸니쿨라역의 쇼핑몰이다. 빈 매장들이 많고, 운영 중인 곳 대부분이 아웃도어 제품을 판매한다. 까우마이Cầu Mây 거리(타핀 마을 가는 길)의 전문 매장들보다 디스플레이가 잘돼 있고 제품들도 믿을 만한데 정찰제에 가격은 상대적으로 비싼 편. 그 외 사파 전통술과 약초, 허브 입욕제 등 특산품을 판매하는 기념품숍도 있다.

주소 1 Ng. Cau May, TT. Sa Pa, Lao Cai
위치 사파 광장 맞은편 **운영** 07:30~22:00

GPS 22.338755, 103.851782

사파 시장 Chợ Sapa

사파 시장은 여행자들이 머무는 사파 광장 일대에서 뚝 떨어져 있다. 관광객보다 현지인을 대상으로 하는 전형적인 로컬 마켓으로, 식료품, 의류, 생활용품 등을 판매한다. 관광객들은 사파에서 채취한 허브나 기념품, 과일 등을 구입하고 길거리 음식들을 맛보는 소소한 재미를 즐길 수 있다.

주소 Luong Dinh Cua, Sa Pa, Lao Cai
위치 사파 호수 동쪽, 사파 광장에서 도보 17분

Tip | 다양한 쇼핑 스폿들

사파 광장 일대에는 흐몽족들이 좌판을 펴고 기념품을 판매하고, 해가 지기 시작하면 길거리 음식들까지 속속 등장한다. 함롱산 가는 길에는 허브나 전통주 등을 판매하는 상점들이 늘어서 있다. 사파 광장에서 타반 마을 가는 길(Ngõ Cầu Mây 길과 Mường Hoa 길)을 따라 내려가면, 수많은 아웃도어 전문점도 볼 수 있다.

GPS 22.334877, 103.840036

사파 그린 호텔&스파 Sapa Green Hotel & Spa

외진 산골 마을 사파에서 한국인 마음에 쏙 들 만큼 시설, 스킬, 가격 삼박자가 맞는 곳을 찾기는 쉽지 않다. 그나마 좋은 평을 받는 곳은 호텔에서 운영하는 사파 그린 호텔 스파. 사파에서 유명한 허브 반신욕과 허브 스팀사우나, 전신 마사지를 패키지로 받을 수 있으며, 가격도 크게 부담스럽지 않다. 마사지 자체에 초점을 두고 싶다면 **에덴 마사지&스파**Eden Massage & Spa가 괜찮다.

주소 02 Hoang Lien, TT. Sa Pa, Lao Cai
위치 **사파 그린 호텔&스파** 선 플라자에서 도보 1분
에덴 마사지&스파 선 플라자에서 도보 4분
요금 **사파 그린 호텔&스파** 70분 허브 스파 패키지 38만 동
에덴 마사지&스파 60분 전신 스파 35만 동

사파 그린 호텔&스파

사파 그린 호텔&스파

Tip | 허브 스파

사파는 레드다오족의 전통의학을 바탕으로 몸에 좋은 각종 약초를 나무 목욕통에 우려내 입욕을 즐기는 '레드다오(족) 허브 스파Red Dao Herb Spa'로 유명하다. 제대로 된 허브 스파는 타핀 마을의 **사파 나프로**Sapanapro(홈피 sapanapro.business.site, 전화 0936-204-501)에서 가능하지만, 사파 시내 고급 호텔 스파들도 이 메뉴를 제공한다. 로드숍의 저렴한 허브 스파는 위생의 문제가 있으므로 추천하지 않는다. 스파까지 도전하지는 못했다면, 선 플라자 기념품숍에서 허브 입욕제Dao'Spa Relax를 구입해 보자. 가격도 저렴하고 제품도 좋다.

5성급

GPS 22.334432, 103.840194

호텔 드 라쿠폴 M 갤러리 Hôtel de la Coupole - MGallery

2020년 월드 트래블 어워드가 선택한 아시아 최고의 디자인 호텔이자 베트남 최고 럭셔리 호텔이다. 호텔 건축 디자이너로 유명한 빌 벤슬리의 작품으로, 프랑스 점령기의 서양미(특히 파리의 오트쿠튀르)와 동양미(사파의 소수민족 예술)를 조화시켜 고급 저택 혹은 예술박물관 못지않은 볼거리를 선사한다. 추운 날씨에도 마음껏 이용할 수 있는 실내 수영장과 멋진 사파뷰를 즐길 수 있는 루프톱 바, 맛있는 조식에 시내 중앙의 편리한 위치 등 모든 점에서 사파 최고의 호텔답다.

주소 1, Hoang Lien, Sapa, Lao Cai
위치 사파 중앙 광장에서 도보 2분
요금 클래식 더블 140달러~
전화 021-4362-9999
홈피 www.hoteldelacoupole.com

3성급 **GPS** 22.336954, 103.840926

사파 엘레강스 호텔
Sapa Elegance Hotel

예쁜 펜션 같은 외관만큼 실내도 세련되고 넓고 깨끗하다. 호텔 밀집 지역에서 떨어져 얕은 언덕을 조금 올라가야 하지만, 그만큼 조용하고 쾌적하다. 사파 중앙 광장과도 가까워 어디든 이동하기 좋다. 조식과 직원 서비스도 평이 좋은 곳이다.

주소 3 Hoang Dieu, Sapa, Lao Cai
위치 사파 중앙 광장 북쪽 호앙디외 거리에 위치
요금 2인실 34달러~ **전화** 091-298-0117

3성급 **GPS** 22.334600, 103.841427

사파 센터 호텔 Sapa Centre Hotel

사파 대부분의 호텔들이 언덕을 오르내려야 하는데, 호텔 이름 그대로 사파 중심에 있어 이동의 불편이 최소화됐다. 객실이 넓고 깨끗하며 직원들도 친절하다. 3~4인 패밀리룸도 있어 가족 여행객들이 주목할 만하다.

주소 10 Cau May, Sapa, Lao Cai
위치 사파 중앙 광장 근처
요금 2인실 35달러~, 패밀리 57달러~
전화 086-255-6299

3성급 **GPS** 22.333737, 103.841535

하트 오브 사파 호텔
Heart of Sapa Hotel

사파에서 가장 인기 있는 호텔 중 하나다. 일본 호텔과 비교될 만큼 친절하고 센스 있는 직원의 서비스는 소문이 자자할 정도. 호텔에서 추천하는 트레킹도 만족도가 높다. 시설도 깔끔하고 조식도 좋은 평을 받고 있다.

주소 08A Dong Loi, Sapa, Lao Cai
위치 사파 시장 내 위치
요금 2인실 35달러~ **전화** 096-809-9701

GPS 22.332797, 103.838592

판시판 테라스 홈스테이
Fansipan Terrace Cafe and Homestay

깟깟 마을로 가는 길에 위치한 작은 숙소로, 훌륭한 전망과 저렴한 가격의 2인실은 한 달 전에도 늘 풀북이다. 6인실 도미토리룸도 운영한다. 예쁜 야외 테라스, 정성스러운 무료 조식도 플러스 요인 중 하나. 직원들이 영어가 안 된다는 점이 아쉽다.

주소 067 Fansipan, Sapa, Lao Cai
위치 깟깟 마을 가는 판시판 거리에 위치
요금 도미토리 5달러~, 2인실 23달러~
전화 091-220-5154

하롱베이의 관문

하이퐁 Hai Phong

하이퐁은 베트남에서 3번째로 큰 도시다. 북부의 바닷길을 책임지고 있어, 수산업과 무역, 공업 등이 발달해 있다. 하지만 한국인 여행객들에게는 하롱베이, 서양인 여행객들에게는 깟바섬을 연결하는 깟비 국제공항Cat Bi International Airport으로 더 잘 알려져 있다. 2016년에는 12월 인천-하이퐁 국제노선이 신설되면서, 하이퐁을 드나드는 한국인 수는 계속 늘어났다. 하이퐁은 특별한 관광지도 없고 여행사, 호텔 등의 관광 인프라도 열악하다. 영어가 거의 통하지 않다 보니 공항 이용객들이 잠깐 거쳐가는 곳 정도로 인식돼 있고, 관련 정보는 턱없이 부족한 상황이다. 하이퐁을 거쳐 가야 할 사람들이 꼭 알아야 할 핵심 정보들을 소개한다.

》 하이퐁에서 꼭 해야 할 일 체크!

- ☐ 해산물 쌀국수와 해산물 넴 맛보기

NHÀ HÁT THÀNH PHỐ
YAMAHA

1 하이퐁 드나들기

비행기

》 국제선

인천과 베트남을 잇는 가장 가까운 베트남의 관문은 깟비 국제공항이다. 베트남의 저비용 항공 비엣젯이 단독 취항하고 있으며, 저렴한 항공료, 짧은 비행시간, 현지 오전 도착 및 늦은 밤 출발로 충분한 여행시간을 확보할 수 있다는 장점이 있다.

》 국내선

베트남항공, 비엣젯, 뱀부항공이 호찌민 시티, 나트랑, 다낭 등을 연결하는 국내선을 운행 중이다.

기차

하노이 구시가에서 바로 하이퐁으로 가는 편한 방법은 기차를 이용하는 것이다. 하루 3편 운행(약 2시간 30분 소요, 소프트 시트 12만 5천 동)하며, 구거리의 롱비엔 기차역Ga Long Biên을 이용하면 된다. 스케줄 확인은 베트남 철도청 홈페이지(dsvn.vn)에서.

버스

》 하노이–하이퐁

하노이 구시가에서 5km 떨어져 있는 자럼 버스터미널Bến xe Gia Lâm과 하이퐁 트엉리 버스터미널Bến Xe Thượng Lý 혹은 빈니엠 버스터미널Bến xe Vĩnh Niệm을 잇는 버스를 이용한다. 오전 6시부터 오후 7시 30분까지 30분마다 1대씩 운행하며, 1시간 30분 소요되고 요금은 13만 동. 호텔까지 픽드롭을 해주는 고급 리무진도 이용할 수 있다. 모든 버스 예약은 버스 예약 사이트 vexere.com에서 가능.

》 하롱베이–하이퐁

하롱베이 바이짜이 버스터미널Bến xe khách Bãi Cháy 앞에서(들어가지 말 것) 유리창에 "하이퐁HAIPHONG" 팻말을 붙인 베이지색 미니버스가 오면 잡아탄다. 오전 6시 20분부터 오후 3시까지 20분마다 1대씩 운행하며, 1시간 30분 소요된다. 요금은 8만 동. 하차 지점은 트엉리 버스터미널Bến xe khách Thượng Lý이다. 터미널에서 하차 후, 구글맵을 이용해 시내버스, 혹은 그랩 카, 그랩 바이크 등을 탑승하여 시내 중심까지 이동한다. vexere.com 예약 사이트에서 고급 리무진을 예약할 수도 있다.

》 깟바섬–하이퐁

하이퐁과 깟바섬(깟바 타운)을 이어주던 페리가 2024년 11월 기준 운행을 중단한 상태다. 깟바섬 내 여행사에서 티켓을 예약하면 버스–보트–버스를 이용해 하이퐁까지 갈 수 있다. 하이퐁에서 깟바섬 이동 시, 벤빈 항구에서 남쪽으로 도보 4분 거리의 BIDV은행 쪽으로 가, 깟바행 버스를 타면 같은 방법으로 깟바 타운에 갈 수 있다. 깟하이Cát Hải에서 선월드 케이블카를 타는 방법(p.161 참고)도 있다.

2 공항에서 시내 이동하기

택시

깟비 국제공항은 하이퐁 시내 중심가에서 약 8km 떨어져 있다. 택시를 이용하면 되는데, 미터기요금에 공항 통행료 1만 동을 추가 지불하면 된다. 가장 믿을 만한 녹색 마이린 택시의 경우, 1km당 1만 5천 동으로 요금이 책정돼 있으니 참고하자. 영어가 거의 통하지 않으므로 목적지를 써서 보여주면 된다.

버스

깟비 국제공항에서 시내까지 16B 버스가 운행 중이다. 공항을 출발해 고! 하이퐁, 깟비 플라자, 하이퐁 박물관, 트엉리 버스터미널, 빈컴 플라자 등을 거쳐간다. 5시부터 17시까지 20~45분 간격으로 운행되며, 요금은 1만 5천 동이다.

그랩 바이크

알뜰족 나 홀로 여행객이 이용하기 좋은 교통 수단이다. 공항에서 시내 이동 시보다 시내에서 오갈 때 유용하다.

3 기타 정보

환전

공항 내 환전소는 환율이 좋지 않다. 하이퐁 오페라 하우스 앞 꺼우덧Cầu Đất 거리에 금은방들과 은행이 있다. 2~3곳에서 환율을 비교해 좋은 곳에서 환전한다. 은행은 여권 제시 필수.

유심

공항 내 유심은 시내보다 비싸다. 출국 전 소셜커머스를 통해 국내에서 미리 구입해 가는 것도 한 방법이다.

여행사

하이퐁은 특별한 볼거리도 없고 대부분의 여행객이 하롱베이나 깟바섬을 목적지로 하기 때문에, 여행사는 찾아보기 힘들다. 따라서 하이퐁 정보는 호텔 리셉션에 묻는 것이 가장 정확하다(저가 숙소의 경우, 영어가 안 통하는 곳도 많으므로 주의할 것).

여행자 거리

따로 여행자 거리는 없지만, 하이퐁 박물관 일대에 여행자들이 찾는 카페, 레스토랑, 슈퍼마켓, 호텔 등이 있다. 깟비 국제공항에서 가까운 반까오Văn Cao 한인 거리에는 베트남 및 한국 음식점, 한인 마켓, 마사지숍 등이 몰려 있다.

4 하이퐁 추천 일정

하이퐁은 특별한 관광지가 없어 비행기 탑승 혹은 하차 전후에 잠깐 휴식 개념으로 머무는 것 외에 큰 의미가 없다. 단, 하이퐁에서만 맛볼 수 있는 해산물 쌀국수를 맛보고 저렴한 가격에 스킬 좋은 마사지를 받으며, 고! 하이퐁에서 귀국 쇼핑을 즐기는 등 반나절 정도 시간을 보내는 것은 추천한다.

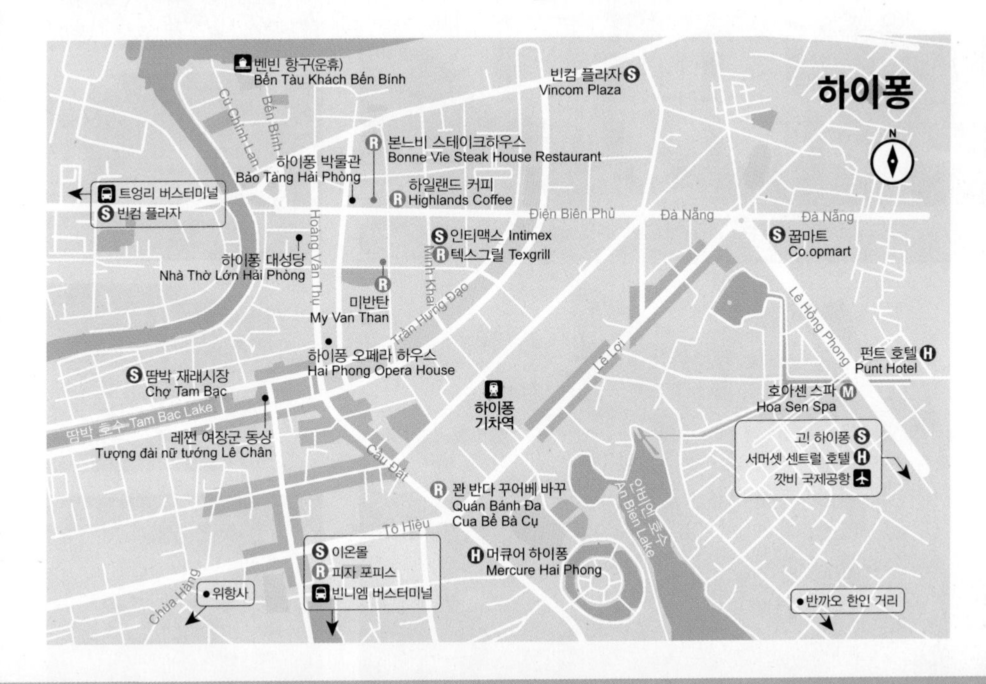

★☆☆ GPS 하이퐁 오페라 하우스 20.857365, 106.681819

하이퐁 시내 볼거리 Attractions to See in Hai Phong

하이퐁 시내 중심에 위치한 **하이퐁 오페라 하우스**Hai Phong Opera House는 하노이나 호찌민 시티에 위치한 오페라 하우스와 비슷한 시기에 건축된 프랑스풍 네오클래식 건물이다. 건물 앞 좌우에는 분수대와 화단으로 예쁘게 꾸민 공원이 넓게 형성돼 있고, 밤이면 조명까지 밝혀 많은 시민이 찾는다. 특히 서쪽 공원에는 높이 7.49m의 **레쩐 여장군 동상**Tượng đài nữ tướng Lê Chân이 눈에 띄는데, 베트남에서 2번째로 큰 청동상으로 알려져 있다. 레쩐 여장군은 하이퐁의 시조 마을이라 할 수 있는 안비엔An Bien에서 태어나 마을을 부흥시키고 군사를 단련시켜 중국의 침략에 맞서 싸운 전설적인 인물로 베트남인에게 추앙을 받고 있다. 레쩐 여장군 동상 근처에 하이퐁에서 제일 큰 **땀박 재래시장**Chợ Tam Bạc이 있다. 하이퐁의 종교적 방문지로는 **하이퐁 대성당**Nhà Thờ Lớn Hải Phòng과 불교사원인 **위항사**Ch ùa DưHàng가 있다. 위항사는 하이퐁에서 가장 큰 규모의 사원으로, 응우옌 왕조의 건축미를 간직하고 있으며 다양한 불상과 연못이 있는 정원을 둘러볼 수 있다.

위치 하이퐁 기차역 남북으로 도보 이동 가능(지도 p.131 참고)

하이퐁 대성당

하이퐁 대성당 내부

위항사

하이퐁 오페라 하우스

땀박 재래시장

★☆☆ GPS 20.861783, 106.682672

하이퐁 박물관 Bảo tàng Hải Phòng

하이퐁의 역사와 문화를 살펴볼 수 있는 곳이다. 1층에 들어서 오른쪽 구석기 섹션부터 시작해 시계 반대 방향으로 관람하며 18세기까지 베트남 왕조의 역사와 문화, 20세기 전쟁사를 거쳐 21세기 베트남의 발전상을 끝으로 중앙홀로 나오면 된다. 이곳의 하이라이트(?)는 19세기 하이퐁의 발전상 섹션. 당시의 건물 모습과 현재의 모습을 비교해 놓은 것은 물론, 당대의 생활 모습을 담은 사진 자료들과 실제 사용하던 화폐, 생활용품, 장식예술품 등을 전시해 놓았다. 대도시의 대형 박물관들에 비해 규모도 작고 볼거리도 적지만 무료임을 감안해 볼 때 30분 정도 둘러볼 만하다.

주소 66 Dien Bien Phu, Minh Khai, Hai Phong
위치 하이퐁 오페라 하우스에서 북쪽으로 도보 8분
운영 08:00~11:00, 14:00~17:00
휴무 월요일
요금 무료

GPS 20.852758, 106.685447

꽌 반다 꾸어베 바꾸 Quán Bánh Đa Cua Bể Bà Cụ

하이퐁에서만 맛볼 수 있는 게 쌀국수와 게 스프링롤 전문점이다. 입구에 커다란 게 조형물이 있어 단번에 눈에 띈다. 게 향이 물씬 나는 육수에 게, 새우, 가재, 미역 등이 들어가 기존의 쌀국수와 전혀 다른 맛이다. 정사각형의 어른 주먹만 한 게 스프링롤은 소스에 적셔 야채와 함께 먹으면 된다. 테이블 위에 놓여 있는 꽈이(긴 찹쌀 꽈배기)나 음료는 원하는 만큼 먹고 계산하면 된다.

주소 179 Cau Dat, Ngo Quyen, Hai Phong
위치 하이퐁 기차역에서 도보 8분
운영 07:00~21:00
요금 쌀국수 4만 동, 스프링롤 5만 동

GPS 하일랜드 커피 20.85683, 106.68125 시크릿가든 카페 20.834022, 106.702769

하일랜드 커피 vs. 시크릿가든 카페 Hignlands Coffee vs. Secret Garden Cafe

베트남의 스타벅스 **하일랜드 커피**가 하이퐁 박물관 근처와 반까오 한인 거리에 위치해 있다. 커피 맛도 괜찮고 가격도 저렴한데 시원하고 와이파이도 빵빵하다. 전국 체인인 만큼 하이퐁 시내 곳곳에서도 쉽게 눈에 띈다. 더 로컬스럽고 분위기 좋은 곳을 찾는다면, **시크릿가든 카페**로 가 보자. 반까오 한인 거리 골목 안에 비밀스럽게(?) 자리해 있는데, 상호처럼 정원이 잘 가꿔져 있어 야외에서 티타임을 갖는 느낌이다.

하일랜드 커피

주소 28 P. Quang Trung, Hong Bang, Hai Phong
위치 오페라 하우스 건너편 외 시내 곳곳
운영 07:00~22:00(매장마다 다름)
요금 커피 4만 5천 동~

시크릿가든 카페

주소 231 P. Van Cao, Dang Lam, Hai An, Hai Phong
위치 반까오 거리 PV오일 주유소 아래쪽 골목 안
운영 07:30~23:00
요금 음료 3만 동 내외

하일랜드 커피

시크릿가든 카페

GPS 민카이 지점 20.85966, 106.68411

텍스그릴 Texgrill

트립어드바이저 1위에 랭크된 곳으로, 스테이크와 립이 한국보다 저렴하고 양도 많다. 패밀리 레스토랑 분위기에 영어가 잘 통하며, 피자, 파스타, 햄버거, 멕시칸 요리 등을 판다. 하이퐁 박물관 근처 민카이Minh Khai 거리와 반까오 한인 거리, 이온몰, 빈컴 플라자 임페리얼 근처에 지점이 있다.

주소 17 P. Tran Quang Khai, Hoang Van Thu, Hong Bang, Hai Phong
위치 **민카이 지점** 벤빈 선착장(깟바섬 페리) 근처 **반까오 지점** 깟비 국제공항 근처
운영 08:00~22:00(매장마다 다름)
요금 립 42만 동~, 피자 13만 동~, 버거 19만 동~

GPS 20.830940, 106.683620

피자 포피스 Pizza 4P's

외국인 눈높이에 맞는 맛집 찾기가 쉽지 않은 하이퐁에서 까다로운 한국인들에게도 호평받는 곳이다. 피자 포피스는 호찌민 시티, 하노이, 다낭, 나트랑 등 곳곳에 체인점이 있으며, 어디를 가든 대기 줄이 있는 만큼 믿고 가볼 만하다. 화덕에서 바로 구운 피자는 직접 만든 부라타 치즈까지 얹어 그 맛이 일품이다. 구글맵을 통하면 피자 배달 및 예약도 가능하다.

주소 AEON Mall, 10 Vo Nguyen Giap, DLe Chan, Hai Phong
위치 하이퐁 공항에서 차로 15분
운영 10:00~22:00
요금 피자 16만 동~, 파스타 15만 동~

GPS 20.860009, 106.683673

미반탄 My Van Than

맑은 육수에 튀기지 않은 생면을 넣고 완자나 만두 등을 곁들인 미반탄(완탄면) 전문점이다. 깔끔한 국물 맛에 고수가 들어가지 않아 누구나 부담 없이 먹을 수 있다. 국수 외 볶음면과 볶음밥, 차슈밥 등이 있으며 사진이 붙은 한국어, 영어 메뉴판이 있어 주문도 편리하다. 여느 로컬식당들에 비해 규모도 크고 깔끔한데 가격도 저렴하다.

주소 16 Tran Quang Khai, Hoang Van Thu, Hai Phong
위치 하이퐁 오페라 하우스에서 북쪽으로 도보 7분
운영 06:30~21:30
요금 미반탄 3만 동

GPS 20.837240, 106.700731

반까오 한인 거리 Văn Cao Korean Street

하이퐁에 LG 전자 및 디스플레이 공장이 가동되면서 한국인들의 유입이 늘어나자 공항과 가까운 반까오에 한식당과 중국집, 한인마트, 마사지, 호텔, 노래방 등이 빼곡히 들어섰다. 시내 중심부와는 거리가 있지만, 대형 슈퍼마켓 고! 하이퐁이나 공항과 가까워 출국 전 이곳을 찾는 사람들도 많다. 아래는 이곳의 주요 레스토랑이다.

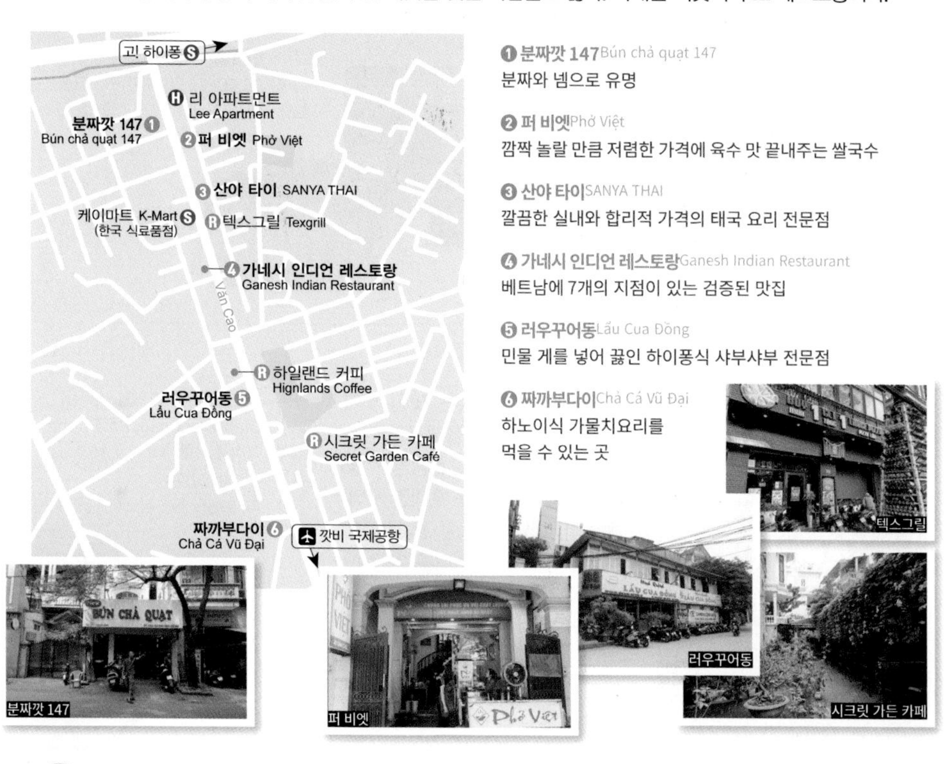

1 **분짜깟 147** Bún chả quạt 147
분짜와 넴으로 유명

2 **퍼 비엣** Phở Việt
깜짝 놀랄 만큼 저렴한 가격에 육수 맛 끝내주는 쌀국수

3 **산야 타이** SANYA THAI
깔끔한 실내와 합리적 가격의 태국 요리 전문점

4 **가네시 인디언 레스토랑** Ganesh Indian Restaurant
베트남에 7개의 지점이 있는 검증된 맛집

5 **러우꾸어동** Lẩu Cua Đồng
민물 게를 넣어 끓인 하이퐁식 샤부샤부 전문점

6 **짜까부다이** Chả Cá Vũ Đại
하노이식 가물치요리를 먹을 수 있는 곳

분짜깟 147 / 퍼 비엣 / 텍스그릴 / 러우꾸어동 / 시크릿 가든 카페

GPS 20.86183, 106.68331

본느비 스테이크하우스 Bonne Vie Steak House Restaurant

1940년대 프랑스풍 저택을 리모델링해 2018년 문을 연 4성급 호텔 마느와르 데자르Manoir Des Arts Hotel의 파인다이닝 레스토랑이다. 정통 프렌치 요리보다 스테이크, 피자, 파스타 등의 대중적인 메뉴들을 선보이는 것이 특징. 고급스러운 분위기에서 한국보다 저렴하게 스테이크를 맛볼 수 있다는 점에서 한국인들 사이에 입소문이 나 있다.

주소 64 Dien Bien Phu, Minh Khai, Hong Bang, Hai Phong
위치 하이퐁 오페라 하우스에서 도보 8분
운영 11:00~22:00
요금 립아이 스테이크 50만 동
(SC 5%, VAT 10%)
전화 0225-883-1522
홈피 manoirdesartshotel.com

GPS 20.845458, 106.707662

고! 하이퐁 GO! Hải Phòng

하이퐁 시내에는 베트남의 대표적인 체인 마트인 고GO, 인티맥스Intimex, 윈마트Winmart, 꿉마트Co.opmart 등이 있다. 시내 중심부를 기준으로 할 때, 접근성이 가장 좋은 곳은 민카이 거리에 있는 인티맥스이지만 제품의 다양성은 떨어진다. 고! 하이퐁은 시내에서 가장 큰 대형마트답게 제품 구성도 다양하고 저렴하다. 시내에서 공항 가는 길 중간에 위치해 있어 출국 전 마트 쇼핑하기에 가장 좋다.

주소 Lo 1/20, Khu Do Thị Moi Nga Nam San Bay Hai Phong

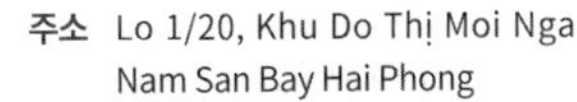

위치 하이퐁 오페라 하우스에서 남쪽 공항 방향으로 4km. 택시나 그랩 바이크 이용

운영 08:00~22:00

GPS 레탄통 지점 20.86585, 106.69155 임페리아 지점 20.86273, 106.66205

빈컴 플라자 Vincom Plaza

하이퐁에는 2개의 빈컴 플라자가 있다. 오페라 하우스에서 북동쪽으로 2km 떨어져 있는 레탄통 지점Vincom Plaza Lê Thánh Tông과 트엉리 버스터미널 근처에 있는 (빈홈)임페리아 지점Vincom Plaza Imperia이다. 두 곳 모두 '빈컴'의 명성에 비해 썰렁한 편. 그나마 쉐라톤 호텔이 들어서 있는 임페리아 지점이 매장이나 식당이 더 많다. 두 곳 모두 윈마트와 CGV 영화관이 있다.

주소 **레탄통 지점** 1 Le Thanh Tong P. May To Q. Ngo Quyen Haiphong City
임페리아 지점 Vinhomes Imperia Urban Area, Thuong Ly Ward, Hong Bang District

위치 지도 p.131 참고

운영 **레탄통 지점** 10:00~21:30
임페리아 지점 월~금요일 10:00~21:00, 토·일요일 10:00~21:30

GPS 20.83300, 106.68238

이온몰 하이퐁 레쩐 AEON MALL Hai Phong Le Chan

2020년 하이퐁에 문을 연 일본계 복합쇼핑몰이다. 3층에 걸쳐 패션(유니클로, 라코스테, 나이키 등), 악세서리(미니소, 다이소 등), 슈퍼마켓(이온 마트, 랑팜 등), 카페&레스토랑(피자 포피스, 졸리비 등), 푸드코트, CGV 영화관, 키즈존, 오락실 등 200여 매장이 들어서 있다. 쾌적한 공간에서 쇼핑과 식사, 엔터테인먼트를 즐길 수 있어 한국인들이 많이 찾는다.

주소 10 Vo Nguyen Giap, Du Hang Kenh, Le Chan, Hai Phong

위치 하이퐁 오페라 하우스에서 남쪽으로 3km

운영 10:00~22:00

GPS 20.85616, 106.69941

호아센 스파 Hoa Sen Spa

하이퐁에서 가장 큰 스파 중 하나로, 75분 마사지가 우리 돈 1만 3천 원 정도. 직원들의 서비스도 좋고 시설도 관리가 잘돼 있는 데다, 지압점을 찾아 꾹꾹 누르는 전문적인 스킬도 수준급이다. 여행객들은 주로 마사지만 받지만, 이곳의 주력 메뉴는 사우나(허브습식, 히말라야 소금, 건식)와 허브탕, 냉탕 등을 포함한 스파 패키지다. 팁 불포함으로 강요는 아니지만 마사지사에 따라 고액을 요구하는 경우도 있어 아쉽다.

주소 So 1A-B1 Lo 26, Le Hong Phong, Dong Khe, Ngo Quyen, Hai Phong
위치 깟비 플라자에서 도보 10분
운영 10:00~23:00
요금 75분 보디마사지 25만 동, 패키지 40만 동~

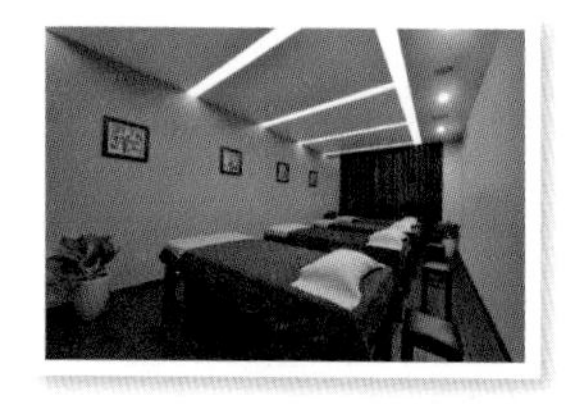

4성급

GPS 20.847040, 106.706573

서머셋 센트럴 호텔 Somerset Central TD Hai Phong City

하이퐁에서 객실 컨디션이 가장 좋은 4성급 호텔이다. 모든 객실은 콘도형으로 소파와 식탁, 조리시설, 세탁기 등 생활용품들을 잘 갖추고 있다. 피트니스 센터와 수영장, 키즈룸까지 편의시설 역시 운영 중이다. 대형마트 고! 하이퐁을 비롯해 CGV 영화관, 각종 레스토랑과 카페들이 주변에 포진해 있어 편리하다.

주소 Tower A, TD Plaza, Lot 20A, Hai Phong
위치 하이퐁 오페라 하우스나 공항에서 5km 내외. 택시 10분
요금 스튜디오(2인) 100달러~, 2베드 아파트(4인) 120달러~
전화 0225-367-0888

5성급

GPS 20.85102, 106.68712

머큐어 하이퐁 Mercure Hai Phong

세계적인 호텔 체인 아코르의 계열사로 2018년에 문을 열었다. 멜리아 빈펄 하이퐁Meliá Vinpearl Hai Phong과 함께 이 도시를 대표하는 5성급 호텔이지만, 도심에서 거리가 있는 멜리아와 달리 하이퐁 시내 중심에 있어 위치적 장점이 크다. 전망 좋은 루프톱 바와 수영장, 피트니스 센터, 키즈클럽 등 부대 시설이 잘되어 있고, 일반객실부터 주방 시설을 갖춘 스튜디오, 아파트형 객실까지 선택의 폭도 넓다.

주소 12 Lach Tray, Street, Ngo Quyen, Hai Phong
위치 하이퐁 오페라 하우스에서 도보 12분
요금 슈피리어 90달러~
전화 0225-324-0999

2성급

GPS 20.856645, 106.702205

펀트 호텔 Punt Hotel

숙소 사정이 좋지 않은 하이퐁에서 한국인들 사이에 훌륭한 가성비로 입소문 난 곳이다. 신축 건물에 큰길에서 벗어나 조용하고, 깔끔한 객실 관리, 친절한 직원 등 장점이 많은 데다 가격까지 착하다. 단, 시내 중심부, 반까오 한인 거리, 고! 하이퐁에서 2~3km씩 떨어져 있어 위치 면에서 아쉽다.

주소 So 41 Lo 3C đuong, Le Hong Phong, Hai Phong
위치 공항에서 6km. 택시로 13분
요금 트윈 35달러~
전화 096-886-6022

GPS 20.84036, 106.69994

리 아파트먼트 Lee Apartment

반까오 한인 거리 내 위치한 아파트형 숙소다. 1베드룸과 2베드룸 아파트가 있으며, 주방 시설과 소파, 테이블, 텔레비전이 있는 휴식 공간, 건조까지 가능한 세탁기 등 알차게 갖춰 불편할 것 없고 청결 상태도 좋다. 가격도 착한데 2베드룸은 4명까지 머물 수 있어, 4인 가족 여행객이라면 더욱 주목할 만하다.

주소 23 P. Van Cao, Dang Giang, Ngo Quyen, Hai Phong
위치 하이퐁 깟비 국제공항에서 차로 13분
요금 1베드룸 아파트(2인) 30달러~, 2베드 아파트(4인) 40달러~
전화 083-972-9899

천혜의 자연 속에서 쉼을 얻다

하롱베이 Ha Long Bay

》 **하롱베이에서 꼭 해야 할 일 체크!**

- ☐ 하롱베이 크루즈 투어 즐기기
- ☐ 선월드 하롱파크에서 신나게 놀아보기
- ☐ 퀸케이블카를 타고 야경 감상하기

베트남에서 가장 유명한 관광지는 단연 하롱베이가 아닐까? 베트남을 소개하는 홍보 영상이나 가장 아름다운 베트남 관광지 순위에서 항상 첫머리를 장식하니 말이다. 수억 년간 석회암 지대가 해수면의 상승과 침식 작용의 반복적인 영향을 받아, 하롱베이는 지금의 신비하고 아름다운 모습을 갖게 되었다. 현재 하롱베이에는 1,969개의 크고 작은 섬과 바위, 석회 동굴들이 있으며, 지형학적 가치와 자연미를 인정받아 유네스코 세계문화유산에 등재되어 있다(1994). 베트남어로 '하롱'은 '하늘에서 용이 내려온다'는 뜻이다. 이는 적군이 침략하자 하늘에서 용이 내려와 침략자들을 향해 불을 내뿜었고, 그 불똥이 바다로 떨어지면서 지금의 아름다운 섬들이 되었다는 전설과 연관된다.

하롱베이를 돌아보는 가장 일반적인 방법은 이른 아침부터 오후까지 배를 타고 섬과 바위, 석회암 동굴을 둘러보는 1일 투어에 참여하는 것이다. 아름다운 풍경, 평화로운 분위기 속에서 좀 더 여유로운 시간을 보내고 싶다면, 혹은 바위섬들 사이로 해가 지고 다시 뜨는 장관을 보고 싶다면, 배에서 숙박을 하는 1박 2일 크루즈도 고려해 볼 수 있다. 몇 년 전까지 하롱베이는 오직 이 2종류의 크루즈 투어만으로 관광객들을 유혹해 왔다. 하지만 2017년부터 하롱베이와 하롱시를 한눈에 조망할 수 있는 대형케이블카와 대관람차가 운행을 시작하고 워터파크와 놀이공원까지 연달아 개장하면서 하롱베이는 여행객들에게 더 큰 볼거리와 즐길 거리를 제공하게 되었다.

하롱베이

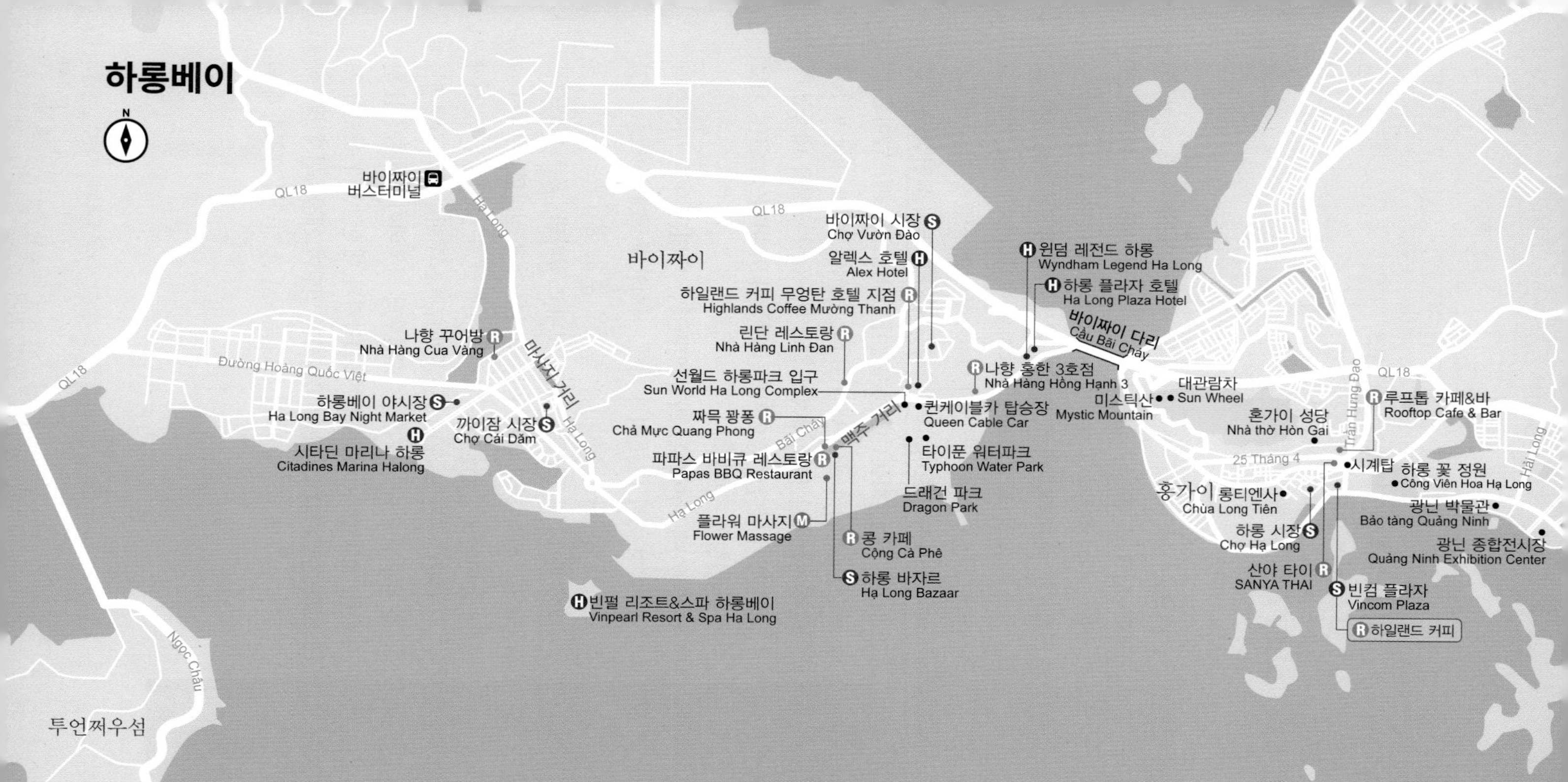

N
바이짜이 버스터미널
QL18
Ha Long
바이짜이
바이짜이 시장 Chợ Vườn Đào
알렉스 호텔 Alex Hotel
하일랜드 커피 무엉탄 호텔 지점 Highlands Coffee Mường Thanh
린단 레스토랑 Nhà Hàng Linh Đan
나향 꾸어방 Nhà Hàng Cua Vàng
마사지 거리
Đường Hoàng Quốc Việt
하롱베이 야시장 Ha Long Bay Night Market
까이잠 시장 Chợ Cái Dăm
시타딘 마리나 하롱 Citadines Marina Halong
선월드 하롱파크 입구 Sun World Ha Long Complex
짜묵 꽝퐁 Chả Mực Quang Phong
파파스 바비큐 레스토랑 Papas BBQ Restaurant
플라워 마사지 Flower Massage
Bãi Cháy
맥주 거리
퀸케이블카 탑승장 Queen Cable Car
타이푼 워터파크 Typhoon Water Park
드래건 파크 Dragon Park
콩 카페 Cộng Cà Phê
하롱 바자르 Hạ Long Bazaar
빈펄 리조트&스파 하롱베이 Vinpearl Resort & Spa Ha Long
윈덤 레전드 하롱 Wyndham Legend Ha Long
하롱 플라자 호텔 Ha Long Plaza Hotel
바이짜이 다리 Cầu Bãi Cháy
나향 홍한 3호점 Nhà Hàng Hồng Hạnh 3
미스틱산 Mystic Mountain
대관람차 Sun Wheel
혼가이 성당 Nhà thờ Hòn Gai
Trần Hưng Đạo
루프톱 카페&바 Rooftop Cafe & Bar
25 Tháng 4
시계탑
하롱 꽃 정원 Công Viên Hoa Hạ Long
홍가이
롱티엔사 Chùa Long Tiên
광닌 박물관 Bảo tàng Quảng Ninh
하롱 시장 Chợ Hạ Long
광닌 종합전시장 Quảng Ninh Exhibition Center
산야 타이 SANYA THAI
빈컴 플라자 Vincom Plaza
하일랜드 커피
Hải Long
Ngọc Châu
투언쩌우섬
투언쩌우항 여객터미널
파라다이스 스위트 호텔 Paradise Suites Hotel
투언쩌우 깟바 페리터미널

1 하롱베이 드나들기

하노이-하롱베이

팬데믹 이전에는 하노이 미딘 버스터미널Bến xe Mỹ Đình 근처에서 하롱베이행 VIP 금호KumHo Viet Thanh 버스를 주로 탑승하였다(3시간 소요). 하지만 최근에는 호안끼엠 구시가 내에 픽드롭을 해주는 리무진이나 여행자 버스들을 이용하는 추세다. 가격이 조금 비싸도, 버스터미널까지 갈 필요가 없고 시설도 좋고 편리하기 때문. 스케줄 확인 및 좌석 예매는 버스 티켓 예약 사이트(vexere.com)에서 가능하다. 대부분의 숙소에서도 버스 티켓 예약을 대행해 준다. 참고로, 하롱베이의 버스터미널은 두 곳이 있다. 투언쩌우 마리나항Tuan Chau Marina Port은 하롱베이 투어 크루즈들이 정박하는 곳이고, 바이짜이 버스터미널Bến xe Bãi Cháy은 하롱베이 시내로 들어가는 관문과도 같은 곳이다. 투언쩌우 마리나항과 바이짜이 버스터미널은 9km 떨어져 있다.

하이퐁-하롱베이

하이퐁 트엉리 버스터미널Bến xe khách Thượng Lý과 하롱베이 바이짜이 버스터미널을 오가는 미니버스를 탑승하면 1시간 30분 정도 소요된다. 하롱베이에서 출발할 때는 바이짜이 버스터미널 앞에서 앞 유리창에 "하이퐁HAIPHONG"이라고 쓰인 베이지색 미니버스를 잡아타면 된다. 버스는 수시로 있으며 편도 8만 동이다. 좀 더 자세한 정보는 p.130 하이퐁 드나들기 참고. 그 외 버스 티켓 사이트(vexere.com)나 숙소를 통해 리무진을 예약할 수 있다. 하이퐁에서 하롱베이까지 녹색 마이린 택시를 이용할 경우, 미터기로 80만 동 정도 나오며 1시간 20분 소요된다.

바이짜이 버스터미널

깟바섬-하롱베이

투언쩌우섬에 있는 깟바 페리터미널Bến phà Tuần Châu에서 페리를 타면 30~50분 만에 깟바섬 북단에 위치한 자루언 페리터미널Bến phà Gia Luận에 도착한다. 편도 9~17만 동(페리에 따라 다름). 페리 도착시간에 맞춰 깟바 타운행 버스(편도 5만 동)가 기다리고 있으니 걱정할 필요가 없다. 깟바 익스프레스에서는 하롱베이 호텔 픽업-보트-깟바 호텔 드롭(역방향 가능)을 14달러에 일괄 서비스해 준다. 스케줄 확인 및 예약은 홈피(catbaexpress.com)에서 가능하다.

》**일반 페리 시간표**(운행시간은 변동 가능)

운행지	성수기(5~8월)	비수기(9~4월)
하롱베이-깟바섬	07:30, 09:30, 11:30, 13:30, 15:00	08:00, 11:30, 15:00
깟바섬-하롱베이	09:00, 11:30, 13:00, 16:00	09:00, 13:00, 16:00

* 운행시간은 변동될 수 있으므로 현지 확인은 필수.
스피드 보트 출발 시간은 다음과 같다(변동 가능성이 많으므로 현지 확인 필수).
하롱베이 출발 08:30, 12:30 **깟바 출발** 10:30, 15:00

2 시내에서 이동하기

택시

하롱베이는 하롱베이 투어 보트 및 깟바섬 페리터미널이 있는 투언쩌우섬, 하롱파크와 각종 호텔, 리조트, 버스터미널이 있는 바이짜이 지역, 대관람차를 탈 수 있는 있는 선월드, 빈컴 플라자 및 광닌 박물관이 있는 홍가이 지역, 3곳으로 나눠볼 수 있다. 각 지역 내에서 택시 요금은 1km당 1만 5천 동 정도 하지만, 지역 간을 넘나들 때는 10만 동에서 30만 동까지도 올라간다. 그랩 카는 거의 없다고 봐야 한다(단, 그랩 바이크는 가능). 택시 이용 시 주의점은 p.440 참고.

버스

알뜰 여행객이라면 3번 버스를 기억하자. 바이짜이 버스터미널(터미널 안에 시내버스 정류장이 있다)과 까이잠 시장, 노보텔, 맥주 거리, 하롱파크, 하롱 플라자 호텔 등을 거쳐 빈컴 플라자 앞을 지난다. 요금은 거리에 비례해 7천 동, 1만 동, 1만 5천 동으로 나뉜다. 보통 바이짜이 버스터미널에서 하롱파크까지 1만 동, 하롱파크에서 빈컴 플라자까지는 1만 5천 동, 바이짜이 지역 내에서는 7천 동 정도 한다.

3 기타 정보

환전

기본적으로 하노이나 하이퐁에서 환전을 해오는 것이 좋다. 하지만 하롱베이에서 꼭 환전이 필요한 경우, 여느 도시들과 마찬가지로 금은방이나 은행, 호텔 프론트데스크 등에서 가능하다.

여행사

하롱베이에서 여행사를 이용할 일은 단 1가지, 하롱베이 투어를 예약하는 것이다. 하지만 모든 숙소에서 투어 상품을 판매하며 모든 일정은 대동소이하다. 가격은 1인 85만 동 내외.

호텔 예약

하롱베이의 호텔은 하롱파크가 위치한 바이짜이 지역에 많다. 투언쩌우는 페리터미널 외에 상권이 잘 발달해 있지 않고, 홍가이 지역은 번화하긴 하지만 비중 있는 관광지가 별로 없다. 바이짜이, 투언쩌우 지역과 멀기 때문이다. 바이짜이 지역 중에서도 까이잠 재래시장이 있는 남서쪽은 패키지 여행객들을 위한 호텔이 많다. 반면 하롱파크 일대(남동쪽)에는 여행객들을 위한 편의시설(음식점, 카페, 펍, 기념품숍 등)이 몰려 있어 자유 여행객들에겐 이 일대의 호텔들이 더 낫다.

버스터미널 안 시내버스 정류장

4 하롱베이 추천 일정

하롱베이에 머무는 이유는 딱 2가지. 하롱베이 투어와 하롱파크를 이용하는 것이다. 하롱베이 테마파크나 워터파크를 이용한다면, 하루가 더 필요하다. 퀸케이블카에 탑승해 미스틱산에서 야경을 보는 것만으로 만족할 경우, 하롱베이 투어 후 야간 시간을 이용하면 된다. 시간적 여유가 넉넉하다면 광닌 박물관을 중심으로 반나절 정도 하롱 시내를 둘러보는 것도 좋다.

하롱베이 1일 투어

동굴투어와 카약킹,
비치에서 휴식까지!

(p.146)

하롱파크(3곳)

워터파크, 드래건 파크는 선택.
퀸케이블카 야경은 필수!

(p.148)

광닌 박물관 및
시내 셀프 투어

하롱베이 시내 탐방

(p.149, 150)

★★★ 유네스코 세계자연유산

GPS 20.922875, 106.990336

하롱베이 1일 투어 Ha Long Bay 1 day Tour

하롱베이에서 떠나는 1일 투어는 오전 8시 호텔 픽업으로 시작된다. 투언 쩌우 페리터미널에서 출발해 남단으로 향하며 가장 먼저 만나게 되는 것은 바다 위에 점점이 솟아 있는 바위섬들이다. 그 모습이 마치 남녀가 키스하는 것처럼 보인다고 해서 이름 붙여진 **키스섬**Kiss Islet(혹은 수탉과 암탉이 싸우는 것처럼 보인다고 해서 **싸움닭섬**Fighting Cock Islet이라고도 불린다), 개가 앉아 있는 듯한 모습의 **개 바위섬**Dog Stone Islet, 향로 모양을 닮은 **향로섬**Incense Burner Islet 등이 그것이다. 이들을 거쳐 도착하는 곳은 하롱베이에서 가장 크고 아름다운 **승솟 동굴**Sung Sot Cave이다. 바위산 중턱에 위치해 있어 이곳에서 내려다보는 하롱베이 전망도 아름답지만 동굴 안의 기괴한 석순과 종유석이 다채로운 조명과 어우러져 태곳적 자연의 아름다움과 신비함을 느낄 수 있다. 배 안에서 점심 식사를 한 후 **루엉 호수**Luon Cave and Lake에 도착해 카약이나 보트를 타고 동굴을 지나며 절경을 감상한다. 대망의 마지막 기항지는 **티톱섬**Ti Top Island이다. 이곳은 비치가 조성돼 있어 선베드에 누워 휴식을 취하거나 수영을 즐길 수 있다. 하지만 이곳의 하이라이트는 바위산 정상의 전망대에서 하롱베이의 절경들을 내려다보는 것이다. 모든 투어가 끝나고 숙소로 돌아오면 오후 5시경이 된다.

소요시간	08:00~17:00
요금	1인당 85만 동~ (약 36달러~) **포함 내역** 호텔-페리터미널 간 픽드롭, 보트 승선료, 모든 입장료, 점심, 가이드, 카약 혹은 보트 이용료 **불포함 내역** 점심 식사 시 음료

1박 2일 크루즈(원나이트 크루즈) 1 Night Cruise

©아프로디테 크루즈
©아프로디테 크루즈
©아프로디테 크루즈

▸▸ 1일 투어와 1박 2일 크루즈의 차이

1박 2일 크루즈는 숙박 시설이 갖춰진 대형 보트를 타고 하롱베이를 돌아보는 것이다. 1일 투어(원데이 투어)와 동일한 프로그램으로 운영되며, 쿠킹클래스(저녁 시간)나 타이치 혹은 요가 강습(아침 운동) 같은 무료 강습이 추가돼 자칫 지루하게 느껴질 수 있는 시간을 효율적으로 관리한다. 따라서 1박 2일 크루즈는 1일 투어보다 더 많은 것을 보기 위해서가 아니라(일출과 일몰을 볼 수 있느냐 없느냐의 차이) 좀 더 많은 시간을 하롱베이에서 보내며 휴식을 취하는 데 목적이 있다.

▸▸ 1박 2일 크루즈 예약하는 법

1박 2일 크루즈는 하노이의 여행사들을 통해 예약할 수도 있지만(이 경우 하노이-하롱베이 간 셔틀버스는 자동 포함), 아고다 혹은 부킹닷컴 같은 호텔 예약 사이트를 통해 하롱베이의 일반 호텔들과 동일한 방법으로 예약 후 이용할 수도 있다. 각 크루즈는 하롱베이 일대에 오피스를 운영하고 있으며, 정해진 시간까지 개별적으로 찾아가(혹은 크루즈가 운영하는 셔틀버스를 이용할 수 있는데, 호텔 예약을 마치면 각종 안내문과 함께 셔틀버스 신청 여부를 묻는 이메일이 날라온다) 체크인 후 승선하면 된다.

▸▸ 요금과 크루즈 선택법

크루즈의 요금은 일반 호텔들과 마찬가지로 성급과 객실 컨디션, 식사의 질에 따라 달라진다. 1~2성급은 20만 원 전후, 3성급은 30만 원 전후, 4~5성급은 40만 원대 이상 정도로 생각하면 된다(모두 2인 1실 기준). 2번의 식사가 포함돼 있지만, 각종 음료는 비용이 발생한다. 1성급은 시설이 매우 열악하기 때문에, 최소한 2성급 이상은 탑승해야 한다. 가장 무난한 것은 3성급 크루즈이며, 4~5성급은 동급의 일반 호텔과 동일한 수준의 서비스를 받을 수 있다. 호텔 예약 사이트를 이용할 경우, 예산에 맞는 가격대, 높은 평점, 한국인들의 후기를 잘 읽어보고 선택하면 된다.

★★★

GPS 20.955421, 107.049513

선월드 하롱파크 Sun World Ha Long Complex

다낭의 바나힐과 다낭 다운타운, 사파의 판시판 레전드 등을 기획 운영하고 있는 선월드 그룹이 하롱베이에 문을 연 214ha의 대규모 엔터테인먼트 파크다. 총 3종류의 테마파크가 하나의 단지를 이루고 있는데, 남녀노소 할 것 없이 모두에게 좋은 평을 받는 곳은 바로 **퀸케이블카와 미스틱산**Queen Cable Car & Mystic Mountain이다.

한 번에 총 230명까지 탈 수 있는 퀸케이블카는 188.88m 높이로 운행해 하롱베이 바다 건너 미스틱산 정상까지 올라간다. 이는 세계에서 가장 높은 케이블카이자 가장 큰 케이블카 객실로 기네스북에 기록돼 있다. 미스틱산에 오르면 하롱베이의 전망을 가장 높은 곳에서 관람할 수 있는 대관람차Sun Wheel를 타거나 일본식 성과 다리, 정원을 그대로 옮겨 놓은 듯한 젠가든Zen Garden을 산책할 수 있다. 그 외 급경사 레일 위를 내달리는 루지Samurai Slide를 타거나 게임존의 게임기를 유 · 무료로 즐길 수 있다.

전 세계 유명인사들을 실제 모습과 똑같이 밀랍인형으로 만들어 전시한 밀랍인형관(유료)과 아이들을 위한 어린이 놀이터(무료)도 있다. 미스틱산은 일몰과 야경이 예쁘기로도 유명하다. 일몰 전에 올라가 야경을 보고 내려오는 일정이 가장 좋으며, 모든 시설을 즐기기 위해서는 약 2~3시간 정도 소요된다.

각종 놀이기구를 즐길 수 있는 **드래건 파크**Dragon Park에는 유아용, 어린이용, 성인용 등 전 세대가 즐길 수 있는 놀이기구 20여 가지가 있다. **타이푼 워터파크**Typhoon Water Park에는 다양한 슬라이드를 비롯해 유수풀과 파도풀, 수영장 등이 있는데, 기온이 떨어져 물놀이를 할 수 없는 대략 10월부터 4월까지는 운영하지 않는다(정확한 운영일 확인은 홈페이지에서).

선월드 하롱파크는 야간에도 잠들지 않는다. 어둠이 내리면 파크 입구부터 화려한 조명이 켜지고, 중앙 분수대에는 웅장한 음악과 조명이 어우러진 분수쇼가 펼쳐지는데, 이 구역은 누구나 무료로 접근할 수 있다. 하롱파크 뒤 바닷가로는 인공해변도 조성돼 있다.

주소 No. 9, Ha Long Road, Bai Chay, Ha Long

위치 바이짜이 지역 무엉탄 럭셔리 호텔 앞에 하롱파크 단지의 중앙 입구가 있다. 도로와 면한 쪽에 퀸케이블카 정류장이 있으며, 안쪽으로 들어가면 중앙 분수를 가운데 두고 타이푼 워터파크와 드래건 파크가 자리해 있다.

운영 **퀸케이블카&미스틱산**
비수기 주중 14:00~22:00, 주말 09:00~22:00
성수기 주중 · 주말 09:00~22:00
드래건 파크
비수기 주중 14:00~19:00, 주말 09:00~19:00
성수기 주중 · 주말 09:00~19:00
워터파크
비수기 미운영
성수기 주중 · 주말 09:00~19:00
*운영 여부 및 시간은 현지 사정에 따라 변경되므로 반드시 홈페이지에서 재확인해야 한다.

요금 **퀸케이블카&미스틱산**
성인 35만 동, 아동 25만 동
드래건 파크 10만~30만 동 (시즌에 따라 변동)
워터파크 10만~35만 동 (시즌에 따라 변동)
올인원 통합권(비수기 워터파크 제외) 55만~70만 동(시즌에 따라 변동)

홈피 halong.sunworld.vn

★★☆ GPS 20.948799, 107.097499

광닌 박물관 Bảo tàng Quảng Ninh

1960년 처음 문을 연 광닌 박물관이 지금의 모습으로 재개관한 것은 2013년 10월의 일이다. 스페인 건축가 살바도르 페레스 아로요Salvador Pérez Arroyo가 디자인한 이 건물은 '하롱비치의 검은 진주'를 형상화한 것으로 2014년 베트남 건축가 협회로부터 올해의 건축상을 받았다. 박물관 뒤편으로는 하롱베이만의 절경이 병풍같이 펼쳐져 있고, 왼쪽으로는 초현대적 외관을 자랑하는 광닌 종합전시장이 들어서 있다.

박물관은 실내와 실외 전시장으로 나뉘는데, 실외에는 대포와 전투기, 미사일 발사 장치 등의 조형물을 비롯해, 지하 176m 아래에서 채굴한 28톤의 석탄광석(베트남에서 단일광석으로서는 가장 큰 것)이 전시돼 있다. 실내 전시장은 총 3층에 걸쳐 있는데, 1층에는 하롱베이 카르스트 지형의 형성 과정을 소개하고 광닌 지역의 바다생물과 동식물들을 박제해 전시해 놓았다. 2층에는 선사시대부터 쩐 왕조와 불교 문화, 프랑스 제국주의 및 미군에 맞선 베트남 전쟁까지 광닌 지역의 역사와 전통문화를 소개하고 있다. 광닌 박물관에서 가장 흥미로운 곳은 3층이다. 광닌성Quảng Ninh Province은 베트남 석탄 소비량의 약 90%를 채굴하는 최대의 석탄산업 지역이다. 하롱베이 관광자원 외 지역 경제에 큰 비중을 차지하는 석탄산업이 바로 3층 전시장의 메인 테마라 할 수 있다. 특히 광산의 지하 작업장을 실제처럼 축소 재현해 놓은 것은 큰 볼거리다. 그 외 광닌 지역의 소수민족들과 그들의 생활 문화를 소개해 놓은 것 역시 흥미진진하다.

주소 Tran Quoc Nghien, Tuan Chau, Tp. Ha Long
위치 바이짜이 지역에서 택시나 3번 버스 이용.
버스는 바로 앞에 정차하지 않기 때문에
하롱 고등학교 근처에서 하차하여 도보 5분 이동
운영 08:00~12:00, 13:00~17:00
요금 성인 4만 동, 아동 1만 동
홈피 www.baotangquangninh.vn

★☆☆ GPS 20.950673, 107.089098

하롱 시내 셀프 투어 Ha Long City Self Tour

루트 광닌 박물관 ⋯› 하롱 꽃 정원 ⋯› 루프톱 카페&바 ⋯› 혼가이 성당 ⋯› 롱티엔사 ⋯› 하롱 시장 ⋯› 빈컴 플라자

빈컴 플라자나 광닌 박물관을 방문하기 위해 홍가이 지역으로 나왔다면, 1~2시간 정도 더 시간을 내 소소한 볼거리를 돌아보는 것도 좋다. 투어의 시작은 **광닌 박물관**Bảo tàng Quảng Ninh이다. 광닌 박물관 근처에 대형 우주선 모양의 건물은 **광닌 종합전시장**Quang Ninh Exhibition Center이다. 박물관 관람을 마친 후 **하롱 꽃 정원**Công Viên Hoa Hạ Long 쪽으로 나와 공중 산책로를 걸어보자. 하롱베이만의 절경을 감상하기에 좋다(단, 그늘 한 점 없어 더위는 각오해야 한다).

근처에 있는 **루프톱 카페&바**Rooftop Cafe & Bar에서 점심 식사를 즐기며 하롱베이 시내와 하롱베이만의 기막힌 전망을 감상해 보자. 루프톱 카페 옆 언덕길을 올라 4분 정도 가면 **혼가이 성당**Nhà thờ Hòn Gai이 나온다. 동유럽의 성당 느낌이 나는 작고 예쁜 곳이다. 사진이 잘 나오고 한적한데 여기저기 벤치도 있어 쉬었다 가기 좋다. 언덕을 내려와 롱티엔사로 가 보자. **롱티엔사**Chùa Long Tiên는 바이터산 아래 있는 작은 절로, 1992년 국가 기념물로 지정됐다. 시장통에 위치해 그냥 지나치기 쉽지만, 외부에서 느껴지는 것과 달리 조용하고 아름다우며, 본당 안은 온통 금박으로 화려하기까지 하다. 롱티엔사 앞길을 쭉 따라 나오면 하롱 시장에 닿게 된다. **하롱 시장**Chợ Hạ Long의 수산물 코너를 구경하고 하롱베이에서만 먹을 수 있는 오징어 어묵튀김, 짜묵도 맛보자. 마지막으로 **빈컴 플라자**Vincom Plaza 2층에 있는 윈마트에 들러 먹거리 쇼핑을 즐기고, 1층에 있는 하일랜드 커피에서 카페쓰어다를 마시며 하롱베이의 멋진 전경을 감상해 보자.

위치 바이짜이 지역에서 택시나 3번 버스 이용. 버스는 광닌 박물관 앞으로 가지 않기 때문에, 하롱 고등학교(Trường THPT Chuyên Hạ Long) 근처에서 도보 5분. 돌아올 때는 시계탑 근처 정류소에서 탑승한다.

광닌 종합전시장

혼가이 성당

롱티엔사

하롱 시장

하롱 꽃 정원

GPS 20.952563, 107.084948

루프톱 카페&바 Rooftop Cafe & Bar

홍가이 지역을 방문할 계획이라면 한 번쯤 가볼 만한 카페다. 전망이 아주 그냥 죽여준다! 루프톱 카페는 시계탑 뒤편 가장 높은 건물에 위치해 있는데, 잘 조성된 하롱 꽃 정원과 그 너머 하롱베이만의 절경이 한눈에 들어온다. 음료수나 식사류 모두 비싸지 않은 데다 오전 10시까지 주문 가능한 브렉퍼스트는 한층 더 저렴하다. 맛보다는 전망이다!

주소 So 1 25 Thang 4, P. Bach Dang, Tp. Ha Long
위치 시계탑 뒤 전자제품 판매점 건물 11층
운영 06:30~23:00
요금 브렉퍼스트 4만 동~, 식사류 6만 동~

GPS 20.951592, 107.083664

산야 타이 SANYA THAI

광닌 박물관이나 하롱 시장 등이 있는 홍가이 지역에서 베트남 요리 외 색다른 음식을 찾는다면 주목해 보자. 태국 요리를 전문으로 하는 고급 레스토랑으로, 하이퐁 본점에 이어 2번째 오픈한 하롱 지점이다. 쏨땀(파파야 샐러드), 똠얌꿍, 팟타이, 파인애플 볶음밥, 망고 찹쌀밥 같은 기본적인 태국 요리부터 각종 해산물 요리들까지 합리적인 가격에 즐길 수 있다.

주소 SH7-9 Times Garden, Le Thanh Tong, Ha Long
위치 빈컴 플라자 하롱에서 도보 4분
운영 10:00~14:00, 17:00~22:00
요금 똠얌꿍 16만 동, 파인애플 볶음밥 18만 동

GPS 20.95712, 107.04593

린단 레스토랑 Nhà Hàng Linh Đan

트립어드바이저의 하롱베이 맛집 1, 2위를 다투는 곳으로, 각종 해산물을 하롱파크 일대의 여느 레스토랑들보다 저렴한 가격에 맛볼 수 있어 인기가 좋다. 해산물 볶음밥이나 조개, 새우, 오징어, 생선 등이 가성비가 좋고, 게나 랍스터는 kg당 시가로 판매해 한국보다 조금 싼 정도. 실내도 깔끔하고 메뉴판도 영어로 되어 있어 주문하기 어렵지 않다.

주소 104 Bai Chay, Ha Long
위치 선월드 하롱파크에서 북쪽으로 도보 8분
운영 08:00~21:00
요금 오징어 28만 동, 맛조개 28만 동

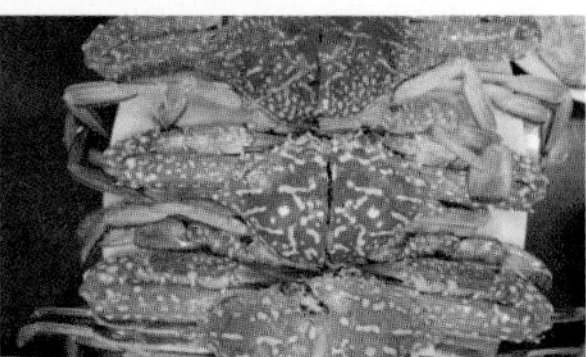

GPS 20.951861, 107.044178

파파스 바비큐 레스토랑 Papas BBQ Restaurant

하롱베이 맥주 거리 끝 골목 안쪽에 자리하고 있어서인지 아직 한국인의 발길이 잘 닿지 않은 숨은 맛집이다. 넴(짜조)이나 볶음밥, 모닝글로리 같은 일반적인 베트남 음식도 팔지만, 독일식 소시지, 학센(족발 요리), 슈니첼(돈까스), 립 바비큐 등의 서양식 메뉴가 더 주목을 끈다. 특히 립은 입에서 살살 녹을 만큼 부드럽고 감칠맛 나는 데다 양도 많고 통통한 감자튀김까지 곁들여져 만족도가 크다. 나이 지긋한 독일인 사장이 직접 주문을 받고 세심하게 챙겨주는 것도 인상적이다.

주소 Cong Vien, C346 Sun World Area , Bai Chay, Ha Long
위치 맥주 거리에서 콩 카페 골목으로 들어와 콩 카페를 오른쪽으로 끼고 돌아 그 길 따라 300m 직진
운영 월~금요일 17:00~22:00, 토·일요일 17:00~23:00
요금 립 29만 동, 버거류 9만 동~, 스파게티 12만 동~, 앵거스 스테이크 45만 동

GPS 콩 카페 20.953652, 107.045685 하일랜드 커피 20.94992, 107.08439

콩 카페 vs. 하일랜드 커피 Cộng Cà Phê vs. Highlands Coffee

콩 카페

하일랜드 커피

베트남 전역에 매장이 있는 콩 카페와 하일랜드 커피는 하롱베이에서도 여지없이 만나볼 수 있다. 하롱파크의 맥주 거리에는 **콩 카페**가 있다. 베트남 전통 가구와 소품들로 꾸민 인테리어뿐 아니라 중독성 강한 코코넛 스무디 커피로 콩 카페는 일약 한국인들의 대표 맛집으로 등극했다. 베트남의 스타벅스라 불리는 **하일랜드 커피**는 홍가이 지역 빈컴 플라자 내 1층에 자리하고 있다. 하일랜드 커피야 어느 매장에서나 동일한 맛을 보장하지만, 이곳이 특별한 것은 하롱베이만의 절경을 감상할 수 있다는 것. 한낮의 더위만 아니라면 멍하니 시간 보내기에 최적의 장소다. 최근에는 하롱파크 앞, 무엉탄 럭셔리 호텔 1층에도 지점이 생겼다.

콩 카페

주소 C201 Khu Pho Co, Bai Chay, Thanh pho Ha Long
위치 하롱파크에서 맥주 거리를 따라 서쪽으로 450m
운영 07:00~23:00 **요금** 코코넛 스무디 커피 5만 5천 동

하일랜드 커피

주소 VinCom Plaza, Bach Dang, Ward, Thanh pho Ha Long
위치 홍가이 지역 빈컴 플라자 1층
운영 07:00~22:00 **요금** 커피 4만 5천 동~

GPS 20.95334, 107.04530

짜믁 꽝퐁 Chả Mực Quang Phong

하롱베이의 명물 짜믁을 판매하는 전문점이다. 짜믁은 다진 오징어를 양념해 튀긴 것으로, 일종의 어묵이라 할 수 있지만 오징어가 씹히는 게 식감도 좋다. 이곳에서는 짜믁만도 팔지만, 찰밥이나 반꾸온(찹쌀전병)과 곁들여 한 끼 식사로도 제공된다. 하롱파크 맥주거리 내에 있어, 맥주와 함께 짜믁 한 접시 시켜 먹기도 그만이다.

주소 Lo C112A, khu Pho Co, Bai Chay, Ha Long
위치 선월드 하롱파크에서 서쪽으로 도보 6분
운영 06:30~21:00 **요금** 찰밥 짜믁 5만 동

GPS 20.956753, 107.055728

나향 홍한 3호점 Nhà Hàng Hồng Hạnh 3

현지인들에게 유명한 고급 해산물 전문점으로, 총 6개의 지점이 있다. 그날그날 들어온 신선한 해산물로 요리하며 재료에 따라 그릴, 찜, 튀김 양념 등을 선택할 수 있다. 영어를 할 수 있는 직원이 있어 메뉴 선택에 도움이 된다. 맛은 있지만, 가격이 비싼 것이 흠. 숙소가 나이트마켓 쪽에 있다면, **꾸어방**Nhà Hàng Cua Vàng도 괜찮다.

주소 50 Ha Long, Bai Chay, Ha Long
위치 하롱파크에서 바이짜이교 방향으로 800m
운영 10:30~21:00
요금 대합 1kg 28만 동, 오징어 구이 22만 동, 해산물 볶음밥 22만 동 (VAT 10%)

GPS 20.955081, 107.048511

맥주 거리 Beer Street

하롱파크 입구를 중심으로 동서쪽에 각종 식당과 펍, 카페, 기념품숍, 마사지숍 등이 몰려 있다. 동쪽 편보다 서쪽 편 거리가 훨씬 활기차고 가게들도 많다. 그래서 보통 '맥주 거리'라 하면, 하롱파크 입구부터 서쪽으로 약 1km에 달하는 길을 일컫는다. 특별한 맛집이 있다기보다 휴양지의 들뜬 분위기와 함께 야간 산책을 즐기거나 길거리 테이블에 앉아 말 그대로 맥주 한잔하기 딱 좋다. 비트 강한 음악과 화려한 조명으로 시선을 사로잡는 바&펍은 좀 더 늦은 시간까지 영업하며 젊은 서양인들이 많다.

위치 하롱파크 입구에서 서쪽으로 약 1km 거리

GPS 20.950236, 107.083829

빈컴 플라자 Vincom Plaza

하롱베이에서 가장 큰 고급 쇼핑센터다. 하지만 의류 잡화 등의 매장 수는 매우 적어, 각종 식료품을 구입할 수 있는 윈마트(2층)가 이곳 쇼핑의 핵심이라 할 수 있다. 그 외 주목할 것은 4층의 레스토랑들. 일식 전문점이나 한국식 바비큐 뷔페 레스토랑, 베트남 요리 전문점 등 다양한 구성을 보이고 있다. 또한 게임존, 키즈존, CGV 영화관도 갖추고 있다.

주소 P. Bach Dang, Tp. Ha Long
위치 하롱파크가 있는 바이짜이 지역에서 택시나 3번 버스를 타고 빈컴 플라자 앞에서 하차
운영 09:30~22:00

Tip | 고! 하롱을 꼭 가야 할까?

빈컴 플라자 내 윈마트는 규모는 크지 않지만 제품도 잘 갖춰져 있고 가격도 합리적이다. 고! 하롱GO! Hạ Long은 빈컴 플라자에서도 동쪽으로 4km나 더 가야 하는데 생각만큼 싸지 않고 교통비도 만만치 않다. 하이퐁 공항을 이용할 계획이라면, 출국 전 쇼핑은 고! 하이퐁을 이용하자.

GPS 20.956028, 107.015525

하롱 야시장 Ha Long Night Market

하롱베이에는 두 개의 야시장이 있다. 팬데믹 이전부터 영업을 해오던 **하롱베이 야시장**Ha Long Bay Night Market과 하롱파크 근처에 새로 생긴 **하롱 바자르**Hạ Long Bazaar다. 두 곳 모두 여행객을 타깃으로 하다 보니, 아직까지는 사람도 얼마 없고 휑한 분위기다. 짝퉁 가방과 신발, 기념품, 커피, 과자, 견과류 등을 판매하지만 제품은 다양하지 않다. 북적북적하고 살 거리, 먹거리 많은 야시장을 생각하면 실망할 수 있지만, 저녁 시간에 소소한 볼거리를 찾는 사람들이라면 방문을 고려해 볼 수 있다. 뭔가를 꼭 사야 한다는 생각보다 괜찮은 게 보이면 산다는 가벼운 마음으로 방문하는 것이 좋다. 흥정은 선택 아닌 필수다.

위치 **하롱베이 야시장** 까이잠 시장에서 서쪽으로 1km
하롱 바자르 퀸 케이블카역에서 도보 13분
운영 **하롱베이 야시장** 19:00~22:00
하롱 바자르 18:00~23:00

GPS 20.950008, 107.082002

하롱 시장 Chợ Hạ Long

홍가이 지역의 재래시장이다. 실내에는 의류, 원단, 잡화 등을 판매하고 실외에는 야채, 과일 등의 신선제품을 판매하는 구성은 여느 지역의 재래 시장들과 대동소이하다. 단, 이곳만의 차별점은 수산물 코너. 시장 뒤 바다에서 바로 건네받은 해산물들을 그 자리에서 손질해 팔기 때문에 싱싱함이 남다르고 가격도 저렴하다. 그 근처에는 일종의 오징어 어묵인 '짜묵Chả Mực'을 그 자리에서 튀겨 판매하는 매대도 있는데 한번 시도해 볼 만하다. 길 건너 항구 쪽으로 나가면 현지 어부들과 상인들이 거래하는 모습, 배나 어구를 정리하는 모습 등을 엿볼 수 있어 또 다른 볼거리가 된다.

주소 Van Xuan, P. Bach Danng, Tp. Ha Long
위치 홍가이 지역 빈컴 플라자에서 도보 3분
운영 02:00~21:00

GPS 플라워 마사지 20.952842, 107.045443

마사지 거리 Massage Street

하롱베이에서 고급 호텔 스파를 제외하고는 대부분의 숍 시설이 로컬 수준이다. 까이잠 시장Chợ Cái Dăm 부근 하롱 거리에는 이런 마사지숍이 밀집해 있다. 이곳의 주 고객은 패키지 단체 여행객들이며, 성인 전용 마사지 숍도 다수다. 하롱 파크 일대 맥주 거리에도 로컬 마사지숍이 많은데, 그중에서는 **플라워 마사지**Flower Massage가 거의 독보적이다. 로컬 중 시설도 가장 깔끔하고 스킬도 있으며, 가격도 착하다. 직원들도 친절하며, 호텔 픽드롭 서비스도 제공한다. 개별 마사지룸 없이 커튼으로 공간 분리를 한다는 점이 가장 큰 단점이다.

플라워 마사지
주소 C319-C320, Khu Pho Co, Bai Chay, Thanh pho Ha Long, Quang Ninh
위치 퀸 케이블카 역에서 서쪽으로 도보 8분
운영 08:30~24:00
요금 60분 보디마사지 30만 동, 팁 5만 동 필수

하롱 거리 마사지숍들
플라워 마사지

5성급

GPS 20.959518, 107.060362

윈덤 레전드 하롱 Wyndham Legend Ha Long

2018년 신축 개장한 5성급 호텔로, 야외 수영장과 피트니스 센터, 2개의 레스토랑과 2개의 바, 클럽 라운지 등을 갖추고 있다. 윈덤의 가장 큰 장점은 탁 트인 바다 전망. 낮에는 저 멀리 하롱베이만의 절경이, 밤에는 환하게 불을 밝힌 선월드의 대관람차와 바이짜이교의 야경이 매우 인상적이다. 도보 15분 거리에 하롱파크와 맥주 거리가 있어 위치상으로도 편리하다.

주소 12 Ha Long, Bai Chay, Thanh pho Ha Long, Quang Ninh, Ha Long
위치 하롱파크에서 바이짜이교 방향으로 1.5km
요금 수페리어 트윈 100달러~

4성급

GPS 20.960199, 107.060974

하롱 플라자 호텔 Ha Long Plaza Hotel

가성비 좋은 4성급 호텔이다. 동급의 여느 호텔보다 저렴한 가격에 조금은 올드한 듯하지만 깔끔한 객실, 야외 수영장과 피트니스 센터, 맛있는 조식까지 준비돼 있다. 이웃한 윈덤 호텔과 동일한 야경을 훨씬 저렴한 가격에 즐길 수 있다는 것이 장점이다. 도보 15분 거리에 하롱파크가 있다.

주소 8 Ha Long, Bai Chay, Thanh pho Ha Long, Quang Ninh
위치 하롱파크에서 바이짜이교 방향으로 1.5km(윈덤 레전드 호텔 옆)
요금 더블룸 60달러~

5성급

GPS 20.941309, 107.025605

빈펄 리조트&스파 하롱베이 Vinpearl Resort & Spa Ha Long

빈펄 리조트는 바이짜이 지역에 있는 리셉션에서 체크인을 하고 전용보트에 탑승한 후 빈펄 전용 섬으로 이동해야 한다. 여기저기 신축 호텔이 생기는 하롱베이에서 빈펄만큼 조용하고, 하롱베이만의 훌륭한 전망을 오롯이 감상할 수 있는 곳도 없다. 빈펄은 야외 및 실내수영장, 프라이빗 비치, 피트니스센터, 테니스장, 어린이 놀이터, 3개의 레스토랑 등을 갖추고 있으며, 24시간 보트를 이용해 언제든지 외부 출입이 가능하다.

주소 Do Si Hoa, Dao Reu, Thanh pho Ha Long, Quang Ninh
위치 바이짜이 지역에 있는 하롱베이 페리터미널에서 전용 보트를 타고 약 5분
요금 디럭스룸 조식 150달러~, 디럭스룸 풀보드 250달러~

4성급

GPS 20.921438, 106.988876

파라다이스 스위트 호텔 Paradise Suites Hotel

하롱베이 투어와 깟바섬행 스피드보트의 출발점인 투언쩌우Tuần Châu 지역에 위치해 있어, 하롱베이 투어와 깟바섬 일정을 소화하려는 여행객들에게 제격인 곳이다. 객실 컨디션은 5성급 못지않게 세련되고 깔끔하며, 야외수영장과 프라이빗 비치까지 갖춰 리조트 내에서 휴식을 취하기 좋다. 시설만을 보자면 객실 요금이 놀라울 정도. 하지만 하롱파크나 하롱베이 시내까지 이동 거리도 멀고 택시 요금도 만만찮다는 단점이 있다.

주소 Tuan Chau Island, Tuan Chau, Ha Long
위치 투언쩌우 마리나(Tuan Chau Marina)에서 도보 2분,
하롱파크에서 택시로 20분
요금 스위트룸 60달러~

5성급

GPS 20.953944, 107.013151

시타딘 마리나 하롱 Citadines Marina Halong

2022년 4월 문을 연 최신 호텔이다. 일반 객실은 물론 스튜디오형 객실도 보유하고 있는 시타딘은 전용 주방에서 음식을 직접 해 먹을 수 있어 가족 여행객들이 선호한다. 전망이 훌륭한 루프톱 실내 수영장과 야외 수영장, 아름다운 일몰과 시원한 전망을 즐길 수 있는 루프톱 바를 비롯해 2개의 구내 레스토랑을 갖추고 있다.

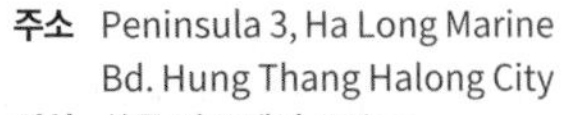

주소 Peninsula 3, Ha Long Marine Bd. Hung Thang Halong City
위치 하롱 파크에서 4.5km
요금 디럭스 스튜디오 100달러

1성급

GPS 20.95766, 107.05119

알렉스 호텔 Alex Hotel

하롱베이의 저가 숙소들은 사정이 열악한 편이다. 선월드 하롱파크에 초점을 둔 가족 여행객들은 중급 이상의 호텔들을 선호하고, 주머니 사정이 좋지 않은 배낭여행객들은 하롱베이보다 깟바섬을 선호하기 때문에 만족도 높은 저가 호텔이나 호스텔을 찾기는 쉽지 않다. 이 같은 상황에서 주목을 끄는 곳이 바로 알렉스 호텔. 하롱파크에서 도보 5분 거리에 객실도 깔끔하고 주인장이 친절하고 영어도 가능해 편리하다.

주소 28 A Anh Dao, Bai Chay, Ha Long
위치 퀸케이블카 탑승장 길 건너 안다오 거리를 따라 올라간다.
요금 이코노미 더블 15달러~

하롱베이보다 더 아름다운

깟바섬 Cat Ba Island

》 깟바섬에서 꼭 해야 할 일 체크!

- ☐ 하롱베이 남단까지 호핑 투어 가기
- ☐ 깟바 국립공원 전망대 오르기
- ☐ 캐논 포트 전망대에서 일몰 감상하기
- ☐ 깟바 비치에서 여유시간 즐기기

바다 위에 점점이 선 크고 작은 섬들과 석회 바위들이 장관을 이루는 곳, 한국인들은 이런 곳을 하롱베이라 말하고, 서양인들은 깟바섬이라 말한다. 하롱베이와 같은 절경을 선사하면서 리조트, 레스토랑 등의 편의시설은 물론 비치, 국립공원 등 볼거리가 풍성하고 휴양하기 좋은 곳이 바로 깟바섬이다. 하롱베이는 자유 여행보다 1일 혹은 1박 2일 패키지 투어 여행에 적합한 곳인 반면 깟바섬은 좀 더 시간적 여유를 갖고 느긋하게 천혜의 자연을 만끽하려는 자유 여행에 최적화된 곳이다. 깟바섬의 호핑 투어는 란하베이를 거쳐 하롱베이 남단까지 이른다. 하롱베이 투어에서 보지 못하는 맑고 투명한 바다를 바로 깟바섬 호핑 투어에서 만날 수 있다. 인천-하이퐁 국제선 신설로 더욱 가까워진 깟바섬, 하롱베이보다 더 좋은 점수를 주고 싶다.

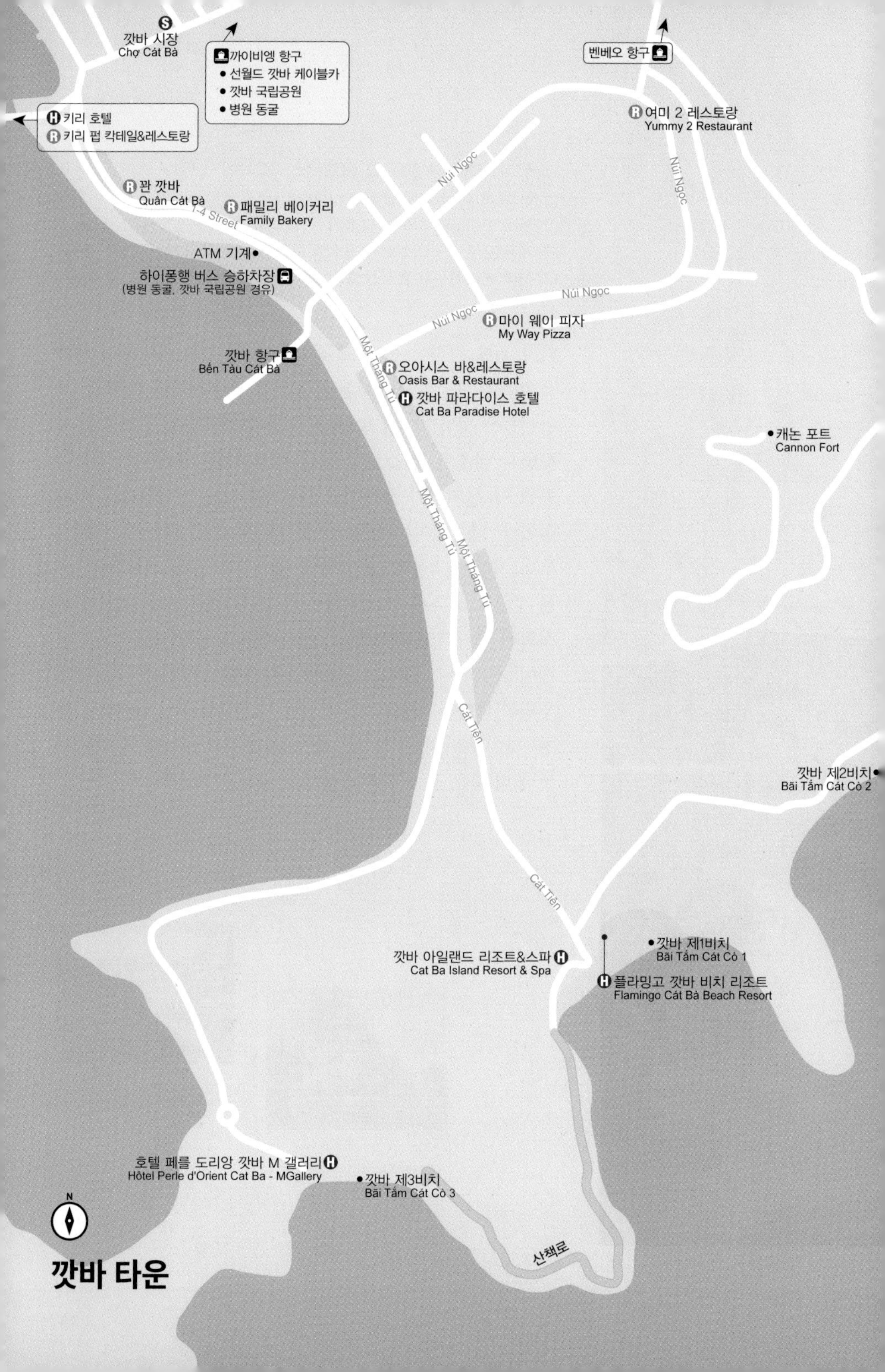
깟바 시장
Chợ Cát Bà
까이비엥 항구
• 선월드 깟바 케이블카
• 깟바 국립공원
• 병원 동굴
벤베오 항구
키리 호텔
키리 펍 칵테일&레스토랑
여미 2 레스토랑
Yummy 2 Restaurant
Núi Ngọc
꽌 깟바
Quân Cát Bà
패밀리 베이커리
Family Bakery
1-4 Street
ATM 기계
하이퐁행 버스 승하차장
(병원 동굴, 깟바 국립공원 경유)
마이 웨이 피자
My Way Pizza
깟바 항구
Bến Tàu Cát Bà
오아시스 바&레스토랑
Oasis Bar & Restaurant
깟바 파라다이스 호텔
Cat Ba Paradise Hotel
Một Tháng Tư
캐논 포트
Cannon Fort
Cát Tiên
깟바 제2비치
Bãi Tắm Cát Cò 2
깟바 제1비치
Bãi Tắm Cát Cò 1
깟바 아일랜드 리조트&스파
Cat Ba Island Resort & Spa
플라밍고 깟바 비치 리조트
Flamingo Cát Bà Beach Resort
호텔 페를 도리앙 깟바 M 갤러리
Hôtel Perle d'Orient Cat Ba - MGallery
깟바 제3비치
Bãi Tắm Cát Cò 3
산책로
N
깟바 타운

1 깟바섬 드나들기

하이퐁-깟바섬

팬데믹 이후 깟바섬(깟바 타운)과 하이퐁 벤빈 항구를 잇는 페리는 중단된 상태다. 하지만 하이퐁 벤빈 항구에서 남쪽으로 도보 4분 거리에 위치한 BIDV 은행 쪽으로 가, 깟바행 버스를 타면, 버스-보트-버스를 이용해 깟바 타운까지 갈 수 있다. 깟바섬에서 하이퐁으로 이동할 경우, 깟바섬 내 여행사에서 티켓을 예약하면 같은 방법으로 하이퐁까지 갈 수 있다.
하이퐁 공항에서 23km 떨어진 깟하이C át Hải에서 선월드 케이블카를 타고 깟바섬을 드나드는 방법도 있다. 1일 6회 운행하며, 15분 소요, 편도 요금은 10만 동이다. 자세한 정보는 선월드 깟바 홈페이지(http://catba.sunworld.vn)에서 확인.

하롱베이-깟바섬

하롱베이 투언쩌우섬에서 깟바섬까지 페리가 운행 중이다. 이 두 곳을 오가는 방법은 p.143 참고.

하노이/닌빈-깟바섬

하노이 구시가-깟바 타운 간을 운행하는 버스로는 굿모닝 깟바Goodmorning Cat Ba, 다이치 트래블Daiichi Travel 등의 버스를 이용할 수 있지만, 깟바 익스프레스Cat Ba Express가 버스 컨디션이나 서비스가 좋고 호텔 픽/드롭이 포함돼 있어 편리하다.

》깟바 익스프레스(하노이-깟바섬)

하노이 구시가 호텔 픽업 ···› 버스(약 2시간) ···› 하이퐁 항구Got Port ···› 고속페리(8분) ···› 깟바 까이비엥 항구Cai Vieng Port ···› 버스(약 40분) ···› 깟바 타운 호텔 드롭(약 4시간 소요)

주소 37B Nguyen Huu Huan, Hang Bac, Hoan Kiem, Ha Noi
운영 하노이 출발 07:45, 10:45, 14:00
깟바 출발 09:30, 12:30, 15:30
요금 편도 13달러
(베트남 국경일, 명절 및 연말에는 20% 추가)
전화 084-824-4999
홈피 catbaexpress.com

》깟바 익스프레스(닌빈-깟바섬)

닌빈 호아루 호텔(픽업 포인트) ···› 땀꼭 보트 선착장(픽업 포인트) ···› 버스 ···› 하이퐁 항구Got Port ···› 페리 ···› 깟바 까이비엥 항구Cai Vieng Port ···› 버스 ···› 깟바 타운 호텔 드롭(약 5시간 소요)

운영 깟바 출발 08:30, 12:40, 15:40,
닌빈 출발 07:30, 09:00, 14:00
요금 편도 13달러
(베트남 국경일, 명절 및 연말에는 50% 추가)
전화 084-824-4999
홈피 catbaexpress.com

2 시내에서 이동하기

깟바 타운은 매우 작다. 호텔, 레스토랑, 비치 간 이동은 도보로도 가능하다(깟바 타운 선착장에서 비치까지는 전동차를 이용할 수 있다. 1인 1만 동). 그 외 깟바 국립공원이나 병원 동굴은 오토바이를 렌트하거나 쎄옴, 택시, 로컬버스 중 하나를 이용하면 된다. 로컬버스는 보통 1시간마다 1대씩 있다고 보면 된다.

3 기타 정보

환전

전체적으로 환율이 좋지 않으므로, 하노이나 하이퐁에서 미리 환전을 한다. 숙박비나 투어요금은 달러로도 지불 가능하며, 적은 금액이라면 숙소에서도 환전을 해 준다. 큰 금액을 환전해야 한다면 깟바 시장 근처의 금은방을 이용한다. 깟바 항구 근처에 ATM도 설치돼 있다.

여행사

모든 숙소가 투어데스크를 겸하고 있으며, 이들이 판매하는 호핑 투어의 루트와 운영 방법은 대동소이하다. 깟바 국립공원 트레킹은 반일 프로그램과 1일 프로그램 2가지로 나눠진다. 모든 투어의 가격은 숙소에 따라 1~2달러 정도 차이가 날 수 있다. 깟바 항구 앞 큰길과 누이응옥Nui Ngoc 거리에 크고 작은 여행사들이 몰려 있으므로, 여러 곳을 방문해 자신에게 맞는 프로그램 및 가격의 투어를 선택하면 된다.

재래시장

신선한 과일과 저렴한 가격에 해산물을 먹고 싶다면 깟바 시장Chợ Cát Bà(깟바 항구에서 도보 10분)으로 가면 된다. 1층에서 해산물을 구입해 2층으로 올라가면 약간의 조리비를 받고 원하는 방식대로 요리를 해 준다.

4 깟바섬 추천 일정

보통 오후 2~3시경 깟바섬에 도착하게 된다. 늦은 점심 식사 후 숙소에서 휴식을 취한다. 일몰 1시간 전 캐논 포트로 가 아름다운 일몰을 감상한다. 둘째 날은 하롱베이+란하베이 1일 투어를 다녀온다. 셋째 날 오전에는 깟바 국립공원을 다녀오고 오후에는 깟바 비치에서 느긋하게 시간을 보낸다. 트레킹을 즐기는 사람이라면 깟바 국립공원 1일 투어를 신청하는 것도 좋다. 시간적 여유가 있다면 하루 더 깟바섬에 머물며 비치에서 휴양하는 것을 추천한다.

캐논 포트 일몰
맥주와 함께
내 인생의 일몰을 감상해 보자
(p.166)

하롱베이 투어
베트남에도 이런 물빛이?
놀랄 만큼 아름답다
(p.163)

깟바 국립공원
운동화는 필수!
전망이 끝내준다
(p.164)

★★★

GPS 20.731970, 107.059333

하롱베이&란하베이 1일 투어 Ha Long Bay & Lan Ha Bay 1 Day Tour

일반적으로 하롱베이 1일 혹은 1박 2일 투어의 단점들을 모두 커버할 수 있는 호핑 투어로 가히 베트남 최고의 투어라 말할 수 있다. 오전 8시 호텔 픽업이 시작되고 벤베오Bến Bèo 항구에서 드래건 보트를 탑승하면 대망의 하롱베이 투어의 막이 오른다. 항구를 떠난 배가 이 지역 특유의 바위섬들을 거치며 절경들을 선사하는데, 1시간 정도 경과하면 하롱베이 남단에 도착한다. 이곳에서 카약으로 갈아타고 바위섬의 동굴들을 지나면 섬 뒤에 감춰져 있던 옥빛의 시크릿 라군이 등장한다. 하롱베이의 아름다움을 마음껏 느낀 후 보트로 돌아와 점심 식사를 마치면, 베트남의 바다라고 믿겨지지 않을 만큼 맑고 투명한 바위섬 지대로 옮겨 와 수영과 스노클링을 즐기게 된다. 깟바섬으로 돌아오는 길에는 란하베이의 원숭이섬Monkey Island을 방문한다. 이곳의 하이라이트는 란하베이가 한눈에 내려다보이는 뷰포인트다. 뾰족한 바위들을 타고 올라야 하기 때문에 운동화는 필수. 마지막으로 수상마을을 지나 벤베오 항구로 돌아오면 오후 4~5시 경이 된다.

위치 모든 숙소에서 동일한 투어 상품을 판매한다. 루트와 운영 방법 모든 것이 비슷하지만, 가격은 조금씩 차이가 있다.
요금 25달러 내외
포함 내역 호텔 픽드롭, 배 승선료, 하롱베이 입장료, 카약, 스노클링 장비, 구명조끼, 점심
불포함 내역 여행자 보험 및 점심 음료

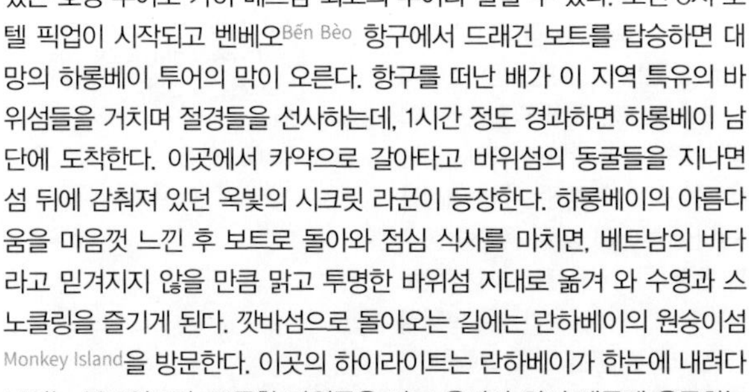

★★☆

GPS 20.793628, 106.990062

깟바 국립공원 Cat Ba National Park

육지의 하롱베이의 전형을 보여주는 깟바 국립공원은 석회암 토양의 자연보호 구역으로 약 1만 5천ha에 이르는 방대한 규모를 자랑한다. 석회암으로 뒤덮인 크고 작은 언덕과 이들이 형성하는 계곡들이 겹겹이 늘어서 장관이 아닐 수 없다. 개별적으로도 다녀올 수 있는 전망대는 매표소에서 1시간가량 떨어져 있는 **응우람 봉우리**Ngu Lam Peak다. 깟바 국립공원 1일 투어 상품의 경우, 응우람 전망대를 포함해 동에서 서쪽으로 국립공원을 가로지르며 비엣하이 수상마을까지 트레킹을 하고 오후에는 원숭이섬으로 가 해수욕을 즐긴다. 깟바 국립공원 반나절 투어의 경우, 응우람 봉우리만 다녀오는 것, 응우람 봉우리와 **병원 동굴**Hospital Cave을 같이 방문하는 것, 응우람 봉우리가 아닌 **나비 계곡**Butterfly Valley의 봉우리들을 트레킹하는 것 등 다양하다. 나비 계곡은 암벽등반으로 유명한 만큼 뾰족한 석회암들이 여기저기 있어 난코스를 이룬다. 방문객들이 많지 않아 자연 생태계가 그대로 살아있다는 점도 장점 중 하나다. 국립공원 트레킹 시 운동화 착용 및 충분한 물 준비는 필수다.

주소 Cat Ba, Cat Hai, Hai Phong
위치 깟바 타운에서 깟바 국립공원까지 약 13km. 오토바이 렌트나 택시 이용하거나 로컬버스도 매표소 앞에 선다.
운영 08:00~18:00
요금 입장료 8만 동, 국립공원 반나절 투어 30달러 내외

©Schwede66

★★★ GPS 20.715541, 107.050648

비치와 산책로 Beaches and Trails

굳이 배를 타고 나가지 않아도, 3개나 되는 비치에서 수영을 즐기고 한가로운 시간도 보낼 수 있다. 현지인들이 많이 이용하는 비치는 제1, 2비치다. 제3비치는 규모도 작은 데다 깟바 선라이즈 리조트 바로 앞에 위치해 마치 리조트 개인 비치 같지만, 훨씬 한적하고 아늑한 맛(?)이 있다. 제3비치 왼쪽(바다를 바라볼 때)으로 풍경 좋은 산책로가 있는데, 바다 절벽 길을 따라 천천히 걷다 보면 제2비치까지 연결된다.

위치 깟바 타운에서 도보 15분

★☆☆ GPS 20.769996, 107.020731

병원 동굴 Hospital Cave

깟바 타운에서 깟바 국립공원으로 가기 전에 위치한 석회 동굴로, 겉에서 보기엔 여느 석회석 봉우리와 다를 바 없다. 이러한 점을 이용해, 미군과의 전쟁 시 북베트남군은 이곳을 병원 및 고위 장교들의 은신처로 삼았고, 1975년 이후로는 전혀 사용하지 않았다. 하지만 깟바섬에 관광객들이 몰려들면서 관광지의 하나로 급조(?)되었고, 군인 및 환자 마네킹 몇 개를 제외하고 동굴 전체적으로 빈 공간만 덩그러니 남아 있어 입장료가 아까울 정도다.

주소 Tran Chau, Cat Hai, Hai Phong
위치 깟바 타운에서 깟바 국립공원까지 약 10km. 오토바이 렌트나 택시를 이용하거나 로컬버스도 동굴 앞에 선다.
운영 08:00~17:00
요금 입장료 4만 동

★★★

GPS 20.723476, 107.054666

캐논 포트 Cannon Fort

바다 위로 점점이 솟아 오른 바위섬들은 위에서 내려다볼 때 그 진가를 발휘한다. 하롱베이 투어와 함께 깟바섬에서 절대 놓치지 말아야 할 절경은 바로 캐논 포트에서 바라본 란하베이가 아닐까. 캐논 포트는 황홀한 일몰로도 유명하기 때문에 반드시 일몰 1시간 전에 올라가야 한다. 매표소에서 전망대까지 20분 정도 올라가면 오토바이 주차장이 보인다. 이 주차장을 지나 좀 더 위로 올라가면 카페 테라스가 나오는데, 이곳에서 보는 바위섬의 전경은 정말 장관이다. 어둑어둑해지기 시작하면, 뷰포인트로 자리를 옮긴다. 2개의 전망대가 있지만, 하이라이트는 안쪽 끄트머리에 있는 2번째 전망대다. 깟바 타운이 한눈에 내려다보이고 그 너머 바다와 바위섬, 붉게 타오르는 노을과 수평선 너머로 지는 태양이 아름답기 그지없다. 본래 이곳은 프랑스와 미군에 대항해 베트남군이 군사 목적으로 사용했던 요새였기 때문에 지하 터널과 대포 구덩이 등을 비롯한 역사적 흔적들도 살펴볼 수 있다.

주소 Cat Ba, Cat Hai, Hai Phong
위치 깟바 타운에서 도보 35분 거리에 있지만, 언덕길을 올라야 하기 때문에 힘들기도 하고 실제보다 더 멀게 느껴진다.
운영 07:00~18:00
요금 입장료 5만 동, 오토바이 주차료 2만 동

GPS 20.727030, 107.043496

키리 펍 칵테일&레스토랑
Quiri Pub Cocktail & Restaurant

깟바에서 가장 핫한 펍&레스토랑으로, 트립어드바이저 맛집 1위에 등극한 곳이다. 맛있는 칵테일과 생맥주, 커피 등의 음료를 비롯해 샌드위치, 버거, 스테이크 같은 웨스턴 음식과 분짜, 분보남보, 커리 같은 로컬 음식, 각종 해산물 요리 등을 맛볼 수 있다. 음식이 깔끔하고 맛도 좋은데 전반적인 분위기 역시 좋아 비싼 가격을 상쇄한다.

주소 135 Tung Dinh, Cat Ba, Hai Phong
위치 깟바 시장 앞 호수 남단 운영 07:00~23:30
요금 베이컨 샌드위치 9만 동, 볶음면 9만 동~

GPS 20.726628, 107.052861

여미 2 레스토랑
Yummy 2 Restaurant

저렴한 가격에 맛도 훌륭한 로컬 레스토랑으로, 저녁 시간대에는 웨이팅이 있을 만큼 주머니가 가벼운 여행자들에게 입소문 난 곳이다. 분짜, 분보남보, 스프링롤 같은 로컬 음식과 쏨땀, 팟타이 같은 태국 음식, 각종 해산물 요리 등 선택의 폭이 넓다.

주소 102 Nui Ngoc, Cat Ba, Hai Phong
위치 깟바 항구 앞 낮은 언덕길을 8분 올라간다.
운영 07:00~23:00
요금 쏨땀 4만 동~, 육류 메인 7만 동~

GPS 20.725582, 107.047966

패밀리 베이커리 Family Bakery

베이컨과 계란이 든 반미 샌드위치와 커피가 아침 식사 및 간식으로 인기 많은 곳이다. 저렴한 가격에 다양한 빵들과 디저트류도 판매하지만, 고급 빵에 길들여진 우리 입맛엔 심심하게 느껴질 수 있다.

주소 196, 1-4, Cat Ba, Hai Phong
위치 깟바 항구를 등지고 왼쪽 메인도로
운영 09:00~20:00
요금 빵류 2만 동, 버거류 4만 5천 동~,
샌드위치 4만 5천 동~

GPS 20.724470, 107.051296

마이웨이 피자 My Way Pizza

트립어드바이저 상위권에 위치해 있는 웨스턴 요리 전문점이다. 버거와 피자, 커피가 특히 후한 점수를 받고 있으며, 스무디볼, 크레이프, 커리 등 다양한 메뉴가 준비돼 있다. 저렴한 가격에 깟바에서 보기 드문 아이스 아메리카노도 마실 수 있다. 밤이 되면 시원한 테라스 좌석은 여행객들로 가득 찬다.

주소 289 Nui Ngoc, TT. Cat Ba, Hai Phong
위치 깟바 항구에서 도보 5분
운영 월~토요일 09:00~21:30, 일요일 16:00~21:30
요금 버거 10만 동~, 피자 13만 동~

GPS 20.723750, 107.050166

오아시스 바&레스토랑
Oasis Bar & Restaurant

낮에는 오다가다 쉬기 좋은 레스토랑으로, 잎이 무성한 나무 아래 야외 테이블을 세팅해 분위기가 좋고 음식도 맛있다. 해가 지면 펍&바로 변신해 늦은 밤까지 흥겨운 시간이 이어진다. 비치 쪽으로 300m 더 가면 깟바 오아시스 방갈로Catba Oasis Bungalows 숙소 내에 오아시스 레스토랑이 또 있다. 숙소의 수영장과 방갈로가 휴양지 느낌을 물씬 풍겨 또 다른 분위기다.

주소 228 Mot Thang Tu, Cat Ba, Hai Phong
위치 깟바 항구를 등지고 오른쪽 메인도로
운영 07:00~02:00
요금 맥주 3만 동~, 육류 메인 12만 동~

GPS 20.725710, 107.047088

꽌 깟바 Quân Cát Bà

깟바 메인도로에서 깟바 시장 방향으로 위치한 해산물 전문 레스토랑이다. 소규모 식당에서 시작해 입소문이 나면서 양쪽으로 규모를 늘릴 만큼 인기 있는 곳이다. 이 일대 해산물 전문점들처럼, 생각보다 많이 저렴하지는 않지만, 오징어나 새우 갈릭 버터구이는 가성비가 좋아 추천한다.

주소 180 Mot Thang Tu, Cat Ba, Hai Phong
위치 깟바 항구에서 도보 5분
운영 08:00~21:00
요금 오징어 갈릭 버터구이 15만 동

4성급 GPS 20.723661, 107.050165

깟바 파라다이스 호텔
Cat Ba Paradise Hotel

깟바 항구에서 도보 3분 거리. 메인도로에 위치해 있어, 아름다운 바다 전망이 한눈에 내려다보이는 4성급 호텔이다. 2019년 오픈해 객실 컨디션이 좋고, 옥상에는 수영장도 갖추고 있다. 객실 선택 시 바다 전망이 가능한지 체크하는 것을 잊지 말자.

주소 231 Mot Thang Tu, TT. Cat Ba, Hai Phong, Hai Phong 05406
위치 깟바 항구를 등지고 오른쪽
요금 트윈룸 50달러~

5성급 GPS 20.718304, 107.052660

플라밍고 깟바 비치 리조트
Flamingo Cát Bà Beach Resort

깟바 제1비치에 위치한 5성급 리조트로, 3개 동에 317개의 객실을 보유하고 있다. 리조트 앞으로는 바다가, 양옆과 뒤로는 산이 둘러싸고 있으며, 건물 외벽까지 식물로 장식해 자연 속에 파묻혀 지내는 듯하다. 실내 및 실외 수영장, 사우나도 갖추고 있다.

주소 Cat Co 1 Beach, Cat Ba, Hai Phong
위치 항구에서 도보 13분
요금 마운틴 뷰 트윈 90달러~

5성급

GPS 20.715797, 107.049679

호텔 페를 도리앙 깟바 M 갤러리 Hôtel Perle d'Orient Cat Ba - MGallery

깟바에서 가장 고급스러운 5성급 호텔 리조트로 깟바 제3비치 내 위치해 있다. 전객실 바다 전망에 발코니가 있고, 클래식한 실내 인테리어와 럭셔리한 소품들 하나하나가 품격을 말해 준다. 야외 수영장을 비롯해 레스토랑, 바, 스파 등 모든 시설이 란하베이의 아름다운 전망을 놓치지 않고 있다.

주소 Cat Co 3 Beach, Cat Ba, Hai Phong
위치 깟바 항구에서 도보 20분
요금 클래식 더블 140달러~
전화 022-5388-7360
홈피 www.hotelperledorient.com

4성급

GPS 20.718130, 107.051646

깟바 아일랜드 리조트&스파 Cat Ba Island Resort & Spa

깟바 제1비치에 위치한 리조트다. 워터파크와 야외 수영장을 갖추고 있어 아이들을 동반한 가족 여행객들에게 적합하다. 위치상 비치까지는 조금 걸어 나가야 하지만, 모든 객실이 바다 전망인 것도 장점 중 하나다.

주소 Cat Co 1 Beach, Cat Ba, Hai Phong
위치 깟바 항구에서 도보 15분
요금 슈피리어 더블 90달러~
전화 022-5368-8686
홈피 catbaislandresort-spa.com

3성급

GPS 20.727030, 107.043496

키리 호텔 Quiri Hotel

깟바 시장 근처 호숫가에 위치한 키리 호텔은 메인 도로에서 조금 떨어져 있어 한적하고 호수와 산 경치를 즐길 수 있어 매력적인 곳이다. 2021년 오픈한 최신 호텔로 객실 컨디션이 좋고, 1, 2층에 트립어드바이저 맛집 1위의 바&레스토랑을 함께 운영하고 있다.

주소 135 Tung Dinh, Cat Ba, Hai Phong
위치 깟바 시장 앞 호수 남단
요금 스탠더드 35달러~
전화 090-406-0997
홈피 www.quirihotelcatba.com

06

육지의 하롱베이

닌빈 Ninh Binh

약 2억 4천만 년 전에 형성됐다고 추정되는 카르스트 지형으로, 일명 '육지의 하롱베이'라 일컫는다. 빙하기 이후 바다가 범람하면서 대단위의 석회암 지역이 용해 침식되었고, 수직 절벽의 바위산과 100여 개의 동굴, 30여 개의 작은 계곡들이 강과 호수를 둘러싸 천혜의 절경을 선사하고 있다. 2014년 유네스코는 이곳을 자연&문화유산으로 지정하였는데, 이는 지형학적 가치와 자연미뿐 아니라 이러한 자연환경 속에서 사람들이 일궈낸 문화적 자산들과 그 가치까지 포함하고 있기 때문이다. 유네스코가 지정한 짱안 풍경구는 뱃놀이를 즐기는 짱안과 땀꼭 보트 선착장 일대만을 지칭하는 것이 아닌, 석회암 바위산을 따라 3개의 절이 들어선 빗동, 베트남의 옛 수도였던 호아루, 베트남에서 가장 큰 사원 단지로 알려진 바이딘 사원을 모두 포함한 것이다. 대부분의 여행객에게 '닌빈=짱안 혹은 땀꼭=뱃놀이'라는 등식이 떠오르지만, 닌빈을 보다 제대로 여행하는 방법은 1박 2일 정도 시간을 갖고 자연과 역사, 문화의 장을 모두 돌아보는 것이다.

》 닌빈에서 꼭 해야 할 일 체크!

- ☐ 유유자적 뱃놀이 즐기기
- ☐ 논길을 따라 자전거로 달려 보기
- ☐ 베트남 사찰의 진수 맛보기

닌빈
N
QL38B
QL38B
QL38B
QL38B
DT491
DT491
QL1A
QL10
DT491C
Tràng An
Tràng An
Tràng An
Tràng An
호아루 옛 수도
Cố đô Hoa Lư
바이딘 사원
Chùa Bái Đính
짱안 풍경구
Danh Thắng Tràng An
나항 둥포누이
Nhà Hàng Dũng Phố Núi
윈마트
Winmart
쩐흥다오 거리 Trần Hưng Đạo
더 밴쿠버 호텔
The Vancouver Hotel
닌빈 버스터미널 Ben Xe Ninh Binh
쭝뚜엣 레스토랑
Restaurant Trung Tuyết
꽌 웃 반쎄오
Quán Út Bánh Xèo
닌빈 센트럴 호텔
Ninh Binh Central Hotel
닌빈 기차역
고! 닌빈
Go! Ninh Binh
동민 레스토랑
Dong Minh Restaurant
로즈 가라 바&레스토랑
Rose's Gara Bar & Restaurant
항무아
Hang Múa
타이비 사원
Đền Thái Vi
땀꼭 네이처 로지
Tam Coc Nature Lodge
빗동사
Chùa Bích Động
땀꼭–빗동 풍경구 Tam Cốc-Bích Động
땀꼭 홀리데이 호텔&빌라 Tam Coc Holiday Hotel & Villa
땀꼭 보트 정류장
패밀리 레스토랑
Family Restaurant
추키스 비어 가든
Chookie's Beer Garden

1 닌빈 드나들기

하노이-닌빈 드나들기

하노이와 닌빈을 오가는 가장 편한 방법은 미니버스(밴)을 이용하는 것이다. 팬데믹 전에는 미딘Mỹ Đình 버스터미널 근처로 이동해야만 탑승할 수 있었는데, 최근에는 호안끼엠 지역에서도 리무진이 운행되기 시작했다. 리무진에 따라 짱안, 땀꼭, 닌빈 시내 등 하차 지점이 다르다. 소요시간 1시간 30분~2시간. 스케줄 및 요금 등 모든 정보는 버스 티켓 예약 사이트 vexere.com에서 찾아볼 수 있다. 여행사나 숙소에서도 티켓 구매를 대행해 준다. 하노이에서 닌빈까지는 기차를 이용할 수 있다. 하노이 기차역에서 1일 6편이 있으며, 2시간 20분 소요, 편도 11만 동이다. 열차 스케줄 확인 및 예약은 www.baolau.com에서 가능하다.

닌빈 기차역

닌빈-깟바섬 드나들기

닌빈과 깟바섬을 오가는 깟바 익스프레스Cat Ba Express 버스를 이용한다. 깟바섬 출발 08:30, 12:40, 15:40, 닌빈 출발 07:30, 09:00, 14:00. 약 5시간 소요. 편도 13달러. 자세한 정보는 p.161참고.

닌빈 기차

깟바 익스프레스

닌빈-퐁냐케방, 후에 드나들기

닌빈에서 남부 지역으로 내려가는 버스는 오후 8시 이후 야간에 운행된다. 퐁냐케방까지는 8시간, 후에까지는 11시간 소요된다. 편도 15달러. 여행자들이 가장 잘 알고 있는 버스 운송사들은 이 구간을 운행하지 않는다. 낡고 오래된 퀸카페 오픈버스나 카멜 버스 등을 이용할 수 있는데, 대부분의 숙소가 버스 예약을 도와준다. 이 구간(특히 닌빈-후에 간)은 버스보다 기차로 이동하는 것이 더 쾌적할 수 있다. 단, 기차 요금이 버스보다 2배 이상 비싸다. 후에나 퐁냐케방에서 닌빈으로 올라오는 야간 버스는 새벽 4~6시경 닌빈에 도착한다. 도착시간에 맞춰 택시나 쎄옴(오토바이 택시) 기사들이 대기하고 있으므로 이동에는 문제가 없으나, 24시간 체크인이 가능한 숙소를 예약해 두는 것이 좋다.

땀꼭 보트 선착장

2 시내에서 이동하기

볼거리는 모두 닌빈 시내에서 벗어나 이곳저곳 흩어져 있다. 따라서 오토바이나 자전거 렌트는 필수이며, 둘 다 불가할 경우 택시나 쎄옴을 이용한다. 그랩 카는 닌빈 시내와 땀꼭 외에는 거의 잡히지 않는다. 자전거로 바이딘 사원이나 호아루 옛 수도까지 둘러보기는 무리다. 바이딘 사원의 경우, 닌빈 시내 쩐흥다오Trần Hưng Đạo 거리(MB 은행 건너편 부근 버스정류장)에서 로컬버스 8번을 이용(편도 3만 동)하고, 항무아, 땀꼭 혹은 짱안 풍경구만 자전거로 이동한다. 개별 이용 시 구글맵 사용은 필수.

3 기타 정보

환전

소액이라면 숙소에서 환전을 해주지만 환율은 좋지 않다. 닌빈의 중심가인 쩐흥다오 거리에 은행이 많으므로, 환율을 비교해 환전하면 된다.

여행자 거리 및 여행사

닌빈을 방문하는 한국인들은 대부분 하노이에서 1일 투어를 이용하고, 서양 배낭여행객들은 땀꼭에 주로 머물기 때문에, 닌빈 시내에는 특별히 여행자 거리라 할 곳도, 외국인을 대상으로 하는 여행사도 없다. 따라서 현지 정보를 얻을 수 있는 곳은 오직 호텔의 리셉션이다(이때 영어를 할 줄 아는 스태프가 있어야 편하다). 많은 호텔이 오토바이, 자전거 렌트는 물론 버스 티켓 예약을 대행해 준다. 닌빈 기차역 앞에서는 닌빈 센트럴 호텔Ninh Bình Central Hotel 혹은 동민 레스토랑Dong Minh Restaurant이 자전거나 오토바이를 렌트해 준다. 여행자들을 위한 편의시설들은 대부분 땀꼭 보트 선착장 일대에 위치해 있다. 닌빈에서 며칠간 머물며 카르스트 지형의 아름다움을 느끼고 싶다면, 숙박은 땀꼭에서 하는 것이 좋다.

닌빈 기차역 앞

4 닌빈 추천 일정

오토바이나 자전거 렌트는 필수이며, 둘 다 불가할 경우 쎄옴이나 택시를 이용한다. 땀꼭이나 짱안 풍경구 중 1곳에서 뱃놀이를 즐기고, 베트남에서 가장 큰 사원인 바이딘 사원을 둘러본 후, 카르스트 지형의 파노라믹 뷰를 즐길 수 있는 바위산 전망대 항무아Hang Múa에서 일몰을 보는 것으로 하루 일정을 잡으면 된다. 1박 2일 정도 여유가 된다면, 땀꼭 지역에서 자전거를 타고 빗동사와 타이비 사원을 둘러보기를 강력히 추천한다.

Tip | 1일 코스 꿀팁

아래 1일 코스를 소화하기 위해서는 오토바이나 택시로 이동해야 한다. 자전거를 이용할 경우, 바이딘 사원까지는 무리다. 이 경우, 자전거로 항무아를 먼저 다녀온 후, 일반 버스 8번을 이용해 바이딘 사원을 방문한다. 단, 해 지기 전에 돌아오는 막차를 타야 하기 때문에 시간 조절을 잘 해야 한다.

1일 코스

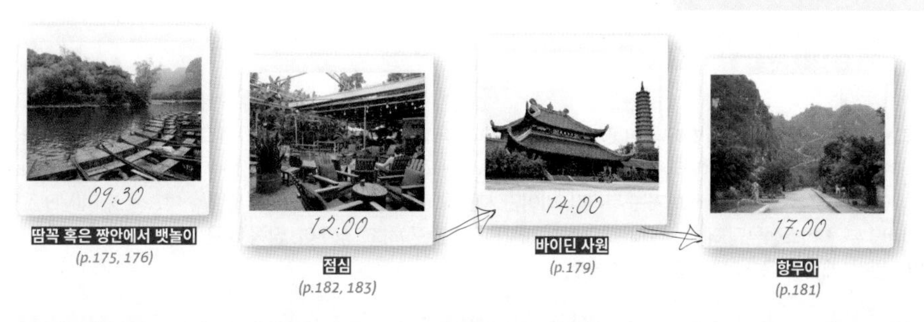

땀꼭 혹은 짱안에서 뱃놀이 (p.175, 176)
점심 (p.182, 183)
바이딘 사원 (p.179)
항무아 (p.181)

★★★ 유네스코 세계자연&문화유산 GPS 20.216607, 105.937492

땀꼭-빗동 풍경구 Tam Cốc-Bích Động

땀꼭은 '3개의 동굴'이라는 뜻으로, 3인용 작은 나룻배를 타고 강의 지류를 오르내리며 거대한 바위산과 계곡, 습지대의 절경을 즐기는 동안 3개의 동굴을 지나게 된다. 보트 탑승 시간은 2시간 정도. 땀꼭은 오래전에 관광지로 개발돼 서양 관광객들이 많고 작은 시골 마을답게 오밀조밀하고 아담해 "예쁘고 멋지다"라는 표현이 잘 어울린다. 특히 근처의 빗동사와 타이비 사원이 있어 뱃놀이 전후에 같이 둘러보면 되는데, 이곳을 오가는 자전거 길은 논밭과 작은 호수가 어우러져 "뱃놀이보다 더 좋았다"는 평이 많다. 하지만 뱃사공들의 노골적인 팁 요구(1인 2만~5만 동 정도면 적당하나 그 이상을 요구하는 일이 많다)와, 보트 주위를 따라와 마음대로 사진을 찍고 프린트해 사진을 강매하는 파파라치, 보트 반환점에서 음료나 간식거리를 강매하는 보트 상인들 때문에 기분 상하는 일이 빈번히 발생한다.

위치 닌빈 기차역에서 땀꼭 보트 선착장까지 약 6km. 택시, 오토바이, 자전거로 이동 가능
운영 08:00~17:00 (시즌에 따라 다름)
요금 공원 입장료 12만 동, 보트 이용료 1대당 15만 동 (외국인은 2인까지 탑승 가능)

★★★ 유네스코 세계자연&문화유산

GPS 20.252789, 105.918173

짱안 풍경구 Danh Thắng Tràng An

영화 〈콩-스컬 아일랜드〉의 촬영지로도 잘 알려진 짱안은 배를 타고 카르스트 지형을 돌아본다는 점에서는 땀꼭과 같다. 단, 땀꼭보다 강폭도 넓고 바위산도 거대해 아기자기하게 예쁘기보다 '웅장한 맛'이 있다. 또한 보트만 계속 타는 땀꼭과 달리 중간중간 내려 작은 사원들을 둘러본다는 점에서도 차이가 있다. 규모가 크기 때문에 3개의 루트 중 하나를 선택할 수 있으며, 동굴과 사원 중심으로 돌아보는 3시간 코스, 〈콩-스컬 아일랜드〉의 촬영지가 포함된 2시간 코스 등이 있다(요금은 동일). 땀꼭과 달리 뱃사공이 팁을 강요하지 않으며(하지만 주는 것이 예의다. 2만~5만 동 정도면 적당하다), 파파라치나 음료를 강요하는 상인도 없어, 한국인들은 대체로 짱안을 선호한다.

위치 닌빈 기차역에서 짱안 보트 선착장까지 약 8km. 택시, 오토바이, 자전거로 이동 가능
운영 07:00~16:00 (시즌에 따라 다름)
요금 보트 탑승료 25만 동 (1대당 4~5인 탑승)

Special Tip

땀꼭/짱안 뱃놀이, 자주 묻는 질문 5가지

닌빈 여행에서 가장 큰 비중을 차지하는 뱃놀이는 한 번 타면 2~3시간이 소요되기 때문에 신중한 선택과 준비가 필요하다. 여행객이 꼭 알아야 할 실용정보 대방출!

1. 흐리고 비가 와도 괜찮을까요?

▶▶ 맑은 날은 풍경 감상과 사진 찍기에는 좋지만 강한 햇빛과 무더위가 상당하다. 흐린 날은 수묵화 느낌의 풍경을 감상할 수 있으며 덥지 않다는 것이 큰 장점이다. 베트남 특성상 하루 종일 폭우가 쏟아지는 일은 그리 많지 않다. 보슬비 정도라면 큰 문제는 없다.

2. 근처에 식사할 곳이 있나요?

▶▶ 땀꼭 보트 선착장 근처에는 여행객을 대상으로 하는 식당들이 많다. 짱안은 매표소와 선착장 사이에 큰 건물이 있고, 식당, 매점, 기념품점 등이 입점해 있으므로 이곳을 이용하면 된다. 짱안 보트 선착장에서 1km 떨어진 곳에 나항 둥포누이Nhà Hàng Dũng Phố Núi라는, 염소고기로 유명한 식당이 있다.

3. 먹거리를 준비해 갈까요?

▶▶ 먹거리보다 햇빛을 피할 우산이나 챙이 넓은 모자, 선크림, 더위를 피할 휴대용 선풍기 등을 준비하면 좋다. 날씨가 흐리다면 우산과 우비를 챙기자.

4. 혼자 가도 보트 탈 수 있나요? 2~3시간 배만 타면 지루하지 않나요?

▶▶ 혼자 오는 사람도 많거니와 팀 인원이 정원보다 많거나 적으면 무조건 동승을 시키기 때문에 걱정하지 않아도 된다. 비슷한 풍경이 반복되기 때문에, 활동적인 것을 좋아하는 사람은 장시간 배만 타고 있기에 지루할 수 있다. 이 경우, 땀꼭은 반쯤 가다 돌아오거나, 짱안은 탑승 전 미리 1시간 코스로 부탁하면 된다.

5. 땀꼭과 짱안 중 어디가 더 좋을까요?

▶▶ 닌빈 기차역부터 자전거를 이용하는 사람이라면 땀꼭이 훨씬 가깝고, 자전거 투어 길도 매우 아름다워 땀꼭이 더 좋을 수 있다. 단, 짱안보다 음료수 구입비가 더 들어간다고 생각하면 된다(짱안도 예의상 뱃사공 팁을 준다고 가정할 때). 파파라치의 경우 포즈를 취하지 않고 쫓아내거나 얼굴을 가리는 방법이 있지만, 상당히 거슬리기는 한다. 다른 것 다 필요 없이 그냥 뱃놀이에만 초점을 둔다면 무조건 짱안이다.

★☆☆ 유네스코 세계자연&문화유산

GPS 20.285158, 105.906608

호아루 옛 수도 Cố đô Hoa Lư

하노이에서 약 90km 떨어진 호아루는 10~11세기 베트남의 수도였다. 968년 반란군들을 제압하고 최초의 통일왕조를 세운 딘 보린Dinh Bo Linh(사후, 딘 티엔 호앙Dinh Tien Hoang이라는 왕호를 받았다)은 호아루를 수도로 정하고 정치, 경제, 문화의 중심으로 삼았다. 딘 왕조의 뒤를 이은 전前 레 왕조의 레 다이 한Lê Đại Hành 역시 호아루를 중심으로 통치 활동을 펼쳤으나, 1010년 리 왕조의 리 타이 토Ly Thai To 왕이 수도를 탕롱(하노이)으로 옮기면서, 호아루는 그 빛을 잃기 시작했다. 현재 이곳에는 딘 보린을 모신 딘 티엔호앙 사당Đinh Tiên Hoàng과 전 레 왕조의 레 다이 한을 모신 사당Đền vua Lê Đại Hành만이 남아 있다. 두 사원 모두 규모도 작고 특별한 볼거리도 없지만, 베트남 봉건시대 역사의 한 단면을 살펴볼 수 있다는 점에서 의미를 둘 수 있다.

주소 Truong Yen, Hoa Lu, Ninh Binh
위치 닌빈 기차역에서 13km. 택시로 약 25분, 자전거로 1시간 소요
운영 07:00~17:00 (시즌에 따라 다름)
요금 딘 티엔호앙 사당 2만 동, 레 다이한 사당 무료

바이딘 사원 Chùa Bái Đính

바이딘 사원은 1136년에 지은 옛 바이딘 사원과 2010년에 완성된 신 바이딘 사원을 포함하는 700ha의 사원 단지로, 동남아시아에서 가장 큰 규모로 알려져 있다. 아래에서 위로 올라가며 3개의 전각이 나란히 자리해 있는데, 1번째는 천수천안관세음보살상(다수의 손과 눈을 가진 보살로, 자비의 화신을 말함)을 모신 관세음전, 2번째는 석가모니불상을 모신 석가불전, 3번째는 석가불(현재), 약사불(과거), 아미타불(미래) 삼세불상을 모신 삼세불전이다. 전각의 규모에서도 짐작할 수 있듯 불상들의 크기와 화려함이 상상을 초월한다. 이 외에도 높이 10m에 100톤의 무게를 자랑하는 석가모니상과 36톤의 거대한 동종, 1km의 회랑에 늘어선 500개의 서로 다른 아라한상 등 다양한 볼거리가 사원 곳곳에 자리하고 있다. 하지만 뭐니 뭐니 해도 바이딘 사원의 하이라이트는 12층 높이의 대형 불탑. 불탑 안에는 석가의 사리가 모셔져 있으며, 엘리베이터를 타고 전망대에 오르면 사원 단지 전체와 그 일대를 둘러싼 카르스트 지형의 절경을 마음껏 즐길 수 있다. 사원의 규모가 큰 만큼 사원 단지 주차장에서 사원 입구까지 전동차로 이동할 수 있다. 이 경우, 사원 입구–종각–관세음전–석가불전–삼세불전–불탑 순으로 관람할 수 있으며, 도보로 이동할 경우에는 역순이 된다.

주소 Gia Sinh, Gia Vien, Ninh Binh
위치 닌빈 기차역에서 22km. 택시나 오토바이로 이동 가능하며 닌빈 시내 쩐흥다오 거리(MB 은행 건너편 부근 버스정류장)에서 로컬버스 8번을 이용할 수 있다.
요금 전동차 왕복 6만 동, 전동차+불탑 엘리베이터 콤보 20만 동
홈피 www.chuabaidinhninhbinh.vn

★★☆

GPS 20.217385, 105.916281

빗동사 Chùa Bích Động

18세기에 건축된 사원으로, 빗동산Bích Động Mountain의 한 면을 따라 산 아래부터 허리, 상부까지 중국어 '석 삼三 자'의 모양대로 3개의 절이 자리해 있다. 각 절은 계단으로 이어져 있으면 3번째 절로 올라가기 위해서는 깊고 어두운 동굴을 지나야 한다. 이 안에는 불상과 거북상, 동자상 등과 함께 향이 피워져 있어 신비한 분위기를 자아낸다. 각 절은 후後 레 왕조 및 응우옌 왕조 시대의 건축양식을 띤 목조건물로, 소박하면서도 세련미가 돋보인다. 수련으로 가득한 호수와 웅장하게 자리한 화강암 산, 바위와 푸른 나뭇잎에 수줍은 듯 가려진 절의 입구는 한 폭의 동양화를 보는 듯 아름답다.

주소 Ninh Hai, Hoa Lu, Ninh Binh
위치 땀꼭 보트 선착장에서 서쪽으로 3km
요금 무료
주차료 2만~6만 동
(절에 들어가서 200m 전 마을 입구에 무료 주차 가능)

★☆☆

GPS 20.224297, 105.929875

타이비 사원 Đền Thái Vi

쩐 왕조를 세운 태종Trần Thái Tông은 그의 아들에게 왕좌를 이양한 후, 1258년 반람Van Lam 동굴에 작은 사당을 세우고 부처를 모시며 명상에 힘쓰고 마을의 번영을 기원했다. 1285년 전쟁으로 이 사당은 그 모습을 외부로 드러냈고 이후 수차례 재건되어 2006년 지금의 모습을 띠게 되었다. 오늘날 타이비 사원은 매해 3월 14~17일에 쩐 태종과 그의 가족들을 기리는 추모 행사를 거행하는데, 엄숙한 추도식이라기보다 춤과 놀이가 어우러진 축제에 더 가까워 닌빈 지역의 주요 행사로 자리를 잡았다. 여행객들에게는 타이비 사원 자체보다 그 앞에 펼쳐진 논과 밭, 저수지, 그 곳을 둘러싼 카르스트 지형의 아름다운 풍경이 더욱 인상 깊은 곳이다.

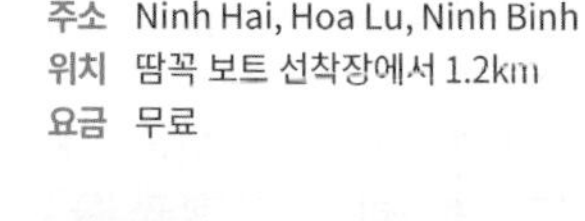

주소 Ninh Hai, Hoa Lu, Ninh Binh
위치 땀꼭 보트 선착장에서 1.2km
요금 무료

★★★

GPS 20.229287, 105.933909

항무아 Hang Múa

하늘에서 내려다보는 카르스트 지형의 아름다움을 고스란히 느낄 수 있는 최고의 뷰포인트다. 무아산 아래 위치한 무아 동굴Hang Múa은 '댄싱 동굴Dancing Cave'이라고도 불리는데, 이는 먼 옛날 쩐 왕조의 왕이 이 동굴에서 펼쳐지는 춤과 노래를 즐기러 이곳을 방문하곤 했다는 전설과 연관돼 있다. 비록 486개의 계단을 직접 오르는 큰 난관(?)을 극복해야 하지만, 정상에서 내려다보는 땀꼭의 논과 밭, 켜켜이 자리한 바위산은 그럴 만한 가치가 있다. 일 년 중 가장 아름다운 전망을 자랑할 때는 추수하기 바로 전인 5월 말부터 6월 초까지. 노랗게 물든 논과 하늘 높이 치솟은 화강암 산은 닌빈을 대표하는 홍보 사진에도 자주 등장할 만큼 유명하다.

주소 Ninh Hai, Hoa Lu, Ninh Binh
위치 땀꼭이나 짱안 보트 선착장에서 각각 4.5km . 택시, 오토바이, 자전거로 이동 가능 **요금** 10만 동

GPS 20.251595, 105.978727

쭝뚜옛 레스토랑 Restaurant Trung Tuyết

닌빈을 방문하는 여행객들 사이에 유명세를 떨치더니, 한국 여행 프로그램에까지 소개돼 한국인들의 맛집 리뷰에 심심찮게 소개되는 곳이다. 이 곳에서 가장 인기 있는 메뉴는 새콤달콤한 소스를 곁들인 닭고기와 모닝 글로리, 볶음밥 등이며, 한국인을 위한 세트메뉴도 판매한다. 대체로 양이 많기 때문에, 사이즈 선택에 신중을 기해야 한다. 여행자들이 많지 않은 닌빈 시내에서 영어가 통한다는 점 역시 플러스 요인 중 하나다.

주소 14 Hoang Hoa Tham, Van Gia, Ninh Binh
위치 닌빈 버스터미널에서 도보 5분
운영 08:00~21:30
요금 새콤달콤 소스 닭고기 10만 동~, 볶음밥 7만 동~

GPS 20.25158, 105.97824

꽌 웃 반쎄오 Quán Út Bánh Xèo

닌빈에서 가장 맛있는 반쎄오(베트남식 빈대떡)로 한국인 여행객들 사이에도 입소문 난 곳이다. 현지인들에게는 넴루이(숯불돼지고기구이)도 인기 있지만, 한국인들은 대부분 분짜를 더 선호한다. 전형적인 로컬식당으로 가격이 저렴하고 영어는 안 되며, 영어 메뉴판을 봐도 반쎄오, 넴루이, 분짜 외에 뭐가 뭔지 알 수 없다는 아쉬움이 있다.

주소 25 Hoang Hoa Tham, Van Gia, Ninh Binh
위치 닌빈 버스터미널에서 도보 4분
운영 14:30~21:00 **요금** 반쎄오 넴루이 세트 3만 동

GPS 20.215326, 105.936875

패밀리 레스토랑 Family Restaurant

땀꼭 보트 정류장 근처에서 가장 북적이는 식당 중 하나로 저녁 시간에는 빈자리가 없을 정도다. 해 질 무렵이면 입구 쪽에서 부지런히 고기들을 굽기 시작하는데 그 냄새가 지나가던 사람도 메뉴판을 뒤적이게 할 정도. 겉은 바삭하고 속은 촉촉, 육즙 가득한 오리구이가 가장 유명하지만, 닌빈의 대표 음식이라 할 수 있는 염소고기도 맛있다. 그 외 쌀국수, 볶음밥, 스프링롤 등 일반적인 베트남 음식도 맛이 괜찮고 가격도 저렴하다.

주소 Ninh Hai, Hoa Lu District, Ninh Binh
위치 땀꼭 보트 선착장에서 도보 3분
운영 08:00~23:30
요금 오리구이 15만 5천 동

GPS 20.242691, 105.973847

동민 레스토랑 Dong Minh Restaurant

닌빈 기차역 바로 앞에 위치한 식당이다. 닌빈 여행을 시작하기 전이나 끝난 후 식사를 하는 사람, 기차를 기다리며 맥주나 음료를 즐기는 사람 등으로 기차 시간 전후에 특히 북적북적하다. 베트남 음식부터 브렉퍼스트 메뉴, 피자 같은 웨스턴 음식까지 선택의 폭이 넓고 맛도 괜찮으며 가격도 저렴하다. 주인장이 친절하고 영어가 되는 것도 장점. 오토바이나 자전거 렌트, 버스티켓 구매 등의 서비스는 물론 닌빈 여행 정보도 얻을 수 있다.

주소 454 Ngo Gia Tu, Nam Binh, Ninh Binh
위치 닌빈역 광장 나와 길 건너편
운영 07:00~23:00
요금 볶음밥 5만 동~, 육류 메인요리 7만 동~, 맥주 1만 5천 동~

GPS 20.216808, 105.941103

추키스 비어 가든 Chookie's Beer Garden

'추키스 트래블Chookie's Travel'이라는 닌빈의 여행사가 운영하는 레스토랑이다. 자연이 아름다운 닌빈의 특징을 살려, 넓게 정원을 꾸미고 수영장 둘레에 야외 테이블을 두어 밤이나 낮이나 분위기가 좋다. 이곳에서는 화덕에서 바로 구워 나오는 피자와 수제버거, 샌드위치, 샐러드 등 서양요리가 인기이며, 인근 레스토랑들보다 가격은 조금 비싼 편이다.

주소 Tam Coc Boat Station Thai Vi, Tam Coc, Ninh Bình
위치 땀꼭 보트 선착장에서 도보 6분
운영 월~금요일 08:00~22:00, 토·일요일 09:00~23:00
요금 버거 14만 동~, 피자 14만 동~

GPS 20.235845, 105.940998

로즈 가라 바&레스토랑 Rose's Gara Bar & Restaurant

항무아 방문 전후로 간단한 식사나 음료를 즐길 수 있는 곳이다. 재활용을 이용한 인테리어가 시선을 끌고, 영어를 할 수 있는 주인장의 친절함이 돋보인다. 다트나 미니 골프 게임도 즐길 수 있다. 볶음밥, 볶음면, 버거, 스프링롤 등의 간단한 메뉴지만 맛도 좋고 가격도 착하다.

주소 Khe Ha, Hoa Lu, Ninh Binh
위치 항무아에서 도보 13분 **운영** 24시간
요금 스프링롤 5만 동~, 버거 8만 동, 음료 3만 동~

GPS 윈마트 20.259022, 105.970260 고! 닌빈 20.24272, 106.004079

윈마트 vs. 고! 닌빈 Winmart vs. GO! Ninh Bình

고! 닌빈

고! 닌빈은 닌빈에서 가장 큰 마트로, 롯데리아와 롯데시네마까지 입점해 있다. 하지만 닌빈 기차역과 시내에서 동쪽으로 4km 이상 떨어져 접근성이 좋지 않다. 닌빈 시내의 **윈마트**는 기차역에서 2km 정도에 있고, 중형 규모에 제품도 대체로 잘 갖춰 놓았다. 윈마트와 닌빈 버스터미널 사이 쩐흥다오 거리에는 필리핀 패스트푸드점 졸리비와 각종 식당, 은행, 호텔이 있다.

윈마트

주소 So 848 Tran Hung Dao, P, Ninh Binh
위치 쩐흥다오 거리 내 투이안 호텔에서 짱안 풍경구 방향으로 600m
운영 08:00~22:00

고! 닌빈

주소 Tran Nhan Tong, Xa Ninh Phuc, TP Ninh Binh
위치 짱안 풍경구 반대 방향의 10번 국도 내
운영 08:00~22:00

3성급

GPS 20.219827, 105.932675

땀꼭 네이처 로지 Tam Coc Nature Lodge

카르스트 지형이 한눈에 보이는 숙소에서 지내며 자연으로부터 힐링을 얻고 싶은 사람이라면, 이곳에 주목해 보자. 깎아지른 듯한 바위산이 숙소를 둘러싸고 있으며, 발코니 너머로 보이는 호수와 논, 산의 전경이 마치 한 폭의 그림 같다. 객실 컨디션도 좋고 청결하며 뷔페식 조식도 평이 괜찮다.

주소 Tam Coc Road, Van Lam village, Ninh Hai, Ninh Binh
위치 땀꼭 보트 선착장에서 800m
요금 일반 더블 40달러~, 혼성 도미토리 6달러

Tip | 경치 좋은 숙소를 찾아요~

눈앞에 카르스트 지형의 경치를 즐길 수 있는 숙소들은 보통 땀꼭에 위치해 있다. 발리의 우붓처럼 라이스테라스 뷰를 가진 저렴한 숙소들도 꽤 있다. 물론 수영장을 갖춘 최고급 시설의 리조트도 있다. 땀꼭은 보트 선착장 주변이 매우 발달돼 있고, 이곳에서 깟바 혹은 하노이행 버스(미니버스)를 탑승할 수 있어 이동 면에서도 편리하다.

3성급

GPS 20.217756, 105.937210

땀꼭 홀리데이 호텔&빌라 Tam Coc Holiday Hotel & Villa

2019년에 문을 연 3성급 호텔로 땀꼭 보트 선착장 근처에 위치해 있어 각종 카페, 레스토랑, 마사지숍 등은 물론 교통편 이용에도 매우 편리하다. 동급 대비 호텔들에 비해 객실도 넓고 모던한 인테리어에 새것이나 다름없는 시설들, 깨끗한 객실 관리 등 모든 면에서 만족도가 높다. 일부 객실에서는 땀꼭의 아름다운 산을 조망할 수 있으며, 야외 수영장, 무료 자전거 이용도 가능하다.

주소 Doi 1, Van Lam, Ninh Hai, Hoa Lu, Ninh Bình
위치 땀꼭 보트 선착장에서 도보 2분
요금 디럭스 45달러~

3성급

GPS 20.256138, 105.969546

더 밴쿠버 호텔 The Vancouver Hotel

닌빈 시내에 위치한 3성급 호텔이다. 호텔 예약 사이트의 이용자 평점이 10점 만점에 가까울 만큼 만족도가 높은 곳이다. 4성급 호텔 못지않은 객실 관리와 세심한 직원들의 서비스, 맛있는 조식까지 삼박자를 고루 갖췄다. 근처에 윈마트와 은행, 패스트푸드점 등을 비롯해 각종 음식점들이 있어 편리하다.

주소 No01 Lane 75, Luong Van Tuy Street, Ninh Binh
위치 닌빈 시내 메인도로인 쩐흥다오 거리에서 약 250m 골목 안에 위치
요금 스탠더드 더블 50달러~

2성급

GPS 20.242928, 105.972769

닌빈 센트럴 호텔 Ninh Binh Central Hotel

기차로 닌빈을 드나든다면 닌빈 기차역에서 도보 3분 거리인 이곳을 고려해 보자. 혼성 도미토리를 비롯해 2~4인용 룸을 깨끗하게 관리하고 있으며, 자전거나 오토바이 렌트도 가능하다. 주인장이 영어를 잘해 여행 정보, 루트도 안내한다. 이 호텔 맞은편에서 하노이, 후에, 퐁냐케방행 야간버스가 출발한다.

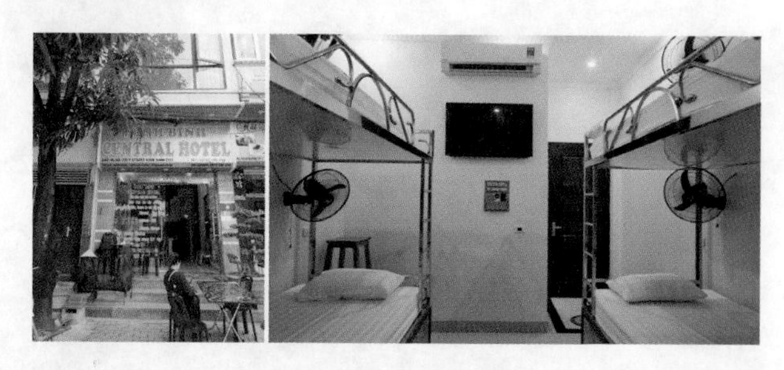

주소 No 46, 27 thang 7 Street, Ninh Binh
위치 닌빈 기차역 앞길을 따라 150m 직진 **요금** 더블 15달러, 도미토리 5달러~

07

태곳적 신비의 아름다움을 간직한

퐁냐케방 Phong Nha-Ke Bang

유네스코 세계자연유산에 등재돼 있는 퐁냐케방 국립공원은 300개의 석회 동굴과 석회암 산지를 보유한 세계에서 2번째로 큰 카르스트 지형이다. 관광객들이 주로 찾는 파라다이스 동굴은 이 지역에서 가장 크고 가장 긴 것으로 그 위용을 자랑하는데, 원시 자연이 만들어낸 스펙터클한 내부 광경에 입이 딱 벌어진다. 세상에서 딱 하나의 동굴을 봐야 한다면, 이곳을 추천하고 싶을 정도. 다크 케이브(항떠이 동굴)는 집라인, 카야킹, 수영, 진흙욕 등을 비롯해 자연 상태의 동굴 탐험을 경험할 수 있는 최적의 장소다. 액티비티를 즐기는 전 연령의 여행객들에게 베트남 여행 중 가장 짜릿한 순간을 선사할 것이다.

》 퐁냐케방에서 꼭 해야 할 일 체크!

- ☐ 파라다이스 동굴 트레킹하기
- ☐ 다크 케이브 vs. 퐁냐 동굴, 내 맘대로 골라 가보기

퐁냐케방

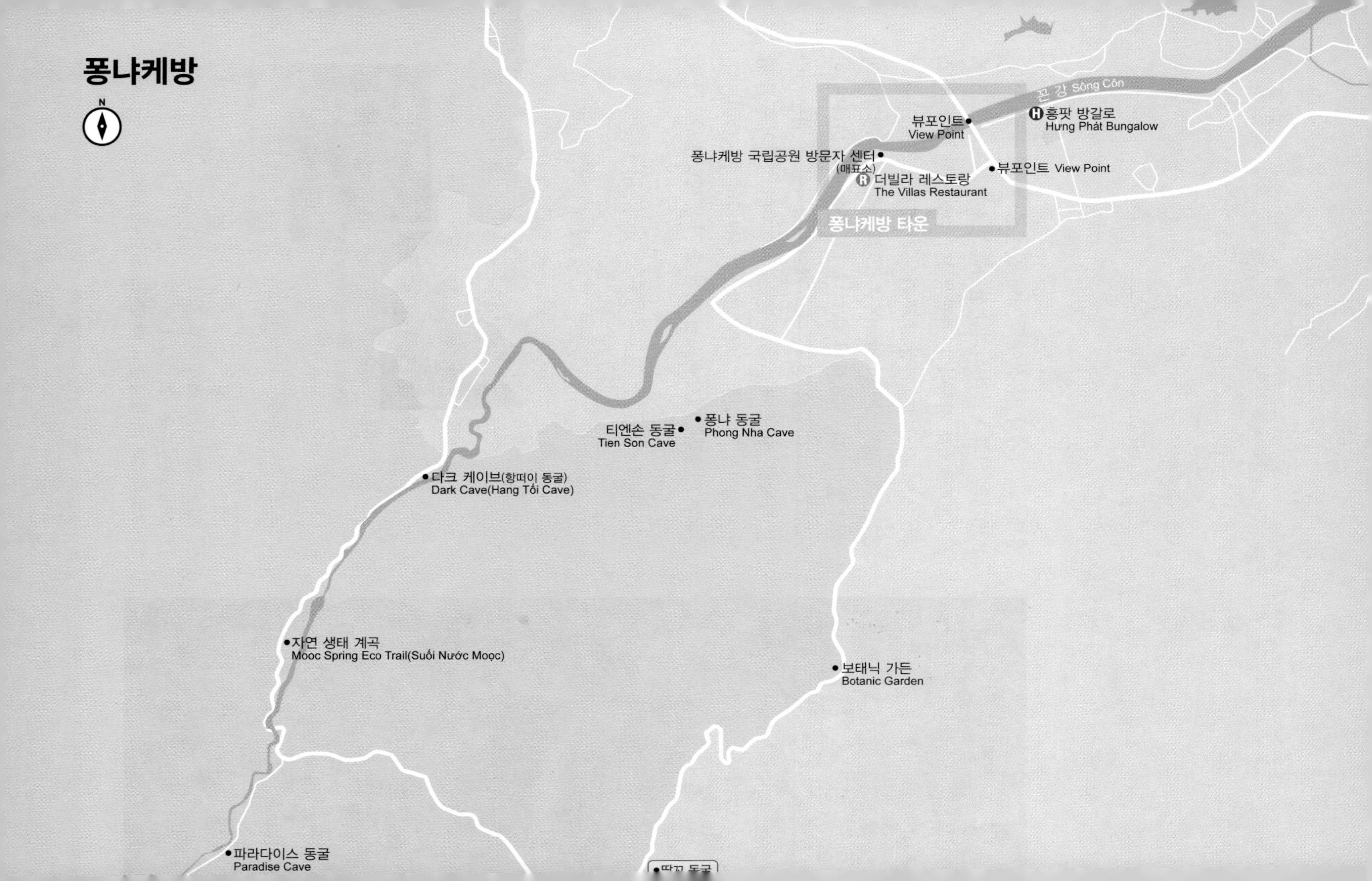

N
꼰 강 Sông Côn
흥팟 방갈로
Hưng Phát Bungalow
뷰포인트
View Point
퐁냐케방 국립공원 방문자 센터
(매표소)
더빌라 레스토랑
The Villas Restaurant
뷰포인트 View Point
퐁냐케방 타운
티엔손 동굴
Tien Son Cave
퐁냐 동굴
Phong Nha Cave
다크 케이브(항떠이 동굴)
Dark Cave(Hang Tối Cave)
자연 생태 계곡
Mooc Spring Eco Trail(Suối Nước Moọc)
보태닉 가든
Botanic Garden
파라다이스 동굴
Paradise Cave

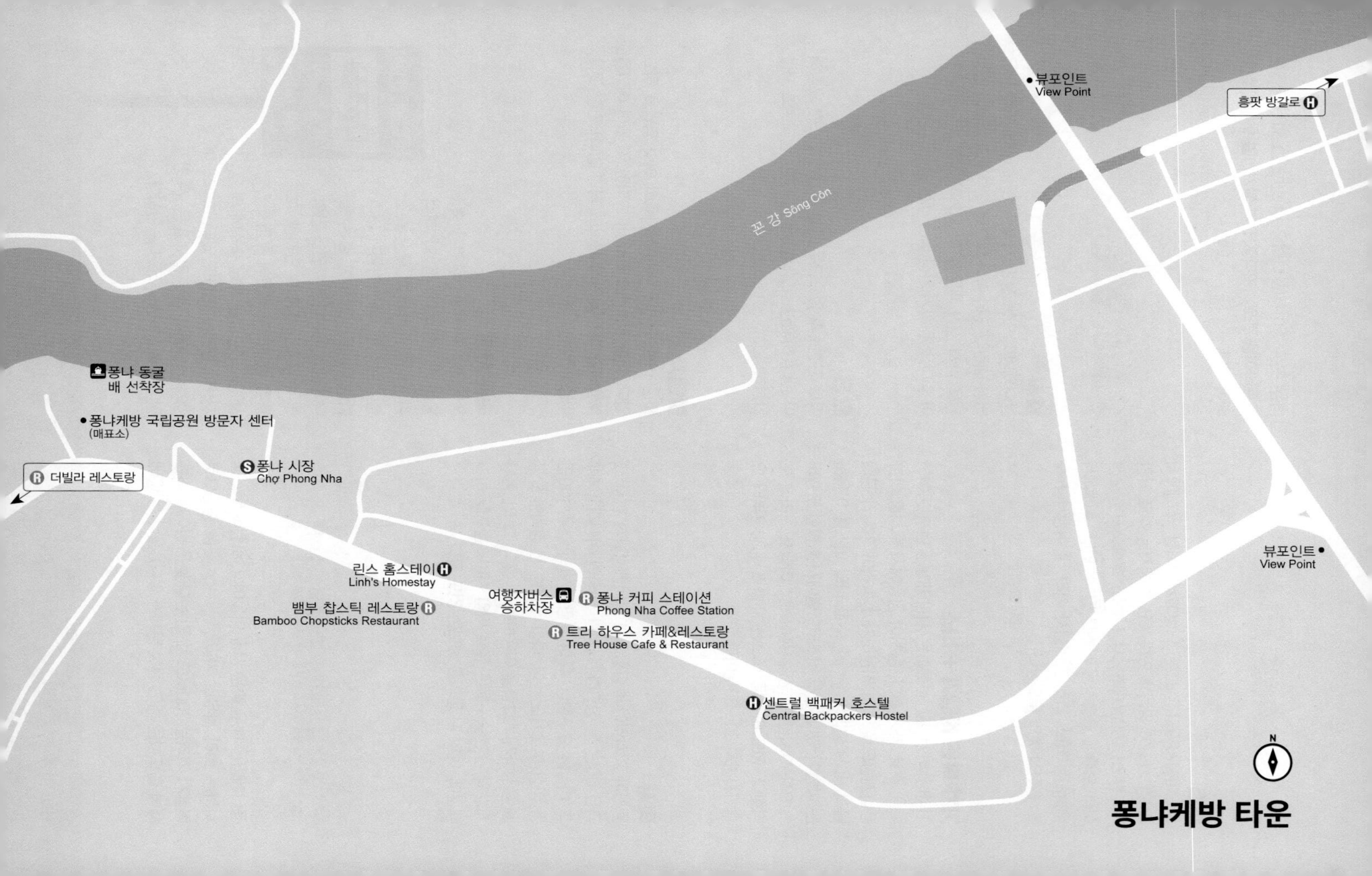

퐁냐케방 타운
N
끈 강 Sông Côn
뷰포인트
View Point
흥팟 방갈로
뷰포인트
View Point
퐁냐 동굴
배 선착장
퐁냐케방 국립공원 방문자 센터
(매표소)
더빌라 레스토랑
퐁냐 시장
Chợ Phong Nha
린스 홈스테이
Linh's Homestay
뱀부 찹스틱 레스토랑
Bamboo Chopsticks Restaurant
여행자버스
승하차장
퐁냐 커피 스테이션
Phong Nha Coffee Station
트리 하우스 카페&레스토랑
Tree House Cafe & Restaurant
센트럴 백패커 호스텔
Central Backpackers Hostel

1 퐁냐케방 드나들기

버스

하노이에서 9시간 30분, 닌빈에서 8시간, 후에에서 4시간 거리에 위치해 있다. 하노이에서는 주로 야간 버스를 이용하고(새벽 4시경 도착), 후에에서는 오전이나 오후에 출발하는 버스를 탈 수 있다. 후에에서 출발하는 버스 티켓은 여행자 거리 내 여행사나 숙소에 직접 예약 문의한다.

기차 혹은 비행기 + 버스

기차나 비행기를 선호하는 사람이라면 먼저 동허이 Đồng Hới로 가야 한다. 동허이 공항에서 택시를 타고 퐁냐케방으로 직접 이동하거나 동허이 기차역 근처 남리 버스터미널Bến xe Nam Lý로 나와 버스를 이용하는 방법이 있다. 남리 버스터미널에서 출발한 로컬버스 B4는 1시간 30분 후 퐁냐케방 여행자 거리에 도착한다. 편도 6만 동. 버스는 새벽 5시 30분부터 오후 5시까지 30~60분마다 있다.

택시

동허이 기차역이나 공항에서 퐁냐케방까지 택시 요금은 60만 동 정도다. 하지만, 외국인 여행객들에게 그 이상을 요구한다. 특히 공항 출발의 경우, 100만 동 이상 부르기도 한다. 따라서 탑승 전 정확한 요금을 흥정하거나 그랩을 이용하는 게 좋다. 그 외, 퐁냐케방의 일부 숙소들은 유료 픽업 서비스를 제공하기 때문에, 예약 시 문의를 해보는 것도 좋다.

2 시내에서 이동하기

퐁냐케방은 매우 작은 시골 마을이다. 로컬버스가 정차하는 트리 하우스 카페Tree House Cafe를 중심으로 여행자 거리는 200m도 채 안 된다(늦은 밤이나 이른 새벽 출도착을 해도 전혀 문제가 없다). 퐁냐 동굴 배 타는 곳은 걸어서도 다녀올 수 있다. 그 외 동굴들은 오토바이를 렌트하거나(자전거 불가) 1일 투어에 참여해야 한다.

3 기타 정보

날씨

퐁냐케방이 있는 꽝빈 지역은 10~12월에 가장 많은 비가 내린다. 강수량이 많으면 대부분의 동굴이 입장객을 받지 않기 때문에, 이 시기를 피해 방문하는 것이 좋다. 방문하기 가장 좋은 때는 3~8월이다.

환전

따로 환전소가 없으므로 호텔 리셉션에 소량 요청해야 한다. 하지만 호텔비나 투어요금은 달러로도 지불 가능하다.

여행사

짧은 여행자 거리 내 여행사들이 여럿 영업을 하고 있다. 대부분의 숙소에서 버스 티켓 및 투어 예약을 대행하기 때문에(가격 차이도 거의 없다) 편한 곳을 이용하면 된다.

숙소 사정

퐁냐케방 시내에는 중저가 숙소들이 대부분이다. 좀 더 쾌적한 시설이나, 경치가 좋은 숙소를 찾는다면 일단 여행자 거리를 벗어나야 한다. 이 경우, 퐁냐케방의 아름다운 자연을 만끽할 수 있다는 장점도 있지만, 교통이 불편하기 때문에 투어, 식사 등 모든 것을 해당 숙소에 의지해야 한다는 단점도 있다. 그래도 여행자 거리에서 너무 멀지 않은, 꼰 강가 일대의 숙소라면 주목해 볼 만하다.

4 퐁냐케방 추천 일정

퐁냐케방에서 방문할 곳은 3곳으로 압축된다. 파라다이스 동굴과 퐁냐 동굴, 흔히 다크 케이브라 부르는 항떠이 동굴이다. 그룹 투어에 참여하든 오토바이로 개별 투어를 하든, 하루에 3곳을 다 돌아보는 것은 불가능하다. 파라다이스 동굴과 다크 케이브를 하루에, 퐁냐 동굴은 반나절에 소화하고, 나머지 반나절은 자전거를 빌리거나 도보를 통해 주변을 둘러보면 된다. 참고로 다크 케이브는 액티비티(집라인, 카야킹, 수영, 진흙욕 등) 및 동굴 탐험이 주가 된다. 한 번쯤 경험해 볼 가치가 충분하지만, 원치 않는다면 파라다이스 동굴과 퐁냐 동굴만 다녀오면 된다.

Course 1

파라다이스 동굴

이름 그대로,
천국 같은 동굴이 여기 있다!
(p.192)

Course 2

퐁냐 동굴

배를 타고 지하강을 건너
동굴을 유람하자
(p.193)

Course 3

다크 케이브(항떠이 동굴)

신나는 액티비티와
진흙욕을 즐기자
(p.194)

★★★

GPS 17.519543, 106.223274

파라다이스 동굴 Paradise Cave

베트남에서 꼭 봐야 할 곳 베스트를 뽑는다면 주저 않고 추천하고픈 곳이다. 우리가 흔히 봐 왔던 동굴을 생각하면 큰 오산! 가보면 왜 '지구상의 에덴'이라고 부르는지 알 수 있다. 파라다이스 동굴은 2005년 현지인 농부가 약 5km 구간을 처음 발견하였고, 이후 영국 동굴 조사단이 파견되어 총 31km 구간의 존재가 세상에 알려지게 되었다. 해발 200m상에 위치해 있어 산악지대를 차량으로 이동한 후에도 다시 300m가량 도보로 산을 올라야 한다. 동굴 내부에는 거대하고도 아름다운 종유석과 석순이 장관을 이루는데, 화려한 조명까지 어우러져 그야말로 '태초의 천국'을 상상케 한다.

주소 Km 16 Duong Ho Chi Minh, Nhanh Tay, Bo Trach Quang Binh
위치 여행자 거리에서 약 25km. 차량으로 40분 소요
운영 07:00~16:00
요금 입장료 25만 동, 버기카 편도 6만 동~, 오토바이 주차료 5천 동

Tip | 나 홀로 여행자는 주목!

1 관광로가 잘 조성돼 있어 개별적으로도 충분히 관람 가능하며, 1시간 30분 정도 소요된다.
2 매표소에서 동굴 입구까지 버기카를 많이 타지만, 시간 여유가 있다면 도보로도 이동할 만하다. 현지인이나 개별 여행객들은 다 도보로 이동한다.

★★★ 유네스코 세계자연유산

GPS 17.612483, 106.306071

퐁냐 동굴 Phong Nha Cave

퐁냐케방 지역에서 가장 먼저 개발된 지하 동굴로, 이 지역이 퐁냐케방 국립공원으로 지정되는 데 시발점이 되었다. 총길이 7,729m로 13,969m의 지하강이 흐르고 14개의 작은 동굴들을 포함하고 있다. 이 중 관광객들에게 공개된 것은 1,500m뿐. 먼저 퐁냐케방 시내에 있는 선착장에서 보트를 타고 20분가량 손꽁강을 따라 내려가 퐁냐 동굴 입구에 다다른다. 이곳에서 사공이 젓는 나룻배로 갈아탄 뒤 퐁냐 동굴 탐험에 들어간다. 30분가량 배를 타고 둘러본 후 보트에서 내려 400m가량 도보로 이동, 동굴을 감상하며 입구로 되돌아온다. 퐁냐 동굴 옆으로 **티엔손 동굴** Tien Son Cave이 있어 함께 둘러봐도 좋지만, 규모만 작은 퐁냐 동굴이라 생각하면 될 정도라 방문자가 적다.

주소 Son Trach Bo Trach, Quang Binh
위치 트리 하우스 카페에서 서쪽으로 도보 600m에 퐁냐케방 국립공원 방문자 센터(매표소)가 있다. 표 구매 후 강가에서 보트 탑승
운영 07:30~16:30
요금 **퐁냐 동굴** 입장료 15만 동, 보트 대여료 55만 동 (12명 탑승 가능)
티엔손 동굴 입장료 8만 동

Tip | 알아두면 유용해요~

1 퐁냐 동굴은 시내에서 접근성도 좋고 가격도 저렴하여 개별적으로 다녀오는 것을 추천한다.
2 퐁냐 동굴은 입장료보다 보트 대여료가 더 비싸다. 보통 매표소에 가면 동행을 구하는 여행객들을 만날 수 있다. 하지만 방문자 찾기가 생각만큼 쉽지 않다. 오전 9시 전후나 오후 1시 이후가 그나마 낫다. 이지 타이거 호스텔을 방문하여 리셉션에 동행자 그룹을 문의해 보는 것도 한 방법이다.

★★★

다크 케이브(항떠이 동굴) Dark Cave(Hang Tối Cave)

GPS 17.574379, 106.251637

항떠이 동굴은 1990년 처음 발견되었는데, 인공적인 개발을 피해 어떠한 조명도 설치하지 않아 '다크 케이브'라는 별명이 생겼고, 현재는 이 이름으로 더 잘 알려져 있다. 다크 케이브는 앞선 2개의 동굴과는 전혀 달리 자연 그대로의 동굴 탐험과 다양한 액티비티 활동을 제공한다. 동굴 입구는 강 건너편에 있는데, 이 강을 건너는 방법은 높이 솟은 탑에 올라 400m 길이의 집라인을 타는 것. 강 건너편에 닿으면 동굴 입구까지는 수영을 해야 한다(수영을 못할 경우, 카약 탑승). 동굴 안에서는 안전모에 달린 랜턴에 의지해 앞으로 나간다. 동굴 안도 물로 차 있는 곳이 많은데 깊게는 수심 150m 정도 한다. 리더의 안내로 동굴 구석구석을 탐험해 나가다 보면, 말 그대로 진흙탕에 다다르게 된다. 입자가 곱고 부드러운 진흙으로 진흙욕을 즐긴 후 입구로 되돌아 나와 다시 짜이강에서 카야킹과 수영, 집라인 등 액티비티를 즐긴다.

주소 Ho Chi Minh Tay, Son Trach, Bo Trach, Quanh Binh
위치 여행자 거리에서 남서쪽으로 20km
운영 08:00~18:00
요금 45만 동
포함 내역 안전모, 구명조끼, 카야킹, 집라인 등

Tip | 다크 케이브, 이것만은 꼭!

1 액티비티를 즐기지 않는 사람들에게도 추천하고 싶은 동굴이다. 어려움이 있을 경우, 처음 보는 동행이나 현지 직원들까지 모두 기꺼이 도와주기 때문에 자신 있게 도전해 보자.
2 모든 소지품은 입구의 로커에 맡겨둔다. 물에 빠지는 것은 필수. 아쿠아백이나 방수용 카메라가 필요하다.
3 수영복은 필수다. 수영복 위에 옷을 덧입을 수 없다. 신발이나 안경도 벗어야 한다.

★★☆

GPS 자연 생태 계곡 17.555377, 106.235443 보태닉 가든 17.552514, 106.301223

기타 가볼 만한 곳 Other Places

맑은 물이 흐르는 카르스트 지형의 아름다움을 즐길 수 있는 **자연 생태 계곡**이 있다. 현지어로는 Suối Nước Moọc, 영어로는 Mooc Spring Eco Trail이라고 표기하는데, 카야킹이나 수영도 즐길 수 있다. 1일 투어 상품에는 포함돼 있지 않아 개별적으로 찾아가야만 한다. 반면 **보태닉 가든**Botanic Garden은 많은 투어 상품들이 방문하는 곳이다. 우리에 갇힌 원숭이와 뱀, 폭포 등을 돌아보는 것으로, 투어에 참여하지 않는다면 굳이 찾아가 볼 필요는 없다. **땀꼬 동굴**Tam Co Cave은 흔히 8 Ladies Cave라고 부르는데, 미군과의 전쟁 시 자원하여 투쟁 활동에 참여했던 8명의 젊은 여인들이 이 동굴에 숨어 있다 미군의 가혹한 폭격으로 희생당한 것을 추도하는 곳이다. 투어 상품에 포함돼 있긴 하지만, 실제로는 방문하지 않는 경우가 많다. 꼭 방문을 원한다면, 투어 예약 전 미리 포함 여부를 확인해 볼 것. 몇몇 숙소들은 투숙객들에게 자전거를 무료로 대여해 준다. 자전거를 타고 여행자 거리 인근을 둘러보는 것도 또 다른 추억을 선사해 준다. 가볼 만한 **뷰포인트**는 지도 p.188 참고.

주소 **자연 생태 계곡** Bố Trạch District, Quang Binh
보태닉 가든 Bố Trạch District, Quang Binh
위치 **자연 생태 계곡** 다크 케이브에서 3km 더 간다.
보태닉 가든 여행자 거리에서 남쪽으로 9km
요금 **자연 생태 계곡** 8만 동
보태닉 가든 4만 동

보태닉 가든

©Lee Anh 자연 생태 계곡

뷰포인트

GPS 17.610384, 106.309982

뱀부 찹스틱 레스토랑 Bamboo Chopsticks Restaurant

오랫동안 트립어드바이저 1위에 올랐던 곳이다. 대나무로 안팎을 꾸미고 편안한 음악을 틀어, 맛있는 커피 한 잔 시켜놓고 시간을 보내기에도 좋다. 식사류로는 햄버거, 스파게티 같은 서양식 메뉴와 로컬 메뉴, 채식주의자들을 위한 메뉴 등이 있다.

주소 DT20, Phong NHA, Bo Trach, Quanh Binh
위치 여행자 거리 내
운영 07:00~22:30
요금 메인 요리 8만 동~

GPS 17.609740, 106.311198

트리 하우스 카페&레스토랑 Tree House Cafe & Restaurant

퐁냐케방 여행자 거리에서 가장 인기 있는 레스토랑 중 하나다. 베트남 요리도 판매하지만 피자, 파스타, 버거, 샌드위치 같은 서양 요리가 특히 인기. 아기자기하게 꾸민 실내 공간과 자연주의 콘셉트로 꾸민 야외 공간으로 나뉘어 있어, 코코넛 커피나 에그 커피, 스무디 같은 음료를 즐기며 시간 보내는 여행객들도 많다. 카페 앞에서 동허이 시내를 오가는 로컬버스가 정차하기 때문에, 버스를 기다리며 이용하기 좋다.

주소 DT20, Thi Tran, Bo Trach, Quang Binh
위치 여행자 거리 내
운영 07:00~23:00
요금 피자 12만 동~, 블랙퍼스트 6만 5천 동~

GPS 17.610056, 106.311701

퐁냐 커피 스테이션 Phong Nha Coffee Station

맛있는 조식과 브런치, 창의적이고도 다양한 커피를 맛볼 수 있는 최고의 카페다. 각종 과일과 시리얼, 견과류 등으로 맛과 영양, 모양까지 다 잡은 스무디볼과 아낌없이 재료를 얹은 아보카도 에그 토스트가 인기이다. 코코넛 커피, 에그 커피, 아메리카노 같은 일반 커피 외에도 땅콩버터를 넣은 아이스 커피는 이곳에서만 맛볼 수 있는 띵작이다. 길가 자리에서는 멋진 전망도 즐길 수 있다.

주소 Phong NHA, Bo Trach District, Quanh Binh
위치 여행자 거리 내
운영 07:30~17:30
요금 스무디볼 7만 5천 동~, 커피 3만 5천 동~

GPS 17.606794, 106.300621

더빌라 레스토랑 The Villas Restaurant

프렌치 스타일의 고급 숙소 빅토리 로드 빌라Victory Road Villas가 운영하는 레스토랑이다. 외국인 대상 레스토랑들에 비해 가격은 조금 비싼 편이지만, 끈 강가에 위치해 있어 퐁냐의 멋진 카르스트 절경을 즐길 수 있다는 장점이 크다. 식전 메뉴로는 스프링롤과 샐러드, 메인으로는 파스타와 버거류 등이 있으며, 훈제오리 파스타, 새우&살라미 파스타, 호주식 미트 혹은 베지 파이 등 이곳에서만 맛볼 수 있는 특별 음식도 있다.

주소 Phong NHA, Bo Trach District, Quang Binh
위치 퐁냐케방 국립공원 퐁냐 동굴 매표소에서 도보 10분
운영 06:00~22:00
요금 파스타 15만 동~ (신용카드 3% 수수료)

3성급

GPS 17.617030, 106.323470

흥팟 방갈로 Hưng Phát Bungalow

퐁냐의 아름다운 카르스트 지형과 논밭의 평화로움을 함께 느낄 수 있는 곳이다. 모던 스타일의 방갈로는 깔끔하게 관리되고 있고, 아래층에 해먹과 의자, 그네 등을 놓아 휴식을 취하기에도 좋다. 방갈로와 식물들에 둘러싸인 작은 수영장 역시 한낮의 더위를 피하기에 그만. 여행자 거리에서 2km 정도 떨어져 있지만, 주인장이 픽드롭을 무료로 제공하며 저렴한 요금에 자전거나 스쿠터를 대여해 준다(스쿠터 타는 법까지 가르쳐 준다). 조식 포함에 친절한 주인장까지, 위치적 단점보다 장점이 더 큰 곳. 동굴 투어에 초점을 두고 잠잘 곳을 찾는 여행자보다 휴식처를 찾는 사람들에게 적합한 곳이다.

주소 Thon, Cu Lac 2, Bo Trach, Quang Binh
위치 트리 하우스 카페 (로컬 버스 정류장)에서 동북쪽으로 도보 25분
요금 더블룸 25달러~

GPS 17.610381, 106.310056

린스 홈스테이 Linh's Homestay

저렴한 만큼 시설은 매우 단출하지만 깔끔하고, 조식과 친절한 서비스를 제공한다. 새벽 체크인–체크아웃 시 여러 도움을 받을 수 있으니 출도착 시간을 미리 알려주는 것이 좋다. 퐁냐케방 일정 및 교통 등 유용한 정보를 많이 얻을 수 있다.

주소 DT20, Son Trach, Bo Trach, Quang Binh
위치 여행자 거리 메인도로상 **요금** 2인실 12달러~

GPS 17.609204, 106.313280

센트럴 백패커 호스텔 Central Backpackers Hostel

퐁냐케방 여행자 거리에서 가장 큰 신축 건물의 호스텔이다. 혼용 혹은 여성 전용 도미토리, 개인실과 독채 방갈로까지 룸 카테고리가 다양하다. 객실은 넓고 쾌적하며, 수영장과 잔디 정원까지 갖춰 휴식하기 좋다.

주소 Xuan Tien, Phong NHA, Bo Trach, Quang Binh
위치 여행자 거리 내
요금 도미토리 5달러~, 개인실 20달러~

세계문화유산의 고대 도시

후에 Hue

베트남의 고도(高度) 후에는 우리나라 경주에 비견될 만한 역사의 도시이자 문화의 도시다. 특히 1993년 유네스코가 이곳의 왕궁과 황릉들을 세계문화유산으로 지정하면서 더욱 주목을 받아왔다. 후에는 1802년부터 1945년까지 총 13명의 황제들이 탄생한 베트남의 마지막 왕조, 응우옌 왕조의 수도로서 베트남 역사에 전면적으로 등장하였다. 응우옌 왕조는 강력한 중앙집권주의를 보이며 그에 걸맞은 건축물들을 건설했는데, 그 대표적인 예가 왕궁과 황릉들이다. 아름다운 자연과의 조화는 물론 중국 황실의 건축물들에 착안하여 웅장하고 화려하게 지어진 모습들이 여행객들로 하여금 절로 감탄을 자아내게 할 정도. 하지만 후에의 볼거리는 여기서 그치지 않는다. 치열했던 베트남 전쟁의 흔적들을 볼 수 있는 DMZ와 그 일대, 유네스코 세계자연유산으로 지정될 만큼 태곳적 아름다움을 고스란히 간직한 퐁냐케방 국립공원의 각종 동굴들까지 선택의 폭은 다양하다. 후에는 응우옌 왕조의 황실 요리와 채식 위주의 사찰 음식들로도 유명한 만큼 미식 여행 역시 놓치지 말자.

》 후에에서 꼭 해야 할 일 체크!

- ☐ 위대한 문화유산인 왕궁과 황릉 방문하기
- ☐ 베트남 전쟁의 현장 DMZ 돌아보기
- ☐ 맛의 도시 후에의 먹거리 탐방하기

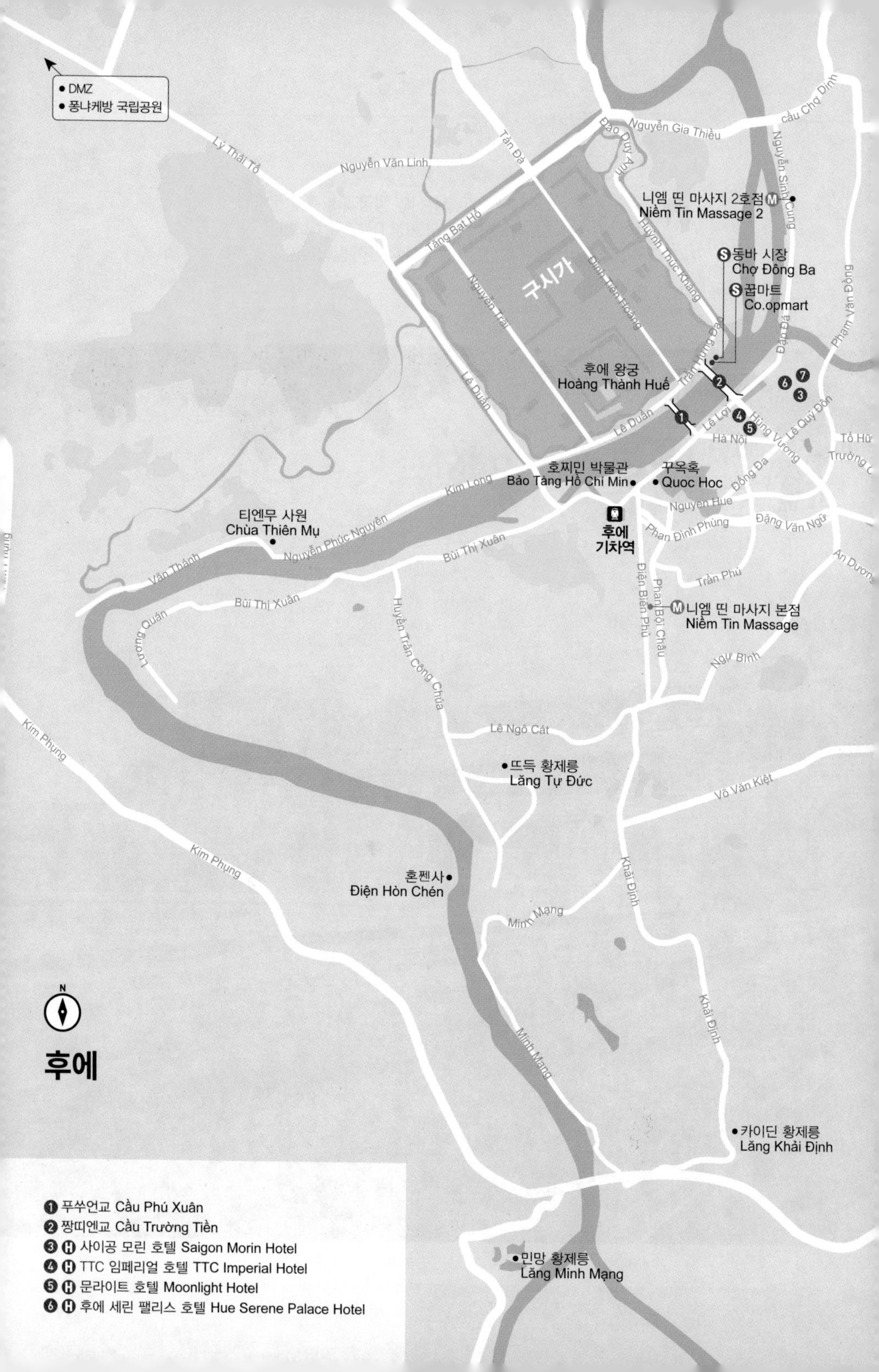

DMZ
퐁냐케방 국립공원
Lý Thái Tổ
Nguyễn Văn Linh
Tản Đà
Đào Duy Anh
Nguyễn Gia Thiều
cầu Chợ Dinh
Nguyễn Sinh Cung
니엠 띤 마사지 2호점
Niềm Tin Massage 2
Tăng Bạt Hổ
Huỳnh Thúc Kháng
동바 시장
Chợ Đông Ba
꿉마트
Co.opmart
구시가
Nguyễn Trãi
Đinh Tiên Hoàng
Trần Hưng Đạo
Đập Đá
Phạm Văn Đồng
후에 왕궁
Hoàng Thành Huế
Lê Duẩn
Lê Lợi
Hùng Vương
Lê Quý Đôn
Hà Nội
Tố Hữu
호찌민 박물관
Bảo Tàng Hồ Chí Min
꾸옥혹
Quoc Hoc
Kim Long
Đống Đa
Nguyen Hue
Phan Đình Phùng
Đặng Văn Ngữ
티엔무 사원
Chùa Thiên Mụ
Nguyễn Phúc Nguyên
Bùi Thị Xuân
후에
기차역
Văn Thánh
Trần Phú
An Dương
Điện Biên Phủ
Phan Bội Châu
니엠 띤 마사지 본점
Niềm Tin Massage
Lương Quán
Huyền Trân Công Chúa
Ngự Bình
Kim Phụng
Lê Ngô Cát
뜨득 황제릉
Lăng Tự Đức
Võ Văn Kiệt
Khải Định
혼쩬사
Điện Hòn Chén
Minh Mạng
N
후에
Minh Mạng
Khải Định
카이딘 황제릉
Lăng Khải Định
민망 황제릉
Lăng Minh Mạng
1 푸쑤언교 Cầu Phú Xuân
2 짱띠엔교 Cầu Trường Tiền
3 H 사이공 모린 호텔 Saigon Morin Hotel
4 H TTC 임페리얼 호텔 TTC Imperial Hotel
5 H 문라이트 호텔 Moonlight Hotel
6 H 후에 세린 팰리스 호텔 Hue Serene Palace Hotel

왕궁 주변
N
후에 왕궁
Hoàng Thành Huế
타이빈러우
Thái Bình Lâu
주옛티즈엉
Duyệt Thị Đường
하일랜드 커피
Highlands Coffee
후에 궁정박물관
Bảo Tàng Cổ Vật Cung Đình Huế
꿍쯔엉산
Cung Trường Sanh
터부 Tả Vu
꿍디엔토
Cung Diên Thọ
후부
Hữu Vu
디엔타이호아
Điện Thái Hoà
응오몬
Ngọ Môn
대포 Cửu Vị Thần Công
응안몬 Ngăn Môn
홍또미에우
Hưng Tổ Miếu
테또미에우
Thế Tổ Miếu
끄우딘
Cửu Đỉnh
히엔럼깍
Hiển Lâm Các
대포
Cửu Vị Thần Công
깃발탑
Cột Cờ
동바 시장
Chợ Đông Ba
꿉마트
Co.opmart
꽌 깜 분보후에
Quán Cầm Bún Bò Huế
하일랜드 커피
Highlands Coffee
게스트하우스 마이카
Guest House Maika
베스트 스파 마사지 후에
Best Spa Massage Hue
유람선 터미널
문라이트 호텔
Moonlight Hotel
골든 라이스
Golden Rice
마담 투 레스토랑
Madam Thu Restaurant
후에 세린 팰리스 호텔
Hue Serene Palace Hotel
한옥 카페
HANOK CAFE
응우옌 딘 찌에우 워킹 스트리트
Nguyễn Đình Chiểu Walking Street
나이트 워킹 스트리트
Night Walking Street
눅 이터리
Nook Eatery
라포르트 커피
La Porte Coffee
따벳 커피&펍
Tà Vẹt Coff ee & Pub
꽌 한
Quán Hanh
사이공 모린 호텔
Saigon Morin Hotel
TTC 임페리얼 호텔
TTC Imperial Hotel
하일랜드 커피
콩 카페
Cộng Cà Phê
제이드 호텔 Jade Hotel
니나스 카페
Nina's Cafe
패밀리 홈 레스토랑
Family Home Restaurant
빈컴 플라자
Vincom Plaza
윈마트
하일랜드 커피
멜리아 빈펄 후에
인도친 팰리스 호텔
Indochine Palace Hotel
고! 후에
GO! Huế
꾸옥혹
Quoc Hoc
호찌민 박물관
Bảo Tàng Hồ Chí Minh
꽌노 껌헨
Quán Nhỏ - Cơm Hến
구세주회 성당
Nhà Thờ Dòng Chúa Cứu Thế
안딘 궁전
Cung An Định
후에 기차역
니엠 띤 마사지 본점
Cầu Trường Tiền
Cầu Phú Xuân
Trần Hưng Đạo
Lê Duẩn
Lê Lợi
Hà Nội
Hùng Vương
Bà Triệu
Lý Thường Kiệt
Nguyễn Huệ
Phan Đình Phùng
Đống Đa
Hai Bà Trưng
Ngô Quyền
Bến Nghé
Chu Văn An
Võ Thị Sáu
Phạm Ngũ Lão
Đội Cung
Trần Cao Vân
Lê Quý Đôn
Tố Hữu
Hàn Mặc Tử
Đinh Tiên Hoàng
Chương Dương
Nguyễn Công Trứ
Nguyễn Thái Học
Trần Quang Khải
Tôn Đức Thắng
Võ Văn Tần
Lê Hồng Phong
Nguyễn Trường Tộ
Phan Bội Châu
Trần Thúc Nhẫn
Điện Biên Phủ
Bùi Thị Xuân
Nguyễn Khuyến
Lê Lai
Trường Định
Nguyễn Tri Phương
Hai Mươi Ba Tháng Tám
Đoàn Thị Điểm
Đinh Công Tráng
Lê Thánh Tôn
Tông Duy Tân
Xuân 68
Nguyễn Trãi
Ông Ích Khiêm
Lê Huân
Đặng Thái Thân
1 Kiệt 81 Phan Đình Phùng
2 Kiệt 147 Phan Đình Phùng
3 Kiệt 148-Nguyễn Huệ

1 후에 드나들기

비행기

》 국제선

한국에서 후에로 들어가는 직항편은 없다. 하지만 베트남항공과 비엣젯에서 호찌민 시티나 하노이를 거치는 경유편을 운항 중이다.

》 국내선

호찌민 시티와 하노이에서 베트남항공과 비엣젯이 운항 중이다. 1시간 20분 정도 소요. 후에 공항은 시내에서 15km 떨어져 있으며, 공항과 도심 간 택시(27만 동), 그랩을 이용할 수 있다. 30분 소요.

버스

하노이에서 후에까지 버스로 12~14시간 소요되기 때문에, 여행자들은 대부분 항공편을 이용한다. 닌빈이나 퐁냐케방에서 남쪽으로 내려갈 경우, 야간 버스를 타고 후에로 들어간다. 버스표는 여행자 거리 여행사나 숙소에서 구매하거나 버스 티켓 예약 사이트 vexere.com을 이용한다. 대부분의 여행객들은 다낭에서 후에를 오간다. 팬데믹 이전에는 신투어리스트 버스를 많이 이용했지만, 최근에는 대부분 티켓 예약 사이트 vexere.com을 통해 리무진을 이용하는 추세다. 가격도 비싸지 않고 운행 편수도 많기 때문이다. 편도 15만 동~, 3시간 소요.

기차

베트남 통일열차가 후에 기차역에 정차하며 하노이에서 13시간, 닌빈에서 11시간, 다낭에서 2시간 30분, 나트랑에서 12시간 소요된다. 다낭과 후에 구간 전망이 아름답기 때문에 이용하는 여행객들이 많다. 후에 기차역은 여행자 거리에서 떨어져 있는 편으로, 짐을 들고 걷기에는 부담스럽다(택시 5분, 5만 동 전후).

©Vhxc57082

2 시내에서 이동하기

후에 시내는 호텔 및 각종 레스토랑 등이 몰려 있는 신시가와 왕궁이 있는 구시가로 나눠져 있다. 시내에 있는 관광지들은 도보로 접근 가능하지만, 호텔 위치에 따라 택시나 자전거, 오토바이, 씨클로 등을 적절하게 이용하는 것도 좋다. 후에의 하이라이트라 할 수 있는 황릉들은 모두 시내에서 4km 이상 떨어져 있어 택시나 오토바이가 반드시 필요하다(언덕이 심해 자전거는 불가). 택시 이용은 부담되고 오토바이 운전마저 여의치 않다면 황릉과 왕궁을 하루에 다 돌아볼 수 있는 1일 투어 상품을 선택하는 것이 가장 현명하다. 택시는 베트남 전역에서 운행 중인 녹색 마이린Mai Linh 택시가 믿을 만하다. 택시 이용 방법 및 주의점은 p.440 참고. 택시보다 그랩 이용을 추천한다.

3 기타 정보

환전

여행자 거리 곳곳에 환전 팻말을 내건 여행사는 물론 은행, 호텔 등에서 환전을 할 수 있다. ATM도 이용 가능하다. 하지만 좀 더 좋은 환율로 환전하기 원한다면, 동바 시장 입구 쪽에 몰려 있는 금은방으로 가면 된다.

여행자 거리

후에 왕궁과 신시가지를 잇는 짱띠엔교 남동쪽으로 대부분의 호텔과 레스토랑, 펍, 각종 상점 및 여행사 등이 몰려 있다. 특히 나이트 워킹 스트리트까지 조성돼 있어, 보티사우Võ Thị Sáu 거리는 해 질 녘부터 왁자지껄 흥겨운 분위기다. 이 구역은 '편의'라는 면에서 매우 훌륭한 곳이지만, 늦은 밤까지 클럽에서 흘러나오는 음악소리로 귀 밝은 사람들에게는 고역일 수도 있다. 조용한 곳의 숙박을 원한다면, 짱띠엔교 남서쪽이나 빈컴 플라자 일대에 머무는 것이 좋다.

여행사

팬데믹 이전까지 가장 유명했던 신투어리스트는 현재 명맥만 유지할 뿐, 거의 운영을 하지 않는다고 봐야 한다. 하지만 여행자 거리를 비롯해 후에 시내 곳곳에 여행사들이 즐비하다. 로컬을 상대로 하는 여행사들과 외국인 여행객들을 주로 상대하는 여행사들 모두 투어 상품은 비슷하고 운영 방식 또한 큰 차이가 없다. 단, 차량 상태나 식사, 영어 가이드 포함 여부 등에 따라 가격이 달라진다. 어느 숙소나 투어 상품을 위탁 판매하고 있다. 경우에 따라서는 숙소에서 파는 가격이 더 저렴할 때도 있다.

4 후에 추천 일정

후에 관광의 핵심은 왕궁과 황릉들이다. 오전 중에 대표적인 황릉 3곳을 둘러보고 오후에 티엔무 사원과 왕궁을 둘러본다. 하지만 이들 관광지는 사방에 흩어져 있어 1일 시티 투어를 이용하는 편이 시간 면에서나 비용 면에서 가장 효율적이다. 그 외 DMZ나 퐁냐케방 1일 투어를 추가할 수 있다.

09:00
민망 황제릉
아름답고 웅장한
황제릉의 대표
(p.210)
10:00
카이딘 황제릉
동양과 서양, 고대와
현대 건축미의 결정판
(p.211)
11:00
뜨득 황제릉
후에에서 가장 큰
황제릉은 여기!
(p.212)
점심
13:30
티엔무 사원
흐엉강변에 세워진
전설의 사원
(p.213)
14:30
후에 왕궁
베트남 왕조의 화려하면서도
아련한 역사의 장소
(p.205)
16:30
후에 궁정박물관
최고의 장인들이 제작한
황실 물품들을 한자리에
(p.208)

★★★ 유네스코 세계문화유산

GPS 16.469287, 107.577913

후에 왕궁 Hoàng Thành Huế

후에를 수도로 한 베트남의 마지막 왕조 응우옌Nguyen(1802~1945)의 궁터로, 해자와 10km에 달하는 성곽으로 둘러싸여 시타델Citadel(성채)이라고도 부른다. 프랑스와 미국 등 세계열강과의 전쟁을 거치며 많은 문화유산들이 소실되었으나, 종전 후 베트남 정부와 유네스코의 관심으로 세계문화유산에 등록돼 건물들이 복원되고 체계적인 관리를 받고 있다.

주소 Cua Ngan, Phu Hau, Thanh pho Hue, Thua Thien Hue
위치 여행자 거리에서 짱띠엔교 혹은 푸쑤언교를 건너 구시가로 진입
운영 06:30~18:00(시기마다 다름)
요금 입장료 20만 동, 한국어 오디오가이드 10만 동
홈피 www.hueworldheritage.org.vn

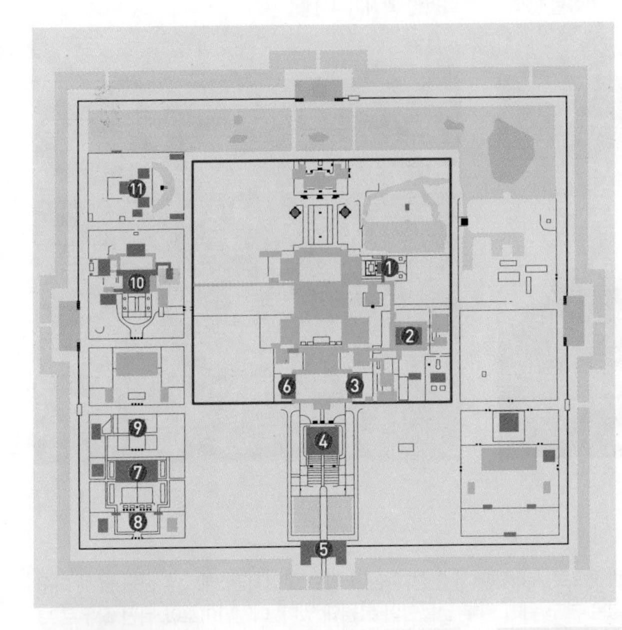

❶ 타이빈러우 Thái Bình Lâu
❷ 주옛티즈엉 Duyệt Thị Đường
❸ 터부 Tả Vu
❹ 디엔타이호아 Điện Thái Hoà
❺ 응오몬 Ngọ Môn
❻ 후부 Hữu Vu
❼ 테또미에우 Thế Tổ Miếu
❽ 히엔럼깍 Hiển Lâm Các
❾ 흥또미에우 Hưng Tổ Miếu
❿ 꿍디엔토 Cung Diên Thọ
⓫ 꿍쯔엉산 Cung Trường Sanh

Tip | 왕궁, 이것만은 꼭!

1 후에 왕궁의 규모는 상당히 크다. 또한 전각도 화려하고 잘 관리를 해놓아 볼거리도 쏠쏠하다. 천천히 구석구석 둘러볼 생각이라면 2시간 이상 넉넉히 시간을 잡도록 한다(최소 1시간 이상 소요).
2 응오몬에서 표를 구입한 후 디엔타이호아를 들린 뒤 시계 반대 방향으로 돌면 된다. 볼거리는 오른쪽보다 왼쪽이 더 많다. 시간이 없다면 디엔타이호아를 본 후 왼쪽 부근의 전각들을 집중적으로 관람한다.
3 왕궁 내를 편하게 돌아보고 싶다면 전기 셔틀버스를 이용하도록 한다. 7인 기준 45분에 24만 동, 1시간에 30만 동이다.
4 후에 궁정박물관은 왕궁과 떨어져 있지만, 박물관 자체도 잘 꾸며놓았고 볼거리도 많다. 꼭 놓치지 않고 방문할 것.
5 황제릉을 방문할 계획이라면 통합권을 구입하자. 2일간 유효하다. 요금은 42만 동~.

▶▶ 응오몬 Ngọ Môn

왕궁 터로 들어가는 남쪽 입구로, 1833년 민망 황제 때 응우옌 양식으로 지어졌다. 정오에는 해가 문 앞에 떠 있다 하여 '정오의 문'으로도 불린다. 3개의 문 중 중앙은 황제만이, 양쪽 2개의 문은 관료와 군인들이 드나들었다. 응오몬 상단 누각은 황제에게만 허용된 노란색 지붕으로 덮여 있고, 도자기 타일로 꾸며진 화려한 동물상은 사악한 기운을 막는 부적 역할을 했다.

©Luu Ly
©WT-shared Shoestring

▶▶ 디엔타이호아 Điện Thái Hoà

응오몬을 들어서 연못을 지나면 황제가 공식 접견을 받았던 접견실이 나온다. 대전 앞마당에는 문무 관료들의 자리를 지정한 비석이 서 있는데 (전각을 바라보고) 오른쪽은 문관, 왼쪽은 무관들의 것이다. 노란색의 지붕과 도자기 타일을 사용한 화려한 용 장식은 황제를 상징하는 것이며, 실내 한가운데에도 금박을 입힌 화려한 왕좌가 시선을 끈다.

▶▶ 뜨껌탄 Tử Cấm Thành

뜨껌탄은 황제와 그 가족들이 생활했던 곳으로 시타델에서 가장 중심이 되는 곳이지만, 베트남 전쟁 당시 미군의 폭격으로 크게 훼손되어 현재는 드넓은 부지 위에 일부 건물만이 복원돼 있다. 디엔타이호아 뒤편 좌우로 보이는 온전한 전각은 황제에게 선보일 무예를 연구하고 연습하던 후부Hữu Vu와 관료들의 사무실 격인 터부Tả Vu다. 터부를 지나 오른편 안쪽으로 들어가면 왕실 극장(주옛티즈엉Duyệt Thị Đường)이 복원돼 있는데, 황제와 황실 가족, 관료들이 전통 가극을 관람했던 곳이다. 현재는 일반 관광객들을 대상으로 전통 공연이 열리고 있다. 타이빈러우Thái Bình Lâu는 1921년 건축된 것으로, 황제가 책을 읽고 시를 짓던 서재라 할 수 있다.

▶▶ 꿍디엔토 Cung Diên Thọ

1804년 자롱 황제가 어머니를 위해 지은 곳으로 대대로 응우옌 왕조의 황후들이 기거했다. 원래의 이름은 장수長壽를 뜻하는 쯔엉토Trường Thọ였으며, 다실, 침실, 사원, 정자 등 여성들의 일상생활과 밀접한 공간들이 지붕 덮인 복도로 연결되어 있다.

▶▶ 흥또미에우 &테또미에우

Hưng Tổ Miếu & Thế Tổ Miếu

'또미에우Tổ Miếu'는 베트남어로 '조상을 위한 작은 제단'을 뜻하는데, 자롱 황제가 부모의 위패를 모신 사당 **흥또미에우**와 응우옌 황제들의 위패를 모신 **테또미에우**가 서로 이웃해 있다. 하지만 그 규모만으로도 사당의 위상이 확연히 구별될 정도. 당시에는 유교적 전통에 따라 여성들은 출입할 수 없었다.

▶▶ 히엔럼깍&끄우딘

Hiển Lâm Các & Cửu Đỉnh

후에 왕궁에서 가장 높은 건물로 1822년 민망 황제 때 건설되었으며, 응우옌 왕조 창건에 공을 세운 관료들과 조상의 위패를 모신 사당이다. 정원에 보이는 거대한 청동세발 솥 9개(끄우딘)는 응우옌 왕조의 9황제를 의미하는 것으로, 각각의 이미지에 따라 산, 강, 동물, 무기 등 다양한 문양들이 새겨져 있다.

▶▶ 꿍쯔엉산

Cung Trường Sanh

1821년 민망 황제가 모후의 휴양을 위해 지은 곳으로 장수를 기원하는 장생궁長生宮, 혹은 평안을 의미하는 장녕궁長寧宮으로도 불렸다. 티에우찌 6년(1846)에는 확장 공사를 통해 여러 전각이 들어섰고, 몇몇은 지붕 덮인 복도로 연결돼 오늘날의 모습을 갖추었다. 인공 호수와 정원이 전각과 함께 아름다운 경치를 제공한다.

★★☆

GPS 16.471350, 107.581915

후에 궁정박물관 Bảo Tàng Cổ Vật Cung Đình Huế

1845년 티에우찌 황제 때 건축된 왕실 부속 건물로, 1923년 카이딘 황제 때부터 박물관으로 사용되기 시작했다. 1,200m²의 드넓은 건물 안에는 응우옌 왕실에서 사용했던 가구와 주방용품, 장신구, 의복, 도자기, 회화 등이 1만 점가량 전시돼 있다. 이들은 모두 최고의 장인들이 제작한 진품들로 그 가치를 인정받고 있다. 또한 야외 정원에는 초기 응우옌 왕조에서 사용했던 30여 문의 포와 권총, 석조상 등도 전시돼 있다. 왕궁 밖에 위치해 있어 방문하는 사람이 많지 않지만 그 어느 박물관 못지않게 방문할 가치는 충분하다.

주소 3 Le Truc, Thuan Thanh, Hue
위치 디엔타이호아 오른쪽에 난 길을 따라 히엔년 문(Cua Hien Nhon)을 나온 뒤 레쪽 거리로 진입
운영 07:00~17:30
요금 5만 동

★☆☆

GPS 16.466329, 107.580222

깃발탑 Cột Cờ

구시가 흐엉강가에 위치한 깃발탑은 본래 1809년 처음 세워졌으나 태풍과 전쟁 등으로 여러 차례 재건되어 지금에 이르고 있다. 37m의 높이로 베트남에서 가장 높으며, 응우옌 왕조 당시에는 왕조를 상징하는 노란색 깃발이, 지금은 베트남의 붉은색 국기가 게양돼 있다.

위치 구시가 후에 왕궁의 응오몬 맞은편
운영 내부 입장 불가

★☆☆

GPS 16.468001, 107.581218

대포 Cửu Vị Thần Công

외적의 침입을 막기 위한 성곽의 특성을 여실히 보여주는 9문의 대포는 본래 후에 왕궁 정문인 응오몬 앞에 위치해 있었으나 현재는 자리를 옮겨 깃발탑 좌우에 나눠져 있다. 깃발탑의 왼쪽에 위치한 4문은 사계절을, 오른쪽에 위치한 5문은 중국 오행사상을 반영한 것으로, 신성한 힘을 가지고 있다고 전해지면서 성포 Holy Cannons로 불리기도 한다.

위치 푸쑤언교를 건너 구시가로 들어서는 응안몬(Ngan Mon) 지나 바로 앞
요금 무료

★☆☆

GPS 16.460064, 107.583355

꾸옥혹 Quoc Hoc

1896년 세워진 학교로, 프랑스 식민지 시절에는 왕족이나 정부 인사의 자녀들이 입학해 프랑스어를 비롯한 고등 교육을 받았다. 이곳 졸업생들은 특히 정치, 과학, 교육, 문화 분야에서 두각을 나타냈는데, 그중 가장 대표적인 인물이 바로 호찌민이다. 1996년에는 개교 100주년을 맞아 본관 앞에 호찌민 동상이 세워졌으며, 이후 이곳을 방문하는 사람들마다 그 앞에서 사진을 찍을 만큼 유명 장소가 되었다.

주소 12 Le Loi, Vinh Ninh, Hue
위치 푸쑤언교를 지나 후에 기차역 방향으로 레러이 거리 왼편에 위치
운영 수업이 없는 날 일반인에게 개방
요금 무료

★☆☆

GPS 16.459538, 107.581199

호찌민 박물관 Bảo Tàng Hồ Chí Minh

베트남 주요 도시에 하나씩은 있는 호찌민 기념박물관이다. 하노이의 호찌민 박물관에 비하면 초라하지만, 호찌민과 그의 가족, 동료들의 사진은 물론, 본격적인 정치 활동 기록 사진과 각종 자료들, 유품들이 정성껏 전시돼 있다.

주소 7 Le Loi, Vinh Ninh, Hue
위치 푸꾸옥을 등지고 왼쪽으로 50m쯤 내려가 길 맞은편
운영 08:00~11:30, 14:00~17:00 **휴무** 월요일
요금 무료

★★★ 유네스코 세계문화유산

GPS 16.388396, 107.572445

민망 황제릉 Lăng Minh Mạng

응우옌 왕조의 2번째 황제 민망(1820~1840)의 묘로, 1840년 재위 시절 건축에 들어갔으나 1841년 사망하여 그의 아들인 티에우찌 황제가 1843년 완공시켰다. 능으로 들어가는 정문은 총 3개가 있는데, 가운데에 있는 다이홍몬Dai Hong Mon은 민망 황제의 관이 들어갈 때 단 한 번 열린 후 지금까지 닫혀 있다고 한다. 다이홍몬을 지나 경내로 들어서면 문무 대관들의 석상이 서 있고 민망 황제의 공덕비Bi Dinh를 세운 정자가 있다. 다시 히엔득몬Hien Duc Mon을 지나면 황제와 황후의 위패를 모신 사당Dien Sung An이 나온다.

사당을 가운데 두고 좌우로 작은 전각이 하나씩 위치해 있는데, 죽은 황제의 내시와 후궁들이 거처했던 곳이다. 사당 뒤에는 연못이 있고 3개의 다리가 놓여 있으며 가운데 다리는 황제만이 건널 수 있었다. 연못 뒤에 있는 '빛의 전각'이라는 뜻을 가진 2층짜리 목조 전각 민러우Minh Lau는 황제의 재능과 업적이 빛과 같다 하여 붙은 이름이다. 전각 뒤에는 장수를 기원하며 조성된 작은 화원이 있고, 다시 초승달 모양의 호수Ho Tan Nguyet를 건너면 마침내 황릉과 마주하게 된다. 하지만 실제 황제의 무덤은 높이 3m에 총길이 285m나 되는 두터운 외벽에 둘러싸여 있으며, 이 벽의 문은 1년에 단 한 번, 황제의 제례식 날 열린다고 한다.

주소 Huong Tho, Huong Tra District, Thua Thien Hue
위치 신시가에서 구시가 반대 방향으로 14km. 택시나 쎄옴 대절, 오토바이 렌트, 후에 1일 시티 이용(거리가 멀고 경사진 길이 많아 자전거는 비추천)
운영 07:30~17:00
요금 15만 동

★★★ 유네스코 세계문화유산 GPS 16.399362, 107.590351

카이딘 황제릉 Lăng Khải Định

응우옌 왕조의 12번째 황제 카이딘(1916~1925)의 능으로 1920년부터 1931년까지 11년간 건축되었다. 다른 황릉들과 비교해 볼 때 그 규모는 작지만 유럽과 아시아, 고대와 현대의 건축 양식이 혼합되어 독특하고 아름다운 외관이 특히 주목을 끈다. 양쪽에 베트남에서 가장 큰 용이 새겨진 계단을 오르면 작은 궁정에 들어서게 되는데, 코끼리와 말, 무관과 문관의 석상들이 2줄을 이뤄 서로 마주 보고 있다. 그 끝에는 응우옌 왕조의 안정과 위엄을 보여주기 위한 뾰족한 모양의 오벨리스크가 각각 자리를 잡고 있고, 그 중앙에 바오다이 황제가 자신의 아버지 카이딘 황제의 공덕을 기록한 공덕비가 전각 안에 세워져 있다.

다시 공덕비 옆으로 난 계단을 오르면 카이딘 황제의 묘소라 할 수 있는 꿍티엔딘Cung Thien Dinh이 눈앞을 가로막는다. 밖에서 바라보는 외관도 범상치 않지만 실내로 들어서면 색유리와 도자기 조각들로 장식된 화려한 벽과 9마리의 용과 생생하게 피어오르는 구름이 그려진 천장이 그야말로 입을 다물 수 없을 정도. 꿍티엔딘은 3개의 열로 나눠져 있는데, 양옆은 능을 지키는 관리인들의 공간이고, 가운데는 황제를 위한 공간으로 동상 아래 시신이 안치돼 있다.

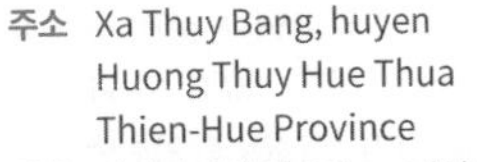

주소 Xa Thuy Bang, huyen Huong Thuy Hue Thua Thien-Hue Province
위치 신시가에서 약 10km. 택시나 쎄옴 대절, 후에 시티 투어 이용
운영 07:00~17:30
요금 15만 동

★★☆

뜨득 황제릉 Lăng Tự Đức

GPS 16.433247, 107.565356

응우옌 왕조의 4번째 황제 뜨득(1848~1883)이 1864년부터 1867년까지 3년에 걸쳐 세운 것이다. 황제의 능 중에서도 그 규모가 큰 만큼 어마어마한 비용과 노동력이 투입되었고, 이에 반발하여 인부들이 반란을 일으키기까지 했다. 그 후 능 안의 모든 장소명에는 '겸손Khiem'이라는 단어가 붙었고, 능 또한 '겸손한 능Khiem Lang'이라는 이름을 얻게 되었다. 재위 기간 중에 능이 완성되자 뜨득 황제는 이곳을 개인 별장으로 삼고 업무에서 벗어나 휴식을 취하거나 여흥을 즐겼다. 관광객들의 출입구 역할을 하는 부끼엠몬Vu Khiem Mon을 지나면 왼쪽으로 황제의 후궁들을 위한 사당(찌끼엠드엉Chi Khiem Duong)이 나오고, 오른쪽으로는 중앙에 작은 섬이 있는 호수(호루끼엠Ho Luu Khiem)가 드넓게 펼쳐져 있다. 호수 한쪽으로 누각 2개가 나란히 서 있는데 뜨득 황제는 이곳에서 시를 짓고 사색에 잠기는 등 아름다운 경치를 즐겼다고 한다.

호수를 오른쪽에 두고 50m쯤 들어가면 왼쪽으로 계단이 나오는데, 그 위로 오르면 황제와 황후의 위패를 모신 사당 디엔호아끼엠Dien Hoa Khiem이 나온다. 그 뒤로 황제의 처소이자 현재는 모후의 사당으로 쓰이는 디엔르엉끼엠Dien Luong Khiem이 위치해 있다. 오던 길을 돌아 나가 북쪽으로 호수를 따라 더 들어가면 본격적인 황릉 구역에 접어들게 된다. 이곳은 여타의 황릉들과 동일한 구조를 보이는데, 맨 처음에는 신하들의 석상과 베트남에서 가장 큰 것으로 기록되는 공덕비가 나온다. 특히 자손들이 세워 준 여타 공덕비와는 달리 뜨득의 비는 황제 자신이 직접 작성했다는 점에서도 주목을 끈다. 공덕비를 뒤로하고 작은 연못까지 지나면 2중 성벽에 둘러싸인 뜨득 황제의 묘가 보이는데, 아이러니하게도 실제 시신은 다른 곳에 묻혀 있으며 그곳이 어디인지는 아직까지 밝혀지지 않았다고 한다.

주소 Cau Dong Ba, thon Thuong, Hue
위치 신시가에서 약 8km. 택시나 쎄옴 대절, 후에 시티 투어 이용
운영 07:00~17:30
요금 15만 동

★★☆

GPS 16.453221, 107.544816

티엔무 사원 Chùa Thiên Mụ

1601년에 건설된 사원으로 흐엉강변에 있다. 베트남어로 티엔Thien은 '하늘', 무Mu는 '여인'이라는 뜻으로, 어느 한 노파가 하늘에서 나타나 이곳에 왕이 와 나라의 번영을 위해 불탑을 지을 것이라고 예언했다는 전설이 내려온다. 경내로 들어서면 약 2m에 달하는 팔각형 7층탑이 서 있고, 그 주위로 2톤이 넘는 동종과 석비를 감싸고 있는 작은 정자가 놓여 있다. 석탑 안쪽으로 본전과 아름다운 분재들로 꾸민 정원, 소나무 숲이 있다. 이곳에서 특히 주목할 것은 본전 왼편 작은 전각 안에 전시된 틱꽝득 스님의 하늘색 자동차다. 스님은 당시 친프랑스 정책을 펼쳤던 남베트남 정부에 대응하여 불교 차별을 철폐하고 종교의 자유를 인정해 달라는 뜻에서 직접 이 차를 몰고 호찌민 시티까지 가 분신자살을 했다고 한다.

주소 Hue, Thua Thien Hue
위치 후에 왕궁에서 왼쪽으로 흐엉강을 따라 난 킴롱 거리를 따라간다. 택시나 쎄옴 대절(황제릉 돌아볼 때 함께 방문), 후에 시티 투어 이용 혹은 오토바이나 자전거를 대여해 개별적으로도 방문 가능
운영 08:00~18:00
요금 무료

★☆☆

GPS 16.456523, 107.598384

안딘 궁전 Cung An Định

응우옌 왕조의 카이딘 황제가 아직 왕좌에 오르기 전, 당시 최고의 건축가와 화가에게 의뢰해 1918년 건축한 개인 저택이다. 20세기 초 프랑스 네오클래식 스타일에 베트남 전통미를 더한 화려한 외관이 서구의 여느 고급 저택 못지않다. 카이딘 황제 사후에는 후계자였던 바오다이 왕이 물려받아 1955년까지 그의 가족들과 함께 이곳에 머물렀다. 1차 세계대전과 공산주의 정부를 거치며 주 거주지는 다른 용도로 사용되고 기타 부속 건물들은 모두 붕괴되었다. 2000년대 들어 대대적인 보수 작업을 거치며 주 거주지는 지금의 모습으로 복구되었다. 2층 건물 내부에는 당시 왕족의 생활모습을 짐작게 하는 사진과 생활용품들, 가구들이 남아 있지만, 외관의 화려함에 비해 상당히 초라하다.

주소 97 Phan Dinh Phung, Phu Nhuan, Hue
위치 고! 후에에서 도보 7분
운영 07:00~17:00
요금 5만 동

★★☆

랑꼬 비치&하이반 패스 Bãi Biển Lăng Cô & Hải Vân Pass

럽안 라군

랑꼬 비치 리조트

랑꼬는 동쪽으로 화이트 비치와 푸른 바다가 펼쳐지는 랑꼬만이, 서쪽으로는 럽안Lập An 라군이 그림 같은 풍경을 선사하는 작은 마을이다. 랑꼬에서 다낭으로 내려가기 위해 넘어야 할 안남산맥Dãy Trường Sơn의 구불구불한 고갯길 21km 구간을 **하이반 패스**라고 하는데, 이곳에서 내려다보는 남중국해 전망이 아름다워 드라이브 코스로 유명하다. 랑꼬 비치와 하이반 패스는 행정구역상 후에에 속하지만, 후에보다 다낭에 가까워 여행객들은 주로 다낭에서 택시를 대절(왕복 80만 동 전후)해 다녀온다. 이 2곳을 방문하는 가장 효율적인 방법은, 후에에서 호이안까지 이동하는(역방향도 가능) 투어버스(여행자 거리 내 여행사에서 예약)에 탑승하는 것이다. 이 버스는 다낭의 오행산도 들르기 때문에 개별적으로 방문하기 까다로운 관광지를 모두 커버한다고 볼 수 있다. 스릴을 즐기는 여행자라면, 이지라이더Easy Rider(오토바이 택시 투어)를 이용해 랑꼬 비치와 하이반 패스를 방문할 수 있다.

이지라이더
전화 왓츠앱 0084-888-666-690

하이반 패스

Special Tour 01

후에 시티 Hue City

후에 관광의 핵심은 구시가의 왕궁과 흐엉강 줄기를 따라 널리 퍼져 있는 황릉들을 돌아보는 것이다. 따라서 시간적으로나 경제적으로 가장 효율적으로 관광지를 둘러보는 방법은 시티 투어에 참여하는 것이다. 시티 투어의 코스 구성은 어느 여행사를 막론하고 대동소이하다. 왕궁과 티엔무 사원, 민망릉과 카이딘릉, 뜨득릉을 중심으로 기념품점을 포함해 2~3곳을 더 들르게 된다. 투어 비용은 보트 위에서 조리한 간단한 점심을 먹을지 아니면 정식 레스토랑에서 본격적인 뷔페를 먹을지에 따라 달라진다. 또한 투어 코스 중 왕궁의 포함 여부도 신중하게 고려해야 한다. 왕궁은 규모도 크고 볼거리도 많다. 또한 왕궁 입장료에는 궁정박물관 입장도 포함돼 있다. 하지만 투어 중 왕궁에 할애된 시간은 1시간도 채 못 되며, 궁정박물관은 아예 제외된다. 왕궁이나 박물관에 관심이 많다면 코스에서 왕궁이 빠져 있는 투어를 선택하는 것이 좋다.

소요시간 08:00~16:30
비용 평균 30만 동~
포함 내역 투어가이드, 버스 및 보트 승선료, 점심
불포함 내역 입장료, 음료, 개인 비용

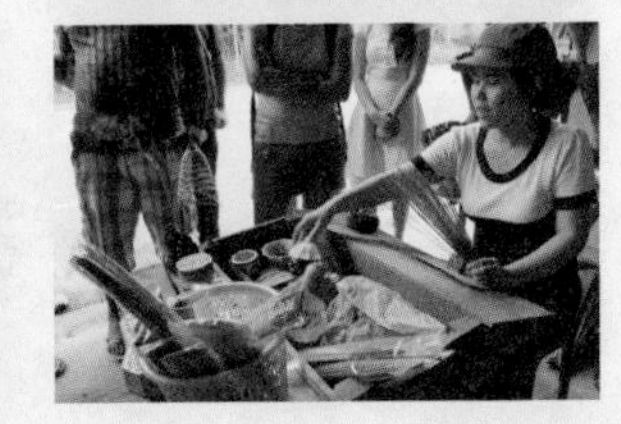

Special Tour 02

비무장지대 DMZ

한국과 마찬가지로 남북 분단의 역사를 지닌 베트남은 1975년 통일 이후, 미군과 북베트남군 간 접전을 벌였던 북위 17도의 군사분계선과 완충지대인 DMZ 일대를 재건하는 데 힘을 쏟았다. 그리고 지금은 베트남 중부의 대표 관광지로 매년 수많은 여행자를 맞고 있다.

DMZ가 위치한 동하Dong Ha 지역은 특별한 관광자원이 없어 여행자들은 대부분 후에에 머물며 DMZ 1일 투어에 참여한다. DMZ 투어는 남북을 잇는 1번 도로와 이와 교차해 동서를 잇는 9번 도로를 따라가며 베트남 전쟁의 흔적들을 돌아보는데, 이동에만 총 5시간 이상 걸리는 여정이다. 오전에는 9번 국도를 따라 미군의 초소였던 록 파일과 군수품 수송로였던 다크롱 다리를 지나 미군의 케산 기지를 방문한다. 동하 타운으로 돌아와 점심 식사를 마친 후 오후에는 9번 도로를 따라 북쪽으로 올라간다. 남북 분단의 상징인 히엔르엉 다리를 지나 빈목 터널에 다다른다. 이곳은 빈목 마을 주민 300명이 최대 22m 깊이에 2.8km의 굴을 파고 7년간 생활해 온 곳으로 남부의 꾸찌 터널에 비견되기도 한다. 이후 쯔엉선 국립묘지를 참배한 후 후에로 돌아온다.

소요시간	06:30~18:00
비용	평균 100만 동~
포함 내역	투어가이드, 버스 교통비, 입장료
불포함 내역	점심, 음료, 개인 비용

Tip | 베트남 전쟁이 뭐예요?

프랑스 식민 지배의 종지부를 찍는 제네바 협정(1954) 이후에도 프랑스는 베트남 점령의 야욕을 버리지 못했다. 결국 프랑스로부터의 완전한 독립과 공산주의 국가를 꿈꾸던 북베트남의 호찌민 정권과 친프랑스적 성향의 남베트남 정부 사이에 격전이 시작되었다(1960). 게다가 소련을 위시한 공산주의 세력의 확장을 반대하던 미군이 남베트남 정부에 힘을 더해 주면서 베트남 전쟁은 미군 대 북베트남(공산주의)군의 양상을 띠게 되었다(1964).

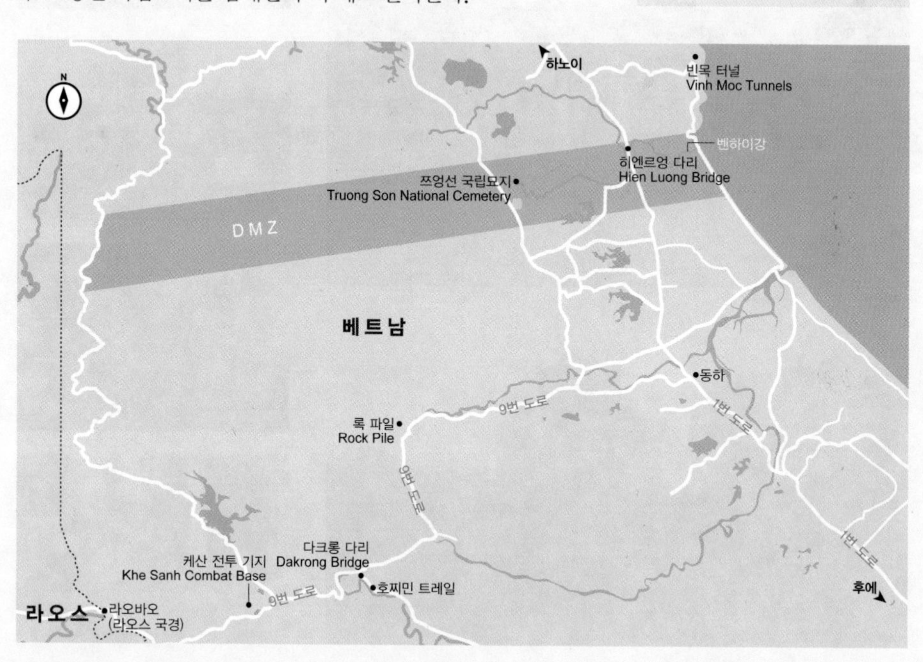

▶▶ 록 파일 Rock Pile

라오스의 국경에서 40km, 동하에서 27km 지점에 위치한 해발 240m의 산이다. 주위가 모두 평지로 이뤄져 전방위 감시에 적합한 만큼 미군의 감시초소로 사용되었다. 정상까지는 모든 물자를 헬기로 수송하였다고 한다.

Tip | 호찌민 트레일이란?

북베트남에서 남베트남의 호찌민 시티까지 라오스와 캄보디아의 국경을 따라 형성된 군수물자 수송로로 약 2만km에 달한다. 산악지대 열대 우림 가운데 형성된 이 길은 베트남 지형에 익숙지 않은 미군의 공격력을 저하시키면서 물자를 이동시킬 수 있었다는 점에서 매우 효과적이었다.

▶▶ 다크롱 다리 Dakrong Bridge

원래는 거주민을 위한 다리였지만, 다리 남쪽으로 호찌민 트레일Ho Chi Minh Trail이 시작되면서 전쟁 중에는 군수물자 수송로로 큰 역할을 담당했다. 미군은 군수품이 북베트남으로 전달되는 것을 막기 위해 여러 차례 다리를 폭격했지만 그때마다 다리는 재건되었다. 현재는 이를 기념하는 탑이 다리 남쪽 부근 한편에 세워져 있다.

▶▶ 케산 전투 기지 Khe Sanh Combat Base

산과 숲, 계곡으로 둘러싸인 케산은 예로부터 베트남에서도 가장 가난한 지역으로 유명했다. 그럼에도 미군이 이곳에 기지를 건설한 것은 고지대에 위치해 주변 감시가 용이했기 때문. 하지만 77일간의 대대적인 폭격에도 불구하고 미군은 이곳 지형에 밝았던 북베트남군을 당해내지 못했다. 케산 지역은 통일 이후 정부 차원의 대대적인 복구 작업을 거쳤고, 현재는 케산 기지 일대만을 복원해 당시의 모습을 재현하고 있다. 기지 내에는 벙커나 전투기, 탱크, 포탄, 포 등이 있고, 작은 박물관을 마련해 당시의 전투 사진과 기록, 군수품 등을 전시하고 있다.

▶▶ 빈목 터널 Vinh Moc Tunnels

군사분계선이 설정되고 남북이 첨예하게 대립하기 시작하면서 미군은 이곳 빈목 마을에 살고 있던 농부들에게 이주를 강요했다. 이들이 북베트남 공산당 정권에 협조할 수도 있다는 판단에서였다. 하지만 평생을 이곳에서 보내온 농부들에게 삶의 터전을 버린다는 것은 생각도 못할 일이었다. 미군의 무자비한 폭격이 시작되자, 이들은 호찌민 시티 인근에 있던 꾸찌 터널에 착안하여 빈목 마을 아래 땅을 파기 시작했다. 이렇게 해서 총 2.8km에 12m, 18m, 22m 깊이의 3층으로 된 빈목 터널이 탄생하게 되었다. 터널의 크기는 가로 0.9~1.3m, 높이 1.6~1.9m로 꾸찌 터널에 비해 넉넉한 편으로, 1층은 거주 지역, 2층은 무기 및 식량 보관소, 3층은 폭격 대피소 등으로 사용되었다. 터널 내에는 가족실, 회의실, 병원, 분만실, 우물, 식당, 화장실, 욕실, 창고, 군수물자 저장고 등이 있다. 빈목 터널에는 1966년부터 1972년까지 60가구 총 300명이 살았으며, 이곳에서 17명의 아이가 태어났다.

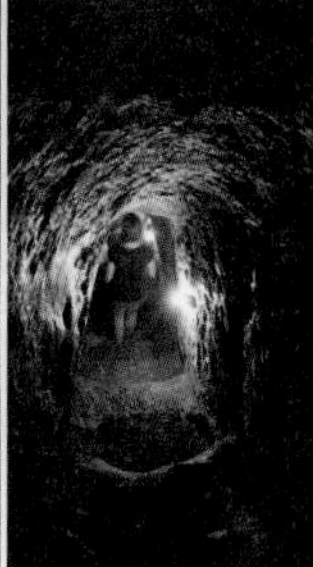

▶▶ 쯔엉선 국립묘지 Truong Son National Cemetery

베트남 전쟁 당시 호찌민 트레일을 건설하거나 보수 작업을 담당했던 북베트남군의 전사자들이 잠들어 있는 곳이다. 일반적으로 묘비에는 전사자의 이름과 출생일, 사망일, 고향 등이 적혀 있어야 하는데, 이곳은 90%가량이 이름 없는 묘들이다.

▶▶ 히엔르엉 다리 Hien Luong Bridge

1950년 프랑스가 군사 목적으로 벤하이강Ben Hai River 위에 세운 철교다. 하지만 1954년 제네바 협정에 의해 북위 17도 선상에 군사분계선이 설정되고 남북이 갈라지면서 한쪽은 파란색, 다른 한쪽은 노란색으로 칠해져 남북분단의 상징이 되었다. 히엔르엉 다리 남단에는 야자수 아래 엄마와 아이가 북쪽을 바라보고 서서 평화를 기원하는 모습의 기념상이 세워져 있다.

Special Tour 03

퐁냐케방 국립공원 Phong Nha-Ke Bang National Park

2003년 유네스코 세계자연유산에 등재된 퐁냐케방 국립공원은 세계에서 2번째로 큰 카르스트 지형으로, 126km에 걸쳐 약 300개의 석회암 동굴들이 존재하는 것으로 알려져 있다. 이들 동굴에는 세상에서 가장 긴 지하강이 흐르고, 4억 년을 지나며 형성된 아름답고 신비한 형상의 종유석과 석순들이 수많은 관광객들을 이곳으로 불러 모으고 있다.

퐁냐케방 국립공원은 동허이 지역에 위치해 있지만, 외국인 여행객들은 대부분 후에에 머물며 1일 투어로 다녀온다. 1일 투어에는 2가지 코스가 있다. 배를 타고 지하강을 건너 퐁냐 동굴을 둘러보는 코스와 골프카를 타고 가 '지구 상의 에덴 동산'이라고 불리는 파라다이스 동굴을 둘러보는 코스. 전자에 비해 후자가 규모 면에서나 볼거리 면에서 훨씬 낫다. 후에에서 퐁냐케방까지 이동만도 4시간 가까이 걸리는 만큼 신중한 선택이 요구된다.

소요시간 06:30~20:00
비용 평균 80만 동~
포함 내역 투어가이드, 버스 교통비, 점심, 입장료, 여행자 보험
불포함 내역 아침, 저녁, 음료, 개인 비용

©Bui Thuy Dao Nguyen

©Genghiskhanviet

©Shansov

©Genghiskhanviet

GPS 16.466315, 107.595021

꽌 한 Quán Hanh

후에 전통 음식들을 저렴한 가격에 맛볼 수 있는 로컬 레스토랑이다. 현지인들뿐 아니라 여행객들 사이에서도 맛집으로 소문나 식사 시간대면 인산인해를 이룬다. 이곳에서는 후에 대표 음식들(반코아이, 반베오, 넴루이 등)을 모아 1인 세트메뉴로 제공하는데 우리 돈 8천 원(15만 동) 정도면 배부르게 먹을 수 있다. 먹는 방법을 모를 경우, 직원들이 친절하게 가르쳐준다.

주소 11 Pho Duc Chinh, Phu Nhuan, Hue
위치 문라이트 호텔에서 도보 5분
운영 10:00~21:00
요금 반코아이 3만 5천 동, 반베오 9만 동

GPS 16.469730, 107.593110

꽌 깜 분보후에 Quán Cẩm Bún Bò Huế

후에의 전통 소고기 쌀국수 분보후에를 맛있게 먹을 수 있는 로컬 레스토랑이다. 분보후에는 일반 쌀국수보다 맑은 국에 매콤함을 더한 깔끔한 맛이 포인트! 쌀국수 마니아라면 꼭 한번 맛보자. 쌀국수의 또 다른 매력을 느끼게 될 것이다.

주소 45 Le Loi, Phu Hoi, Hue
위치 임페리얼 호텔에서 도보 8분
운영 06:00~21:00
요금 분보후에 3만 동~

GPS 16.460244, 107.589065

꽌노 껌헨 Quán Nhỏ - Cơm Hến

후에식 조개 국밥, 껌헨Com Hen으로 유명한 로컬식당이다. 숙주 등의 야채와 조개, 땅콩 고명을 얹은 밥에 조개 육수를 부어 먹는데, 밥 대신 쌀국수를 넣으면 분헨Bun Hen 혹은 미헨My Hen(넓은 면의 쌀국수)이 된다. 양은 적으나 가격이 착해 분헨, 미헨을 함께 먹는 사람들이 많다. 2021년 전형적인 로컬식당에서 좀 더 넓고 쾌적한 공간으로 확장 이전했다.

주소 50 Hai Ba Trung, Vinh Ninh, Thanh pho Hue
위치 임페리얼 호텔에서 도보 12분
운영 06:00~24:00
요금 껌헨 2만 동

©Vu Thanh Long NGUYEN

GPS 16.474770, 107.580650

반코아이 홍마이 Bánh khoái Hồng Mai

1986년 처음 문을 연 이곳은 반코아이(베트남식 전)와 넴루이(돼지고기 꼬치구이) 단 두 메뉴만으로 승부를 건 현지인 맛집이다. 바삭바삭한 반코아이는 직접 개발한 수제 소스에 찍어 먹고, 넴루이는 신선한 야채와 함께 라이스페이퍼에 싸 먹으면 된다. 후에 왕궁 근처에 위치한 만큼, 왕궁 방문 전후로 출출한 배를 채우기에 좋다.

주소 110 Dinh Tien Hoang, Phu Hau, Hue
위치 후에 왕궁 동쪽 출구에서 도보 10분 거리
운영 10:30~20:00
요금 반코아이 3만 동, 넴루이 10개 10만 동

GPS 16.464346, 107.592780

니나스 카페 Nina's Cafe

니나와 그녀의 가족이 운영하는 베트남 레스토랑으로, 밤이 되면 등불을 밝혀 더욱 분위기가 있다. 손님의 대부분은 서양인들로, 후에 전통 음식 및 주요 베트남 음식들은 물론 각종 팬케이크류도 반응이 좋다. 메뉴가 매우 다양한데, 이런 고민을 한 방에 날릴 수 있게 니나의 추천메뉴, 1인 세트메뉴 등을 준비해 놓고 있다.

주소 16/34 Nguyen Tri Phuong, Phu Hoi, Hue
위치 퐁냐 호텔 옆 골목으로 들어가 20m 앞 표지판을 따라 오른쪽 골목으로 진입
운영 08:00~22:30 요금 반미 7만 동~, 팬케이크 7만 동~
전화 054-383-8636

GPS 16.464632, 107.592840

패밀리 홈 레스토랑 Family Home Restaurant

깔끔한 레스토랑에서 맛있는 후에 음식들을 맛보고 싶은 사람들에게 추천하는 곳이다. 가족이 운영하는 이 작은 레스토랑은 친절한 주인장의 따뜻함이 느껴지며, 저녁 시간 때면 언제나 사람들로 만원을 이룬다. 메뉴 리스트가 방대하여 무엇을 먹을까 걱정된다면, 반코아이나 프라이드 스프링롤, 생선 뚝배기 조림Ca Kho To, 볶음밥, 볶음면 등에 주목하자.

주소 11/34 Nguyen Tri Phuong, Phu Nhuan, Hue
위치 퐁냐 호텔 옆 골목으로 들어가 10m 왼쪽
운영 07:30~21:30
요금 볶음면 6만 동, 덮밥류 8만 동~

카페들 Cafes

베트남스러운 인테리어와 코코넛 커피로 유명한 **콩 카페**Cộng Cà Phê가 후에에도 지점을 냈다. 후에의 대표 음식점 '꽌 한' 근처에 있어 다음 코스로 찾아가기 좋다. 다낭과 호이안의 콩 카페에 비해 한국인들이 없는 편이다. '베트남의 스타벅스'라고도 불리는 **하일랜드 커피**Highlands Coffee도 왕궁, 여행자 거리 등 관광객의 동선 곳곳에 자리하고 있다. 널찍한 공간에서 시원한 에어컨 바람을 쐬며 저렴하게 음료도 마시고 무료 와이파이를 즐기려면 **라포르트 커피**La Porte Coffee도 괜찮다.

위치 **콩 카페** 꽌 한 레스토랑에서 도보 150m
하일랜드 커피 후에 왕궁 출구 나와서 후에 기차역 앞, 임페리얼 호텔 1층, 빈컴 플라자 1층 등
라포르트 커피 임페리얼 호텔 맞은편
운영 **콩카페** 07:00~23:30
하일랜드 커피 07:00~23:00
라포르트 커피 07:00~22:30
요금 **콩 카페** 코코넛 커피 5만 5천 동
하일랜드 커피 커피 4만 5천 동~
라포르트 커피 커피 2만 5천 동~

하일랜드 커피

라포르트 커피

마담 투 레스토랑 Madam Thu Restaurant

오랫동안 트립어드바이저 1위 자리를 차지했던 곳으로, 구글 리뷰 1천 5백여 개에 평점 4.6점을 받고 있다. 깔끔한 인테리어에 청결하고 에어컨까지 갖춘 만큼, 로컬식당보다 조금 비싸고 현지인보다 외국인 여행자들이 주로 찾는다. 후에의 대표 왕실 요리와 외국인들이 즐겨 찾는 베트남 음식들은 대부분 판매하는데, 이곳에서 특히 인기 있는 것은 1인용 세트 메뉴다. 반코아이, 반루이, 반남, 반베오, 넴란 등 9가지 요리에 과일 디저트와 음료까지 포함해 우리 돈 9천 원 정도 한다. 다양한 음식을 맛보고 싶은 나홀로 여행객과 위생에 민감한 사람, 향신료에 거부감이 있는 사람들에게 특히 적합하다.

주소 45 Vo Thi Sau, Phu Hoi, Hue
위치 문라이트 호텔에서 도보 4분
운영 08:00~22:30
요금 세트메뉴 19만 동, 분보후에 5만 동

GPS 16.46978, 107.59708

눅 이터리 Nook Eatery

2016년 눅 카페Nook Café라는 이름으로 처음 문을 열었지만, 자리를 옮겨 눅 이터리라는 서양 이름과 바탐 바미엔Bà Tám Ba Miền이라는 베트남 상호를 함께 사용하고 있다. 외국인들에게는 통통한 감자튀김과 수제 버거, 허니 치킨 등이 인기지만, 분보후에, 반베오, 후에식 조개밥 같은 후에 요리, 분짜, 분보남보, 팟타이, 그린커리, 쏨땀 같은 베트남 및 아시안 음식들도 판매한다. 실내와 실외 공간은 알록달록한 베트남 전통 소품과 소수민족의 전통문양 테이블보로 분위기를 냈는데, 에어컨이 없어 바람이 통하는 실외 쪽이 낫다.

주소 Kiet 33 Kiet 42 Nguyen Cong Tru, Phu Hoi, Thanh pho Hue
위치 임페리얼 호텔에서 도보 1분
운영 07:00~21:30
요금 허니 치킨 10만 5천 동, 버거 10만 5천 동~

GPS 16.469599, 107.598203

한옥 카페 HANOK CAFE

베트남의 경주 같은 후에에 한옥으로 지어진 카페가 등장했다! 한국인 부부가 운영하는 만큼, 한옥의 건물 구조를 제대로 살려 카페와 접목하고 메뉴 역시 베트남 카페들과 확실한 차별을 두었다. 쑥라떼와 달고나 커피, 아이스 아메리카노 등 한국인들이 즐겨 마시는 음료는 물론 당근, 토마토, 귤 등의 건강 주스, 식혜, 수정과, 대추차, 미숫가루 등 전통음료도 판매한다. 음료와 함께 무료 쌀강정을 제공하고, 9잔을 마시면 10잔째 무료 음료를 제공하는 쿠폰제도 시행하고 있다. 분위기도 좋지만 음료 맛도 좋고 가격까지 착한데 에어컨을 가동해 시원하다. 꼭 한번 들러보자.

주소 14A Kiet 64 Nguyen Cong Tru, Phu Hoi, Hue
위치 나이트 워킹 스트리트에서 도보 7분
운영 07:00~22:00
요금 음료 3만 5천 동~

GPS 16.468869, 107.594755

골든 라이스 Golden Rice

덩굴 식물로 장식된 입구와 베란다가 강렬한 첫인상을 선사하는 베트남 전통 레스토랑이다. 괜찮은 분위기에 깔끔하고 맛있는 음식, 친절한 직원 등으로 좋은 평을 받고 있다. 각종 베트남 전통 음식 중에도 베트남식 커리 요리가 특히 인기다.

주소 40 Pham Ngu Lao, Phu Hoi, Hue
위치 문라이트 호텔에서 도보 2분
운영 10:00~23:00
요금 옐로우 치킨 커리 12만 동, 넴루이 12만 동
전화 091-441-5268

GPS 16.468306, 107.594870

따벳 커피&펍 Tà Vẹt Coffee & Pub

나이트 워킹 스트리트 초입에 위치한 펍이다. 적절한 가격에 한국인 입맛에도 잘 맞는 안주들, 프렌들리한 서버들과 경쾌한 음악, 왁자지껄한 분위기 모두 만족감이 높다. 비정기적으로 라이브 공연을 열기도 하며, 축구 경기가 있는 날은 특히 분위기가 뜨겁다.

주소 11 Vo Thi Sau, Phu Hoi, Hue
위치 문라이트 호텔에서 도보 2분 **운영** 17:00~02:00
요금 안주류 9만 동~,
맥주 1만 6천 동~

GPS 보티사우 거리 16.469399, 107.595718

나이트 워킹 스트리트 Night Walking Street

하노이의 맥주 거리나 호찌민 시티의 데탐 거리처럼, 노상의 앉은뱅이 의자에 앉아 술잔을 기울이거나, 왁자지껄 흥겨운 분위기를 즐기고 싶다면 **보티사우**Võ Thị Sáu 거리로 가자. 해가 지고 밤이 시작되면, 현지인과 외국인 할 것 없이 대거 몰려들어 인산인해를 이룬다. 짱띠엔교 남단 **응우엔 딘 찌에우**Nguyễn Đình Chiểu 거리는 길거리 음식과 함께 멋진 야경도 즐기고 선선한 강바람을 맞으며 산책하기에도 좋다.

위치 지도 p.201 참고

GPS 16.472740, 107.588658

동바 시장 Chợ Đông Ba

후에를 대표하는 재래시장이다. 현지인들의 각종 생활용품, 식재료, 생필품 등은 물론 관광객들을 대상으로 한 각종 기념품들까지 없는 게 없을 정도. 이곳에는 수많은 금은방들도 포진해 있는데, 좋은 환율에 환전도 가능하다.

주소 Phu Hoa, Hue, Thanh Pho Hue
위치 임페리얼 호텔에서 도보 13분 **운영** 07:00~19:00

GPS 윈마트 16.463138, 107.594521

슈퍼마켓 Supermarket

후에에서 가장 크고 선택의 폭이 넓으며 저렴한 곳은 **고! 후에**GO! Hue다. 하지만 여행자 거리에서 먼 편. 동바 시장 근처에 있는 **꿉마트**Co.opmart는 고! 후에보다 작지만 왕궁 방문 후 들르기 좋다. 여행자 거리에서 가까운 **윈마트**WinMart는 빈컴 플라자Vincom Plaza 2층에 위치해 있다. 규모가 작지만 쇼핑몰도 둘러볼 수 있고 4층 식당가에서 한식을 맛볼 수도 있다.

위치 **고! 후에** 임페리얼 호텔에서 1km
꿉마트 임페리얼 호텔에서 (다리 건너) 800m
윈마트 임페리얼 호텔에서 500m
운영 **고! 후에** 08:00~22:00
꿉마트 08:00~22:00
윈마트 08:00~22:00

빈컴 플라자

윈마트

빈컴 플라자

GPS 16.471732, 107.595521

베스트 스파 마사지 후에 Best Spa Massage Hue

만족스러운 마사지숍을 찾기 어려운 후에에서, 까다롭기 유명한 한국인들에게 입소문 난 로컬 숍이다. 소박한 시설에 가격은 저렴한 편이지만, 꾹꾹 눌러주는 압이 좋고 정성스럽게 마사지해 준다. 발마사지와 상체 마사지는 30분부터, 전신 마사지는 60분부터 가능하며, 얼굴 마사지나 손톱 정리, 허브 스팀욕 등의 서비스도 있다.

주소 2 Kiet 14 Nguyen Cong Tru, Phu Hoi, Hue
위치 문라이트 호텔에서 도보 6분
운영 10:00~23:00 **요금** 전신 마사지 60분 2만 7천 동~

GPS 본점 16.44856, 107.58213

니엠 띤 마사지 Niềm Tin Massage

시각장애인 협회에서 운영하는 마사지 센터다. 섬세한 케어보다 기술을 바탕으로 하는 마사지라 손길은 투박해도 압이 세고 상당히 시원하다. 1시간에 우리 돈 5천 원 정도. 기본적인 시설에 1인실을 제공하고 시트도 매번 갈아 위생적이다. 시내에서 멀다는 점이 아쉽다.

주소 **본점** 180/1 Phan Boi Chau, Phuong Truong An, Hue
2호점 252B, Nguyen Sinh Cung, Hue
위치 **본점** 후에 기차역에서 1.5km
2호점 여행자 거리에서 1.6km(주유소를 바라보고 왼쪽)
요금 60분 보디마사지 10만 동

4성급 GPS 16.466921, 107.590331

사이공 모린 호텔
Saigon Morin Hotel

1901년에 처음 문을 연 프랑스 콜로니얼풍의 역사적인 건물이다. 객실은 리노베이션을 거쳐 편리하면서도 고풍스러움을 간직하고 있다. 야외 수영장과 작은 분수대가 있는 프랑스식 정원, 스파, 피트니스 센터 등 편의시설도 잘 갖췄다. 후에 중심에 있어 위치도 좋다.

주소 30 Le Loi, Phuong Phu Nhuan, Hue
위치 짱띠엔교 맞은편 **요금** 디럭스 100달러~
전화 0234-382-3526
홈피 www.morinhotel.com.vn

5성급 GPS 16.465789, 107.591469

TTC 임페리얼 호텔
TTC Imperial Hotel

중국의 황궁을 콘셉트로 해 웅장하고 화려하게 꾸민 5성급 호텔이다. 강변에 가까운 데다 상대적으로 고층 건물이라 전망이 좋다. 특히 루프톱 바의 야경은 후에에서 손꼽힐 정도. 야외 수영장, 피트니스 센터, 펍&클럽 등의 편의시설도 갖췄다. 관광객 동선상 정중앙에 위치해 편하다.

주소 8 Hung Vuong, Phu Nhuan, Hue
위치 짱띠엔교에서 도보 3분
요금 디럭스(강 전망) 100달러~ **전화** 0234-388-2222
홈피 www.imperial-hotel.com.vn

4성급 GPS 16.469481, 107.594218

문라이트 호텔 Moonlight Hotel

4성급 호텔로, 여행자 거리 내 위치해 있어 레스토랑, 바, 여행사, 슈퍼마켓 등을 이용하기 편하다. 단, 소음에 민감한 사람에게는 늦게까지 근처 바에서 흘러나오는 음악 소리가 옥의 티가 될 수 있다. 루프톱 바와 실내 수영장도 갖췄으며, 해피아워에는 스파 할인도 받을 수 있다.

주소 20 Pham Ngu Lao, Phu Hoi, Hue
위치 보티사우 나이트 워킹 스트리트에서 도보 2분
요금 디럭스 50달러~ **전화** 0234-397-9797
홈피 www.moonlighthue.com

3성급 GPS 16.470490, 107.597313

후에 세린 팰리스 호텔
Hue Serene Palace Hotel

후에를 여행하는 사람들에게 극찬을 받는 중저가 호텔이다. 5성급 못지않게 친절한 직원들, 깔끔하고 청결한 객실, 맛있는 조식 레스토랑 등 호텔의 주요 부분들이 모두 만족스럽다. 투숙객에게는 세린 샤이닝 호텔Serene Shining Hotel 스파 이용 시 할인 혜택이 있다.

주소 21/42 Nguyen Cong Tru, Phu Hoi, Hue
위치 보티사우 나이트 워킹 스트리트에서 도보 6분
요금 슈피리어 30달러~
전화 0234-394-8585
홈피 www.serenepalacehotel.com

5성급 **GPS** 16.463050, 107.594390

멜리아 빈펄 후에
Meliá Vinpearl Hue

후에에서 가장 높은 건물로, 360도로 후에의 멋진 전망을 즐길 수 있다. 저층에 빈컴 플라자와 마트가 위치해 있으며, 전망 좋은 수영장과 루프톱 바, 다양한 메뉴의 조식 등 모든 면에서 만족도가 높다. 여행자 거리에서 10분 정도 떨어져 있어 번잡함은 피하면서 유명 맛집과 각종 숍, 관광지 등으로의 접근성은 좋다.

주소 50A Hung Vuong, Phu Hoi, Hue
위치 짱띠엔교에서 도보 10분 **요금** 디럭스 70달러~
전화 0234-368-8666 **홈피** www.melia.com

3성급 **GPS** 16.464603, 107.593744

제이드 호텔 Jade Hotel

짱띠엔교에서 신시가를 관통하는 훙브엉 거리에 위치해 있어, 동서남북 이동이 편리하다. 깔끔하고 쾌적한 객실, 웰컴 과일과 음료 서비스, 단순하지만 맛있는 조식 등에서 좋은 평을 받지만, 이곳을 가장 빛나게 하는 것은 친절한 직원들이다.

주소 43 Hung Vuong, Phu Nhuan, Hue
위치 짱띠엔교에서 도보 8분
요금 스탠더드 18달러~
전화 090-593-1119
홈피 www.jadehotelhue.com

5성급 **GPS** 16.461096, 107.597825

인도친 팰리스 호텔
Indochine Palace Hotel

'같은 값의 호텔이라면 위치보다 시설이 우선'이라고 생각하는 여행객들에게 그만이다. 발코니와 벽난로를 갖춘 넓고 고급스러운 객실, 분위기 좋은 야외 수영장, 라이브 음악을 감상할 수 있는 바와 만족스러운 조식 등 후에 시내 호텔들 중 독보적인 조건을 갖췄다. 단, 여행자 거리에서 상당히 떨어져 있다.

주소 105A Hung Vuong, Phu Hoi, Hue
위치 짱띠엔교에서 도보 15분
요금 디럭스 100달러~
전화 0234-393-6666
홈피 www.indochinepalace.com

GPS 16.47025, 107.59517

게스트 하우스 마이카
Guest House Maika

1만원대 초중반이라는 저렴한 가격의 게스트하우스지만, 2~3성급 호텔 못지않게 청결하고 객실 관리도 잘 되는 곳이다. 가족들이 운영하는 만큼 친절함이 돋보이며, 여행자 거리에 위치해 있어 어디로든 접근성도 좋다. 여느 미니 호텔들처럼 엘리베이터가 없다.

주소 Chu Van An, 7/5, Thua Thien Hue
위치 문라이트 호텔에서 도보 4분
요금 싱글 10달러~, 더블 12달러~
전화 091-442-5000

비치에서 보내는 완벽한 휴가

다낭 Da Nang

다낭은 리조트 중심의 가족 휴양지로 한국인들에게 입소문이 나면서 '베트남 여행=하롱베이=효도 관광'이라는 선입견을 깨고 '베트남 열풍'을 몰고 온 장본인이다. 다낭의 비치들은 미국 《포브스》가 선정한 세계 6대 해변 중 하나로, 고급 리조트들이 장장 30km 길이의 해변을 따라 끝도 없이 늘어서 있다. 다낭 자체의 볼거리는 그리 많지 않은 것이 사실이다. 거대한 대리석 산에 각종 동굴과 사원이 들어선 응우한선(오행산)과 선짜반도의 절경을 즐길 수 있는 린응사, 고대 참파 왕국의 아름다운 예술품들을 감상할 수 있는 참조각 박물관 정도가 대표적 관광지라 할 수 있다. 여기에 취향에 따라 우리의 테마파크 격인 바나힐 방문이나 굽이굽이 능선을 따라 해안 절경을 감상하는 하이반 패스 드라이브를 추가할 수 있을 것이다. 하지만 1시간 거리에 세계문화유산에 등재된 호이안 구시가가 있고, 3시간 거리에 우리네 경주에 비견되는 역사 도시 후에가 있다.

아름다운 비치에서 가족들과 단란한 휴식시간을 즐기기 원하는 사람들에게도, 뭔가 화려하고 의미 있는 볼거리를 보고 싶은 사람들에게도 다낭은 분명 매력적인 도시임에 틀림이 없다.

》 **다낭에서 꼭 해야 할 일 체크!**

- ☐ 응우한선의 신비한 동굴&전망대 방문하기
- ☐ 린응사에서 해안 절경 감상하기
- ☐ 반쎄오부터 각종 해산물까지 맛집 탐방하기
- ☐ 해변에서 여유로운 시간 보내기
- ☐ 프랑스풍 테마파크 바나힐에서 인생사진 남기기

다낭
1 쏭한교
2 롱교
3 응우옌반쪼이
4 띠엔선교
린응사
인터콘티넨털 다낭 선 페닌슐라 리조트
노보텔 다낭 프리미어 한 리버
마담 란
빈컴 플라자
멜리아 빈펄 다낭 리버프론트
하우 스어 꽌
꽌 베만
포포인츠 바이 쉐라톤 다낭
Da Nang Beach
하다나 부티크 호텔 다낭
템플 다낭 비치 클럽
Da Nang Bay
다낭 미술관
하이반 패스&랑꼬 비치
다낭 병원
다낭 기차역
까오다이교 사원
꼰 시장
고! 다낭
한 시장
하나약국
퍼틴 13 Phở Thìn 13
바빌론 스테이크 가든 2호점
스카이 21 바
패밀리 인디언 레스토랑
알라카르트 다낭
냐벱 쓰어
다낭 대성당
사랑의 다리
참조각 박물관
목 해산물 식당
퀸 스파
살라 다낭 비치 호텔
미케 비치
무엉탄 다낭 호텔
머큐리 부티크 호텔 다낭
하이코이 닭 숯불구이
퍼틴 13
다낭 국제공항
버거 브로스
소피아나 미케 호텔&스파
니르바 스파
5군구 전쟁기념관
탄 탐 베이커리&커피
냐벱
East Vietnam Sea
바빌론 스테이크 가든
풀만 다낭 비치 리조트
푸라마 리조트 다낭
다낭 다운타운
티아 웰니스 리조트
헬리오 레크리에이션 센터
롯데마트
헬리오 야시장
Non Nuoc Beach
마담 란
버거 브로스
퍼 홍
다낭 박물관
다낭 시청
노보텔 다낭 프리미어 한 리버
스카이 36
하얏트 리젠시 다낭 리조트&스파
분짜까 109
하일랜드 커피
피자 포피스
다낭 미술관
다낭 병원
다낭 기차역
까오다이교 사원
쩨 쑤언 짱
빈컴 플라자
멜리아 빈펄 다낭 리버프론트
인도차이나 리버사이드 타워
콩 스파
반미 코티엔
퍼틴 13
콩 카페
반미 해피 브레드 본점
꼰 시장
한 시장
브릴리언트 호텔
콩 카페
다낭 메리어트 리조트&스파
꽌 껌 후에 응온
다낭 대성당
사티아 다낭 호텔
응우한선 (오행산)
고! 다낭
퍼 박 허이
꽌 껌 가 A 허이
하일랜드 커피
멜리아 다낭
무엉탄 다낭 호텔
반베오 바베
피자 포피스
선짜 야시장
사랑의 다리
다낭 골프클럽
참조각 박물관
반쎄오 바두엉
머큐리 부티크 호텔 다낭
남호이안 빈원더스
나만 리트리트
호이안

1 다낭 드나들기

비행기

》 **국제선**

인천에서 대한항공과 아시아나, 베트남항공, 제주항공, 티웨이, 에어서울, 진에어, 비엣젯(저비용 항공)이 직항편을 운행한다. 소요시간은 5시간이며 항공료는 각종 택스 포함 25만 원 이상이다. 부산에서는 진에어와 에어부산, 제주항공, 비엣젯이 직항편을 운항하고 있다.

》 **국내선**

하노이와 호찌민 시티에서 베트남항공, 비엣젯, 뱀부항공 등을 이용할 수 있다. 소요시간은 1시간 20분 정도로, 각 항공사마다 하루 2편 이상 운항한다.

버스

다낭은 중부 베트남에서 가장 큰 도시로, 북쪽에는 후에가, 남쪽에는 호이안이 위치해 있다. 다낭-후에(3시간)나 다낭-호이안(1시간)처럼 단거리 구간은 리무진을 이용할 수 있다. 여행사나 숙소 리셉션에서 교통편 예약을 대행해 주며, 버스 티켓 예약 사이트인 vexere.com에서 직접 예약할 수도 있다. 다낭과 나트랑 간 이동은 13시간 정도 소요된다. 거리가 긴 만큼 비행기나 기차 이용을 선호하는 편. 하지만 버스를 고려하고 있다면, 이 역시 vexere.com에서 직접 예약하면 된다.

기차

남북을 달리는 통일열차가 다낭을 통과한다. 하노이에서 다낭까지는 14시간, 후에-다낭 간은 2시간 30분 소요된다. 다낭 남쪽으로는 나트랑과 연결되는데, 소요시간은 평균 10시간 정도로 다른 구간들보다 야간열차 이용이 많다. 다낭-호찌민 시티 구간은 평균 18시간 정도 걸린다. 자세한 정보는 p.439 참고.

다낭 기차역

2 다낭-호이안 이동하기

두 지역 간 거리는 약 30km로 1시간 정도 소요된다. 가장 편한 방법은 택시(혹은 그랩)를 이용하는 것이지만, 바리 안 트래블(barrianntravel.com)에서 운영하는 셔틀버스, 혹은 일반 버스를 이용한다. 좀 더 자세한 정보는 p.263 참고.

3 공항에서 시내 이동하기

공항 밖으로 나오면 길 건너에 택시들이 서있다. 요금 외 공항 톨게이트 비용을 따로 지불해야 하는데 1만 동(4인승 기준)~ 정도다. 이마저 아끼고 싶거나 가까운 거리라 승차 거부를 당한다면, 공항 주차장을 가로질러 나와 지나가는 택시를 잡아타면 된다. 택시는 바가지 요금 등 사건 사고가 많기 때문에 가능한 한 그랩을 이용한다. 그랩 이용 방법은 p.441 참고. 그 외 공항에서 시내까지 일반 버스 12번도 운행 중이다.

4 시내에서 이동하기

택시

베트남 택시들의 바가지는 명성이 자자하다. 반드시 베트남 택시 이용 방법 및 주의점(p.440 참고)에 유념하고 탑승하도록 한다. 다낭에서도 흰색 **비나선**Vina Sun과 녹색 **마이린**Mai Linh 택시가 가장 믿을 만하다. 좀 더 저렴한 택시로는 노란색 **띠엔사**Tien Sa 택시가 있다. 택시 문에 요금표가 부착돼 있으므로, 이를 참고하여(탑승 시 스마트폰으로 요금표를 찍어도 좋다) 요금을 지불하도록 한다. 왕복으로 이용할 때는 보통 4시간을 기준으로 한다. 하지만 관광을 하다 보면 시간이 초과되기 마련인데, 시간당 추가요금을 미리 합의하지 않으면 나중에 엄청난 금액을 요구받기도 한다. 가능한 한 그랩 이용을 추천한다.

그 외 가까운 거리는 쎄옴이나 그랩 바이크, 씨클로를 이용한다. 탑승 전 요금 합의는 필수. 관광객에게는 바가지가 심하므로 50% 선에서 협상하자.

렌터카

일정 시간 차량과 운전기사를 함께 이용하는 방식이다. 6시간 기준, 연료비 포함 약 5만 원 정도 하기 때문에 저렴한 것은 아니지만, 4인 이상 이곳저곳 이동이 많을 때(주로 시티 투어 시) 이용하는 사람들이 적지 않다. 예약은 여행 서비스 온라인 플랫폼에서 하면 된다.

일반 버스

다낭 시내 및 외곽을 연결하는 일반 버스는 알뜰 여행객도 종종 이용하는 편이다. 시내 구간 요금은 8천 동이며, 오전 6시부터 오후 7시(몇몇 노선은 밤 9시까지)까지 이용 가능하다. 단, 배차 기간이 매우 길기 때문에 이용자가 적은 것도 사실. 버스맵BusMap 앱을 다운받으면 현재 위치에서 목적지까지 이동경로와 버스 번호, 요금 정보를 얻을 수 있다. 내비게이션 역할도 하기 때문에 내릴 곳을 지나칠 일도 없다. 구글 맵에서도 비슷한 정보를 얻을 수 있다.

5 기타 정보

환전

먼저 한국에서 달러(100달러짜리가 환율이 좋다)로 환전한 후 베트남에 도착해서 베트남 동VND으로 다시 환전한다. 가장 환율이 좋은 곳은 한 시장 근처의 금은방이다. 한국인들이 많이 찾는 롯데마트에서도 환전이 가능하지만 환율은 공항보다도 못한 정도다. 따라서 한 시장으로 나갈 계획이 없다면, 공항에서 환전하는 것도 나쁘지는 않다.

2022년부터 달러 강세가 이어지면서 한화 5만 원권을 한 시장 금은방에서 환전하는 경우가 많아졌다. 이때 달러보다 유리하다기보다, 달러로 환전 후 현지에서 재환전하는 번거로움을 피할 수 있다는 점에 이점이 있다. 최근에는 트래블월렛 같은 카드를 이용해 ATM에서 베트남 동을 인출하는 방법도 인기를 얻고 있다. 좀 더 자세한 정보는 p.435 참고.

여행사

다낭 현지에서 운영되는 한국인 현지여행사는 없다. 하지만 온라인을 기반으로 한 다낭 여행카페들이 각종 투어, 렌터카, 호텔 및 마사지 프로모션, 야간항공 스케줄에 맞춘 다양한 픽업/샌딩 프로그램 등의 서비스를 제공하고 있다.

온라인(네이버) 여행카페

다낭 도깨비 cafe.naver.com/happyibook
다낭 보물창고 cafe.naver.com/grownman
다낭 고스트 cafe.naver.com/warcraftgamemap

한인 약국

하나 약국HaNa Pharmacy은 다낭에서 건강상의 문제가 발생했을 때 한국어로 100% 의사 소통이 가능한 유일한 곳이다. 카카오톡으로 상담도 가능하며, 한국에서 먹던 약 이름만 알아도 비슷한 약을 구할 수 있다. 현지 병원과 연계도 해준다.

위치 빈컴플라자에서 비치 방향으로 도보 10분
운영 월~토요일 07:00~20:00,
일요일 10:00~17:00
전화 0796-564-768
카카오톡 ID Hanapharma

⑥ 다낭 추천 일정

다낭은 관광지라기보다 휴양지 혹은 리조트 단지라는 말이 더 적합하다. 여타 지역들에 비해 볼거리도 많지 않고 도심 밖으로 곳곳에 흩어져 있어 리조트에 머물며 무료할 때마다 1~2곳씩 다녀오는 것도 좋다. 하지만 관광 목적으로 다낭을 방문했다면 다음의 일정을 참고하면 된다. 그 외 관심도에 따라 바나힐 반나절(혹은 1일), 하이반 패스-랑꼬 비치 반나절을 추가하면 된다.

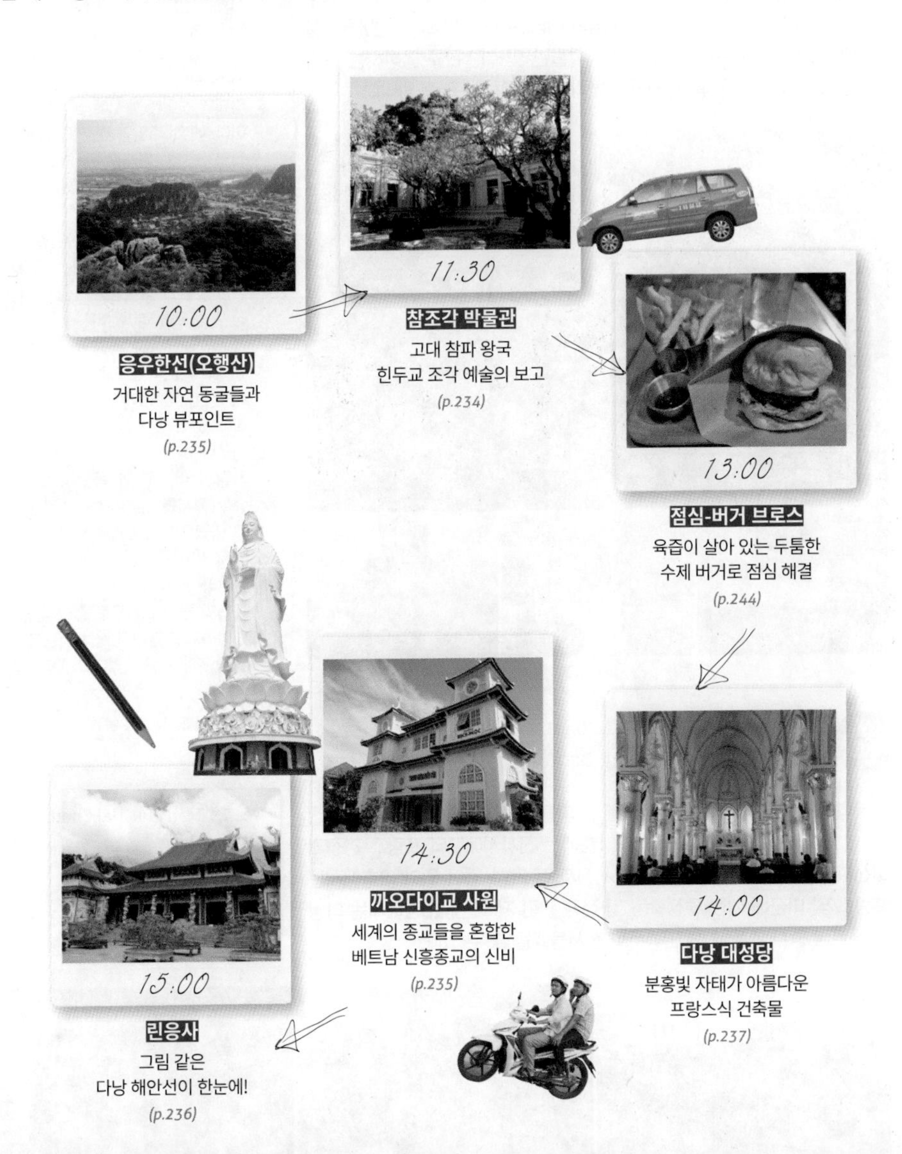

10:00
응우한선(오행산)
거대한 자연 동굴들과
다낭 뷰포인트
(p.235)
11:30
참조각 박물관
고대 참파 왕국
힌두교 조각 예술의 보고
(p.234)
13:00
점심-버거 브로스
육즙이 살아 있는 두툼한
수제 버거로 점심 해결
(p.244)
14:00
다낭 대성당
분홍빛 자태가 아름다운
프랑스식 건축물
(p.237)
14:30
까오다이교 사원
세계의 종교들을 혼합한
베트남 신흥종교의 신비
(p.235)
15:00
린응사
그림 같은
다낭 해안선이 한눈에!
(p.236)

★★★ GPS 16.060575, 108.223367

참조각 박물관 Bảo Tàng Nghệ Thuật Điêu Khắc Chăm

2~15세기 베트남 중남부에 번성했던 참파 왕국의 문화와 예술을 엿볼 수 있는 곳으로, 1951년 프랑스 극동 연구소의 지원을 받아 문을 열었다. 힌두교와 불교의 영향을 받은 참파 조각들은 유려한 곡선과 섬세한 세공이 종교적 이념과 결합하여 신화적 예술미를 물씬 풍기는 것이 특징이다. 이곳에는 미선, 짜끼에우, 동즈엉을 비롯해 중부 베트남에 위치한 대표적인 참파 유적지에서 가져온 300여 점의 테라코타 및 석조각(사암)들이 발굴 지역에 따라 나뉘어 전시돼 있다. 박물관 및 미술관을 좋아하는 사람이라면 베트남 전역을 통틀어 절대 놓치지 말아야 할 곳 중 하나다.

주소 Hai Chau, Da Nang
위치 롱교 입구
운영 07:30~17:00
요금 6만 동

Tip | 알아두면 유용한 힌두교의 신과 상징들

시바Siva
파괴의 신이자 동시에 생식의 신이다. 네 개의 팔과 네 개의 얼굴, 과거 · 현재 · 미래를 투시하는 세 개의 눈을 가지고 있다.

링가와 요니 Linga & Yoni
남성의 생식기를 상징하는 링가와 여성의 생식기를 뜻하는 요니가 결합된 모습은 창조와 생산, 다산 및 풍요를 의미한다.

가네사Ganesa
지혜와 학문의 신으로 네 개의 팔이 달린 사람 몸에 코끼리 얼굴을 하고 있다.

가루다Garuda
사람의 머리를 한 독수리로 비슈누(질서를 유지하는 신)가 타고 다녔으며 태양의 신으로도 알려져 있다.

압사라Apsara
구름과 물의 요정으로 천상의 여인이라고도 불린다. 압사라는 신들을 위해 춤을 추었다고 한다.

★☆☆ GPS 16.076412, 108.222073

다낭 박물관 Bảo Tàng Đà Nẵng

다낭의 자연 및 사회 문화의 역사를 살펴볼 수 있는 박물관으로, 약 2천 5백여 점의 전시물이 전시돼 있다. 1층에는 선사시대부터 프랑스 강점기 이전까지의 고고학적 발굴품들과 사진자료, 모형 등이 있다. 2층에서는 프랑스 및 미군에 대한 투쟁활동 및 전쟁 관련 자료들을, 3층에서는 다낭 및 베트남 중부의 꽝남 성 민족문화 전시물들을 볼 수 있다.

주소 24 Tran Phu, Hai Chau, Da Nang
위치 다낭 시청에서 도보 3분
운영 08:00~11:30, 14:00~17:00
요금 성인 2만 동
전화 0236-388-6236

★★★

GPS 16.004575, 108.261778

응우한선(오행산) Ngũ Hành Sơn

거대한 화강암과 대리석 산 5개가 한데 모여 장관을 이루는 이곳은 중국 고대 철학인 오행설에 따라 각각 낌선(金), 먹선(木), 투이선(水), 호아선(火), 터선(土)이라는 이름을 지녀 오행산으로 불린다(영어로는 '대리석 산 Marble Mountain'이라고 부른다). 이 중 가장 높은 투이선은 자연 형성된 거대한 동굴 6개와 동굴 속의 동굴, 그리고 그곳에 모셔진 각양각색의 제단과 불상, 4개의 불교사원과 탑이 곳곳에 있어 볼거리가 쏠쏠하다. 정상의 뷰포인트에서는 탄성이 터져 나올 만큼 훌륭한 전망을 즐길 수 있다.

위치 다낭 시내에서 호이안 방향으로 15분 거리(다낭 메리어트 리조트&스파 앞). 일반 시내버스 16번이 그 근처에 정차하다.
운영 07:00~17:00
요금 입장료 4만 동, 엘리베이터 1만 5천 동

Tip | 알아두면 유용해요~

1 엘리베이터는 100여 계단 높이(총 여정의 초입 부근)까지만 운행되어, 엘리베이터에서 내려도 계단은 계속된다. 엘리베이터가 필요 없다고 판단되면 일주문 아래 매표소에서 입장권만 구입한다.
2 비가 오면 계단이 매우 미끄럽다. 슬리퍼나 샌들보다 운동화를 권한다.
3 오행산 아래에는 대리석 제품들을 판매하는 상점들이 많다. 가짜가 많으므로 주의할 것. 가격은 50% 선에서 협상한다.

★☆☆

GPS 16.072074, 108.217035

까오다이교 사원 Tòa Thánh Đạo Cao Đài

까오다이교는 베트남에서 탄생한 신흥종교로 도교, 불교, 기독교, 유교, 이슬람교 및 베트남 민간 신앙이 혼합된 교의를 바탕으로 한다(p.374 참고). 본당 안에는 까오다이교의 상징인 '모든 것을 꿰뚫어보는 (신의) 왼쪽 눈'과 노자, 예수, 석가모니, 공자 등이 그려진 현판이 흥미를 끈다.

주소 63 Hai Phong, Hai Chau, Da Nang
위치 다낭 기차역 가는 길 다낭 병원 맞은편

★★☆

GPS 16.100530, 108.277845

린응사 Chùa Linh Ứng

67m에 약 30층 건물 높이를 자랑하는, 베트남에서 가장 큰 해수관음상이 위치해 있다. 21세기에 이것이 세워진 이래 다낭 지역은 단 한 번도 태풍의 피해를 입지 않았다고 한다. 계단을 오르면 정원이 나오고 기둥과 지붕 곳곳에 용으로 장식된 대웅전이 보인다. 대웅전 외에도, 양옆 혹은 뒤쪽으로 다양한 불상을 모신 전각들이 위치해 있다. 린응사의 하이라이트는 해안 절경으로, 선짜반도Bán đảo Sơn Trà의 바다와 저 멀리 다낭 시내가 한눈에 펼쳐진다.

주소 Vuon Lam Ty Ni, Hoang Sa, Tho Quang, Son Tra, Da Nang

위치 다낭 시내에서 택시로 15분. 택시 외 일반 대중교통으로 접근 불가. 오토바이나 자전거로 방문 가능

★★☆ GPS 16.063251, 108.246942

미케 비치 Bãi Biển Mỹ Khê

선짜반도 남단에서 오행산까지 약 10km에 달하는 긴 화이트 비치다. 파도가 세서 수영을 즐기기보다 파도소리를 들으며 탁 트인 전망을 감상하거나 멍 때리기 그만. 4만 동 정도면 선베드를 대여할 수 있다. 거친 파도에 서핑을 즐기는 사람들도 눈에 띈다. 한국인이 운영하는 서핑숍(다낭 홀리데이서프Danang Holiday Surf)도 있어 부담없이 강습도 받을 수 있다.

주소 Ngu Hanh Son, Da Nang
위치 알라카르트 호텔 혹은 무엉탄 럭셔리 호텔 앞

Tip | 다낭의 어촌 풍경을 즐기자!

알라카르트 호텔을 지나 선짜반도로 들어서면 비치도 여행자 모드에서 소박한 어촌 모드로 바뀐다. 거대한 바구니 배를 타고 고기를 잡는 어부들이나 어구를 손보거나 수영하는 어린아이들 등은 또 다른 볼거리를 제공한다.

★☆☆ GPS 16.066772, 108.222996

다낭 대성당 Nhà Thờ Chính Tòa Đà Nẵng

1923년 세워진 옅은 분홍빛의 다낭 대성당은 첨탑 위에 닭 모양의 풍향계가 달려 있어 '수탉 성당'으로 불린다. 성당 오른편에는 주교관이, 뒤편에는 성직자들의 납골당과 성모마리아상이 놓여 있는 작은 인공 동굴이 있다. 특별하다기보다 사진 찍으러 많이 간다.

주소 156 Tran Phu, Hai Chau, Da Nang
위치 한 시장(Cho Han)을 등지고 길 건너 왼쪽
운영 08:00~11:30, 13:30~16:30
휴무 일요일

★★★

바나힐 Bà Nà Hills

GPS 15.997787, 107.988077

해발 1,487m의 바나산은 시원한 기후 덕택에 20세기 초반부터 프랑스 상류층의 여름 휴양지로 각광을 받아왔다. 오늘날에는 세계에서 가장 긴 것은 물론, 출발점과 도착점 간의 높이 차가 가장 큰 케이블카를 타고 약 30여 분 정도 올라가면 (맑은 날에는) 다낭 시내를 내려다볼 수 있는 산 정상까지 누구나 쉽게 오를 수 있다. 케이블카에서 내리면 프랑스 고성의 외관을 띤 (작은) 테마파크가 위치해 있는데, 다양한 공연과 레일바이크, 무료 놀이기구 및 게임들을 즐길 수 있다.
그 외 2018년 처음 선보인 골든 브리지(일명 손 다리), 19세기 프랑스 마을을 재현해 놓은 프렌치 빌리지, 와인 시음도 가능한 와이너리, 알록달록한 꽃들로 꾸며진 플라워 가든과 거대한 좌불상이 놓여 있는 린응사, 숲의 여신을 모시는 절이자 하늘과 땅, 음과 양이 만나는 곳으로 여겨지는 린쯔어린뜨사 등도 방문할 수 있다. 주말보다 평일, 오후보다 오전에 방문해야 사람이 적다. 비 오는 날은 안개가 심해 아무것도 보이지 않는다. 음식값이 비싸므로 도시락을 준비하는 것도 좋다.

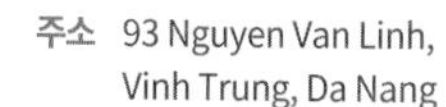

주소 93 Nguyen Van Linh, Vinh Trung, Da Nang
위치 ❶ 시내에서 택시를 타면 60~70만 동(7시간 기준) 기준으로 호텔 위치, 이용시간, 차량 컨디션에 따라 가격을 협상한다.
❷ 소셜커머스에서 판매하는 바나힐 셔틀버스 티켓(혹은 입장료, 런치 포함 패키지 티켓) 구입 후 이용한다.
❸ 다낭 공항에서 바나힐까지 일반 버스 3번이 운행 중이다. (편도 3만 동)
운영 08:00~22:00
요금 90만 동
홈피 www.banahills.com.vn/en

★★☆

GPS 16.039372, 108.228531

다낭 다운타운(구 아시아 파크) Danang Downtown

2024년 6월부터 선월드 아시아파크가 다낭 다운타운으로 이름을 변경하였다. 다낭 다운타운은 베트남을 비롯해 싱가포르의 머라이언, 일본의 용 등 아시아의 대표적인 건축물과 상징물들을 축소 제작해 꾸민 테마파크다. 다낭 시내가 다 내려다보이는 대관람차(일명 서니휠Sunny Wheel)와 롤러코스터, 범퍼카, 자이로드롭, 자이로스윙 등 놀이기구가 설치돼 있다. 가짓수가 많지 않고 우리나라에 비해 스릴 역시 덜하지만, 한국보다 월등하게 저렴한 요금에 주중에는 특히 대기시간이 짧고 마음껏 탈 수 있다는 장점이 있다. 새롭게 변신한 다낭 다운타운은 엔터테인먼트를 강화하여, 3가지 대형 공연(유료)을 선보인다. '어웨이큰 리버Awaken River'는 제트스키와 플라이보드의 짜릿한 익스트림 쇼이며, '로이 비엣Roi Viet'은 베트남 전통 수상 인형극과 일반 인형극을 결합한 공연이다. 가장 큰 주목을 받고 있는 '심포니 오브 리버Symphony of River'는 서커스와 무용, 제트스키와 플라이보드 쇼, 라이트 쇼와 불꽃놀이가 결합된 블록버스터급 공연으로 45분간 펼쳐진다. 다낭 다운타운 내에는 '부이펫Vui Phet 야시장'도 열려, 스트릿푸드를 맛보고 지역 특산품 및 기념품도 구입할 수 있다.

주소 1 Phan Dang Luu, Hai Chau, Da Nang
위치 롯데마트에서 택시로 3분
운영 **테마파크** 15:00~22:00
공연 어웨이큰 리버 17:30~18:00, 로이 비엣 18:30~18:50, 20:00~20:20, 심포니 오브 리버 20:30~21:15
요금 **테마파크** 입장료 무료, 관람차 15만 동, 놀이기구 올인원 25만 동
공연 어웨이큰 리버 20만 동, 로이 비엣 15만 동, 심포니 오브 리버 30만 동
홈피 asiapark.sunworld.vn

★★☆

GPS 16.036353, 108.224443

헬리오 레크리에이션 센터 Trung tâm Giải Trí Helio Center

아이들이 즐길 만한 각종 게임기와 유아용 놀이방, 영화관 등이 들어서 있는 실내 복합놀이 공간이다. 카드에 5만 동 이상 금액을 충전한 후, 게임기마다 붙어 있는 카드리더기에 터치 후 이용하는 시스템인데, 게임당 4~5천 동 정도로 가격도 저렴하고 게임 종료 후 자동 발급되는 헬리오 티켓으로 카드를 재충전할 수 있어, '저렴하게 잘 놀 수 있는' 아이들의 천국이다.

주소 Duong 2 Thang 9, Hai Chau, Da Nang
위치 다낭 다운타운에서 서쪽으로 700m
운영 17:00~22:00

★★☆

GPS 16.071357, 108.217749

다낭 미술관 Bảo tàng Mỹ thuật Đà Nẵng

2014년 처음 문을 연 이곳은 중부 지역의 전통 수공예 예술품과 현대미술 작품들 약 1천여 점을 소장, 전시하고 있다. 1층은 기획전이 열리며, 2층에는 유화, 실크스크린, 그래픽디자인, 조소 작품 등이, 3층에는 전통 공예품들과 민속예술품들이 전시돼 있다. 규모는 크지 않지만 베트남 미술의 매력을 잘 보여주고 있는 만큼, 미술관을 좋아하는 사람이라면 방문해 볼 것을 추천한다.

주소 87 Le Duan, Hai Chau, Da Nang
위치 까오다이교 사원에서 도보 3분
운영 08:00~17:00
요금 2만 동
전화 0236- 386-5356

★★☆

GPS 16.048687, 108.217551

5군구 전쟁기념관 Bảo tàng Hồ Chí Minh

프랑스 및 미국과의 전쟁사를 알 수 있는 곳으로, 실외에는 전쟁에서 사용됐던 전투기, 탱크, 미사일 등의 대형 무기들이 전시돼 있다. 실내에는 총 12개의 전시실이 있으며, 3층부터 시작해 1층으로 내려오면서 연대순으로 전쟁 사진, 서류, 전투도 및 총, 소품 등 각종 기록물들이 전시돼 있다. 이곳 관내에는 베트남 전쟁사에서 떼어놓을 수 없는 인물, 호찌민 주석의 기념관도 따로 마련돼 있는데, 문이 닫혀 있을 때가 많다. 그 대신 하노이에 있는 호찌민의 관저와 연못을 그대로 재현해 놓은 것이 더 큰(?) 볼거리라면 볼거리다.

주소 03 Duy Tan, Hai Chau, Da Nang
위치 롱교에서 남쪽으로 3km
운영 화~목·토·일요일 08:00~12:00, 14:00~16:30 **휴무** 월·금요일
요금 6만 동

GPS 하이반 패스 16.200018, 108.133330
랑꼬 비치 16.247462, 108.076838

★★☆

하이반 패스&랑꼬 비치 Hải Vân Pass & Bãi Biển Lăng Cô

다낭에서 유명한 드라이브 코스로, 우리네 미시령이나 대관령처럼 구불구불한 해발 496m의 고갯길을 오르며 서쪽으로 남중국해의 경치를 즐길 수 있다. 하이반 패스를 지나 후에 방향으로 더 내려오면 그림같이 아름다운 석호와 맑은 바다, 한적한 화이트 비치의 평화가 느껴지는 랑꼬 마을에 닿게 되는데, 보통 이 2곳을 묶어 드라이브 코스로 잡는다. 후에를 방문할 계획이 있으면 여행사의 서비스를 이용해 이동하면서 이 2곳을 동시에 둘러볼 수 있다. 자세한 정보는 p.214 참고.

위치 ❶ 왕복 80만 동 전후로 택시 대절 ❷ 다낭에서 후에로 이동할 경우, 안남산맥을 넘어간다. 특히 기차는 하이반 패스는 아니어도 산 둘레로 높이 난 철길을 따라 랑꼬 마을까지 이어지기 때문에, 산악 지형과 해안의 절경, 랑꼬 마을의 아름다운 풍경을 감상하는 데 전혀 문제가 없다. 이때에는 꼭 진행 방향 오른쪽 창가에 앉아야 한다.

GPS 16.063623, 108.229597

★★☆

한강 Sông Hàn

다낭을 가로질러 남중국해로 흘러들어가는 한강은 다낭을 대표하는 랜드마크다. 밤이 되면 강바람도 선선하고 주변 건물들이 환하게 불을 밝혀, 야간 산책을 나가거나 강변길 옆 카페에서 차 한잔 즐기기에 좋다. 야경이 가장 화려한 곳은 용 모양을 한 **롱교**Cầu Rồng다. 특히 주말 밤 9시에 5분 남짓 용머리에서 불을 내뿜는 불쇼가 큰 인기. 꼭 주말이 아니어도 용머리 근처 **사랑의 다리**Cầu Tàu Tình Yêu에는 하트 모양의 조명과 머라이언상이 불을 밝혀 항상 젊은 연인들과 관광객들로 북적거린다.

주소 Son Tra, Da Nang
위치 롱교는 참조각 박물관 근처에 있다. 다낭 시내 쪽은 용 꼬리, 해변 쪽은 용 머리에 해당된다.

★★☆

템플다낭쇼 Temple Danang Show

GPS 16.074050, 108.245940

템플 다낭 비치 클럽Temple Da Nang Beach Club에서 매일 밤 선보이는 디너 쇼다. 팬데믹 이전 "다나쇼Dana Show"라는 이름으로 공연되었지만, 좀 더 편안한 관람을 위해 시푸드 디너와 쇼를 결합시켰다. 다나쇼는 한국인 기획연출자가 제작한 베트남 전통쇼다. 베트남의 건국신화를 비롯해 베트남 각 지역의 문화적 특성을 춤과 음악, 악기 연주 등에 담아냈다. 음식은 인원 수에 맞춰 시푸드 코스 요리로 제공된다.

주소 11 Vo Nguyen Giap, Phuoc My, Son Tra, Da Nang
위치 미케 비치(레디슨 호텔 다낭에서 도보 3분)
운영 1일 2회 공연 18:00, 19:30
요금 100만 동(시즌따라 변동)

목 해산물 식당 Hải sản Mộc quán

GPS 16.064069, 108.241450

해안을 따라 나 있는 해산물 식당들보다 저렴한 가격으로 다양한 메뉴들을 갖춰 현지인은 물론 한국인들 사이에서도 입소문이 자자한 곳이다. 인기를 반영하듯 한국어를 구사하는 직원까지 있으며, 상당한 규모에 분위기 좋은 야외와 에어컨 있는 실내 테이블 중 선택할 수 있다. 한국어 메뉴판이 있으며, 모든 해산물은 조리법과 함께 100g당(혹은 접시당) 요금이 적혀 있어 눈속임 당할 걱정도 없다. 갑각류 요리는 직원이 껍질까지 발라주는 센스는 덤. 랍스터보다 가성비 좋은 크레이피시와 타이거새우, 가리비 치즈구이, 키조개, 모닝글로리 볶음 등은 한국인들이 많이 찾는 요리다.

주소 26 To Hien Thanh, Phuoc My, Son Tra, Da Nang
위치 롱교 머라이언상에서 미케비치 쪽으로 1.5km
운영 10:30~23:00
요금 초록 크레이피시 17만 4천 동(100g), 꽃 크레이피시 23만 5천 동(100g)
전화 090-566-5058

GPS 16.058892, 108.216139

반쎄오 바두엉 Bánh Xèo Bà Dưỡng

로컬 반쎄오 맛집으로 유명하다. 이 골목 일대는 반쎄오집들이 줄지어 있는데, 이곳은 골목 가장 끝에 있다. 반쎄오를 시키면 각종 야채와 넴루이가 세팅되는데, 넴루이는 먹은 만큼만 계산된다. 반쎄오 자체의 맛은 그리 훌륭하지 않지만, 모든 야채와 함께 돌돌 만 라이스페이퍼를 땅콩소스에 찍어 먹으면 맛이 확 업그레이드되는 독특한(?) 경험을 하게 된다!

주소 K280/23, Quan Hai Chau, Da Nang
위치 참조각 박물관에서 도보 15분
운영 09:30~21:30
요금 반쎄오 8만 동, 넴루이 4만 동(5개)
전화 0236-387-3168

GPS 16.066239, 108.221203

꽌 껌 후에 응온 Quán Cơm Huế Ngon

현지인들 사이에서 유명한 BBQ 전문점이다. 길가까지 낮은 의자와 테이블을 내놓고 작은 숯 화로 위에 고기와 해산물을 구워 먹는 사람들로 매일 밤 북새통을 이룬다. 돼지고기, 소고기, 새우, 문어, 오징어, 개구리 등이 인기 메뉴로, 양이 적은 대신 가격이 저렴해 이것저것 시켜 먹는 재미가 있다.

주소 65 Tran Quoc Toan, Hai Chau, Da Nang
위치 다낭 대성당에서 도보 5분
운영 11:00~23:00
요금 삼겹살 4만 9천동~, 샤부샤부 4만 5천 동~

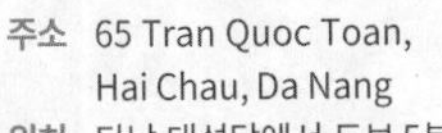

GPS 16.041838, 108.248413

바빌론 스테이크 가든 Babylon Steak Garden

방송 〈원나잇 푸드트립〉으로 한국인들에게 특히 유명한 스테이크 전문점이다. 현지 물가로는 상당히 고가지만, 한국과 비교하면 먹을 만하다. 손님이 보는 앞에서 직원이 직접 고기를 구워주는데, 우리나라의 돌판 스테이크 스타일을 생각하면 된다. 모닝글로리를 곁들이는 것은 필수! 알라카르트 호텔 근처에 2호점도 운영 중이다.

주소 422 Vo Nguy4n Giap, Bac My An, Ngu Hanh Son, Da Nang
위치 풀만 다낭 비치 리조트에서 도보 5분
운영 10:00~22:00
요금 아메리칸 와규 갈비 200g 61만 5천 동
전화 098-347-4969

하우 스어 꽌 Hàu Sữa Quán

미케 비치에서 린응사 가는 길 좌우로 해산물 레스토랑들이 많이 몰려 있다. 대부분 손님이 수족관에 들어 있는 해산물을 직접 보고 선택해 원하는 조리법을 말하면 그대로 요리해 주는 방식이다. 한국인들에게 많이 알려진 곳은 **꽌 베만**Quan Bé Mặn이지만, 현지인들이 추천하는 곳은 **하우 스어 꽌** Hàu Sữa Quán이다. 리모델링 후 2022년 재개장해 규모도 크고 깔끔하며 상대적으로 가격도 좋은 편. 베트남 물가 대비 랍스터 가격은 비싸고(한국보다 조금 싼 편으로 '크레이피시'가 낫다), 새우(갈릭 버터나 구이로 조리), 조개/가리비(양념조개나 조갯국)는 가성비가 훌륭하다.

주소 **하우 스어 꽌** Lo 13, Vo Nguyen Giap, Son Tra, Da Nang
꽌 베만 Lo 8, Vo Nguyen Giap, Son Tra, Da Nang
위치 포포인츠 쉐라톤 호텔에서 도보 8분
운영 **하우 스어 꽌** 08:30~23:00
꽌 베만 09:00~24:00
요금 시가(수족관에 가격표가 붙어 있다)
전화 **하우 스어 꽌** 091-798-7989
꽌 베만 090-520-7848

버거 브로스 Burger Bros

육즙이 살아 있는 두툼한 패티의 수제 버거로 유명하다. 일반 버거의 양도 많은 편인데 이곳의 인기 메뉴인 미케 버거는 2개의 패티, 2개의 체더 치즈를 얹어 양과 맛도 2배가 됐다. 버거 외에 꼭 맛봐야 할 것은 프렌치 프라이다. 겉이 바삭해 식감이 좋은 데다 마늘을 함께 튀겨 맛이 업그레이드됐다. 전화로 주문(최소요금 15만 동 이상)하면 호텔 로비까지 배달해 준다.

주소 **미케 비치점** 30 An Thuong 4, Ngu Hanh Son, Da Nang
다낭 시내점 4 Nguyen Chi Thanh, Hai Chau, Da Nang
위치 **미케 비치점** TMS 호텔 다낭 비치에서 도보 7분 도보 5분
다낭 시내점 노보텔에서 도보 7분
운영 11:00~14:00, 17:00~21:00
요금 햄버거 7만 동~, 프렌치프라이 2만 동~
전화 **미케 비치점** 094-557-6240
다낭 시내점 093-192-1231

GPS 16.041975, 108.248381

냐벱 Nhà hàng Nhà Bếp

거의 모든 손님이 한국인일 만큼 한국인의 입맛에 맞춘 베트남 요리 전문점이다. 메뉴도 한국인이 많이 찾는 쌀국수(특히 해산물 매운 쌀국수가 인기), 볶음밥, 반쎄오, 분짜, 프라이드 완톤, 프라이드 스프링롤, 모닝글로리 정도. 깔끔한 인테리어와 테이블 세팅, 에어컨 가동 등도 플러스 요인!

주소 416 Vo Nguyen Giap, Da Nang
위치 풀만 다낭 비치 리조트에서 도보 4분
운영 10:00~22:00
요금 쌀국수 7만 9천 동~, 분짜 12만 5천 동

GPS 퍼 홍 16.077638, 108.221880 퍼 박 허이 16.066183, 108.223805

퍼 홍 vs. 퍼 박 허이 Phở Hồng vs. Phở Bắc Hải

퍼 홍은 노보텔 근처에서 유명한 쌀국숫집이다. 로컬치고 매장도 상당히 크고 깨끗하다. 쌀국수는 맑고 깔끔한 맛이며, 프라이드 스프링롤도 괜찮다. 다낭 대성당 근처에서 유명한 쌀국숫집은 **퍼 박 허이**다. 전형적인 로컬 쌀국숫집으로, 접근성이 좋고 메뉴도 다양하다. 단, 위생은 딱 로컬 수준. 육수를 얼마나 오래 우려냈는지 맛이 진하다. 소고기 볶음밥도 맛있다.

퍼 홍
주소 10 Ly Tu Trong, Hai Chau, Da Nang
위치 노보텔 후문 맞은편
운영 07:00~20:00
요금 쌀국수 6만 동

퍼 박 허이
주소 185 Tran Phu, Hai Chau, Da Nang
위치 다낭 대성당에서 도보 3분
운영 05:30~15:00
요금 쌀국수 6만 동

퍼 홍

퍼 박 허이

GPS 콩 카페 16.069074, 108.224877 하일랜드 커피 16.069960, 108.224910

콩 카페 vs. 하일랜드 커피 Cộng Cà Phê vs. Highlands Coffee

콩 카페는 베트남 공산주의를 테마로 해 베트남만의 독특한 분위기를 느낄 수 있으며, 강변 전망 역시 좋다. 이곳의 대표 메뉴는 진한 코코넛 맛의 코코넛 스무디 커피. 하지만 카페쓰어다나 일반 블랙커피도 맛이 꽤 좋다. **하일랜드 커피**는 베트남의 유명한 커피 체인점이다. 커피 맛도 좋고 에어컨이 설치돼 시원하며 시내 곳곳에 위치해 이용하기 편하다.

콩 카페
주소 96 Bach Dang, Hai Chau, Da Nang
위치 한 시장에서 도보 3분
운영 07:00~23:30
요금 코코넛 스무디 커피 5만 5천 동

하일랜드 커피
주소 74 Bach Dang, Hai Chau 1, Hai Chau, Da Nang
위치 인도차이나 리버사이드 타워 내
운영 06:30~11:00
요금 커피 4만 5천 동~

콩 카페

하일랜드 커피

GPS 16.06604, 108.24421

냐벱 쓰어 Nhà hàng Nhà Bếp Xưa

다낭 대표음식 중 빠지지 않는 미꽝은 베트남 중부 지역 전통 면 요리다. 쌀국수보다 넓은 면에 야채와 고기 고명을 얹어 소스에 비벼 먹는데, 우리 입맛에도 잘 맞는다. 미꽝 1A은 현지인 맛집으로 유명하지만 한국인들에게는 실망스러운 맛. 하지만 냐벱 쓰어의 미꽝은 호평 일색이다. 그 외 반쎄오나 쌀국수, 돼지갈비조림 등 어느 요리나 한국인 입맛에 최적화돼 맛있게 즐길 수 있다. 사진이 있는 한국어 메뉴판은 물론 주인장이 한국어를 구사한다. 식당은 깔끔하고 에어컨이 가동되며 직원도 친절하고 가격이 참 착하다.

주소 64B Ha Bong, Phuoc My, Son Tra, Da Nang
위치 알라카르트 다낭에서 남쪽으로 도보 5분
운영 10:00~21:30
요금 쌀국수 5만 동~, 미꽝 3만 9천 동~, 분짜 7만 5천 동
전화 090-612-3858

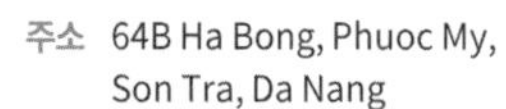

GPS 16.074482, 108.220874

분짜까 109 Bún Chả Cá 109

분짜까는 한마디로 '어묵 국수'라 말할 수 있다. 맑은 고기육수에 어묵과 죽순, 토마토 등이 들어가는데, 우리가 흔히 먹는 쌀국수와는 전혀 다른 맛이다. 곁들여 나오는 라임과 숙주에 고춧가루 다진 양념을 넣어 먹으면 해장국으로도 훌륭하다. 이곳은 다낭에서도 가장 유명한 분짜까 전문점으로, 주문은 오직 빅Big/스몰Small/스페셜Dac Biet 중 하나만 고르면 끝!

주소 109 Nguyen Chi Thanh, Hai Chau, Da Nang
위치 노보텔에서 도보 7분
운영 06:00~22:00
요금 분짜까 3만 동~
전화 094-571-3171

GPS 16.066970, 108.243354

패밀리 인디언 레스토랑 Family Indian Restaurant

베트남에 있는 인디언 레스토랑 중 단연 최고라고 말하고 싶다. 우리 입맛에 잘 맞는 커리 메뉴들과 탄두리 치킨, 요구르트 음료인 라씨 등 뭘 시켜도 맛있지만, 역시 닭고기가 덩어리째 든 치킨 티카 마살라와 갈릭 버터 난이 베스트다! 에어컨이 가동되는 매장은 넓고 깔끔하며 테이블 세팅도 고급스럽다.

주소 231 Ho Nghinh, Son Tra, Da Nang
위치 알라카르트 호텔에서 도보 5분
운영 10:00~15:00, 17:00~22:00
요금 치킨 티카 마살라 12만 5천 동
전화 094-260-5254
홈피 www.indian-res.com

GPS 16.068690, 108.224680

반미 해피 브레드 Bánh mì Happy bread AA

한국인이 문을 연 반미 전문점이다. 길거리 반미의 위생이 걱정되거나 베트남 전통 반미의 맛에 적응이 안 되는 사람들에게 딱이다. 반미 콤보를 시키면 저렴한 가격에 음료를 제공하는데, 카페쓰어다 역시 맛이 꽤 훌륭하다. 매장 자체가 예쁜 카페처럼 꾸며져 있고 에어컨, 와이파이 사용이 가능하다.

주소 10 Hung Vuong, Hai Chau, Da Nang
위치 한 시장 옆 **운영** 08:30~21:30
요금 반미 5만 동~ **전화** 093-510-0661

GPS 16.06979, 108.22387

반미 코티엔 Bánh mì Cô Tiên

한 시장 근처 콩스파 앞 간이 매대로 시작해 이제는 번듯한 매장(골목 구석의 작은 건물이지만 2층을 다 쓴다!)까지 둔 맛집이다. 손님의 90퍼센트 이상이 한국인. 이들 중 대부분이 에그반미를 구입한다. 숯불에 구워 겉바속촉한 반미에 엄청난 양의 계란과 돼지고기 양념채(Pork Floss), 고수, 오이를 넣고 칠리-마요네즈 소스로 맛을 더한다. 계란 외 소고기, 돼지고기, 닭고기 등을 넣은 반미도 있으며, 고수만 빼면 향신료에 약한 사람도 누구나 맛있게 즐길 수 있다. 배달도 가능.

주소 80 Duong Tran Phu, Hai Chau 1, Da Nang
위치 한시장 근처 콩 스파 옆 골목으로 도보 1분
운영 08:00~20:00 **요금** 반미 2만9천 동~
전화 094-727-5486 **카카오톡 ID** KoTien

GPS 16.065350, 108.219860

꽌 껌 가 A 허이 Quán Cơm Gà A Hải

치킨라이스 전문점으로, 이 일대에 치킨라이스집이 밀집해 있는데 그중 가장 크고 유명하다. 치킨라이스는 주홍빛 버터 볶음밥(칠리소스와 궁합이 잘 맞는다) 위에 구운 닭다리 한 쪽이 통으로 올라가는데, 닭 껍질의 바삭함과 고소함이 놀랍다. 주문하면 국과 배추김치 같은 반찬이 곁들여 나온다.

주소 100 Thai Phien, Hai Chau, Da Nang
위치 다낭 대성당에서 도보 8분
운영 08:00~23:30 **요금** 치킨라이스 6만 동

GPS 16.062820, 108.222820

피자 포피스 Pizza 4P's

다낭에서 피자와 파스타가 먹고 싶다면, 묻지도 따지지도 말고 무조건 '피자 포피스'로 가면 된다. 호찌민 시티에서 처음 문을 연 수제 치즈 화덕 피자 전문점으로, 엄청난 인기에 힘입어 하노이를 접수하고 다낭에까지 문을 열었다. "내 인생의 피자를 베트남에서 만났다"라고 할 만큼 한국인 여행객들에게도 인기. 이곳의 시그니처 메뉴는 부라타 파르마 햄 피자로, 반반 피자도 주문 가능하며, 인원수에 따라 조각 커팅 수도 선택할 수 있다. 세련된 실내 인테리어와 친절한 서비스도 인기 요인 중 하나. 최근 인도차이나몰에 2호점을 오픈했으며, 배달도 가능하다.

주소 8 Hoang Van Thu, Hai Chau, Da Nang
위치 롱교에서 도보 5분
운영 월~금요일 11:00~22:00,
토·일요일 10:00~23:00
요금 피자 16만 동~,
파스타 15만 동~
전화 1900-6043

GPS 16.063124, 108.218979

반베오 바베 Bánh Bèo Bà Bé

베트남의 인기 전통 간식을 맛볼 수 있는 로컬식당이다. 앉은뱅이 테이블에 앉으면 반베오를 비롯한 대표 간식 5가지를 인원수에 맞게 차려준다. 바나나 잎에 타피오카 전분과 새우를 넣고 쪄 쫄깃한 반록Banh Loc 외 나머지는 쌀가루 찐 것에 새우 혹은 돼지고기 고명을 얹은 것으로, 소스를 찍어 먹으면 된다.

주소 100 Duong Hoang Hai Chau, Da Nang
위치 다낭 대성당에서 도보 10분
운영 06:00~18:00
요금 1인 3만 동

GPS 16.081468, 108.223259

마담 란 Madame Lan

고급스러운 분위기에서 베트남 음식을 맛볼 수 있는 곳이다. 1층 창가는 분위기가 좋고, 2층은 에어컨을 틀어 시원하다. 스프링롤, 반쎄오, 쌀국수, 볶음밥, 모닝글로리와 같은 메뉴들은 평균 이상의 맛을 보장한다. 계산서 오류가 가끔 발생하므로 지불 전 항목 체크는 필수.

주소 4 Bach Dang, Quan Hai Chau, Da Nang
위치 노보텔에서 도보 7분
운영 06:30~21:30 요금 1인 20만 동~
전화 090-569-7555
홈피 www.madamelan.vn

탄 탐 베이커리&커피 Thanh Tam Bakery & Coffee

프랑스 콜러니얼풍 저택에 라탄의자와 테이블로 감성을 더한 카페라 할 수 있다. 실내 공간도 널찍하지만 운치 좋은 발코니석과 나무 그늘 아래 야외 좌석도 있어 북적이지 않고 호젓하게 시간 보내기 좋다. 이곳의 음료는 2만 동부터 시작하는데, 베트남식 플랫화이트인 박씨우Bạc xỉu가 특히 맛있다. 식사 메뉴로는 겉바속촉 베트남식 미니 바게트&계란프라이, 토스트, 샌드위치, 스파게티 등이 있으며, 가성비 좋은 빵과 케이크도 판매한다. 탄 탐 베이커리를 운영하는 샤르트르의 성바오로 수녀회는 장애우의 경제적 자립을 위해 다양한 직업 교육을 담당하고 있으며 베이커리 역시 그 활동의 일환이라 할 수 있다.

주소 The corner of, D. Ng. Thi Si, Bac My An, Ngu Hanh Son, Da Nang
위치 홀리데이 비치 다낭 리조트에서 서쪽으로 도보 5분
운영 월~토요일 07:00~17:00
휴무 일요일
요금 박씨우 3만 동, 계란프라이와 미니 바게트 2만 동

GPS 16.071275, 108.220873

쩨 쑤언 짱 Chè Xuân Trang

다낭에서 유명한 쩨 전문점으로, 앉은뱅이 의자에 앉아 디저트 쩨를 즐기는 현지인들을 볼 수 있다. 쩨 탑 깜Che Thap Cam은 얼음과 연유에 팥, 녹두, 땅콩 등이 들어가 달달하고 고소한 베트남식 팥빙수라 할 수 있다. 쩨 외에도 요구르트나 젤리, 신또, 캐러멜 푸딩 등도 맛볼 수 있다.

주소 31 Le Duan, Hai Chau, Da Nang
위치 한 시장에서 도보 8분
운영 08:00~22:00
요금 쩨 1만 5천 동~

쩨 탑 깜

GPS 16.054215, 108.239577

하이코이 닭 숯불구이 Chân Gà Nướng Hai Còi

누린내 하나 없이 짭짤하고 감칠맛 나는 통통한 닭날개 숯불구이로 정평이 자자한 곳이다. 닭날개 외 닭발, 새우, 돼지고기, 소고기, 오징어 숯불구이도 판매하는데, 닭날개를 따라올 메뉴가 없다. 전형적인 로컬식당으로, 규모가 크고 손님이 많은 만큼 정신없고 위생도 의문스럽지만, 탁월한 맛과 저렴한 가격으로 모든 게 감수된다. 배달(그랩푸드 앱)도 가능하다.

주소 58 Nguyen Van Thoai, Bac My An, Ngu Hanh Son, Da Nang
위치 피비텔 호텔에서 동쪽으로 도보 13분
운영 15:00~01:00
요금 닭날개구이 1만 7천 동(개당), 새우구이 7만 5천 동(접시당)
전화 094-249-6686

GPS 다낭 시내점 16.06990, 108.21795

퍼틴 13 Phở Thìn 13

하노이의 쌀국수 맛집으로 유명한 퍼틴 13이 그 기세를 몰아 다낭에도 3개의 지점을 오픈했다. 진한 육수에 고기 양이 풍성한 전통 쌀국수 외에도 칼칼한 맛이 일품인 곱창 쌀국수와 대왕 소갈비 쌀국수도 판매한다(일부 지점에서는 오직 전통 쌀국수만 가능). 가격이 살짝 비싼 편이지만, 실내도 깔끔하고 에어컨이 가동되며, 한글 메뉴판까지 있다.

주소 60 Pasteur, Hai Chau 1, Hai Chau, Da Nang
위치 다낭 미술관에서 남쪽으로 도보 4분
* 그 외 지점은 지도 p.230 참고
운영 06:00~14:00, 17:00~21:00
요금 곱창 쌀국수 8만~12만 동, 소갈비 쌀국수 12만 동

GPS 스카이 36 16.077400, 108.223800 스카이 21 바 16.067550, 108.244770

스카이 36 vs. 스카이 21 바 Sky 36 vs. Sky 21 Bar

스카이 36은 노보텔 36층의 루프톱 바로, 화려한 조명의 다낭 시내 야경을 즐기기에 최적이다. 단, 남성들은 복장 제한이 있다. **스카이 21 바**는 벨메종 호텔 21층의 바&비스트로로, 인피니트풀 너머 드넓은 바다와 한낮의 탁 트인 조망은 스카이 36보다 낫다. 칵테일이 맛있고 가격도 저렴한 편이며, 특정 요일에는 라이브 공연도 있다.

스카이 36
주소 Hai Chau, Da Nang
위치 노보텔 옥상
운영 18:00~02:00
요금 칵테일 39만 동~

스카이 21 바
주소 Son Tra, Da Nang
위치 벨메종 호텔 옥상
운영 17:00~24:00
요금 칵테일 12만 동~

GPS 한 시장 16.068278, 108.224271 꼰 시장 16.067690, 108.214480

한 시장 vs. 꼰 시장 Chợ Hàn vs. Chợ Cồn

한 시장

꼰 시장

다낭을 대표하는 재래시장들이다. 다낭 대성당 근처에 있는 **한 시장**은 꼰 시장보다 크고 실내도 깔끔하다. 한국인들이 많이 사는 물품은 1층의 망고 및 과일, 라탄백(실내보다 바깥쪽 매장의 제품들이 더 좋다), 2층의 원피스(일반 8만 동, 레이스 10만 동), 짝퉁 티와 신발 등이며, 원단을 사면 즉석에서 아오자이를 맞춰주기도 한다. **꼰 시장**은 전형적인 재래시장으로, 통로도 비좁고 환기도 잘 되지 않아 불편하다. 내부는 의류 및 잡화, 외부는 식재료 및 과일 등을 파는데, 현지인이 주 고객이며 가격은 한 시장보다 저렴하다. 근처에 금은방이 많아 좋은 환율에 환전하기 그만이다.

한 시장
주소 119 Tran Phu, Hai Chau, Da Nang
위치 다낭 대성당에서 도보 3분
운영 06:00~19:00

꼰 시장
주소 90 Hung Vuong, Hai Chau, Da Nang
위치 다낭 대성당에서 도보 15분
운영 07:00~19:00

GPS 롯데마트 16.034917, 108.229218 고! 다낭 16.066890, 108.213440

롯데마트 vs. 고! 다낭 Lotte Mart vs. GO! Đà Nẵng

시내 북쪽에는 고! 다낭이, 남쪽에는 롯데마트가 위치하고 있다. **롯데마트**에는 햇반, 라면, 소주 등 한국 물품들이 많고, 한국인들이 많이 사는 제품들을 잘 구비해 놓았다. 롯데마트 베트남 앱을 다운받아 회원 가입하고 쇼핑, 주문하면 숙소로 배달도 해준다. 현지인들이 주로 이용하는 **고! 다낭**은 베트남 제품들을 잘 갖추고 가격도 조금 더 저렴하지만 한국인들이 찾는 물건 중 없는 것도 있다.

롯데마트
주소 6 Nai Nam, Hai Chau, Da Nang
위치 푸라마 리조트 다낭에서 택시로 5분
운영 08:00~22:00
홈피 www.lottemart.com.vn

고! 다낭
주소 255-257 Hung Vuong, Hai Chau, Da Nang
위치 꼰 시장 맞은편
운영 08:00~22:00
홈피 go-vietnam.vn

고! 다낭

롯데마트

GPS 16.071589, 108.230408

빈컴 플라자 Vincom Plaza

다낭에서 가장 큰 현대식 쇼핑몰이다. 1층에는 패션 액세서리, 2층에는 잡화류, 3층에는 가구 및 가정용품들을 판매하는데, 가장 주목할 곳은 4층이다. 규모는 작지만 실내 스케이트장과 CGV 영화관, 한국 분식집, 필리핀의 롯데리아 격인 졸리비를 비롯한 각종 레스토랑들이 들어서 있다. 규모는 크지 않지만 꼭 필요한 것은 다 있는 윈마트도 있다.

주소 496 Ngo Quyen, Son Tra, Da Nang
위치 쏭한교 건너 도보 5분
운영 월~금요일 10:00~22:00, 토·일요일 09:30~22:00
전화 0236-399-6688 **홈피** www.vincom.com.vn

GPS 16.037645, 108.224818

헬리오 야시장 Chợ đêm Helio

야시장의 묘미는 살 거리보다 먹거리에 있다고 생각하는 사람이라면 주목! 헬리오 레크리에이션 센터 앞에서는 매일 저녁 야외 푸드코트가 문을 여는데, 베트남 로컬음식은 물론 비빔밥, 떡볶이, 김밥 같은 한식도 판매한다. 판매자들이 대부분 청년이며 가격도 우리 돈 3천 원 내외로 부담 없고, 분위기도 밝고 경쾌하다. 푸드코트 옆으로는 작은 야시장이 서는데, 주말에는 그 규모가 커져 저렴한 살 거리, 볼거리들이 많다. 헬리오 야시장의 인기에 힘입어 롱교 근처에 **선짜 야시장**Chợ Đêm Sơn Trà도 문을 열었다. 시내 중심과 가깝고 접근성이 좋다 보니 헬리오 야시장보다 더 규모가 커지고 활기차며 매일 영업한다.

주소 D. 2 ThAng 9, Hoa Cuong, Hai Chau, Da Nang **위치** 헬리오 레크리에이션 센터 앞 **운영** 17:30~22:30

GPS 16.069781, 108.223892

콩 스파 Cong Spa

다낭의 마사지 가격은 하루가 다르게 급등하고 있지만, 콩 스파는 가성비를 중요시하는 사람들에게 꽤 좋은 평을 받고 있다. 일반, 아로마, 핫스톤 모두 동일한 가격(1시간에 1만 5천 원 꼴)에 임산부나 아이들을 위한 마사지 프로그램도 준비돼 있다. 마사지 전 컨디션 및 마사지 강도 체크, 웰컴 드링크, 티타임 등의 서비스도 동일. 한 시장 근처에 있어 쇼핑하는 사람들을 위해 짐 보관도 해준다.

주소 80 Duong Tran Phu, Hai Chau 1, Da Nang
위치 한 시장에서 도보 3분
운영 10:00~22:30
요금 60분 마사지 32만 동, 90분 40만 동
전화 093-517-1088 **카카오톡 ID** congspa(한국어 예약 가능)

GPS 16.059785, 108.236406

퀸 스파 Queen Spa

오랫동안 트립어드바이저 스파 부문 1위를 기록한 곳이다. 가격이 저렴한데, 마사지 기술도 좋고, 시설도 깔끔하며, 다과까지 대접하는 센스도 있다. 마사지 전 주요 마사지 부위와 강도뿐 아니라 마사지 시작과 끝나는 시간을 체크하여 확인 사인을 하게 하는 관리 시스템도 좋은 인상을 준다. 사전 예약 필수. 컨펌 메일에 확인 답변까지 보내야 예약이 완료된다.

주소 144 Pham Cu Luong, An Hai Dong, Da Nang
위치 다낭 시내에서 롱교 건너 도보 10분
운영 10:00~21:30
요금 60분 보디마사지 45만 동~
전화 093-242-9429
홈피 queenspadanang.vn

GPS 16.050098, 108.243261

니르바 스파 Nirva Spa

미케 비치 쪽에서 잘하기로 입소문이 난 마사지숍이다. 수수한 겉모습과 달리, 프라이빗 공간을 완벽하게 갖춰 쾌적하게 마사지를 받을 수 있다. 로컬 숍 치고는 가격이 조금 있지만, 실력이 좋고 픽드롭 서비스(공항도 가능)도 무료로 제공한다. 친절한 사장 내외가 마사지 전 집중 마사지 부위와 강도 등을 체크하고 마사지에 반영해 만족도가 높다. 카카오톡으로 예약 가능.

주소 Duong An Thuong 42, Bac My An, Ngu Hanh Son, Da Nang
위치 TMS 호텔 다낭 비치에서 도보 9분
운영 10:00~22:00 **요금** 60분 보디마사지 48만 5천 동
전화 090-584-7886 **카카오톡 ID** NIRVASPA
홈피 nirvaspa.vn

5성급

GPS 16.013225, 108.263694

하얏트 리젠시 다낭 리조트&스파 Hyatt Regency Danang Resort & Spa

하얏트라는 브랜드만으로도 믿고 찾는 사람들이 많다. 수영장은 메인풀, 가든풀, 키즈풀로 나뉘어 있어 붐비지 않고, 정원 조경 및 비치 관리도 잘 돼 있어 조용히 휴식을 취하기 좋다. 객실은 침실과 파우더룸을 구분해 넓은 욕실을 선호하는 여성들의 취향에 잘 맞는다. 외진 곳에 위치해 외부로 이동 시 택시 요금이 상당하다. 호이안행 셔틀버스도 유료.

주소 5 Truong Sa, Ngu Hanh Son, Da Nang
위치 다낭 시내에서 택시로 15분
요금 트윈 210달러
전화 023-6398-1234
홈피 www.hyatt.com

5성급

GPS 16.119957, 108.307154

인터콘티넨털 다낭 선 페닌슐라 리조트 Intercontinental Da Nang Sun Peninsula Resort

시내와 단절된 선짜반도에 홀로 들어선 리조트는 언덕을 따라 자리해 객실마다 환상적인 오션뷰를 즐길 수 있다. 건물 디자인도 예술성을 최대한 살려 여느 리조트들과 비교를 불허한다. 이곳을 건축한 빌 벤슬리는 《타임》지가 선정한 세계 100대 건축가 중 하나로, 26개국에서 100개가 넘는 리조트를 디자인했다. 외부 이동 없이 최고급 리조트에서 오롯이 쉬고 싶은 사람에게 적합하다.

주소 Bai Bac, Son Tra, Da Nang
위치 다낭 시내까지 택시로 30분
요금 디럭스 400달러~
전화 023-6393-8888
홈피 www.danang.intercontinental.com

5성급 GPS 16.040677, 108.250119

풀만 다낭 비치 리조트 Pullman Danang Beach Resort

세계적인 호텔 체인 아코르의 운영 노하우를 살린 5성급 리조트다. 깔끔하고 편안한 객실, 친절한 직원과 맛있는 조식 등으로 좋은 평을 많이 받는다. 메인 수영장은 바다 쪽으로 뻗어 있고, 여기서 바로 미케 비치로 이어져 전망이 좋다. 다낭 비치 쪽 리조트들 가운데, 롯데마트나 각종 레스토랑 접근이 비교적 용이한 곳에 위치해 편하다. 호이안행 셔틀버스, 자전거 대여 무료.

주소 101 Vo Nguyen Giap, Ngu Hanh Son, Da Nang
위치 공항에서 차로 약 15분 **요금** 슈피리어 180달러~
전화 023-6395-8888
홈피 www.pullman-danang.com

5성급 GPS 16.000234, 108.269281

멜리아 다낭 Meliá Danang

비치를 끼고 있는 리조트들 가운데 가성비가 가장 뛰어난 스페인계 체인 호텔이다. 여느 리조트들에 비해서 규모는 작은 편이지만, 룸 컨디션이나 조식, 인피니티풀, 키즈클럽 운영, 무료 자전거 대여 등 여러 면에서 만족스럽다. 클럽 라운지 서비스를 제공하는 레벨 빌라는 늦은 체크아웃도 가능하다.

주소 Group 39, Ngu Hanh Son, Da Nang
위치 다낭 시내에서 택시로 20분
요금 게스트 122달러~, 레벨 225달러~
전화 023-6392-9888 **홈피** www.melia.com

5성급 GPS 15.970066, 108.284243

나만 리트리트 Naman Retreat

매일 50분씩 마사지를 제공해 가성비 좋은 리조트로 입소문이 자자하다. 대나무로 멋을 낸 로비, 해변으로 연결되는 인피니티풀, 낮이든 밤이든 변함없는 아름다움을 선사하는 리조트 전경, 세련된 리조트 디자인이 주목을 끈다. 일반 객실 외 다양한 규모의 풀빌라를 갖추고 있는데, 대가족이라면 6인까지 숙박 가능한 스리베드룸 풀빌라에 주목하자. 호이안행 셔틀버스를 무료로 운영하며 자전거 무료 대여, 키즈클럽 운영 등 다양한 서비스를 제공한다.

주소 Truong Sa, Ngu Hanh Son, Da Nang
위치 다낭 시내에서 택시로 20분
요금 더블 200달러~, 원베드룸 풀빌라 400달러~
전화 023-6395-9888
홈피 www.namanretreat.com

4성급

GPS 16.062230, 108.245180

살라 다낭 비치 호텔 Sala Danang Beach Hotel

바다가 보이는 가성비 좋은 호텔을 찾는다면 주목해 볼 곳이다. 미케 비치에서 한 블록 들어가 있지만 오션 뷰 객실, 루프톱 바와 수영장에서 아름다운 전망을 즐길 수 있다. 이용객 대부분이 숙소 청결 상태와 스태프의 친절함, 맛있는 조식에도 좋은 점수를 주고 있다. 투숙객들은 호텔 내 스파를 20% 할인된 가격에 이용할 수 있다.

주소 36-38 Lam Hoanh, Son Tra, Danang
위치 다낭 시내에서 택시로 8분
요금 슈피리어 50달러~
전화 023-6365-8555
홈피 www.salahotelgroup.com

4성급

GPS 16.068779, 108.244991

알라카르트 다낭 A La Carte Da Nang

가성비 좋은 호텔을 찾는 사람들에게 추천하고 싶다. 비치를 끼고 있지는 않지만, 길 하나만 건너면 미케 비치가 펼쳐져 있고, 옥상에는 인피니티풀이 있어 최고의 전망을 즐길 수 있다. 모든 객실은 스튜디오형으로, 넉넉한 공간 한쪽엔 전기 주전자, 전자레인지, 식탁 등을 갖춘 식사 공간도 마련돼 있다. 특히 투베드룸 스위트는 성인 4인 가족이 이용하기 좋다.

주소 200 Vo Nguyen Giap, Son Tra, Da Nang
위치 다낭 시내에서 택시로 8분
요금 스튜디오 90달러~
전화 023-6395-9555
홈피 www.alacartedanangbeach.com

5성급

GPS 16.031586, 108.255586

티아 웰니스 리조트 TIA Wellness Resort

아시아 최초로 올 인클루시브All Inclusive 개념을 도입한 5성급 리조트다. 전 객실은 개인 정원까지 딸린 풀빌라로 운영되며, 하루에 1번 무료 스파 서비스를 받을 수 있다. 조식은 원하는 시간, 원하는 장소(객실, 해변, 메인풀, 조식 레스토랑, 호이안 퓨전 카페 등)에서 먹을 수 있는데 맛 좋기로도 유명하다. 호이안행 셔틀버스 및 자전거 대여 무료.

주소 Vo Nguyen Giap, Ngu Hanh Son, Da Nang
위치 다낭 시내에서 택시로 15분
요금 풀빌라(스파 불포함) 540달러~
전화 023-6396-7999
홈피 tiawellnessresort.com/en

5성급

GPS 16.039558, 108.249786

푸라마 리조트 다낭 Furama Resort Da Nang

다낭의 터줏대감 리조트답게 나무가 무성하게 우거진 정원과 산책로를 걷다 보면 자연 속에 들어와 있는 듯한 느낌을 받는다. 규모가 큰 만큼 미케 비치가 보이는 메인풀, 울창한 나무들로 둘러싸인 라군풀, 키즈풀 등 다양한 수영장을 갖추고 있다. 동급 리조트들에 비해 넓은 일반 객실과 다양한 크기의 풀빌라를 보유하고 있는데, 일부 객실은 애프터눈 티를 무료로 제공한다.

주소 105 Vo Nguyen Giap, Ngu Hanh Son, Da Nang
위치 다낭 시내에서 택시로 10분
요금 슈피리어 260달러~, 풀빌라 600달러~
전화 023-6384-7333
홈피 www.furamavietnam.com

5성급

GPS 16.077386, 108.223585

노보텔 다낭 프리미어 한 리버

Novotel Danang Premier Han River

다낭에서 가장 인기 있는 5성급 호텔이다. 한강 바로 옆에 위치해 야경이 훌륭하고 맛집들이 주변에 포진해 있다. 자체 수영장은 특별할 것이 없지만, 비치 쪽의 프리미어 빌리지 내 수영장을 무료로 이용 가능하다.

주소 36 Bach Dang, Hai Chau, Da Nang
위치 한 시장에서 택시로 5분
요금 디럭스 140달러~
전화 023-6392-9999
홈피 www.novotel-danang-premier.com

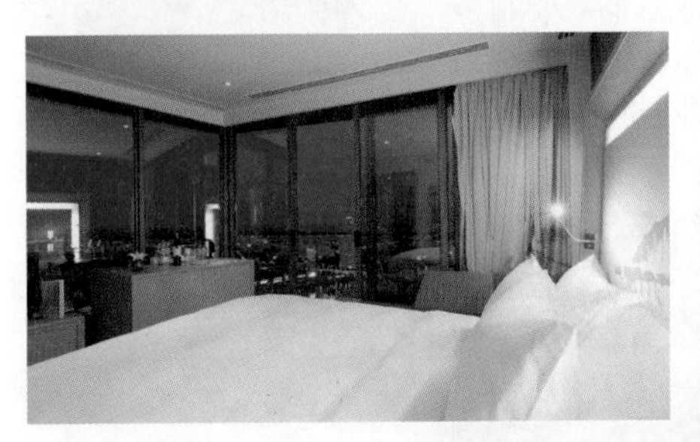

4성급

GPS 16.066747, 108.224654

브릴리언트 호텔 Brilliant Hotel

그야말로 다낭 중앙에 위치한 4성급 호텔이다. 시내 관광지, 맛집, 한 시장 등과 가까워 리조트에서 휴식을 취하기보다 이곳저곳을 돌아다니는 사람들에게 적합하다. 한강 바로 옆에 위치해 탁 트인 한강 전망과 훌륭한 야경을 즐길 수 있다. 작은 수영장이 아쉽다.

주소 162 Bach Dang, Hai Chau, Da Nang
위치 다낭 대성당에서 도보 100m
요금 슈피리어(강 전망) 95달러~
전화 023-6322-2999
홈피 www.brillianthotel.vn

5성급

GPS 16.077951, 108.245375

포포인츠 바이 쉐라톤 다낭 Four Points by Sheraton Danang

프라이빗 비치가 있는 것은 아니지만 길 하나 건너면 바로 미케 비치가 나오고, 오션뷰 객실(특히 고층)에서 아름다운 해안 절경을 즐길 수 있어 찾는 사람들이 많다. 시티뷰 객실을 선택한 경우, 루프톱 바나 수영장을 이용하면 미케 비치의 탁 트인 전망을 감상하는 데 문제가 없다. 위치가 외지고 주변 상권도 잘 발달해 있지 않은 점이 아쉽다.

주소 120 Vo Nguyen Giap, Son Tra, Da Nang
위치 다낭 시내에서 택시로 10분
요금 슈피리어 85달러~
전화 023-6399-7979
홈피 www.marriott.com

5성급

GPS 16.07092, 108.22941

멜리아 빈펄 다낭 리버프론트 Meliá Vinpearl Danang Riverfront

다낭 시내에서 쏭한교만 넘으면 바로 위치해 한강의 아름다운 전망이 한눈에 들어오는 곳이다. 한강변의 야외 수영장도 야경 즐기기에는 그만. 5성급 호텔답게 깔끔한 객실과 조식, 서비스 등 모든 면에서 만족도가 높다. 길 건너에 빈컴 플라자가 있어 마트나 카페, 레스토랑 이용 등에서도 매우 편리하다.

주소 341 Tran Hung Dao, An Hai Bac, Son Tra, Da Nang
위치 한 시장에서 택시로 5분
요금 디럭스 70달러~
전화 023-6364-2888
홈피 www.melia.com

4성급

GPS 16.071417, 108.235422

하다나 부티크 호텔 다낭 Hadana Boutique Hotel Danang

2015년에 문을 연 호텔로 룸 컨디션이 좋다. 가짓수는 많지 않지만 조식도 괜찮고, 크기는 작지만 수영장도 갖추고 있다. 쏭한교에서 1km 거리에 있는데, 다낭 시내와 비치 중간 지점이라 위치가 애매하다. 호텔 근처에 각종 한식당, 마사지숍, 케이마트, 하나 약국 등이 있어 편리하다.

주소 Lot H1-04, H1-05, H1-06 Pham Van Dong, Son Tra, Da Nang
위치 다낭 시내에서 택시로 8분
요금 슈피리어 48달러~
전화 023-6392-3666
홈피 www.hadanaboutiquedanang.com

4성급

GPS 16.067053, 108.223986

사티아 다낭 호텔 Satya Da Nang Hotel

다낭 대성당 길 건너편에 위치한 4성급 호텔이다. 한 시장 도보 3분 거리에 위치한 만큼, 관광지, 맛집, 마사지숍, 환전소 등 접근성이 뛰어나다. 도보 1분 거리에 한강이 있어 야경이나 산책을 즐기기에도 좋다. 가격도 착한데 객실 컨디션도 좋고, (미니) 수영장, 피트니스센터, 야경이 훌륭한 루프톱 바 등 부대 시설도 잘 갖췄다.

주소 155 Tran Phu, Hai Chau, Da Nang
위치 다낭 국제공항에서 택시로 10분
요금 디럭스 40달러~ **전화** 023-6358-8999
홈피 www.satyadanang.com

3성급

GPS 16.049678, 108.247753

소피아나 미케 호텔&스파 Sofiana My Khe Hotel & Spa

미케 비치까지 도보 2분 거리에 위치해 해변과 가까운 저가 숙소를 찾는 사람들에게 추천할 만한 곳이다. 특히 상권이 잘 발달해 있어, 카페, 레스토랑, 마사지숍, 미니마트 등 모든 편의시설이 지척에 있다. 아담한 루프톱 수영장, 부티크 호텔 같은 깔끔한 객실, 저렴한 가격에 조식까지 포함돼 있어 가성비가 훌륭하다.

주소 56 Tran Bach Dang, Ngu Hanh Son, Da Nang
위치 다낭 시내에서 택시로 10분
요금 디럭스 20달러~
전화 023-6352-8567

3성급

GPS 16.06048, 108.21586

머큐리 부티크 호텔 다낭 Mercury Boutique Hotel Danang

다낭 국제공항에서 시내로 들어서는 대로변에 있는 3성급 호텔로, 야간 비행기를 이용하는 여행객들이 도착 후 잠만 자는 숙소 혹은 리조트 체크아웃 후 비행 전까지 휴식을 취하는 곳으로 많이들 이용한다. 가격도 착하고 객실도 깔끔하며 한시장을 비롯해 시내 여기저기 이동도 편리하다.

주소 125 Nguyen Van Linh, Hai Chau, Da Nang
위치 다낭 국제공항에서 택시로 6분
요금 디럭스 30달러~
전화 023-6395-4997
홈피 www.mercuryhotel.vn

10

노란빛의 찬란한 구시가

호이안 Hoi An

호이안은 15세기 이래 동남아의 주요 무역항으로 자리 잡으면서 중국과 일본, 유럽 등 전 세계 문화와 교류하게 되고, 그 영향으로 다양한 양식과 독특한 미를 자랑하는 고건축물들을 보유하게 되었다. 특히 호이안 구시가에 남아 있는 저택들은 유네스코 세계문화유산에 지정될 만큼 역사적, 문화적 가치가 충분한 것으로, 관광객들의 사랑을 한 몸에 받고 있다. 그 외 호이안에서 주목해야 할 곳은 세계문화유산에 등재돼 있는 미선 유적지다. 고대 참파 왕국의 대단위 사원군으로 지금은 사라진 고대 왕국의 화려했던 문화를 짐작해 볼 수 있는 곳이다.

호이안은 쇼핑과 다이닝에도 주목해 볼 만하다. 특히 호이안 시내에서는 내 마음에 꼭 맞는 맞춤옷을 비교적 저렴하게 구입할 수 있다. 또한 아기자기한 골목을 따라 늘어서 있는 레스토랑에서 호이안의 명물인 까오러우Cao Lau와 호안탄찌엔Hoành Thánh Chiên(프라이드 완톤), 반바오 반박Bánh Bao Bánh Vạc(화이트 로즈)을 맛보는 것을 놓치지 말자.

》 호이안에서 꼭 해야 할 일 체크!

- ☐ 베트남판 인사동, 호이안 구시가 산책하기
- ☐ 세계문화유산에 등재된 미선 유적 다녀오기
- ☐ 낮과 밤이 다른 호이안 시내 구석구석 다니며 쇼핑하기
- ☐ 호이안의 명물 요리 삼총사 맛보기

호이안
N
안방 비치
소울 키친
판다누스 스파
블루 기프트 스파
포시즌 리조트 더 남하이 호이안
신라 모노그램 꽝남
미선 유적
끄어다이 비치
코코넛 빌리지(그린 코코넛투어)
나항 바오한
빅토리아 호이안 비치 리조트&스파
Phan Bá Phiến
Trần Văn Dư
Nguyễn Công Trứ
Nguyễn Trường Tộ
Lý Thái Tổ
Lý Thường Kiệt
Hai Bà Trưng
Trần Cao Vân
Bà Triệu
Thái Phiên
Trần Hưng Đạo
Nguyễn Huệ
Hoàng Diệu
Lê Lợi
Phan Châu Trinh
Nguyễn Thị Minh Khai
Nguyễn Duy Hiệu
Phạm Hồng Thái
Trần Phú
Trần Quý Cáp
Hoàng Văn Thụ
Nguyễn Thái Học
Phan Bội Châu
Bạch Đằng
호로꽌 Hồ Lô Quán
신투어리스트
피 반미
Phi Bánh Mì
마담 칸
Madam Khánh
킴미
Kimmy Custom Tailor
바리 안 트래블
아 동 실크
A Dong Silk
호이안 박물관
Trung tâm Quản lý Bảo tồn Di sản Văn hóa Hội An
베베
Bebe Cloth Shop
뜨엉
Tuong Tailor
호이안 TNT 빌라
Hoi An TNT Villa
하일랜드 커피
Highlands Coffee
호이안 포 라이브러리 호텔
Hoi An Pho Library Hotel
그린그래스 스파
Green Grass Spa
하일랜드 커피 Highlands Coffee
베일 웰 레스토랑
Bale Well Restaurant
껌가 바부오이
Cơm Gà Ba Buội
반미 프엉
Bánh Mì Phượng
쩐 씨 가문 사당
Nhà Thờ Cổ Tộc Trần
포 슈아
Phố Xưa
바바스 키친 인디언 레스토랑
Babas Kitchen Indian Restauran
미스 리 카페
Miss Ly Cafe
찌에우 쩌우 회관
Hội Quán Triều Châu
꽌꽁 사당
Quan Công Miếu
리칭 아웃 티하우스
Reaching Out Teahouse
지붕 덮인 일본인 다리
Cầu Nhật Bản
도자기 무역박물관
Bảo Tàng Gốm Sứ Mậu Dịch
푹끼엔 회관
Hội Quán Phúc Kiến
호이안 시장
(제2건물, 원단)
광지에우 회관
Hội Quán Quảng Triệul
꽌탕 고가
Nhà Cổ Quân Thắng
풍흥 고가
Nhà Cổ Phùng Hưng
호이안 시장
(제3건물, 의류 · 잡화)
호이안 시장
Chợ Hội An
(제1건물, 음식 · 식료품)
포 슈아 강변 지점
Pho Xua Riverside Restaurant
호이안 로스터리 Hoi An Roastery
싸후인 문화박물관
Bảo Tàng Văn Hóa Sa Huỳnh
콩 카페
Cộng Cà Phê
모닝글로리 레스토랑
Morning Glory Restaurant
소중한 문화유산 박물관
Precious Heritage Art Gallery Museum
투본강 소원등 배 타는 곳
Lantern boat on Thu Bon River
카고 클럽
The Cargo Club
떤끼 고가
Nhà Cổ Tấn Ký
민속박물관
Bảo Tàng Văn Hóa Dân Gian
호이안 임프레션 테마파크 공연장
Hoi An Impression Theme Park
호이안 메모리즈 쇼
안호이 다리
Cầu An Hội
삼록 아이리시 펍 호이안
The Shamrock Irish Pub Hoi An
비스 마켓 레스토랑 쿠킹 스쿨
Vy's Market Restaurant & Cooking School
투본강
Thu Bồn River
호이안 야시장
벨 마리나 호이안 리조트
에메랄드 호이안 리버사이드 리조트

1 호이안 드나들기

버스

남쪽으로는 나트랑(12시간 소요)과 북쪽으로는 다낭(1시간), 후에(4시간)와 연결된다. 배낭여행객들이 많이 이용하는 차량은 한카페다. 신 투어리스트에서 예약을 해도 자체 운행하는 버스가 없기 때문에, 한카페 버스를 타게 된다. 다낭 공항과 호이안 간 이동 시 주로 그랩을 이용하지만, 1~2인이 좀 더 저렴하게 이동하려면 바리 안 트래블Barri Ann Travel 셔틀버스(미니밴)에 주목하자. 호이안 구시가 내 오피스가 있다(barrianntravel.com). 1인 편도 6달러, 1시간 30분 소요.

> **Tip | 다낭을 저렴하게 드나드는 방법**
>
> 다낭과 호이안 간을 가장 저렴하게 이동하려면 다낭 대성당 앞에서 일반 버스 16번을 타고 종점까지 가서 다시 호이안행 버스로 갈아탄다. 배차 간격은 30분이며 오후 6시면 더 이상 운행하지 않지만, 2만 동도 안 하는 요금으로 두 구간을 오갈 수 있다. 최근 호이안의 마사지 숍 몇몇이 일정 금액 이상의 마사지를 받으면 다낭까지 픽업 혹은 드롭을 해주기 시작했다. 이 무료 서비스를 잘 이용하면 다낭부터 호이안까지 편안하고 저렴하게 이동할 수 있다. 마사지가 끝나면(혹은 시작 전) 호이안 내 원하는 지점까지 픽드롭을 해주는 것 역시 무료다.

기차

호이안에는 기차가 들어가지 않기 때문에 일단 다낭 기차역에 하차하여 다시 호이안행 교통편으로 갈아타야 한다.

리조트 셔틀버스

다낭과 호이안에 위치한 고급 리조트들은 자체적으로 셔틀버스를 운행한다. 리조트마다 운행시간, 소요시간, 요금 등이 다 다르므로, 각 리조트 프론트데스크에 문의한다.

2 시내에서 이동하기

호이안의 대표 관광지인 구시가는 도보로 충분하다. 그 외 지역 이동은 녹색의 마이린Mai Linh 택시나 그랩을 이용한다(택시 이용 시 주의점은 p.440, 그랩 이용 방법은 p.441 참고). 호이안만큼 자전거가 대중적인 곳은 없다. 대여료는 2~5만 동까지 제각각. 구시가보다 신투어리스트 근처에서 대여하는 게 훨씬 저렴하다.

3 기타 정보

환전

전문 환전소보다 구시가의 일반 상점에서 환전을 겸하는 경우가 많은데, 환율은 좋지 않은 편이다. 여느 지역들과 마찬가지로, 금은방에서 환전하는 것이 좋다. 의류, 잡화 등을 파는 호이안 시장 건물 근처에 금은방이 많다. 몇몇 곳의 환율을 비교해 본 후 가장 좋은 곳에서 환전한다. 한국인들이 많이 가는 금은방은 낌홍푹Kim Hồng Phúc이다.

여행사

여행자들에게 잘 알려진 **신투어리스트**가 중저가 호텔들이 몰려 있는 하이바쯩Hai Ba Trung 거리에 위치해 있다. 그 외에도 구시가 곳곳에 수많은 여행사들이 들어서 있으며, 각 숙소에서도 투어 상품을 알선해준다.

신투어리스트
The Sinh Tourist
주소 646 Hai Ba Trung, Cam Pho, Hoi An
위치 구시가에서 북쪽으로 하이바쯩 거리를 따라 도보 10분 거리
운영 08:00~19:00
전화 028-3838-9597
홈피 www.thesinhtourist.vn

축제

호이안은 제등 축제로 유명하다. 매달 음력 14일에는 거리마다 알록달록 등불을 밝히고 투본강 위에 소망을 담은 촛불을 띄운다. 그 외 음력 8월 14일의 중추절 축제와 12월 31일의 신년맞이 축제가 대표적이다.

4 호이안 추천 일정

호이안의 관광지는 구시가 자체다. 낮과 밤 모두 서로 다른 매력이 있기 때문에, 가능하면 낮과 밤 모두 시간을 내는 것이 좋다. 자전거 타기를 즐기는 사람이라면, 호이안 구시가를 벗어나 안방 비치나 로컬 마을, 논밭의 시골경치까지 즐기는 자전거 셀프 투어를 추천하고 싶다. 해가 지면 야시장이 열리고 투본강 위로 소원배가 부지런히 오간다. 뭔가를 꼭 사거나 배를 타지 않는다 해도 구경하는 재미가 쏠쏠하다. 야경 보기 좋은 곳은 샴록 아이리시 펍 호이안Shamrock Irish Pub Hoi An 앞이다. 매일 밤 가수들의 라이브 공연이 있어, 분위기가 남다르다. 호이안 구시가 외 주요 관광지는 미선 유적지와 남호이안 빈원더스다. 미선 유적지는 반나절로도 충분하지만, 빈원더스는 볼거리, 놀거리도 많고 이동 거리도 있는 만큼 온전히 하루를 투자해야 한다.

★★★ 유네스코 세계문화유산 GPS 15.877128, 108.326103

호이안 구시가 Hoi An Ancient Town

호이안은 15~19세기 동남아시아 무역에서 중요한 역할을 담당했다. 당시 이곳에는 중국, 일본, 네덜란드, 인도 등에서 온 상인들이 드나들며 장기간 머무르기 시작하였고, 차츰 각국의 공동체가 형성되면서 집단 거주 지역이 생겨났다. 이들의 생활 문화는 당시 건축물에까지 많은 영향을 미쳤으며, 그중 몇몇은 아직까지 구시가에 남아 있어 관광객들에게 많은 볼거리를 제공한다. 1999년 유네스코는 호이안 구시가의 역사적, 문화적 가치를 인정하여 세계문화유산으로 지정한 바 있다. 구시가 거리 전체가 볼거리에 속하지만 그중에서도 특히 주목할 만한 곳(상점이나 레스토랑 등 상업 공간 제외)은 수백 년 된 집들과 각종 박물관, 중국(지역별) 상인 회관, 사당 등 약 20여 곳이다. 이들 중 몇몇은 무료입장이 가능하지만, 인기 있는 곳은 대체로 통합 입장권(구매 당일에 한해, 5곳을 선택해 입장할 수 있다. 가격은 12만 동)을 구입해야 한다.

Tip | 여기에 특히 주목!

통합 입장권으로 20여 곳 중 딱 5곳만 선택해야 한다는 것은 여간 고역이 아니다. 겉모습이 안의 내용까지 모두 설명해 주는 것은 아니기 때문이다. 방문객 수나 방문 후기, 해당 장소의 역사적 의미나 볼거리 등을 종합해 몇 곳을 추천하자면 다음과 같다. 떤끼 고가, 풍흥 고가, 쩐 씨 가문 사당, 푹끼엔 회관, 꽝지에우 회관, 민속 박물관, 호이안 박물관(옥상 전망)

★★★

회관 Assembly Hall

여러 지역에서 온 중국 상인들이 사업을 논의하고 모임을 갖던 곳이다. 거의 모든 회관들이 화려하게 장식된 입구와 정원, 사당, 미팅룸 등으로 구성돼 있어 크고 인기 있는 회관 중 하나를 선택해 방문해도 충분하다.

위치 주요 회관들은 쩐푸(Tran Phu) 거리에 주로 몰려 있다. (자세한 위치는 지도 p.262 참고)
요금 5곳을 들어갈 수 있는 통합 입장권으로 선택 이용

▶▶ 꽝지에우 회관
Hội Quán Quảng Triệul

광둥성 출신 상인을 위해 1885년 건축된 곳으로 베트남 건축양식에 중국 광둥성 양식을 더했다. 충과 신념의 상징이자 부와 복의 신으로 중국인에게 널리 추앙받는 관우 신을 모시며, 관우가 타고 다닌 적토마나 도원결의 벽화 등도 눈에 띈다. 제단 한편엔 무역상의 뱃길을 안전하게 지켜주길 바라며 티엔허우 여신도 모시고 있다.

▶▶ 푹끼엔 회관
Hội Quán Phúc Kiến

구시가에 자리하고 있는 회관 중 가장 크고 유명하다. 중국 복건성 출신 상인을 위해 마련된 회관으로, 여러 차례 재건축된 바 있다. 폭풍으로부터 선원들을 보호하는 여신 티엔허우를 모시고 있다. 티엔허우를 기리는 중국 배 모형을 비롯해 각종 벽화와 조각상, 정원 등 볼거리가 풍성하다.

©AJ Oswald

▶▶ 찌에우 쩌우 회관
Hội Quán Triều Châu

광둥성 동부에 위치한 차오저우에서 온 중국인들이 1845년 건축한 곳이다. 바다의 거친 풍랑으로부터 선원들을 안전하게 지켜주는 신을 받들고 있다. 나무 골조들과 제단, 문 등 건물 곳곳에 예로부터 전해 내려오는 이야기들이 저부조로 형상화돼 있다. 붉은색과 분홍색의 화려한 외관이 시선을 끈다.

★★★

고가 Old House

수백 년 전 무역을 통해 막대한 부를 축적한 부유한 상인들이 실용성과 예술성을 고려하여 가옥을 짓고 그 후손들이 당시의 구조와 가구, 장식품들을 최대한 보존하며 대대로 살아오고 있다. 주요 고가에는 베트남어를 비롯해 영어, 프랑스어 가이드가 방문객들을 맞아 집안 곳곳을 소개하고 있다.

위치 자세한 위치는 지도 p.262 참고
요금 5곳을 들어갈 수 있는 통합 입장권으로 선택 이용

▶▶ 떤끼 고가
Nhà Cổ Tấn Ký

호이안에서 18세기 저택의 모습을 가장 잘 보존한 곳으로 현재 제7대 후손이 살고 있다. 베트남, 일본, 중국의 건축 요소를 잘 조화시켰으며, 화려한 고가구와 장식이 볼만하다. 특히 홍수로 집이 잠길 때마다 그 날짜와 높이를 기록한 것도 흥미롭다. 베트남 문화재청이 지정한 1급 고가이자 드라마나 영화 촬영장소로도 잘 알려져 있다.

▶▶ 풍흥 고가
Nhà Cổ Phùng Hưng

230년 이상 된 2층 목조 가옥으로, 일본과 중국, 베트남 양식이 조화를 이루고 있다. 내부에는 작은 기념품숍이 있고, 베트남 여인이 수놓는 모습도 볼 수 있다. 2층에는 조상의 위패를 모신 제단이 마련돼 있고, 발코니도 나 있어 바깥을 내려다보려는 관광객들로 항상 붐빈다. 가이드가 영어로 안내를 해준다.

▶▶ 꽌탕 고가
Nhà Cổ Quân Thắng

17세기 중국 상인의 집으로 호이안에서 볼 수 있는 전형적인 단층 건물이다. 좁은 통로를 지나 안쪽으로 들어가면 거실을 비롯한 생활 공간과 작은 정원이 있고 뒷문을 통해 다시 응우옌타이혹 거리로 나올 수 있다. 다른 고가들에 비해 볼거리가 적은 편이며, 실제 가정집을 방문한 듯하다. 현재 내부 공사 중.

★★★

사당과 박물관 Temple & Museum

베트남의 독특한 제례 문화를 알고 싶다면 꽝지에우 회관과 대동소이한 꽌꽁 사당보다 쩐 씨 가문의 개인 사당이 더 방문할 만하다. 호이안의 역사와 문화를 주제로 한 각종 박물관들은 규모가 작아 큰 볼거리가 있다기보다 맛보기 수준(?)으로 가볍게 생각하는 것이 좋다.

위치 자세한 위치는 지도 p.262 참고
요금 5곳을 들어갈 수 있는 통합 입장권으로 선택 이용

▶▶ 쩐 씨 가문 사당 Nhà Thờ Cổ Tộc Trần

19세기 고위 관료였던 쩐뜨낙Tran Tu Nhac이 조상들을 기리기 위해 지은 가정집이자 가족 사당이다. 거실에는 조상들의 위패를 모신 제단이 전면을 차지하고 있고, 골동품과 도자기, 장식품들 등 각종 수집품으로 가득한 전시실도 마련돼 있다. 건물 안쪽에는 꽃과 나무가 우거진 화단이 있는데, 쩐 씨 가문 아이들의 태반이 묻혀 있다고 한다.

▶▶ 꽌꽁 사당 Quan Công Miếu

『삼국지』의 관우를 신격화한 중국인들이 베트남과의 무역으로 호이안에 드나들면서 부와 복, 뱃길의 안전을 기원하며 이곳에도 관우 신을 모시는 사당을 세웠다. 입구에 들어서면 관우가 항상 들고 다니던 창들이 늘어서 있고 제단에는 관우상과 관우가 타고 다니던 적토마상도 볼 수 있다. 관우 신을 모신 여타 중국 회관들과 비슷한 면이 많다.

▶▶ 호이안 박물관

Bảo tàng Hội An

호이안의 역사와 문화를 살펴볼 수 있는 곳으로, 고고학 발굴로 수집된 유물들부터 항전의 역사를 살펴볼 수 있는 각종 무기가 전시돼 있다. 전시 자체보다 구시가가 내려다보이는 옥상 전망 때문에 방문하는 사람들이 더 많다.

▶▶ 싸후인 문화박물관

Bảo Tàng Văn Hóa Sa Huỳnh

2,000년 전 베트남 중부 지역에서 번성했던 싸후인 문화에 초점을 둔 박물관으로, 호이안 인근에서 발굴된 고고학적 유물(주로 토기류)을 전시하고 있다.

▶▶ 도자기 무역박물관

Bảo Tàng Gốm Sứ Mậu Dịch

14세기 이래 베트남을 중심으로 이집트와 일본, 중국 등을 오간 도자기 무역의 경로와 당시의 도자기를 비롯해 고고학적 가치가 있는 유물 268점이 전시돼 있다. 전시물보다 19세기 후반 지어진 건물 자체가 더 볼만하다는 평가다.

▶▶ 민속박물관

Bảo Tàng Văn Hóa Dân Gian

호이안 지역의 생활상을 엿볼 수 있는 박물관이다. 배와 각종 어구, 농기구, 생활용품, 장식품, 전통 의복 등이 전시돼 있다.

★★★

그 외 볼거리 The Others

지붕 덮인 일본인 다리는 호이안 구시가를 대표하는 관광지다. 일본인 다리를 건너려면 통합 입장권이 필요하지만 볼거리가 없어 이용은 추천하지 않는다. 그 외 다양한 숍과 갤러리를 무료로 방문할 수 있다.

위치 자세한 위치는 지도 p.262 참고

▶▶ 지붕 덮인 일본인 다리 Cầu Nhật Bản

1590년대 일본인이 자신들의 거주 지역과 중국인 거주 지역을 연결하기 위해 지은 다리다. 마치 용의 모습을 형상화한 듯한 화려한 장식의 지붕과 아치 구조가 아름다워 언제나 여행객들로 북적인다. 다리 안쪽에는 날씨를 관장하는 신을 모신 작은 사당이 있는데 큰 볼거리는 아니다. 낮이나 밤 사진 찍기 좋은 곳으로 특히 야간엔 다양한 빛의 조명이 들어온다.

▶▶ 소중한 문화유산 박물관 Precious Heritage Art Gallery Museum

베트남 오지를 누비며 54개 소수민족을 만나 카메라에 담아온 프랑스 사진작가 레한Réhahn. 그는 19세기 프랑스 저택을 인수해 100여 장의 사진과 62개의 전통의상, 소수민족에 관한 각종 기록 및 영상 등을 전시했다. BBC, 파리마치, 슈피겔 등 세계 주요 언론들도 주목한 박물관으로, 무료 입장 가능.

©Precious Heritage Art Gallery Museum

▶▶ 각종 숍과 갤러리 Shops and Galleries

호이안의 볼거리는 구시가 거리 그 자체다. 굳이 쇼핑을 즐기거나 맛집 탐방을 나서지 않는다 해도, 길을 따라 늘어서 있는 각종 숍과 레스토랑, 갤러리들이 모두 볼거리가 된다(특히 고가와 회관들이 몰려 있는 쩐푸Trần Phú 거리와 응우옌타이혹Nguyễn Thái Học 거리). 혹자는 굳이 통합 입장권을 구입할 필요 없이 그냥 거리를 걷는 것만으로도 충분하다고 말할 정도. 낮과 밤의 광경은 각기 매력이 다르므로, 모두 만끽해 보자. 낮에는 노란빛의 건물들과 아기자기한 숍 인테리어가 눈을 사로잡고 밤에는 은은한 등불이 마음을 어루만진다.

★★☆ GPS 15.786284, 108.408150

남호이안 빈원더스 VinWonders Nam Hội An

2018년 문을 연 남호이안 빈펄 리조트에는 복합테마파크인 빈원더스가 들어서 있다. 나트랑과 푸꾸옥 등의 빈원더스처럼 워터파크와 테마파크(놀이동산)는 기본에, 보트를 타고 인공 강을 따라가며 동물들을 관람하는 리버 사파리, 소수민족들의 전통 가옥을 재현한 민속촌까지 갖췄다. 우리 돈 3만 원 정도로 모든 시설을 이용할 수 있고 유럽풍 건물들이 늘어서 사진 찍기에도 그만. 분수쇼를 비롯해 다양한 공연들도 준비돼 있다.

주소 Thăng Bình District, Quang Nam
위치 매일 오전 9시경 멜리아 빈펄 다낭 리버프런트, 다낭 메리어트 리조트에서 무료 셔틀버스를 이용할 수 있다. 호이안 역시 9시경 안방 비치, 구시가 하이바쭝 거리에서 셔틀버스가 선다. 단, 이메일(we-care@vinwonders.com)로 사전 예약 필수.
운영 09:00~19:15
요금 성인 60만 동, 아동(키 140cm 이하) 45만 동, 키 100cm 이하는 무료
홈피 vinwonders.com

★★☆ GPS 안방 비치 15.913918, 108.340798 끄어다이 비치 15.902099, 108.360052

안방 비치 vs. 끄어다이 비치 Bãi Biển An Bàng vs. Bãi biển Cửa Đại

호이안에서 가장 유명한 비치는 안방 비치다. 다낭보다 물이 맑고 새하얀 모래사장까지 잘 발달돼 있어, 해수욕 즐기기에 그만. 분위기 좋은 해변 카페와 각종 식당, 선베드까지 잘 갖춰져 있어 유유자적 시간 보내기에도 좋다. 수많은 여행객과 호객꾼에게 시달리기 싫다면 끄어다이 비치로 가자. 해변 컨디션 좋고 세상 조용하다.

위치 구시가에서 약 5km. 택시나 쎄옴, 자전거 이용

★★☆ GPS 15.874928, 108.338745

호이안 메모리즈 쇼 Hoi An Memories Show

호이안의 역사와 문화, 호이안인들의 삶과 정체성을 보여주는 야외 공연이다. 하지만 여느 전통쇼와 달리, 3,300명의 관객이 입장할 수 있는 대규모 공연장에 500여 명의 배우가 출연해 스케일 면에서도 비교를 불허한다. 특히 무대설치, 음악, 의상 각 부문의 최고 전문가들이 모여 완성한 5막의 공연 하나하나는 아름답고도 화려한 볼거리를 제공하며 예술적 감동을 전해준다. 야외 공연으로 우천 시 우비를 나눠준다. 공연장 밖으로 테마파크가 이어지고, 먹거리, 볼거리, 즐길 거리 및 포토 스폿들이 많다.

주소 Hoian Impression Theme Park, 200 Nguyen Tri Phuong, Cam Nam, Hoi An
위치 호이안 임프레션 테마파크(호이안 올드타운에서 택시로 10분 정도 소요) 내 14번 구역에 메모리즈 쇼 공연장이 있다.
운영 **테마파크** 15:00~22:00 **메모리즈 쇼** 20:00~21:00 **휴무** 화요일
요금 쇼+테마파크 60만 동~, 테마파크만 5만 동

GPS 15.876246, 108.326198

투본강 소원등 뱃놀이 Lantern boat on Thu Bon River

호이안 구시가를 굽어 흐르는 투본강에는 해가 질 무렵부터 등을 단 쪽배들이 바쁘게 오르내린다. 4인까지 탈 수 있는 나무배는 투본강을 지나며 알록달록 등을 밝힌 구시가의 예쁜 야경을 선사하기 때문에 큰 인기. 하지만 하이라이트는 소원을 빌고 작은 초를 강 위에 띄워 보내는 의식(?)이다. 비록 탑승 시간은 20분 미만으로 짧지만 감성적인 울림과 의미는 남다르다.

주소 24 Luu Quy Ky, Phuong Minh An, Hoi An
위치 안호이 다리 근처에서 뱃사공들이 호객행위를 한다.
운영 17:00~21:00
요금 배 1대당 1~3명 15만 동, 4~5명 20만 동, 초 불포함

GPS 15.876086, 108.372607

바구니 배 체험 Hoi An Basket Boat

패키지 여행객들의 필수 코스지만, 한국 여행 프로그램에서 방영된 이후, 너도 나도 찾기 시작했다. 베트남의 전통 바구니 배를 타고, 코코넛 나무가 숲을 이룬 깜탄 지역의 좁은 강을 1시간가량 오르내리는데, 민물게 낚는 방법도 배우고 바구니 배 쇼(?)도 볼 수 있다. 여행 서비스 온라인 플랫폼에서는 쿠킹 클래스나 메모리즈 쇼와 묶어 파는데, 직접 그린 코코넛 빌리지Green Coconut Village로 가면 바구니 배만 체험할 수도 있다.

그린 코코넛 투어 Green Coconut Tour
주소 To 2, Thon Van Lang
위치 구시가에서 끄어다이 비치 방향으로 약 6km
운영 08:00~19:00 요금 1인당 9만 동~
전화 093-586-8335 **카카오톡 ID** greencoconuttour

GPS 15.875634, 108.325988

쿠킹 클래스 Cooking Class

비스 마켓 레스토랑 쿠킹 클래스

비스 마켓 레스토랑 쿠킹 클래스

그 나라의 음식을 맛보는 것에서 그치지 않고 직접 만들어 보고 자신이 만든 음식을 그 자리에서 즐기는 쿠킹 클래스. 오래전부터 서양 여행객들에게 큰 인기를 끌어왔지만, 최근 들어 호이안을 방문하는 한국인들도 관심을 갖기 시작했다. 호이안의 맛집 '모닝글로리'의 자매 레스토랑인 **비스 마켓 레스토랑 쿠킹 스쿨**Vy's Market Restaurant & Cooking School은 프로그램 구성이나 진행, 위생, 접근성 등 모든 면에서 좋은 평가를 받고 있다. 이곳에서는 로컬 마켓에 가서 장을 보는 것이 포함된 5시간 클래스를 운영 중이며, 반미, 화이트 로즈, 미꽝, 반쎄오, 스프링롤 등 중부 지방을 대표하는 베트남 음식들을 만들어 본다. 수업은 영어로 진행되지만 영어가 능숙하지 않아도 큰 문제는 없다. 예약은 홈페이지에서도 가능하다.

주소 03 Nguyen Hoang, Hoi An
위치 호이안 다리 건너 야시장 골목으로 들어서 50m 왼쪽
운영 5시간 코스 매일 1회(08:30~13:30)
요금 5시간 코스 32달러~
전화 091-404-4034
홈피 www.tastevietnam.asia

GPS 15.913903, 108.340779

셀프 자전거 투어 Self Bicycle Tour

구시가를 벗어나 호이안의 또 다른 매력을 발견하고 싶은 사람이라면 자전거를 타고 외곽으로 나가보자. 구시가와 끄어다이 비치 및 안방 비치, 호이안의 농촌 마을과 저수지, 논밭까지 두루 둘러볼 수 있다(총 20km 정도 거리가 되므로 충분한 체력, 이른 아침 라이딩은 필수). 앱스토어에서 '바이크맵Bikemap'을 다운받으면 호이안의 자전거 루트를 참고할 수 있으며, 내비게이션으로도 사용 가능하다.

위치 자전거는 대부분의 숙소에서 1~2달러 정도에 대여 가능하다. 혹은 신투어리스트 근처에 대여점이 많다.

바이크맵(Bikemap) 앱

Special Tour

미선 유적 Mỹ Sơn Sanctuary 유네스코 세계문화유산

세계문화유산에 등재된 미선 유적은 2~15세기 베트남 중부에 번성했던 참파 왕국의 대규모 사원 단지다. 산스크리트어로 마하파르바타Mahaparvata(창조와 파괴의 시바 신을 뜻한다)라 불리는 성산 미선산에 둘러싸여 있으며, 이 산 북쪽에서 마하나디Mahanadi(시바 신의 아내, 여신 강가Ganga를 의미한다)라는 성스러운 강이 흘러 투본강에 합류한다. 미선 사원군은 3세기부터 13세기에 걸쳐 꾸준히 건설되었으며, 20세기 초, 프랑스 고고학자 앙리 파르망티에 의해 처음 세상에 알려졌다.

이후 지속적인 탐사 및 보존 작업을 거쳐 약 70여 개의 탑과 사원들이 발굴 순서에 따라 A부터 L까지 총 10여 개의 사원군으로 나뉘어 대중에게 공개되고 있다. 하지만 B, C, D군만이 그나마 온전한 모습을 간직하고 있어 미선 투어에서는 이들이 핵심을 이룬다. 모든 사원군들은 주 사원(칼란Kanlan)을 중심으로 부속건물이 있는 동일한 구조다. 주 사원에는 시바 신에게 바친 링가와 요니의 결합체가 있다(링가Linga는 다산성 및 창조력을 상징하는 남근상, 요니Yoni는 여성의 생식기를 의미). 예식에 쓰이는 예물 저장고 코사그라Kosagrha는 주 사원 남쪽에 있고, 그 반대편에 성수탑이 있다. 예식 전 성수로 몸과 마음을 씻어내던 곳이다. 사원 현관 고푸라Gopura와 울타리벽 안타르만달라Antarmandala 밖으로 노래와 춤이 행해졌던 예식홀 만다파Mandapa가 있다. 미선의 건물들은 모두 벽돌을 사용했지만 이음새를 메워주는 모르타르가 없다는 점에서 놀라운 건축 기술을 자랑한다. 또한, 각종 힌두 신을 상징하는 조각들과 동물, 식물, 무희 압사라와 같은 섬세하고 아름다운 조각과 장식들도 미선 사원군의 신비함을 더한다.

1일 투어

소요시간	08:00~13:00
비용	평균 50만 동~
포함 내역	투어가이드, 버스
불포함 내역	점심, 유적지 입장료, 개인 비용

※ 미선 유적에서 일출을 맞는 '미선 선라이즈 투어'도 있다(신투어리스트). 새벽 4시 30분부터 픽업(호이안 구시가 일대만)을 시작해 유적지를 돌아본 후 오전 9시 30분경 돌아온다. 가격은 15만 동. 간단한 조식 포함.

미스 리 카페 Miss Ly Cafe

1993년부터 미스 리와 그 가족들이 운영해 온 베트남 레스토랑이다. 특히 호이안의 전통 음식에 초점을 두고, 건강한 음식을 서비스하기 위해 인공 조미료를 넣지 않고 이 지역 농장에서 직접 가져온 신선한 재료들을 사용하고 있다. 대표 메뉴는 까오러우와 화이트 로즈, 프라이드 완톤이다. 호이안을 대표하는 레스토랑인 만큼 식사 시간대에는 늘 손님들로 가득 찬다. 호이안의 옛 목조 주택을 식당으로 개조해 베트남 분위기가 물씬 풍기는데, 에어컨이 없어 한낮에는 더운 편이다.

주소 22 Nguyen Hue, Minh An, Hoi An
위치 꽌꽁 사당에서 도보 1분
운영 10:30~21:30
요금 까오러우 6만 동, 화이트 로즈 7만 5천 동, 프라이드 완톤 12만 동(SC 5%)
전화 090-523-4864

GPS 15.877013, 108.327284

리칭 아웃 티하우스 Reaching Out Teahouse

사람들로 북적이는 구시가에서 공간이동을 한 듯 평화롭고 따스함이 느껴지는 찻집이다. 리칭 아웃은 본래 청각장애인들을 중심으로 다양한 수공예품들을 제작, 판매하는 사회적 기업인데, 사업 확장으로 찻집까지 열게 되었다. 스태프들은 모두 청각장애인으로, 주문서에 체크를 하거나 테이블에 있는 단어 블록을 보여주는 방식으로 의사소통을 한다. 이곳은 호이안의 고택 구조를 그대로 사용해, 턱 낮은 창가에는 앉은뱅이 의자와 탁자를 놓고, 방에는 좌식 테이블과 방석을 놓아 사랑방 같은 공간을 만들었다. 뒤뜰에는 연못과 작은 화단이 있고, 정원식 테이블과 의자를 배치했다. 구석구석 리칭 아웃 공예 제작소Reaching Out Arts & Craft에서 만든 다기 세트, 수공예품, 직접 로스팅한 커피나 티 등을 장식해 놓아 쏠쏠한 볼거리도 제공한다.

주소 131 Tran Phu, Minh An, Hoi An
위치 지붕 덮인 일본인 다리에서 도보 2분
운영 08:00~20:00
요금 베트남 티 테이스팅 세트 14만 7천 동, 티 5만 동~
전화 023-5391-0168
홈피 www.reachingoutvietnam.com

포 슈아 Phố Xưa

한국인들에게 독보적인 사랑을 받고 있는 작고 예쁜 식당이다. 호이안에서 보기 드물 만큼 저렴한 가격에 베트남 음식 특유의 향을 최소화한 것이 인기 비결. 한국인의 추천 메뉴는 쌀국수와 분짜, 스프링롤, 프라이드 완톤이다. 식사 시간대에는 웨이팅이 길 만큼 인기를 얻다 보니, 투본 강가에 2호점 '포 슈아 강변 지점Pho Xua Riverside Restaurant'을 오픈했다. 본점의 장점을 살리고 강변의 아름다운 뷰까지 더해 본점만큼 호평을 받고 있다.

주소 35 Phan Chau Trinh, Minh An, Hoi An
위치 쩐 씨 가문 사당에서 도보 2분
운영 10:00~21:00
요금 쌀국수 6만 5천 동, 분짜 6만동

GPS 15.877080, 108.327040

호이안 로스터리 Hoi An Roastery

큰 창 너머로 카페 내부가 들여다보이고, 창가와 테라스에서 밖을 내다보며 커피 마시는 사람들을 보다 보면 어느새 카페로 들어서는 나 자신을 발견하게 된다! 직접 로스팅한 커피빈을 사용해 커피 향과 맛 모두 훌륭하다. 이곳의 인기 메뉴는 코코넛 커피. 그 외 까오러우, 화이트 로즈, 프라이드 완톤 같은 호이안 대표 음식도 판매한다.

주소 135 Tran Phu, Minh An, Hoi An
위치 지붕 덮인 일본인 다리에서 도보 1분
운영 08:00~20:00
요금 커피 7만 동~, 식사류 6만 5천 동~

Tip | 하일랜드 커피와 콩 카페도 있어요!

베트남의 가장 유명한 커피 체인점 2곳은 호이안에서도 만나볼 수 있다. 하일랜드 커피는 신투어리스트 근처와 반미프엉 옆에, 코코넛 커피로 유명한 콩 카페는 지붕 덮인 일본인 다리 근처에 있다.

GPS 15.876657, 108.327625

모닝글로리 레스토랑 Morning Glory Restaurant

미스 리 카페와 함께 호이안에서 유명한 베트남 레스토랑이다. 전문 요리학교와 일반인 대상 쿠킹 클래스(p.273)를 따로 운영할 만큼 '베트남 전통의 맛'에 자부심이 크다. 호이안을 대표하는 메뉴인 까오러우, 화이트 로즈, 프라이드 완톤은 가장 인기 있는 메뉴로, 이곳은 미스 리 카페(p.275)와 1, 2위를 다툰다.

주소 106 Nguyen Thai Hoc, Minh An, Hoi An
위치 지붕 덮인 일본인 다리에서 도보 2분
운영 10:00~23:00
요금 완톤 11만 5천 동, 화이트 로즈 9만 5천 동
전화 023-5224-1555 **홈피** tastevietnam.asia

GPS 15.876505, 108.327507

카고 클럽 The Cargo Club

모닝글로리의 자매 레스토랑으로, 이탈리안 요리에 초점을 두었지만 베트남 요리도 제공한다. 한쪽으로는 전통 가옥들이 늘어선 응우옌타이흡 거리를, 다른 한쪽으로는 투본강을 마주하고 있어 전망이 매우 좋다. 테라스 자리는 예약 필수다.

주소 107~109 Nguyen Thai Hoc, Minh An, Hoi An
위치 지붕 덮인 일본인 다리에서 도보 2분
운영 09:00~23:00
요금 폭립 15만 5천 동, 립아이 스테이크 27만 5천 동
전화 023-5391-1227

GPS 마담 칸 15.880564, 108.327926

호이안 3대 반미집 Three Banh Mi Restaurants in Hoi An

개인적으로 베트남에서 가장 맛있는 반미는 호이안에서 먹을 수 있다고 생각하는 바! 오래전부터 호이안의 최고 반미집으로 **마담 칸**Madam Khánh과 **반미 프엉**Bánh Mì Phượng이 경쟁을 벌여 왔는데, 후발 주자 **피 반미**Phi Bánh Mì가 트립어드바이저 상위권에 랭크되면서 반미계는 삼파전의 양상을 보이고 있다. '반미의 여왕'이라는 타이틀답게 마담 칸은 '매콤한 반미' 한 메뉴로 한국인들의 입맛을 사로잡았다. 반미 프엉은 현지인들의 절대적인 사랑을 받고 있다. 속에 무엇을 넣느냐에 따라 맛과 가격이 달라지는데, 뭐가 좋을지 모를 때는 모든 재료를 다 넣은 브레드 믹스드Bread Mixed가 답이다. 피 반미는 신투어리스트 근처에 있다. 아보카도를 넣은 반미를 맛볼 수 있고, 한국어 메뉴판이 있다는 것이 차별점.

위치 구시가 내(지도 p.262 참고)
운영 **마담 칸** 06:30~19:00
반미 프엉 06:30~21:30
피 반미 08:00~20:00
요금 **마담 칸** 2만 5천 동~
반미 프엉 브레드 믹스드 3만 5천 동~
피 반미 스페셜 반미 5만 동~

마담 칸

반미 프엉

피 반미

GPS 15.878503, 108.330541

껌가 바부오이 Cơm Gà Bà Buọi

현지인들 사이에서 유명한 호이안식 치킨라이스집이다. 쌀밥 위에 닭고기와 선지 한 덩이를 얹어 주는데, 야채들을 한데 넣어 비벼 먹으면 한 끼 식사로도 그만이다. 식사 시간대에는 줄도 길고 합석해야 하는 일도 부지기수다.

주소 22 Phan Chau Trinh, Minh An, Hoi An
위치 쩐 씨 가문 사당에서 도보 7분
운영 10:30~14:00, 17:00~20:00
요금 치킨라이스 5만 5천 동

GPS 15.878730, 108.330140

베일 웰 레스토랑 Bale Well Restaurant

방송과 네이버 맛집 리뷰를 본 한국인들 사이에서 회자되더니 손님의 90%가 한국인인 곳이다. 한국어 간판과 메뉴판이 있고, 손님 대부분이 짜조와 반쎄오, 넴루이 세트메뉴를 주문한다. 기름기 많은 음식이 한 상 푸짐하게 차려져 배가 부르기는 하지만, 음식 하나하나가 특별히 맛있는 맛집이라고 하기에는 아쉬움이 남는다.

주소 51 Tran Hung Dao, Phuong Minh An, Hoi An
위치 쩐 씨 가문 사당에서 도보 3분(포 슈아 맞은편 골목 안)
운영 09:30~22:30 **요금** 세트메뉴 1인당 14만 동

GPS 15.914272, 108.339849

소울 키친 Soul Kitchen

안방 비치에서 인기가 많은 곳이다. 비치를 향해 정원을 내고 테이블을 배치해 바다 전경이 한눈에 들어온다. 방갈로는 가족끼리 오붓하게 식사하기 좋다. 비치 쪽에는 선베드도 놓여 있다. 분위기가 좋고 음식 맛이 괜찮으며 바닷가 레스토랑 치고 많이 비싼 편은 아니다.

주소 An Bang Beach, Hai Ba Trung, Hoi An
위치 안방 비치 메인 입구에서 왼쪽 방향
운영 07:00~23:00
요금 버터 갈릭 새우&프랜치프라이 21만 동, 소울버거&프랜치프라이 18만 5천 동

GPS 15.878458, 108.326013

바바스 키친 인디언 레스토랑 Babas Kitchen Indian Restaurant

베트남 음식이 안 맞아 고생하거나 한 끼 정도는 색다른 음식을 먹고 싶은 사람, 더위에 지쳐 에어컨 있는 곳을 찾는 사람에게 딱이다. 호이안에서 인도 음식점으로 가장 평이 좋은 이곳은, 저렴하고 맛있기로 유명하다. 차량 가능한 길가에 있어 택시 이용도 편리하다.

주소 115 Phan Chu Trinh Phuong Minh An, Hoi An
위치 쩐 씨 가문 사당에서 서쪽으로 도보 3분
운영 10:30~22:00
요금 커리 13만 5천 동~, 난 4만 동~
전화 023-5393-9919

GPS 15.896514, 108.364619

나향 바오한 Nhà Hàng Bảo Hân

끄어다이 비치에 있는 베트남 레스토랑으로, 저렴한 가격에 맛도 좋고 깔끔해 트립어드바이저 상위권에 랭크돼 있다. 칠리새우, 파인애플 볶음밥, 모닝글로리 볶음 등으로 가볍게 점심 식사하기 좋다. 친절한 주인장의 서비스도 인기 요인 중 하나다.

주소 17 Duong Cua Dai, Phuong Cua Dai, Hoi An
위치 끄어다이 비치 가기 200m 전 오른쪽
운영 10:00~22:00
요금 볶음밥 5만 동~, 메인 요리 9만 동~

GPS 15.875087, 108.328380

하이 레스토랑 Hi Restaurant

로컬식당에 대한 거부감이 없고 번듯한 실내 좌석을 갖고 있지 않아도 큰 상관이 없다면, 가성비 훌륭한 맛집으로 소개하고 싶은 곳이다. 프라이드 완톤, 화이트 로즈, 까오러우, 반쎄오, 쌀국수 등등 뭘 시켜도 실패가 없고 플레이팅도 깔끔하다. 식후에는 과일 디저트도 나온다. 여주인이 영어를 하고 상당히 친절하다.

주소 Nguyen Phuc Chu, Quang Nam
위치 호이안 다리 건너 왼쪽 길 끝 모퉁이를 돌아 실외 식당들 늘어선 곳 중 1번째 집
운영 09:00~21:00
요금 반쎄오 4만 동, 까오러우 3만 5천 동

GPS 15.875843, 108.326899

샴록 아이리시 펍 호이안 The Shamrock Irish Pub Hoi An

라이브 가수의 노래를 들으며 아름다운 호이안 야경을 즐기기에 최적의 장소다. 호이안 구시가의 전경은 본래 구시가 내가 아닌, 안호이 다리를 건너 투본강 건너편에서 바라보는 것이 정석. 그중에서도 전망이 아주 예쁜 곳이 샴록 펍의 자리인데, 밤에는 잔잔한 노랫소리에 분위기마저 남다르다. 이곳에서는 일반 생맥주는 물론 더블린 게이트 양조장에서 주조된 아이리시 스타우트 생맥주도 맛볼 수 있다. 바 스낵류 외에도 버거, 피자, 파스타 같은 서양 음식과 일반적인 베트남 음식 모두 주문 가능하다.

주소 21 Nguyen Phuc Chu, Hoi An
위치 호이안 다리 건너 오른쪽 강변
운영 월~목요일 10:00~01:00,
금~일요일 10:00~02:00
요금 생맥주 5만 동~,
피자·버거·파스타류 17만 동~

GPS 15.883486, 108.326047

호로꽌 Hồ Lô Quán

로컬 레스토랑이면서도 우리 입맛에 잘 맞고 가격도 합리적이며 위생적으로도 믿을 만하고 에어컨이 있어 시원한 곳. 한국인 여행객들이 원하는 모든 조건을 갖춘 만큼 입소문이 대단해 손님 대부분이 한국인이다. 타마린드 소스 슈림프, 모닝글로리, 마늘볶음밥, 반쎄오, 프라이드 스프링롤이 가장 인기가 좋다.

주소 20 Tran Cao Van, Phuong Cam Pho, Hoi An
위치 쩐 씨 가문 사당에서 북쪽으로 도보 10분
운영 07:00~22:00
요금 타마린드 소스 슈림프 13만 5천 동, 스프링롤 9만 동

모닝글로리
화이트 로즈
프라이드 완톤
치킨라이스(껌가)
프라이드 스프링롤

GPS 15.877348, 108.331288

호이안 시장 Chợ Hội An

호이안 구시가 내 있는 재래시장이다. 호이안 시장은 크게 3개의 건물로 구성돼 있는데, 꽌꽁 사당 앞 **제1건물**에는 각종 베트남 요리들을 파는 식당들과 커피, 향신료 등 식재료를 파는 매장, 육류 매장이 실내에 위치해 있고, 실외에는 야채와 과일들을 판매하는 노점상이 있다. **제2건물**은 원단 판매 및 맞춤옷 제작을 주로 하는데 구시가의 전문점보다 저렴하고 3~4시간이면 옷 한 벌이 완성된다. **제3건물**에는 신발, 속옷 등을 판매하는 매장들과 철물점이 주를 이룬다.

주소 19 Tran Phu, Cam Chau, Hoi An, Quang Nam
위치 꽌꽁 사당 맞은편
운영 06:00~20:00

Tip | 고급 맞춤옷 제작하기

호이안 구시가에는 한국보다 저렴하게 맞춤옷을 제작할 수 있는 전문점들이 많다. 가격은 원단에 따라 달라지고 하루면 완성된다. 작은 숍은 전시된 샘플을 중심으로 제작되나, 큰 숍은 자체 디자이너를 두고 있어 원하는 대로 제작 가능하다. 유명 매장으로는 **아 동 실크**A Dong Silk, **베베**Bebe Cloth Tailor, **킴미**Kimmy Custom Tailor, **뜨엉**Tuong Tailor 등이 있다.
위치 지도 p.262 참고

GPS 15.875961, 108.325945

호이안 야시장 Hoi An Night Market

해가 지고 어둠이 깔리면 안호이 다리(지붕 덮인 일본인 다리 맞은편) 넘어 응우옌 호앙Nguyễn Hoàng 거리에 야시장이 들어선다. 약 300m 거리에 등 가게, 옷 가게, 기념품 매대 등 살 거리들과, 과일, 과일주스와 스무디, 바비큐, 팬케이크를 비롯한 각종 군것질거리가 죽 늘어서 있다. 쇼핑거리들은 대부분 다낭 한 시장과 호이안 올드타운 내 판매되는 것들로, 정가가 없기 때문에 무조건 흥정과 가격 비교가 필수. 대체로 꼭 뭔가를 사기 위해서라기보다, 이것저것 눈에 띄는 먹거리를 즐기며 한 바퀴 둘러보는 재미로 야시장을 찾는다.

주소 3 Nguyen Hoang, Phuong Minh An, Hoi An
위치 구시가에서 안호이 다리를 건너 오른쪽으로 1번째 큰 거리
운영 18:00~22:00

GPS 15.889181, 108.330412

판다누스 스파 Pandanus Spa

오랫동안 트립어드바이저 스파 부분 1위에 올랐으며, 구글 평점 4.7을 기록하고 있는 곳이다. 작은 가정집 같은 곳에서 시작해 2년 만에 중형 마사지숍이 되었지만, 마사지 실력이나 친절함, 청결도, 저렴한 가격은 변함이 없다. 호이안 내 픽드롭은 물론 다낭 공항까지도 1회 픽업 혹은 드롭을 신청할 수 있다. 예약은 필수다.

주소 21 Phan Dinh Phung, Cam Chau, Hoi An
위치 구시가에서 북쪽으로 도보 20분, 선샤인 호텔 앞
운영 10:00~21:30 **요금** 60분 보디마사지 29만 9천 동~
전화 093-555-2733 **카카오톡 ID** Pandanusspa

GPS 15.88845, 108.32892

블루 기프트 스파 Blue Gift Spa

90분 이상 마사지 메뉴를 선택한 경우, 다낭 픽업 혹은 드롭(택 1) 서비스를 제공하는 마사지숍 중 하나다. 호이안 내 픽드롭을 이용할 경우, 마사지 가격의 30%를 디스카운트해 준다. 시설은 소박하지만, 마사지 스킬이 좋고 스태프가 매우 친절하다.

주소 52 Mac Dinh Chi, Cam Son, Hoi An
위치 신투어리스트에서 도보 11분
운영 08:30~22:30
요금 60분 28만 동~, 90분 40만 6천 동~
전화 **왓츠앱** 84-905-706-790
카카오톡 ID BlueGiftSpa

GPS 15.879865, 108.324390

그린그래스 스파 Green Grass Spa

호이안 구시가에서 접근성이 좋은데 일반 로드숍의 가격만큼 저렴하고, 시설은 평범하지만 깨끗하며 마사지 실력도 괜찮은, 한마디로 '가성비'가 훌륭한 곳이다. 매니저는 물론 마사지사들까지 친절하고 세심함이 특히 인상적이다. 호이안 내 픽드롭 서비스를 무료로 제공한다. 카카오톡 예약 가능.

주소 145 Tran Hung Dạo, Phuong Minh An, Hoi An
위치 쩐 씨 가문 사당에서 도보 8분 **운영** 09:00~22:00
요금 60분 28만 동(팁 불포함) **전화** **카카오톡 ID** 1810006

5성급

GPS 15.929332, 108.317673

포시즌 리조트 더 남하이 호이안 Four Seasons Resort The Nam Hai Hoi An

세계적인 호텔 그룹 포시즌이 인수해 더욱 업그레이드된 남하이는 다낭과 호이안을 통틀어 가장 럭셔리한 리조트 중 하나다. 아름다운 화이트 비치에 U 자형으로 야자수를 심고 그 사이사이 빌라와 풀빌라들을 배치시켜 전 객실이 바다를 향하고 있다. 빌라는 베트남 전통 가옥의 디자인을 살리면서도 모던하게 고급스러움을 더했고, 캐노피 침대와 대리석 욕조, 정원을 향해 넓게 자리한 데이베드, 야외 샤워시설 등은 여심을 자극하기 충분하다. 야자수가 늘어선 3개의 수영장은 온수를 사용해 추운 날씨에도 수영이 가능하다. 한국어 책이 비치된 도서관, 3세 이상에게 무료로 개방된 키즈클럽, 다양한 데일리 액티비티, 고급스럽고 맛 좋은 조식 등 무엇 하나 부족함이 없는 곳이다.

주소 Điện Bàn, Quang Nam
위치 다낭 공항에서 택시로 30분, 호이안에서 택시로 15분 거리
요금 1베드룸 빌라 800달러~, 1베드룸 풀빌라 1,200달러~
전화 023-5394-0000
홈피 www.fourseasons.com

4성급

GPS 15.874532, 108.322230

벨 마리나 호이안 리조트 Bel Marina Hoi An Resort

'실크 마리나 리조트'라는 옛 이름으로 더 유명한 4성급 리조트다. 건축된 지 5년 정도밖에 되지 않아 객실 컨디션이 좋고, 구시가까지 도보 10분 거리로 위치적 장점이 크다. 수영장은 넓고 수심에 따라 구분돼 있어 아이들도 안전하게 물놀이를 할 수 있다. 정원 관리가 잘돼 있고, 바로 앞이 강변이라 전망 역시 일품이다. 매일 안방 비치까지 셔틀버스를 운행하는 것도 장점 중 하나. 가성비가 좋아 한국인들이 많이 찾는다.

주소 74 18 Thang 8, Cam Pho, Hoi An
위치 지붕 덮인 일본인 다리에서 도보 10분
요금 디럭스 80달러~ **전화** 023-5393-8888
홈피 belmarinahoianresort.com

4성급

GPS 15.895324, 108.369705

빅토리아 호이안 비치 리조트&스파 Victoria Hoi An Beach Resort & Spa

끄어다이 비치에 위치한 4성급 리조트로, 번잡함을 벗어나 한적한 곳에서 조용히 휴식을 취하고픈 사람들에게 적합한 곳이다. 리조트 앞으로는 바다가, 뒤쪽으로는 강이 위치해 다양한 전망을 즐길 수 있다. 정원도 넓고 관리도 잘돼 있어 숲속에 들어온 듯 평화롭다. 매시간 호이안행 셔틀버스를 운행한다.

주소 Cua Dai Beach, Cua Dai, Hoi An
위치 끄어다이 비치 (호이안 구시가에서 택시로 15분)
요금 슈피리어(강 전망) 100달러~
전화 023-5392-7040
홈피 www.victoriahotels.asia

5성급

GPS 15.963038, 108.288988

신라 모노그램 꽝남 Shilla Monogram Quangnam

2020년 오픈한 5성급 리조트로, 한국의 신라호텔이 운영하는 곳이다. 한국인의 니즈를 최대한 반영한 만큼 주 고객은 역시 한국인이다. 명성에 비해 수영장의 규모는 작은 편이지만, 인피니티풀을 비롯해 성인용, 어린이용, 유아용 등 4개의 풀이 있고, 조경이나 야경이 잘 조성돼 휴양을 즐기기에 좋다. 온탕과 건식 사우나도 갖춰져 있어 우기나 겨울철에도 그만이다. 단, 주요 관광지나 맛집 등 어디를 가든 불편한 위치가 단점이라 할 수 있다.

주소 Lac Long Quan, Dien Ngoc, Dien Ban District, Quang Nam Province
위치 호이안 구시가에서 13km, 다낭 시티 센터에서 15km
요금 슈피리어 200달러~ **전화** 023-5625-0088
홈피 www.shillamonogram.com

3성급 GPS 15.88008, 108.32426

호이안 TNT 빌라 Hoi An TNT Villa

2015년 신축한 3성급 호텔이다. 구시가에서 살짝 벗어나 있지만 관광지, 맛집 어느 곳에서든 멀지 않은 거리다. 인테리어는 깔끔하고 객실마다 테라스가 있으며, 수영장은 작아도 수질 관리가 잘돼 있고 분위기도 좋다. 도로변에 위치해 있어, 소음에 민감하다면 수영장 쪽 객실을 요청하는 것이 좋다.

주소 100 Tran Hung Dao, Cam Pho, Hoi An
위치 지붕 덮인 일본인 다리에서 도보 8분
요금 디럭스 45달러~
전화 023-5366-6959
홈피 www.tntvillahoian.vn

4성급 GPS 15.874532, 108.323501

에메랄드 호이안 리버사이드 리조트 Emerald Hoi An Riverside Resort

이 가격에 이런 리조트를 찾기란 쉽지 않다. 아름다운 인피니티풀과 환상적인 강변 전망, 구시가까지 10분 걸리는 위치, 무료 보트 투어, 무료 베트남 간식 타임 등 가성비가 월등하게 좋은 곳이다. 낡은 듯해도 깨끗한 객실, 괜찮은 조식, 친절한 직원 등 모든 면에서 평균 이상이다.

주소 127 Ngo Quyen, Minh An, Hoi An
위치 지붕 덮인 일본인 다리에서 도보 8분
요금 디럭스 60달러~ **전화** 023-5393-4999
홈피 emeraldhoianriverside.com

3성급 GPS 15.880779, 108.326027

호이안 포 라이브러리 호텔 Hoi An Pho Library Hotel

구시가와 신시가 경계에 있으며, 신투어리스트와 그린 그래스 스파, 마담 칸 등 유명 스폿들과도 가깝다. 원목 가구를 기본으로 해서 아기자기하게 꾸민 깨끗하고 예쁜 객실, 다양한 책을 무료로 이용할 수 있는 도서관, 루프톱 수영장까지 충실하게 갖췄다. 엘리베이터가 없다는 점은 아쉽다.

주소 96 Ba Trieu, Cam Pho, Hoi An
위치 지붕 덮인 일본인 다리에서 도보 7분
요금 슈피리어 35달러~ **전화** 023-5391-6277
홈피 www.hoianpholibraryhotel.com

11

동양의 나폴리라 불리는

나트랑 Nha Trang

》 **나트랑에서 꼭 해야 할 일 체크!**

- ☐ 2만 원에 신나는 호핑 투어 다녀오기
- ☐ 롱선사, 뽀나가르 참탑, 나트랑 대성당 순례(?)하기
- ☐ 나트랑 해변에서 망중한 즐기기
- ☐ 나트랑의 유명 머드 스파 즐기기

나트랑 해변은 세계적인 여행 잡지 《트래블 앤 레저Travel and Leisure》가 선정한 세계에서 가장 아름다운 비치 중 하나로, 최고급 리조트들을 비롯해 해안 휴양지가 일찍부터 개발된 곳이다. 전 세계 젊은 여행객들이 나트랑으로 몰려드는 데에는 호핑 투어도 한몫을 한다. 2만 원 대의 저렴한 가격에 인근 섬들을 돌며 스노클링과 일광욕을 즐길 수 있다는 사실 자체도 매력이지만, 선상에서 벌어지는 글로벌 노래자랑이나 바다 위에 열리는 와인 바(?) 같은 독특한 프로그램들이 세계 유일무이한 호핑 투어로 만들었다. 그 외 아이나 어른들을 동반한 가족 여행객들은 머드 온천, 빈원더스 워터파크와 테마파크 등에서 즐거운 시간을 보낼 수 있다.

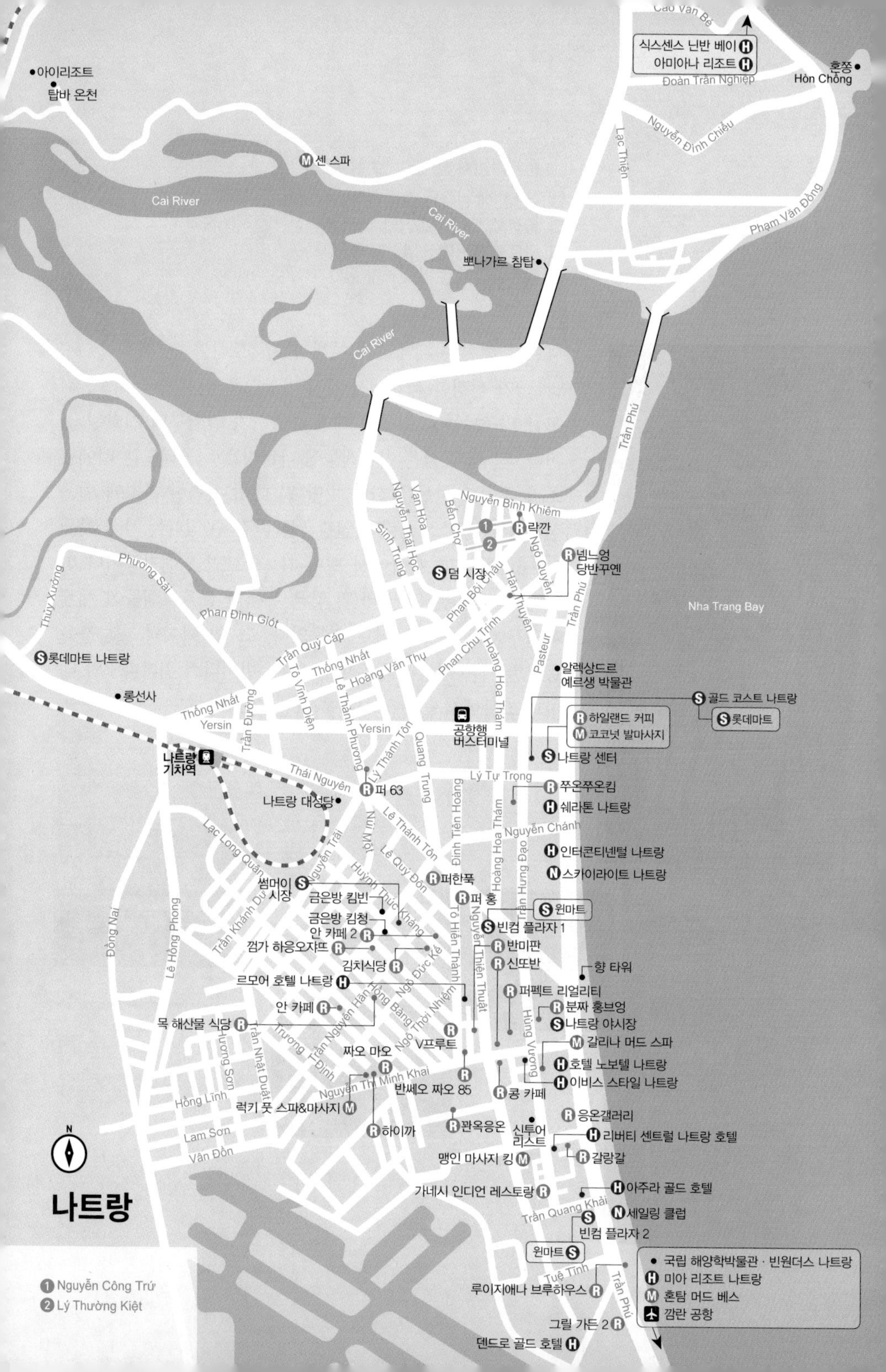
Cao Văn Bé
식스센스 닌반 베이 H
아미아나 리조트 H
Đoàn Trần Nghiệp
혼쫑
Hòn Chồng
아이리조트
탑바 온천
Nguyễn Đình Chiểu
Lạc Thiện
M 센 스파
Cai River
Cai River
Phạm Văn Đồng
뽀나가르 참탑
Cai River
Trần Phú
Nguyễn Bỉnh Khiêm
Vạn Hòa
Nguyễn Thái Học
Bến Chợ
R 락깐
Sinh Trung
Ngô Quyền
R 넴느엉 당반꾸옌
Phương Sài
S 덤 시장
Phan Bội Châu
Hàn Thuyên
Thủy Xưởng
Trần Phú
Nha Trang Bay
Phan Đình Giót
Phan Chu Trinh
Trần Quý Cáp
Hoàng Hoa Thám
Pasteur
Thống Nhất
Hoàng Văn Thụ
S 롯데마트 나트랑
Tô Vĩnh Diện
알렉상드르 예르생 박물관
롱선사
Lê Thành Phương
S 골드 코스트 나트랑
Thống Nhất
Trần Đường
S 롯데마트
Yersin
Yersin
공항행 버스터미널
R 하일랜드 커피
M 코코넛 발마사지
Lý Thánh Tôn
Quang Trung
S 나트랑 센터
나트랑 기차역
Thái Nguyên
Lý Tự Trọng
R 쭈온쭈온킴
R 퍼 63
나트랑 대성당
Đinh Tiên Hoàng
Hoàng Hoa Thám
H 쉐라톤 나트랑
Núi Một
Lê Thánh Tôn
Nguyễn Chánh
Lạc Long Quân
H 인터콘티넨털 나트랑
Lê Quý Đôn
N 스카이라이트 나트랑
Trần Hưng Đạo
썸머이 시장 S
Nguyễn Trãi
R 퍼한푹
Huỳnh Thúc Kháng
금은방 킴빈
R 퍼 홍
S 윈마트
Trần Khánh Dư
금은방 킴청
S 빈컴 플라자 1
안 카페 2 R
Đồng Nai
Lê Hồng Phong
Tô Hiến Thành
R 반미판
껌가 하응오자뜨 R
Nguyễn Thiện Thuật
Ngô Đức Kế
R 신또반
김치식당 R
향 타워
르모어 호텔 나트랑 H
R 퍼펙트 리얼리티
Hồng Bàng
Ngô Thời Nhiệm
R 분짜 홍브엉
안 카페 R
Trần Nguyễn Hãn
Hùng Vương
S 나트랑 야시장
목 해산물 식당 R
R
M 갈리나 머드 스파
Trương Định
V프루트
H 호텔 노보텔 나트랑
Hương Sơn
Trần Nhật Duật
짜오 마오 R
R
H 이비스 스타일 나트랑
Nguyễn Thị Minh Khai
반쎄오 짜오 85
R 콩 카페
Hồng Lĩnh
럭키 풋 스파&마사지 M
R 응온갤러리
Lam Sơn
R 하이까
R 꽌옥응온
신투어 리스트
H 리버티 센트럴 나트랑 호텔
Vân Đồn
R 갈랑갈
맹인 마사지 킹 M
나트랑
가네시 인디언 레스토랑 R
H 아주라 골드 호텔
Trần Quang Khải
N 세일링 클럽
S 빈컴 플라자 2
윈마트 S
국립 해양학박물관 · 빈원더스 나트랑
H 미아 리조트 나트랑
M 혼탐 머드 베스
깜란 공항
Tuệ Tĩnh
Trần Phú
루이지애나 브루하우스 R
그릴 가든 2 R
덴드로 골드 호텔 H
1 Nguyễn Công Trứ
2 Lý Thường Kiệt

1 나트랑 드나들기

비행기
인천에서 베트남항공, 제주항공, 진에어, 에어부산, 에어서울, 비엣젯 등이 직항편(약 5시간 소요)을 운항 중이다. 그 외 부산, 대구, 청주에도 직항편이 있다. 국내선은 하노이, 하이퐁, 호찌민 시티 등 베트남의 주요 도시들을 연결한다. 깜란Cam Ranh 공항은 시내에서 약 35km 떨어져 있고, 국제선과 국내선 터미널은 도보 5분 거리에 따로 떨어져 있다.

버스
북쪽으로는 호이안, 남쪽으로는 달랏, 혹은 무이네와 이어진다. 여행객들이 많이 이용하는 버스는 호이안은 한카페, 달랏, 무이네는 한카페와 풍짱버스다. 달랏-나트랑은 4시간, 무이네-나트랑 5시간, 호찌민 시티-나트랑은 8~10시간(슬리핑버스), 호이안-나트랑은 10~12시간(슬리핑버스) 걸린다. 버스표는 해당 버스 사무소나 공식 홈페이지, 버스 티켓 예약 사이트 vexere.com 등에서 예약할 수 있다. 좀 더 자세한 정보는 p.437~439 참고.

기차
나트랑 기차역에서 호텔 및 맛집들이 모여 있는 여행자 거리(노보텔 기준)까지 약 2.5km 떨어져 있어 접근성은 좋은 편이다.

나트랑 기차역

공항행 버스터미널

2 공항에서 시내 이동하기

택시 이용 시 40만 동 정도 하지만 보통 35만 동으로 흥정 가능하다. 이것저것 신경 쓰고 싶지 않다면 그랩을 호출하고, 국제선 도착홀을 나와 6번 기둥 앞에서 기다리면 된다. 그랩도 택시와 요금은 비슷하다. 공항과 시내를 오가는 공항버스는 편도 6만 5천 동이다. 시내에서 공항으로 들어갈 경우, 예르생 거리 10번지10 Yersin에 있는 뉴랜드 버스New land bus 터미널에서 탑승하면 된다. 04시 30분부터 19시 30분까지 약 30분마다 운행. 그 외 클룩 같은 여행 서비스 온라인 플랫폼이나 숙소에 픽업 서비스를 신청하는 방법도 있다.

3 시내에서 이동하기

대부분의 여행객들이 택시나 그랩을 이용한다. 택시 기본 요금은 1만 1천 동 전후이며, 베트남의 택시는 악명이 높지만 그중에서 녹색의 마이린Mai Linh과 흰색의 비나선Vina Sun, 흰색과 하늘색의 꿕떼Quốc Tế가 그나마 낫다. 택시 이용 방법 및 주의점은 p.440 참고. 롱선사, 탑바 온천을 제외하면 05-2번 버스가 나트랑의 주요 스폿들을 연결해 준다. 에어컨까지 펑펑 나와 나홀로여행객이라면 쾌적하게 이용할 수 있다.

유용한 버스 노선
주홍색의 05-2번 버스는 푸타 버스 회사FUTA Bus Lines(풍짱 버스 운행사)가 운행한다. 운행 시간은 05:00~19:00이며 배차 간격은 20분이다. 요금은 25km 이내 8천 동, 그 이상 9천 동이다. 05-2번이 지나가는 대표적인 관광지는 다음과 같다.

혼쫑 ··· 덤시장 ··· 여행자거리 일대 ··· 해양박물관 ··· 빈원더스 선착장

참고로 뽀나가르 참탑 앞에서 6번 버스를 타면 롱선사, 롯데마트까지 갈 수 있다.

4 기타 정보

환전

나트랑에서 가장 환율이 좋은 곳은 금은방이다. 특히 썸머이 시장Chợ Xóm Mới 주변에 있는 킴청Tiệm Vàng Kim Chung과 킴빈Tiệm Vàng Kim Vinh 금은방이 유명하다. 그 외 공항 환전소나 은행 등에서도 환전을 할 수 있지만, 금은방보다는 환율이 조금 낮다.

여행사

노보텔 인근에 여행사들이 많이 모여 있다. 그중 버스표와 각종 투어 상품을 판매하는 신투어리스트도 있다. 최근에는 현지 로컬 여행사보다, 여행 서비스 온라인 플랫폼이나 네이버의 나트랑 여행 카페에서 판매하는 여행 상품들을 많이 이용하는 추세다.

주소 130 Hung Vuong, Loc Tho, Nha Trang
운영 07:00~20:00
전화 025-8352-4329
홈피 www.thesinhtourist.vn

5 나트랑 추천 일정

휴양지의 특성상 리조트나 해변에서 보내는 시간이 대부분이다. 나트랑의 관광지는 수적으로 많지 않지만 4~5시간 정도 투자하여 둘러볼 만하다. 뽀나가르 참탑 근처에 대중적으로 인기 있는 머드 온천 2곳(탑바 온천, 아이리조트)이 있다. 시티 투어 종료 후 취향에 따라 온천을 방문해 하루의 피로를 풀어보는 것도 좋다. 그 외 호핑 투어 1일, 빈원더스 1일을 추가할 수 있다.

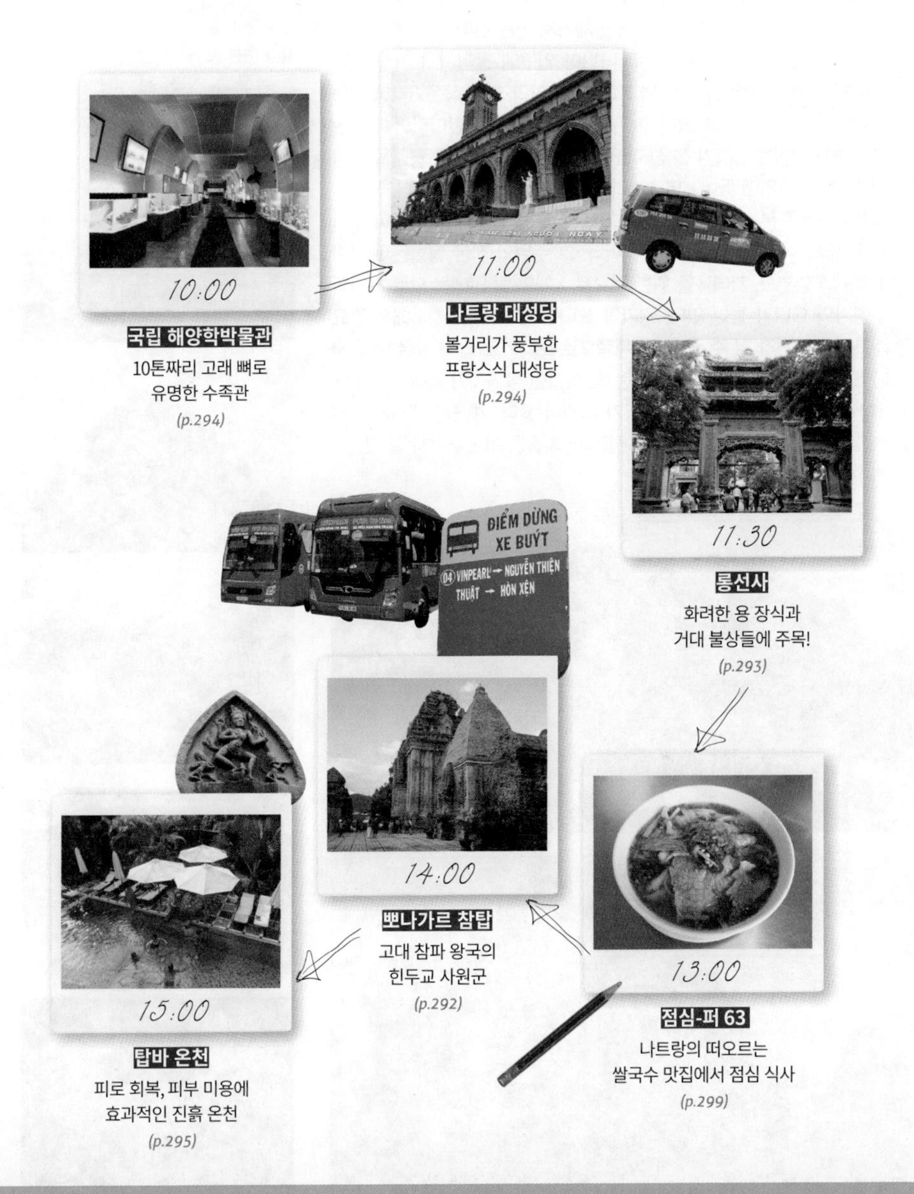

ĐIỂM DỪNG
XE BUÝT
04 VINPEARL → NGUYỄN THIỆN
THUẬT → HÒN XỆN

10:00
국립 해양학박물관
10톤짜리 고래 뼈로
유명한 수족관
(p.294)

11:00
나트랑 대성당
볼거리가 풍부한
프랑스식 대성당
(p.294)

11:30
롱선사
화려한 용 장식과
거대 불상들에 주목!
(p.293)

13:00
점심-퍼 63
나트랑의 떠오르는
쌀국수 맛집에서 점심 식사
(p.299)

14:00
뽀나가르 참탑
고대 참파 왕국의
힌두교 사원군
(p.292)

15:00
탑바 온천
피로 회복, 피부 미용에
효과적인 진흙 온천
(p.295)

★★★

GPS 12.265453, 109.195394

뽀나가르 참탑 Tháp Bà Ponagar

뽀나가르 사원군은 8~13세기에 지어진 고대 참파 왕국의 유적지다. 신화에 따르면, 뽀나가르Pô Nagar는 '왕국의 귀부인'이라는 뜻으로 이 지역에 복과 장수를 가져다준 어머니 신을 가리킨다. 인도의 영향을 받은 참족은 뽀나가르를 힌두교의 바가바티 우마Bhagavati Uma 여신과 동일시하였는데, 가장 큰 탑 입구 상부에 있는 부조상에 팔 4개를 가진 여신 파르바티(우마는 파르바티의 화신으로 알려져 있다)가 새겨져 있는 것이 이를 증명한다. 뽀나가르 사원군은 크게 2구역으로 나뉘며 입구에 들어서서 가장 먼저 만나게 되는 **1번째 구역**은 5.2m와 2.2m의 높이의 크고 작은 8각형 기둥들이 4열로 대칭을 이루고 있다. 힌두교 사원에서 흔히 만다파라 부르는 곳으로, 종교 의식을 올리기 전 신자들이 준비를 하던 장소다. 계단을 올라 본격적인 사원 구역에 들어서면 4개의 붉은 벽돌 탑을 볼 수 있다.

이 **2번째 구역**은 본격적인 사원 구역으로, 맨 오른쪽의 가장 큰 탑이 뽀나가르, 즉 땅의 어머니에게 바쳐진 것이다. 그 주위의 작은 탑들은 뽀나가르의 남편과 양부모, 자녀들을 위한 것으로, 4개의 탑 안에는 모두 제단과 함께 링가와 요니가 놓여 있다. 링가와 요니는 참파 유적에서 매우 중요한 종교적 상징이라 할 수 있다. 탑 뒤쪽으로 뽀나가르 탑의 발굴 당시 사진과 조각품 등이 전시된 쇼룸이 있는데, 특별한 볼거리가 있다기보다 에어컨이 작동돼 잠깐 더위를 피해 가기 더없이 좋다. 계단을 내려가기 전 언덕 아래로 보이는 다리 너머 시내 전경이 꽤 훌륭하니 놓치지 말 것.

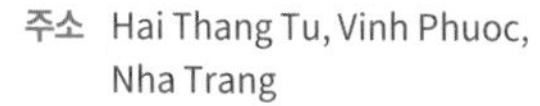

주소 Hai Thang Tu, Vinh Phuoc, Nha Trang
위치 나트랑 시내에서 05-2번 버스를 타고, 뽀나가르 참탑 가장 가까운 정류장에서 내려 걸어가거나 택시 이용
운영 06:00~17:30
요금 3만 동

★★☆ GPS 12.250199, 109.180158

롱선사 Chùa Long Sơn

1886년 언덕 위에 처음 세워졌으나 1900년 태풍의 피해를 받아 현재의 자리로 옮겨 왔으며 여러 차례 재건축을 거쳐 지금에 이르렀다. 절 이름에 '용[롱]'이 들어간 만큼 곳곳에 화려한 용 장식이 눈에 띈다. 본당 뒤로 나 있는 계단을 오르다 보면 왼쪽에 거대한 와불상이 놓여 있고, 언덕 꼭대기에는 고타마 붓다의 거대한 좌불상이 자리해 있다. 높이 24m에 연꽃잎 받침만 무려 7m에 달해 나트랑 시내에서도 그 형상이 다 보일 정도다.

주소 Phat Hoc, Phuong Son, Nha Trang
위치 나트랑 기차역 앞 도로를 따라 해변 반대 방향으로 도보 10분
운영 07:30~17:00
요금 무료

★★☆ GPS 12.273206, 109.206478

혼쫑 Hòn Chồng

혼쫑은 거대하고 둥근 돌무더기가 절경을 만들어내는 곳이다. 베트남어 쫑Chồng은 '남편'을 뜻하며, 그 맞은편 가까이 '아내'를 뜻하는 혼보Hòn Vợ섬도 있다. 이곳에서는 해안 절벽과 사원의 아름다운 풍경뿐 아니라 바위와 바위 사이 낀 작은 바위, 거인 발자국이라는 전설의 발자국 바위 등 신기한 바위도 볼 수 있다. 사원에서는 간단한 전통 악기 연주회도 열리며 바로 옆 카페에서 맛 좋은 커피도 즐길 수 있다.

주소 Vinh Phuoc, Nha Trang
위치 05-2번 버스를 타 검표원에게 혼쫑에 간다고 말한다. 버스정류장에 내려 도보 5분
운영 06:00~18:00
요금 3만 동

★☆☆ GPS 12.246821, 109.188062

나트랑 대성당 Nhà Thờ Chính Tòa Nha Trang

1886년 프랑스 선교사가 처음 예배당을 세운 뒤 1928년 네오고딕 양식으로 재건축돼 지금에 이르렀다. 본당 외부에는 초기 성당 건축 및 나트랑의 선교에 앞장선 루이 발레 신부와 피케 신부의 묘소가 있다. 성당 입구 언덕길에는 신자용 납골당이, 교외 마당에는 성경의 주요 인물상이 있다.

주소 31 Thai Nguyen, Phuoc Tan, Nha Trang
위치 나트랑 기차역에서 해변 쪽으로 나오다 교차로에서 오른쪽
운영 08:00~11:15, 14:00~16:15

★☆☆ GPS 12.251586, 109.195937

알렉상드르 예르생 박물관 Bảo Tàng Alexandre Yersin

파스퇴르 박사와 함께 박테리아 연구에 힘쓴 세균학자 알렉상드르 예르생을 기념하여 세운 곳. 그는 나트랑에 파스퇴르 연구소를 설립하여 베트남 의학 발전에 큰 공헌을 했다. 이곳은 그의 연구소 겸 서재였으며, 지금은 당시의 가구들과 연구 실험 도구, 연구 자료 및 서신들이 전시돼 있다.

주소 8~10 Tran Phu, Vinh Nguyen, Nha Trang
위치 해변 도로 북쪽 (쉐라톤 지나 도보 5분)
운영 07:30~11:30, 14:00~17:00
휴무 토·일요일
요금 2만 동

★★☆ GPS 12.207707, 109.214606

국립 해양학박물관 Bảo Tàng Hải Dương Học

1922년 프랑스가 처음 설립하여 해양 생물 연구에 관한 한 동남아 지역에서 가장 큰 곳으로 알려진 베트남 해양 연구소의 부속박물관이다. 이곳에는 남중국해에서 수집한 1만 종 이상의 해양 생물이 전시돼 있다. 듀공과 같이 멸종 위기에 처해 있는 어종들을 다수 포함하고 있고, 지하 1.2m 아래서 발굴된 18m 길이의 10톤짜리 고래 뼈같이 흥미로운 전시물도 관람할 수 있다.

주소 1 Tran Phu,Vinh Nguyen, Nha Trang
위치 05-2번 버스를 타고 바오다이 빌라에서 내려 버스 진행 방향으로 100m 가서 왼쪽 (호핑 투어를 나가는 꺼우다 선착장에서 오른쪽 길을 따라 200m 전방 오른쪽 위치)
운영 06:00~18:00
요금 성인 4만 동, 학생 2만 동, 6세 미만 무료

★★☆ GPS 탑바 온천 12.270228, 109.177623 아이리조트 12.273205, 109.175765

머드 온천 Mud Hot Spring

더운 동남아에서 뜨거운 온천이 웬 말이냐 하겠지만, 미네랄이 풍부하여 피로 회복, 피부 미용, 뼈와 관절 질환에도 효과가 좋다는 진흙욕은 이야기가 다르다. 나트랑에서 유명한 머드 온천은 2곳. 탑바 온천과 아이리조트다. **탑바 온천**Tháp Bà Spa은 나트랑에서 가장 먼저 생긴 온천으로, 주변의 자연경관을 그대로 살려 분위기가 좋고 온천욕 프로그램이 잘 돼 있다(20분간의 진흙욕 후 고수압 샤워, 바데풀, 온천풀을 짧게나마 단계적으로 지난 후 수영장에서 자유시간을 보낸다).

탑바 온천보다 늦게 문을 연 만큼 규모도 크고 수영장 시설도 더 좋은 **아이리조트**I-Resort는 옆에 작은 워터파크(입장료 별도)가 있어 아이들이 있는 가족여행객들이 더 많이 찾는다. 2곳 다 중국인 단체 관광객이 많은 것은 어쩔 수가 없지만, 이른 아침에는 그나마 한적한 편. 진흙욕을 위한 수영복은 무료로 대여해 주지만, 개인적으로 준비해 간다면 버려도 상관없는 것(진흙 제거가 쉽지 않으므로)을 가져가야 한다. 온천 내 식당은 가격도 저렴하고 맛도 괜찮은 편이다.

주소 **탑바 온천** 15 Ngoc Hiep, Nha Trang
아이리조트 To 19, thon Xuan Ngoc, Vinh Ngoc, Nha Trang

위치 **탑바 온천** 뽀나가르 참탑에서 3km. 택시나 그랩 이용(2024년 기준 셔틀버스 운휴)
아이리조트 뽀나가르 참탑에서 4.5km. 택시나 그랩 이용(2024년 기준 셔틀버스 운휴), 신투어리스트의 투어 상품 이용

운영 **탑바 온천** 07:30~18:00
아이리조트 08:30~17:30

요금 **탑바 온천** 미네랄 수영장+진흙 온천 공용탕 35만 동~(수영복, 타월, 생수 1병 포함)
아이리조트 미네랄 수영장+진흙 온천 공용탕 35만 동(수영복, 타월, 락커 포함)

홈피 **탑바 온천** tambunthapba.vn
아이리조트 www.i-resort.vn

탑바 온천

아이리조트

Tip | 최신 머드 온천 등장!

1. **갈리나 머드 스파**Galina Spa : 여행자 거리 내 위치해 접근성이 탁월하다. 프로그램 구성은 기존 머드 온천과 동일하지만 시설이 작다. 요금 35만 동.
2. **아미아나 리조트 머드 스파**Amiana Resort Spa : 5성급 리조트 아미아나의 스파 프로그램 중 하나로, 프라이빗 공간에서 아름다운 뷰를 만끽하면 스파를 즐길 수 있다. 단, 시내에서 상당히 멀다. 요금 1시간 80만 동.
3. **혼탐 머드 베스**Hon Tam Mud Bath : 5성급 리조트의 부대 시설과 해변을 이용할 수 있다는 장점이 크지만, 배를 타고 섬까지 들어가야 하기 때문에 교통은 가장 불편하다. 요금은 64만 동부터(배편 왕복 포함).

★★★ GPS 12.218694, 109.241051

빈원더스 나트랑 VinWonders Nha Trang

혼쩨섬에 위치한 대규모 위락 시설로 5성급 리조트를 비롯해 워터파크, 수족관, 놀이공원, 동물원, 식물원 등이 들어서 있다. 나트랑 해변 남쪽 꺼우다 선착장 근처에서 케이블카나 페리를 타고 입장하게 되는데, 특히 3,320m에 달하는 케이블카는 바다 위를 가로질러 가기 때문에 아름다운 전경과 스릴감을 동시에 제공한다. 이들 탑승료에는 이미 입장료 및 시설 이용료가 포함돼 있어 일단 빈원더스에 들어서면 대부분의 시설을 무료로 이용할 수 있다.

Tip | 알아두면 유용해요~

1. 외부 음식물은 반입이 금지돼 있다. 빈원더스 내 롯데리아와 스타벅스 등이 있다.
2. 각종 동물쇼와 분수쇼, 거리 공연, 조명쇼(타타쇼) 등도 마련돼 있으므로 놓치지 말 것.
3. 주말에는 상당히 혼잡하다. 가능하면 평일에 다녀오자.
4. 오후 4시 이후 입장 가능한 오후권 외 오후 6시 30분 입장하는 타타쇼 관람권, 케이블카만 타는 탑승권 등도 있다.

주소 Dao Hon Tre, Vinh Nguyen, Nha Trang
위치 택시나 05-2번 버스를 타고 빈원더스 케이블카 승차장으로 가면 된다.
운영 08:00~20:00(시즌에 따라 변동이 많으므로 방문 전 체크)
요금 **1일** 성인 95만 동, 어린이 71만 동
홈피 vinwonders.com

★☆☆ GPS 12.240616, 109.196923

향 타워 Tower Incense

분홍색 연꽃 모양의 탑으로, 긴 해변 중간에 있는 나트랑의 랜드마크. 전시 공연 이벤트 장소로 건축됐지만 내부는 비어 있고, 주로 외부 광장에서 지역 행사, 축제 등이 개최된다. 해가 지고 조명이 켜지면 자전거, 보드를 타는 아이들, 산책하는 사람들로 활기를 띤다.

주소 Tran Phu Quang truong, Hai thang Tu, Loc Tho, Nha Trang
위치 노보텔과 인터콘티넨털 호텔 중간

Special Tour

호핑 투어 Hopping Tour

나트랑에서 30분쯤 떨어진 섬들 가운데 물 맑고 수중 환경이 좋은 문섬Mun Island, 못섬Mot Island, 짠섬Tranh Island, 미에우섬Mieu Island 등(업체에 따라 방문하는 섬이 다름)을 돌며 스노클링과 수영, 선탠 등으로 자유시간을 보낸다. 추가 비용이 들긴 하지만 제트스키나 패러세일링, 스쿠버다이빙 등 수상스포츠도 즐길 수 있다. 여기까지는 다른 동남아의 휴양지에서 즐길 수 있는 일반 호핑 투어와 크게 다를 바 없다. 하지만 나트랑의 호핑 투어는 중간중간 다양한 엔터테인먼트 시간을 갖고 비트감 있는 음악 등으로 좀 더 분위기를 띄우는 데 주력한다. 전 세계에서 온 투어 참가자들은 각국의 대표 노래들을 선보이며 댄스 타임을 갖기도 하고, 스태프는 바다 한가운데 와인 바를 차려놓고 헤엄쳐 온 사람들에게 술잔을 건네기도 한다. 바다 위 수상레스토랑&시장에 배를 정박하고 랍스터, 성게, 복어, 상어 등 생물들을 구경하고 그 자리에서 구입해 점심 식사에 곁들여 먹을 수도 있다.

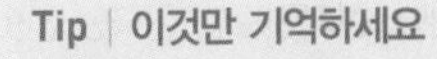

Tip | 이것만 기억하세요

1. 나트랑의 모든 여행사들이 동일한 호핑 투어를 진행하면서 접근성 좋은 신투어리스트를 이용하는 여행객들이 많아졌다. 이 외 모든 숙소에서 호핑 투어를 예약할 수 있다.
2. 탈의실이 따로 없다. 미리 수영복을 갖춰 입고 투어에 나서야 한다. 햇볕이 강하므로 선크림과 긴팔 상의, 모자 등은 필수다. 물을 비롯해 모든 음료는 모두 개별 비용을 지불해야 한다.
3. 점심이 부실한 편이다. 사람에 따라서는 꼬마김치, 김 등 밑반찬을 따로 챙겨 오기도 한다.

소요시간 08:30~16:30 **비용** 평균 50만 동
포함 내역 호텔 픽드롭, 투어가이드, 보트 승선료, 점심
불포함 내역 섬 입장료, 점심 음료, 해양스포츠(신청자에 한함), 스노클링 장비, 개인 비용

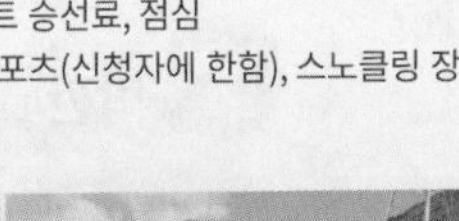

GPS 12.246463, 109.193969

쭈온쭈온킴 Cơm Nhà Chuồn Chuồn Kim

한국인들 사이에서 '촌촌킴'이라는 이름으로 알려진 베트남 요리 전문점이다. 현지인보다 한국인 입맛에 맞춰 향신료를 최소화하고 위생에 신경을 썼다. 실내는 베트남 스타일을 살려 깔끔하고 3층에는 에어컨까지 두었다. 직원들이 한국말을 구사하고 사진이 있는 한국어 메뉴판까지 완벽하게 갖춰져 있다. 인기 메뉴로는 피시소스를 곁들인 돼지고기 립, 매콤한 새우 요리, 스프링롤, 모닝글로리(시금치) 마늘볶음 등이 있다.

주소 89 D. Hoang Hoa Tham, Loc Tho, Nha Trang
위치 쉐라톤 호텔에서 도보 5분
운영 10:30~21:00
요금 돼지고기 요리 9만 5천 동~
전화 094-305-5155

GPS 12.253747, 109.194020

넴느엉 당반꾸옌 Nem Nướng Nha Trang-Đặng Văn Quyên

덤 시장 근처에 위치한 넴느엉Nem Nướng 전문점이다. 이곳의 넴느엉은 다져서 구운 돼지고기와 라이스페이퍼를 튀긴 것이 한 접시에 나오는 것이 특징. 마른 라이스페이퍼에 고기와 튀긴 라이스페이퍼, 야채를 함께 넣어 돌돌 만 후 주홍색 소스를 찍어 먹으면 된다. 바비큐 비빔국수 분팃느엉도 맛있다.

주소 16A Lan Ong, Xuong Huan, Nha Trang
위치 덤 시장에서 도보 5분
운영 07:30~20:30
요금 넴느엉 5만 2천 동, 분팃느엉 4만 5천 동

GPS 12.256759, 109.194590

락깐 Lạc Cảnh

현지인들 사이에서 유명한 숯불구이 전문점으로, 규모도 크고 늘 사람들로 바글거린다. 작은 화로에 직접 고기나 해산물들을 구워 먹는데, 양념 소고기나 돼지고기(메뉴판 각 항목 1번), 새우구이가 특히 인기다. 에어컨이나 환기시설이 없어 덥고 연기가 자욱해 호불호가 갈린다.

주소 44 Nguyen Binh Khiem, Xuong Huan, Nha Trang
위치 덤 시장에서 도보 5분
운영 10:00~22:00
요금 소고기 11만 5천 동~, 새우구이 12만 5천 동
전화 025-8382-1391

GPS 12.23797, 109.18989

짜오 마오 Chào Mào

노란색 3층 건물에 베트남 전통 등을 달아 포토 스폿으로도 사랑받는 베트남 요리 전문점이다. 내부 인테리어도 세련되고, 에어컨이 가동돼 위생적이고 깔끔한 레스토랑을 원하는 한국인들이 많이 찾는다. 가격대는 살짝 높지만 베트남 전통 음식들을 외국인들 입맛에 맞게 조리해 맛에 대한 평가 역시 좋다. 반쎄오와 미꽝(비빔국수), 스프링롤, 모닝글로리 등 한 번쯤 들어본 베트남 요리들은 웬만하면 다 있다.

주소 166 Mê Linh, Nha Trang
위치 노보텔에서 도보 10분 **운영** 11:00~21:00
요금 반쎄오 9만 5천 동, 새우요리 19만 동
전화 0258-351-0959

GPS 12.244038, 109.192420

퍼 홍 Phở Hồng

'나트랑 쌀국숫집'으로 검색하면 나오는 로컬식당으로 한국인 여행객들 사이에서 유명하다. 메뉴는 크게 소고기와 닭고기 쌀국수로 나뉘며, 소고기는 양지, 도가니, 미트볼이 들어간 것과 뚝배기에 담겨 샤부샤부처럼 먹는 쌀국수 등 다양하다. 고수를 넣지 않은 육수(각종 야채는 따로 제공)라 누구나 부담 없이 먹을 수 있다. 여느 로컬식당들보다 위생에 신경을 썼다.

주소 40 Le Thanh Ton, Nha Trang
위치 빈컴 플라자 레탄톤 지점에서 도보 2분
운영 06:00~22:30
요금 빅사이즈 6만 5천 동

Tip | 쌀국숫집 추가요~

퍼 홍에 만족하지 못했다면, 나트랑 대성당 근처의 **퍼 63**Phở 63이나 썸머이 시장 근처의 **퍼 한푹**Phở Hạnh Phúc도 방문해 볼 만하다.

GPS 12.242159, 109.191448

김치식당 Kim Chi Restaurant

15년 이상 나트랑에서 영업을 하고 있는, 나트랑 한식집의 터줏대감이라 할 수 있는 식당이다. 베트남 음식점들에 비해 싼 편이 아니지만, 얼음 띄운 차가운 물에 6가지 반찬, 후식 과일까지 무료로 제공되니 한국 인심이 느껴진다. 에어컨이 가동되는 깔끔한 실내 환경도 플러스 요인 중 하나다.

주소 82 Huynh Thuc Khang, Tan Lap, Nha Trang
위치 나트랑 야시장에서 도보 10분
운영 수~월요일 10:00~21:00
휴무 화요일
요금 고추장떡볶이 9만 동, 찌개류 1만 1천 동~
전화 0258-351-2357

GPS 12.23753, 109.18917

하이까 Bún Cá Hai Cá

따끈한 면요리를 좋아하는 사람들은 물론 오징어 혹은 어묵류를 좋아하는 사람들에게도 추천하고 싶은 로컬 맛집이다. 이 집의 대표 메뉴는 오징어 어묵 쌀국수. 그 자리에서 바로 튀긴 오징어 어묵을 넣어 쌀국수와 함께 먹는데 그 맛이 그야말로 엄지척이다. 어묵만도 따로 판매하며, 해파리 쌀국수도 있다.

주소 156 Nguyen Thi Minh Khai, Phuoc Hoa, Nha Trang
위치 노보텔에서 도보 12분 운영 06:00~21:30
요금 오징어 어묵 쌀국수 5만 5천 동

GPS 12.235800, 109.196840

갈랑갈 Galangal

대중적인 전통 음식을 '스트리트 푸드 메뉴'로 특화시켜 판매하는 음식점. 메뉴가 많다는 특성상 특별한 맛을 기대하긴 어렵지만, 베트남 여행자가 이것저것 주문해 보기 좋다(영문 메뉴판에 음식 설명이 잘돼 있다). 특히 향신료를 최소화해서 누구나 거부감 없이 맛볼 수 있고, 위생 상태가 좋은 편이다. 저녁 시간에는 매우 북적거리지만, 그 외 시간은 여유가 있다.

주소 1 Biet Thu, Tan Lap, Nha Trang
위치 콩카페에서 도보 7분 운영 10:00~22:00
요금 반쎄오 7만 8천 동, 모닝글로리 6만 2천 동

GPS 12.23899, 109.19236

반쎄오 짜오 85 Bánh xèo chảo 85

현지인들은 물론 한국인들 사이에서도 입소문 난 반쎄오(베트남식 빈대떡) 전문점이다. 일반적으로 반쎄오에는 돼지고기가 들어가지만, 해안 도시 맛집답게 새우, 오징어가 들어간 반쎄오가 대표 메뉴다. 그 외 돼지고기, 닭고기, 계란 반쎄오도 있고, 새우와 오징어, 계란을 섞은 스페셜 메뉴도 있다. 라이스페이퍼를 추가해 싸 먹으면 또 다른 맛을 즐길 수 있다. 포장 가능.

주소 81 To Hien Thanh, Tan Lap, Nha Trang
위치 노보텔에서 도보 8분
운영 월~토요일 10:00~21:00, 일요일 13:00~21:00
요금 반쎄오 4만 동~

해산물 레스토랑들 Seafood Restaurants

응온갤러리Ngon Gallery Nha Trang Restaurant는 가격대가 높지만, 랍스터를 비롯해 해산물을 무제한으로 먹을 수 있다는 점에서 많이들 찾는다. 깔끔하고 친절하며 합리적인 가격으로 만족도 높은 **목 해산물 식당**Hải sản Mộc quán은 다낭 본점에서 이미 한국인들에게 검증받은 곳이다. 저렴하게 해산물을 즐기고 싶다면 **꽌옥응온**Quán Ốc Ngon에 주목! 야외에 테이블을 놓고 장사하는 집으로, 한 접시에 4~6만 동 정도 해 이것저것 시켜 먹기 좋다.

위치 지도 p.288 참고
요금 꽌옥응온, 목 해산물 식당, 응온 갤러리 순으로 가격이 비싸진다.

목 해산물 식당
꽌옥응온

응온 갤러리

안 카페 AN Cafe

예쁜 카페를 찾는 사람들 사이에서 유명한 곳이다. 정원 콘셉트를 카페 내부로 가져와, 금붕어가 유영하는 작은 연못과 나무들, 각종 화초와 꽃을 테이블 사이마다 배치했다. 주문 전 차가운 재스민차가 먼저 제공되는데 연녹색의 맑은 빛과 향긋한 맛이 카페 인상을 한층 업그레이드시켜 준다. 개방형 건물에 선풍기만 틀어놔 더위를 많이 타는 사람들에게는 힘들 수 있다. 근처에 2호점도 문을 열었는데 에어컨도 가동되고 덜 붐빈다.

주소 40 Le Dai Hanh, Phuoc Tien, Nha Trang
위치 노보텔에서 도보 15분
운영 06:30~22:00
요금 커피 3만 5천 동~

GPS 12.233770, 109.195900

가네시 인디언 레스토랑
Ganesh Indian Restaurant

호찌민 시티, 호이안, 무이네 등에도 분점을 가지고 있는 인도 음식 전문점이다. 인도 현지인이 직접 요리를 맡아 인도의 맛이 살아있다. 우리 입맛에도 잘 맞고 가격도 저렴한 편으로, 베트남 현지 음식에서 벗어나 새로운 메뉴를 찾고 있다면 방문해 볼 만하다.

주소 186 Hung Vuong, Loc Tho, Nha Trang
위치 콩카페에서 남쪽으로 도보 8분
운영 11:00~22:00
요금 탈리 20만 8천 동~, 탄두리 반마리 17만 6천 동
전화 025-8352-6776

GPS 12.23986, 109.19288

반미판 Bánh mì Phan

나트랑에서 위생 걱정 없이 반미를 먹을 수 있는 곳이다. 베트남 전통 반미보다 한국인을 겨냥한 퓨전 반미가 주메뉴인데, 모짜렐라를 곁들인 반미들이 인기다. 채식인들을 위한 버섯 반미, 삼겹살 반미, 찹쌀밥 등 특별 메뉴도 있다. 한국어 메뉴판도 잘 갖춰져 있고, 내부 테이블도 서너개 있어 먹고 갈 수도 있다.

주소 164 Bach Dang, Tan Lap, Nha Trang
위치 노보텔에서 도보 9분
운영 06:00~20:30
요금 반미 2만 5천 동~

GPS 12.239920, 109.195110

분짜 훙브엉 Bún Chả Hùng Vương

나트랑 야시장 입구에 위치한 분짜 전문점이다. 구글맵에는 "분짜 하노이"라는 한국어로도 검색될 만큼 한국인이 많이 찾는다. 테이블은 4~5개 정도인 작은 로컬식당이지만, 음식이 빨리 나와 회전율이 빠르고 청결함이 돋보인다. 숯불 맛이 잘 밴 고기와 새콤달콤 소스, 야채, 쌀국수의 조화는 한국인 입맛에도 딱이다. 고기 대신 튀긴 스프링롤을 곁들여 먹는 분넴과 비빔 쌀국수 분보남보도 있다.

주소 9 Hung Vuong, Loc Tho, Nha Trang
위치 나트랑 야시장 입구 **운영** 08:00~23:00
요금 분짜 6만 동, 분보남보 7만 동

GPS 콩 카페 12.238272, 109.193700
신또반 12.238613, 109.193684

콩 카페 vs. 신또반
Cộng Cà Phê vs Sinh Tố Vân

콩 카페는 코코넛 커피 스무디로 한국인들에게 인기 많은 곳이다. 베트남 공산주의 시절 분위기를 살린 인테리어도 독특하다. 북쪽으로 길 건너 **신또반**은 과일가게 겸 신또(과일 스무디)집이다. 싱싱한 과일을 간 신또 1잔에 우리 돈 1천 원 정도인데 맛은 기막히다.

콩 카페
주소 97 Nguyen Thien Thuat, Loc Thọ, Nha Trang
위치 노보텔에서 도보 6분
운영 07:30~23:00
요금 코코넛 커피 스무디 5만 5천 동

신또반
주소 19 Nguyen Thien Thuat, Loc Thọ, Nha Trang
위치 콩 카페 길 건너편
운영 08:00~23:00
요금 신또 2만 동~

콩 카페

신또반

GPS 12.239650, 109.194120

퍼펙트 리얼리티 Perfect Reality

나만 알고 싶은 나트랑 골목길의 작은 카페. 그래도 소개하게 된 것은 어차피 에어컨이 없는 곳이라, 진짜 맛있는 커피라면 어디든 가려는 사람, 레트로 감성에 젖어 조용히 시간을 보내려는 사람만이 찾을 것 같기 때문이다. 수준급의 콜드브루와 화이트커피는 물론 레몬커피, 바나나 카카오, 파인애플 우롱티 같은 이 집만의 독특한 음료도 판매한다.

주소 11/9 Nguyen Thien Thuat, Loc Tho, Nha Trang
위치 사타 호텔 건너편 왼쪽 골목길 내
운영 07:00~23:30 **요금** 콜드브루 3만 6천 동~

GPS 12.239214, 109.192148

V프루트 Vfruit

젤라또 같은 크림아이스크림이 아니라 아보카도 셰이크 위에 코코넛 셰이크와 말린 코코넛을 얹은 아보카도 아이스크림kem bơ으로 유명한 카페다. 상호명에서도 알 수 있듯, 신선한 과일들을 맛볼 수 있는 과일 바스켓과 각종 생과일 주스, 스무디 등을 판매한다.

주소 24 To Hien Thanh, Tan Lap, Nha Trang
위치 콩카페에서 도보 3분
운영 06:00~22:30
요금 아보카도 아이스크림(껨버) 4만 동

GPS 12.24208, 109.18936

껌가 하응오쟈뜨 Cơm Gà Hà Ngô Gia Tự

현지인들에게 유명한 치킨라이스 전문점이다. 규모도 꽤 큰데 포장해 가는 사람들까지 항상 북적거린다. 다양한 메뉴들이 있지만 치킨라이스, 닭쌀국수, 닭죽, 치킨 찰밥이 가장 대표적이다. 한국인 입맛에도 거부감 없고 자극적이지 않아 한 끼 식사로 딱이다. 늦은 시간에는 재료 소진으로 주문 안 받는 메뉴도 많다.

주소 Tan Lap, Nha Trang **위치** 썸머이 시장 근처
운영 09:00~21:00 **요금** 치킨라이스 4만 동~

GPS 12.231179, 109.198713

루이지애나 브루하우스 Louisiane Brewhouse

호주산 몰트와 뉴질랜드산 홉으로 만든 수제 맥주를 맛볼 수 있는 곳이다. 정통 체코 스타일의 필스너 외에도 다크 라거, 위트 비어, 패션(푸르트) 비어 등 그 종류도 다양하다. 해변가에 위치해 전망이 훌륭하고 선베드를 빌리면 이곳 수영장을 무료로 이용할 수 있다. 야간에는 라이브 공연도 열린다.

주소 29 Tran Phu, Vinh Nguyen, Nha Trang
위치 노보텔에서 남쪽으로 도보 11분
운영 07:00~01:00 **요금** 수제 맥주 샘플러 15만 동

GPS 12.233907, 109.197763

세일링 클럽 Sailing Club

해변가에 위치한 카페 겸 레스토랑으로 규모가 상당히 크다. 해변 쪽은 전망이 좋고 선베드를 무료로 이용할 수도 있다. 저녁에는 선베드를 걷고 테이블을 세팅해 또 다른 분위기를 낸다. 매일 밤 10시 이후(시즌에 따라 시간 변동) 화려한 불쇼가 펼쳐지고, DJ가 고조된 분위기를 건네받아 새벽까지 그 열기를 이어간다.

주소 72-74 Tran Phu, Loc Tho, Nha Trang
위치 노보텔에서 남쪽으로 도보 7분
운영 07:00~02:30
요금 **입장료** 평일 15만 동, 주말 20만 동
식사류 피자 3만 5천 동~
전화 025-8352-4628
홈피 www.sailingclubnhatrang.com

GPS 12.243494, 109.196155

스카이라이트 나트랑 Skylight Nha Trang

프리미어 하바나 호텔 38층에 있는 루프톱 바다. 1층 더 올라가면 360도 파노라믹 전망대가 나오는데, 나트랑의 해변과 도시의 환상적인 뷰를 즐길 수 있다. 밤이 깊어지면 바는 클럽의 면모를 띠며 젊음의 에너지를 발산한다. 낮에는 가족 여행객들이, 늦은 밤에는 젊은이들이 많이 찾는다.

주소 38 Tran Phu, Loc Tho, Nha Trang
위치 나트랑 야시장에서 도보 6분 **운영** 17:30~01:00
요금 수요일 20만 동(여성 무료),
목~화요일 20만 동(음료 1잔 포함)

GPS 12.248125, 109.196000

나트랑 센터 Nha Trang Center

규모는 작지만 복합쇼핑몰로서 여러 기능을 함께 하는 곳이다. 환율이 좋은 것은 아니지만 급한 대로 이용할 수 있는 은행(1층)과 한국인 사이에서 유명한 마사지숍(코코넛 발마사지), 영화관, 피트니스 센터, 하이디라오, 스타벅스, 푹롱 커피&티 등 각종 식음료 매장들이 들어서 있다. 바로 옆에 골드코스트 쇼핑몰이 들어서면서, 상점 수가 줄고 활력을 크게 잃었다.

주소 20 Tran Phu, Xuong Huan, Nha Trang
위치 나트랑 해변가, 쉐라톤을 등지고 오른쪽으로 도보 약 3분
운영 09:00~22:00
홈피 www.nhatrangcenter.com

GPS 12.248159, 109.194857

골드코스트 나트랑 Gold Coast Nha Trang

나트랑 센터 바로 옆에 붙어 있는 작은 규모의 쇼핑몰이지만, 롯데마트 골드코스트 지점(3~4층)이 들어와 있어 한국인들이 많이 찾는다. 엔터테인먼트 기능도 강화해 볼링장과 게임존, 키즈카페(7층)도 갖추고 있다. 떡볶이 뷔페 전문점 두끼를 비롯해 다양한 한식당과 동남아 식당들이 있고, 패션 잡화 매장들도 알차게 입점해 있다.

주소 01 Tran Hung Dao, Loc Tho, Nha Trang
위치 나트랑 센터 옆
운영 09:00~22:00(매장마다 다름)
홈피 goldcoastmall.vn

GPS 12.255087, 109.191794

덤 시장 Chợ Đám

나트랑에서 제일 큰 재래시장이다. 중앙 원형 건물 안에서는 주로 의류(2층에서는 맞춤옷도 가능)와 각종 잡화를, 밖에서는 기타 생활용품이나 야채, 과일 등을 판매한다. 또한 원형 건물 옆 직사각형의 신축 건물에서는 말린 식료품(과일칩이나 각종 어포, 반찬용 양념 어포 등)을 주로 판매한다.

주소 Ben Cho, Van Thanh, Nha Trang
위치 05-2번 버스를 타고 덤 시장 근처에서 하차
운영 05:00~18:30

GPS 12.239737, 109.196539

나트랑 야시장 Nha Trang Night Market

더위가 한풀 꺾인 저녁 시간대에 소소한 볼거리를 찾아 나선 사람들로 활기를 띠는 곳이다. 각종 기념품, 비치웨어, 옷, 커피, 말린 과일, 푸꾸옥의 명물, 슈슈땅콩 등을 판매하는데, 여타 지역의 야시장에 비해 규모도 적고 먹거리들도 특별할 게 없어서 기대가 크면 실망도 클 수 있다.

주소 Tran Phu, Loc Tho, Nha Trang
위치 노보텔에서 도보 5분
운영 19:00~22:00

GPS 레탄톤 지점 12.233175, 109.197474 쩐푸 지점 12.24270, 109.19359

빈컴 플라자 Vincom Plaza

쩐푸 지점

나트랑 해변 북쪽의 쇼핑몰을 대표하는 것이 골드코스트 나트랑이라면, 중남부 쪽은 빈컴 플라자다. 쩐푸 지점과 레탄톤 지점 2곳이 있는데, 둘 다 빈컴 콘도텔과 붙어 있어 규모는 크지 않고 의류나 잡화 등의 쇼핑 품목은 매우 제한돼 있다. 하지만 윈마트(상품이 다양하진 않아도 있을 것은 다 있다)와 각종 식음료점은 물론 게임존, 영화관 등이 들어서 있어 주말 저녁에는 많이 북적이는 편. 레탄톤 지점보다 쩐푸 지점이 좀 더 낫다.

위치 **레탄톤 지점** 향 타워에서 북서쪽으로 도보 6분
쩐푸 지점 여행자 거리 노보텔에서 남쪽으로 도보 6분
운영 09:30~22:00(매장마다 다름)
홈피 www.vincom.com.vn

레탄톤 지점

GPS 12.251442, 109.177212

롯데마트 나트랑 LOTTE Mart Nha Trang

나트랑에서 가장 큰 대형마트다. 한국인들이 찾는 식료품들(하물며 한국 제품까지)이 빠짐없이 구비돼 있고, 섹션 분류도 잘돼 있는 데다 한국인들의 쇼핑 품목은 한국어로 설명까지 돼 있어 쇼핑하기 편리하다. 1층은 푸드코트와 신선코너를 비롯해 라면 및 양념류가 있고 2층에는 과자, 커피, 티, 랑팜(달랏 지역의 특산물 코너, 자세한 설명은 p.336 참고) 제품 등 여행객들이 주로 구입하는 물품들이 포진해 있다. 고객센터에서는 캐리어 등 다양한 물품을 무료로 보관해 주고, 일정 금액 이상 구매 시 배달 서비스도 제공한다. 참고로, 골드코스트 쇼핑몰 내에도 롯데마트가 있다.

주소 58 Duong 23/10, Phuong son, Nha Trang
위치 나트랑 기차역에서 서쪽으로 1km. 롱선사에서 도보 4분
운영 08:30~22:00

GPS 12.248125, 109.196000

코코넛 발마사지
Coconut Foot Massage

한국인 사이에서 손꼽히는 나트랑 마사지숍. 인기 있는 스페셜 보디마사지는 코코넛 오일과 라벤더 오일 중 하나를 선택할 수 있고, 얼굴 오이팩과 스톤마사지가 포함된다. 무료로 짐 보관 서비스도 제공한다.

주소 Nha Trang Center, 20 Tran Phu, Loc Tho, Nha Trang
위치 나트랑 센터 2층 **운영** 09:30~22:30
요금 90분 코코넛 스페셜 오일마사지 48만 동, 60분 발마사지 38만 동

GPS 12.268370, 109.187140

센 스파 Sen Spa

오랫동안 트립어드바이저 1위에 랭크된 곳으로, 탓바 온천 쪽으로 확장 이전한 이후에도 찾는 사람이 많아 예약이 어렵다. 숲속 같은 정원 조경이나 창밖으로 보이는 카이 강변 풍경이 매우 인상적이다. 꼼꼼한 상담과 이를 반영한 수준급의 마사지 스킬, 나트랑 시내까지 픽드롭 서비스 제공 등으로 만족도가 높다.

주소 241 Ngo Den, Ngoc Hiep, Nha Trang
위치 뽀나가르 참탑에서 탑바 온천 방향으로 1.4km
운영 08:30~20:30
요금 센스파 시그니처 90분 63만 동
전화 090-825-8121 **카카오톡 ID** senspanhatrang

GPS 12.237435, 109.189161

럭키 풋 스파&마사지
Lucky Foot Spa & Massage

여행자 거리에 위치한 숍이다. 이 구역에서 영업하는 수많은 로컬 마사지숍 중 한국인들이 가장 많이 방문하는 곳이다. 보디마사지에는 얼굴 오이팩과 스톤마사지가 포함돼 있다. 시원하게 잘한다는 평이 많지만, 마사지사의 실력이 고르지 않은 것도 사실이다.

주소 78A Nguyen Thi Minh Khai
위치 노보텔에서 도보 8분
운영 10:00~22:00
요금 60분 발마사지 40만 동

GPS 12.235062, 109.194501

맹인 마사지 킹 Massage Người Mù King

다른 맹인 마사지숍에 비해서는 조금 비싼 편이지만 기술 하나는 최고인 곳이다. 최소한의 시설을 갖추고 있고 시트는 매번 교체하나 체계적이고 섬세한 고급 서비스는 기대하기 힘들다. '시설'과 '서비스'보다 '가격'과 마사지 후 '시원함', 이 2가지 조건이 중요한 사람들에게 강력 추천한다.

주소 91a Nguyen Thien Thuat, Nha Trang
위치 콩카페에서 도보 5분
운영 08:00~23:30
요금 60분 보디마사지 25만 동

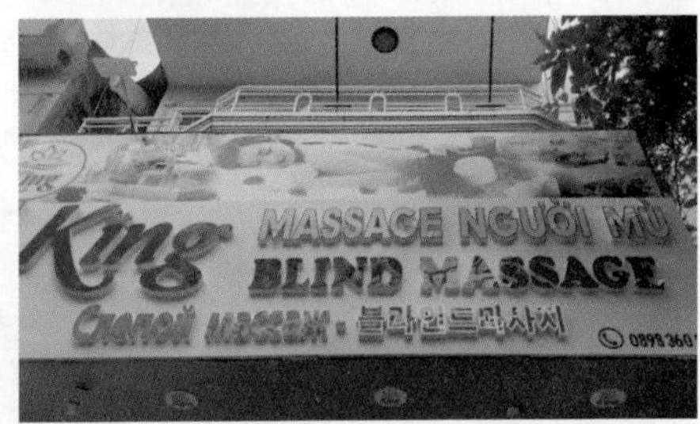

5성급

GPS 12.246429, 109.195673

쉐라톤 나트랑 Sheraton Nha Trang

나트랑의 5성급 체인 호텔 중 인터콘티넨털과 함께 가장 인기 많은 곳이다. 베트남 여인의 그림으로 장식한 깔끔한 객실은 어느 카테고리나 바다 전망을 갖는다. 피트니스 센터 역시 바다로 향해 있다. 인터콘티넨털과 쉐라톤 중 쉐라톤을 선택하는 사람들은 수영장을 그 이유로 꼽을 만큼 인피니티풀의 전망이 아름답다. 길 건너 바로 나트랑 센터가 있는 것도 편하다.

주소 26-28 Tran Phu, Loc Tho, Nha Trang
위치 나트랑 센터에서 도보 2분
요금 디럭스 140달러~
전화 0258-388-0000
홈피 www.sheratonnhatrang.com

5성급

GPS 12.245108, 109.196064

인터콘티넨털 나트랑 Intercontinental Nha Trang

쉐라톤과 함께 늘 비교되는 5성급 호텔로, 2014년 오픈해 쉐라톤보다 시설이 더 좋은 편이다. 럭셔리한 이미지의 인터콘티넨털 체인인 만큼, 외관부터 객실까지 고급스러움이 느껴진다. 크지는 않지만 아기자기한 수영장이 있는데, 호텔치고 저렴한 풀사이드 바도 인기다. 1층에 있는 F&B인 화려한 실내 인테리어가 유명한 루남 카페와 코스타 시푸드에서는 투숙객에 한해 20%를 할인받을 수 있다.

주소 32-34 Tran Phu, Loc Tho, Nha Trang
위치 나트랑 센터에서 도보 5분
요금 디럭스 140달러~
전화 0258-388-7777
홈피 www.intercontinental.com/nhatrang

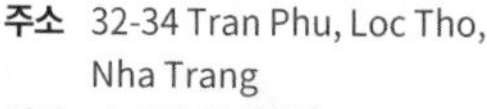

5성급

GPS 12.225274, 109.237341

빈펄 나트랑 리조트 Vinpearl Nha Trang Resort

빈펄은 빈원더스가 있어 아이를 동반한 가족 여행객이 선호하는 리조트였다. 2017년부터는 투숙객 역시 빈원더스 입장권을 구입해야 하면서 리조트 가격이 저렴해졌으며, 여기서 누리는 혼쩨섬의 맑은 해변 및 아름다운 대형 수영장이 훌륭하다. 객실은 1베드룸부터 2~4룸 빌라, 풀빌라, 조식 혹은 1일 3식 포함 등 다양한 선택이 가능하다. 공식적으로 리조트 내 음식물은 반입 금지다(마트 쇼핑물은 캐리어나 백팩에 넣을 것).

주소 Hon Tre Island, Vinh Nguyen, Nha Trang
위치 꺼우다 선착장 근처 빈펄 나트랑 리조트 체크인 카운터에서 스피드 보트 탑승
요금 디럭스 160달러~
전화 0258-359-0611
홈피 www.vinpearlresort-nhatrang.com

©Vinpearl Nha Trang Resort

©Vinpearl Nha Trang Resort

©Vinpearl Nha Trang Resort

5성급

GPS 12.359024, 109.277664

식스센스 닌반 베이 Six Senses Ninh Van Bay

전 세계적인 친환경 럭셔리 리조트 그룹 식스센스의 야심작으로, 모 항공사의 CF 촬영지로도 잘 알려진 곳이다. 나트랑 시내에서 북쪽으로 30분 가량 떨어진 꺼우다 선착장에서 전용 보트를 타고 들어가야 하는데, 이곳은 마치 천혜의 외딴 섬에 닿은 듯한 신비감마저 든다. 친환경적인 빌라들을 배치하고, 불편함을 최소화한 편의시설들을 둬 완벽한 자연 속 힐링을 보장한다. 베트남에서 이렇게 맑은 빛의 바다는 찾아보기 쉽지 않다.

주소 Ninh Van Bay, Ninh Hoa, Nha Trang
위치 나트랑 시내에서 북쪽으로 약 20km 떨어진 꺼우다 선착장으로 이동해 전용 보트 탑승
요금 비치 풀빌라 800달러~
전화 0258-352-4268
홈피 www.sixsenses.com/NinhVanBay

4성급

GPS 12.237796, 109.196555

호텔 노보텔 나트랑 Hotel Novotel Nha Trang

나트랑 해변 남쪽 여행자 거리 구역에서 가족 여행객들에게 특히 인기 많은 호텔이다. 브랜드 네임만으로도 일단 믿음이 가지만, 기존 이용객들의 호평이 이어지면서 더 많은 사람이 찾고 있다. 깔끔하고 쾌적한 객실, 탁 트인 바다 전망, 친절한 스태프와 맛있는 조식은 물론 맛집들이 밀집한 여행자 거리와의 접근성까지 나무랄 데가 없다.

주소 50 Tran Phu, Loc Tho, Nha Trang
위치 콩카페에서 해변 쪽으로 도보 6분
요금 디럭스 140달러~
전화 0258-625-6900
홈피 www.novotel-nhatrang.com

5성급

GPS 12.295227, 109.233872

아미아나 리조트 Amiana Resort Nha Trang

한국인들에게 인기 좋은 5성급 리조트 중 하나다. 나트랑 시내에서 북쪽으로 10km 떨어져 있는 만큼, 주변에는 여행자 편의시설들이 전무하다시피하다. 하지만 맑은 물과 고운 모래의 프라이빗 비치는 다양한 어종의 수많은 물고기를 볼 수 있는 스노쿨링 명소로도 유명하다. 3개의 수영장과 머드 스파를 이용할 수 있으며, 요가, 당구, 바구니배 타기, 각종 워터 스포츠 등 다양한 액티비티도 유 · 무료로 준비돼 있다.

주소 Pham Van Dong, To 14, Nha Trang
위치 나트랑 시내에서 차로 20분
요금 디럭스 130달러~, 3베드룸 풀빌라 700달러~
전화 0258-3553-333
홈피 www.amianaresort.com

5성급

GPS 12.134410, 109.212101

미아 리조트 나트랑 Mia Resort Nha Trang

앞으로는 화이트 비치, 뒤로는 낮은 언덕을 둔 5성급 고급 리조트로 외딴 곳에서 조용히 휴식을 취하고픈 사람에게 적합한 곳이다. 가장 저렴한 객실부터 확실한 바다 전망을 보장하지만, 언덕배기에 위치한 클리프 빌라는 업그레이드된 뷰를 제공하고 개인 수영장까지 갖추고 있다. 가든 빌라는 넓은 정원에 선베드와 해먹을 놓아 녹음 속에서 진정한 힐링을 가능케 한다.

주소 Bai Dong, Cam Hai Dong, Nha Trang
위치 나트랑 시내에서 차로 30분, 공항에서 차로 15분
요금 콘도(바다 전망) 300달러~
전화 0258-398-9666
홈피 www.mianhatrang.com

©Mia Resort Nha Trang

©Mia Resort Nha Trang

©Mia Resort Nha Trang

4성급

GPS 12.235650, 109.195665

리버티 센트럴 나트랑 호텔 Liberty Central Nha Trang Hotel

여행자 거리에 위치한 4성급 호텔이다. 인근 동급의 노보텔보다 규모도 크고 피트니스 센터, 야외 수영장, 클럽 바 등 각종 시설들도 잘 갖추고 있으며 가격까지 저렴한데, 인지도 면에서 고전을 겪어 한국인이 적은 곳이다. 위치도 좋고 깨끗하고 직원들도 친절하며 조식도 맛있다.

주소 39 Biet Thu, Loc Tho, Nha Trang
위치 콩 카페에서 남쪽으로 도보 6분
요금 디럭스 75달러~
전화 0258-352-9555
홈피 www.odysseahotels.com

4성급

GPS 12.228897, 109.197058

덴드로 골드 호텔 Dendro Gold Hotel

여행자 거리 남쪽 끝에 위치한 4성급 호텔이다. 깔끔한 인테리어의 정갈한 객실은 전망도 좋다. 작지만 야외 수영장과 피트니스 센터도 있다. 조식도 나쁘지 않은 편으로 야간 비행기로 나트랑에 들어오는 사람들이 고급 리조트로 이동하기 전 하루 이틀 머무는 호텔로 많이 이용한다. 근처에 위치한 자매 호텔 덴드로Dendro Hotel는 3성급으로 해변 바로 앞에 위치한 데다 객실 컨디션도 괜찮아 여러모로 가성비가 좋다.

주소 386/4 Tran Phu, Loc Tho, Nha Trang
위치 노보텔에서 도보 13분
요금 슈피리어 55달러~
전화 0258-352-4779
홈피 www.dendrogold.com

4성급

GPS 12.24036, 109.19233

르모어 호텔 나트랑 LeMore Hotel Nha Trang

이용객 대부분이 한국인일 만큼 가성비가 훌륭한 4성급 호텔이다. 여행자들을 위한 편의시설이 잘 발달해 있는 구역 한가운데 위치해 있어 맛집, 마사지숍 등을 이용하기 편리하고 골드코스트 쇼핑몰(롯데마트), 다낭 대성당 등 관광 주요 스폿도 도보 10~15분 거리에 있다. 루프톱 수영장, 키즈존 등이 갖춰져 있지만 4성급 시설이라 하기에는 아쉬움이 있다.

주소 33A To Hien Thanh, Tan Lap, Nha Trang
위치 노보텔에서 도보 10분
요금 디럭스 35달러~
전화 0258-390-9789
홈피 www.lemorehotels.com

4성급

GPS 12.23537, 109.19681

아주라 골드 호텔 Azura Gold Hotel

공식적으로는 4성급이지만, 시설은 3성급, 가격은 2성급도 안 되는 가성비 좋은 호텔이다. 여행자 거리에 위치해 있어 편리하고 해변도 도보 3분 거리다. 고층 일부 객실은 오션뷰를 제공하는데, 가격이 저렴해 주목할 만하다. 전망 좋은 루프톱 테라스와 미니 수영장도 있다.

주소 64/2 Tran Phu, Loc Tho, Nha Trang
위치 노보텔에서 도보 4분
요금 슈피리어 15달러~
전화 0258-352-5008
홈피 www.azuragold.com

4성급

GPS 12.237922, 109.19504

이비스 스타일 나트랑 Ibis Styles Nha Trang

가성비 좋은 세계적인 호텔 체인 이비스가 베트남에 처음으로 오픈한 호텔이다. 야외 수영장과 피트니스센터, 키즈존, 스파 등을 알뜰하게 갖췄고, 객실도 깔끔 그 자체. 도보 3분 거리에 해변이 있고, 맛집 어디를 가든 편리한 위치다.

주소 86 Hung Vuong, Loc Tho, Nha Trang
위치 도보텔에서 도보 4분
요금 스텐더드 30달러~
전화 0258-627-4997

12

산과 계곡, 호수가 있는 꽃의 도시

달랏 Da Lat

해발 1,500m에 위치한 고원 도시 달랏은 1년 내내 선선한 기후와 소나무 숲이 뿜어내는 맑고 상쾌한 공기로 지친 몸과 마음이 힐링되는 듯한 느낌을 준다. 일찍이 프랑스 식민지 시절부터 상류층의 피서지로 개발되어 소박하지만 알록달록한 프랑스식 건물들이 들어서 있고, 산과 호수, 폭포, 정원 등 아름다운 자연이 곳곳에 펼쳐져 있다. 볼거리는 쑤언흐엉 호수를 가운데 두고 사방으로 흩어져 있고 랑비앙산은 교외에 떨어져 있어 달랏 시티 1일 투어와 랑비앙산 1일 투어(혹은 개별 방문)를 각각 이용하면 편리하다. 달랏을 찾는 여행객들 중 액티비티를 즐기는 사람이라면 계곡을 따라 트레킹을 하며 바위도 타고 급류에 래프팅도 즐기는 캐니어닝에 주목해 보자. 골프에 취미가 있는 사람에게도 달랏은 좋은 선택이 될 수 있다. 여타 동남아 국가들의 골프클럽들과 달리, 선선한 날씨 아래 최상의 컨디션으로 라운딩을 즐길 수 있다는 점이 가장 큰 장점. 이처럼 달랏은 백인백색의 여행객들을 모두 만족시킬 수 있는 매력 만점의 여행지다.

》 달랏에서 꼭 해야 할 일 체크!

- ☐ 환상적인 랑비앙산 전망 감상하기
- ☐ 공원처럼 아름다운 쭉럼(죽림) 선 수도원 방문하기
- ☐ 달랏의 명물 아티초크차와 딸기잼 맛보기
- ☐ 호수 주변 천천히 살펴보기

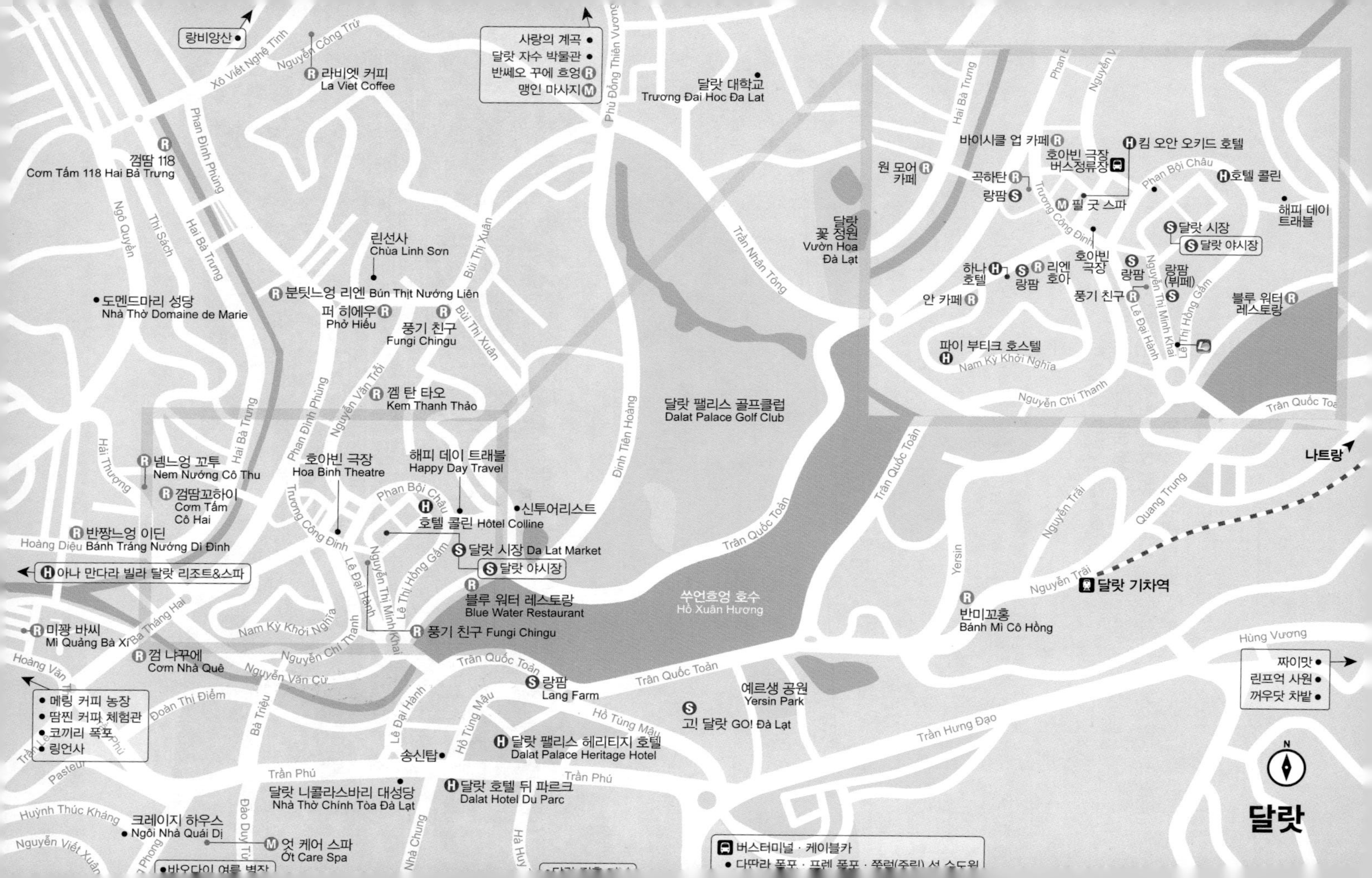

달랏
랑비앙산
라비엣 커피 La Viet Coffee
사랑의 계곡
달랏 자수 박물관
반쎄오 꾸에 흐엉
맹인 마사지
달랏 대학교 Trương Đai Hoc Đa Lat
껌땀 118 Cơm Tấm 118 Hai Bà Trưng
린선사 Chùa Linh Sơn
분팃느엉 리엔 Bún Thịt Nướng Liên
도멘드마리 성당 Nhà Thờ Domaine de Marie
퍼 히에우 Phở Hiếu
풍기 친구 Fungi Chingu
껨 탄 타오 Kem Thanh Thảo
달랏 꽃 정원 Vườn Hoa Đà Lạt
달랏 팰리스 골프클럽 Dalat Palace Golf Club
넴느엉 꼬투 Nem Nướng Cô Thu
껌땀꼬하이 Cơm Tấm Cô Hai
반짱느엉 이딘 Bánh Tráng Nướng Dì Đinh
호아빈 극장 Hoa Binh Theatre
해피 데이 트래블 Happy Day Travel
신투어리스트
호텔 콜린 Hôtel Colline
달랏 시장 Da Lat Market
달랏 야시장
아나 만다라 빌라 달랏 리조트&스파
블루 워터 레스토랑 Blue Water Restaurant
풍기 친구 Fungi Chingu
쑤언흐엉 호수 Hồ Xuân Hương
미꽝 바씨 Mì Quảng Bà Xí
껌 나꾸에 Cơm Nhà Quê
메링 커피 농장
땀찐 커피 체험관
코끼리 폭포
링언사
랑팜 Lang Farm
예르생 공원 Yersin Park
고! 달랏 GO! Đà Lạt
달랏 팰리스 헤리티지 호텔 Dalat Palace Heritage Hotel
송신탑
달랏 니콜라스바리 대성당 Nhà Thờ Chính Tòa Đà Lạt
달랏 호텔 뒤 파르크 Dalat Hotel Du Parc
크레이지 하우스 Ngôi Nhà Quái Dị
엇 케어 스파 Ớt Care Spa
바오다이 여름 별장
버스터미널 · 케이블카
다딴라 폭포 · 프렌 폭포 · 쭉럼(주림) 선 수도원
바이시클 업 카페
킴 오안 오키드 호텔
원 모어 카페
호아빈 극장 버스정류장
곡하탄
랑팜
호텔 콜린
필 굿 스파
해피 데이 트래블
달랏 시장
달랏 야시장
하나 호텔
리엔 호아
호아빈 극장
랑팜
랑팜 (뷔페)
안 카페
풍기 친구
블루 워터 레스토랑
파이 부티크 호스텔
나트랑
달랏 기차역
반미꼬홍 Bánh Mì Cô Hồng
짜이맛
린프억 사원
꺼우닷 차밭
Xô Viết Nghệ Tĩnh
Nguyễn Công Trứ
Phù Đổng Thiên Vương
Phan Đình Phùng
Ngô Quyền
Thi Sách
Hai Bà Trưng
Bùi Thị Xuân
Trần Nhân Tông
Nguyễn Văn Trỗi
Hải Thượng
Đinh Tiên Hoàng
Phan Bội Châu
Trương Công Định
Lê Đại Hành
Nguyễn Thị Minh Khai
Lê Thị Hồng Gấm
Trần Quốc Toản
Hoàng Diệu
Ba Tháng Hai
Nam Kỳ Khởi Nghĩa
Nguyễn Chí Thanh
Nguyễn Văn Cừ
Hoàng Văn Thụ
Đoàn Thị Điểm
Bà Triệu
Hồ Tùng Mậu
Trần Hưng Đạo
Trần Phú
Pasteur
Huỳnh Thúc Kháng
Nguyễn Viết Xuân
Đào Duy Từ
Nhà Chung
Hà Huy Tập
Yersin
Nguyễn Trãi
Quang Trung
Hùng Vương

1 달랏 드나들기

비행기

인천공항에서 달랏 리엔크엉 국제공항San Bay Lien Khuong까지 제주항공이 직항편을 운항 중이다. 약 5시간 소요. 하노이와 호찌민 시티는 물론 다낭, 하이퐁 등 주요 도시에서 국내선이 운행되고 있다.

버스

달랏은 나트랑과 무이네 중간에 위치한다. 나트랑과 달랏을 오갈 때에는 풍짱버스와 리무진을 이용할 수 있다. 약 4시간 소요. 달랏과 무이네 간 풍짱버스는 운행하지 않는다. 약 5~6시간 소요. 호찌민 시티에서 달랏까지는 8시간 소요되며 풍짱버스, 탄부오이 버스 등을 이용할 수 있다. 달랏과 연결된 도시들 간 교통편(풍짱버스 제외)은 버스 티켓 예약 사이트 vexere.com에서 더 많은 버스편을 검색, 예약할 수 있다.

2 공항에서 시내 이동하기

택시

공항에서 달랏 시내까지는 정찰제로 운행하는 라도 택시Lado Taxi를 이용하면 일반 택시나 그랩보다도 더 저렴하다. 4인승 15만 5천 동, 7인승 28만 5천 동이며 약 35분 소요된다. 도착홀에 라도택시 부스가 있기 때문에 예약이 필요 없다. 시내에서 공항으로 갈 때에는 4인승 21만 5천 동, 7인승 28만 5천 동이다. 출발하기 하루 전날, 라도 택시 홈페이지(ladotaxi.com)로 들어가 메신저(영어)를 이용하거나 현지인의 도움을 얻어 전화(0263-366-6777)로 예약하는 방법이 있다.

버스

2023년 10월부터 공항버스는 더 이상 운행하지 않고 있다. 공항과 시내를 오가는 유일한 방법은 택시뿐이다.

3 시내에서 이동하기

달랏의 관광지는 동서남북 전역으로 퍼져 있다. 예산과 체류 기간, 개인 취향 등에 따라 택시(그랩), 버스, 오토바이 등을 적절하게 이용해야 한다. 기본요금은 대체로 9천 동부터 시작하긴 하지만, 시외에 위치한 관광지들은 기다리는 시간까지 계산하기 때문에 일반 미터요금보다 비싸진다.

나 홀로 배낭여행자라면 일반 버스를 이용할 수도 있다(랑비앙산이나 다딴라 폭포, 달랏 기차역 등). 쎄옴(오토바이 택시)은 기사들이 호객 행위를 많이 하므로 항상 적절한 협상이 필요하다. 언덕길이 많은 달랏만큼 오토바이 렌트가 유용한 곳은 없다. 1일 15만 동 정도(오토매틱)이며, 구글맵에 bike rental로 검색하고 리뷰 좋은 곳을 선택한다. 쑤언흐엉 호수를 한 바퀴 돌아보는 데는 자전거만큼 좋은 것도 없다. 2시간에 5만 동이며, 롯데리아 근처에서 빌릴 수 있다.

》 유용한 버스 노선

달랏의 버스는 차 측면에 크게 쓰여 있는 노선(정차지)을 보고 탑승하며, 매표원에게 나의 목적지까지 가는지 꼭 확인해야 한다.

Duc Trong행, Bao Loc행, Don Duong행
호아빈 극장 ⋯› 쩐푸 거리(달랏 니콜라스바리 대성당 앞) ⋯› 다딴라 폭포 ⋯› 프렌 폭포

Lac Duong행
호아빈 극장 ⋯› 판딘풍 거리 ⋯› 랑비앙산(종점)

Trại Mát행, Xuan Truong행
호아빈 극장 ⋯› 쩐푸 거리 ⋯› 짜이맛

Phu Son행, Phi Liêng행
호아빈 극장 ⋯› 메링 커피 농장

Xuan Truong행
호아빈 극장 ⋯› 짜이맛 ⋯› 꺼우닷 차밭

종착지 락즈엉(랑비앙산행)
출발지 달랏

4 기타 정보

환전

시내 곳곳에 은행 및 ATM이 많지만, 여느 도시들과 마찬가지로 금은방을 이용해 달러를 베트남 동으로 환전하는 것이 가장 좋다. 금은방은 호아빈 극장 북동쪽 베트콤 은행Vietcombank 근처에 몰려 있다.

여행사

달랏은 외국인들보다 현지인들이 더 많이 찾는 터라, 외국인들을 겨냥한 여행자 거리가 활성화돼 있지 않다. 1일 투어나 버스티켓 구입 등 여행 관련 서비스는 모두 호텔을 통해 해결할 수 있다. 호텔을 통한 상품에 믿음이 가지 않는다면 다음 여행사들을 참고하자.

해피 데이 트래블 Happy Day Travel

인스타 감성의 히든 스폿들을 발굴하고 다양한 투어 프로그램을 저렴하게 내놓는 로컬 여행사.

주소 127 Phan Boi Chau, Phuong 2, Da Lat
위치 호아빈 극장에서 도보 7분
홈피 happydaytravel.com

하일랜드 홀리데이 투어 Highland Holiday Tours

특히 한국인들에게 입소문 난 캐니어닝 전문 여행사.

주소 59 Nguyen Huu Canh, Phuong 8, Da Lat
위치 달랏대학교에서 자수 박물관 방향으로 2km
홈피 www.highlandholidaytours.com.vn

* 캐니어닝 요금에는 여행자보험 불포함. 캐니어닝은 위험한 액티비티라는 사실을 유념해 두자.

1일 투어

달랏의 관광지들을 단시간에 저렴하게 돌아보는 방법은 여행사 1일 투어를 이용하는 것이다. 단, 내가 가고자 하는 관광지가 포함되어 있지 않거나 커피, 딸기, 꽃 농장 등 관광지라고 하기에는 조금 거리가 있는 곳들이 포함된 경우가 많다. 내가 원하는 곳들만 집중적으로 방문하고 싶다면 운전사(겸 가이드)를 포함해 오토바이를 1일 대여하는 방법도 있다. 오토바이 투어 업체 이지 라이더스 베트남은 입장료와 가이드 비용 등을 모두 포함해 45달러(방문지에 따라 다름)에 1일 투어를 제공한다.

이지 라이더스 베트남 Easy Riders Vietnam

주소 Lo 181 KQH, Phan Dinh Phung, Phuong 2, Da Lat
위치 호아빈 극장에서 도보 10분
전화 090-959-6580
홈피 www.easy-riders.net

메링 커피 농장

캐니어닝

5 달랏 추천 일정

도시 자체가 관광지인 달랏은 볼거리가 곳곳에 퍼져 있다. 보통 여행사의 1일 투어로 돌아보는데, 원치 않는 곳이 섞여 있거나 투어로 다녀올 수 없는 곳도 있다. 이 경우, 다음 일정을 참고하자. 단, 장소 간 이동이 많아 교통비가 비싸질 수 있다. 나 홀로 여행자라면 오토바이 대절도 괜찮다. 액티비티를 원하면 일정에 따로 추가하면 된다.

1일 차

08:00
랑비앙산
일반 버스를 이용한다면
8시쯤 숙소를 나서야 한다
(p.319)
버스
혹은 택시
12:30
점심-곡하탄
향신료에 대한 거부감 없이 맛
볼 수 있는 다양한 베트남 요리
(p.329)
버스
혹은 택시
13:30
달랏 니콜라스바리 대성당
수탉 모양의
풍향계가 달린 성당
(p.321)
도보
14:30
크레이지 하우스
어른들도 동심으로 이끄는
기괴한 집
(p.323)
택시
16:00
달랏 기차역
웨딩 사진 촬영지로도
인기 있는 랜드마크
(p.325)
기차
16:30
린프억 사원
도자기 조각으로 지어진
화려한 불교 사원
(p.326)
기차
18:00
달랏 기차역 도착
짜이맛 출발-달랏 도착
막차 시간에 주의!
(p.325)

2일 차

Start!
버스 혹은 택시

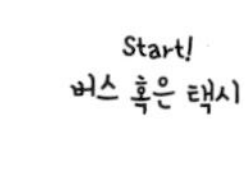

09:00

다딴라 폭포

폭포보다 더 인기 있는
알파인코스터

(p.324)

택시 혹은
도보
(1km)

11:00

쭉럼(죽림) 선 수도원

아름다운 경내와 호수 전망으로
유명한 사원

(p.320)

13:00

반쎄오 꾸에 흐엉

베트남에서 제일 맛있는
반쎄오를 먹어보자!

(p.329)

택시

14:00

달랏 꽃 정원 혹은 사랑의 계곡

시내에서 꽃놀이를 원한다면 꽃 정원으로,
아름다운 호수 전경을 원한다면 사랑의 계곡으로

(p.323, 324)

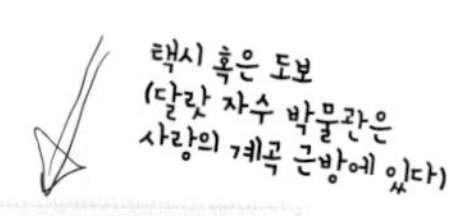

16:00

달랏 자수 박물관

실크 제품을 예술적 경지로
끌어올린 전통 제작소

(p.322)

택시

18:00

달랏 야시장

살 거리, 먹거리가 풍부한
유명 야시장

(p.336)

★★★

GPS 12.046767, 108.440189

랑비앙산 Núi Langbiang

달랏 타운에서 12km 떨어진 곳에 위치한 해발 2,167m의 산이다. 아름다운 산세와 전망대에서 내려다보는 빼어난 전망으로 달랏에서 반드시 가봐야 할 관광지로 추천되는 곳이다. 전망대까지는 6인승 지프차가 운행된다. 구불구불한 도로 양측에 쑥쑥 뻗은 빽빽한 소나무 숲도 볼거리 중 하나. 도보로도 정상까지 갈 수 있지만 경사가 가파르고 편도 3시간가량 소요된다. 랑비앙산에는 로미오와 줄리엣에 비견되는 연인 크랑K'Lang과 호비앙Ho Biang의 슬픈 사랑 이야기가 전해져 내려온다. 정상에는 크랑과 호비앙의 동상이 서 있는데 포토존으로 인기가 많다.

위치 호아빈 극장 북쪽 버스정류장이나 판딘풍 거리에서 Lac Duong행 주홍색 버스를 타고 종점 랑비앙산에서 하차한다. 배차가 2시간까지도 걸리므로 일찍 다녀오는 게 좋다. 또는 택시, 오토바이를 대절하거나 1일 투어에 참여한다.

요금 **입장료** 5만 동
지프 1대(6인승) 대여 72만 동, 1인(다른 그룹에 조인할 경우) 12만 동

Tip | 크랑과 호비앙에 관한 전설

서로 다른 부족에서 자라온 청년 크랑이 사나운 늑대 무리로부터 처녀 호비앙을 구하면서 사랑에 빠지게 된다. 하지만 두 부족의 반대로 사랑을 이루지 못하게 되자 랑비앙산에서 함께 자살한다. 이들 전설에는 이와 다른 버전도 있다. 이 둘이 각자 자신의 부족을 떠나 랑비앙산에 와 함께 살지만 호비앙이 병에 걸려 크랑이 부족에 도움을 요청하게 된다. 하지만 사람들은 크랑을 죽이기 위해 독화살을 쏘고, 호비앙이 그 화살을 맞고 죽는다. 크랑은 눈물로 하루하루를 보냈고, 그 눈물이 오늘날 단키아Dankia라 불리는 큰 시내를 이뤘다고 한다.

★★★ GPS 11.903686, 108.435688

쭉럼(죽림) 선 수도원 Thiền Viện Trúc Lâm

달랏 타운에서 6km 떨어진 풍호앙Phung Hoang 산자락에 위치한 불교 사원이다. 1993년 세워진 만큼 역사적으로 큰 의미가 있다기보다 색색의 꽃으로 꾸며진 아름다운 경내와 주위를 둘러싼 수려한 산세, 산 아래 펼쳐진 뚜옌람 호수Ho Tuyen Lam의 아름다운 전망이 여느 사원과는 비교를 불허한다.

주소 Truc Lam Yen Tu, Phuong 3, Da Lat, Lam Dong

위치 ❶ 달랏 시내에서 쭉럼 선 수도원까지 케이블카가 운행된다. 연녹색의 프렌(Prenn)행 일반 버스를 타고 달랏 버스터미널(Ben Xe Lien Tinh Da Lat)에서 하차 후 근처 언덕길에 케이블카 그림과 함께 깝쩨오달랏(Cap Treo Da Lat)이라고 쓰인 이정표가 보인다. 총길이 2.4km로 달랏의 파노라마뷰를 즐길 수 있다.
❷ 연녹색의 프렌행 일반 버스를 타고 쭉럼 선 수도원 입구(혹은 다딴라 폭포 전 100m 지점)에서 내려 1km 가량 걸어 들어간다.

운영 07:00~17:00

요금 무료 **케이블카** 왕복 15만 동, 편도 12만 동

©Dalattourist

★☆☆ GPS 11.930199, 108.429584

바오다이 여름 별장 Dinh (Mùa Hè) Bảo Đại

카이딘 황제의 아들이자 베트남의 마지막 왕인 바오다이의 여름 별장이다. 1938년 완공된 프랑스풍 고급 빌라로, 25개의 룸과 프랑스식 정원까지 갖췄다. 1층은 응접실과 집무실, 회의실 등 공적 공간으로 사용되었고, 2층에는 왕을 비롯해 왕비와 자녀들의 침실과 거실 등이 위치해 있다. 내부에는 실제 왕족이 사용했던 가구들과 생활용품들이 보존돼 있다. 베트남 전역에 있는 그의 여름 별장들 중 가장 많은 방문객 수를 기록하는 곳이다.

주소 1 Trieu Viet Vuong, Phuong 4, Da Lat

위치 쩐푸(Tran Phu) 거리에서 레홍퐁(Le Hong Phong) 거리로 접어들어 1km 쯤 언덕길을 올라가면 왼쪽으로 찌에우비엣브엉(Trieu Viet Vuong) 거리가 나온다.

운영 07:00~17:30

요금 6만 동

★★☆ GPS 11.941207, 108.444627

쑤언흐엉 호수 Hồ Xuân Hương

달랏 시내에 위치한 인공 호수. 7km에 달하는 거대한 규모에 아름다운 전경, 잘 조성된 산책길, 오리배와 자전거 타기 등으로 현지인들의 사랑을 받고 있다. 생겼을 당시 프랑스인들은 큰 호수라는 뜻의 "그랑 락Grand Lac"이라 불렀지만, 프랑스 독립 후, 19세기 베트남 여류 시인을 기리며 그녀의 이름을 따 쑤언흐엉 호수라 부르게 됐다.

주소 Duong Hai Ba Trung, Trung Tam, Da Lat
위치 달랏 중심부
요금 자전거 대여(롯데리아 옆) 5만 동(2시간)

★☆☆ GPS 11.936345, 108.437654

달랏 니콜라스바리 대성당 Nhà Thờ Chính Tòa Đà Lạt

1931년에 건축된, 47m의 종탑을 가진 로마네스크 양식의 성당이다. 미사 시간 외에는 성당 왼편에 난 출입구로 내부 관람이 가능하다. 탑 위에 수탉 모양의 풍향계가 달려 있어 '수탉 교회Nhà Thờ Con Gà'라고도 불린다.

주소 Tran Phu, Phuong 4, Da Lat
위치 달랏 호텔 뒤 파르크 옆쪽 (시내 어디서나 보이는 에펠탑 비슷한 모양의 철탑 근처)
운영 월~토요일 05:15~06:15, 17:15~18:15, 일요일 24시간

★★★

GPS 11.977361, 108.447730

달랏 자수 박물관 XQ Da Lat Su Quan

단순한 자수 제품이 아니라, 한 폭의 동양화나 서양화를 보듯 수준 높은 수예화를 감상할 수 있는 곳이다. 전통적으로 베트남 여인들의 자수 솜씨는 명성이 자자했는데, 여기에 회화적 특성을 가미하여 예술의 경지로 승화시킨 것이 바로 XQ의 작품들이다. 달랏 자수 박물관은 수예화 작품은 물론 작업 과정을 직접 보여주는 갤러리를 운영한다. 하지만 여기서 그치지 않는다. 이곳은 오래전부터 그들의 역사와 문화를 일궈온 XQ 수예 장인들의 발자취를 고스란히 담고 있다. 장인들의 생활 공간, 제례 공간, 휴식 공간 및 정원 등도 둘러볼 수 있다.

주소 258 Mai Anh Dao, Phuong 8, Da Lat
위치 달랏 대학교에서 북쪽으로 3km쯤(사랑의 계곡 가기 전 100m)
운영 08:00~17:30
요금 10만 동, 가이드 포함 15만 동
전화 0263-383-1343
홈피 www.xqvietnam.com

★★☆

GPS 11.934812, 108.430630

크레이지 하우스 Ngôi Nhà Quái Dị

곡선을 활용한 기괴한 모습으로 스페인의 건축가 가우디의 작품들을 연상케 하는 이 집은 베트남 건축가 당 비엣냐Dang Viet Nga의 작품으로, 《중국일보》가 세상에서 가장 창의적인 건물 10곳 중 하나로 언급한 바 있다. 거대한 나무둥치의 외관에 구불구불한 터널식 계단, 외길 공중 다리를 거닐다 보면 놀이공원에 온 듯하다. 크레이지 하우스는 호텔로도 사용되는데, 호랑이, 캥거루, 개미 등의 테마로 꾸민 외관만큼 기괴한 10개의 객실은 투숙객이 없는 경우 일반 방문객에게 내부가 공개된다.

주소 3 Huynh Thuc Khang, Phuong 4, Da Lat
위치 쩐푸(Tran Phu) 거리에서 레홍퐁(Le Hong Phong) 거리로 접어들어 100m 전방 오른쪽 골목(관광버스들이 많이 오간다)
운영 08:30~18:00
요금 입장료 8만 동, 1박 80만 동~

★★☆

GPS 11.950342, 108.449734

달랏 꽃 정원 Vườn Hoa Đà Lạt

쑤언흐엉 호수 북쪽 끝에 위치한 7천m^2의 꽃 정원으로, '꽃의 도시 달랏'이라는 이름에 걸맞게 아름다운 꽃들을 곳곳에서 감상할 수 있다. 공원 내에는 분재 정원과 선인장 정원, 작은 호수, 풍차와 꽃시계 등 소소한 볼거리들이 마련돼 있어 사진 찍고 산책하듯 한 바퀴 둘러보기 좋다. 매년 12~1월에는 대규모 꽃 축제가 이곳에서 개최된다.

주소 Tran Quoc Toan, Phuong 8, Da Lat
위치 쑤언흐엉 호수 북쪽
운영 06:30~18:00
요금 10만 동

★☆☆ GPS 11.980184, 108.449908

사랑의 계곡 Thung Lũng Tình Yêu

다티엔 호수를 둘러싼 전나무 숲과 계곡, 먼 산의 아름다운 전경 때문에 프랑스 식민지 시절 이곳을 개발한 프랑스인들이 '사랑의 계곡'이라는 이름을 붙였다. 베트남이 프랑스로부터 독립한 뒤 '평화의 계곡'으로 개명되었으나 이곳을 사랑하는 많은 사람들의 요청에 의해 '사랑의 계곡'이란 이름을 되찾게 되었다. 지금은 '사랑'을 테마로 한 공원으로 조성되었으며, 곳곳에 세계 유명 건축물들을 축소 전시해 놓았다. 이름에 걸맞게 곳곳에서 데이트를 즐기는 연인들과 갓 결혼한 신혼여행객, 웨딩 사진을 찍는 커플들이 눈에 띈다. 공원 안을 도는 꼬마 기차는 무료로 이용할 수 있다.

주소 7 Mai Anh Dao, Phuong 8, Da Lat
위치 달랏 대학교에서 북쪽으로 3km 지점
운영 09:00~16:30
요금 성인 25만 동, 아동 10만 동

★★☆ GPS 다딴라 폭포 11.902030, 108.449861 프렌 폭포 11.877078, 108.470737

달랏의 폭포들 Falls in Da Lat

달랏 곳곳에는 수많은 폭포들이 있는데 그중 가장 많이 찾는 곳이 다딴라 폭포다. **다딴라 폭포**Thác Datanla는 쭉쭉 선 수도원 인근에 있으며, 입구에서 약 15분 정도 걸어 내려가면 시원하게 쏟아져 내리는 폭포 아래에 다다른다. 이곳에는 입구에서 폭포 근처까지 1인 알파인코스터(왕복 25만 동)가 운행되고 있는데, 내려가는 길에는 속도를 즐기고 올라오는 길에는 언덕길을 걸어야 하는 수고를 줄일 수 있다. "다딴라 폭포는 알파인코스터 타러 간다"는 말이 있을 정도로 인기다. **프렌 폭포**Thác Prenn는 다딴라 폭포에 비해 규모가 작지만 폭포 뒤쪽으로 길을 내 폭포 속으로 들어가 보는 듯한 체험을 할 수 있다. 하지만 이 일대를 리조트로 개발해 입장료를 대폭 인상했는데 볼거리, 즐길 거리는 딱히 없다는 게 중론이다.

주소 Deo Prenn, Phuong 3, Da Lat
위치 연녹색의 프렌행 일반 버스를 타고 다딴라 폭포 앞에서 하차. 프렌 폭포는 달랏 시내에서 더 외곽으로 빠진다.
운영 07:00~17:00
요금 **다딴라 폭포** 5만동
프렌 폭포 44만 동

★☆☆ GPS 11.941595, 108.454422

달랏 기차역 Ga Đà Lạt

1943년 건축된 아르데코 양식의 달랏 기차역은 프랑스의 건축가와 기술자의 공동 작품으로 계획부터 완공까지 총 6년의 세월이 걸린 달랏의 대표 랜드마크다. 당시 달랏부터 탑참Thap Cham까지 총 84km의 선로가 놓였고 약 17km까지는 높은 산악지대와 증기기관차에 걸맞게 톱니바퀴식 선로가 놓였다. 하지만 베트남 전쟁 당시 폭격을 받아 심각하게 훼손되었고, 1975년 복원 사업을 거쳐 1991년부터는 달랏과 짜이맛Trai Mat의 7km 구간에 선로를 깔고 관광용 증기기관차를 배치해 하루 4~5대씩 운행하고 있다. 웨딩 촬영지로 인기가 있는 만큼, 특별한 볼거리보다 예쁜 사진 찍기를 원하는 사람들에게 만족도가 크다.

주소 1 Quang Trung, Phuong 10, Da Lat
위치 쑤언흐엉 호수에서 예르생(Yersin) 거리를 지나 꽝쭝(Quang Trung) 거리까지 간다.
요금 5천 동

Tip | 달랏 기차

달랏과 짜이맛을 오가는 기차는 07:25, 09:30, 11:55, 15:00에 달랏 기차역을 출발한다(열차 시각은 예고 없이 변동되므로 현지 재확인 필수). 단, 탑승자가 20인 이하일 경우 운행하지 않는다. 요금은 왕복 15만 동이며, 짜이맛에서 30분가량 정차 후 달랏으로 되돌아온다. 옛 증기기관차를 타는 즐거움에 소박하지만 아름다운 주변 경치까지 감상할 수 있으며, 짜이맛에 위치한 린프억 사원 역시 매력적인 볼거리를 제공하므로 반나절 기차 여행으로 손색이 없다.

★☆☆ GPS 11.949613, 108.430244

도멘드마리 성당 Nhà Thờ Domaine de Marie

1943년, 17세기 프랑스 양식과 베트남 전통 양식을 혼합해 건축한 분홍색 외관이 주목을 끈다. 당시 50여 명의 수녀님들이 고아원과 보육원을 열어 사회소외계층을 위해 봉사했고, 지금도 수공예품과 과일을 판매해 그 수익으로 다양한 사회 활동을 펼치고 있다.

주소 1 Ngo Quyen, Phuong 6, Da Lat
위치 Lac Duong행 주홍색 버스를 타고 판딘풍(Phan Dinh Phung) 거리와 쏘비엣응에틴(Xo Viet Nghe Tinh) 거리 교차로에서 내려 도보 15분
운영 07:30~11:30, 13:30~17:30

★★☆ GPS 11.944671, 108.499666

린프억 사원 Chùa Linh Phước

1952년 완공된 불교 사원으로, 색유리와 도자기 조각을 모자이크한 화려한 외관이 눈에 띈다. 왼쪽 대웅전 안에는 부처의 일화를 그린 모자이크 부조 12개가 벽면을 둘러싸고 있고 그 한가운데에 4.8m의 거대 불상이 있다. 대웅전을 나와 왼편으로는 80m 높이의 7층 종탑이 서 있는데 베트남에서 가장 높은 탑으로 알려져 있다. 이 동종은 높이 4.3m에 8.5톤의 무게를 자랑할 만큼 거대하다. 2층으로 올라가면 많은 여행객들이 소원을 적은 메모지를 종에 붙이고 직접 타종하는 모습도 볼 수 있다. 종탑 옆으로는 거대한 관음보살상이 보이는데, 온통 노란 국화꽃으로 뒤덮고 있어 신기함이 더하다. 린프억 사원 지하의 지옥을 재현해 놓은 곳(마치 귀신의 집을 연상시킨다)도 놓치지 말자.

Tip | 까오다이교

린프억 사원 및 기차역 근처에는 베트남의 신흥종교인 까오다이교 사원이 위치해 있다. 불교, 도교, 유교, 기독교, 이슬람교, 토속신앙 등이 모두 혼합된 종교로 시간이 된다면 한 번쯤 들러볼 만하다. 까오다이교에 관한 좀 더 자세한 정보는 p.374 참고.

주소 Trai Mat, Da Lat, Lam Dong
위치 달랏 기차역에서 기차를 타고 짜이맛에서 내려 큰길을 따라 기차 진행 반대 방향으로 100m 직진하다 짜이맛 시장 맞은편 사원 입구의 골목길을 따라 50m 직진.
그 외 달랏의 쩐푸(Tran Phu) 거리에서 Trại Mát행이나 Xuan Truong행 버스를 타고 짜이맛에서 하차
운영 08:00~17:00 **요금** 무료

★★☆ GPS 11.882621, 108.411254

달랏 진흙 터널 Clay Tunnel Da Lat

사진 찍기 좋은 방문지다. 100여 명의 화가와 조각가, 석공이 모여 1km에 달하는 긴 터널식 지형에 오직 진흙만을 사용해 달랏 니콜라스바리 대성당, 기차역, 랑비앙산 등 달랏의 대표적인 랜드마크를 미니어처로 제작해 놓았다. 외진 곳에 있어 오토바이 렌트나 택시 이용은 필수다.

주소 Phuong 4, Dalat, Lam Dong
위치 뚜옌람 호수 남단
운영 07:00~17:00
요금 12만 동

©Dalattourist

©Dalattourist

©Dalattourist

★★☆

GPS 11.900211, 108.346729

메링 커피 농장 Mê Linh Coffee Garden

푸릇푸릇한 산과 호수, 농촌의 아름다운 전망을 감상하며 커피와 스낵들을 즐길 수 있는 곳이다. 이곳은 자그마한 커피 농장을 오픈하여 커피 나무와 열매도 직접 관찰할 수 있으며, 특히 베트남의 특산품 위즐커피(족제비똥커피) 제조 과정도 살펴볼 수 있어 일반 카페와는 차이가 있다. 꽃의 도시 달랏답게 다른 한쪽에는 정원을 만들고 아기자기한 포토스폿을 마련해 두었는데, 패키지로 음료를 주문하면 정원 입장권을 주기 때문에 주문 시 받은 티켓은 잘 간직해야 한다. 커피 맛도 괜찮고 위즐커피를 경험해 볼 수 있다는 점에서도 매력적이지만, 이곳의 평화로운 경치가 무엇보다 인상적이다.

주소 To 20 thon 4, Ta Nung, Tp. Da Lat
위치 달랏 시내에서 18km 떨어져 있다. 택시를 이용하거나 호아빈 극장 북쪽 버스 정류장에서 피리엥(Phi Liêng)행 버스를 타고 메링 커피 농장 앞에서 하차한다.
운영 07:00~18:00
요금 입장료 15만 5천 동(음료 1잔 포함)

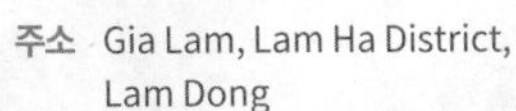

★★☆

GPS 11.818401, 108.333830

땀찐 커피 체험관 Tam Trinh Coffee Experiences

메링 커피 농장을 간다면 반드시 놓치지 말아야 할 또 하나의 카페&커피 농장이다. 땀찐 커피는 달랏 일대 람동Lam Dong 지역의 커피 농가와 긴밀한 관계를 맺고 최고의 커피를 생산-제조하는 업체로, 홍보 차원에서 체험관을 오픈했다. 단순히 땀찐 커피를 마셔보는 체험뿐 아니라 베트남 커피에 관한 가이드 투어(영어) 혹은 커피 나무가 자라고 있는 커피 정원 투어까지 가능하다. 땀찐 커피 체험관 카페에서는 람동성 3대 폭포 중 하나로 2001년 국가명승지로 지정된 코끼리 폭포Thác Voi와 링언사Chùa Linh Ẩn의 거대 관세음보살상이 한눈에 들어오는 멋진 전망도 즐길 수 있다.

주소 Gia Lam, Lam Ha District, Lam Dong
위치 메링 커피 농장 가는 방법과 마찬가지로, 호아빈 극장 북쪽 버스 정류장에서 피리엥(Phi Liêng)행 버스를 탄다. 메링 커피 농장에서 남쪽으로 10km 떨어져 있다.
운영 07:00~17:00
요금 입장료 10만 동 (음료 1잔과 미니 커피 투어 포함)

캐니어닝 Canyoning

계곡이 발달한 달랏에서 가장 유명한 액티비티는 바로 캐니어닝이다. 몸에 자일을 감고 암벽이나 폭포를 하강하는 것이 주목표로, 폭포에서 뛰어내리기, 계곡에서 슬라이딩하기, 수영, 하이킹, 집라인 타기 등이 추가된다(진행 업체에 따라, 폭포 하강을 제외한 액티비티 구성은 조금씩 달라진다). 숙련된 전문 강사로부터 로프 타는 법, 안전하게 폭포를 하강하는 법 등을 교육받은 후 스태프들의 감시 아래 실제 캐니어닝을 진행하기 때문에 초보자들도 참여할 수 있다.

한국인들이 많이 찾는 업체는 **하일랜드 홀리데이 투어**Highland Holiday Tours이지만, 이 외에도 수많은 업체들이 있고 진행 내용도 대동소이하므로 클룩Klook 같은 온라인 여행 플랫폼에서 예약하는 사람들도 많다. 잘 미끄러지지 않고 젖어도 되는 신발 및 복장은 필수. 특히 안전에 주의하자.

운영 소요시간 08:30~16:00
(종료시간은 업체에 따라 다름)
요금 하일랜드 홀리데이 투어
공시가격은 82달러지만
흥정 가능
포함 내역 강사 및 스태프, 호텔 픽드롭, 버스 왕복, 점심, 각종 장비
불포함 내역 여행자 보험

GPS 11.963440, 108.4432340

반쎄오 꾸에 흐엉 Bánh Xèo Quê Hương

한국인들 사이에서 달랏 맛집으로 가장 유명한 반쎄오 전문점이다. 길가에 천막을 치고 영업을 해서인지 우리 돈 1천 원도 안 되는 저렴한 가격이 놀라울 따름. 바삭바삭하고 두툼한 반쎄오는 서너 배 비싼 여느 반쎄오보다도 훨씬 더 맛있다. 반쎄오는 야채와 함께 라이스페이퍼에 싸서 소스에 찍어 먹으면 되는데, 맥주까지 곁들이면 금상첨화다. 포장도 가능.

주소 140 Duong Phu Dong Thien Vuong, Phuong 8, Thanh pho Da Lat, Lam Dong
위치 달랏 대학교 근처
운영 15:00~21:00
요금 반쎄오 4만 동

GPS 11.94956, 108.43735

퍼 히에우 Phở Hiếu

달랏 쌀국숫집을 대표하는 곳이다. 시내 한가운데에서 외곽으로 이전하면서, 메뉴를 다양화했다. 이곳의 대표 메뉴는 일반 소고기 쌀국수. 맑은 국물은 육수가 깊진 않지만 담백하면서도 감칠맛 있어 은근히 중독된다. 그 외 돌솥 스페셜 쌀국수, 살짝 매콤한 후에식 쌀국수, 미트볼 들어간 육수에 반미를 찍어 먹는 반미 씨우마이가 있다.

주소 103 Nguyen Van Troi, Phuong 2, Da Lat
위치 호아빈 극장에서 도보 12분
운영 06:00~20:30
요금 소고기 쌀국수 5만 동

GPS 11.944026, 108.434532

곡하탄 Góc Hà Thành

트립어드바이저가 추천하는 우수 레스토랑으로 여행자들 사이에서 꽤 유명하다. 허름한 로컬 레스토랑보다 깔끔하고 믿을 만하다. 현지인 맛집이라기보다는, 베트남 특유의 향신료를 줄이고 외국인 입맛에 맞춘 베트남 음식들을 맛볼 수 있는 곳이다.

주소 53 Truong Cong Dinh, Phuong 1, Da Lat
위치 쯔엉꽁딘 거리에 위치 (호아빈 극장에서 도보 2분)
운영 11:30~21:30
요금 넴느엉 9만 9천 동, 코코넛 치킨 커리 13만 9천 동

풍기친구 Fungi Chingu

달랏에서 가장 핫한 한국식 바비큐 전문점으로 달랏 시내 곳곳에 지점이 있다. 돼지 삼겹살, 목살, 가브리살, 갈비살, 곱창 등을 비롯해 소고기, 닭고기, 낙지, 오징어 등을 선택할 수 있으며, 직원들이 직접 고기를 구워주어 편리하다. 저렴한 대신 양이 적기 때문에 이것저것 주문해 맛보기 좋다. 구이류 외에도 부침개, 비빔밥, 김치찌개, 떡볶이, 김밥, 냉면 등 대표적인 한식 메뉴들이 준비돼 있다. 현지인을 주고객으로 하는 만큼 현지화된 맛이라 정통 한식을 기대했다면 실망할 수 있다. 하지만 어설픈 한식당보다는 낫고 가격도 착하다. 매장도 크고 깔끔하며 각 테이블마다 연기 흡입기도 갖춰져 있어 쾌적한 식사가 가능하다.

달랏 야시장 지점

주소 1 Nguyen Thi Minh Khai, Phuong 1, Da Lat
위치 달랏야시장 원형교차로에서 도보 1분
운영 11:00~14:00, 17:00~22:00
요금 삼겹살 9만 9천 동, 치킨 6만 5천 동~
* 기타 지점은 지도 p.314 참고

GPS 11.953388, 108.430879

껌땀 118 Cơm Tấm 118 Hai Bà Trưng

껌땀Cơm Tấm은 돼지갈비구이 덮밥을 가리키는 말로, 흔히 껌슨Cơm Sườn이라고 불리는 것과 같은 요리다. 현지인들 사이에서 유명한 껌땀 118은 고기 누린내 전혀 없이 숯불향 가득한 돼지갈비를 단돈 2천 원 정도에 맛볼 수 있는 곳이다. 전형적인 로컬식당으로 시내에서 살짝 벗어나 있다. 호아빈 극장에서 좀 더 가까운 껌땀집을 찾는다면 **껌땀꼬하이**Cơm Tấm Cô Hai도 괜찮다.

주소 360 Duong Hai Ba Trung, Phuong 6, Da Lat
위치 호아빈 극장에서 도보 18분(링선사 근처)
운영 06:30~15:00
요금 껌땀 4만 동

GPS 11.947379, 108.436960

껨 탄 타오 Kem Thanh Thảo

달랏에서 매우 유명한 아이스크림&쩨 전문점으로, 베트남 명절 때는 그야말로 밀려드는 현지인들로 문전성시를 이루는 곳이다. 신선한 각종 과일에 코코넛 밀크&아이스크림을 얹는 과일 아이스크림Kem Trái Cây이 대표 메뉴지만, 정작 더 큰 인기를 끄는 것은 아보카도와 코코넛 아이스크림을 섞은 껨버Kem Bơ다.

주소 76 Nguyen Van Troi, Phuong 2, Da Lat
위치 호아빈 극장에서 도보 7분
운영 08:00~22:30
요금 과일 아이스크림 2만 동, 껨버 2만 5천 동

GPS 11.944773, 108.434894

바이시클 업 카페 Bicycle Up Cafe

달랏의 커피 농장에서 신선한 커피를 받아 제공하는 카페다. 제대로 된 커피 맛을 느끼고 싶다면 아메리카노 강추! 골목길에 있지만, 자전거와 풍금이 놓인 작은 테라스가 시선을 끈다. 안으로 들어서면 작은 티룸이 나오는데, 안으로 더 들어가 보자. 또 다른 신세계가 펼쳐진다! 에어컨이 없어 조금 더워도 자연 바람에 흔들리는 풍경 소리마저 정겨운 곳.

주소 82 Truong Cong Dinh, Phuong 1, Da Lat
위치 판딘풍 거리와 쯔엉꽁딘 거리 교차 지점 근처의 골목 초입
운영 07:30~22:00
요금 커피 3만 5천 동~

GPS 11.944217, 108.432966

원 모어 카페 One More Cafe

커피와 티라미수 같은 디저트 케이크, 호박 수프가 맛있는 카페로 상당 기간 트립어드바이저 카페 부문 1위를 차지했던 곳이다. 소파 테이블이 안락함을 주는 1층과 거리를 내려다볼 수 있는 테라스가 위치한 2층의 작은 공간으로 이뤄져 있다. 수제 햄버거와 샌드위치, 올데이 브렉퍼스트 등 간단한 식사도 주문 가능하다.

주소 77 Hai Ba Trung, Phuong 6, Da Lat
위치 호아빈 극장에서 도보 7분
운영 08:00~17:00 **휴무** 수요일
요금 커피 3만 동~, 케이크류 6만 동~, 올데이 브렉퍼스트 5만 동~

GPS 11.943550, 108.431140

넴느엉 꼬투 Nem Nướng Cô Thu

넴느엉은 라이스페이퍼에 돼지숯불구이와 야채를 싸 땅콩 소스에 찍어 먹는 음식이다. 나트랑과 달랏에서는 여기에 라이스페이퍼 튀긴 것을 곁들여 고소한 맛과 바삭한 식감을 더했다. 요리의 모든 재료가 신선하고 위생 상태가 좋으며, 한국어를 하는 주인장도 매우 친절하다. 굳이 찾아가도 좋을 집이다.

주소 56/13 Hai Thuong, Phuong 6, Da Lat
위치 호아빈 극장에서 도보 12분
운영 10:00~21:00 **요금** 넴느엉 5만 5천 동

GPS 11.94394, 108.43516

반미꼬홍 Bánh Mì Cô Hồng

길을 걷다 보면 우리네 계란빵처럼 빵틀에 반죽을 붓고 끊임없이 쌀빵을 구워내는 걸 볼 수 있는데, 이것이 바로 달랏의 인기 조식 혹은 간식인 반깐이다. 빵 자체는 별맛이 없는데, 같이 나오는 짭짤한 미트볼 수프에 적셔 먹으면 맛이 180도 달라진다. 같은 수프에 반미를 적셔 먹는 반미 씨우마이Xíu Mại도 맛있다.

주소 72 Yersin, Phuong 1, Da Lat
위치 달랏 기차역에서 도보 6분
운영 06:00~12:00 **요금** 반깐 5만 동

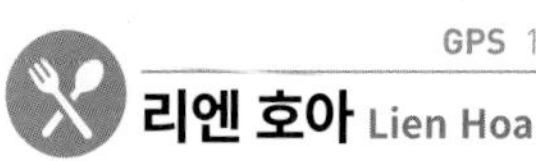

GPS 11.942811, 108.435111

리엔 호아 Lien Hoa

달랏에서 유명한 베이커리&레스토랑이다. 1층은 베이커리 매장으로 수십 종의 빵들과 조각케이크, 쩨, 푸딩, 두유, 우유 등을 판매한다. 또한 입구 쪽 반미 코너에서는 즉석에서 반미를 만들어 준다. 빵보다는 반미가 맛있고 가성비도 좋다. 레스토랑에서는 각종 현지식들을 판매하는데, 맛이 썩 좋은 편은 아니다.

주소 15-19 Duong 3 Thang 2, Phuong 1, Da Lat
위치 호아빈 극장에서 도보 1분 **운영** 05:00~24:00
요금 반미 1만 5천 동~

GPS 11.939520, 108.431930

껌 냐꾸에 Cơm Nhà Quê

'껌Cơm'은 '밥', '냐꾸에Nhà Quê'는 '시골'이라는 뜻으로, 시골집의 소박한 한상차림을 맛볼 수 있는 베트남 가정식 맛집이다. 비록 주택가에 있지만, 내부는 온통 대나무로 꾸며 시골 느낌 물씬 난다. 테이블에 자리를 잡으면, 바나나 잎(?)을 깐 대나무 소쿠리에 6개의 반찬과 국, 느억맘 소스가 담겨 나온다. 자극적이지 않은 깔끔한 한 끼 식사로 딱 좋다.

주소 8/2 D. Tgien Thanh, Phoung 4, Da Lat
위치 크레이지 하우스에서 도보 9분
운영 10:30~15:00 **휴무** 화요일 **요금** 1인 6만 동

GPS 11.949529, 108.434582

분팃느엉 리엔 Bún Thịt Nướng Liên

정말 맛있는 비빔쌀국수 분팃느엉 전문점이다. 전형적인 로컬식당이지만, 위생장갑을 사용하여 왠지 안심이 된다. 흰 쌀국수 면에 돼지 바비큐가 수북이 얹어져 있고 땅콩 가루가 뿌려진다. 야무지게 섞은 후 면 아래를 보면 야채도 듬뿍. 고수가 거의 없어 먹는 데 거부감이 없다.

주소 287/7 Phan Dinh Phung, Phuong 2, Da Lat
위치 링선사에서 도보 6분
운영 07:00~15:00
요금 분팃느엉 4만 동

GPS 11.941746, 108.433853

안 카페 AN Cafe

자연을 콘셉트로 한 카페다. 카페 전체가 화초, 양상추 같은 야채들로 꾸며져 있어 보기만 해도 싱그럽다. 언덕배기의 지형적 위치를 그대로 살려 계단식 테이블을 배치하고 길가를 내려다보게 해 전망이 좋다. 반대편 야외에는 그네 의자와 테이블을 설치해 특히 여성들의 사랑을 받고 있다.

주소 Ba Thang Hai, Phuong 1, Da Lat
위치 호아빈 극장에서 도보 3분
운영 07:00~21:30
요금 과일주스 4만 7천 동~, 버거 12만 5천 동~

GPS 11.940623, 108.427521

미꽝 바씨 Mì Quảng Bà Xí

'씨 할머니의 미꽝집'이라는 이름의 이곳은 미꽝 딱 하나만 판매한다. 미꽝이라 하면 흔히 중부(다낭)식 비빔면을 생각하기 쉽지만, 살짝 매콤하고 진한 돼지육수에 넓은 쌀국수 미꽝면을 넣고 땅콩 가루를 곁들여 상당히 고소하고 감칠맛이 난다. 하지만 이 집 국수의 하이라이트는 바로 돼지고기. 마치 감자탕의 고기를 연상시키듯 양도 많고 보들보들하며 누린내도 없다. 곁들일 야채도 싱싱하고 깨끗해 위생적으로도 안심이 된다. 매장도 깔끔하고 주인장도 친절하다.

주소 Lo A29 Mac Dinh Chi, Phuong 5, Da Lat
위치 호아빈 극장에서 도보 15분
운영 13:30~16:30
요금 미꽝 5만 동

GPS 11.941715, 108.439397

블루 워터 레스토랑 Blue Water Restaurant

쑤언흐엉 호수 위로 툭 튀어나와 있어 그림 같은 풍경을 선사하는 카페 겸 레스토랑이다. 실외 테라스는 쑤언흐엉 호수의 전망이 한눈에 들어와 자리다툼이 치열하지만, 전망을 위해 가는 곳인 만큼 반드시 테라스 자리를 사수해야 한다! 자릿값을 톡톡히 할 만큼 비싸고 맛도 아쉽지만 한 번은 가볼 만하다.

주소 2 Tran Quoc Toan, Phuong 3, Da Lat
위치 롯데리아에서 도보 3분
운영 06:30~22:00
요금 음료 8만 동~

GPS 11.942849, 108.428760

반짱느엉 이딘 Bánh Tráng Nướng Dì Đinh

라이스페이퍼 위에 각종 토핑을 얹고 얇게 펴 불에 구운 베트남식 피자는 달랏에서 처음 탄생했는데, 야시장에서 가장 인기 있는 간식이라 할 수 있다. 반짱느엉의 고향에서 제대로 된 맛을 보고 싶다면 이곳으로 가보자. 낮은 앉은뱅이 의자에 앉아 먹고 가는 사람과 포장해 가는 사람들로 붐비며, 한쪽에서는 쉴 새 없이 반짱느엉을 굽는다. 영어 메뉴판이 없어 곤란하다면, 모든 재료를 다 올리는 스페셜Dat Biet을 주문하고 탄산음료나 두유(따뜻한 것과 찬 것 중 선택) 같은 음료를 주문하면 된다.

주소 26 Hoang Dieu, Phuong 5, Da Lat
위치 호아빈 극장에서 도보 12분
운영 13:30~20:00
요금 스페셜 반짱느엉 2만 8천 동, 음료 8천 동~

라비엣 커피 La Viet Coffee

커피를 좋아하는 사람들에게 꼭 가보라고 추천하고 싶은 곳이다. 달랏에서 재배된 아라비카 커피콩을 들여와 직접 로스팅하고 그것으로 커피를 내려주는데, 쓰고 텁텁한 여느 베트남 커피들(주로 로부스타를 쓴다)과는 차원이 다르다. 핸드드립 커피의 종류도 다양하고 일반 카페에서는 찾기 힘든 아포가토, 꼬르타도, 마자그란, 콜드브루 커피까지 선택의 폭이 넓다. 커피 맛에 합격점을 준다면, 이곳에서 로스팅한 원두를 구입해 보자. 3가지 종류가 있으며 1팩에 우리 돈 1만 원도 안 한다. 홀 안쪽으로 상품 진열대가 있고, 영어 설명서를 참고할 수 있다. 커피공장 투어 프로그램도 운영하므로, 관심이 있다면 카운터에 문의.

주소 200 Nguyen Cong Tru, Phuong 8, Da Lat
위치 호아빈 극장에서 2km
운영 07:00~22:00
요금 커피 3만 5천 동~, 디저트류 3만 5천 동~
홈피 www.laviet.coffee

GPS 11.942728, 108.436699

달랏 야시장 Da Lat Night Market

달랏에서 놓치지 말아야 할 즐길 거리 중 하나다. 어둠이 내리면 달랏 시장 앞 광장으로 노점상들이 빼곡히 들어서는데, 대부분은 먹거리다. 라이스페이퍼 위에 계란과 야채, 치즈를 올려 구운 반짱느엉Bánh Tráng Nướng이나 군고구마, 어묵, 꼬치, 해산물 구이 등 구미를 당기는 것들이 많다. 그 외 각종 옷가지나 액세서리류 등을 판매하는데, 관광객 입장에서 살 만한 것은 딱히 없다.

주소 Duong Nguyen Thi Minh Khai, Phuong 1, Da Lat
위치 달랏 시장 앞 광장 일대
운영 17:00~23:00

GPS 11.941868, 108.437563

랑팜 Lang Farm

달랏 쇼핑의 메카라 할 수 있다. 달랏에서 생산되는 각종 특산물들을 현대인 입맛에 맞게 가공하고 예쁘게 포장하여 판매하는데, 가격도 저렴하면서 품질도 좋다. 달랏에서 가장 유명한 아티초크차, 자색고구마 등을 비롯한 과일&채소칩, 블루베리 원액, 패션프루트 액 등이 만족도가 높은 품목이다.

본점 2층에는 랑팜에서 판매하는 제품을 비롯한 디저트(아이스크림, 반짱, 구운 고구마 등)를 뷔페식으로 맛볼 수 있는 레스토랑도 있다.

주소 4 Duong Nguyen Thi Mink Khai, Phuong 1, Thanh pho Da Lat
위치 뷔페는 호수 앞 롯데리아에서 도보 2분, 매장은 달랏 시장 앞 광장, 호수 주변 등 달랏 시내에 있다.
운영 07:30~22:30(매장에 따라 다름)
요금 **뷔페** 주 중 6만 9천동, 주말 7만 9천 동

GPS 11.938756, 108.445442

고! 달랏 GO! Đà Lạt

'빅씨Big C'라는 옛 이름으로 더 유명한 베트남의 대형 슈퍼마켓 체인점으로, 하나로 랑팜 매장이나 영화관, 어린이 놀이방, 오락실, 카페와 롯데리아, 푸드코너 등도 한 공간에 위치해 있다. 특히 고! 달랏 앞으로 전망이 탁 트여 쑤언흐엉 호수가 한눈에 들어오고, 두리안 모양과 연꽃 모양의 건물이 있는 람비엔 광장은 현지인들의 만남의 장소로도 유명하다.

주소 Ho Tung Mau, Phuong 10, Da Lat
위치 호아빈 극장에서 다딴라행 버스를 타고 달랏 팰리스 호텔 앞에서 내려 도보 이동
운영 07:30~22:00 **홈피** go-vietnam.vn

GPS 11.93499, 108.43302

엇 케어 스파 Ớt Care Spa

달랏에는 시설, 스킬, 가격 3박자를 갖춘 마사지숍 찾기가 쉽지 않은데, 이 조건에 가장 부합한 마사지숍이라 할 수 있다. 일반 보디마사지(핫스톤이나 허브 추가 가능)와 상반신 집중 마사지, 다리 마사지, 얼굴 관리, 스팀사우나 메뉴가 있으며, 임산부를 위한 마사지도 가능하다. 참고로, 달랏 시장 근처 마사지숍으로는 **필굿 스파**Feel Good Spa가 괜찮다.

주소 Hem 25 D. TrAn Phu, Phuong 4, Da Lat
위치 크레이지 하우스에서 도보 5분
운영 09:30~21:00
요금 보디마사지 60분 24만 동
전화 026-3383-3893

GPS 11.962970, 108.441730

맹인 마사지 Blind Massage Thanh Huyền Đ à Lạt

혈점을 찾아 꾹꾹 눌러주는 시아추 마사지 스타일로, 근육을 싹 풀어주는 '쎈' 마사지를 선호하는 사람들에겐 이만한 곳이 없다. 따로 인테리어랄 것도 없는 기본 시설이지만 꿉꿉한 냄새 하나 없이 깔끔하다. 투박한 기술에 마사지사들끼리 수다를 떨어 실망스러울 수 있으나 효과는 확실한 데다 60분에 6달러라는 저렴한 요금으로 가성비 하나는 확실하다.

주소 noi dai, 19 Duong Tran Khanh Du, Phuong 8, Da Lat
위치 달랏 대학교에서 북쪽으로 약 1km
운영 08:00~22:00
요금 60분 마사지 10만 동~

5성급

GPS 11.937665, 108.440379

달랏 팰리스 헤리티지 호텔 Dalat Palace Heritage Hotel

달랏을 대표하는 5성급 호텔로, 쑤언흐엉 호수가 내려다보이는 곳에 위치해 전망이 훌륭하고 휴식하기 좋다. 프랑스 콜로니얼풍 건물은 1920년대 고급 저택의 인테리어를 그대로 살려 고풍스럽고 품격이 느껴진다. 현대적 편리함을 기대하는 여행객들에게는 조금 불편할 수도 있지만, 이만한 가격에 100년 된 역사적 건물에서 럭셔리한 시설과 서비스를 느껴보는 것은 분명 흔치 않은 기회다. 달랏 팰리스 골프클럽을 함께 운영하고 있다.

주소 2 Tran Phu, Phuong 3, Da Lat
위치 달랏 니콜라스바리 대성당에서 도보 6분
요금 슈피리어 170달러~
전화 026-3382-5444
홈피 www.dalatpalace.vn

4성급

GPS 11.936710, 108.439000

달랏 호텔 뒤 파르크 Dalat Hotel Du Parc

달랏 팰리스 호텔의 자매 호텔로, 1930년대 세워진 프랑스 콜로니얼풍 건물에 당시의 인테리어를 고수한 고풍스러움이 특징이다. 정원이나 특별한 전망을 기대할 수 없고, 달랏 시장이 있는 시내와 약간 거리도 있지만, 고! 달랏, 쑤언흐엉 호수와는 가까워 편리하다.

주소 7 Tran Phu, Phuong 3, Da Lat
위치 달랏 팰리스 호텔 맞은편
요금 스탠더드 55달러~
전화 026-3382-5777
홈피 www.dalathotelduparc.com

5성급

GPS 11.944102, 108.423589

아나 만다라 빌라 달랏 리조트&스파 Ana Mandara Villas Dalat Resort & Spa

달랏의 자연 속에서 힐링을 하고 싶은 사람들에게 적합한 빌라형 리조트다. 프랑스 콜로니얼풍 건물에는 대부분의 방마다 테라스와 벽난로를 설치해 고급스러운 분위기를 더욱 강조했다. 야외 수영장과 스파 시설까지 갖춰 휴양하기엔 좋은 조건이지만, 시내에서는 2km나 떨어져 있어 불편하다.

주소 Le Lai, Phuong 5, Da Lat
위치 달랏 시내에서 차로 10분, 공항에서는 차로 15분
요금 르쁘띠 120달러~
전화 026-3355-5888
홈피 www.anamandara-resort.com

4성급 **GPS** 11.94396, 108.43810

호텔 콜린 Hôtel Colline

달랏 중심부에 위치한 4성급 호텔이다. 2018년 신축 건물로, 달랏에서 보기 힘들 만큼 모던한 디자인에 좋은 시설을 자랑한다. 지대가 높아 일부 객실에서는 멋진 호수 전망도 즐길 수 있다. 달랏 야시장과 가깝다는 점이 큰 장점이지만, 그만큼 번잡하고 소음도 있다는 점을 고려해야 한다.

주소 14 Khu Hoa Binh, Phuong 1, Da Lat
위치 호아빈 극장에서 도보 5분 **요금** 슈피리어 80달러~
전화 0263-366-5588 **홈피** hotelcolline.com

3성급 **GPS** 11.942420, 108.434336

하나 호텔 Hana Dalat Hotel

2017년 신축된 3성급 호텔로 주인장이 한국인이다. 깐깐한 한국인들의 눈높이에 맞게 룸 컨디션도 좋고 깨끗하며, 한국어를 할 수 있는 직원이 있어 도움을 얻기에도 수월하다. 달랏 시장, 여행자 거리, 각종 맛집을 지척에 두고 있어 위치상으로도 그만이다.

주소 53-55 Ba Thang Hai, Phuong 1, Da Lat
위치 호아빈 극장에서 도보 2분
요금 더블룸 35달러~ **전화** 026-3382-2979

3성급 **GPS** 11.94369, 108.43545

킴 오안 오키드 호텔 Kim Oanh Orchids Hotel

호아빈 극장 버스정류장에서 도보 1분 거리에 위치한 호텔이다. 달랏 야시장은 물론 유명 맛집, 마사지숍, 여행자 거리 등이 모두 지척에 있어 위치적 장점이 뛰어나다. 객실 컨디션도 좋은 편에 건물 1층에 편의점이 있어 편리하다. 일부 객실은 창문 없기 때문에, 예약 시 주의해야 한다.

주소 24 Khu Hoa Binh, Phuong 1, Da Lat
위치 호아빈 극장에서 도보 2분 **요금** 스탠더드 20달러~
전화 079-380-1010

2성급 **GPS** 11.94040, 108.43307

파이 부티크 호스텔 Pi Boutique Hostel

도미토리와 일반실 모두 추천할 만한 호스텔이다. 커튼이 달려 프라이빗한 베드나 공용화장실 모두 깔끔하게 관리하고 있다. 지대가 높아 전망도 좋고, 달랏 시장에서 도보 9분 거리로 위치도 좋은 편. 달랏에서 더 저렴한 도미토리도 있지만, 조식 포함, 시설, 위치 등을 고려할 때 선택할 가치가 있다. 리노베이션으로 시설을 업그레이드한 개인실도 주목할 만하다.

주소 61 Thu Khoa Huan, Phuong 1, Da Lat
위치 호아빈 극장에서 도보 7분
요금 도미토리 9달러~, 더블룸 30달러~
전화 026-3352-5679

13

사막과 리틀 그랜드 캐니언을 갖춘

무이네 Mui Ne

작은 어촌 마을 무이네는 호찌민 시티에서 약 200km 떨어진 곳에 위치해 있다. 1995년부터 리조트 개발 붐이 일기 시작하면서 많은 여행객들이 이곳을 찾기 시작했는데, 맑고 푸른 바다, 강한 바닷바람으로 윈드서핑과 카이트서핑을 즐길 수 있어 휴양지로 부족함이 없다. 하지만 이곳을 더 유명하게 만든 것은 2개의 모래언덕이다. 규모는 작지만 사막의 분위기를 맛볼 수 있으며, 특히 일몰과 일출이 아름다워 호찌민 시티에서 1박 2일 여행으로도 많이들 찾을 정도.
그 외 붉은 모래 협곡 사이로 잔잔한 시냇물이 흐르는 요정의 시냇물(위에서 내려다본 광경이 그랜드 캐니언을 닮았다고 하여 리틀 그랜드 캐니언으로도 불린다)과 바구니 보트를 타고 물고기를 잡는 어부들의 모습을 볼 수 있는 어촌까지 볼거리가 풍부하다.

》 무이네에서 꼭 해야 할 일 체크!

- ☐ 모래언덕에서 일출 혹은 일몰 감상하기
- ☐ '맨발'로 시냇가를 거닐며 모래 협곡에 감탄하기
- ☐ 리조트 수영장과 해변에서 여유로운 시간 보내기
- ☐ 바다가 보이는 식당에서 해산물 요리 먹기

무이네

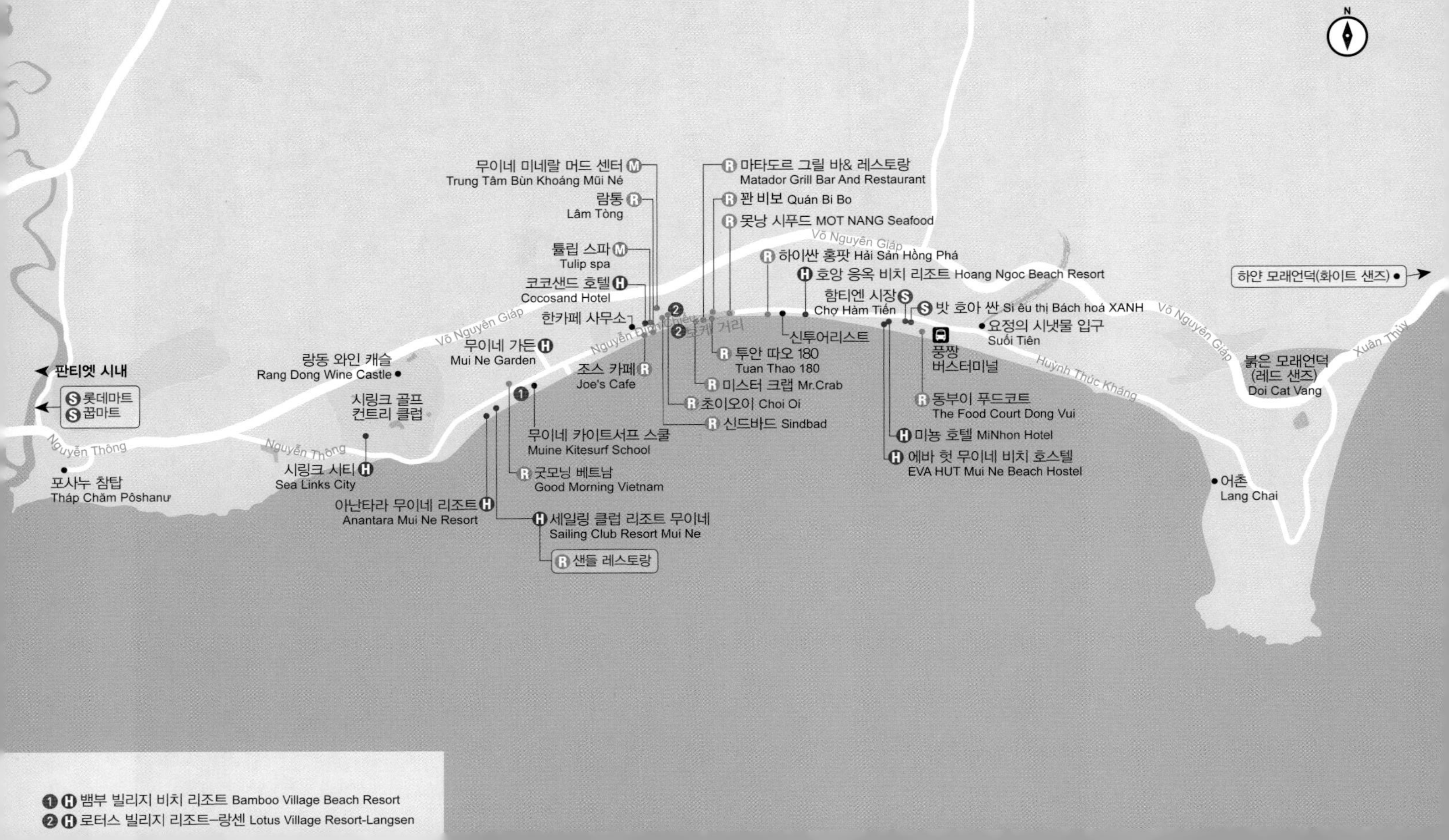

N
하얀 모래언덕(화이트 샌즈)
붉은 모래언덕 (레드 샌즈) Doi Cat Vang
어촌 Lang Chai
Xuân Thủy
Võ Nguyên Giáp
Huỳnh Thúc Kháng
Nguyễn Đình Chiểu
Nguyễn Thông
무이네 미네랄 머드 센터 Trung Tâm Bùn Khoáng Mũi Né
람통 Lâm Tòng
튤립 스파 Tulip spa
코코샌드 호텔 Cocosand Hotel
한카페 사무소
무이네 가든 Mui Ne Garden
조스 카페 Joe's Cafe
랑동 와인 캐슬 Rang Dong Wine Castle
시링크 골프 컨트리 클럽
시링크 시티 Sea Links City
아난타라 무이네 리조트 Anantara Mui Ne Resort
무이네 카이트서프 스쿨 Muine Kitesurf School
굿모닝 베트남 Good Morning Vietnam
세일링 클럽 리조트 무이네 Sailing Club Resort Mui Ne
샌들 레스토랑
마타도르 그릴 바& 레스토랑 Matador Grill Bar And Restaurant
꽌 비보 Quán Bi Bo
못낭 시푸드 MOT NANG Seafood
하이싼 홍팟 Hải Sản Hồng Phá
호앙 응옥 비치 리조트 Hoang Ngoc Beach Resort
함티엔 시장 Chợ Hàm Tiến
밧 호아 싼 Si êu thị Bách hoá XANH
요정의 시냇물 입구 Suối Tiên
풍짱 버스터미널
신투어리스트
투안 따오 180 Tuan Thao 180
미스터 크랩 Mr.Crab
초이오이 Choi Oi
신드바드 Sindbad
동부이 푸드코트 The Food Court Dong Vui
미뇽 호텔 MiNhon Hotel
에바 헛 무이네 비치 호스텔 EVA HUT Mui Ne Beach Hostel
여행자 거리
판티엣 시내
롯데마트
꿉마트
포사누 참탑 Tháp Chăm Pôshanư
1 H 뱀부 빌리지 비치 리조트 Bamboo Village Beach Resort
2 H 로터스 빌리지 리조트–랑센 Lotus Village Resort-Langsen

1 무이네 드나들기

호찌민 시티와 달랏, 나트랑에서 버스로 연결된다. 신투어리스트의 버스나 풍짱버스, 한카페 버스 등을 이용하면 된다. 소요시간은 호찌민 시티에서 6시간, 달랏과 나트랑에서 모두 5시간 정도. 버스 편에 대한 자세한 정보는 p.437~439 참고. 기차는 인근 도시인 판티엣까지만 운행되므로 다시 버스나 택시로 갈아타고 들어가야 하는 불편함이 있다.

2 시내에서 이동하기

무이네 해변을 따라 리조트가 있고, 약 10km에 걸쳐 형성된 리조트 거리에 각종 식당과 여행사, 기념품숍 등이 줄지어 들어서 있다. 포사누 참탑을 제외하고는 모두 무이네 어촌 방향 쪽으로 드문드문 떨어져 있으므로, 반나절 투어에 참여하는 것이 가장 편하고 경제적인 관광지 이동법이다. 그 외 식당이나 여행사 등을 찾아다니기 위해서는 택시나 쎄옴(오토바이 택시), 일반 버스를 이용한다.
택시는 녹색 마이린 택시가 가장 일반적이며 기본요금은 1만 1천 동가량부터 시작된다. 오토바이 렌트는 1일 20만 동이다. 자전거는 1일 5만 동 정도 하지만 한낮에는 햇볕도 강하고 이동 거리도 가깝지 않은 편이라 이용자가 매우 적다.
가장 저렴하면서 대부분의 관광지를 지나가는 1번 버스는 알뜰 배낭여행자들의 발이 되어준다. 꿉마트가 있는 판티엣 시내에서 무이네 리조트 거리를 거쳐 붉은 모래언덕 너머까지 운행하며, 외국인은 거리에 상관없이 편도 2만 동을 받는다.

3 기타 정보

환전

환전소를 따로 찾아 나서는 것도 쉽지 않고 환율 역시 그리 좋은 편이 아니다. 오히려 리조트 내에서 환전하는 것이 더 이득일 때가 많다. 미리 호찌민 시티나 기타 대도시에서 넉넉하게 환전해 놓는 것도 한 방법이다.

여행사

무이네는 해변 도로를 따라 약 10km에 걸쳐 리조트, 식당, 여행사들이 도처에 펼쳐져 있다. 게다가 무이네는 관광지가 한정돼 있어 투어 내용과 가격도 비슷비슷하다. 따라서 숙소에 문의하거나 인근 여행사 중 마음에 드는 곳을 선택해 투어를 다녀온다.

무이네 반일 투어

대부분의 투어 상품이 모래언덕 2군데와 요정의 시냇물, 어촌을 돌아보는 구성이다. 그룹 투어의 경우 6달러, 단독 투어는 25달러(4인 기준) 선에서 가격이 형성돼 있다. 일출을 볼 수 있는 투어는 04:30 출발, 일몰을 볼 수 있는 투어는 14:00 출발한다. 각각 3~4시간 소요.
무이네는 카이트서핑의 메카이기도 하다. 개인차가 있지만, 최소 2시간부터 2~3일에 걸쳐 최대 10시간까지 강습을 받으면 누구나 카이트서핑을 즐길 수 있다. 강습료는 시간당 50달러 전후(장비 포함)이며, 무이네에서 가장 유명한 전문숍(강습소)은 무이네 카이트서프 스쿨이다.

무이네 카이트서프 스쿨
Muine Kitesurf School
주소 42 Nguyen Dinh Chieu, Ham Tien, Mui Ne
위치 뱀부 빌리지 비치 리조트 옆
운영 09:00~17:00
전화 078-601-3101
홈피 www.muinekitesurfschool.com

4 무이네 추천 일정

무이네 관광은 무조건 반나절이 좋다. 어디를 갈까, 뭘 볼까 고민할 필요도 없다. 모래언덕에서 일출을 볼지, 일몰을 볼지만 정하면 된다. 그리고 가까운 여행사에 반일 투어를 신청한다. 1인 6달러 정도에 가격이 형성된다(시즌에 따라 변동 가능).

일출 4시간 투어(정확한 시간은 업체 및 현지 사정에 따라 변동)

04:30
숙소 출발
새벽 추위는 상상 이상이다.
든든하게 입고 출발!
05:00
화이트 샌즈
모래언덕에서 맞이하는
일출의 감동
(p.345)
06:00
레드 샌즈
좀 더 맑은 정신으로
붉은 사막을 느껴본다.
(p.345)
07:00
어촌
전통 바구니 보트와 어선이
어우러진 역동적인 삶의 현장
(p.345)
07:30
요정의 시냇물
졸졸 흐르는 시냇물과
웅장한 모래 협곡의 아름다운 조화
(p.346)

일몰 4시간 투어(정확한 시간은 업체 및 현지 사정에 따라 변동)

★★★ GPS 10.948140, 108.296558

모래언덕 Doi Cat

무이네를 찾는 가장 큰 이유는 건조한 날씨와 해변(정확히 말하자면 해변의 모래)이 어우러져 탄생한 모래언덕 때문. 보이는 광경만으로 이름을 붙이자면 '사막'이라고 해도 믿을 정도다. 무이네에는 2종류의 모래언덕이 있다. **하얀 모래언덕**Doi Cat Trang(화이트 샌즈White Sands라고도 한다)은 규모도 크고 드넓은 호수가 그 주변을 감싸고 있어 좀 더 광활한 사막의 정취가 느껴지는 동시에 경관 또한 수려하다. 이 때문에 수많은 뮤직비디오 촬영지로도 각광을 받고 있다. 붉은빛을 띠는 **붉은 모래언덕**Doi Cat Vang(레드 샌즈Red Sands)은 하얀 모래언덕에 비해 규모는 작지만, 마치 아프리카나 중동의 붉은 사막에 온 듯한 느낌을 준다. 하얀 모래언덕에서는 4륜구동 오토바이를, 붉은 모래언덕에서는 샌드보드를 즐길 수 있다. 대체로 하얀 모래언덕에서는 일출을, 붉은 모래언덕에서는 일몰을 감상하게 되며, 이에 맞춰 여행사들은 각각 일출 투어와 일몰 투어 상품을 내놓고 있다.

위치 하얀 모래언덕 반나절 투어에 참가하는 것이 가장 편하다. 그 외에는 택시를 타거나 오토바이를 렌트한다. 붉은 모래언덕 반나절 투어에 참가하거나, 일반 버스를 타고 붉은 모래언덕 앞에서 내려 달라고 요청한다.

Tip | 알아두면 유용해요

1. 모래언덕에는 모래바람이 상당히 강하다. 머플러나 모자, 선글라스 등을 챙겨 가면 좋다.
2. 이른 새벽 언덕 위는 춥게 느껴질 수도 있으므로, 긴 옷을 꼭 챙긴다.
3. 모래언덕 자체도 아름답지만, 그곳까지 가는 길의 사막 풍경이 특히 인상적이다. 드넓은 붉은 토양에 듬성듬성 식물들이 자라고 있는 창밖 풍경에도 주목할 것.

★★☆ GPS 10.943258, 108.276489

어촌 Lang Chai

무이네가 관광지로 개발되기 전부터 이곳 주민들에게는 마을의 중심지요 삶의 터전이었던 곳이다. 한낮에는 저 멀리 수평선 위로 알록달록한 어선들이 빽빽이 들어서 고요히 닻을 내리고 있는 모습이 매우 인상적이다. 하지만 이곳의 진면목을 알아보려면 이른 새벽 5시부터 오전 8시 사이에 방문하는 것이 좋다. 밤새 인근 해역에서 고기잡이를 하던 어선들이 들어와, 베트남 어촌의 역동적인 삶의 모습을 있는 그대로 느낄 수 있다.

위치 리조트 거리에서 일반 버스를 타고 어촌 앞에서 내려 달라고 요청한다.

★★☆

요정의 시냇물 Suối Tiên

GPS 10.951273, 108.256483

판티엣 캐니언Phan Thiet Canyon이라고도 부르는 이곳은 약 7km에 걸쳐 형성된 붉은 모래 협곡이다. 마치 그랜드 캐니언을 축소해 놓은 것 같다고 하여 '리틀 그랜드 캐니언'이라고도 부른다. 한쪽에는 열대 숲이 우거지고 다른 한쪽에는 붉은 사암과 하얀 사암이 절벽을 이루며 작은 계곡을 만들어내는데, 그 골짜기로 맑고 잔잔한 물이 흐른다. 이 물길을 거슬러 올라가다 보면 마지막에 이 시냇물의 근원이 되는 작은 폭포가 나온다.

위치 리조트 거리를 오가는 일반 버스를 타고 수오이 띠엔 앞에서 내려 달라고 부탁한다. 어촌 방향을 바라보고 왼편에 입구가 있다.

★☆☆

포사누 참탑 Tháp Chăm Pôshanư

GPS 10.936126, 108.146071

참파 왕국의 유적으로 8~9세기에 세워졌다. 지금까지 남아 있는 것은 총 3개의 탑으로, 중앙탑 내부에는 시바 신에게 바쳐진 링가와 요니의 결합체가 있다. 가장 작은 탑은 불의 여신에게 바쳐진 것이다. 입구 쪽에서 가장 가까운 탑은 소의 여신에게 바쳐진 것이다.

주소 Phu Hai, Thanh pho Phan Thiet, Binh Thuan
위치 리조트 거리에서 판티엣 시티행 일반 버스를 탄 후 포사누 참탑 앞에서 내려 달라고 요청한다. 하차 후 버스 진행 방향 쪽 왼편에 있는 입구를 따라 들어간다. 매표소는 이곳에서 500m가량 더 들어가야 한다.
운영 06:45~17:30
요금 1만 5천 동

★☆☆

랑동 와인 캐슬 Rang Dong Wine Castle

GPS 10.947569, 108.182011

캘리포니아 나파 밸리에서 영감을 받아 시링크 시티 리조트에서 조성한 와인 테마파크다. 포도밭을 지나 중세의 성으로 들어가면 와이너리 투어가 시작! 저장고에서 나파 밸리산 와인들을 둘러보고, 와인 제조 기구와 제조 과정의 설명을 들은 후 마지막으로 시음한다.

주소 Duong Vo Nguyen Giap, Phu Hai, Thanh pho Phan Thiet, Binh Thuan
위치 시링크 골프 컨트리 클럽 구역 인근(택시 이용)
운영 08:00~17:00(시즌에 따라 변동되므로 홈페이지 참고)
요금 13만 동 전화 0252-371-9299
홈피 www.sealinkscity.com

GPS 10.954391, 108.221531

보케 거리 Bo Ke Street

저렴한 가격에 맛난 해산물을 양껏 먹을 수 있는 해산물 거리다. 1km 정도 되는 구간에 해산물 식당들이 드문드문 있으며, 싱싱한 해산물을 직접 보고 선택해 원하는 방식으로 먹을 수 있다. 타이거새우나 게, 랍스터는 그릴로, 작은 새우, 가리비, 오징어는 갈릭버터로 많이 먹는다. 간혹 내가 고른 생물을 죽은 것으로 바꿔치기하는 경우, 그램 수를 속이는 경우, 처음 요청한 것과 다른 조리법의 음식이 나오는 경우, 잘못 계산된 경우 등이 종종 발생하므로 주의해야 한다. 보케 거리에서 가장 크고 붐비는 미스터 크랩Mr. Crab은 최근 2호점까지 오픈하며 그 저력을 과시하고 있다. 그 외 꽌 비보Quán Bi Bo, 못낭 시푸드MOT NANG Seafood, 하이싼 홍팟Hải Sản Hồng Phát, 투안 따오 180Tuan Thao 180 등이 좋은 평가를 받고 있다.

위치 무이네 백패커 빌리지 인근에서 동쪽으로
운영 비수기 점심시간 때는 미스터 크랩 같은 큰 식당들만 문을 연다. 본격적인 장사는 17:00부터 늦은 밤까지
요금 가리비 14만 동~, 가리비 8만 동, 새우 12만 동, 볶음밥 6만 동 (가격은 식당마다 다르므로, 참고만 할 것)

GPS 10.952114, 108.212760

람통 Lâm Tòng

주머니가 가벼운 여행자들에게 인기 만점인 곳이다. 열에 아홉이 주문하는 메뉴는 마늘소스 새우 요리나 레몬그라스 칠리소스 새우 요리. 밥은 포함돼 있으므로 모닝글로리 야채볶음과 맥주만 추가하면 우리 돈 6천 원에 든든한 한 끼를 해결할 수 있다. 바닷가에 위치해 전망이 좋고 시원하다.

주소 109B Nguyen Dinh Chieu, Ham Tien, Mui Ne
위치 보케 거리 초입
운영 08:30~22:00
요금 새우류 요리 7만 9천 동, 모닝글로리 4만 동, 음료 1만 5천 동~
전화 0252-384-7598

GPS 10.951550, 108.212224

조스 카페 Joe's Cafe

무이네의 유명 카페&바로, 저녁에는 빈자리를 찾기 힘들 정도다. 바닷가에 위치해 일몰을 보기에도 좋다. 밤이 깊어지면 가수들의 공연이 이어지고 분위기는 무르익는다. 근처에 람통과 보케 거리가 있는데 저녁 식사 후 이곳에서 맥주나 칵테일 한잔을 추천한다.

주소 86 Nguyen Dinh Chieu, Ham Tien, Mui Ne
위치 람통에서 도보 1분
운영 08:00~24:00 **요금** 음료 4만 동~

GPS 10.94332, 108.196359

샌들 레스토랑 Sandals Restaurant

좀 더 럭셔리한 곳에서 휴양지 분위기를 물씬 느끼고 싶은 사람들에게 추천할 만한 곳이다. 세일링 클럽 리조트의 잘 조성된 풀 사이드에 위치해 분위기가 그만. 5성급 리조트의 서비스를 받으면서 어느 정도 보장된 맛과 퀄리티의 베트남 요리와 서양 요리를 맛볼 수 있다. 특히 '건강한 음식 제공'에 초점을 두고, 글루텐 프리나 채식요리, 자체 특선 요리들을 선보인다.

주소 24 Nguyen Dinh Chieu, Ham Tien, Mui Ne
위치 세일링 클럽 리조트 내 **운영** 07:00~22:00
요금 파스타 27만 동, 치킨 캐슈너트 28만 동 (TAX 10%, SC 5% 추가)

GPS 10.946150, 108.198410

굿모닝 베트남 Good Morning Vietnam

무이네에서 가장 맛있는 피자와 파스타를 맛볼 수 있는 이탈리안 레스토랑이다. 신선한 재료에 주문 즉시 반죽해 화덕에서 구워 나온 피자는 그 맛이 일품. 가장 무난한 마르게리타부터 무이네 콘셉트에 맞는 해산물 파스타, 4가지 맛을 즐길 수 있는 콰트로 스타지오니까지 10여 가지 중 선택할 수 있다. 오픈형 구조로 사방이 트여 있어 걱정만큼 덥지는 않다. 분위기 좋고 위생적이며 직원이 영어를 해서 편하다.

주소 57a Nguyen Dinh Chieu, Ham Tien, Mui Ne
위치 뱀부 빌리지 비치 리조트 앞
운영 11:30~22:00 **요금** 피자 14만 동~, 파스타 14만 동~

GPS 10.953876, 108.247093

동부이 푸드코트 The Food Court Dong Vui

어디를 갈까, 뭐 먹을까 고민하기 싫다면 무조건 동부이 푸드코트로 가자. 말 그대로 여러 음식점이 한곳에 있고 가운데 테이블을 공유하는 시스템. 베트남 음식은 기본에 태국, 인도, 일본 음식, 피자, 파스타, 버거, 생맥주바, 카페 등 밥집과 술집, 카페 10여 곳이 영업 중이다. 보케 거리보다는 비싸지만 정찰제로 믿을 만한 해산물 코너도 있다.

주소 246/2B Nguyen Dinh Chieu, Ham Tien, Mui Ne
위치 함티엔 시장 지나서
운영 08:00~23:00
요금 일식 8만 동~, 맥주 1만 5천 동~

GPS 10.95274, 108.21393

신드바드 Sindbad

도너 케밥으로 유명한 곳이다. 바삭하게 구운 검은깨 빵 사이에 각종 야채와 고기를 잔뜩 넣어 화이트소스를 뿌려주는데 고기 누린내도 없고, 양 많고(스몰 사이즈도 빅버거 수준), 맛도 좋다. 스무디는 원하는 과일을 3개까지 선택할 수 있다. 기존 위치에서 보케 거리 쪽으로 이전해 실내도 깔끔하고 에어컨도 가동한다.

주소 133 Nguyen Dinh Chieu, Ham Tien, Mui Ne
위치 조스 카페에서 도보 2분 운영 08:00~22:00
요금 도너 케밥 레귤러 5만 2천 동, 과일 스무디 3만 5천 동~

GPS 10.95303, 108.21466

초이오이 Choi Oi

제대로 된 매장 인테리어와 청결함, 깔끔한 맛과 비싸지 않은 가격, 친절한 서비스 등을 고루 갖춘 베트남 요리 전문점이다. 쌀국수, 반쎄오, 짜조, 볶음면/밥을 비롯해 채식 메뉴도 있다. 일요일을 제외하고는 쿠킹 클래스도 운영한다. 무이네에서 이만한 곳을 찾기 어렵지만, 거의 모든 식당과 마찬가지로 에어컨이 없어 더운 것은 감안해야 한다.

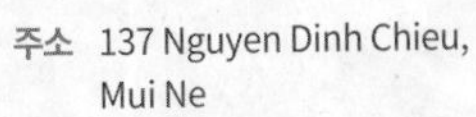

주소 137 Nguyen Dinh Chieu, Mui Ne
위치 조스 카페에서 도보 3분
운영 월~토요일 07:30~17:00, 일요일 07:00~16:30
요금 음료 3만 동~, 메인요리 4만 5천~7만 동

GPS 10.954339, 108.221371

마타도르 그릴 바&레스토랑 Matador Grill Bar And Restaurant

무이네는 해산물을 먹으러 간다고들 하지만, 육류파에겐 역시 고기 바비큐가 그리운 법. 보케 거리 해산물점 사이에 당당하게 자리 잡은 마타도르는 저렴한 가격에 맛있는 바비큐를 양껏 먹을 수 있는 곳이다. 가장 많이 찾는 것은 단연 돼지꼬치구이인데 폭립이나 야채구이도 맛있다. 바비큐에는 반미(바게트 빵)가 무료로 제공된다.

주소 179A Nguyen Dinh Chieu, Mui Ne
위치 보케 거리 내(미스터 크랩 옆)
운영 16:00~23:00
요금 폭립 18만 동, 야채구이 6만 5천 동

GPS 10.954279, 108.245119

함티엔 시장 Chợ Hàm Tiến

무이네 중심에 있는 작은 재래시장이다. 시장의 소소한 볼거리를 즐기는 사람이나 신선한 과일을 맛보고 싶은 사람에게 괜찮은 선택이 될 수 있다. 시장 내 매장은 오후 일찍 정리되는데, 좌판은 늦게까지 영업한다. 근처에 동부이 푸드코트가 있다.

주소 Nguyen Dinh Chieu, Ham Tien, Mui Ne
위치 신투어리스트에서 요정의 시냇물 방향으로 1km
운영 05:00~18:00(명시된 시간보다 일찍 닫는다)

GPS 10.938865, 108.111020

롯데마트 Lotte Mart

판티엣 시내에 있는, 본격적인 마트 쇼핑이 필요한 사람들에게 필수 코스라 할 수 있다. 4층 식품 매장에는 초고추장, 소주, 막걸리, 김치 등 한국 식품들을 비롯해 콘삭 커피, 하오하오 라면 등 한국인들의 쇼핑 품목이 많이 있다. 무이네 함티엔 시장 옆에는 소규모 로컬 슈퍼마켓인 **밧 호아 싼**Si êu thị Bách hoá XANH이 있다. 기본적인 품목들은 이곳에서 구입 가능하다.

주소 Khu dan cu, Hung Vuong I, P, Ham Thuan Bac, Binh Thuan
위치 판티엣 시내에 위치해 있다. 무이네에서 버스를 타거나 택시 이용
운영 08:00~22:00

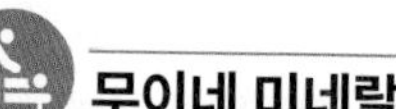

GPS 10.95427, 108.21218

무이네 미네랄 머드 센터 Trung Tâm Bùn Khoáng Mũi Né

나트랑과 동일하게 머드 온천을 즐길 수 있는 곳이다. 진흙욕(20분)과 장미꽃을 띄운 미네랄온천욕(20분), 하이드로테라피, 수영장, 자쿠지, 선베드 이용을 포함한 패키지가 가장 기본으로, 진흙탕 1개당 1~3인이 이용할 수 있다. 그 외 스팀사우나, 60분 마사지, 식사 등을 추가할 수 있다. 최근 문을 열어 시설도 깔끔하고 사람도 덜 붐빈다.

주소 133A Nguyen Dinh Chieu, Ham Tien, Mui Ne
위치 신드바드 왼쪽 길을 따라 500m 올라간다.
운영 08:00~20:00 **전화** 025-2374-3481
요금 1인 50만 동~, 2인 75만 동~, 3인 98만 동~

GPS 10.951960, 108.211730

튤립 스파 Tulip spa

무이네에서 잘하기로 소문난 마사지숍 중 하나로, 압도 세고 스킬도 좋아 시원한 마사지를 선호하는 한국인들에게 높은 점수를 받고 있다. 60분 보디마사지가 단돈 1만원부터 시작할 만큼 착한 가격에 재방문하는 사람들도 많다. 시설은 소박하지만, 청결함은 흠잡을 데가 없다. 구글맵 채팅으로 예약할 수 있으며, 카드 결제도 가능하다.

주소 121 Nguyen Dinh Chieu, Ham Tien, Mui Ne
위치 조스 카페 맞은편
운영 10:00~23:00
요금 보디마사지 60분 19만 동~

5성급

GPS 10.940841, 108.192852

아난타라 무이네 리조트 Anantara Mui Ne Resort

무이네 초입에 위치한 5성급 리조트다. 이 일대에는 대형 리조트들이 대거 포진해 있는데, 이 중에서도 고급스럽고 조용해 휴식하기 좋은 곳으로 인기가 많다. 블랙으로 포인트를 준 넓고 깔끔한 객실은 2개의 세면대와 테라스까지 갖추고 있다. 나무가 우거진 정원을 통과하면 풀 바가 있는 아름다운 인피니티풀이 나온다. 풀 너머 비치는 모래도 곱고 한적해 무이네 비치에서도 최고 컨디션을 자랑한다.

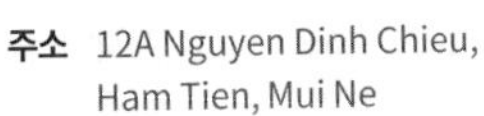

주소 12A Nguyen Dinh Chieu, Ham Tien, Mui Ne
위치 시링크 시티 리조트에서 1.5km
요금 프리미어 더블 150달러~
전화 025-2374-1888
홈피 www.anantara.com/ko/mui-ne

4성급

GPS 10.945910, 108.198808

뱀부 빌리지 비치 리조트 Bamboo Village Beach Resort

누구에게나 추천하고 싶은 리조트 중 하나다. 삼림욕장에 들어온 듯한 넓은 부지에 예쁘게 잘 관리된 정원, 드문드문 보이는 별채식 객실, 대나무와 야자수가 어우러진 산책로, 수영장까지 모든 것이 조화를 잘 이루고 있다. 리조트 앞으로 비치도 잘 형성돼 있고, 근처 레스토랑이나 스파 등으로 이동하기에도 편리한 위치다. 이만한 조건에 이만한 가격도 없다.

주소 38 Nguyen Dinh Chieu, Ham Tien, Mui Ne
위치 시링크 시티 리조트에서 2.5km
요금 디럭스 100달러~
전화 025-2384-7007
홈피 bamboovillageresortvn.com

4성급

GPS 10.954434, 108.237233

호앙 응옥 비치 리조트 Hoang Ngoc Beach Resort

신투어리스트와 가까운 가성비 좋은 리조트다. 중형 정도의 규모에 수영장도 여러 개고 작지만 헬스장도 갖추었다. 가족 여행객들을 위해 어린이 놀이터도 마련해 놓았다. 무이네 서쪽(보케 거리 근방부터 신투어리스트 방향)에는 해변이 존재하지 않기 때문에, 바닷가 쪽에 좁게나마 모래를 깔고 선베드를 놓아 비치 느낌이 나게 만들었다.

주소 152 Nguyen Dinh Chieu, Ham Tien, Mui Ne
위치 신투어리스트에서 도보 5분
요금 슈피리어 80달러~
전화 0252-384-7858
홈피 www.hoangngoc-resort.com

3성급

GPS 10.953267, 108.215968

로터스 빌리지 리조트-랑센 Lotus Village Resort-Langsen

10만 원대 미만에 인피니티풀이 있고 바로 앞에 비치를 끼고 있는 아름다운 리조트를 찾는다면 이곳을 고려해 보자. 보케 거리와 가깝다는 것도 장점 중 하나. 가장 저렴한 정원 전망 룸은 메인도로 건너편에 있어, 정원과 수영장, 해변을 이용하려면 약간의 불편을 감수해야 한다. 무이네에는 비슷한 이름의 리조트가 하나 더 있으므로, 택시를 탈 때에는 정확한 리조트 이름을 말하거나 '랑센'이라는 닉네임을 덧붙이도록 한다.

주소 100 Nguyen Dinh Chieu, Ham Tien, Mui Ne
위치 보케 거리 초입 (람통에서 도보 4분)
요금 더블(정원 전망) 75달러~
전화 0252-384-7373
홈피 www.langsenmuine.com

2성급

GPS 10.953876, 108.244114

미뇽 호텔 MiNhon Hotel

2성급의 호텔이지만 리조트 느낌이 물씬 풍기는 예쁜 수영장을 갖춘 곳이다. 수영장 가에 야자수를 심어 분위기를 내고, 객실 앞에 선베드까지 두었다. 객실과 욕실 모두 넓고 쾌적하다. 각종 투어 및 버스편, 인근 레스토랑 등에 관한 정보 책자를 마련해 둔 센스가 돋보이며, 호텔 리셉션에서 모든 예약을 도와준다. 이만한 가격에 이런 숙소 찾기 쉽지 않다.

주소 210/5 Nguyen Dinh Chieu, Ham Tien, Mui Ne
위치 함티엔 시장에서 도보 2분
요금 풀사이드 25달러~
전화 0252-651-5178

1성급

GPS 10.951698, 108.211210

코코샌드 호텔 Cocosand Hotel

가성비가 훌륭한 숙소로 주머니가 가벼운 여행자들에게 추천하고 싶은 곳이다. 호텔 이름처럼 해변 느낌을 살린 모랫바닥 정원엔 야자수가 빽빽이 심어져 종일 그늘이 드리워져 있고, 그 아래 해먹, 의자, 테이블이 놓여 있어 느긋하게 휴식하기 좋다. 침구도 깨끗하고, 유료이긴 해도 차가운 음료수가 잘 채워져 있는 냉장고나 시원한 에어컨은 유독 더운 무이네에서 더없이 반갑다. 위치 또한 해산물 거리 및 각종 맛집, 한카페 여행자버스 사무소와 가까워 편리하다.

주소 119 Nguyen Dinh Chieu, Mui Ne
위치 한카페 사무소에서 100m
요금 스탠더드 1인 15달러~, 2인 17달러~
전화 081-364-3446

2성급

GPS 10.949615, 108.200336

무이네 가든 Mui Ne Garden

언덕을 조금 올라가야 하지만, 가성비는 훌륭한 곳. 부엌과 거실이 딸린 1베드룸 아파트와 더블룸이 있다. 객실은 소박하지만 넓고 깨끗하며 안전금고, 전기주전자 등도 갖췄다. 화초들로 정원을 꾸미고 테라스와 해먹을 비치해 아늑한 휴식공간을 제공하며 작지만 수영장도 있다.

주소 Hem 69 Nguyen Dinh Chieu, Ham Tien, Mui Ne
위치 스위트 빌리지 리조트 맞은편 골목길로 들어가 도보 4분
요금 더블 25달러~ **전화** 096-487-8989

2성급

GPS 10.953294, 108.242972

에바 헛 무이네 비치 호스텔 EVA HUT Mui Ne Beach Hostel

주머니가 가벼운 여행객도 프라이빗 비치를 누릴 수 있는 귀한 숙소다. 해변 야자수 아래 비치 체어를 내놓고 정원에는 의자와 테이블을 배치해 휴식을 취하거나 전 세계 여행객들을 만나 시간 보내기에도 좋다. 더블룸과 쿼드러플룸, 혼성 도미토리룸이 있으며, 객실도 깔끔하고 전반적으로 시설 관리가 잘 되고 있다.

주소 Hem 202 Nguyen Dinh Chieu, Ham Tien, Mui Ne
위치 신투어리스트에서 도보 12분
요금 도미토리 3달러~, 더블 25달러~
전화 097-529-1084

14

문화와 쇼핑을 즐기는

호찌민 시티 Ho Chi Minh City

'동양의 파리'라고도 불리는 호찌민 시티는 프랑스 점령 시절 사이공Sai Gon으로 불리며 수도 역할을 담당했다. 그 영향으로 노트르담 대성당과 중앙우체국, 인민위원회 청사 등 아름다운 프랑스식 건물들이 도심 곳곳에 자리하여, 호찌민 시티 투어의 핵심이 되고 있다. 그 외 잔혹하리만큼 적나라하게 베트남 전쟁의 참상을 고발하는 베트남 전쟁박물관과 베트남 미술의 저력을 짐작게 하는 호찌민 미술관 등 다양한 박물관도 빼놓기 아까운 볼거리다. 하지만 호찌민 시티 관광의 정점은 시티 투어가 아니다. 예로부터 이곳 원주민들의 터전이자 지금까지도 베트남 경제에 큰 비중을 차지하는 메콩강 유역의 마을들을 돌아보고 전통 나룻배로 정글(?)을 가로지르는 메콩강 투어가 바로 그것. 이 외에도 베트남 군인들의 게릴라 작전과 미군의 고엽제 살포가 팽팽히 맞서며 치열하게 교전을 벌였던 베트남 전쟁의 현장, 꾸찌 터널 투어가 있다.

호찌민 시티의 여행은 볼거리에 한정되지 않는다. 베트남 그 어느 곳보다 서구 문화와의 교류가 많아 파인 다이닝 면에서도 타의 추종을 불허한다. 게다가 100년 이상 된 프랑스풍 저택이나 최고급 레스토랑에서 즐기는 런치 메뉴 풀코스가 겨우 1만 원대라는 놀라운 사실! 마사지 역시 여타 동남아 국가들에 비해 가격 대비 만족도가 높다.

》 호찌민 시티에서 꼭 해야 할 일 체크!

- ☐ 프랑스식 건물들이 즐비한 도심 투어하기
- ☐ 베트남 전쟁박물관과 호찌민 미술관 등 돌아보기
- ☐ 골목골목 숨어 있는 부티크숍 둘러보기
- ☐ 실속 있는 프렌치 파인 다이닝 즐기기

떤선녓 국제공항
호찌민 시티
N
Nguyễn Thái Sơn
Trường Sơn
Nguyễn Kiệm
Phan Đăng Lưu
Bạch Đằng
Hoàng Văn Thụ
Nguyễn Văn Trỗi
Điện Biên Phủ
꾹갓 꽌
어쿠스틱
껌땀 부이 사이공
꽌 94
Phan Đình Phùng
반쎄오 46A
Đinh Tiên Hoàng
Lê Văn Sỹ
떤딘 성당
베트남 역사박물관
퍼호아 파스퇴르
꽌넴
치즈 커피
사이공 동식물원
반미 362
무엉탄 사이공 센터 호텔
Hai Bà Trưng
통일궁 주변
Nam Kỳ Khởi Nghĩa
피자 포피스
소셜 클럽 루프톱
Lê Duẩn
Cách Mạng tháng Tám
Trần Quốc Thảo
Võ Thị Sáu
꿉마트 Co.opmart
Nguyễn Thị Minh Khai
응우옌 반빈 책 거리
인터콘티넨털 아시아나 사이공 호
중앙우체국
베트남 전쟁박물관
Pasteur
호찌민 노트르담 대성당
Sài Gòn River
빈컴 센터
통일궁
인민위원회 청사
호찌민 오페라 하우스
골든 드래건 수상인형극장
호찌민 시티 박물관
Đồng Khởi
박당 수상버스정류장
Nguyễn Huệ
Lê Lợi
붕따우행 그린라 고속페리터미널
Điện Biên Phủ
사이공 센터
호텔 마제스틱 사이공
뉴 월드 사이공 호텔
벤탄 시장
사이공 스퀘어
Hàm Nghi
AB 타워
호찌민 미술관
Ba tháng Hai
Lê Lai
Phó Đức Chính
Phạm Ngũ Lão
여행자 거리
벤탄 버스정류장
호찌민 박물관
꿉마트
Lý Thái Tổ
Bùi Viện
Lê Hồng Phong
Nguyễn Trãi
Trần Hưng Đạo
Đề Thám
Nguyễn Thái Học
호텔 니코 사이공
풀만 사이공 센터
Nguyễn Tất Thành
Ngô Gia Tự
Hùng Vương
Trần Phú
An Dương Vương
Nguyễn Văn Cừ
Võ Văn Kiệt
Bến Vân Đồn
Dương Bá Trạc
① 비텍스코 파이낸셜 타워
• 사이공 스카이덱
② 쉐라톤 사이공 호텔&타워스
쩌런

통일궁 주변
N
어쿠스틱 바
코코트 실라 어반 리빙
꿉마트
소셜 클럽 루프톱
퍼 24
베트남 역사박물관
사이공 동식물원
미앤더 사이공
피자 포피스
인터콘티넨털 아시아나 사이공 호텔
응우옌 반빈 책 거리
쭝응우옌 레전드 카페
베트남 전쟁박물관
호찌민 노트르담 대성당
중앙우체국
치즈 커피
템플 리프 스파
분짜 하노이 26
롯데 레전드 호텔
스파 갤러리
호아 뚝
더 리파이너리
훔 베지테리언 카페
푹롱 카페
프로파간다 레스토랑
빈컴 센터
콩 카페
파크 하얏트 사이공
꽌 응온 138
퍼 24
팍슨
호찌민 오페라 하우스
치즈 커피
쭝응우옌 레전드 카페
인민위원회 청사
사이공 헤리티지 스파
쉐라톤 사이공 호텔&타워스
통일궁
유니언 스퀘어
골든 드래건 수상인형극장
호찌민 시티 박물관
메콩 퀼트
센트럴 팰리스 호텔
파스퇴르 거리의 브루잉 컴퍼니
쭝응우옌 레전드 카페
박당 수상버스정류장
더 크래프트 하우스
아코야 사이공 센트럴 호텔
아트북 기념품숍
푹롱 커피
붕따우행 그린라인 고속페리터미널
코코트 벤탄점
벱메인
사이공 에코 크래프트
더카페 아파트먼츠
리버티 센트럴 사이공 리버사이드 호텔
피자 포피스
사이공 센터
더 크래프트 하우스
아반티 호텔 사이공
사이공 키치
호텔 마제스틱 사이공
쭝응우옌 레전드 카페
퍼 2000
벤탄 시장
시클로 레스토
쭝응우옌 레전드 카페
환전소(금은방)
사이공 스퀘어
푹롱 커피
에덴스타 사이공 호텔
푹롱 커피
반미 후옌 호아
푹롱 커피
카페 린
137 마사지숍
비텍스코 파이낸셜 타워
뉴 월드 사이공 호텔
사이공 스카이덱
치즈 커피
반미 37
AB 타워
벤탄 버스정류장
하일랜드 커피
지온 스카이 라운지
더 크래프트 하우스
칠 스카이 바
호찌민 미술관
오슬로 클럽
치즈 커피
풍짱버스 사무소
리틀 하노이 에그커피
쭝응우옌 레전드 카페
리틀 하노이 에그커피
하일랜드 커피
한카페 사무소
호아마이 VIP 미니버스 사무실(붕따우행)
호찌민 박물관
신투어리스트
푹롱 커피
퍼 꾸인
여행자 거리
부이비엔 워킹 스트리트
치즈 커피
꿉마트
파이브 보이 넘버 원
분짜 145 부이비엔
콩 카페
바바스 키친
꽌웃웃
호텔 니코 사이공
풀만 사이공 센터
쩌런
Nam Kỳ Khởi Nghĩa
Lê Duẩn
Trịnh
Hai Bà Trưng
Sài Gòn River
Tôn Đức Thắng
Trương Định
Võ Văn Tần
Pasteur
Lý Tự Trọng
Lê Thánh Tôn
Đồng Khởi
Đông Du
Mạc Thị Bưởi
Điện Biên Phủ
Hồ Xuân Hương
Cách Mạng tháng Tám
Nguyễn Du
Lê Lợi
Huỳnh Thúc Kháng
Tôn Thất Đạm
Hồ Tùng Mậu
Nguyễn Huệ
Nguyễn Đình Chiểu
Sương Nguyệt Anh
Nguyễn Thị Minh Khai
Lê Thị Riêng
Phạm Hồng Thái
Hàm Nghi
Mai Chí Thọ
Lê Công Kiều
Nguyễn Trãi
Lê Lai
Bùi Thị Xuân
Phạm Ngũ Lão
Đề Thám
Đỗ Quang Đẩu
Yersin
Nguyễn Công Trứ
Calmette
Võ Văn Kiệt
Nguyễn Trường Tộ
Nguyễn Tất Thành
Cống Quỳnh
Bến Vân Đồn
Nguyễn Văn Cừ
Nguyễn Cư Trinh
Trần Hưng Đạo
Cô Giang

1 호찌민 시티 드나들기

비행기

》 **국제선**

한국과 호찌민 시티 떤선녓 국제공항Sân Bay Quốc Tế Tân Sơn Nhất 간 비행시간은 총 5시간 정도이며, 인천공항에서는 대한항공과 아시아나, 베트남항공, 비엣젯, 티웨이 등이 취항한다. 또한 부산에서는 베트남항공, 비엣젯의 직항편을 이용할 수 있다.

》 **국내선**

베트남 국영 항공사인 베트남항공과 뱀부항공, 저비용 항공인 비엣젯이 베트남 대부분의 관광지(달랏, 나트랑, 다낭, 하노이, 하이퐁, 푸꾸옥 등)를 연결한다. 항공기 국내선에 관한 자세한 정보는 p.437 참고.

Tip | 국내선 공항은?

호찌민 시티 떤선녓 국제공항은 국제선이 이용하는 신청사와 국내선이 이용하는 구청사로 나눠져 있다. 하지만 두 건물이 이웃해 있으므로, 국제선 청사 도착홀을 나와 오른쪽 편으로 길을 따라 이동하면 된다(도보 5분 내).

기차

호찌민 시티에서 나트랑, 다낭, 후에를 거쳐 하노이까지 기차로 연결된다. 달랏은 기차가 닿지 않고 무이네는 판티엣을 거쳐 들어가야 해서 불편하다. 기차 편에 관한 자세한 정보는 p.439 참고.

버스

여행객들이 주로 이용하는 노선은 무이네, 달랏, 나트랑이다. 무이네는 한카페나 풍짱버스(5시간 소요), 달랏은 풍짱버스(6시간 소요), 나트랑은 한카페나 풍짱버스(9시간 소요)를 많이 이용한다. 버스 티켓 예약 사이트 vexere.com에는 더 많은 버스를 검색할 수 있으며, 후기와 평점을 참고하여 예약한다. 버스에 관한 자세한 정보는 p.437~439 참고.

한카페 사무소

한카페 Hanh Cafe

주소 273 De Tham, Pham Ngu Lao, Ho Chi Minh City
위치 여행자 거리(팜응우라우 거리) 내 위치
홈피 자체 홈피 없음. vexere.com에서 예약 가능

풍짱버스 사무소

풍짱버스 FUTA Bus Office

주소 292 De Tham, Pham Ngu Lao, Ho Chi Minh City
위치 여행자 거리(팜응우라우 거리) 내 위치
홈피 www.futabus.vn

2 공항에서 시내 이동하기

택시

공항 청사를 나와 왼쪽 끝으로 간다. 베트남 택시들은 바가지요금으로 악명이 높으므로, 그중 가장 믿을 만하다고 평가받는 비나선(흰색)과 마이린(녹색) 회사의 택시를 이용한다. 보통 공항에서 시내까지는 15만 동 정도(교통 사정에 따라 다름) 하고, 톨게이트비 2만~2만 5천 동이 추가된다. 위 두 택시 회사도 운전자 성향에 따라 바가지를 씌울 수 있으므로 주의할 것. 택시 이용 시 주의점은 p.440 참고.

비나선 택시

마이린 택시

버스

공항을 나와 길 건너편 오른쪽으로 버스정류장이 보인다. 109번 버스는 공항전용 버스로, 벤탄 시장을 거쳐 여행자 거리 끝의 23/9 공원Cong Vien 23/9까지 간다. 편도 1만 5천 동, 캐리어 추가 요금 1만 5천 동. 40분 소요. 운행시간 05:45~23:40. 배차 간격 20분.

일반 버스 152번도 공항과 벤탄 시장을 연결해 주지만, 정체가 심한 시내 구석구석을 돌다보니 1시간 이상 소요되기도 한다. 편도 5천 동, 캐리어는 개당 5천 동 추가. 운행시간 05:15~19:00. 배차 간격 20~30분.

109번 공항버스

3 시내에서 이동하기

택시

택시는 믿을 만한 마이린과 비나선 택시를 이용하고, 영어가 잘 통하지 않을 때에는 목적지나 주소를 메모해 보여주면 된다. 기본요금은 택시 회사와 크기(4인승과 7인승)에 따라 다르지만 대략 1만 1천 동(처음 0.7km까지)부터다. 이용 시 주의점(매우 중요!) 및 택시 관련 상세 정보는 p.440 참고.

마이린(녹색) 3838-3838
비나선(흰색) 3827-2727

그랩 Grab

베트남판 카카오택시다. 앱을 통해 도착지를 입력하면 택시요금이 미리 뜨기 때문에 바가지 쓸 염려가 없으며, 운전기사의 얼굴과 이용자 평점이 뜨기 때문에 믿을 수 있다. 요금은 일반 택시에 비해 저렴하거나 비슷한 편이다. 자세한 이용법은 p.441 참고.

버스
버스를 이용하는 알뜰 여행자라면 앱스토어에서 BusMap을 다운받자. 영어 버전 전환 가능. 이거 하나면 못 갈 곳이 없다. 요금은 편도 5~6천 동.

BusMap

》 유용한 버스 노선

1번
벤탄 시장 ··· 쩌런(차이나타운)

3번
벤탄 시장 ··· 하이바쯩 거리(호찌민 오페라 하우스, 하얏트 호텔 뒤편) ··· 떤딘 성당(핑크 성당)

4번
팜응우라오 거리 ··· 벤탄 시장 ··· 통일궁(호찌민 노트르담 대성당) ··· 떤딘 성당(핑크 성당) 근처

45번
벤탄 시장 ··· 비텍스코 파이낸셜 타워 ··· 하이바쯩 거리 ··· 베트남 역사박물관/사이공 동식물원

109번
팜응우라우 거리 ··· 벤탄 시장 ··· 파스퇴르 거리(통일궁) ··· 떤선녓 국제공항

152번
벤탄 시장 ··· 떤선녓 국제공항

호찌민 시티투어버스
하노이 시티투어버스 업체가 호찌민에서도 붉은색 2층 투어버스(오픈형)를 운행하기 시작했다. 정해진 시간 동안 무제한 승하차가 가능한 홉온홉오프 시스템은 09시부터 22시 30분까지. 24시간 50만 동이다. 승하차 없이 1시간 동안 주요 스폿을 도는 투어버스는 야간 탑승 추천. 1회 15만 동. 자세한 정보는 홈페이지 www.hopon-hopoff.vn 참고.

4 기타 정보

환전
한국에서 달러로 환전한 후 현지에서 다시 베트남 동으로 환전하는 것이 이익이다. 여행자 거리 곳곳에서 환전Exchange 팻말을 내걸고 환전을 해주지만, 환율이 그리 좋은 편은 아니다.
오히려 벤탄 시장 서쪽 입구 길 건너의 금은방(하탐Ha Tam이 가장 유명) 환율이 가장 좋고, 동커이Dong Khoi 거리나 레러이Le Loi 거리에 있는 환전소도 괜찮은 편이다.

금은방 하탐

여행사
호찌민 시티의 관광구역은 크게 둘로 나눌 수 있다. 고급 호텔과 쇼핑몰, 관광지가 몰려 있는 오페라 하우스 근처 시내 중심지와 저렴한 숙소와 로컬식당, 여행자 편의시설들이 몰려 있는 벤탄 시장 서쪽 여행자 거리(데탐 거리와 팜응우라우 거리)다. 여행사 역시 이 여행자 거리에 산재해 있다. 그중 동서양을 막론하고 가장 많은 여행객들이 이용하는 여행사는 **신투어리스트**The Sinh Tourist다. 대체로 가격이나 투어 내용, 서비스, 교통편 등 모든 면에서 기본이 된다. 하지만 팬데믹 이후 그 이전처럼 자체 프로그램을 운영하지 못하고, 다른 업체를 연계해 주는 정도에 그치고 있다. 좀 더 고급스러운 투어를 원한다면 호텔(4성급 이상) 리셉션에 문의하거나 렌터카(기사 포함)를 이용해 개별 일정을 진행하는 것도 한 방법이다. 호찌민 시티의 경우, 한국인이 운영하는 현지 여행사는 따로 없다. 이 경우, 온라인 여행 플랫폼이나 베트남 여행 관련 네이버 카페 등에서 판매하는 여행 상품을 구입하는 방법이 있다.

5 호찌민 시티 추천 일정

호찌민 시티 내 **주요 볼거리**는 통일궁과 베트남 전쟁박물관, 노트르담 대성당을 비롯한 프랑스식 건축물이다. 그 외 호찌민 미술관, 베트남 역사박물관, 호찌민 시티 박물관, 호찌민 박물관이 있는데 순서대로 방문할 가치가 있다. **쇼핑 장소**로는 벤탄 시장과 사이공 스퀘어가 대표적이다. 벤탄 시장은 관광객들을 겨냥한 재래시장 업그레이드 버전이며, 사이공 스퀘어는 명품 이미테이션과 메이드인 베트남(나이키, 노스페이스, 크록스 등) 제품을 구입할 수 있는 곳이다. 그 외 메콩강, 꾸찌 터널, 붕따우 등 1일 투어를 추가하면 좋다.

* 통일궁과 베트남 전쟁박물관은 점심시간에 휴관하므로 주의할 것.

09:30
벤탄 시장
호찌민 시티의
랜드마크에서 출발!
(p.390)
(관심에 따라 선택)
호찌민 미술관
혹은 호찌민 시티 박물관
그림 감상을 좋아한다면 추천 or
호찌민 시티의 역사가 궁금하다면!
(p.364, 366)
10:00
통일궁*
분단의 명암을 간직한
화려한 역사적 산실
(p.362)
11:00
베트남 전쟁박물관*
참혹한 전쟁의 실상을 한눈에!
Must See 박물관
(p.366)
12:00
점심-꾹갓 꽌
브란젤리나 커플도 다녀간,
분위기 좋고 맛있지만
비싸지 않은 그곳!
(p.378)
(관심에 따라 선택)
베트남 역사박물관
혹은 사이공 동식물원
실제 미라를 볼 수 있는
역사박물관 or 동식물을
벗 삼아 산책하기 좋은 곳
(p.367)
14:00
호찌민 노트르담 대성당
네오로마네스크 양식의
프랑스풍 성당
(p.363)
14:15
중앙우체국
에펠탑의 건축가
귀스타브 에펠의 작품
(p.363)
14:50
인민위원회 청사
가장 오래되고 아름다운
프랑스 식민 시대 건축물
(p.364)
15:00
호찌민 오페라 하우스
파리 프티 팔레에서
영감을 얻은 문화의 전당
(p.365)
KHU PHỐ VĂN HÓA KHU PHỐ I
15:30
여행자 거리
전 세계 여행자들을 위한
맛집, 펍, 기념품숍 등이 한자리에
(p.393 외)

★★★ GPS 10.777780, 106.696779

통일궁 Dinh Thống Nhất

최초의 건물은 1868년 프랑스 식민 시대에 건축된 것으로, 1954년 프랑스로부터 독립하게 되면서 통일궁이라 불렸다. 하지만 남북에 서로 다른 정권이 들어서면서 이곳 통일궁은 남베트남의 대통령궁으로 사용되었고, 1962년 대통령 암살 목적의 폭탄이 투하되면서 신축 건물이 들어섰다. 특히 1975년 4월 30일에는 북베트남의 탱크가 돌진해 들어오면서 남북전쟁이 종식을 맞게 되고 이곳에서 남북통일이 선언됨으로써 역사에 길이 남을 장소가 되었다. 입구에 들어서 정원 오른쪽에는 당시 대통령궁에 진입한 탱크 2대가 전시돼 있다. 통일궁의 건물은 모든 일이 상서롭고 운이 좋다는 뜻의 吉(길) 자 모양을 띠며, 1, 2층에 대회의장, 각료회의실, 대사접견실, 연회장, 대통령집무실 등 공적 공간과 2, 3층에 침실, 서재, 게임룸, 영화관 등 사적 공간이 배치돼 있다. 4층에는 전용 헬기장이 있으며, 이곳에서 연결된 통로를 따라 내려가면 지하 벙커에 닿을 수 있다. 각 공간의 인테리어는 탄성을 자아내며 입구마다 역사적인 사건 설명과 사진이 있어 관람객의 이해를 돕는다.

주소 135 Nam Ky Khoi Nghia, Ben Thanh, Ho Chi Minh City
위치 벤탄 시장에서 도보 10분. 레러이(Le Loi) 거리에서 남키코이응히아(Nam Ky Khoi Nghia) 거리로 진입
운영 08:00~15:30
요금 통일궁 4만 동(전시관 포함 시 6만 5천 동), 한국어 오디오가이드 9만 동
홈피 independencepalace.gov.vn

★★★

GPS 10.779802, 106.699016

호찌민 노트르담 대성당 Nhà Thờ Đức Bà Sài Gòn

프랑스 식민 시대인 1863~1880년에 프랑스 사람들이 세운 성당이다. 전형적인 네오로마네스크 양식을 띤 프랑스풍 건축물이다. 60.5m에 달하는 양쪽 종탑은 대칭을 이루며, 프랑스에서 직접 가져온 붉은 벽돌이 아름다움을 더한다. 정면 외에도 측면과 뒷면에서 바라보는 대성당의 외관 역시 놓치지 말 것. 대성당 앞에는 성모마리아상이 서 있는데 신자들에게는 성소로, 관광객들에게는 포토존으로 많은 사랑을 받고 있다. 2024년 기준 외벽 보수 공사로 아름다운 파사드를 보는 것은 불가능하다.

주소 1 Cong Xa Paris, Ben Nghe, Ho Chi Minh City
위치 통일궁 입구에서 도보 3분. 중앙우체국과 이웃해 있다.
운영 입장 불가

★★★

GPS 10.779884, 106.699904

중앙우체국 Bưu Điện Trung Tâm Sài Gòn

파리 에펠탑을 건축한 귀스타브 에펠의 작품으로 호찌민 시티를 대표하는 건축물 중 하나다. 1886~1891년에 세워졌으며, 고딕 양식과 르네상스 양식에 프랑스 양식이 더해졌다. 실내의 높은 아치형 천장과 타일 바닥이 마치 유럽의 어느 기차역에 온 듯하다. 당시 모습을 간직한 전화 부스와 캄보디아까지 이어지는 전신망 지도, 정면에 걸린 호찌민의 사진 등도 소소한 볼거리다. 각종 우편 업무 및 환전은 물론 기념품 판매도 한다.

주소 2 Cong Xa Paris, Ben Nghe, Ho Chi Minh City
위치 통일궁에서 도보 3분. 노트르담 대성당 옆에 있다.
운영 월~토요일 07:30~18:00, 일요일 08:00~17:00

★★★ GPS 10.776603, 106.700971

호찌민 시청 혹은 인민위원회 청사
Trụ Sở Ủy Ban Nhân Dân Thành Phố Hồ Chí Minh

1909년 프랑스 식민지 시절에 세워진 구시청사로, 현재는 인민위원회 청사(호찌민 시청사)로 사용 중이다. 호찌민 시티에 남아 있는 프랑스 식민 시대 건축물 중 가장 크고 오래되고 아름다운 것으로 손꼽힌다. 청사 앞으로 호찌민상이 서 있는 광장이 조성돼 있고, 여기서부터 사이공강변까지 드넓은 보행자 도로가 이어져 밤마다 야경을 즐기는 사람들로 북적거린다. 야경 추천!

주소 86 Le Thanh Ton, Ben Nghe, Ho Chi Minh City
위치 통일궁 입구에서 도보 5분, 벤탄 시장에서 도보 7분
운영 내부 관람 불가

★★☆ GPS 10.769729, 106.699252

호찌민 미술관 Bảo Tàng Mỹ Thuật Thành Phố Hồ Chí Minh

고대 베트남 문명의 예술품을 비롯해 근현대 미술의 현주소를 가늠해 볼 수 있는 곳이다. 상설전이 열리는 본관 3층에는 고대 유물과 조각상, 도자기, 각종 공예품이, 1층과 2층에는 베트남 근현대 회화들이 주로 전시돼 있어, 3층부터 시작해 1층으로 내려오며 관람하면 된다. 본관 왼쪽 별관에서는 특별전이 열리며, 정원에는 규모가 큰 석상들이 전시돼 있다. 이 미술관은 1934년 프랑스와 중국풍의 건축양식이 혼합돼 지어진 것이다. 본래 중국인 이민자 후아 본 호아Hua Bon Hoa의 소유로 이들 가문의 저택 겸 사무실로 사용되었다. 실내에는 호찌민 시티에서 최초로 설치된 나무 엘리베이터가 보존돼 있는데, 아르누보 양식의 우아한 철제 난간과 어우러져 또 하나의 볼거리를 제공한다.

주소 97 Pho Duc Chinh, Nguyen Thai Binh, Ho Chi Minh City
위치 벤탄 시장에서 도보 3분
운영 08:00~17:00
요금 3만 동

★☆☆

GPS 10.776656, 106.703104

호찌민 오페라 하우스 Nhà Hát Lớn Thành Phố Hồ Chí Minh

프랑스의 유명 건축가 페레 외젠이 디자인한 것으로, 프랑스 파리에 위치한 프티 팔레Petit Palais와 같은 해 건축되고 외형까지 비슷한 모습을 띠면서 유명세를 얻었다. 1998년 호찌민 시티 탄생 300년을 기념해 전면적인 리노베이션을 거치고 현대 예술 공연에 걸맞은 고급 시설을 갖추면서 연주회 및 오페라, 발레 등 다양한 공연들을 선보이고 있다.

주소 7 Cong Truong Lam Son, Ben Nghe, Ho Chi Minh City
위치 인민위원회 청사에서 도보 3분. 까라벨 호텔과 콘티넨털 호텔 사이
운영 공연 시 (공연 스케줄은 홈페이지 참고)
홈피 www.hbso.org.vn

★☆☆

GPS 10.788352, 106.690528

떤딘 성당 Nhà thờ Tân Định

한국인들 사이에서 '핑크 성당'으로 더 유명한 곳이다. 1880년대 프랑스 점령기에 건축되었으며 노트르담 대성당에 이어 호찌민 시티에서 2번째로 큰 성당이다. 특별한 볼거리가 있다기보다 핑크빛의 예쁜 외관 때문에 사진 찍으러 오는 사람들이 대부분. 근처에 반쎄오 맛집과 쌀국수 맛집이 있다.

주소 289 Hai Ba Trung, Phuong 8, Quan 3, Ho Chi Minh
위치 3번 버스를 타고 떤딘 성당 정류장에서 하차
운영 월~금요일 08:00~12:00, 14:00~17:00 **휴무** 토·일요일

★☆☆

GPS 10.768269, 106.706757

호찌민 박물관 Bảo Tàng Hồ Chí Minh

사이공강가에 위치한 이곳은 원래 사이공 항구의 무역 사무소 건물 중 하나였는데, 1911년 호찌민이 프랑스행 화물선에 처음 몸을 실은 것을 기념하여 1979년 호찌민 기념관이 되었다. 프랑스와 베트남 건축 양식의 살굿빛 건물에 2마리의 용이 조각돼 있어 '드래건 하우스'라고도 불린다. 내부에는 호찌민과 관련된 각종 사진과 자료, 소장품 등이 전시돼 있다.

주소 1 Nguyen Tat Thanh, Phuong 12, Ho Chi Minh City
위치 벤탄 시장을 등지고 함응이(Ham Nghi) 대로 끝까지 내려와 우회전하여 다리를 건너면 왼쪽으로 살굿빛 건물이 보인다.
운영 07:30~11:30, 13:30~17:30
요금 무료

★★★

GPS 10.779598, 106.692084

베트남 전쟁박물관 Bảo Tàng Chứng Tích Chiến Tranh

매년 50만 명 이상의 방문객이 찾을 만큼, 베트남에서 꼭 가봐야 할 박물관 중 하나로 추천되는 곳이다. 1961년에서 1975년까지 베트남 전쟁의 실상을 적나라하게 보여주는데, 그 참혹함이 보는 사람으로 하여금 저절로 눈을 찡그리게 할 정도. 왜 전쟁이 사라지고 평화가 정착돼야 하는지 강한 메시지를 전달해 준다. 본관은 총 3층으로 되어 있으며, 11개국 134명의 종군 기자들이 촬영한 전쟁의 참상들과 미군의 잔인한 학살 현장 사진을 비롯해 무시무시한 고엽제의 피해를 담은 기록 사진들, 당시 사용되었던 각종 군수품들이 전시돼 있다. 본관 왼쪽 편에는 전쟁 당시의 포로수용소를 재현해 놓았는데, 각종 고문 도구와 기요틴을 설치하고 이와 관련된 기록 사진들을 소개해 수용소 내 끔찍했던 상황을 생생하게 전달해 준다. 실외에는 당시에 사용됐던 탱크와 비행기 등이 전시돼 있다.

주소 28 Vo Van Tan, Phuong 5, Ho Chi Minh City
위치 통일궁 입구에서 도보 10분
운영 07:30~17:30 **요금** 4만 동

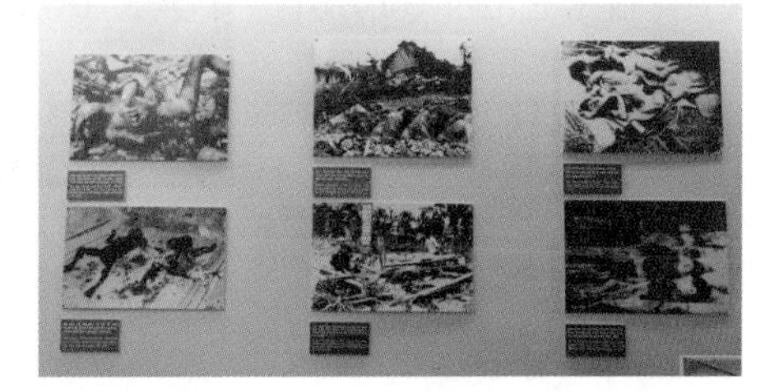

★☆☆

GPS 10.775980, 106.699646

호찌민 시티 박물관 Bảo Tàng Thành Phố Hồ Chí Minh

1890년 건축된 프랑스풍 건물로 프랑스 총독 관저, 남베트남 대통령 관저, 프랑스 고등 판무관 사무소, 법원 등으로 용도가 변경되어 오늘에 이르렀다. 1층에는 호찌민 시티의 생태와 도시 문화의 기반 및 발달, 무역 및 산업은 물론 19~20세기의 문화에 관해 전시돼 있고, 2층에는 프랑스로부터의 독립운동과 베트남 전쟁을 거쳐 통일에 이르기까지 역사를 보여준다. 건물 자체가 아름다워 웨딩 촬영하는 커플을 종종 볼 수 있다.

주소 65 Ly Tu Trong, Ben Nghe, Ho Chi Minh City
위치 벤탄 시장에서 통일궁으로 가는 길(남키코이응히아 거리) 중간
운영 08:00~17:00 **휴무** 월요일
요금 3만 동
홈피 www.hcmc-museum.edu.vn

★★☆ GPS 10.788022, 106.704738

베트남 역사박물관 Bảo Tàng Lịch Sử Việt Nam

1979년 개관하여 베트남은 물론 인근 동남아시아의 고대 유물을 주로 전시하고 있다. 전시관은 크게 베트남의 역사와, 베트남 남부 및 동남아시아 지역의 역사로 나눠져 있다. 전자의 경우 베트남의 선사시대부터 청동기 시대, 중국 점령기, 참파 문명, 옥에오 문명을 거쳐 1945년 응우옌 왕조에 이르기까지 총 10개의 전시실에 걸쳐 소개돼 있다. 이 중 2,500년 전 사람의 두개골이나 동선 문명의 유물인 북, 각종 불상들과 섬세한 조각이 돋보이는 참파 문명의 조각들이 주목을 끈다. 특히 남베트남과 동남아시아 지역 섹션에 전시된 미라는 섬뜩하리만큼 생생하게 보존돼 있는데, 이곳의 하이라이트이니 꼭 챙겨 보자.

주소 25/2 Nguyen Binh Khiem, Ben Nghe, Ho Chi Minh City
위치 통일궁에서 도보 15분
운영 08:00~11:30, 13:00~17:00
휴무 월요일
요금 3만 동
홈피 www.baotanglichsutphcm.com.vn

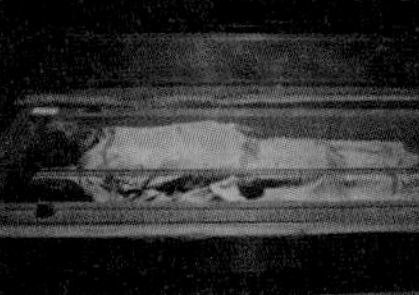

Tip | 역사박물관 주변 명소

베트남 역사박물관은 사이공 동식물원과 이웃해 있다. 한국의 동식물원에 비할 수는 없지만, 저렴한 입장료를 생각한다면 산책하는 기분으로 가볍게 둘러볼 만하다.

★★☆ GPS 10.788365, 106.706310

사이공 동식물원 Thảo Cầm Viên Sài Gòn

동물을 좋아하는 사람들에게 추천하고 싶은 곳이다. 희귀 동물들은 없어도 제법 규모가 크고, 우리와 관람 구역 간 거리가 멀지 않아 보다 생생하게 동물들을 구경할 수 있다. 특히 주 중에는 매우 한가해 사람들에 밀려 다니기 바쁜 우리네 동물원에 비해 훨씬 쾌적하다. 울창한 나무들이 많아 산책하기에도 좋다. 아이들을 위한 놀이기구와 식물원도 있으며, 오전 9시와 오후 2시에는 코끼리와 새 공연도 관람할 수 있다(시간은 변동 가능).

주소 2 Nguyen Binh Khiem, Ben Nghe, Ho Chi Minh City
위치 통일궁에서 도보 15분. 통일궁 정면으로 곧게 뻗은 레주언(Le Duan) 거리를 따라 직진
운영 07:00~17:30
요금 성인 6만 동, 아동 4만 동

★★☆ GPS 10.771635, 106.704219

사이공 스카이덱 Saigon Skydeck

2010년 우리나라 기업 현대가 건설해 특히 관심을 끌었던 68층 초고층 빌딩, 비텍스코 파이낸셜 타워Bitexco Financial Tower 49층에 위치한 전망대다. 베트남 물가를 고려해 볼 때 상당한 고가의 입장료이지만, 발 아래로 펼쳐진 시내의 전경과 사이공강의 일몰, 야경을 즐기려는 사람들이 많이 방문한다. 비텍스코 파이낸셜 타워 내에는 왓슨(헬스&뷰티케어 제품점), 나이키, 갤럭시 스토어 등 10여 개의 매장이 들어선 아이콘 68 쇼핑 센터가 있지만, 본격적인 쇼핑을 즐기기에는 아쉬움이 크다. 참고로, 랜드마크 81의 75층에 위치한 **블랭크 라운지**Blank Longe는 호찌민 시티에서 가장 높은 곳에 위치한 카페&바로, 사이공 스카이덱의 대체지로 급부상하고 있다.

주소 36 Ho Tung Mau, Ben Nghe, Ho Chi Minh City
위치 벤탄 시장에서 사이공강 방향으로 도보 10분
운영 09:30~21:30 (티켓은 45분 전 마감)
요금 24만 동

★☆☆ GPS 10.780023, 106.699183

응우옌 반빈 책 거리 Đường Sách Nguyễn Văn Bình

책을 좋아하는 사람들에게 특히 추천하고 싶은 곳이다. 약 200m에 달하는 이 거리에는 베트남의 유명 출판사와 출판 유통업체의 부스 약 20여 개를 비롯해 중고책방, 북카페, 전시 및 공연 공간이 들어서 있다. 베트남어로 된 책밖에 없지만, 표지를 구경하고 책장을 넘겨보는 재미가 쏠쏠하다. 개성 있게 꾸며진 부스를 배경으로 기념사진을 찍거나 평화로운 분위기 속 우거진 가로수 아래 잠깐 쉬었다 가기에도 좋다.

위치 노트르담 대성당에서 북쪽으로 150m

★★☆

GPS 10.776656, 106.703104

아오 쇼 A O Show

호찌민 오페라 하우스에서 열리는 전통 문화 공연이다. 베트남의 대나무를 이용해 다양한 안무와 곡예, 코믹 마임 등을 펼쳐가는데, 전통 음악과 아름다운 조명까지 어우러져 높은 완성도를 자랑한다. 3종류의 좌석 중 가장 저렴한 좌석은 공연 중 약 7분 정도 시야 가림이 있다. 공연일은 오페라 하우스 사정에 따라 변동되므로, 홈페이지 확인이 꼭 필요하다.

주소 7 Cong Truong Lam Son, Ben Nghe, Ho Chi Minh City
위치 **호찌민 오페라 하우스**
인민위원회 청사에서 도보 3분
운영 18:00
요금 80만 동~
전화 084-518-1188
홈피 www.luneproduction.com

★★☆

GPS 10.776302, 106.692530

골든 드래건 수상인형극장 Golden Dragon Water Puppet Theater

수상인형극은 하노이가 가장 유명하지만, 호찌민 시티에서도 접할 수 있다. 이곳은 여행객들이 접근하기 편한 곳으로, 수상인형극 전용 무대에 베트남의 전통 및 생활문화, 설화 등을 테마로 한 단막 인형극 17편이 소개된다. 공연 내내 무대 양쪽에서는 베트남 전통 악기 연주와 성우들의 노래 및 대사(베트남어)가 이어진다.

주소 55B Nguyen Thi Minh Khai, Ben Thanh, Ho Chi Minh City
위치 통일궁 뒤편
(벤탄 시장에서 도보 15분)
운영 화·금·일요일 17:00, 18:30
요금 1인 20만 동, 2인 40만 동
전화 028-3930-2196

★☆☆

쩌런 Chợ Lớn

GPS 10.754185, 106.659598

호찌민 시티에 위치한 차이나타운이다. 하지만 간혹 보이는 중국 상점들과 식당, 그리고 중국 회관이 아니라면 베트남의 여느 거리와 큰 차이가 없어 보인다. 시끌벅적하고 맛있는 길거리 음식들로 가득한 차이나타운을 기대한다면 실망이 크겠지만, 중국 분위기가 물씬 풍기는 성당이나 공자, 관우, 뱃사람들을 보호하는 바다의 여신 티엔허우 등을 모시는 다양한 사당 겸 중국인 회관에 흥미가 있다면 한 번쯤 방문해 볼 만하다. 호찌민 시티에서 가장 큰 재래시장인 빈떠이 시장Cho Binh Tay도 인접해 있는데, 특별히 눈에 띄는 물건도 없고 품질 역시 그리 좋은 편은 아닌 데다 복잡하기 그지없다.

주소 Cho Lon, Quan 5, Ho Chi Minh City
위치 벤탄 시장에서 1번 버스를 타고 종점에서 하차(약 15분 소요)

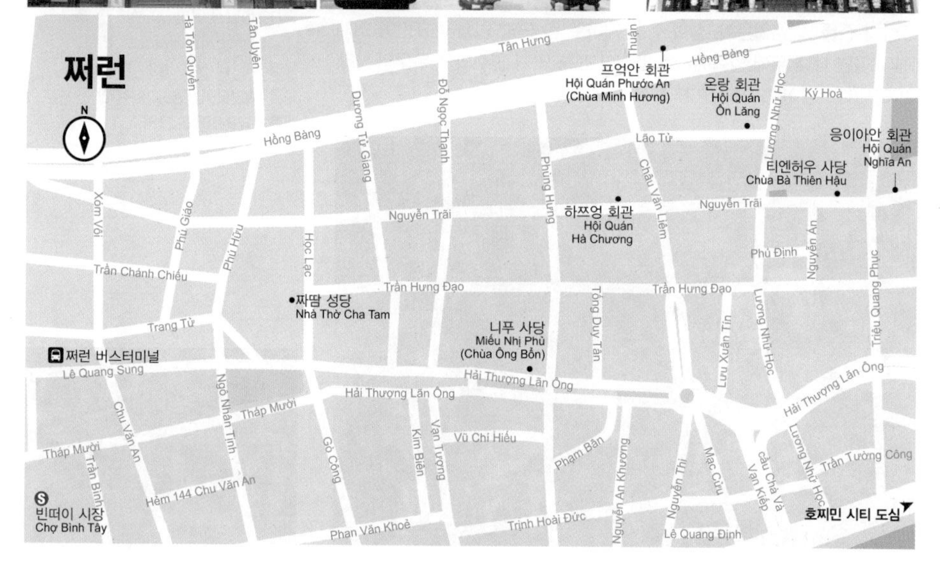

GPS 10.773743, 106.707116

사이공 워터버스 셀프 크루즈 Saigon Water Bus

사이공강 디너 크루즈는 유람선을 타고 사이공강을 오르내리며 공연과 함께 저녁 식사를 즐기는데, 우리 돈 4만 원 이상 한다. 경제적 부담 없이 배를 타고 사이공강변을 조망하고 싶은 사람이라면 사이공강 북쪽을 오가는 수상버스를 고려해 보자. 2018년 개통된 수상버스는 호찌민 시티 내의 극심한 교통체증을 해소하기 위한 방안으로 모색되었지만, 관광객 입장에서는 유람선으로 이용하기에도 손색이 없다. 게다가 편도 1만 5천 동(우리 돈 750원)이라는 저렴한 요금이라니! 낡은 가옥들, 고급 빌라가 들어선 주택가, 공장지대가 양안에 펼쳐져 있고, 끊임없이 화물선이 오르내리는 진한 황톳빛의 사이공강 풍경은 날것 그대로의 베트남 모습을 보여준다. 하지만 비텍스코 타워와 그 일대, 빈홈 랜드마크 81 및 초고층 아파트 단지 등의 전경은 베트남의 부와 발전상을 실감케 하며 또 다른 볼거리를 선사한다. 마제스틱 호텔 근처에 있는 박당Bach Dang 수상버스정류장에서 11km 북쪽에 있는 린동Ling Dong 정류장까지 1시간 정도 소요되지만, 유람용으로는 15분 거리에 있는 빈안Binh An까지만 탑승해도 충분하다. 디너 크루즈에서 볼 수 있는 화려한 야경을 즐기고 싶다면, 일몰 이후 출발하는 수상버스를 탑승한다. 주말과 공휴일에는 탑승객이 많아 티켓 구매를 서둘러야 한다.

위치 박당 수상버스정류장은 마제스틱 호텔에서 도보 3분
요금 편도 1만 5천 동
운영 **박당 수상버스정류장**
박당-린동 구간은 1일 4회 운행. 17시 30분부터 21시 30분까지는 박당-빈안 구간만 왕복 운행하는 여행용 크루즈가 운행된다. 평일에는 5회, 주말에는 9회 편성되며, 정확한 출발 시간은 홈페이지에서 확인할 수 있다.
*운행시간은 예고 없이 변경될 수 있으므로 현지 확인 필수
홈피 saigonwaterbus.com

Special Tour 01

메콩 델타 Mekong Delta

베트남과 캄보디아 사이에 위치한 메콩 삼각주(메콩 델타)는 티베트에서 발원한 메콩강의 종착지로, 비옥한 토지와 풍부한 수산자원 덕분에 오래전부터 베트남 사람들이 삶의 터전을 이뤄온 곳이다. 호찌민 시티에서 떠나는 메콩 델타 투어는 이곳의 서민들이 주어진 자연 환경 속에서 어떻게 조화를 이루며 살아가고 있는지 가장 가까이에서 살펴볼 수 있는 기회가 된다. 여행객들이 가장 많이 선택하는 **미토&벤쩨** Mỹ Tho & Bến Tre 1일 투어는 큰 배를 타고 미토와 벤쩨 사이의 섬들을 돌며 열대과일 농장, 벌꿀 농장, 코코넛 농장 등을 방문하고 각종 열대과일과 꿀차, 코코넛 캔디 등을 시식해 보는 기회를 제공한다. 또한 라이스페이퍼나 코코넛 캔디 만드는 과정 등을 살펴보고 현지인들의 소박한 전통 공연을 즐기고 메콩강에서 직접 잡은 물고기와 식재료를 바탕으로 한 점심 식사도 맛볼 수 있다. 현지인들이 이용하는 소달구지를 타기도 하고 작은 전통 나룻배를 타고 좁은 지류의 맹그로브 숲을 통과하기도 한다.

미토&벤쩨 외 **까이베** Cái Bè 혹은 **껀떠** Cần Thơ로 떠나는 메콩강 투어는 상품을 가득 실은 배와 물건들을 구입하려는 배들로 이른 새벽부터 활기가 넘치는 수상시장을 둘러보는 데 초점을 둔다. 이때 수상시장을 제대로 보려면 당일보다 1박 2일 투어가 더 낫다.

미토&벤쩨 1일 투어

소요시간	08:00~19:00
비용	평균 현지인 단체 투어 49만 9천 동~
포함 내역	투어가이드, 보트 승선료, 입장료, 점심
불포함 내역	여행자 보험, 각종 음료, 개인 비용

Tip 1 | 메콩강 + 꾸찌 터널 콤비 투어

한국인들이 많이 이용하는 현지 여행사 신투어리스트에서는 메콩강 투어에 꾸찌 터널 투어를 결합한 상품만 판매한다. 메콩 델타 지역의 방문지나 투어 진행방법은 대동소이하고, 호찌민 시티에서 가장 인기 있는 근교 투어 2개를 한 번에 끝낼 수 있어 시간적인 면에서나 경제적인 면에서 효율적이다.

Tip 2 | 메콩 투어와 비슷한 듯 전혀 다른 껀저 투어

2000년 유네스코가 세계자연유산으로 선정한 천혜 자연 청정 보호 구역 껀저Cần Giờ는 4만ha에 이르는 아름다운 맹그로브 숲 지역으로, 200여 종의 동물들과 40여 종의 조류들, 100여 종의 수중 생물들이 서식하는 말 그대로 자연 생태의 보고라 할 수 있다. 껀저 투어는 그중에서도 특히 수많은 원숭이들이 서식하고 있는 원숭이 섬과 정글 속에 숨겨진 북베트남군의 수중 유격대 사령부, 껀저 자연박물관, 악어 농장 등을 방문한다.

소요시간	08:00~17:00
비용	64만 9천 동~
포함 내역	투어가이드, 버스 교통비, 점심
불포함 내역	여행자 보험, 점심 음료, 개인 비용

Special Tour 02

꾸찌 터널(반나절 투어) Cu Chi Tunnels

베트남 전쟁은 프랑스로부터의 독립을 위한 1차 전쟁(1946~1954)과 북베트남 공산당 정부와 남베트남의 민족해방전선군(베트콩)이 미군과 남베트남의 친미정권에 대항하여 벌인 2차 전쟁(1960~1975)을 통틀어 말한다. 꾸찌 터널이 처음 건설된 것은 1차 전쟁 당시였지만, 보다 전술적으로 이용되고 전승에 결정적인 역할을 담당한 것은 2차 전쟁 때다. 당시 모든 면에서 우세했던 미군에게 베트콩들은 산발적인 게릴라전으로 대응했는데, 이를 위해 지하 3~10m 깊이에 3층으로 총 250km에 달하는 좁고 긴 지하 통로를 만들고 전략적으로 활용하였다. 일단 여행객들이 꾸찌 터널 구역에 들어서면, 가장 먼저 영상실로 안내돼 베트남 전쟁에 관한 기록영상을 관람한 후 꾸찌 터널에 대한 대략적인 설명을 듣게 된다. 이후 베트콩들이 사용했던 각종 덫과 함정들, 무기들은 물론 이곳에서의 의식주 생활상을 재현한 구역들을 돌아본다. 또한 이들이 실제 사용했던 AK47, MK16 같은 소총들을 발사해 보거나 주식으로 삼았던 얌(우리나라의 마와 비슷)과 차를 먹어보는 기회도 갖는다. 이 투어의 하이라이트는 약 200m의 짧은 거리지만 높이 70cm에 폭 50cm의 꾸찌 터널을 직접 통과해 보는 것이다. 한 사람이 등을 굽혀 겨우 지나다닐 정도로 좁고 어두우며, 환기도 잘 되지 않아 덥고 습하기까지 한 터널을 지나다 보면, 이곳을 기지 삼아 전쟁에서 승리를 이끈 베트콩들의 활약에 감탄을 금하지 않을 수 없다.

소요시간	08:00~14:00
비용	25만 동
포함 내역	투어가이드, 버스 왕복
불포함 내역	여행자 보험, 꾸찌 터널 입장료(12만 5천 동), 점심, 개인 비용

Tip | 꾸찌 터널 1일 투어

꾸찌 터널 투어는 메콩강 투어와 더불어 호찌민 시티에서 가장 인기 있는 투어다. 보통 반나절 정도 소요되기 때문에, 오전에는 신흥 종교 까오다이교의 총본산을 둘러보고 오후에 꾸찌 터널을 방문하는 1일 투어에 주목해 보는 것도 좋다. 까오다이교 사원 대신 호찌민 시티의 주요 관광지를 돌아보는 투어 상품도 있다.

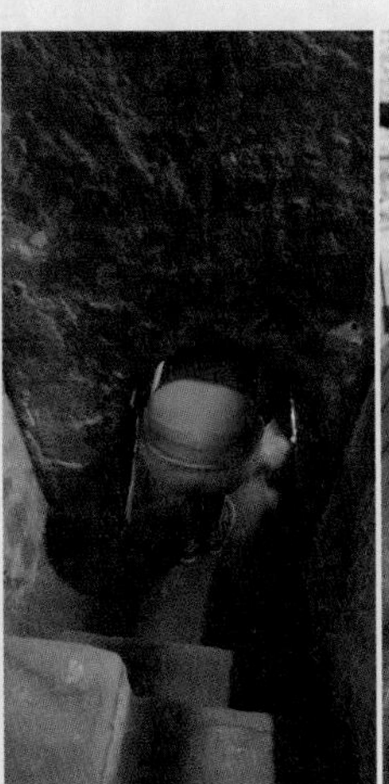

Special Tour 03

까오다이교 Đạo Cao Đài

까오다이교 투어는 떠이닌Tây Ninh(호찌민 시티에서 약 100km에 위치)에 있는 베트남의 신흥종교 까오다이교의 총본산을 방문하는 것이다. 까오다이교의 총신도 수는 전국 약 300만 명에 달하는데, 현재 떠이닌 거주 인구의 약 70%가 신자라고 알려져 있다. 까오다이교는 하루 4번 새벽 6시와 정오, 오후 6시, 그리고 자정에 예배를 드리는데, 관광객들은 이 중 가장 중요한 정오 예배를 참관하게 된다. 예배가 시작되면, 예배당 한가운데 앞부분에는 붉은색과 푸른색, 노란색의 제복을 입은 성직자가 앉고 그 양옆과 뒤로 하얀 옷을 입은 신도들이 열을 맞춰 자리한다. 아오자이를 입은 여신도는 왼쪽에, (마치 이슬람 신도같이) 하얀 튜닉과 검은 모자를 쓴 남신도는 오른쪽에 앉으며, 향을 피우고 옥황상제와 부처, 노자, 공자에게 차례로 기도와 예배를 올린다. 2층에서는 전통 악기 연주와 찬양대의 노래가 예배 내내 이어진다.

소요시간	08:00~18:00 (까오다이교 단독 투어는 없고 꾸찌 터널과 결합된 1일 투어만 준비돼 있다)
비용	평균 54만 9천 동
포함 내역	투어가이드, 버스 왕복
불포함 내역	여행자 보험, 꾸찌 터널 입장료(12만 5천 동), 점심, 개인 비용

Tip | 까오다이교란?

까오다이교는 1927년 응오민찌에우Ngô Minh Chiêu가 창제한 베트남의 신흥종교로, 유교, 불교, 도교, 기독교, 이슬람교에 토착 신앙까지 더해진 양상을 보인다. 까오다이Cao Đài는 '가장 높은 신' 혹은 '최고의 힘'을 뜻하는데, 까오다이교는 이 우주의 근원이 되는 '궁극의 신'을 받든다. 까오다이교는 이 세상이 멸망하기 전, 지금까지 알려지지 않은 새로운 방식으로 신과 인류가 하나 되어 구원을 얻는 것을 목적으로 한다. 그것은 곧 이 세상의 모든 종교가 하나가 되는 것이며, 이로 인해 전 세계는 한 가족이 되고 진정한 평화가 정착하는 것이다.

까오다이교의 상징은 '모든 것을 꿰뚫어보는 (신의) 왼쪽 눈'으로, 마치 안구처럼 보이는 파란 구에 새겨져 중앙 제단에 놓여 있고, 예배당 외벽 정면이나 측면에 벽화로도 그려져 있다. 까오다이교는 빅토르 위고Victor Hugo(프랑스의 대문호)와 쑨원Sun Wen(중국의 혁명 지도자), 응우옌 빈 키엠Nguyễn Bỉnh Khiêm(베트남의 시인)을 3대 성인으로 모시고 있다. 예배당에는 하늘과 땅, 즉 신과 인류의 하나 됨을 약속하는 서약서의 일종으로 이들 3인이 프랑스어로 'Dieu et Humanité Amour et Justice(신과 인류, 사랑과 정의)'라고 쓰는 그림이 걸려 있다.

Special Tour 04

붕따우 Vũng Tàu

호찌민 시티에서 남쪽으로 약 125km 떨어진 붕따우는 식민지 시절에는 고관들의 휴양지로, 오늘날에는 시민들의 주말 나들이 장소로 사랑받는 곳이다. 붕따우의 상징은 언덕 위 거대 예수상으로, 이곳에 오르면 최고의 전망을 즐길 수 있다. 그 외 프랑스 총독의 여름 별장이었던 화이트 팰리스와 불교 사원 니엣반띤사를 둘러보고, 붕따우의 대표 해변, 사우 비치로 가 여유시간을 갖는다. 붕따우의 맛집으로는 간하오Gành Hào(페리터미널에서 북쪽으로 3.5km 지점)가 있다. 500m가량 해변을 따라 지어진 대규모 시푸드 레스토랑으로 하루 평균 2천 명 정도 방문한다. 또, 쌀가루 반죽 위에 새우를 올려 튀긴 반콧Bánh Khọt 전문점 꼬바Cô Ba도 이른 아침부터 장사진을 이룰 만큼 유명하다. 붕따우는 뭔가 대단한 볼거리를 기대하는 사람에겐 실망스러울지 모른다. 하지만 빡빡한 일정 중 하루쯤은 복잡한 도시를 벗어나고 싶은 여행자, 혹은 기독교 신자라면 한 번쯤 고려해 볼 만하다.

Tip | 붕따우 이동하기

1. 붕따우로 이동

여행사 1일 투어
붕따우 1일 투어는 찾는 사람이 많지 않아 주로 성수기 주말에만 운영되며, 이마저도 신청 인원수에 따라 진행 여부가 결정된다. 비용은 64만 9천 동~ 정도.

개별 여행

❶ 버스
여행자 거리(팜응우라우 거리)에서 06:00~19:00까지 풍짱버스를 이용하면 3시간가량 소요된다.
요금 편도 18만 동~

❷ VIP 리무진
7인승 럭셔리 리무진을 탑승하면 2시간 내 붕따우의 목적지에 내려준다. 호아마이Hoa Mai 미니버스 사무실로 직접 가거나 전화 예약은 필수.
주소 83 Nguyen Thai Binh, Ho Chi Minh
요금 편도 20만 동
전화 0962-200-200

❸ 고속페리
마제스틱 호텔 맞은편에 선착장에서 그린라인Greenlines 고속페리를 탑승하면 2시간 내 붕따우 화이트 팰리스 앞 선착장에 도착한다. 자세한 스케줄 및 티켓 예약은 홈페이지를 참고.
요금 편도 32만 동
홈피 greenlines-dp.com/en

2. 붕따우 내 이동
호찌민 시티와 마찬가지로 비나선이나 마이린 택시를 이용한다. 붕따우 버스터미널을 제외하고는 모든 관광지가 해안도로상에 위치해 있으므로 참고할 것. 나홀로 여행객이라면 쎄옴(오토바이 택시)이나 그랩 바이크를 적절히 이용한다.

붕따우
간하오 1호점
호찌민 시티-붕따우 간
그린라인 고속페리터미널
화이트 팰리스
Bảo Tàng Bạch Dinh
세계 무기 박물관
Bảo tàng Vũ khí cổ Robert Taylor
붕따우
버스터미널
붕따우 시장
Vũng Tàu Market
롯데마트
Lotte Mart
임페리얼 호텔
Imperial Hotel
꼬바
Cô Ba
간하오 2호점
Ganh Hao 2
붕따우 등대
Hải đăng Vũng Tàu
니엣반띤사
Niết Bàn Tịnh Xá
머큐어 붕따우
Mercure Vung Tau
예수상
Tượng Chúa
Kitô Vua
Hòn Bà
붕따우 땅끝 절벽
사우 해변 Bãi Sau
Quang Trung
Lê Lợi
Trần Hưng Đạo
Ba Cu
Đồ Chiểu
Trưng Nhị
Lý Thường Kiệt
Lê Lai
Trần Nguyên Hãn
Trương Công Định
Trần Đồng
Nguyễn Trường Tộ
Nguyễn Bỉnh Khiêm
Huỳnh Khương An
Nam Kỳ Khởi Nghĩa
Xô Viết Nghệ Tĩnh
Lê Hồng Phong
3 Tháng 2
Thi Sách
Thùy Vân
Nguyễn Biểu
Võ Thị Sáu
Nguyễn Chí Thanh
Hạ Long
Hải Đăng
Đinh Tiên Hoàng
Hoàng Hoa Thám
Phan Chu Trinh
23 Hai Dang
Nguyễn Hiền
Ngô Văn Huyện
Hẻm 34 Hoàng Hoa Thám
N

▶▶ 예수상 Tượng Chúa Kitô Vua

붕따우의 상징과도 같은 것으로, 브라질 리우데자이네루의 예수상을 연상시킨다. 847개의 계단을 오르면 높이 32m의 거대한 예수상이 두 팔을 활짝 벌리고 있는데, 이 팔 길이가 무려 18.4m에 이른다고 한다. 관광객들은 이 예수의 어깨 위까지 올라가 볼 수 있는데, 이곳에서 내려다보는 붕따우 시내와 바다 저 멀리까지 시원한 전망이 장관을 이룬다.

위치 그린라인 고속페리터미널에서 남쪽으로 5km 지점
요금 무료

▶▶ 니엣반띤사 Niết Bàn Tịnh Xá

느호산 아래 위치한 불교 사원이다. 거대한 와불과 12m의 불상, 12m의 깃발탑, 섬세한 조각이 아름다운 3.5톤짜리 범종, 타일로 모자이크된 거대한 용선 등의 소소한 볼거리가 있다. 여타 관광지에 있는 대규모 불교 사원에 비하면 보잘것없을지도 모르지만, 여느 바닷가 마을의 작은 사원같이 아기자기한 맛이 있고 평화롭기 그지없다.

위치 그린라인 고속페리터미널에서 남쪽으로 3.5km 지점
요금 무료

▶▶ 화이트 팰리스 Bảo Tàng Bạch Dinh

프랑스 총독을 비롯해 남베트남의 티우 대통령이 여름 별장으로 사용하던 곳이다. 내부에는 당시 사용하던 고가구들과 인근 해역에서 난파된 중국선으로부터 건져 올린 유물들이 전시돼 있다. 언덕에 위치해 있어 붕따우의 아름다운 해안 전경을 즐길 수 있다.

위치 그린라인 고속페리터미널에서 도보 3분
운영 07:30~17:30 **요금** 1만 5천 동

▶▶ 사우 해변 Bãi Sau

붕따우에는 여러 비치가 형성돼 있는데, 그중에서도 가장 큰 규모를 자랑하는 곳으로 일명 백 비치Back Beach라고도 불린다. 이곳은 우리나라의 서해안 같은 분위기로, 흰모래에 맑고 투명한 물빛을 기대했다면 실망할 수도 있지만 세찬 파도 소리를 들으며 비치를 걷는 것만으로도 도시 탈출의 쾌감을 느낄 수 있다.

위치 예수상 입구를 등지고 왼쪽 방향으로 300m 직진

GPS 10.793117, 106.688994

꾹갓 꽌 Cục Gạch Quán

브란젤리나 커플의 방문으로 일대 화제가 됐던 레스토랑이다. 깔끔하게 개조한 베트남 가옥에 1층에는 야외석이, 2층에는 실내 공간이 마련돼 있는데, 정적이면서도 고급스럽다. 한국인들 사이에서 가장 유명한 메뉴는 소프트 셸 크랩. 작은 게를 통째로 튀겨 딱딱하지 않고 고소하다. 가격이 살짝 부담스럽다면, 짜조나 두부 튀김, 갈릭 라이스, 모닝글로리 정도만으로도 훌륭한 식사를 즐길 수 있다. 식사 시간대(특히 저녁)에는 예약 필수다.

주소 10 Dang Tat, Tan Dinh, Ho Chi Minh City
위치 택시 이용 혹은 벤탄 시장에서 3번, 36번 버스를 타고 떤딘 시장(Cho Tan Dinh)에서 하차 후 도보 5분
운영 09:00~23:30
요금 메인 메뉴 12만 동~
전화 028-3848-0144
홈피 www.cucgachquan.com.vn

GPS 10.778378, 106.703833

호아 뚝 Hoa Túc

고급스러운 분위기에서 정갈한 베트남 요리들을 맛보고 싶은 사람들에게 그만인 곳이다. 파크 하얏트 호텔 앞 건물들 너머 안마당에 위치해 도심 속 아지트 같은 느낌이 든다. 마당 쪽으로 넓게 야외석이 마련돼 있고, 실내 공간은 식민지시대 고급 빌라 분위기를 살렸다. 인기 메뉴는 라롯 잎에 싼 소고기 숯불구이 보라롯과 소프트 셸 크랩 튀김, 분팃느엉 짜조 등이 있다. 호아 뚝은 오래전부터 쿠킹클래스를 운영해 오고 있는데 인기가 좋다. 오전 9시부터 3시간 정도 소요되며 3가지 요리를 만든다.

주소 74/7 Hai Ba Trung, Ben Nghe, Ho Chi Minh City
위치 파크 하얏트 호텔 길 건너 엘 가우초 레스토랑 오른쪽 노란 출입구 안으로 진입
운영 11:00~22:00
요금 전채요리 9만 5천 동~, 메인요리 16만 5천 동~, 런치세트 19만 5천 동 (SC 5%, VAT 10%)
전화 028-3825-1676
홈피 www.hoatuc.com

GPS 10.778252, 106.703753

더 리파이너리 The Refinery

호아 뚝과 이웃한 프렌치-이탈리안 레스토랑이다. 로컬 음식에 지친 서양인들이 많이 찾는 곳으로, 야외 테라스는 특히 유럽의 어느 카페에 온 듯한 느낌이 든다. 이곳에서 가장 주목할 것은 바로 우리 돈 1~2만 원에 프렌치 요리를 맛볼 수 있는 런치 코스다.

주소 74 Hai Ba Trung, Ben Nghe, Ho Chi Minh City
위치 파크 하얏트 호텔 길 건너 엘 가우초 레스토랑 오른쪽 노란 출입구 안으로 진입
운영 11:00~23:00
요금 **런치세트** 2코스 24만 동, 3코스 28만 동
전화 028-3823-0509

GPS 10.790343, 106.697798

꽌 94 Quán 94

한국인들에게 유명한 게 요리 전문 로컬 레스토랑이다. 식당 한편에 있는 생게들이 한눈에 들어오는데, 그 자리에서 바로 요리가 돼 맛이 풍부하다. 게살이 잔뜩 들어간 게살 볶음밥은 단연 기본 선택 메뉴. 그 외 게살 짜조, 소프트 셸 크랩 튀김 등을 많이 찾는다.

주소 94 Dinh Tien Hoang, Da Kao, Ho Chi Minh City
위치 택시 이용 혹은 벤탄 시장에서 93번 버스를 타고 디엔비엔푸(Dien Bien Phu) 거리에서 하차 후 도보 2분
운영 09:00~21:00
요금 게살 볶음밥 21만 동, 소프트 셸 크랩 튀김 32만 동
전화 028-3825-8633

GPS 10.77305, 106.69412

시클로 레스토 Cyclo Resto

베트남 가정식 코스 요리를 약 8천 원에 즐길 수 있는 곳으로 유명하다. 새우튀김을 스타터로 밥, 국, 생선조림, 커리 치킨, 야채볶음이 나오고, 에그커피로 마무리된다. 특별한 음식을 기대하면 실망할 수 있지만, 저렴한 가격에 깔끔하고 친절한 식당에서 한 끼 잘 챙겨 먹었다는 생각이 들게 한다.

주소 131 Nguyen Du, Ben Thanh, Ho Chi Minh City
위치 벤탄 시장에서 도보 7분
운영 11:30~21:30
요금 볶음밥 11만 5천 동, 면 요리 11만 동~
전화 097-551-3011
홈피 www.cycloresto.com.vn

GPS 10.767435, 106.690652

퍼 꾸인 Phở Quỳnh

호찌민 시티 쌀국숫집의 대명사로 알려져 있는 만큼, 식사 시간 전후로는 합석도 감안해야 한다. 여행자 거리에 위치해 있어 현지인은 물론 서양인들도 많다. 소고기 쌀국수 중 가장 많이 주문하는 것은 익힌 고기를 넣은 퍼친Pho Chin과 살짝 익힌 고기를 넣은 퍼타이Pho Tai다.

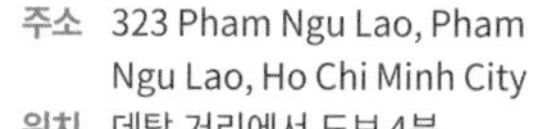

주소 323 Pham Ngu Lao, Pham Ngu Lao, Ho Chi Minh City
위치 데탐 거리에서 도보 4분
운영 08:00~03:00
요금 쌀국수 7만 9천 동~
전화 083-836-8515

GPS 10.781745, 106.698423

퍼 24 Phở 24

유명한 쌀국수 체인점으로, 24가지 비법으로 만든 쌀국수라는 뜻에서 '퍼 24'라는 이름이 탄생했다. 유명 쌀국숫집보다는 평범한 맛이지만, 상대적으로 저렴한 가격에 시내 곳곳에 매장이 있어 접근성이 좋고, 에어컨을 가동하여 쾌적하고 실내가 깔끔하다는 장점들을 두루 갖췄다. 쌀국수 외 짜조나 껌땀(숯불돼지고기구이와 밥)도 판매한다.

주소 9 Nguyen Van Chiem, Ben Nghe, Ho Chi Minh City
위치 중앙우체국에서 도보 2분. 그 외 시내 곳곳에 위치 (지도 p.357 참고)
운영 06:00~22:00(매장에 따라 다름)
요금 쌀국수 세트 5만 5천 동~
홈피 www.pho24.com.vn

GPS 10.772740, 106.696830

퍼 2000 Phở 2000

미국 클린턴 전 대통령이 방문해 유명해진 쌀국숫집이다. 클린턴이 방문했던 역사적 장소는 옛말. 옆 건물 아반티 부티크 호텔 내로 이전했으나, 클린턴의 사진과 해당 기사들은 여전히 벽을 장식하고 있다. 외국인 입맛에 맞춰 향이 강하지 않아 부담없이 먹기 좋다.

주소 210 D. Le Thanh Ton,
위치 벤탄 시장 서쪽 입구에서 도보 1분
운영 07:00~20:00
요금 쌀국수 9만 9천 동~
전화 079-943-0002

GPS 10.771534, 106.692391

반미 후옌 호아 Bánh Mì Huỳnh Hoa

호찌민 시티 최고의 반미집. 저녁 시간 전후로는 줄을 서야 먹을 수 있을 정도. 규모도 커 수많은 직원들이 엄청난 속도로 반미를 만들어낸다. 반미는 오직 단 1종류로, 주문 시 원하는 개수만 말하면 된다. 바사삭 씹히는 반미는 파테와 각종 고기 슬라이스, 야채 등으로 속이 꽉 채워져 있다.

주소 26 Le Thi Rieng, Ben Thanh, Ho Chi Minh City
위치 벤탄 시장에서 도보 8분
운영 06:00~22:00
요금 1인 6만 8천 동

GPS 10.767302, 106.693277

파이브 보이 넘버 원 Five Boys Number One

여느 과일 스무디와는 차원이 다른 신또를 맛볼 수 있는 곳이다! 위생이 의심되긴 하지만 도무지 그 맛을 잊을 수 없어 매일 들르게 된다. 맛의 비법은 물이나 설탕을 넣지 않고 100% 과일만 사용한다는 것. 취향에 따라 열대과일을 섞어 먹을 수 있는데, 인기 메뉴는 망고, 망고&패션프루트, 아보카도&망고 등이다.

주소 84 Bui Vien, Pham Ngu Lao, Ho Chi Minh City
위치 데탐 거리에서 부이비엔 거리로 들어서 조금 앞으로 가면 오른편에 있는 작은 골목 안쪽에 있다.
운영 10:00~22:00
요금 스페셜 스무디 5만 동, 망고&패션프루트 스무디 4만 동

GPS 카페 린 10.77139, 106.69644 리틀 하노이 에그커피 10.76948, 106.69601

카페 린 vs. 리틀 하노이 에그커피 Cà phê Linh vs. Little HaNoi Egg Coffee

카페 린은 1975년 사이공의 전통 목조 가옥을 재현한 빈티지 카페로, 인스타용 사진을 찍으러 온 젊은이들로 북새통을 이루는 '핫플'이다. **리틀 하노이 에그커피**는 진한 커피에 달콤한 에그 크림을 얹은 커피가 시그니처 메뉴다. 하노이의 근대식 저택처럼 꾸며 분위기 좋고 에어컨도 가동된다.

카페 린
주소 1 Truong Dinh, Phuong Ben Thanh, Ho Chi Minh City
위치 벤탄 시장에서 도보 2분
운영 07:00~02:00
요금 커피 4만 5천 동~

리틀 하노이 에그커피
주소 119/5 Yersin, Phuong Ben Thanh, Ho Chi Minh City
위치 벤탄 시장에서 도보 7분
운영 07:00~21:00
요금 에그커피 4만 동, 망고토스트 8만 동

카페 린

리틀 하노이 에그커피

GPS 10.766365, 106.691711

분짜 145 부이비엔 Bún Chả 145 Bùi Viện

분짜를 전문으로 하는 맛집이다. 처음 문을 열었을 때는 동네 카페처럼 아담했으나, 입소문이 나면서 옆집과 벽을 터 2배로 확장했다. 이곳의 인기 메뉴는 역시나 분짜. 숯불 맛 나는 완자를 야채, 면과 곁들이면 된다. 가격이 저렴한 만큼 양은 적어 배가 고프다면 면 추가는 필수. 분짜 외에도 넴잔(짜조), 보라롯(소고기구이를 얇은 잎에 싸서 내는 것) 같은 베트남 전통 음식도 판매하는데, 사진과 영어 설명이 있어 주문하기 편하다.

주소 145 Bui Vien, Pham Ngu Lao, Ho Chi Minh City
위치 부이비엔 거리 내 (신투어리스트에서 도보 4분)
운영 월~토요일 11:00~21:30, 일요일 11:00~16:00
요금 분짜 6만 동, 병맥주 3만 5천 동~

GPS 10.789606, 106.691290

반쎄오 46A Bánh Xèo 46A

현지인과 일본인들에게 꽤 유명한 반쎄오 전문점이다. 새우, 돼지고기, 숙주 등이 꽉 들어찬 반쎄오가 역시 최고의 인기 메뉴. 그 외에도 다양한 베트남 음식들을 주문할 수 있다. 일본인들을 타깃으로 하다 보니 오픈 키친으로 위생적인 면을 강조했다. 가격이 비싼 편에 여행자 거리에서 뚝 떨어져 있어 굳이 찾아올 것까지는 없지만, 떤딘 성당(핑크 성당)이 도보 2분 거리에 위치해 겸사겸사 가볼 만은 하다.

주소 46 Dinh Cong Trang, Tan Dinh, Ho Chi Minh City
위치 택시 이용. 떤딘 성당(핑크 성당) 맞은편 콩카페 골목 안으로 들어간다. 혹은 벤탄 시장에서 3번, 36번 버스를 타고 떤딘 시장(Cho Tan Dinh)에서 하차 후 도보 3분
운영 10:00~14:00, 16:00~21:00
요금 반쎄오 11만 동~

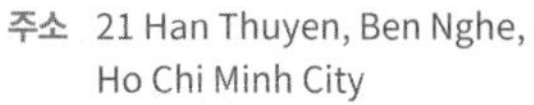

GPS 10.778777, 106.698187

프로파간다 레스토랑 Propaganda Restaurant

공산주의의 선전, 선동을 뜻하는 '프로파간다'라는 이름처럼, 베트남 공산주의 시대의 포스터를 인테리어 요소로 활용한 독특한 콘셉트의 카페 겸 레스토랑이다. 짜조, 스프링롤, 쌀국수 등 베트남 요리들을 맛볼 수 있지만, 가격은 살짝 비싸고 맛 평가 역시 갈리는 편. 하지만 통일궁 근처 분위기 좋은 곳에서 무난한 식사나 맥주 한잔 즐기려는 사람들에겐 나쁘지 않은 선택이 될 수 있다.

주소 21 Han Thuyen, Ben Nghe, Ho Chi Minh City
위치 통일궁과 노트르담 대성당 중간
운영 일~목요일 07:30~22:30, 금·토요일 07:30~23:00
요금 반미 6만 5천 동~, 밥류 17만 3천 동~, 면류 16만 동~
전화 028-3822-9048
홈피 propagandabistros.com

GPS 10.778840, 106.692095

훔 베지테리언 카페 Hum Vegetarian Cafe

고기를 전혀 넣지 않는 채식 요리 전문 레스토랑이다. 하지만 '채식'에 대한 선입견(?)이 있는 사람들에게도 좋은 평을 받을 만큼 맛도 좋고 플레이팅도 훌륭하다. 동양미를 한껏 살린 고급스러운 분위기, 친절한 서비스로 여성들이 특히 선호한다. 견과류가 들어간 파인애플 볶음밥, 코코넛에 담긴 계란 버섯 찜 등을 비롯해 팟타이, 커리류 등 다양한 태국 메뉴들을 맛볼 수 있다.

주소 32 Vo Van Tan, Phuong 6, Ho Chi Minh City
위치 베트남 전쟁박물관 옆
운영 10:00~22:00
요금 매운 두부조림 18만 동, 버섯 계란롤 23만 동
전화 089-918-9229
홈피 humvegetarian.vn

GPS 10.777646, 106.697554

꽌 응온 138 Quan Ngon 138

통일궁 방문 후 근처에서 식사할 곳을 찾는다면 이곳을 고려해 보자. 후에 전통 스타일의 목조 가옥에 들어선 꽤 큰 규모의 베트남 레스토랑으로, 무척 맛있지는 않아도 큰 실패는 없는 곳이다. 메뉴가 방대하여 베트남 전역의 웬만한 요리들은 모두 시도해 볼 수 있으며, 가격도 적당한 편이다.

주소 138 Nam Ky Khoi Nghia, Ben Nghe, Ho Chi Minh City
위치 통일궁 매표소에서 도보 3분
운영 08:00~22:30
요금 콤보메뉴 19만 5천 동~, 크리스피 치킨 5만 9천 동
전화 028-3825-7179

GPS 10.775170, 106.700850

파스퇴르 거리의 브루잉 컴퍼니 Pasteur Street Brewing Company

수제 맥주 전문점으로, 패션프루트나 코코넛처럼 열대과일을 활용한 독특한 맥주부터 IPA 맥주까지 다양한 맛을 즐길 수 있다. 메뉴판에는 각 맥주의 맛과 특징, 도수까지 친절하게 설명돼 있는데, 가장 많이 찾는 것은 6개의 맥주를 선택할 수 있는 샘플링 플라이트Sampling Flight다. 작은 매장에는 6개 정도의 테이블과 10여 명이 나란히 앉을 수 있는 바 정도가 있지만, 가볍게 마시고 일어나기 딱 좋은 흥겨운 분위기로 인기가 많다.

주소 144 Pasteur, Ben Nghe, Ho Chi Minh City
위치 호찌민 시티 박물관 근처
운영 11:00~23:00
요금 175m 맥주 3만 9천 동~, 샘플링 플라이트 28만 5천 동, 치킨 윙 16만 5천 동~(VAT 10%)
전화 028-7300-7375
홈피 www.pasteurstreet.com

GPS 10.765507, 106.690285

바바스 키친 Baba's Kitchen

여행자 거리에 있는 인도 요리 전문점이다. 베트남 요리에 질려 갈 때쯤 새로운 메뉴에 도전해 보고 싶다면 추천! 인도인이 직접 운영하는 만큼 인도 현지의 맛이 살아 있으면서도, 향신료가 강하지 않아 부담이 없다. 가격은 현지 로컬 음식보다 비싸지만 한국의 인도 전문점보다는 훨씬 저렴하다.

주소 274 Bui Vien, Pham Ngu Lao, Ho Chi Minh City
위치 여행자 거리 내
운영 11:00~22:30
요금 커리 12만 5천 동~, 난 5만 동~
전화 028-3838-6661
홈피 babas.kitchen

GPS 10.773475, 106.697591

피자 포피스 Pizza 4P's

피자가 생각난다면 무조건 피자 포피스다. 이곳만의 비법으로 직접 만든 수제 치즈를 써서 화덕에서 바로 구운 피자는 '베트남에 이런 피자가?'라는 생각이 들게 할 정도. 세련된 플레이팅, 고급스러운 매장 분위기나 서비스까지 뭐 하나 빠지는 게 없다. 그만큼 예약(특히 저녁 시간에)이나 웨이팅은 필수. 딱 하나로 피자 메뉴를 선택하기 힘들다면 하프앤하프도 가능하다. 부라타 치즈(모차렐라와 크림으로 만든 이태리 치즈)를 얹은 피자가 가장 인기 좋다.

주소 8 Thu Khoa Huan, Phuong Ben Thanh, Quan 1, Ho Chi Minh
위치 벤탄 시장 근처, 사이공 센터 내, 전쟁박물관 근처, 레탄톤 거리 내 등
운영 월~토요일 11:00~24:00, 일요일 11:00~23:00
요금 피자 16만 동~, 파스타 15만 동~
전화 028-3622-0500(전 매장 동일)
홈피 pizza4ps.com

GPS 10.785767, 106.700994

꽌넴 Quán Nem

미국 CNN 방송에도 소개된 넴(일종의 프라이드 스프링 롤) 전문점이다. 이곳의 메뉴는 넴과 분짜 단 2개인데, 분짜보다는 역시 넴이 맛있다. 넴은 게살이 들어 있고 네모로 큼직하게 빚어 기름에 튀긴 후 네 조각으로 잘라 먹는 것이 특징. 주문과 함께 조리가 시작돼 주문 후 음식이 나오기까지 20분 정도 기다려야 하는데, 급한 마음에 허겁지겁 먹다가는 뜨거운 기름에 델 수 있으니 주의해야 한다. 넴에는 쌀국수 사리가 포함돼 있지 않으며 넴 양이 적기 때문에 꼭 추가해야 한다. 포장도 가능하며 게살을 다루는 매장답게 처음 들어서면 비린내가 좀 난다.

주소 15E Nguyen Thi Minh Khai, Ho Chi Minh City
위치 사이공 동식물원에서 서쪽으로 도보 7분
운영 10:00~22:00
요금 넴 7만 9천 동, 분짜 9만 1천 동

GPS 10.773719, 106.698149

벱메인 Bếp Mẹ Ỉn

벱메인(베트남어로 벱Bếp은 '부엌', 메Mẹ는 '엄마'를 뜻한다)은 '어릴 적 엄마가 가족들을 위해 정성스럽게 마련한 음식들'을 표방하는 곳이다. 노란 바탕에 베트남 느낌이 물씬 풍기는 벽화나 자전거 등의 인테리어 역시 눈길을 끈다. 한국인이 주로 찾는 메뉴는 반쎄오와 분짜, 스프링롤, 모닝글로리, 볶음밥 정도. 엄청난 맛집이라기보다 비교적 깨끗하고 재료가 신선하며 특유의 향이 거의 없어 누구나 거부감 없이 먹을 수 있다는 점이 인기 요인. 가격은 일반 식당보다 3~4만 동씩 비싼 편이다.

주소 136/9 Le Thanh Ton, Ho Chi Minh City
위치 벤탄 시장 북문에서 도보 100m, 레탄톤 거리에서 네일 숍이 많은 골목길 안쪽으로 쭉 들어와야 한다.
운영 10:30~22:30 요금 반쎄오 14만 동, 망고요구르트 4만 5천 동

GPS 10.786626, 106.689230

퍼호아 파스퇴르 Phở Hòa Pasteur

현지인들이 '호찌민 시티 쌀국수 맛집'으로 추천하는 곳. 큰 그릇에 맑은 육수, 누린내 없이 고소하고 풍성한 고기는 찾아온 보람을 느끼게 한다. 메뉴판은 복잡하지만, 지방 없는 살코기를 원하면 퍼친Pho Chin, 약간의 지방이 붙은 것을 원한다면 퍼남Pho Nam, 이런저런 고명을 원하면 퍼닥비엣Pho Dac Biet을 주문하자. 테이블 위 음식들은 먹은 만큼 계산해야 한다.

주소 260C Pasteur, Ho Chi Minh City
위치 버스 03, 31, 36, 49번 등을 타고 떤딘 성당(핑크 성당)에서 하차 후 도보 7분
운영 05:30~22:30
요금 쌀국수 9만 동~

GPS 10.764698, 106.698415

꽌읏읏 Quán Ụt Ụt

베트남 음식에 물린 육식파라면 찾아가 볼 만한 아메리칸 바비큐 맛집이다. 이곳에서 가장 인기 있는 것은 잡내 없이 부드럽고 촉촉한 시그니처 폭립. 메인 하나에 사이드 2가지를 선택할 수 있으며, 양이 꽤 많아 여성 2인이면 하프 사이즈(립 6대 정도)로도 충분하다. 육류 특성상 느끼함을 가시게 할 샐러드, 맥주 혹은 콜라를 곁들이면 딱이다.

주소 168 Vo Van Kiet, Ho Chi Minh City
위치 데탐 거리에서 남쪽으로 도보 15분
운영 11:00~23:00 요금 하프 폭립 32만 동, 샐러드 11만 동

GPS 10.779197, 106.705073

분짜 하노이 26 Bún Chả Hà Nội 26

호찌민 오페라 하우스 일대, 일본인 거리 내 위치해 있어서인지 입구는 일본 느낌 물씬 풍기지만, 키 낮은 테이블에 플라스틱 목욕탕 의자에 쪼그려 앉아 먹는 전형적인 로컬 식당이다. 분짜 외에 짜조(프라이드 스프링롤), 짜묵(하롱베이식 오징어 어묵), 반똠(새우 부침개) 등도 파는데, 이 집의 하이라이트는 역시 분짜와 짜조다. 인기 맛집이다 보니 피크 시간대에는 합석도 자연스럽다.

주소 8A/9C2 Thai Van Lung, Ben Nghe, Ho Chi Minh City
위치 호찌민 오페라 하우스에서 도보 8분
운영 07:00~20:30 **요금** 분짜 5만 5천 동

GPS 10.790969, 106.691498

껌땀 부이 사이공 Cơm Tấm Bụi Sài Gòn

떤딘 성당(일명 핑크 성당) 방문 후 가볍게 식사할 수 있는 곳 중 하나로, 껌땀(돼지갈비구이 덮밥)을 전문으로 하는 집이다. 숯불 향 가득 부들부들 짭짤한 돼지갈비는 호불호가 있을 수 없는 맛. 고기가 적기 때문에 양이 많은 사람은 고기나 계란후라이를 미리 추가하는 것이 좋다. 많은 한국인이 찾다 보니 한국어 메뉴판까지 갖춰 주문하기에도 편리하다.

주소 100 Thach Thi Thanh, Tan Dinh, Ho Chi Minh City
위치 떤딘 성당에서 도보 5분 **운영** 06:30~22:00
요금 껌땀 5만 동~

GPS 반미 37 10.770774, 106.692564 반미 362 10.783880, 106.697424

반미 37 vs. 반미 362 Bánh Mì 37 Nguyễn Trãi vs. Bánh Mì 362

반미 후옌 호아와 함께 호찌민 시티 반미 맛집에 오르내리는 곳들이다. **반미 37**은 길가에 이동식 조리대를 놓고 판매하지만 바로 그 자리에서 숯불에 패티를 구워 바삭한 빵 안에 넣어 주기 때문에 그 맛이 일품이다. 가격도 우리 돈 단돈 1천 5백 원. 위생이 중요하고 접근성이 좋은 맛 좋은 반미집을 찾는다면 **반미 362**가 제격이다. 깔끔한 매장에 실내 좌석도 있으며 반미 종류도 여러 개인 데다 토핑도 추가할 수 있다. (고수만 뺀다면) 누구나 맛있게 즐길 수 있는 서양화된 맛이다.

반미 37
주소 37 Nguyen Trai, Ho Chi Minh City
위치 데탐 거리에서 북쪽으로 도보 5분
운영 월요일 16:00~18:00, 화~일요일 16:00~21:00
요금 반미 2만 8천 동

반미 362
주소 25 Tran Cao Van, Ho Chi Minh City
위치 사이공 동식물원 근처 등
운영 06:15~20:30
요금 반미 2만 5천 동~, 토핑 1만 동

반미 362

반미 37

GPS 10.773351, 106.698297

코코트 벤탄점 Cocotte Ben Thanh

호치민에 3개의 지점을 운영하고 있는 캐주얼 프렌치 비스트로다. 프랑스를 가지 않고도 프랑스의 대표적인 요리들을 착한 가격에 맛볼 수 있어 현지인들 사이에도 유명하다. 이곳의 시그니처 메뉴라 할 수 있는 것은 바로 오리요리. 그 외 프랑스식 소고기찜 뵈프 부르기뇽, 코코뱅, 와인홍합찜, 양파수프, 달팽이요리, 크램브륄레, 쇼콜라 퐁당 등 메인부터 디저트까지 충실하게 준비돼 있다. 매장에 따라서는 우리 돈 1만 5천 원 정도에 2~3코스 런치 세트메뉴(오전 11~2시에만 제공)도 판매한다.

주소 136 Le Thanh Ton, Phuong Ben Thanh, Ho Chi Minh City
위치 벤탄 시장에서 도보 1분
* 그 외 지점은 지도 p.357 참고
운영 11:00~22:00
요금 오리요리 18만 5천 동~, 크렘브륄레 7만 5천 동

GPS 쭝응우옌 레전드 카페 10.766239, 106.691272

카페들 Cafes

세계 2위 커피 생산국답게 여러 체인형 카페도 눈에 띈다. **하일랜드 커피**Highlands Coffee는 음료 맛도 괜찮고 가격도 저렴하며 에어컨과 와이파이도 갖춰 여러모로 장점이 많다. **콩 카페**Cộng Cà phê는 지극히 베트남스러운 인테리어에 중독성 강한 아이스 코코넛 커피로 한국인들이 장악하다시피 한 곳. **푹롱 커피**Phuc Long Coffee & Tea는 현지인들이 많이 찾는데 커피보다 티나 밀크티 종류가 맛있다. 현지인들 사이에서 최고의 커피로 꼽히는 곳은 **쭝응우옌 레전드 카페**Trung Nguyên Legend Café다. 여느 카페보다 커피값이 비싼 만큼 그 값을 한다. 최근 급부상한 **치즈 커피**Cheese Coffee는 치즈와는 관련이 없는 일반 카페로 독특한 인테리어와 쾌적한 실내 환경이 장점이다. 한 건물에 카페가 몰려 있는 **더카페 아파트먼츠**The Cafe Apartments는 인스타용 포토스폿으로 더 인기다.

위치 호찌민 시티 곳곳
운영 07:00~22:00(매장마다 다름)
요금 카페쓰어다의 경우,
하일랜드 커피 5만 동~
푹롱 커피·콩 카페·치즈 커피 4만 9천 동~
쭝응우옌 레전드 카페 3만 4천 동~

하일랜드 커피

콩 카페

푹롱 커피

GPS 10.767475, 106.707975

사이공 프린세스 디너 크루즈 Saigon Princess Cruise

사이공강의 시원한 강바람을 맞으며 호찌민 시티의 스카이라인과 화려한 야경을 즐기고 최고급 코스 요리까지 맛보는 특별한 경험을 제공하는 크루즈다. 식사는 아시안식, 베트남식, 이탈리안식 중 선택할 수 있으며, 정박된 상태에서 서빙되기 때문에 뷔페처럼 번잡하지 않고 식사에 집중할 수 있다. 운항 중에는 라이브 공연도 진행된다.

주소 Saigon Port, 05 Nguyen Tat Thanh, Ho Chi Minh City
위치 사이공 스카이덱에서 남쪽으로 1.2km
운영 18:00~21:30
요금 디너 크루즈 85만 동~

Tip | 사이공강 디너 크루즈 선택법

사이공강을 오가는 크루즈는 모두 동일한 루트를 오가기 때문에 보이는 것은 다 똑같다. 단, 배의 규모나 디너의 퀄리티, 서비스 수준 등에서 차이가 있다. 좀 더 가성비 좋은 크루즈를 찾는다면 인도차이나 디너 크루즈Indochina Junk Dinner Cruise도 괜찮다. 크루즈 예약은 클룩Klook 같은 온라인 여행 플랫폼에서 가능하다.

GPS 칠 스카이 바 10.770492, 106.694289

루프톱 바 Rooftop Bar

전망 좋고 분위기 좋은 루프톱 바는 호찌민 시티의 밤을 더욱 특별하게 만든다. **칠 스카이 바**Chill Sky Bar는 시내의 스카이라인을 한눈에 내려다보며 도심의 전경과 일몰, 야경까지 즐길 수 있어 전망대로서의 역할도 톡톡히 한다. 특히 주말 밤에는 강한 비트의 음악이 흘러나오고 DJ와 댄서들까지 등장해 진정한 클럽으로 탈바꿈한다. 그 외 **지온 스카이 라운지**Zion Sky Lounge와 **소셜 클럽 루프톱**Social Club Rooftop도 유명하다.

칠 스카이 바
주소 AB Tower, 76A D. Le Lai, Phuong Ben Thanh, Ho Chi Minh City
위치 벤탄 시장에서 도보 6분. AB 타워 내
운영 17:30~02:00
요금 칵테일 35만 동~

칠 스카이 바

소셜 클럽 루프톱

지온 스카이 라운지

GPS 어쿠스틱 바 10.78134, 106.68974

클럽&바 Club & Bar

오슬로 클럽

어쿠스틱 바

오슬로 클럽 Oslo Club은 호찌민 시티에서 최근 급부상한 클럽으로, 현지 상류층이 이용하는 고급 클럽이라 할 수 있다. 라이브 음악 감상에 초점을 둔다면 **어쿠스틱 바**Acoustic Bar로 가보자. 워낙 인기가 많아 예약 없이는 스탠딩석 당첨. 제대로 된 분위기는 밤 9시 30분부터 시작된다. 왁자지껄한 분위기에 스스럼없이 어울리고 부담 없이 밤새 즐길 수 있는 곳은 **부이비엔 워킹 스트리트**Bui Vien Walking Street다. 몇 년 전부터 보행자 전용도로로 탈바꿈하면서 다양한 펍과 바가 들어섰다. 매일 밤이 불금이지만, 특히 주말 밤에는 거리 자체가 거대한 야외 바로 변신한다.

주소 **오슬로 클럽** 38 D. Nam Ky Khoi Nghia, Ho Chi Minh City **어쿠스틱 바** 6E Ngo Thoi Nhiem, Phuong Vo Thi Sau, Ho Chi Minh City **부이비엔 워킹 스트리트** Pham Ngu Lao, Ho Chi Minh City
위치 **오슬로 클럽** 벤탄시장에서 남쪽으로 도보 7분 **어쿠스틱 바** 베트남 전쟁박물관에서 북쪽으로 도보 5분 **부이비엔 워킹 스트리트** 벤탄시장에서 서쪽으로 도보 10분
운영 **오슬로 클럽** 21:30~01:30 **휴무** 일요일 **어쿠스틱 바** 19:00~24:00 **부이비엔 워킹 스트리트** 24시간

GPS 10.772567, 106.698037

벤탄 시장 Chợ Bến Thành

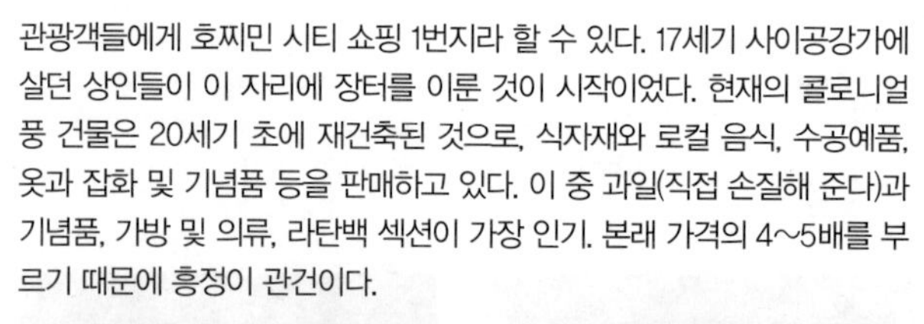

관광객들에게 호찌민 시티 쇼핑 1번지라 할 수 있다. 17세기 사이공강가에 살던 상인들이 이 자리에 장터를 이룬 것이 시작이었다. 현재의 콜로니얼풍 건물은 20세기 초에 재건축된 것으로, 식자재와 로컬 음식, 수공예품, 옷과 잡화 및 기념품 등을 판매하고 있다. 이 중 과일(직접 손질해 준다)과 기념품, 가방 및 의류, 라탄백 섹션이 가장 인기. 본래 가격의 4~5배를 부르기 때문에 흥정이 관건이다.

주소 Cho, Le Loi, Phuong Ben Thanh, Ho Chi Minh City
위치 여행자 거리, 호찌민 오페라하우스 어느 쪽에서든 도보 10분
운영 05:00~20:00

사이공 스퀘어 Saigon Square

우리나라 남대문 이미테이션 시장의 호찌민 시티 버전쯤으로 생각하면 된다. 베트남에는 캐스키드슨, 키플링, 나이키, 노스페이스 등 유명 브랜드들의 제조 공장이 들어와 있어, 뒤로 빼내는 진품이나 약간 하자가 있는 제품들이 이곳으로 흘러들어 온다는 말이 있다. 하지만 쇼핑 고단수에 부지런하게 발품을 파는 게 아니라면 그 귀한 진품은 발견하기 어려운 게 사실. 하지만 가격 부담 없이 입고 쓸 만한 진짜 비슷한(?) 짝퉁들이나 잡화, 소품 등을 구경하며 가볍게 쇼핑하기엔 이만한 곳이 없다.

주소 81 Nam Ky Khoi Nghia, Ben Thanh, Ho Chi Minh City
위치 벤탄 시장에서 도보 5분
운영 09:00~21:00

GPS 10.773337, 106.700839

사이공 센터 Saigon Center

여행자들이 머무는 호찌민 시티 1구에서 규모도 가장 크고 쾌적하며, 화려하고 비싼 고급 쇼핑몰이다. 몇 년 전까지만 해도 '속 빈 강정' 같았던 이곳이 호찌민 시티의 럭셔리 쇼핑 스폿으로 발돋움한 것은 일본계 다카시마야 백화점이 들어선 후다. 마쥬, 산드로, 타미힐피거, 막스앤코 같은 해외 브랜드숍과 프랑스 유명 베이커리 폴, 중식 레스토랑 크리스탈 제이드 같은 세계적인 음식점. 유럽의 고급 식재료를 판매하는 안남 고메 마켓 등 주목을 끄는 곳이 많다.

주소 65 Le Loi, Ben Nghe, Ho Chi Minh City
위치 벤탄 시장에서 도보 약 3~4분
운영 09:30~21:30
전화 028-3829-4888

꿉마트 vs. 롯데마트 Co.opmart vs. Lotte Mart

호찌민 시티에서 출국하는 여행객들이 식료품 쇼핑을 즐길 만한 대표적인 마트다. **꿉마트**는 통일궁 근처와 여행자 거리 근처에 지점이 있어 접근성이 좋다. 현지인들의 생활과도 밀착돼 베트남 라면, G7 커피, 각종 소스류, 과자류가 잘 갖춰져 있고 가격도 저렴하다. 하지만 한국인들이 주로 찾는 특정 제품, 특정 브랜드를 구입하려면 무조건 **롯데마트**로 가야 한다. 여행자들의 동선에서 최소 5km 이상 떨어져 있어 번거롭긴 하지만, 제품이 다양하고 질도 좋은 데다 섹션 분류, 진열 모두 편리하게 되어 있다(한국어 제품 소개도 눈에 띈다).

꿉마트(통일궁 근처 지점)
주소 168 Nguyen Dinh Chieu, Quan 3, Ho Chi Minh City
위치 지도 p.357 참고
운영 07:30~22:00(매장마다 다름)

롯데마트(7구 지점)
주소 469 Duong Nguyen Huu Tho, Tan Hung, Quan 7, Ho Chi Minh City
위치 벤탄 시장에서 택시나 버스로 20~30분(출퇴근 시 교통 정체가 심함)
운영 07:30~22:00

롯데마트

꿉마트

빈컴 센터 Vincom Center

4~5성급 호텔들이 몰려 있는 호찌민 오페라 하우스 지역에서 가장 눈에 띄는 쇼핑몰이다. 지하 2층부터 지상 3층까지, 자라, 마시모두띠, H&M, 갭, 망고, 스트라디바리우스, 쿠플스, 타미힐피거, 찰스앤키스, 판도라 등 우리에게도 익숙한 브랜드숍들이 대거 포진해 있다. 하지만 한국과 가격 차가 크지 않아 쇼핑의 메리트는 없는 편. 그보다 지하 2~3층에 위치한 콩카페, 브레드토크, 뚜레쥬르, 두끼, 하이디라오, 랑팜 등의 식음료 코너나 윈마트가 더 주목할 만하다. 윈마트의 규모는 작지만, 한국인들이 많이 구입하는 제품들은 대부분 비치돼 있다.

주소 72 Le Thanh Ton, Ben Nghe, Ho Chi Minh City
위치 호찌민 오페라 하우스와 노트르담 대성당 사이
운영 월~금요일 10:00~22:00, 토·일요일 09:30~22:00
전화 097-503-3288
홈피 www.vincom.com.vn

GPS 10.776644, 106.701432

유니언 스퀘어 Union Square

호찌민 오페라 하우스를 비롯해 그 일대에 위치한 건물들과 마찬가지로 프렌치 콜로니얼풍 건물에 들어서 있는 명품 전용 쇼핑몰이다. 현재 입점해 있는 브랜드는 티파니앤코, 토리버치, 불가리, 쇼파드, 디오르, 에르메스, 브룩스브라더스 등 20여 개 정도. 몇 년째 매장 리뉴얼을 하고 있지만, 입점하는 명품 수는 줄어들고 여전히 오가는 사람 없이 한산하다.

주소 171 Dong Khoi, Ben Nghe, Ho Chi Minh City
위치 호찌민 오페라 하우스 건너편 북쪽
운영 10:00~21:00
전화 028-3825-8855
홈피 www.unionsquare.vn

GPS 더 크래프트 하우스 10.77096, 106.69253

기념품숍들 Gift Shops

여행자 거리와 동커이 거리 일대에는 기념품숍이 많다. 마그네틱과 엽서 같은 인기 아이템부터 베트남 수공예품들, 가방, 머플러, 지갑 등 각종 잡화, 코코넛 오일 등 베트남 하면 생각나는 모든 종류의 제품들을 판매하고 있다. **메콩 퀼트**Mekong Quilts는 베트남과 캄보디아 여성들이 직접 만든 수공예품들을 판매하며, 수익금으로 그들의 자립을 돕는 비영리 단체이자 기념품숍이다. **더 크래프트 하우스**The Craft House는 고품질의 수공예품을 만나볼 수 있는 곳으로 가격은 조금 비싸도 세련된 기념품을 찾는 사람들에게 제격이다. 동커이 거리에 지점도 있다. **사이공 키치**Saigon Kitsch는 상호에서 알 수 있듯, 키치하고 독특한 아이디어 기념품들을 주로 판매한다. 그 외 **사이공 에코 크래프트**Saigon Eco Craft, **아트북 기념품숍**Artbook Souvenir Shop 등도 고급 기념품들을 구매하기 좋다.

위치 여행자 거리 및 동커이 거리 내(지도 p.357 참고)

더 크래프트 하우스

사이공 키치

GPS 10.770753, 106.700147

137 마사지숍 137 Massage Shop

벤탄 시장 근처에서 가장 유명한 마사지숍 체인이다. 처음 이곳 137번지에 문을 연 이 숍은 옆 가게들을 인수해 여러 개의 매장을 운영하는데, 다 같은 집이다. 메뉴는 오직 하나, 보디마사지(핫스톤 포함)로 혈 자리를 꾹꾹 눌러 시원하고 개운한 느낌을 준다(40분, 60분, 90분 시간 선택). 대체로 공용 공간에 10여 개의 안마의자가 놓여 있고 단체로 마사지를 받는 환경이라, 프라이빗한 공간에서 섬세한 서비스를 받기 원하는 사람에겐 적합하지 않다.

주소 137 Ham Nghi, Nguyen Thai Binh, Ho Chi Minh City
위치 벤탄 시장에서 남쪽으로 뻗은 대로에 여러 지점이 있다.
운영 10:00~23:00
요금 60분 보디마사지 36만 동~
전화 028-3821-7362

GPS 10.776876, 106.704579

사이공 헤리티지 스파 Saigon Heritage Spa

137 마사지숍보다 프라이빗이 보장되는 곳으로 한국인들에게 특히 유명하다. 스파 제품과 소품들로 깔끔하게 단장한 매장은 차분한 분위기와 아오자이를 입은 스태프의 친절함까지 더해져 고급스러운 느낌을 준다. 발마사지를 비롯해 아로마 오일마사지, 태국 최고급 스파 브랜드인 탄Thann 제품을 이용한 탄 스크럽 등 다양한 메뉴를 제공하는데, 이 중 가장 인기 있는 메뉴는 90분 보디마사지(아로마 오일, 핫스톤 포함)다.

주소 69 Hai Ba Trung, Ben Nghe, Ho Chi Minh City
위치 쉐라톤 호텔에서 도보 3분
운영 10:00~23:30
요금 90분 보디마사지 58만 동, 60분 탄 스크럽 73만 동(팁 포함)
전화 028-6684-6546
카카오톡 ID saigonheritage
홈피 www.saigonheritage.com

GPS 10.778187, 106.703565

템플 리프 스파 Temple Leaf Spa

매장 이름처럼 불상으로 실내를 장식해 마치 일본의 어느 사원에 들어선 듯한 느낌이 든다. 분위기도 좋은 데다 조용하고 프라이빗한 공간이 보장되며 세심한 서비스를 제공하여 여성들이 특히 선호한다. 137 마사지숍보다 가격은 좀 비싸지만, 그만한 가치를 한다. 한 블록 뒤에 있는 스파 갤러리Spa Gallery는 템플 리프 스파의 자매숍으로, 가격 포함 모든 면에서 큰 차이가 없다. 도보 4분 거리에 한국식 사우나 시설을 갖춘 2호점도 있다.

주소 74/1a Hai Ba Trung Ho Chi Minh City
위치 파크 하얏트 호텔 맞은편
운영 10:00~23:30
요금 90분 발마사지 48만 동, 90분 보디마사지 58만 동 (팁 포함)
전화 028-6291-3656
카카오톡 ID templeleaf
홈피 www.templeleafspa.com

5성급

GPS 10.772884, 106.706151

호텔 마제스틱 사이공 Hotel Majestic Saigon

호찌민 시티를 대표하는 역사 깊은 5성급 호텔로, 1920년대 프랑스 콜로니얼풍으로 건축되었다. 베트남만의 독특한 앤티크 분위기가 물씬 풍긴다는 점이 큰 특징이다. 사이공강가에 위치해 탁월한 강변뷰가 최고 장점 중 하나. 번잡한 도심에서 살짝 비켜 있어 조용하게 쉬기 좋다. 참고로, 사이공강변의 고급 호텔로는 리버티 센트럴 사이공 리버사이드 호텔Liberty Central Saigon Riverside Hotel이나 롯데 레전드 호텔Lotte Legend Hotel이 있다.

주소 1 Dong Khoi, Ben Nghe, Ho Chi Minh City
위치 사이공강가. 빈컴 센터에서 도보 10분
요금 디럭스 140달러~
전화 028-3829-5517
홈피 www.majesticsaigon.com

5성급

GPS 10.764342, 106.691784

풀만 사이공 센터 Pullman Saigon Centre

여행자 거리 근처의 5성급 호텔을 찾는다면 주목해 보자. 프랑스의 세계적인 호텔 그룹 아코르의 체인으로 객실 컨디션도 좋고 서비스도 믿을 만하다. 디럭스룸 이상에는 욕조와 캡슐 커피 머신이 제공된다. 6층의 야외 수영장이 작아 아쉬움은 있지만, 고층의 좋은 전망은 위안이 될 수 있다. 북적이지 않고 호치민의 아름다운 야경을 즐길 수 있는 루프톱 바와 카지노도 있다.

주소 148 Tran Hung Dao, Nguyen Cu Trinh, Ho Chi Minh City
위치 여행자 거리에서 도보 5분
요금 슈피리어 140달러~
전화 028-3838-8686

5성급

GPS 10.764375, 106.682957

호텔 니코 사이공 Hotel Nikko Saigon

호찌민 시티 5성급 호텔 가운데 자동 검색어에 등장할 만큼 많은 관심을 받는 호텔이다. 그 이유는 바로 호텔 조식. 가짓수도 많고 맛도 훌륭하다. 디너 시푸드 뷔페 역시 유명해 저녁 뷔페만 즐기러 오는 사람들도 많다. 리노베이션을 거쳐 넓고 쾌적한 객실 컨디션도 니코 사이공의 장점. 하지만 관광지에서 뚝 떨어져 있어, 관광, 쇼핑, 맛집 탐방, 마사지 받기 등 모든 것이 불편하다.

주소 235 Duong Nguyen Van Cu, Phuong 4, Ho Chi Minh City
위치 관광지까지 차로 10분 거리
요금 디럭스 150달러~
전화 028-3925-7777
홈피 www.hotelnikkosaigon.com.vn

5성급

GPS 10.775817, 106.704085

쉐라톤 사이공 호텔&타워스 Sheraton Saigon Hotel & Towers

최고급 호텔, 쇼핑몰, 맛집들이 몰려 있는 호찌민 오페라 하우스 근처에 위치한 한국인들이 선호하는 5성급 호텔이다. 낡은 듯하지만 깔끔한 객실과 맛있는 조식, 세계적인 체인의 표준화된 서비스, 편리한 위치는 여전히 매력적이다. 각종 음료와 알코올, 식사 대용으로 충분한 해피아워 음식들로 클럽 라운지를 이용할 수 있는 클럽룸은 가성비가 좋다.

주소 88 Dong Khoi, Ben Nghe, Ho Chi Minh City
위치 호찌민 오페라 하우스에서 도보 2분
요금 킹베드 200달러~, 클럽 디럭스 300달러~
전화 028-3827-2828
홈피 www.sheraton.com/saigon

5성급

GPS 10.770975, 106.694877

뉴 월드 사이공 호텔 New World Saigon Hotel

벤탄 시장과 여행자 거리 중간에 있어 위치적 장점이 큰 5성급 호텔이다. 500개 이상의 객실을 보유한 대규모 호텔인 만큼, 2층에 위치한 실외 수영장 역시 호찌민 시티에서 가장 큰 것으로 알려져 있다. 오래된 호텔이라 시설은 좀 낡았지만 테이블과 소파가 다 들어갈 만큼 넓은 객실은 잘 관리되고 있다. 조식도 괜찮다는 평이다.

주소 76 Le Lai, Pham Ngu Lao, Ho Chi Minh City
위치 벤탄 시장과 여행자 거리 중간
요금 슈피리어 130달러~
전화 028-3822-8888
홈피 www.saigon.newworldhotels.com/en

4성급

GPS 10.771888, 106.690022

에덴스타 사이공 호텔 Edenstar Saigon Hotel

호찌민 시티에서 인기 좋은 4성급 호텔로, 목재 인테리어로 무게감을 준 디럭스룸은 풀북인 경우가 많다. 프리미엄급 이상은 동급 호텔보다 여유로운 공간, 전망을 제공해 좀 더 쾌적하다. 기타 편의시설로는 피트니스 센터와 사우나, 옥상 야외 수영장이 있으며, 통일궁, 꿉마트가 근처에 있다. 객실 카테고리마다 조식 포함 여부가 다르다.

주소 38 Bui Thi Xuan, Ben Thanh, Ho Chi Minh City
위치 벤탄 시장에서 1km
요금 디럭스 81달러~, 스위트 130달러~
전화 028-6298-8388
홈피 www.edensaigonhotel.com

4성급

GPS 10.78413, 106.70047

무엉탄 사이공 센터 호텔 Mường Thanh Sài Gòn Centre Hotel

베트남 전역에 22개의 4성급 호텔을 보유한 체인 호텔이다. 노트르담 대성당 일대의 4성급 이상 호텔들 중 착한 가격으로 단연 돋보이는 곳. 깔끔한 객실과 서비스, 규모는 작지만 수질 관리가 잘되고 호찌민 시내가 내려다보이는 루프톱 수영장 등 장점이 많다.

주소 8A Mac Dinh Chi, Ben Nghe, Ho Chi Minh City
위치 노트르담 대성당에서 도보 7분
요금 슈피리어 70달러~
전화 028-3827-9595
홈피 grandsaigoncentre.muon-gthanh.com

4성급

GPS 10.77541, 106.69706

센트럴 팰리스 호텔 Central Palace Hotel

호찌민 시티의 주요 관광지 중앙에 위치한 호텔이라 할 수 있다. 부이비엔 여행자 거리나 동커이 거리, 전쟁박물관, 벤탄 시장 등 어디를 가든 이동이 편리하다. 착한 요금에 군더더기 없이 깔끔한 객실, 전망 좋은 루프톱 수영장과 풀사이드 바, 나쁘지 않은 조식까지 가성비가 좋다.

주소 39-39A Nguyen Trung Truc, Ben Thanh, Ho Chi Minh City
위치 벤탄 시장에서 도보 5분, 통일궁 옆
요금 디럭스 52달러~
전화 028-3829-0029
홈피 www.centralpalacesaigon.com

3성급

GPS 10.772993, 106.697139

아반티 호텔 사이공 Avanti Hotel Saigon

이곳의 최대 장점은 바로 벤탄 시장 뒤에 위치한다는 것이다! 관광지나 여행자 거리 어디로든 도보로 커버할 수 있고, 한낮에는 쉬었다 나가기에도 좋다. 객실 상태, 시설, 서비스, 뷔페식 조식 등 모든 면에서 우수한 평을 얻는다. 가장 저렴한 객실은 창문이 없어 답답할 수 있다.

주소 186-188 Le Thanh Ton, Ben Thanh, Ho Chi Minh City
위치 벤탄 시장 뒤
요금 슈피리어 55달러~
전화 028-3822-9982
홈피 www.avantihotel.vn

3성급 GPS 10.77442, 106.69756

아코야 사이공 센트럴 호텔
Akoya Saigon Central Hotel

벤탄 시장에서 북쪽으로 도보 2분 거리에 있는 3성급 호텔이다. 호찌민 시티 관광지 어디를 가든 좋은 위치에, 깔끔하고 조식까지 포함하여 40달러 전후라 가성비가 좋다. 가장 저렴한 룸(슈퍼리어)은 창문이 없어 답답할 수 있다.

주소 88 Ly Tu Trong Street, Ben Thanh, Ho Chi Minh City
위치 벤탄 시장에서 북쪽으로 도보 2분
요금 슈피리어 38달러~
전화 028-3939-0988 **홈피** www.akoyahotel.com

2성급 GPS 10.782480, 106.705333

미앤더 사이공 Meander Saigon

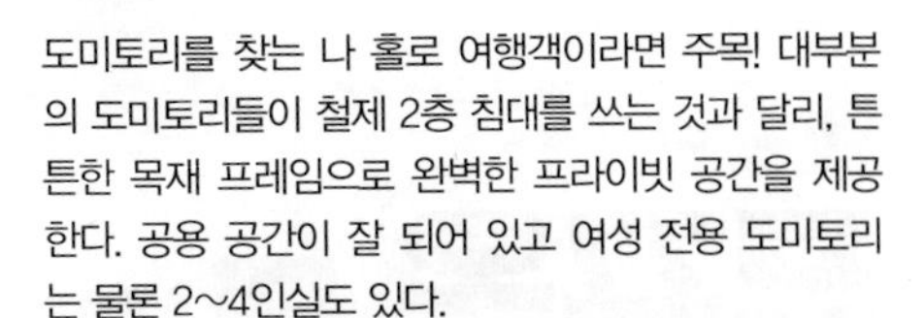

도미토리를 찾는 나 홀로 여행객이라면 주목! 대부분의 도미토리들이 철제 2층 침대를 쓰는 것과 달리, 튼튼한 목재 프레임으로 완벽한 프라이빗 공간을 제공한다. 공용 공간이 잘 되어 있고 여성 전용 도미토리는 물론 2~4인실도 있다.

주소 3B Ly Tu Trong, Ben Nghe, Ho Chi Minh City
위치 호찌민 오페라 하우스에서 도보 13분
요금 도미토리 16달러
전화 028-3535-0022

5성급 GPS 10.47187, 107.38820

멜리아 호짬 비치 리조트 Meliá Ho Tram Beach Resort

붕따우 호짬 지역에 위치한 5성급 리조트다. 호찌민 시티에서 리조트까지 셔틀버스가 운행돼, 호찌민 시티 여행 중 1~2박 정도 바다도 보고 럭셔리 리조트 시설도 즐기는 코스로 한국인들이 많이 찾는다. 리조트 앞으로 아름다운 호짬 비치가 끝없이 펼쳐져 있고, 맹그로브 숲과 레이강으로 둘러싸여 자연의 싱그러움을 마음껏 즐길 수 있다. 2개의 야외 수영장과 맛있는 조식도 5성급 리조트답다. 외딴 곳에 위치해 주변 편의시설은 없지만, 오롯이 리조트 내 휴식을 취하기에는 이만한 곳도 없다.

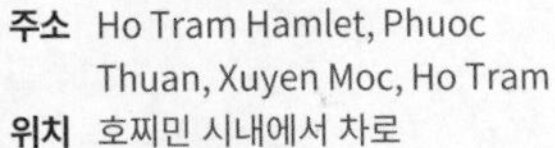

주소 Ho Tram Hamlet, Phuoc Thuan, Xuyen Moc, Ho Tram
위치 호찌민 시내에서 차로 2시간 30분 정도
요금 디럭스 130달러~, 풀빌라 350달러~
전화 0254-378-9000
홈피 www.melia.com

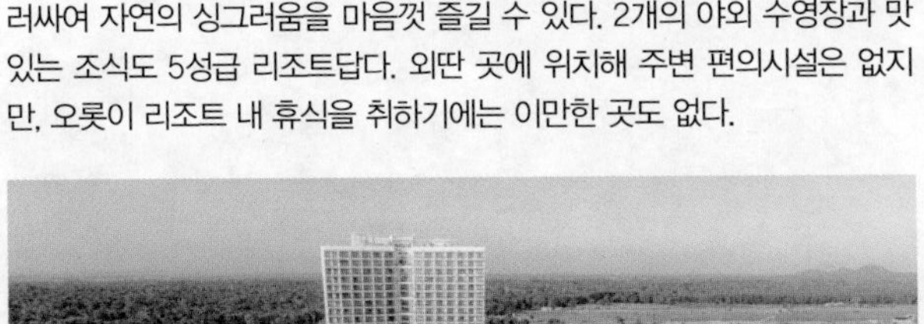

15

베트남 휴양지의 신흥 강자

푸꾸옥 Phu Quoc

》 푸꾸옥에서 꼭 해야 할 일 체크!

- ☐ 럭셔리 리조트에서 휴양 즐기기
- ☐ 빈원더스, 빈펄 사파리, 그랜드월드 도장 깨기
- ☐ 선월드에서 케이블카 타고, 선셋 타운에서 일몰 보기

세계적인 여행 전문지 《콘데 나스트 트래블러》가 아시아 인기 휴양섬 6위에 선정한 푸꾸옥. 제주도의 3분의 1 크기의 이 섬은 유네스코 생물권 보전 지역으로 지정돼 있는 만큼, 베트남에서 가장 맑고 투명한 바다를 볼 수 있다. 특히 푸꾸옥 섬 남쪽에는 22개의 작은 섬들이 산재해 있는데, 산호초가 잘 발달해 있고 해양 생물들이 풍부해 스노클링과 다이빙을 즐기기에 최적의 장소라 할 수 있다. 아름다운 자연은 사람을 부르는 법. 내국인들 사이의 인기 휴양지였던 푸꾸옥이 서양인들에게까지 소문이 나면서 아름다운 해안가에 노보텔, 인터콘티넨털, JW메리어트 등 세계적인 럭셔리 리조트들이 들어서기 시작했고, 여느 동남아 휴양지보다 저렴한 요금과 물가 덕분에 더 많은 여행객들이 몰려들었다. 이러한 분위기에 쐐기를 박은 건 푸꾸옥 북부에 조성된 빈펄 엔터테인먼트 단지였다. 베트남에서 가장 큰 테마파크와 IMG가 설계한 아름다운 골프 코스, 베트남 최초의 반야생 동물원인 빈펄 사파리, 늦은 밤까지 유럽풍의 거리를 오가며 쇼핑 및 엔터테인먼트를 즐길 수 있는 그랜드월드까지, 온 가족을 만족시킬 놀 거리, 볼거리, 즐길 거리로 가득하다. 또한 푸꾸옥 남부에 조성된 선월드 테마파크와 일몰이 아름다운 이탈리아풍의 선셋 타운도 빼놓을 수 없는 명소다. 푸꾸옥은 베트남보다 캄보디아에서 더 가까운 만큼 베트남의 전통 문화 관광 자원은 부족하지만, 그래서 더 온전히 아름다운 자연을 누릴 수 있는 진정한 휴양지가 아닐까 싶다. 바쁜 일상, 번잡한 도시를 떠나 쉼이 필요한 사람들에게 권하고 싶은 곳, 푸꾸옥이다.

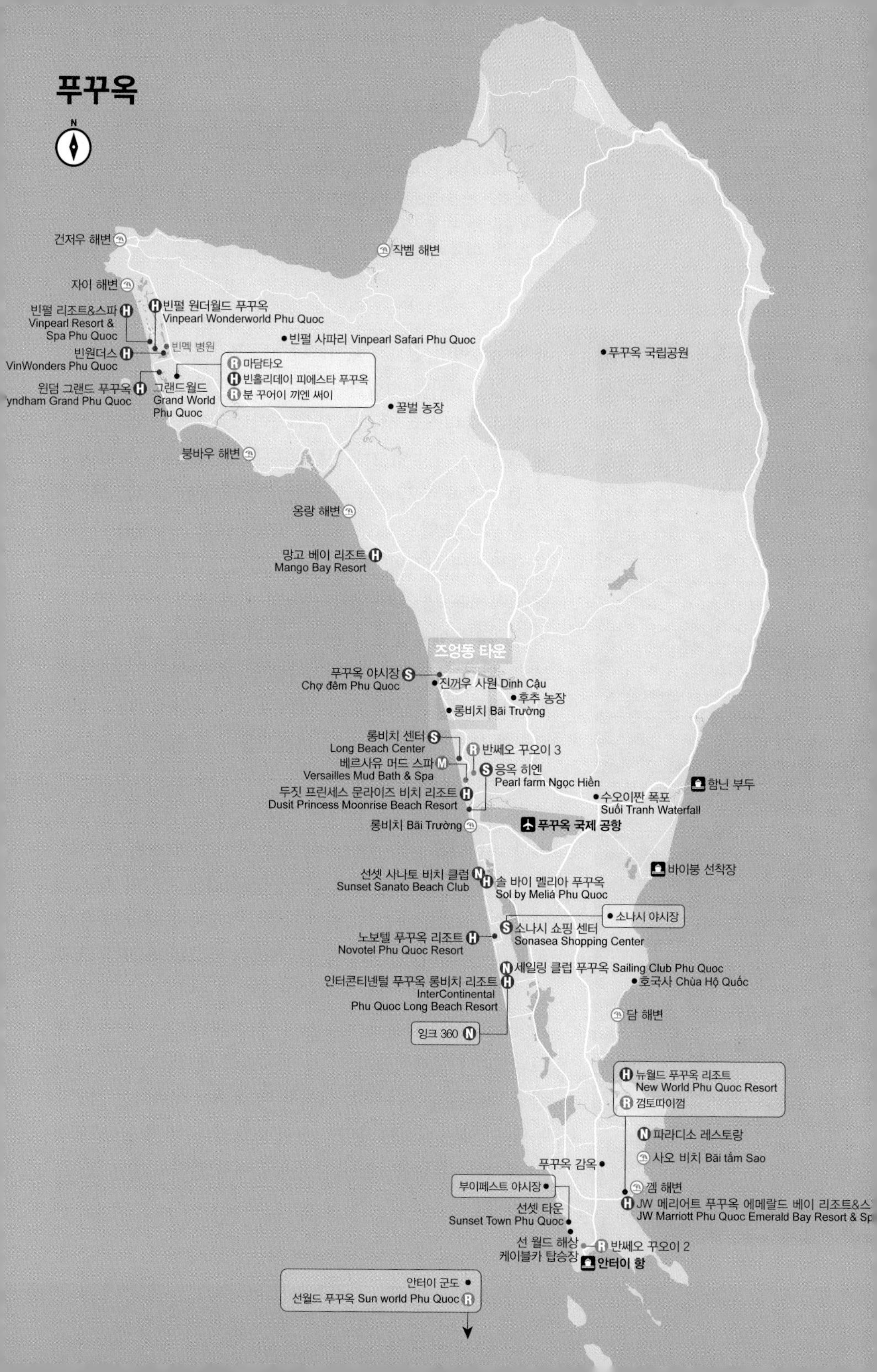
푸꾸옥
N
건저우 해변
작벰 해변
자이 해변
빈펄 리조트&스파
Vinpearl Resort &
Spa Phu Quoc
빈펄 원더월드 푸꾸옥
Vinpearl Wonderworld Phu Quoc
빈멕 병원
빈펄 사파리 Vinpearl Safari Phu Quoc
푸꾸옥 국립공원
빈원더스
VinWonders Phu Quoc
마담타오
빈홀리데이 피에스타 푸꾸옥
분 꾸어이 끼엔 써이
윈덤 그랜드 푸꾸옥
yndham Grand Phu Quoc
그랜드월드
Grand World
Phu Quoc
꿀벌 농장
붕바우 해변
옹랑 해변
망고 베이 리조트
Mango Bay Resort
즈엉동 타운
푸꾸옥 야시장
Chợ đêm Phu Quoc
진꺼우 사원 Dinh Cậu
후추 농장
롱비치 Bãi Trường
롱비치 센터
Long Beach Center
반쎄오 꾸오이 3
베르사유 머드 스파
Versailles Mud Bath & Spa
응옥 히엔
Pearl farm Ngọc Hiền
함닌 부두
두짓 프린세스 문라이즈 비치 리조트
Dusit Princess Moonrise Beach Resort
수오이짠 폭포
Suối Tranh Waterfall
롱비치 Bãi Trường
푸꾸옥 국제 공항
바이붕 선착장
선셋 사나토 비치 클럽
Sunset Sanato Beach Club
솔 바이 멜리아 푸꾸옥
Sol by Meliá Phu Quoc
소나시 야시장
노보텔 푸꾸옥 리조트
Novotel Phu Quoc Resort
소나시 쇼핑 센터
Sonasea Shopping Center
세일링 클럽 푸꾸옥 Sailing Club Phu Quoc
인터콘티넨털 푸꾸옥 롱비치 리조트
InterContinental
Phu Quoc Long Beach Resort
호국사 Chùa Hộ Quốc
담 해변
잉크 360
뉴월드 푸꾸옥 리조트
New World Phu Quoc Resort
껌토따이껌
파라디소 레스토랑
사오 비치 Bãi tắm Sao
푸꾸옥 감옥
부이페스트 야시장
껨 해변
JW 메리어트 푸꾸옥 에메랄드 베이 리조트&스
JW Marriott Phu Quoc Emerald Bay Resort & Sp
선셋 타운
Sunset Town Phu Quoc
선 월드 해상
케이블카 탑승장
반쎄오 꾸오이 2
안터이 항
안터이 군도
선월드 푸꾸옥 Sun world Phu Quoc

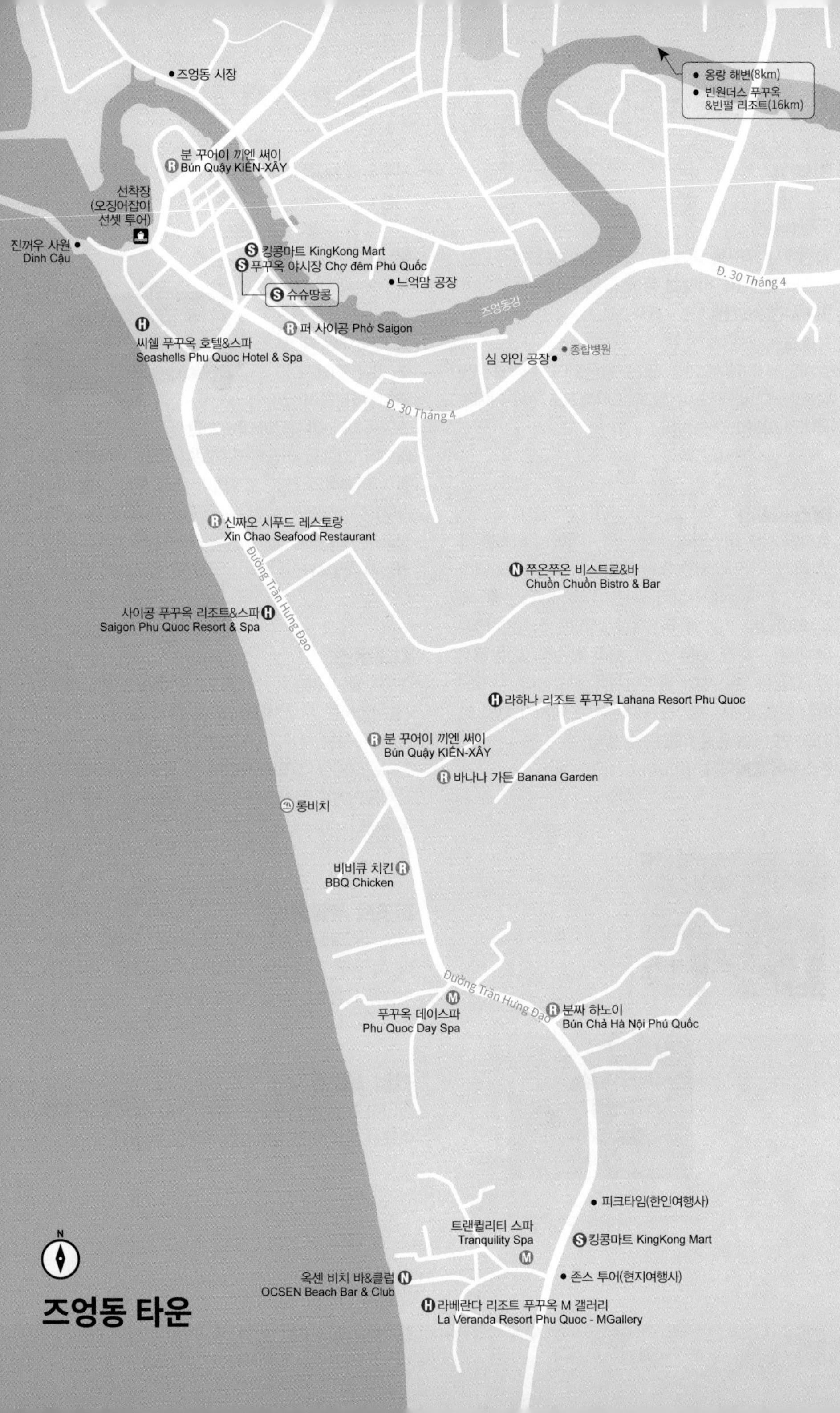

즈엉동 시장
옹랑 해변(8km)
빈원더스 푸꾸옥 &빈펄 리조트(16km)
분 꾸어이 끼엔 써이
Bún Quậy KIẾN-XÂY
선착장 (오징어잡이 선셋 투어)
진꺼우 사원
Dinh Cậu
킹콩마트 KingKong Mart
푸꾸옥 야시장 Chợ đêm Phú Quốc
느억맘 공장
슈슈땅콩
Đ. 30 Tháng 4
즈엉동강
퍼 사이공 Phở Saigon
씨쉘 푸꾸옥 호텔&스파
Seashells Phu Quoc Hotel & Spa
종합병원
심 와인 공장
Đ. 30 Tháng 4
신짜오 시푸드 레스토랑
Xin Chao Seafood Restaurant
Đường Trần Hưng Đạo
쭈온쭈온 비스트로&바
Chuồn Chuồn Bistro & Bar
사이공 푸꾸옥 리조트&스파
Saigon Phu Quoc Resort & Spa
라하나 리조트 푸꾸옥 Lahana Resort Phu Quoc
분 꾸어이 끼엔 써이
Bún Quậy KIẾN-XÂY
바나나 가든 Banana Garden
롱비치
비비큐 치킨
BBQ Chicken
Đường Trần Hưng Đạo
푸꾸옥 데이스파
Phu Quoc Day Spa
분짜 하노이
Bún Chả Hà Nội Phú Quốc
피크타임(한인여행사)
트랜퀼리티 스파
Tranquility Spa
킹콩마트 KingKong Mart
옥센 비치 바&클럽
OCSEN Beach Bar & Club
존스 투어(현지여행사)
라베란다 리조트 푸꾸옥 M 갤러리
La Veranda Resort Phu Quoc - MGallery
N
즈엉동 타운

1 푸꾸옥 드나들기

비행기

》 **국제선**

인천에서 푸꾸옥 국제공항까지 대한항공, 제주항공, 이스타, 진에어, 비엣젯 등이 직항편을 운행 중이며, 약 6시간 소요된다.

》 **국내선**

호찌민 시티에서 가장 많은 항공편이 운행되지만, 나트랑, 다낭, 하노이 등 대도시에서도 성수기에는 국내선 이용이 가능하다.

버스+페리

호찌민 서부 버스터미널Bến xe Miền Tây에서 버스를 타고 락자Rạch Giá(4시간 30분) 혹은 하티엔 버스 터미널Bến xe Hà Tiên에서 하차(6시간 30분 소요)한 후, 페리 터미널로 이동해 푸꾸옥행 페리에 탑승한다(1시간 15분~2시간 50분 소요). 페리 탑승장 및 운행시간, 요금은 존스투어 홈페이지를 참고한다. 푸꾸옥 페리 선착장에서 즈엉동 시내까지는 택시나 그랩 바이크, 빈 버스 등을 이용할 수 있다.

존스투어 홈페이지 phuquoctrip.com

푸꾸옥 공항

시내버스

2 공항에서 시내 이동하기

푸꾸옥 국제공항에서 즈엉동 시내까지는 택시, 버스, 셔틀버스, 픽업 서비스 등을 이용할 수 있다.

택시

푸꾸옥 택시 요금은 1km당 1만 7천 동으로 대략 계산해 볼 수 있다. 여행자 편의시설이 몰려 있는 즈엉동이나 야시장까지는 15만 동 내외다. 그랩을 이용하면 이보다 조금 저렴하다. 나홀로 여행객의 경우, 오토바이 택시 혹은 그랩 바이크(공항-즈엉동 6~7만 동 정도)를 이용하기도 한다. 참고로, 일반 택시를 이용할 때는 반드시 미터기를 켜는지 확인하거나 탑승 전 요금을 합의해야 한다.

시내버스

여행자들이 이용할 수 있는 시내버스는 빈 그룹에서 운영하는 무료 셔틀버스다. 흔히 '빈 버스'라 부르며, 푸꾸옥 북부지역 그랜드월드에서 중부지역의 인터콘티넨털 리조트 사이를 운행한다. 이때 푸꾸옥 국제공항에도 정차하기 때문에, 공항을 드나들 때도 유용하다.

리조트 셔틀버스

대형 리조트들은 공항 셔틀버스를 유 · 무료로 제공한다. 이 경우, 리조트에 이메일이나 메시지로 셔틀버스 픽업을 요청하고 이용 안내를 받는다.

픽업 서비스

한인이 운영하는 푸꾸옥 관련 카페, 동호회, 온라인 여행사 등의 픽업 서비스를 이용할 수 있다.

3 시내에서 이동하기

가족 여행객이 많은 푸꾸옥에서는 택시나 그랩(호출 차량) 이용이 가장 대중적이다. 알뜰한 여행자라면, 빈 그룹과 선월드가 운영하는 무료 셔틀버스를 적극 이용하자.

빈 그룹 무료 셔틀버스

북쪽의 대표 관광지인 빈원더스, 빈펄 사파리, 그랜드 월드로 이동하려면, 빈 그룹에서 운영하는 무료 셔틀, 빈 버스Vin Bus를 이용하면 된다. 노보텔 리조트와 그랜드월드를 오가는 사이에 푸꾸옥 공항과 푸꾸옥 야시장은 물론 주요 리조트들 앞에도 정차하기 때문에 일반 시내버스처럼 자유롭게 이용할 수 있다. 빈 버스 애플리케이션을 다운받으면, 빈 버스의 모든 노선과 정류장 위치, 운행시간 등 자세한 정보를 얻을 수 있다.

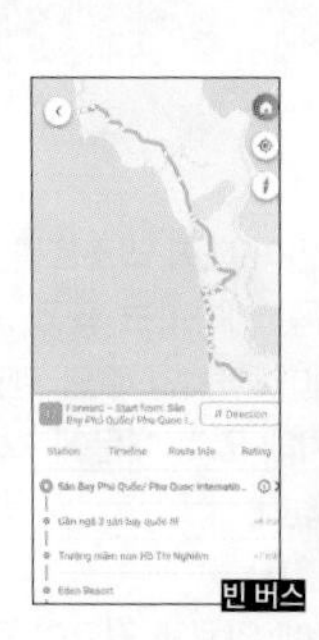

빈 버스

선월드 무료 셔틀버스

남쪽의 대표 관광지인 선월드 푸꾸옥과 선셋 타운을 방문하려면, 선 그룹에서 운영하는 무료 셔틀버스를 이용하면 된다. 푸꾸옥 야시장 근처의 씨쉘 호텔과 선월드 케이블카 정류장 사이를 오가며, 하행(선월드 방향)은 08:30, 12:00, 14:00, 16:30, 18:30 씨쉘 호텔 출발, 상행(씨쉘 호텔 방향)은 10:30, 13:00, 15:00, 17:00, 21:25 케이블카 정류장에서 출발한다. 운행시간은 변동될 수 있으므로 홈페이지(phuquoc.sunworld.vn) 혹은 현지에서 꼭 재확인해야 한다.

4 기타 정보

날씨

푸꾸옥을 방문하기 가장 좋은 때는 건기가 시작되는 11월부터 다음 해 4월까지다. 최고 평균기온 32도, 최저 평균기온이 24도다. 비수기에 접어드는 5월부터 10월까지는 기온이 2도 정도 낮지만 여전히 덥고 습하기까지 하다.

환전

베트남의 여느 지역과 마찬가지로, 한국에서 달러로 환전한 후, 현지에서 달러를 베트남 동으로 재환전하는 것이 가장 좋다. 비행기 도착 시간에는 언제든 공항 환전소가 운영 중이다. 단, 환율이 좋지 않기 때문에 당장 쓸 소액만 환전한 후 즈엉동 타운에 있는 푸꾸옥 야시장의 금은방 로빈슨 펄Robinson Pearl에서 환전하는 것이 가장 좋다. 리조트나 호텔 중에서도 환전을 해주는 곳이 있으며, 현지 한인여행사 피크타임이나 현지 여행사 존스투어 등에서도 비교적 좋은 환율에 환전이 가능하다.

ATM

해외 현금 인출 기능이 있는 체크카드나 트래블 카드를 이용해 ATM에서 베트남 동을 직접 인출하는 방법도 있다. 푸꾸옥 국제공항 청사 밖으로 나오면 BIDV 은행의 ATM이 있으며, 유니온페이로 발급받은 트래블로그 카드는 수수료가 없다. 트래블월렛을 이용할 경우, VP Bank, TP Bank(이상 수수료 무료), AGRI Bank(수수료 유료)에서만 인출 가능. 트래블 카드 사용법은 p.435 참고.

유심

푸꾸옥 공항에서도 유심을 구입할 수 있으며, 국내 온라인 여행 플랫폼에서 예약 구매해 인천 공항에서 유심을 인수하는 방법도 있다. 현지 한인 여행사인 피크타임에서도 구입 가능하며, 유심은 푸꾸옥 공항에서 수령한다.

여행사

존스투어 John's Tours

푸꾸옥에서 가장 오래되고 유명한 현지 여행사다. 중개업자 없이 자체 투어 프로그램(스노클링, 낚시투어, 나이트 크루즈 등)을 운영 중이며, 각종 입장지 티켓이나 항공권, 페리 티켓 판매 및 차량 렌털 서비스를 제공한다.

홈피 phuquoctrip.com

피크타임 Peak Time

푸꾸옥 여행에 관련된 모든 서비스를 제공한다. 각종 투어 프로그램 및 티켓, 베트남 유심 판매 등을 비롯해 픽드롭 및 렌털 서비스를 제공한다. 특가 항공권 및 호텔&리조트 특가 상품도 있다.

홈피 www.pieceofcreative.com

존스투어

피크타임

푸꾸옥

베트남에서 가장 큰 섬인 푸꾸옥은 제주도의 3분의 1 크기에 남북으로 긴 모양을 하고 있다. 대부분의 리조트는 서해안을 따라 위치해 있으며, 북쪽 끝에서 남쪽 끝까지 차로 1시간 30분 정도 소요된다.

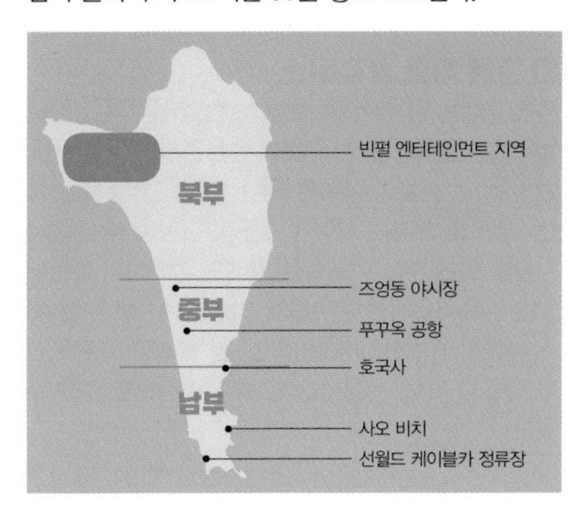

》 푸꾸옥 북부

베트남 최대 호텔 그룹 빈펄이 대형 리조트를 비롯해 골프장, 사파리, 아쿠아리움, 테마파크 등을 세운 대규모 엔터테인먼트 지역이다. 하지만 주요 관광지 및 번화가는 중남부 쪽에 위치해 있기 때문에 "외진 곳"이라는 느낌을 지울 수는 없다.

》 푸꾸옥 중부(여행자 거리)

푸꾸옥 국제공항은 중서부에 위치해 있으며, 공항 북쪽에서 즈엉동 야시장 사이에 중소 규모의 숙소들과 여행자 편의시설들이 몰려 있다. 푸꾸옥에서 가장 번화한 즈엉동 시내와 가깝기 때문에 여기저기 외부 활동이 많은 사람들이 지내기에 적합하다.

》 푸꾸옥 남부

뉴월드 푸꾸옥 리조트, JW메리어트 리조트 등의 고급 리조트들과 혼텀섬, 선월드 케이블카 정류장, 선셋 타운, 사오 비치, 호국사, 푸꾸옥 감옥 등 푸꾸옥의 주요 관광지들이 몰려 있다. 하지만 교통이 불편하고 여행자들을 위한 편의시설이 부족해, 이곳 역시 "외진 곳"이라 인식된다.

5 푸꾸옥 추천 일정

푸꾸옥은 휴양지다. 관광을 우선 순위에 두고 푸꾸옥을 선택하는 사람도 없겠지만, 여기저기 볼거리가 많은 곳도 아니다. 푸꾸옥의 핵심 일정은 1. 리조트 휴식, 2. 빈원더스 엔터테인먼트 지역 방문 3. 선월드 푸꾸옥 방문(물놀이)이다. 여기에 1. 중남부 관광지 및 특산품 산지 방문, 2. 푸꾸옥 남부섬 호핑 투어, 3. 북부 비치와 국립공원 탐험 같은 데이투어를 추가할 수 있다. 이 모든 것을 즐기려면 6일 정도(출도착일 제외) 필요하고, 개인의 취향과 체류일 수에 따라 6개의 일정 중 몇 가지를 선택(혹은 부분 선택)해 나만의 일정을 짜면 된다.

* 비행기 스케줄을 따라, 1~3일차 순서를 바꾸거나 구성에 변형을 준다.

푸꾸옥 하이라이트 3일 일정(출도착일 제외)

빈펄 사파리
야생의 맹수도 보고
기린에게 먹이도 주고
(p.409)

빈원더스
디즈니랜드는 아니어도
디즈니만큼 재밌네
(p.408)

그랜드월드
유럽풍 거리에서 즐기는
야경과 분수쇼
(p.409)

2일차

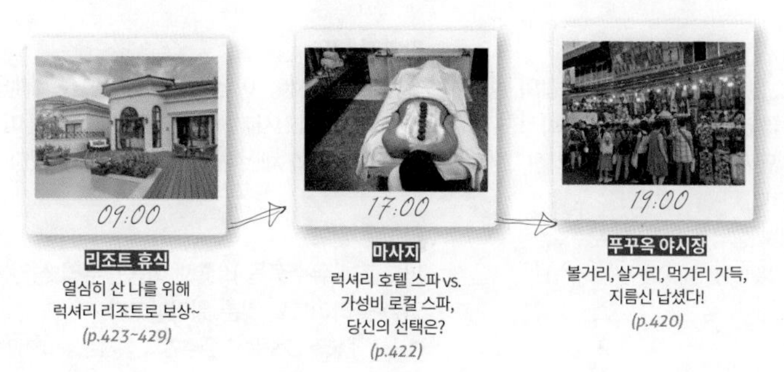

리조트 휴식
열심히 산 나를 위해
럭셔리 리조트로 보상~
(p.423~429)

마사지
럭셔리 호텔 스파 vs.
가성비 로컬 스파,
당신의 선택은?
(p.422)

푸꾸옥 야시장
볼거리, 살거리, 먹거리 가득,
지름신 납셨다!
(p.420)

3일차

선월드 푸꾸옥(케이블카)
베트남에서 가장
아름다운 바다를 보다!
(p.410)

푸꾸옥 감옥
<세상에 이런 일이>에
나올 법한 참혹한 고문의 재현
(p.412)

사오 비치
보라카이 화이트 비치의
분위기가 물씬~
(p.411)

호국사
아름다운 전경과 고즈넉한
분위기가 어우러진 사원
(p.412)

비치 바 일몰&불쇼
서해안 비치 바에 앉아
일몰과불쇼를 동시에
(p.420)

★★★

GPS 10.338136, 103.848606

빈원더스 푸꾸옥 VinWonders Phu Quoc

나트랑 빈원더스(옛이름 빈펄랜드)와 같은 콘셉트의 테마파크다. 50ha 규모에 실외 놀이공원과 워터파크, 실내 아쿠아리움 3곳으로 구성돼 있으며, 이는 다시 6개의 테마 구역으로 나뉘어진다. 빈원더스 입장권으로 전 구역을 모두 입장할 수 있으며, 공식 홈페이지에서 티켓을 구입할 경우, 얼리버드 할인 및 식음료 쿠폰 등의 혜택도 받을 수 있다. 빈원더스 내부로는 음식물 반입이 금지돼 있다.

유럽의 거리

디즈니랜드 성과 비슷한 모습을 한, 중세 유럽의 성과 거리 모습을 재현해 놓았다. 매일 저녁 7시 화려한 조명과 웅장한 사운드, 댄서들의 공연이 어우러진 "원스쇼Once Show"가 펼쳐진다.

Don't Miss 다양한 빛과 음악이 어우러진 분수쇼. 11시 30분, 14시, 17시 30분(10분간, 시간 변동 가능)

어드벤처 월드

고대 마야 문명과 그리스 문명을 재현해 놓았으며, 남아메리카의 화산과 정글 등을 탐험해 본다. 110km/h의 스피드를 자랑하는 롤러코스터 등 성인들이 즐길 수 있는 어트랙션들이 많다.

Don't Miss 용감한 마야 전사들이 승전을 기리는 의식 퍼포먼스. 11:00, 17:00(5분간, 시간 변동 가능)

바이킹 빌리지

북유럽 스타일의 건축물과 바이킹 마을을 재현해 놓고 바이킹 전사들의 용맹스러움을 체험해 볼 수 있는 구역이다.

Don't Miss 바이킹 전사들의 강한 전투력을 느낄 수 있는 기쁨의 댄스쇼. 16시 05분(5분간, 시간 변동 가능)

판타지 월드

유럽과 페르시아, 이집트, 미서부 등 전 세계의 문화와 옛 모습을 아기자기하게 재현하고 아이들이 즐길 만한 놀이기구와 체험 거리들을 준비해 놓았다.

타이푼 월드

파도풀과 유수풀을 비롯해 아동용부터 성인용까지 다양한 슬라이드를 갖춘 워터파크다.

Don't Miss 호노룰루 원주민의 섹시한 하와이안 호노룰루 댄스쇼. 16시 30분(5분간, 시간 변동 가능)

더씨쉘

세계에서 5번째로 큰 아쿠아리움으로, 1만여 마리의 해양 생물을 만날 수 있다.

Don't Miss 대형수족관 안에서 펼쳐지는 미녀 댄서들의 퍼포먼스. 11:00, 14:00(10분간, 시간 변동 가능)

주소 Khu Bai Dai, Phu Quoc
위치 푸꾸옥 북서부에 위치하며, 택시나 빈 그룹에서 운영하는 그랜드월드행 무료 셔틀버스를 이용한다.
운영 09:00~20:00
요금 **빈원더스** 성인 95만 동 **빈펄 사파리+빈원더스** 성인 135만 동, 키 1m 미만 무료
홈피 vinwonders.com

★★★

GPS 10.337435, 103.891397

빈펄 사파리 푸꾸옥 Vinpearl Safari Phu Quoc

380ha의 거대한 면적을 자랑하는 빈펄 사파리는 베트남 최초의 반 야생 동물공원이다. 150여 종의 동물 3천 마리와 1천 2백 종 이상의 식물들이 서식하고 있으며, 사파리 구역과 야생 동물원으로 나뉘어져 있다. 야생 동물원은 다시 전 세계 야생 동물들이 모여 있는 야생 동물 보호구역과 침팬지, 개코원숭이 같은 영장류 구역, 2천여 마리 이상의 새들을 만날 수 있는 조류 구역, 파충류 구역 등으로 구성돼 있다. 야생 동물원 내에서는 트램(전동차, 유료)을 이용해 이동할 수 있으며, 코끼리나 기린 등 몇몇 동물들에게는 먹이 주기 체험(유료)도 할 수 있다. 저녁 7시 이후에는 나이트 사파리도 운영하는데, 더위에 취약하거나 동물들의 야간 활동이 궁금한 사람, 빈원더스에서 충분한 시간을 갖고 싶거나 저녁 시간을 알차게 보내고 싶은 사람들에게 좋은 선택이 될 수 있다.

Don't Miss 동물쇼 10시, 14시(30분간, 시간 변동 가능)

주소 Bai Dai, Ganh Dau, Phu Quoc
위치 푸꾸옥 북서부에 위치하며, 택시나 빈 그룹에서 운영하는 그랜드월드행 무료 셔틀버스를 이용한다.
운영 08:30~16:00
요금 **빈펄 사파리** 성인 65만 동
나이트 사파리 성인 60만 동
빈펄 사파리+빈원더스 성인 135만 동
트램 성인 10만 동
동물 먹이 주기 4만 동, 키 1m 미만 무료
홈피 vinwonders.com

★★★

GPS 10.329011, 103.861636

그랜드월드 푸꾸옥 Grand World Phu Quoc

85ha의 부지 위에 조성된 초대형 엔터테인먼트 단지로, 전통 베트남식 거리와 이탈리아식 거리에 각종 상점 및 식당, 호텔, 마사지숍 등이 자리를 잡고 있다. 크고 작은 조각품 55점과 베트남 최대의 대나무 건축물을 볼 수 있는 도시 공원과 테디베어를 테마로 한 박물관, 해변 광장 등 다양한 스폿들도 공존하고 있다. 건물들 사이로 흐르는 강 위에서는 베니스처럼 베트남식 곤돌라도 탈 수 있으며, 매일 밤 9시 30분 사랑의 호수 위에서 펼쳐지는 화려한 분수쇼도 놓칠 수 없는 이벤트 중 하나다. 그 외에도 다양한 길거리 퍼레이드와 야시장, 초호화 무대 장치와 300명 이상의 댄서들이 선보이는 문화공연 "베트남의 정수" 등도 주목해 보자.

주소 Grand World, QT 01_14, Duong Hoi He, Bai Dai, Ganh Dau, Phu Quoc
위치 푸꾸옥 북서부에 위치하며, 택시나 빈 그룹에서 운영하는 그랜드월드행 무료 셔틀버스를 이용한다.
운영 24시간
요금 **베트남의 정수(쇼)** 성인 30만 동
테디베어 박물관 성인 20만 동, 키 1m 미만 무료
홈피 vinwonders.com

★★★

GPS 9.955816, 104.016075

선월드 푸꾸옥 Sun world Phu Quoc

다낭의 바나힐을 조성한 선월드 그룹이 푸꾸옥 남부 혼텀섬에 문을 연 또 하나의 테마파크다. 푸꾸옥 남부는 베트남에서도 가장 맑은 수중 생태계를 자랑하는데, 그중에서도 혼텀섬은 새하얀 모래사장에 에메랄드빛 바다, 푸른 잔디에 야자수가 드리워진 해변까지 갖춰 주목할 만하다. 푸꾸옥 본섬에서 혼텀섬까지는 7.9km의 장거리 케이블카를 이용해야 하는데, 드넓은 바다 위를 건너며 감상하는 15분간의 해상 전경이 그야말로 엄지척이다. 케이블카 승장강에서 내리면 전동차를 타고 해변으로 이동할 수도 있지만, 아쿠아토피아 워터파크Aquatopia Water Park를 이용해 본격적인 물놀이를 즐길 수도 있다. 또한 엑조티카Exotica 테마파크에서 롤러코스터와 번지드롭, 움직이는 전망대를 타는 것도 잊지 말자.

주소 Bai Dat Do, To 10, Khu Pho 6, Phu Quoc
위치 푸꾸옥 남부에 위치해 있으며, 선 그룹에서 운영하는 무료 셔틀버스를 이용하면 된다.
운영 **케이블카** 09:00~17:00 (브레이크 타임이 있으므로 홈페이지에서 케이블카 운행 시간 확인 필수)
아쿠아토피아 10:00~16:30
요금 **케이블카(워터파크, 테마파크 포함)+선셋 타운 "키스 오브 더 씨"** 100만 동, 키 1m 미만 무료
런치 뷔페 30만 동
홈피 phuquoc.sunworld.vn

★★☆

GPS 10.029988, 104.007167

선셋 타운 Sunset Town

푸꾸옥 본섬 남서부 해안가에 조성된 복합 엔터테인먼트 단지다. 이탈리아의 아말피 마을에서 영감을 받아 알록달록 파스텔톤의 지중해 분위기를 물씬 풍긴다. 이탈리아의 스페인 계단, 시에나 광장, 폼페이 유적, 산마르코광장 시계탑 등 주요 관광지를 연상시키는 포토 스폿들과 사랑하는 남녀가 키스를 하는 모습을 형상화한 키스 브릿지, 그리고 이들을 은은하게 비춰주는 아름다운 일몰이 이곳의 하이라이트. 특히 사랑의 힘을 테마로 화려한 조명과 불꽃, 스펙터클한 레이저와 사운드를 종합한 베트남 최초의 멀티미디어 아트쇼 "키스 오브 더 씨Kiss of the Sea"가 주목을 받기 시작했다. 최근에는 매일 오후 4시부터 부이페스트VuiFest 야시장도 열려 일몰 이후 늦은 밤까지 볼거리, 즐길 거리도 풍부해졌다.

주소 Bai Dat Do, To 10, Khu Pho 6, Phu Quoc
위치 선월드 케이블카역 일대. 가는 법은 선월드 푸꾸옥 참고
운영 24시간
요금 무료
키스 오브 더 씨 100만 동
홈피 kissofthesea.com.vn

★★☆

GPS 10.057465, 104.036399

사오 비치 Bãi tắm Sao

즈엉동에서 남동쪽으로 25km 떨어져 있는 해변으로, 맑고 투명한 에메랄드빛 바다와 새하얀 백사장, 야자수가 어우러진 그림 같은 풍경으로 유명하다. 푸꾸옥의 우기인 6~10월은 남서풍의 영향으로 서쪽 해변에 큰 파도가 친다. 이때 동쪽에 있는 사오 비치는 상대적으로 바람의 영향을 덜 받아 이곳을 찾는 여행객이 늘어난다. 사오 비치 내에서도 파라디소 레스토랑Paradiso Restaurant 근처가 사진 찍기 가장 좋지만, 사유지화되어 있어 식당 이용은 필수가 되었다.

주소 Bai Sao, Phu Quoc
위치 푸꾸옥 남동부에 위치. 푸꾸옥 감옥에서 4.7km 거리로 택시나 오토바이 이용
요금 무료

★★☆

GPS 10.043358, 104.018686

푸꾸옥 감옥 Nhà tù Phu Quoc

"지옥 중에서도 최악의 지옥"이라는 수식어가 붙을 만큼 잔인하기로 유명한 전쟁 포로 수용소다. 프랑스 점령 중이던 1953년 프랑스 식민정부는 푸꾸옥에 감옥을 건설하고 약 1만 4천여 명의 베트남 반정부인사들을 수감하였다. 푸꾸옥 감옥은 14개의 구역으로 나뉘었으며, 수용소는 7~10겹의 두꺼운 철조망으로 둘러싸여 있었다. 주변은 허허벌판으로 외부와의 완전한 격리를 고수하였다. 감옥의 벽과 지붕은 모두 함석판으로 되어 있어 수감자들은 극심한 더위를 감내해야 했고, 이들이 터널을 파고 탈출할 수 없도록 바닥은 모두 시멘트로 덮어 놓았다. 현재 푸꾸옥 감옥은 당시의 모습을 일부 복원시킨 것으로, 당시 이곳에서 자행되었던 잔인한 형벌과 고문을 재현해 놓아 특히 주목을 끈다. 푸꾸옥 감옥은 1995년 국가기념물로 지정되면서, 푸꾸옥의 가장 중요한 명소가 되었다.

주소 350 D. Nguyen Van Cu, An Thoi, Phu Quoc
위치 푸꾸옥 남부지역 46번 도로상 위치. 사오 비치에서 4.7km로 택시나 오토바이, 11번 시내버스 이용
운영 09:00~17:00
요금 무료

★★☆

GPS 10.11125, 104.02983

호국사 Chùa Hộ Quốc

푸꾸옥에서 가장 큰 선불교 사원으로 2012년 건축되었다. 사원 정문을 들어서면 싯다르타처럼 보리수 아래 가부좌를 틀고 있는 3m의 옥불상이 있다. 그 뒤로 거대한 용 부조가 눈길을 끌고, 70여 개의 계단을 오르면 리-쩐 왕조의 건축 양식으로 지어진 아름다운 건축물들을 마주하게 된다. 지대가 높은 만큼 눈앞에 광활한 바다가 한눈에 들어오며, 고즈넉한 경내 분위기와 바람 따라 들려오는 풍경 소리, 새소리까지 어우러져 몸과 마음이 차분하게 정화되는 듯하다. 사원 왼쪽의 해수관음상은 왜 이곳의 이름이 '호국(나라를 보호한다)'인지를 짐작하게 한다. 호국사는 일출 명소로도 알려져 있다.

주소 Chua ho quoc, Phu Quoc
위치 즈엉동 시내에서 남동쪽으로 20km. 사오 비치에서 10km로 택시나 오토바이 이용
운영 06:00~18:00
요금 무료

★★☆ GPS 10.194614, 103.963803

롱비치 Bãi Trường

푸꾸옥을 대표하는 중서부 해변으로, 즈엉동 일대에서 남쪽으로 15km 정도 발달해 있다. 이는 다시 짠강Sông Tranh을 기준으로 북부와 남부로 나눠볼 수 있다. 롱비치 북부 지역은 즈엉동 시내와 가깝고 중저가 숙소들과 여행자 편의시설이 발달해 있다. 아름다운 일몰을 감상할 수 있으며, 비치 클럽, 바, 레스토랑 등이 해변에 빈백과 테이블을 내놓고 분위기를 띄우는 덕분에 늦은 밤까지 여행객들로 북적거린다. 롱비치 남부 지역은 북부 지역에 비해 개발이 덜 되어 있고 드문드문 고급 리조트가 들어서 있어 리조트 고객들의 프라이빗 비치 역할이 크다고 볼 수 있다.

주소 Bai Truong, Phu Quoc
위치 즈엉동 사이공 푸꾸옥 리조트 근처부터 파크 하얏트 푸꾸옥 근처까지

★☆☆ GPS 10.217247, 103.956418

진꺼우 사원 Dinh Cậu

즈엉동 씨쉘 푸꾸옥 호텔 북쪽의 작은 해변 끝 바위섬 위에 위치한 작은 도교 사원이다. 바다를 오가는 선원들의 안녕을 비는 곳으로, 사원 안에 바다를 수호하는 여신, 티엔허우를 모시고, 작은 모형 배와 등대를 배치해 놓았다. 사원 자체보다 이곳에서 바라보는 바다 전경이 아름답다.

주소 Kho Pho 2, Phu Quoc
위치 롱비치 북단 끝. 즈엉동 야시장에서 도보 6분
운영 07:00~20:30

★☆☆ GPS 10.178796, 104.013335

수오이짠 폭포 Suối Tranh Waterfall

국립공원처럼 탐방길이 잘 닦인 열대우림을 20분 정도 하이킹하여 만나게 되는 4m 높이의 작은 폭포다. 폭포수를 맞으며 시원한 계곡물에서 수영을 즐길 수 있다는 점에서 바다와는 또 다른 매력이 있지만, 수량이 풍부한 우기에나 그 진가가 드러나는 법. 건기(11~5월)에는 그 감흥이 많이 떨어져, '폭포'보다 '숲길 하이킹'에 초점을 둬야 한다.

주소 Suoi Tranh, Phu Quoc
위치 푸꾸옥 국제공항 북쪽
운영 07:00~21:00 **요금** 성인 3만 동

Special Tour 01

편하게 구석구석 즐기는 데이투어

푸꾸옥 섬 자체는 그리 크지 않지만, 대중교통이 발달하지 않아 구석구석 둘러보기는 쉽지 않다. 푸꾸옥에서 가장 수중 환경이 좋은 안터이 군도(선월드 푸꾸옥이 있는 혼텀섬 아래)는 스노클링과 다이빙을 하기에 최적의 장소로, 여행사의 호핑투어 상품을 이용해야만 한다. 푸꾸옥의 특산품(후추나 심와인, 느억맘 등) 농장들을 방문하고 싶다면 개별 방문보다 투어에 참여하는 것이 편하다.

* 모든 상품은 존스투어(phuqoctrip.com/kr) 기준

▶▶ 육지 투어

푸꾸옥 감옥, 사오 비치, 호국사 등 남부의 주요 관광지와 후추, 심와인, 진주 농장, 느억맘 공장 등 특산품 제조 및 판매장까지 둘러보는 것이 육지 투어의 기본이다. 육지 투어에 선월드를 포함시킨 투어도 있다(42달러). 북부의 유명 해변과 강, 푸꾸옥 국립공원, 벌농장 등을 방문하는 육지 투어는 26달러다.

소요시간 09:00~16:30
비용 기본 육지 투어 14달러~

▶▶ 호핑 투어

안터이 군도 중 스노클링하기 좋은 산호 포인트 2곳과 낚시 포인트 1곳을 방문하고 선상에서 점심 식사까지 즐기는 것이 기본 호핑 투어다. 선월드 혹은 더 많은 섬을 돌아보는 상품도 있다. 일몰을 보고 바닷가에서 바비큐를 즐기는 선셋 바비큐 투어(57달러), 선셋과 오징어 낚시, 선상 식사가 포함된 투어(15달러)도 있다.

소요시간 09:00~16:30
비용 기본 호핑 투어 22달러~

GPS 10.212200, 103.959040

신짜오 시푸드 레스토랑 Xin Chao Seafood Restaurant

바다에 면해 있어 멋진 전망을 감상하며 식사를 즐길 수 있는 해산물 레스토랑으로, 현지인들은 물론 한국인들에게까지 소문난 맛집이다. 1, 2층으로 된 큰 규모에 내부도 깔끔하고 직원들도 친절하다. 굴, 전복, 가리비, 새우, 게, 랍스터, 생선 등의 단품 메뉴와 여러 해산물을 모아 둔 세트 메뉴가 있으며, 야시장보다는 비싸지만 관광객 대상 해산물 레스토랑들보다는 저렴하다. 맛집답게 브레이크타임이 있으며, 테라스 자리를 얻으려면 오픈 시간 전에 미리 와 기다리는 것이 좋다.

주소 66 Duong Tran Hung Dao, TT. Duong Dong, Phu Quoc
위치 야시장에서 즈엉 쩐흥다오 메인도로를 따라 남쪽으로 도보 6분
운영 11:00~21:30
요금 세트메뉴 36만 5천 동~

GPS 10.209804, 103.966578

쭈온쭈온 비스트로&바 Chuồn Chuồn Bistro & Bar

푸꾸옥에서 유명 관광지 못지않게 인산인해를 이루는 레스토랑이다. 언덕 위에 위치해 즈엉동 시내와 저 멀리 바다, 산까지 한눈에 들어온다. "잠자리"라는 뜻의 상호처럼, 실내를 원목으로 꾸미고 오픈 테라스에 자연 바람이 실내까지 통하도록 해 한낮에는 더울 수 있다. 오전 11시 30분까지는 브렉퍼스트를 판매하며, 피자, 샌드위치, 스파게티류부터 그릴류까지 메뉴도 다양한 편이다. 현지 물가 대비 가격은 비싼 편이지만, 자릿값을 생각하면 수긍될 정도. 커피류는 오후 3시 이후 판매하지 않는다.

주소 Duong Tran Hung Dao, Doi Sao Mai, Phu Quoc
위치 즈엉동 사이공 푸꾸옥 리조트 앞 골목길을 따라 15분 정도 언덕을 올라간다.
운영 07:30~23:00
요금 브런치 11만 5천 동~, 메인요리 14만 5천 동~, 커피 7만 동~

GPS 야시장 근처 지점 10.218870, 103.958520

분 꾸어이 끼엔 써이 Bún Quậy KIẾN-XÂY

오직 푸꾸옥에서만 맛볼 수 있는 오징어국수 전문점이다. 진하게 우려낸 해물 육수 그릇에 오징어와 어묵, 새우완자, 소고기, 수제 쌀국수가 담겨 나오는데 여기까지는 일반 국수집과 대동소이하다. 이 집의 비법은 바로 소스. 매장 한가운데 소스바가 마련돼 있으며, 라임, 설탕, 고추, 소금, msg를 섞어 직접 소스를 만들고(비율을 잘 모르겠다면, 이미 만들어진 것에 고추와 라임만 더 추가한다) 육수에 넣어가며 자기 입맛에 맞는 국수를 탄생시키는 것이 핵심이다. 라임을 짜 넣으면 맛이 사는 사탕수수 주스는 오징어국수와 단짝을 이룬다.

위치 야시장 및 사이공 푸꾸옥 리조트 근처, 그랜드월드 내 등
운영 월~목요일 07:00~23:05, 금~일요일 06:45~23:05
요금 국수 6만 동~, 사탕수수 주스 1만 동

GPS 10.215466, 103.961239

퍼 사이공 Phở Saigon

즈엉동 야시장 근처에 있는 쌀국수 전문점이다. 푸꾸옥에서도 쌀국수야 쉽게 접할 수 있지만, 진한 소고기 육수의 기본 쌀국수를 이렇게 맛있게 하는 곳은 찾기 힘들다. 식사 시간 때만 되면 합석이 당연하리만큼 현지인들도 많고, 포장해 가는 사람, 배달 기사들까지 장사진을 친다. 일반 쌀국수 외에 갈비 쌀국수Phở xương와 후에식의 매콤한 분보후에가 있으며, 아침에는 보코(베트남식 소고기 스튜)도 판매한다.

주소 31 D. 30 Thang 4, Khu 1, Phu Quoc
위치 야시장에서 도보 2분
운영 06:30~11:30, 17:00~22:30
요금 쌀국수 5만 5천 동~

GPS 10.205550, 103.964628

바나나 가든 Banana Garden

즈엉동 라하나 리조트 근처에 있는 작은 로컬 레스토랑이다. 규모도 작고 인테리어라 할 것도 없이 함석판으로 지붕만 가린 오픈형 식당인데, 이 일대 머무는 외국인들은 물론 택시까지 타고 오는 한국인들이 있을 만큼 맛집으로 소문 나 있다. 베트남에서 먹을 수 있는 웬만한 요리들은 다 가능하고, 가격도 우리 돈 5천 원 내외로 저렴한데 양도 많고 정갈하고 깔끔하다.

주소 Hem 91/4 Duong Tran Hung Dao, Khu pho 7, Phu Quoc
위치 즈엉 쩐흥다오 메인도로에 있는 하일랜드 커피 97에서 도보 2분
운영 09:00~22:00
요금 쌀국수 4만 5천 동, 로컬푸드 8만 동~

GPS 10.216800, 103.960030

크랩 하우스 Crab House

높은 층고에 베트남스럽지 않은 모던 인테리어, 에어컨이 나오는 쾌적한 실내에서 친절한 직원들의 서비스를 받으며 해산물 요리를 즐길 수 있는 고급 레스토랑이다. 새우, 오징어, 크랩, 홍합, 가리비, 가재, 랍스터 중에서 해산물을 정하고(혹은 시그니처 콤보 메뉴에서 선택 가능), 버터구이, 케이준 소스, 레몬그라스 소스, 크랩하우스 스페셜 소스 중에 하나와 맵기까지 선택하면 주문 완료. 계산서에 자동으로 부가세와 서비스팁이 추가돼 메뉴판 가격보다 지불하는 금액이 크다.

주소 26 Duong Nguyen Trai, TT. Duong Dong, Phu Quoc
위치 즈엉동 야시장에서 도보 2분
운영 11:00~22:00
요금 시그니처 콤보 100만 동~ (SC & VAT 15%)

GPS 10.203780, 103.964130

비비큐 치킨 BBQ Chicken

한국에서 먹던 치킨과 가장 흡사한 맛의 치킨을 맛볼 수 있는 곳이다. 오리지널 치킨부터 양념 치킨, 간장 치킨, 허니갈릭 치킨, 치즐링 치킨, 스윗칠리 치킨, 바비큐 치킨 등 다양한 메뉴가 준비돼 있으며, 치킨과 음료, 밥, 콘슬로우 등을 묶어 세트로도 판매한다. 치킨 외 피자와 버거, 한국인들에게 반가운 떡볶이도 있다. 푸꾸옥 전역에 배달(전화나 구글맵 채팅 이용)도 가능하다.

주소 92A Duong Tran Hung Dao, Duong To, Phu Quoc
위치 즈엉 쩐흥다오 메인도로에 있는 하일랜드 커피 97에서 남쪽으로 도보 2분
운영 10:00~23:00
요금 치즐링 치킨 1마리 33만 동
전화 0297-663-6111

GPS 10.200190, 103.967340

분짜 하노이 Bún Chả Hà Nội Phu Quoc

새콤달콤한 소스에 적신 돼지고기 숯불구이를 쌀국수와 함께 야채에 싸 먹는 분짜는 한국인 입맛에도 잘 맞는 대표적인 하노이 음식이다. 분짜를 주메뉴로 하는 이곳은 맛도 맛이지만 착한 가격에 깔끔한 실내, 친절한 주인 덕분에 한국인들이 많이 찾는다. 프라이드 스프링롤인 짜조와 베트남식 빈대떡 반쎄오도 맛있다.

주소 121 Duong Tran Hung Dao, Duong To, Phu Quoc
위치 즈엉 쩐흥다오 메인도로에 있는 킹콩마트에서 북쪽으로 도보 7분
운영 06:00~20:30
요금 분짜 10만 동, 넴느엉 8만 동, 짜조 6만 동

GPS 3호점 10.185397, 103.968571

반쎄오 꾸오이 Bánh xèo Cuội

푸꾸옥 중부에 즈엉동 3호점, 남부의 안터이 항 근처에 2호점이 있는 반쎄오 로컬 맛집이다. 바삭바삭 감칠맛 나는 베트남식 빈대떡 반쎄오가 넘버원이지만, 짜조(프라이드 스프링롤), 넴루이(돼지숯불구이), 분짜 등 우리 입맛에 잘 맞는 요리들과 분더우맘똠(두부와 고기 등을 새우젓갈 소스에 찍어 먹는 요리) 같은 찐 로컬 요리도 맛볼 수 있다. 메뉴판에는 음식 사진이 있고 세트 메뉴도 있어 주문하기 편리하다. 2호점이 가장 로컬스럽고 가격도 착하지만, 3호점은 깔끔한 인테리어에 에어컨까지 있어 더 많은 사람들이 찾는다.

3호점
위치 즈엉동 킹콩마트에서 남쪽으로 1.3km
* 그 외 지점은 지도 p.402 참고
운영 10:00~21:30 요금 반쎄오 16만 동~, 분짜 9만 동

GPS 10.325775, 103.860838

마담 타오 Madam Thảo

북부 여행 중 (빈 버스 탑승 때문이라도) 꼭 방문하게 되는 그랜드월드에 위치해 있다. 최대 관광지인 만큼 저렴한 가격이나 엄청난 맛을 기대하기는 쉽지 않지만, 한국인 입맛에 잘 맞는 익숙한 베트남 음식들을 제공하는 마담 타오는 분명 주목할 만한 곳이다. 실내도 깔끔하고 에어컨도 가동해 시원하기까지 하다. 해물볶음밥, 모닝글로리볶음, 반쎄오, 분짜, 쌀국수, 오징어 튀김, 버터갈릭 새우 등을 많이 찾는다.

주소 Khu Grand World, Duong Thuong Hai, Ganh Dau, Phu Quoc
위치 그랜드월드 테디베어 박물관에서 도보 3분
운영 07:00~21:00
요금 분짜 15만 동, 오징어 튀김 19만 동

GPS 10.038651, 104.025538

껌토따이껌 Cơm Thố Tay Cầm

푸꾸옥 동남부에 새로 오픈한 뉴월드 리조트가 큰 주목을 받기 시작하면서 한국인들 사이에 입소문 난 맛집이다. 시푸드와 바비큐 전문점을 표방하는 만큼 각종 해산물은 시가로 판매되고 있으며, 감칠맛 나는 양념에 숯불 향 가득 입혀 한 접시 푸짐하게 나오는데 가격은 저렴하지 않아도 만족도는 높다. 치킨 혹은 폭립 바비큐를 얹은 볶음밥이나 해산물볶음면 등은 가격도 좋고 한 끼 식사로도 훌륭하다. 푸꾸옥 감옥이나 사오 비치, 껨 비치 등 남부 투어 시 방문해도 좋다.

주소 R171, bai Khem, Phu Quoc
위치 뉴월드 푸꾸옥 리조트 앞 운영 11:00~22:00
요금 닭다리구이 볶음밥 12만 동, 새우튀김 18만 동

GPS 10.114617, 103.981839

세일링 클럽 푸꾸옥 Sailing Club Phu Quoc

세일링 클럽은 인스타그램에 자주 소개되는 푸꾸옥의 비치 클럽 중 하나다. 야외 오픈형 구조에 테이블 구역과 선베드가 놓여 있는 인피니티풀 구역으로 크게 나눠진다. 에어컨 없이 실링팬만 돌아가기 때문에, 더운 한낮에는 수영장과 선베드를 이용할 목적(수건 무료 제공)으로 찾는 사람들이 많다. 더위가 누그러들기 시작하면, 아름다운 일몰을 보거나 불쇼(저녁 7시 30분 시작, 시즌에 따라 변동)를 즐기며 저녁 식사를 하려는 사람들로 북적거린다. 세련된 감성의 비치 바인 만큼 음식 가격은 비싸지만, 분위기와 부대시설을 생각하면 수긍이 간다. 해변가의 좋은 자리를 얻으려면 예약 필수. 참고로, 같은 콘셉트의 **선셋 사나토 비치 클럽** Sunset Sanato Beach Club도 있다. 세일링 클럽에서 북쪽으로 5km 떨어져 있으며, 독특한 해변 조형물들로 인스타그램용 사진 찍기 좋다. 10만 동의 입장료가 있다.

주소 Lo B7 Khu phuc hop, Bai Truong, Phu Quoc
위치 푸꾸옥 남서부에 위치한 인터콘티넨털 리조트 옆
운영 12:00~22:00
요금 맥주 8만 5천 동~, 버팔로윙 25만 동, 폭립 50만 동
홈피 sailingclubphuquoc.com

GPS 10.112668, 103.983610

잉크 360 INK 360

인터콘티넨털 리조트 루프톱에 위치한 바다. 높은 곳에서 바라보는 바다는 막힌 데 없이 탁 트여 가슴이 뻥 뚫리는 듯 시원하고, 주홍빛의 애잔한 일몰은 아름다움 그 이상의 감성을 자극한다. 어둠이 내리면, 루프톱 바를 비롯해 인터콘티넨털 수영장과 정원에 조명이 켜지고 또 다른 볼거리를 제공한다. 문어를 테마로 한 인테리어도 독특하고, 분위기 좋은 음악에 칵테일 한잔 기울이기 좋은 곳이다. 좋은 자리를 얻으려면 예약 필수.

주소 InterContinental Resort, Bai Truong, Duong To, Phu Quoc
위치 푸꾸옥 남서부에 위치한 인터콘티넨털 리조트 19층
운영 17:00~23:00
요금 칵테일 32만 동
홈피 phuquoc.interconti-nental.com/ink-360

GPS 10.193733, 103.964192

옥센 비치 바&클럽 OCSEN Beach Bar & Club

조엉동 롱비치에 위치한 비치 바다. 모래사장 위에 빈백과 테이블을 내놓고 영업을 시작하는데, 해 질 녘이 되면 어느새 사람들로 가득 찰 만큼 유명한 일몰 명소이기도 하다. 매일 오후 6시부터 8시까지 해피아워로 칵테일을 1+1으로 즐길 수 있다. 밤 9시 30분부터(시즌에 따라 시간 변동)는 불쇼가 펼쳐지는데, 세일링 클럽과 같은 팀으로 쇼 구성도 동일하다.

주소 Duong To, Phu Quoc, Kien Giang
위치 즈엉 쩐흥다오 메인도로에 있는 존스투어(킹콩마트 근처) 건너편 골목길을 따라 비치 쪽으로 도보 6분
운영 16:00~01:00
요금 피자 18만 동~, 맥주 5만 5천 동~, 칵테일 18만 동~

GPS 10.215966, 103.960359

푸꾸옥 야시장 Chợ đêm Phu Quoc

푸꾸옥에서 살 거리, 먹거리, 볼거리 등이 한데 모여 있어, 대부분의 여행객들이 한 번쯤은 꼭 방문하는 명소라 할 수 있다. 이른 아침부터 늦은 밤까지 영업을 하기 때문에 어느 때 가도 상관없지만, 더위가 꺾인 후 저녁 산책 삼아 방문하는 사람들이 많다. 특히 야시장의 꽃이라 할 수 있는 길거리 음식들이 많아 이것저것 맛보는 재미가 있고, 푸꾸옥에서 가장 저렴하게 해산물을 맛볼 수 있는 식당들이 즐비해 저녁 식사까지 한 번에 해결할 수 있다. 시장 초입에는 저렴한 가격에 비치웨어를 판매하고 있으며, 푸꾸옥의 특산품인 후추, 느억맘, 땅콩 등도 시식 후 구입할 수 있다. 참고로, 야시장 북서쪽에서 응우웬쭝쭉Nguyện Trung trực 다리를 건너면 각종 야채와 과일, 해산물, 건어물, 잡화 등을 판매하는 재래시장이 있다.

주소 9 Duong Ly Tu Trong, TT. Duong Dong, Phu Quoc
위치 즈엉동 강 남쪽. 진꺼우 사원에서 도보 6분
운영 05:00~24:00

Tip | 야시장 리스트

규모가 큰 푸꾸옥 야시장 외에도 남부 곳곳에 자그마한 먹거리 야시장이 운영 중이다. 근처라면 밤 산책 삼아 가볼 만하다.

1. **소나시 야시장**
   노보텔 리조트 앞
2. **부이페스트 야시장**
   선셋 타운 내

킹콩마트 KingKongmart

베트남 쇼핑에서 빠질 수 없는 곳이 바로 마트다. 본토에서 뚝 떨어진 푸꾸옥은 다른 지역과 달리, 롯데마트나 고! 같은 대형 마트는 찾아볼 수 없지만, 아담한 규모에 먹거리와 생필품, 여행용품, 의류 등을 알뜰하게 갖추고 있는 킹콩마트가 있다. 특히 한국인들이 많이 찾는 마트 쇼핑 품목(커피, 너트, 과자, 라면, 소스류 등)과 의약품, 푸꾸옥의 특산품인 후추, 느억맘 소스, 땅콩 등은 물론 기념품까지 이곳에서 한 번에 구입할 수 있다. 또한 신라면, 불닭볶음면, 소주 같은 한국 제품도 다수 판매하고 있어, 한국 음식이 필요한 사람들에게 한인마트 역할까지 톡톡히 담당하고 있다.

주소 **야시장 지점** 108 Duong Bach Dang, Duong Dong, Phu Quoc
여행자 거리 지점 141A Duong Tran Hung Dao, Khu Pho 7, Phu Quoc
위치 푸꾸옥 야시장 내와 즈엉동 여행자 거리 내 (지도 p.403 참고)
운영 **야시장 지점** 12:30~22:30 **여행자 거리 지점** 08:00~23:00

Tip | 푸꾸옥 특산품

푸꾸옥은 베트남에서 가장 좋은 품질의 맛 좋은 후추(특히 붉은 후추)와 느억맘(베트남 생선 소스. Thinh Phat, Khai Hoan, Phung Hung 브랜드가 유명)이 생산되는 곳이다. 소규모의 후추 농장들과 느억맘 생산 공장이 관광객들에게 오픈되어 있지만, 교통편이 좋지 않고 볼거리는 많지 않은 데다 야시장이나 마트에서도 구입할 수 있기 때문에 굳이 시간을 내 찾아갈 필요는 없다.
야시장에서 판매하는 슈슈땅콩Chouchou Phu Quoc 역시 푸꾸옥 쇼핑 리스트에서 빠질 수 없다. 땅콩을 볶아 30여 가지 맛을 더한 것으로 심심풀이 간식으로도, 지인 선물용으로도 인기가 좋다.
푸꾸옥에는 진주 양식업과 함께 보석 제작도 발달해 있다. 응옥 히엔Pearl farm Ngọc Hiền이나 롱비치 센터Long Beach Center 같은 몇몇 업장은 관광객들에게 진주 생산 과정을 소개하는 전시관을 운영하는 동시에 진주 주얼리를 전시해 시중보다 저렴하게 판매하고 있다.

슈슈땅콩
느억맘 공장

진주 전시관

후추 농장

GPS 10.194613, 103.966663

트랜퀼리티 스파 Tranquility Spa

큰 유명세는 없지만 알음알음 잘하기로 소문난 로컬 숍이다. 본명은 "트랜퀼리티 스파"이지만, 한국인들 사이에는 "킴스파"라고도 알려져 있다. 가격은 로컬답게 1시간 1만 6천 원부터. 제휴업체 할인쿠폰까지 더하면 가격은 더 착해진다. 한국만큼의 퀄리티는 아니지만 20만 동에 젤네일과 젤페디도 받을 수 있어 찾는 사람들이 많다.

주소 118/2 Duong Tran Hung Dao, Phu Quoc
위치 여행자 거리 내. 옥센 비치 바에서 도보 5분
운영 월~토요일 09:00~23:00, 일요일 09:00~23:30
요금 코코넛 마사지 60분 45만 동

GPS 10.200130, 103.964590

푸꾸옥 데이스파 Phu Quoc Day Spa

한국인들도 많이 찾는 로컬 마사지숍으로 트립어드바이저 2위에 등극해 있다. 소박한 시설에 마사지사마다 편차가 조금 있지만 스킬이나 친절도는 상급으로 만족도가 높은 편이다. 초반에 마사지 강도와 집중 케어 부위 등을 체크한다. 대표 메뉴인 푸꾸옥 스페셜 마사지는 오일마사지와 타이마사지를 결합해 인기가 좋다.

주소 100/3 Duong Tran Hung Dao, Duong To, Phu Quoc
위치 여행자 거리 내 위치. 롱비치 선셋 비치바에서 도보 4분
운영 08:00~23:30 **요금** 아로마 60분 44만 동
전화 090-150-5577 **카카오톡 ID** spaphuquoc
홈피 www.spaphuquoc.com

GPS 10.181646, 103.967663

베르사유 머드 스파 Versailles Mud Bath & Spa

머드 스파는 나트랑이 유명하지만, 그곳의 진흙을 푸꾸옥까지 가져와 동일한 효과를 기대할 수 있는 곳이다. 나트랑의 유명 머드 온천들과 비교할 수는 없지만, 개별 욕조에 하이드로테라피, 스팀 사우나를 이용할 수 있으며, 수영장과 해변 선베드에 누워 여유 시간을 보낼 수 있다. 90분 마사지가 포함된 패키지 상품도 있는데, 마사지 압도 강하고 스킬도 좋아 비싼 가격에도 만족도가 높다.

주소 To 2, Ap, Duong Tran Hung Dao, Cua Lap, Tp. Phu Quoc
위치 롱비치 남단 끝. 두짓 프린세스 문라이즈 비치 리조트 건너편
운영 08:00~22:00
요금 머드 스파 60분 65만 동, 보디마사지 30분 40만 동

5성급

GPS 10.331743, 103.850738

빈펄 리조트&스파 푸꾸옥 Vinpearl Resort & Spa Phu Quoc

빈원더스 개장과 함께 가장 처음 문을 연 대표 리조트다. 드넓은 수영장 앞으로 자이 해변이 이어져 리조트의 시설과 푸꾸옥의 아름다운 자연을 함께 즐길 수 있다. 총 630개의 호텔 객실과 6인까지 이용할 수 있는 3베드룸 풀빌라를 보유하고 있다.

주소 Bai Dai, Ganh Dau, Phu Quoc
위치 빈원더스 옆, 자이 해변(Bãi Dài) 앞
요금 디럭스 110달러~
홈피 vinpearl.com/vi/hotels/vinpearl-resort-spa-phu-quoc

Tip | 빈펄 계열 리조트들

가족 여행객들에게 무한한 사랑을 받는 빈원더스(구 빈펄랜드) 나트랑과 남호이안에 이어, 빈원더스 푸꾸옥은 이 섬을 찾는 가족 여행객들의 대표적인 관광지라 할 수 있다. 테마파크와 사파리에 이어 그랜드월드까지 아우르는 이 대규모의 엔터테인먼트 단지는 푸꾸옥의 아름다운 북서부 해변의 자연까지 어우러져 여행객들의 마음을 사로잡고 2~3일가량 이곳에 머물게 하는데, 이때 필요한 대표적인 고급 숙소가 바로 빈펄 그룹의 고급 리조트들이라 할 수 있다. 푸꾸옥의 빈펄 계열 리조트는 여러 곳이 있으므로, 위치와 예산, 숙박 목적 등에 따라 선택하면 된다. 어느 리조트에 머물든 빈원더스, 사파리, 그랜드월드, 공항 등으로 무료 셔틀버스를 이용할 수 있다. 빈펄 리조트&스파 기준, 즈엉동 야시장에서 차로 30분 정도 떨어져 있기 때문에, 빈펄 엔터테인먼트 단지 내에서 대부분의 시간을 보낼 사람들에게 적합한 리조트들이다(푸꾸옥에서의 일정이 길다면, 즈엉동 시내 숙소와 나눠서 머무는 것을 추천한다).

5성급

GPS 10.342412, 103.851321

빈펄 원더월드 푸꾸옥 Vinpearl Wonderworld Phu Quoc

2, 3, 4베드룸 빌라만을 보유한 리조트다. 각 빌라마다 전용 수영장과 테라스, 거실과 작은 부엌까지 갖추고 있어, 프라이버시를 중요시하는 가족 여행객들에게 적합하다.

주소 Bai Dai, Ganh Dau, Phu Quoc
위치 빈원더스 북쪽. 빈펄 골프장 근처
요금 빌라 250달러~
홈피 vinpearl.com/vi/hotels/vinpearl-wonderworld-phu-quoc

3성급

GPS 10.324229, 103.858370

빈홀리데이 피에스타 푸꾸옥 Vinholidays Fiesta Phu Quoc

문화 상업시설이 발달해 있는 그랜드월드 내에 위치해 있다. 앞서 소개한 2개의 리조트들이 너무 외진 곳에 있어 식사 해결에 어려움이 있다는 점을 보완한다. 3성급이지만 2020년 오픈해 시설 컨디션은 4성급 못지않다.

주소 Grand world, Ganh Dau, Phu Quoc
위치 그랜드월드 내
요금 스탠더드 45달러~
홈피 vinpearl.com/vi/hotels/vin-holidays-fiesta-phu-quoc

5성급

GPS 10.329929, 103.855553

윈덤 그랜드 푸꾸옥 Wyndham Grand Phu Quoc

빈펄 계열의 리조트였던 빈오아시스를 윈덤이 인수해 운영하는 것으로, 빈원더스 테마파크와 가깝다. 겉보기에는 대형 빌딩의 호텔 느낌이 나지만, 메인 수영장은과 유아용 수영장에 평이 좋은 키즈 클럽까지 갖춰 가족 여행객들에게 좋은 리조트다. 1층에 카지노가 있다.

주소 Bai Dai, Ganh Dau, Phu Quoc
위치 빈원더스 남쪽
요금 스탠더드 70달러~
홈피 www.wyndhamhotels.com

2성급 GPS 10.258570, 103.935700

망고 베이 리조트 Mango Bay Resort

푸꾸옥 북서부 리조트들 가운데 가장 자연친화적인 곳이다. 망고 베이 일대 숲을 끼고 리조트 단지가 조성되어 있으며 방갈로 역시 자연친화적인 자재들을 사용해 숲속 산장에 온 듯한 느낌이 든다. 바닷가 바위 위에 위치한 메인 레스토랑은 아름다운 일몰과 일출을 모두 감상할 수 있는 핫스폿이기도 하다. 암석해변과 모래해변 2곳을 모두 이용할 수 있으며, 스노클링이나 카약, 패들보트, 자전거 등도 무료로 즐길 수 있다. 즈엉동 야시장까지 무료 셔틀버스를 이용할 수 있어 위치적 단점을 보완해 준다.

주소 Mango bay, Cua Duong, Phu Quoc
위치 즈엉동 야시장에서 북쪽으로 10km
요금 슈피리어 90달러~
홈피 www.mangobay-phuquoc.com

중부

4성급 GPS 10.146053, 103.976773

솔 바이 멜리아 푸꾸옥 Sol by Meliá Phu Quoc

공항 남쪽에서 가성비 좋은 4성급 리조트로, 스페인 호텔 체인 멜리아가 운영하고 있다. 수영장의 규모가 상당하고 주변 조경이 잘 되어 있으며, 객실도 흰색과 소라색을 메인 톤으로 꾸며 휴양지 느낌이 물씬 풍긴다. 3개의 레스토랑 중 스페인 출신 요리사가 있는 올라 비치 클럽에서는 지중해식 해산물 요리와 빠에야, 타파스, 핀초 등 스페인 요리들도 맛볼 수 있다. 공항 셔틀 무료.

주소 Duong Bao Duc Viet Tourist area Zone 1. Bai Truong Complex, Duong To, Phu Quoc
위치 공항에서 남쪽으로 5.4km
요금 스탠더드 오션뷰 80달러~
홈피 www.melia.com/en/hotels/vietnam/phu-quoc

4성급

GPS 10.208510, 103.960820

사이공 푸꾸옥 리조트&스파 Saigon Phu Quoc Resort & Spa

푸꾸옥 야시장에서 도보 13분 거리에 있다 보니, 맛집 탐방은 물론 여기저기 이동하기 좋은 최적의 위치를 자랑한다. 특히 즈엉동 롱비치를 프라이빗 비치로 두고 있어 아름다운 일몰을 즐기는 데도 그만이다. 야자수가 우거진 리조트 조경도 아름답고 북적이지 않은 야외 수영장도 플러스 요인인데 저렴한 요금은 더 매력적이다. 단, 리조트가 오래된 만큼 객실 컨디션은 아쉬움이 있다.

주소 62 Duong Tran Hung Dao, Phu Quoc
위치 야시장에서 남쪽으로 도보 13분
요금 더블룸 45달러~
홈피 saigonphuquocresort.vn

5성급

GPS 10.215271, 103.958135

씨쉘 푸꾸옥 호텔&스파 Seashells Phu Quoc Hotel & Spa

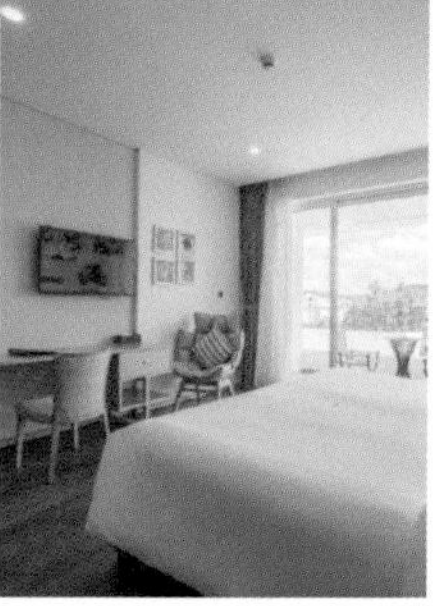

푸꾸옥 중부 즈엉동에 위치한 5성급 리조트다. 진꺼우 사당에 인접한 만큼, 해변을 접하고 있으면서도 야시장을 비롯 각종 카페, 레스토랑을 도보로 오갈 수 있어 위치적 장점이 크다. 인피니티 풀에서 즐기는 전망과 일몰이 아름답고 해변과 연결돼 있어 물놀이를 즐기기에도 좋다. 공항 무료 픽드롭 서비스 제공.

주소 1 Duong Vo Thi Sau, Khu 1, Phu Quoc
위치 즈엉동 야시장에서 도보 4분
요금 트윈, 더블 90달러~
홈피 seashellshotel.vn

5성급

GPS 10.193754, 103.964748

라베란다 리조트 푸꾸옥 M 갤러리 La Veranda Resort Phu Quoc - MGallery

아코르 호텔 그룹의 M갤러리는 "고유한 디자인과 스토리가 있는 부티크 호텔"을 표방한다. 베트남에 총 7개의 M갤러리가 있는데, 그중 하나가 푸꾸옥에 있는 라베란다 리조트다. 1920년대 프랑스 대저택을 상기시키는 고풍스러운 인테리어와 세계적인 체인의 5성급 서비스가 어우러져 푸꾸옥 중부에서 가장 고급스러운 숙소로 손꼽힌다. 롱비치를 프라이빗 비치로 사용하고 있으며, 각종 카페와 바, 레스토랑, 마사지숍, 킹콩마트, 여행사 등이 도보 5분 거리에 밀집해 있어 편리하다. 한국인이 없는 리조트를 찾는 사람들에게도 딱인 곳이다.

주소 Duong Dong Beach, Tran Hung Dao, Phu Quoc
위치 즈엉 쩐흥다오 메인도로에 있는 존스투어(킹콩마트 근처) 건너편 골목길을 따라 비치 쪽으로 도보 4분
요금 더블 180달러~ **홈피** all.accor.com

3성급

GPS 10.206610, 103.965414

라하나 리조트 푸꾸옥 Lahana Resort Phu Quoc

즈엉동 시내에서도 푸릇푸릇한 자연을 마음껏 느낄 수 있는 리조트다. 빈원더스나 선월드의 워터파크, 롱비치나 사오비치 등 유명한 해변에서 물놀이를 즐길 예정이기 때문에, 숙소만큼은 숲속 느낌이 나는 자연친화적인 곳을 찾는 사람들에게 특히 환영받는 곳이다. 멋진 전망을 자랑하는 수영장과 작지만 잘 조성된 연못 정원, 산책로 등을 오가며 휴식 취하기에 좋다. 즈엉동에 위치해 있어 야시장이나 카페, 레스토랑, 마사지숍 등으로의 접근성도 좋다.

주소 91/3 Tran Hung Dao, Duong Dong, Phu Quoc
위치 야시장에서 남쪽으로 1.6km. 롱비치에서 도보 9분
요금 스탠더드 60달러~
홈피 lahanaresort.com

5성급

GPS 10.181125, 103.967679

두짓 프린세스 문라이즈 비치 리조트 Dusit Princess Moonrise Beach Resort

롱비치에 있는 5성급 리조트들 가운데 10만 원대 초반에 머물 수 있는 가성비 숙소다. 태국을 기반으로 전 세계 체인을 갖고 있는 호텔 그룹 '두짓'이 베트남에 처음 문을 연 곳으로, 따뜻한 미소의 태국식 친절함이 두짓의 매력이라 할 수 있다. 동급 호텔보다 넓은 객실, 아름다운 일몰을 감상할 수 있는 인피니티 풀, 태국 요리까지 맛볼 수 있는 조식, 공항과 즈엉동 야시장에서 차로 10~15분 거리의 위치 등 여러 면에서 좋은 점수를 받고 있다. 공항 셔틀 무료.

주소 Group 2, Cua Lap, Duong To, Duong Dong, Phu Quoc
위치 공항에서 북쪽으로 5.4km. 차로 9분
요금 디럭스 100달러~
홈피 www.dusit.com/dusitprincess-moonrisebeachresort

5성급

GPS 10.129135, 103.980663

노보텔 푸꾸옥 리조트 Novotel Phu Quoc Resort

프랑스 호텔 그룹 아코르의 체인 호텔로, 푸꾸옥 리조트들 가운데 한국인들에게 가장 많이 회자되는 곳이다. '노보텔'이라는 브랜드 자체에 대한 신뢰도도 크지만, 5성급임에도 10만 원대 초반인 객실 요금은 누구에게나 매력적일 수밖에 없다. 특히 외진 곳에 나 홀로 위치한 듯한 북부와 남부 고급 리조트들과 달리, 바로 앞에 소나시 쇼핑 센터Sonasea Shopping Center가 있어 레스토랑, 스파, 슈퍼마켓, 야시장 등을 이용하기 편리하다. 공항 셔틀 무료.

주소 Duong Bao Hamlet Duong To, Phu Quoc
위치 공항에서 남쪽으로 8.5km. 차로 12분
요금 슈피리어 80달러~
홈피 all.accor.com

5성급

GPS 10.112670, 103.983528

인터콘티넨털 푸꾸옥 롱비치 리조트 InterContinental Phu Quoc Long Beach Resort

남부 지역에서 한국인들이 많이 찾는 럭셔리 리조트로, 459개의 객실과 3개의 수영장, 4개의 레스토랑, 1개의 루프톱 바를 갖추고 있다. 바다를 향해 길게 뻗은 2단 수영장은 빽빽하게 들어선 야자수와 어우러져 그림 같은 전망을 제공하며, 곳곳에 선베드와 카바나가 놓여 있어 휴양지 분위기를 제대로 느낄 수 있다. 가족 휴양객들을 위해, 키즈클럽과 슬라이드가 있는 어린이용 수영장 등 놀이시설 및 프로그램들을 잘 갖추고 있다.

주소 Marina, Bai Truong, Duong To, Phu Quoc
위치 공항에서 남쪽으로 10.5km. 차로 15분
요금 클래식 250달러~
홈피 www.ihg.com/intercontinental/hotels

5성급

GPS 10.039022, 104.027497

뉴월드 푸꾸옥 리조트 New World Phu Quoc Resort

2023년 문을 연 5성급 리조트로, 푸꾸옥 공항에서 남동쪽으로 18km 떨어져 있다. 366개의 객실 모두 풀빌라 형태로 주방 시설 및 분리된 다이닝 공간을 갖추고 있으며, 1베드룸 빌라는 단층, 2~4베드룸 빌라는 복층이다. 성인용 인피니티풀과 워터슬라이드가 있는 어린이 수영장은 물론 사오 비치 못지않게 맑고 아름다운 껨 비치를 프라이빗 비치로 두고 있으며, 16개의 트리트먼트룸이 있는 스파와 키즈클럽도 갖춰 온 가족이 만족할 수 있는 숙소라 할 수 있다. 하지만 푸꾸옥 동남부는 상권이 개발돼 있지 않아, 리조트 주변은 식당과 마사지숍, 가게 몇 개가 전부일 뿐. 셔틀버스가 운행되는 선셋 타운 외에는 어디든 이동이 불편하다.

주소 Khem Beach, An Thoi, Phu Quoc
위치 푸꾸옥 남동부
요금 가든 풀빌라 240달러~
홈피 phuquoc.newworldhotels.com

5성급

GPS 10.033552, 104.028428

JW 메리어트 푸꾸옥 에메랄드 베이 리조트&스파 JW Marriott Phu Quoc Emerald Bay Resort & Spa

19세기에 개교해 20세기 중반 폐교한 라마르크 대학을 대대적으로 리모델링한 리조트로, 호텔 건축계의 거장, 빌 벤슬리의 작품이다. 빌 벤슬리는 스토리가 있는 건축을 지향하는데, 이곳의 콘셉트는 바로 '대학교'다. 각 건물은 동물학, 농업학, 식물학, 해양학 등의 단과대로 불리며 그에 걸맞은 인테리어를 선보인다. 가구부터 소품 하나하나에 이르기까지 예술품 못지않게 아름다워, 박물관에 들어온 듯한 느낌이 들 정도. 리조트 앞으로는 푸꾸옥에서도 보기 힘든 하얀 모래사장과 맑고 푸른 바다가 펼쳐져 있다.

주소 Khem Beach, An Thoi, Phu Quoc
위치 남동부 켐 비치 앞. 공항에서 차로 25분
요금 에메랄드 베이뷰 350달러~
홈피 www.marriott.com

쉽고 빠르게 끝내는
여행 준비

Step to Vietnam

Step to Vietnam 1 | 여행 전 알아보는 베트남

베트남은 남북으로 긴 지형만큼이나 지역별로 특색 있는 나라이다. 우리에게는 저렴하고 맛있는 음식, 아름다운 휴양지로 각광받는 곳이기도 하다. 좀 더 알찬 여행을 위해 꼭 알아둬야 할 사항들을 요약했다.

★ 공식 국가명

베트남사회주의공화국 The Socialist Republic of Vietnam

★ 수도

하노이. '두 강 사이에 있는 도시'라는 뜻으로, 베트남의 수도이자 역사 · 문화의 중심지다.

★ 언어

베트남어를 사용한다. 관광지 및 관광업 종사자를 제외하면 영어 소통이 거의 불가능하다.

★ 종교

대승불교(70%), 가톨릭(10%), 까오다이교 · 이슬람교 · 기타(20%)

★ 기후 및 복장

북부는 아열대, 남부는 열대 몬순 기후다. 북부(하노이)는 연평균 23.2도, 중부(다낭)는 24.1도, 남부(호찌민 시티)는 27도로 습도가 높아 후덥지근하다. 북부와 남부의 우기는 5~10월이고, 건기는 11~4월이다. 하지만 다낭을 비롯한 중부는 8~12월까지 우기, 1~7월까지가 건기다. 우기에는 대체로 단시간에 장대비가 쏟아지고 그치는 스콜이 내리지만 폭우와 함께 태풍이 발생하기도 한다. 북부의 겨울은 우리나라의 늦가을 날씨와 비슷하므로 두꺼운 겉옷이 필요하다. 특히 사파 같은 고원지대를 방문할 계획이라면 방한복은 필수다. 아침과 밤은 꽤 춥고, 저렴한 숙소의 경우 난방이 잘 안 되기 때문. 장거리 버스 및 야간기차 이용 시에도 에어컨이 강해 찬바람이 많이 들어오기 때문에 방한용 옷은 매우 유용하다.

북부(하노이)

강수량(mm) 평균최저기온(℃) 평균최고기온(℃)

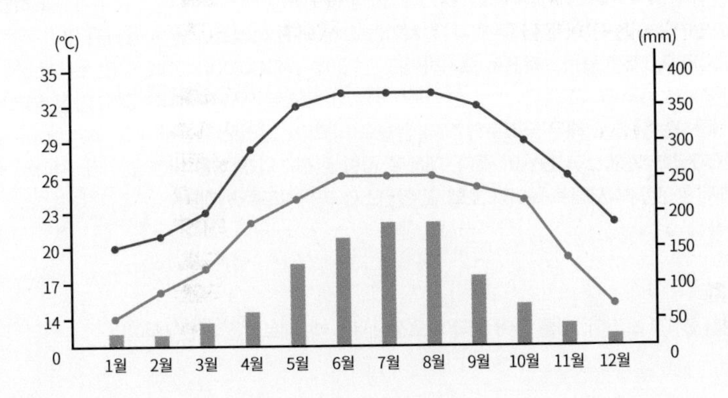

중부(다낭)

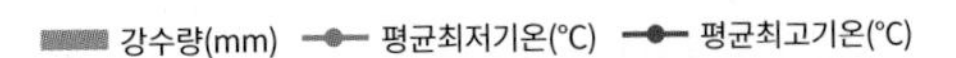

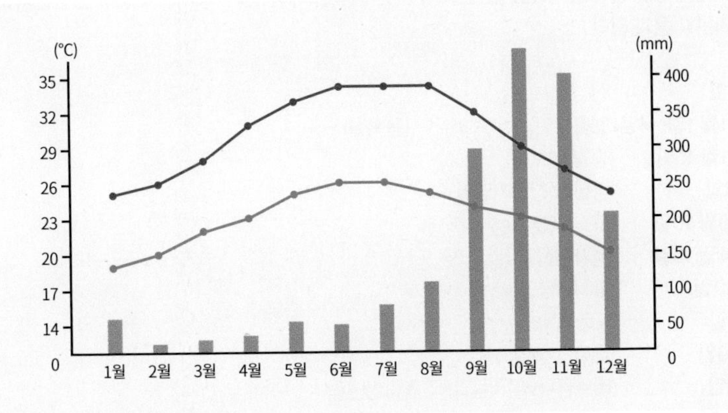

남부(호찌민 시티)

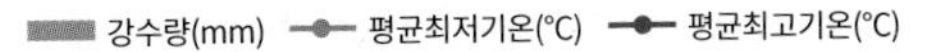

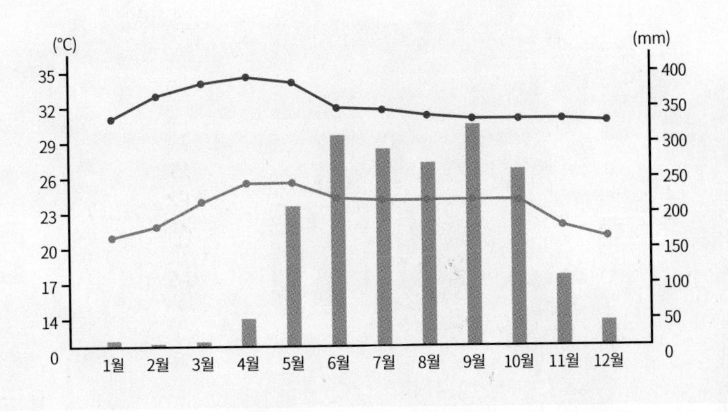

★ 통화 및 환전

화폐 단위는 동Dong(VND)이다. VND1,000에 50원 전후이며, 0 하나를 빼고 나누기 2를 하면 한국 돈으로 얼마쯤 하는지 쉽게 알 수 있다. 현지인들도 천 단위 아래로는 잘 사용하지 않기 때문에, 백 단위까지의 0 3개를 뭉뚱그려 K로 표시하기도 한다(예: VND30,000=30K, 우리 돈 1천 5백 원 정도). 한국에서 미국 달러로 환전한 후 현지에서 베트남 동으로 다시 환전하는 것이 가장 좋다(베트남 동을 취급하는 은행도 매우 극소수인 데다 환율도 나쁘다). 달러로 환전할 때도 고액권(100달러)이 소액권(50달러 이하)보다 환율이 좋다. 대체로 공항 환전소의 환율은 나쁜 편이다. 따라서 소액만 공항에서 환전한 후 시내로 들어가 호텔 및 환전소를 이용하도록 한다.

★ 시차

한국보다 2시간 느리다. 예를 들어 한국이 오전 9시일 때, 베트남은 오전 7시이다.

★ 공휴일과 기념일

연말과 텟응우옌단, 노동절 전후로는 자국인들의 여행 수요가 많아 관광지 요금이 들썩인다. 특히 텟응우옌단 연휴 중 모든 교통편은 반드시 사전 예약을 해야 한다. 베트남의 공휴일(빨간색 표시)과 기념일은 다음과 같다.

1월 1일	신정Tết Dương Lịch
음력 1월 1일~4일	텟응우옌단Tết Nguyên Dán(음력설)
음력 1월 15일	정월 대보름Tết Nguyên Tiêu
2월 3일	공산당 창립기념일Ngày Thành Lập Đảng Cộng Sản
음력 3월 10일	훙 왕 기념일Hùng Vương
음력 4월 15일	석가탄신일Lễ Phật Đản
4월 30일	통일기념일Ngày Giải Phóng
5월 1일	노동절Ngày Quốc Tế Lao Động
5월 19일	호찌민 생일Ngày Shin Chủ Tịch Hồ Chí Minh
9월 2일	베트남사회주의공화국 독립기념일Quốc Khanh
12월 25일	크리스마스Christmas

★ 카드 사용

시내 곳곳 어디든 은행과 24시간 ATM을 쉽게 찾을 수 있다. 국제현금카드(체크카드)를 이용해 바로 베트남 동을 인출할 수 있으며, 1회 이용당 수수료(6만 동 전후)가 붙기 때문에 조금씩 자주 인출하기보다 한 번에 많이 인출하는 것이 좋다. 트래블월렛, 트래블로그 등과 같은 트래블 카드는 제휴 은행 ATM에서 수수료 없이 현금을 인출할 수 있기 때문에 미리 준비해 가는 것도 방법이다. 일반 신용카드는 호텔과 고급 레스토랑, 쇼핑몰, 마트 등에서 사용 가능하다. 단, 카드 이용 수수료를 소비자에게 물리는 곳이 많다.

Tip | 현지에서 ATM 사용법

1 카드를 넣는다.
2 언어는 English를 선택한다.
3 PIN(비밀번호)을 입력한다.
4 Withdraw Cash(현금 인출)을 선택한다.
5 인출 계좌 선택. 체크카드면 Savings를, 신용카드면 Credit을 선택한다.
6 인출 금액 입력 후, 영수증 출력을 물으면 Yes 선택. 혹시 있을지 모를 인출 사고를 대비해 영수증은 반드시 보관한다.

Tip | 베트남 환전은 트래블 카드로~

트래블 카드는 환전과 카드 기능을 하나로 결합한 것이다. 해당 카드의 앱을 통해 베트남 동으로 환전(충전)해 두고, 실물 카드로 제휴 은행 ATM(아래 리스트 참고)에서 베트남 동을 인출하는 경우, 수수료 0원이다. 카드 결제가 되는 곳에서는 일반 신용카드처럼 사용할 수 있다.

카드별 수수료 무료 은행(ATM)

- 트래블월렛(비자카드) VP Bank, TP Bank
- 트래블로그(유니온페이) BIDV
- SOL 트래블, 위비트래블, 트래블로그(마스터카드) VP Bank, TP Bank

공항 유심칩 판매처

★ 스마트폰/유심칩

휴대용 와이파이는 여럿이 공유해 쓸 수 있기 때문에 가족 여행객이 많이 찾는다. 출국 전 전문 업체에 미리 예약해 국내 공항에서 기계를 수령하고, 한국에 돌아와 다시 반납한다. 1~2인이 떠나는 여행이라면 베트남 유심칩을 사용하는 편이 더 낫다. 와이파이 기계를 들고 다니지 않아도 되고 배터리에 신경 쓸 필요도 없으며 번거롭게 반납할 일도 없기 때문. 데이터 용량 및 통화량 설정에 따라 다양한 요금제를 선택할 수 있다(그랩 앱을 이용할 예정이라면 택시기사와 연락이 필요할 수 있으니 통화 가능한 것이 좋다).

비엣텔Viettel이나 비나폰Vinaphone 유심칩이 가장 잘 터지고, 베트남모바일Vietnamobile이 가장 저렴하다. 모든 종류의 유심칩은 한국의 각종 온라인 여행 플랫폼에서 쉽게 구입할 수 있다. 베트남의 모든 국제선 공항 도착홀에 유심칩 판매처가 있다. 조금이라도 더 싼 가격에 구매하고 싶다면 시내의 스마트폰 전문점을 이용한다. 최근에는 유심을 교체할 필요가 없는 이심eSIM이 인기이지만, 아이폰과 안드로이드폰 최신형 일부만 가능하다. 따라서 내 스마트폰이 이심을 사용할 수 있는지부터 먼저 체크해야 한다.

주의사항

- ✚ 기본적으로 스마트폰은 컨트리록이 해지되어 있어야 한다. 해지 유무는 가맹 통신사에 문의해 본다.
- ✚ 유심칩을 쓴다는 것은 베트남의 현지 전화번호를 쓴다는 뜻이므로, 자신의 폰 번호를 유지하면서 자유롭게 데이터를 쓰고 싶다면, 1일 무제한 데이터로밍을 신청한다.
  그 외 문자만 사용하길 원한다면 대부분의 폰이 국제간 자동 데이터로밍 서비스를 제공하므로 특별히 신경 쓸 필요가 없다.

비엣텔

★ 긴급 연락처

외교부 영사 콜센터 +82-2-3210-0404

주 호찌민 시티 대한민국 총영사관

사건사고 담당 028-3824-2639, 비상 당직 093-850-0238

주 베트남 대한민국 대사관 영사과(하노이)

사건사고 담당 090-462-5515, 여권 업무 담당 091-323-3447

경찰서 113

응급센터 115

★ 소매치기와 여권 재발급

베트남은 강력범죄는 없지만, 호찌민 시티와 하노이 같은 대도시나 나트랑처럼 외국인이 많은 관광지에서 소매치기 사건이 자주 일어난다. 특히 호찌민 시티에는 일명 '알리바바'라 부르는 오토바이 소매치기(2인 1조로 오토바이를 타고 가면서 스마트폰이나 가방을 낚아채 가는 수법)가 극성을 부리는데, 순식간에 벌어지는 일이라 분실물을 찾거나 범인들을 붙잡는 것은 100% 불가능하다.

소매치기의 표적이 되지 않으려면, 스마트폰에 집중하거나 손에 들고 있지 않으며, 가방은 크로스로 메고 정면 혹은 길가 반대편을 향하게 한다. 가방 속에 많은 돈이나 여권을 넣고 다니지 않는 것이 가장 좋다.

소매치기로 여권을 분실한 경우, 경찰서로 가 분실신고서Police Report를 받아야 한다. 분실신고서가 발급되면, 호찌민 시티나 하노이에 있는 대한민국 영사관(혹은 대사관 영사과)으로 가 여권 재발급을 신청한다(수수료 53달러). 다음 날 발급받은 임시 여권(여행증명서)을 가지고 출입국관리소Department of Immigration로 가 출국비자를 발급받으면 된다(1일 소요, 수수료 10달러).

★ 역사

베트남의 역사는 기원전 약 30만 년 전부터 시작됐다. 선사시대와 청동기 문화, 철기 문화를 거쳐, 7세기에는 최고의 청동기 기술을 바탕으로 동선 문화가 꽃을 피웠다.

기원전 111년 베트남 북부에 한나라가 침략해 약 1천 년간 베트남을 지배했으며 그때까지 독자적으로 발전해 왔던 베트남 문화에 중국 문화가 큰 영향을 미치기 시작하였다. 하지만 중국의 영향을 받지 않은 중부 이남으로는 인도 문화의 영향을 받은 참파 왕국이 번성하여 아름답고 독특한 참 문화를 발전시켰다.

북베트남에서는 939년 이후 독립 왕조(응오 왕조)가 들어섰으며 베트남의 정치, 문화, 경제, 군사 제도 등을 정립시키고 마침내 남부 참파 왕국까지 병합하는 등 하나의 독립된 베트남 국가가 형성되는 듯하였으나, 1883년에는 다시 프랑스의 식민지가 되고 말았다. 하지만 베트남인들의 끊임없는 저항과 제2차 세계대전 중이던 1945년 일본군의 침략으로 프랑스는 그 힘을 잃기 시작하였고, 1945년 8월 일본의 패전과 1954년 인도차이나 전쟁에서 프랑스의 패전으로 베트남은 다시 독립국가가 되었다. 하지만 세계열강의 이권 다툼과 이념 대결로 북쪽에는 호찌민이 이끄는 베트남 공산당 정권이 들어섰고, 남쪽에는 미국의 식민지화가 시작되었다. 이후 미국으로부터의 독립을 갈구하는 베트남인들의 저항 및 전투로 1975년 5월 1일 하노이를 수도로 한 온전한 베트남 독립국가, 베트남사회주의공화국이 탄생하게 되었다.

Step to Vietnam 2 | 베트남 교통수단의 모든 것

본격적인 베트남 여행에 돌입하기 전, 베트남의 교통수단에 대해 알아보자. 그 지역의 교통수단을 잘 알아야 구체적으로 여행 계획을 세우기도 좋다. 순조로운 여행을 위해 베트남 지역 간 이동, 지역 내 이동에 따라 교통수단을 정리했다.

베트남 지역 간 이동하기

베트남은 한반도의 1.5배 크기로 남북으로 길게 늘어져 있어, 남쪽의 호찌민 시티부터 북쪽의 하노이까지 가는 데 기차로 꼬박 하루 이상 걸린다. 따라서 하노이(북부), 다낭(중부), 호찌민 시티(남부)로 베트남에 입국하여 4박 5일 정도의 일정으로 그 일대를 돌아보는 여행자들이 많지만, 좀 더 시간적 여유를 갖고 두 지역 이상을 여행하고 싶다면 다음의 교통수단들을 이용해 효율적인 여행 계획을 세우도록 한다.

★ 비행기

한국 관광객이 방문하는 베트남의 주요 도시들은 대부분 비행기로 연결된다. 운행 항공사는 베트남 국영 항공사인 베트남항공과 뱀부항공, 저비용 항공인 비엣젯이 있다. 베트남항공은 가격이 비싼 만큼 베트남 전 지역에 노선을 갖고 있고 지연 및 결항률이 적다. 반면 저비용 항공은 항공료는 저렴하나 지연 및 결항률이 높고, 수하물 비용을 따로 지불해야 한다. 하지만 모든 항공사들이 저렴한 프로모션 티켓을 자주 판매하므로 공식 홈페이지를 반드시 참고할 것.

베트남항공 www.vietnamairlines.com
비엣젯 www.vietjetair.com
뱀부항공 www.bambooairways.com

★ 버스

도시간 이동 시 6시간 내외일 경우 대부분 버스를 이용한다. 현지인들이 이용하는 일반 시외버스도 있지만, 여행객들은 보통 여행자 거리에서 출발하는 버스를 이용한다. 편리함도 있지만, 여행자들을 많이 상대해 온 버스회사가 그나마(?) 외국인 여행자의 니즈를 파악하고 있기 때문이다. 베트남의 전통적인 장거리 버스는 침대형으로, 좌석이 150도까지 젖혀져 거의 누워서 갈 수 있는 슬리핑 버스다. 이 때문에 6시간 이상 도시 이동도 큰 부담이 없고, 야간 버스도 많이 이용하게 된다. 버스는 1열 3개의 침대 좌석이 1, 2층으로 놓여 있다. 최근에는 1열에 2개의 좌석만 1, 2층으로 놓고 독방처럼 외부와 차단시켜 좀 더 쾌적한 VIP 버스(혹은 캐빈 버스라고도 한다)도 운행되고 있다.

어떤 버스를 탈까

Vexere 앱

베트남은 지역에 따라 여행자들이 선호하는 버스도 다르다. 각 지역별, 한국인들이 많이 이용하는 버스는 다음과 같다. 아래 버스는 각 지역 오피스를 찾아가거나, 홈페이지 혹은 버스 티켓 예약 사이트 vexere.com에서 직접 예약하면 된다. 예약 사이트에는 현지인들이 이용하는 수많은 버스들이 있다. 이 경우, 평점과 리뷰를 보고 신중하게 선택해야 한다.

· **하노이-사파**
사오비엣 xesaoviet.com.vn,
사파익스프레스 sapaexpress.com/en

· **하노이-깟바**
깟바익스프레스 catbaexpress.com

· **하노이-하롱베이**
리무진(여행사나 vexere.com 이용)

· **하노이-닌빈**
리무진(위와 동일)

· **후에-다낭**
리무진(위와 동일)

· **다낭-호이안**
바리 안 트래블 barrianntravel.com

· **다낭-나트랑**
풍짱버스 futabus.vn

· **호이안-나트랑**
한카페 외(여행사나 vexere.com 이용)

· **나트랑-달랏**
풍짱버스

· **나트랑-무이네**
한카페 외(여행사나 vexere.com 이용)

· **달랏-무이네**
안푸 트래블(여행사나 vexere.com 이용)

· **무이네-호찌민 시티**
풍짱버스, 한카페

· **호찌민 시티-달랏**
풍짱버스, 탄부오이 버스 thanhbuoi.com.vn

버스 탑승 시 주의점

1 슬리핑 버스(혹은 VIP버스)는 탑승 시 신발을 벗어야 한다. 운전사가 나눠준 비닐봉투에 신발을 넣어 갖고 타면 된다.

2 장거리 버스는 중간에 휴게소에 정차한다. 이때 식사를 하거나 화장실에 다녀오면 된다. 도난 사고 예방 차 귀중품은 반드시 소지한다.

3 버스에 따라서는 내부에 간이 화장실이 있기도 하다. 이 경우, 뒷좌석은 화장실 냄새가 날 수도 있다. 좌석 선택이 가능하다면 무조건 앞쪽이 좋다.

4 1열 3개의 좌석이 있는 경우, 가운데 좌석은 최대한 피하는 것이 좋다. 대체로 2층보다 1층이 편하고 안정적이다.

5 버스 안은 대체로 에어컨을 세게 틀어 춥다. 담요가 준비돼 있지만, 위생이 걱정된다면 긴 옷을 준비하는 것이 좋다.

6 VIP버스가 아닌 일반 슬리핑 버스라면, 와이파이는 거의 안 되고 USB 충전도 불가능하다.

7 베트남 공휴일이나 성수기에는 티켓 구하기 힘들 수 있다. 미리미리 예약하자.

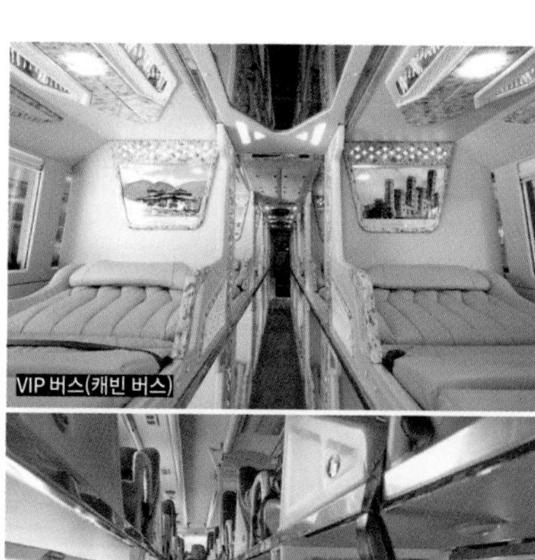
VIP 버스(캐빈 버스)

전통적인 장거리 버스 ©Ilya Plekhanov

지역 간 오픈버스 소요시간

* 소요시간은 버스 회사 및 교통 상황에 따라 차이가 있음.

1. **하노이 ↔ 하이퐁** 1시간 30분
2. **하이퐁 ↔ 하롱베이** 1시간 30분
3. **하노이 ↔ 하롱베이** 3시간
4. **하노이 ↔ 깟바섬** 4시간(페리 탑승 포함)
5. **하노이 ↔ 사파** 6시간
6. **하노이 ↔ 닌빈** 1시간 30분
7. **깟바섬 ↔ 닌빈** 5시간(페리 탑승 포함)
8. **닌빈 ↔ 퐁냐케방** 8시간
9. **닌빈 ↔ 후에** 11시간
10. **퐁냐케방 ↔ 후에** 4시간
11. **후에 ↔ 다낭** 3시간
12. **다낭 ↔ 호이안** 1시간
13. **호이안 ↔ 나트랑** 12시간
14. **나트랑 ↔ 달랏** 4시간
15. **나트랑 ↔ 무이네** 5시간
16. **달랏 ↔ 무이네** 5시간
17. **무이네 ↔ 호찌민 시티** 5시간
18. **호찌민 시티 ↔ 달랏** 8시간
19. **호찌민 시티 ↔ 붕따우** 2~3시간

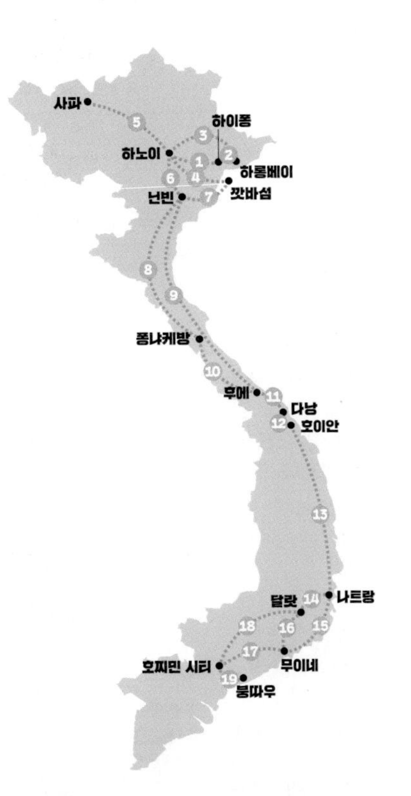

★ 기차

베트남 남단에서 북단까지 총 2,600km에 달하는 철도노선을 갖추고 있다. 기차를 이용할 수 있는 지역은 하노이, 하이퐁, 호찌민 시티, 닌빈, 후에, 다낭, 라오까이(사파)이며, 여행객들에게 가장 인기 있는 구간은 하노이-라오까이(야간열차), 하노이-닌빈 혹은 하이퐁이다. 가장 저렴한 4등칸은 에어컨이 없고 딱딱한 의자에 좌석이 지정되어 있지 않으며, 3등칸은 에어컨이 나오고 지정좌석제로 운영된다. 2등칸은 한 객실에 6개의 침대가 상 · 중 · 하로 배열돼 있으며, 위로 갈수록 가격이 저렴한 대신 좁고 불편하다(앉을 수 없고 누워서만 가야 한다). 1등칸은 한 객실에 4개의 침대가 상 · 하로 놓이며 매트도 편하고 공간도 넓다. 기차 스케줄은 베트남 철도청 홈페이지(www.dsvn.vn)에서 확인할 수 있지만, 예약은 기차역이나 현지 여행사(수수료가 붙는다), 혹은 베트남 철도 예약 전용 온라인 여행사(www.baolau.com)에서 해야 한다.

기차 3등칸

지역 내에서 이동하기

각 지역 시내에서 관광지 간 이동 동선은 보통 도보로도 가능하지만, 호텔이나 특정 레스토랑 등을 기점으로 이동할 때에는 택시를 많이 이용한다.

★ 택시 Taxi

회사와 택시 크기(4인승, 7인승)에 따라 기본요금 및 주행 거리 단위, 주행요금이 다르다. 대체로 처음 0.6~1km까지는 9천~1만 4천 동 정도 기본요금이 있으며, 이후 1km당 9천~1만 5천 동씩 올라간다. 택시들 중에는 정식 등록업체처럼 꾸미고 영업 활동을 하는 경우도 많으므로 베트남 전역에서 운행 중인 녹색의 마이린Mai Linh 택시를 비롯해, 호찌민 시티에서는 흰색의 비나선Vina Sun 택시, 나트랑에서는 꿕떼Quốc Tế 택시, 하노이에서는 흰색 택시그룹TaxiGroup 택시 등을 추가로 이용하도록 한다.

택시그룹 택시(하노이)
비나선 택시(호찌민 시티)
꿕떼 택시(나트랑)
마이린 택시(베트남 전역)

Tip | 택시 이용 시 주의점

1 베트남에서는 여행객을 상대로 폭리를 취하는 경우가 심심치 않게 발생하므로, 반드시 검증된 회사의 택시(회사 이름과 전화번호, 요금 정보가 외부에 모두 붙어 있어야 하며, 운전자는 해당 회사의 유니폼을 입고 있어야 한다)를 이용하도록 한다.

2 거리에 지나다니는 택시보다 호텔이나 레스토랑에 부탁하여 믿을 만한 회사의 택시를 불러 이용하는 편이 안전하다.

3 탑승 전에 반드시 정확한 목적지와 가격을 협상해야 한다. 내릴 때 10배 이상의 금액을 요구하는 경우도 흔하다.

4 미터기를 켜는지 반드시 확인한다.

5 화폐 단위가 크기 때문에 천 단위 아래는 표시되지 않는 경우가 많다.
예) 8,0=8,000동 / 35,0=35,000동

6 잔돈은 잘 거슬러주지 않으므로 소액권을 준비해 둔다.

7 기사에게 고액의 지폐를 여러 장 주거나 지갑째 주며 알아서 가져가라는 행동은 매우 위험하다. 여행객이 베트남 화폐에 익숙하지 않은 점을 노려 많은 돈을 가로채는 일이 빈번하다.

8 호객행위 하는 택시는 탑승하지 않는다.

9 가까운 거리도 돌아가는 택시가 많다. 탑승 시 구글맵을 켜고 제대로 가고 있는지 체크하는 것이 좋다.

10 공항 픽업을 예약한 경우, 자신이 지정 드라이버라고 속여 유인해 가는 경우가 많다. 2인 1조를 꾸려, 첫 번째 사람이 와서 이름을 물어보고 두 번째 기사가 와서 그 이름을 대며 데려가는 방식이다. 보통 예약 택시들은 손님 이름을 적은 피켓을 들고 지정 장소에서 기다리고 있다.

★ 그랩 Grab

우리의 카카오택시, 유럽이나 미국의 우버와 같은 차량 호출 애플리케이션이다. 탑승 위치에서 목적지까지 요금이 미리 정해지고, 택시 기사의 사진과 기존 이용자들의 평점이 공개되기 때문에 믿고 이용할 수 있다. 요금도 일반 택시보다 저렴하거나 비슷하기 때문에 그랩 이용을 추천한다.

그랩 이용 방법

❶ 앱스토어에서 그랩Grab 앱을 다운받아 **회원 가입**을 한다(한국에서도 가능).

❷ 스마트폰에서 그랩 앱을 작동시킨다.

❸ 현재 위치가 자동으로 출발지점이 된다. 붉게 지점이 표시된 **I'm going to…를 터치**하고 영어로 목적지를 적는다.

❹ 교통수단을 선택하라는 메시지가 뜨면 **녹색 원 부분을 터치**한다.

❺ 여러 교통수단(그랩 카 · 그랩 바이크 · 그랩 택시)의 요금이 뜨면 **원하는 수단을 선택**하고 **녹색 버튼(BOOK)**을 누른다.

❻ 기사가 정해지면, 목적지까지 소요시간과 차종, 번호판 정보가 뜬다.

❼ 앱을 통해 택시의 현재 위치를 확인할 수 있다. 내가 있는 지점에 가까이 오면 차종, 차량 번호 등을 확인한 후 차를 잡아탄다. 목적지에 도착하면 앱에 미리 명시된 요금을 지불한다.

✻ 기사와 어긋날 경우 보통 전화가 온다. 만약 이때 옆에 현지인이 있다면 전화를 건네주고 도움을 받는 것이 좋다. 통화가 어려우면 문자 메시지를 이용할 수 있다. 네이버 스마트보드Smart Board 앱을 다운받아 두면, 한글로 입력해도 베트남어로 자동 번역돼 문제가 없다.

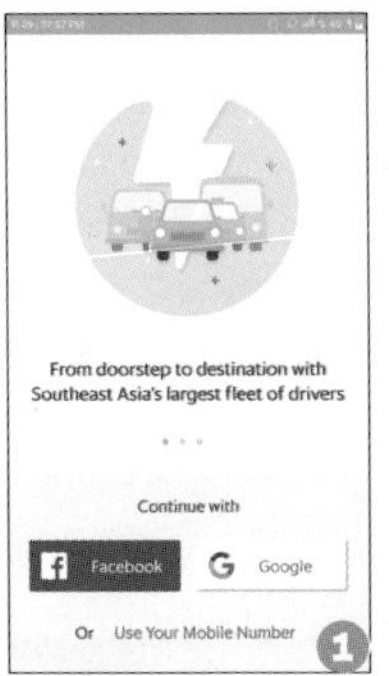

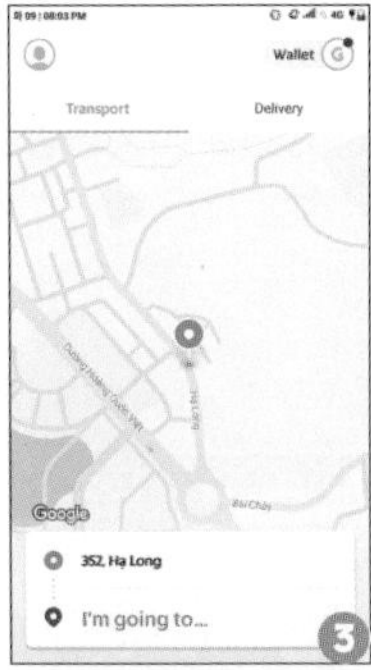

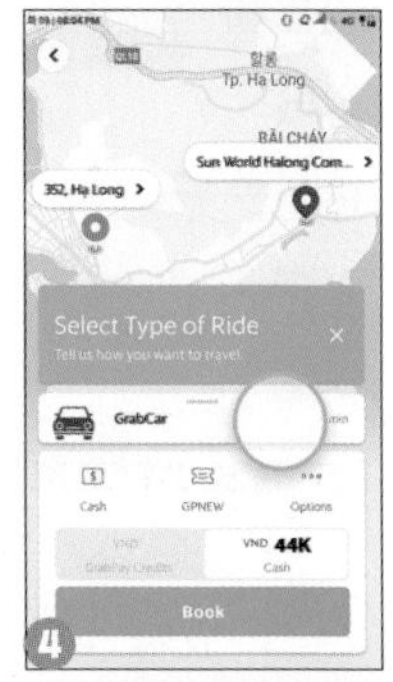

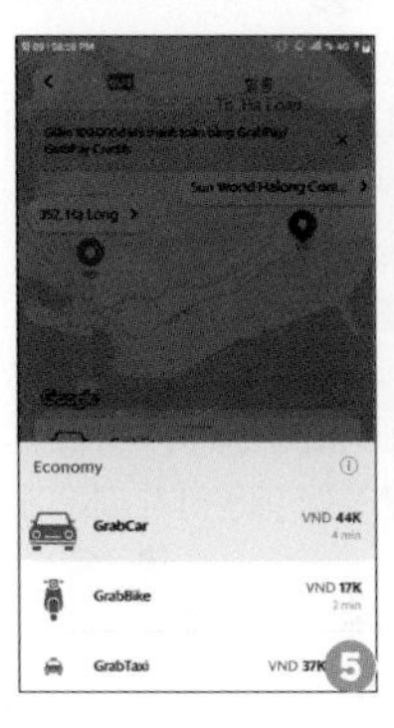

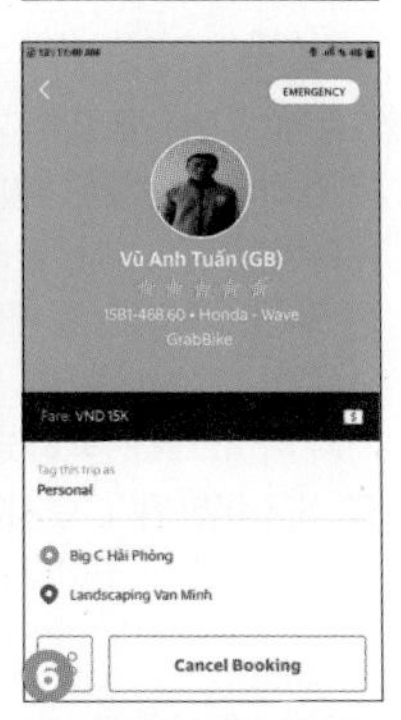

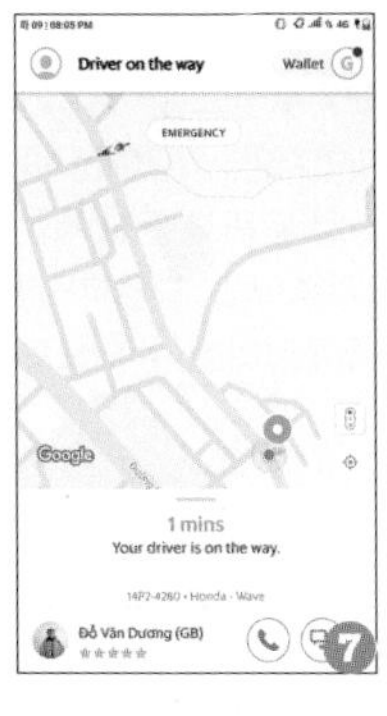

★ 버스 Xe Buýt

가장 저렴한 교통수단이다. 지역과 거리에 따라 다르지만 보통 5천~7천 동 정도 한다. 탑승 후 요금원이 차비를 걷으러 오며, 차비를 건네면 잔돈과 영수증을 준다. 버스 노선이 복잡한 하노이, 호찌민 시티, 다낭에서는 구글맵 외에도 버스맵BusMap 애플리케이션을 다운받아 이용하면 된다. 목적지까지 가는 버스 번호와 노선, 소요시간 등의 정보를 알 수 있다. 특히 이 앱은 내비게이션 역할을 하기 때문에 현재 있는 위치에서 버스 정류장까지 도보 경로를 확인하고, 실시간으로 표시되는 버스의 움직임을 체크하여 목적지 근처에 다다랐을 때 벨을 눌러 하차하면 된다.

앱스토어 내 버스맵(BusMap)

버스맵 초기화면

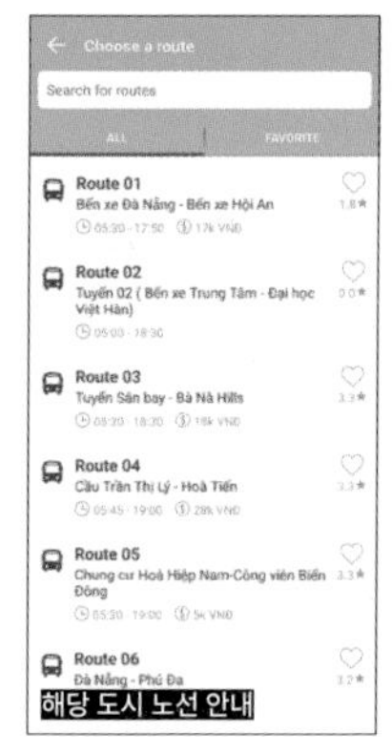

해당 도시 노선 안내

특정 노선 정보

★ 쎄옴 Xeôm

오토바이 택시를 말한다. 외국인에게는 바가지가 심하며 탈 때와 내릴 때 가격이 달라지는 경우가 비일비재하다. 탑승 전 확실한 가격 협상은 필수다. 이러한 문제를 한 번에 해결할 수 있는 것이 그랩 바이크Grab Bike다. 그랩 앱을 작동시켜 바이크를 선택하고 택시와 동일한 방법으로 이용하면 된다. 현지인들이 애용하기 때문에 어느 곳이나 잘 잡힌다.

그랩 바이크

★ 씨클로 Xích Lô

자전거를 개조한 2인용 교통수단으로 아주 가까운 거리 이동 시 이용되었지만, 최근에는 쎄옴에 밀려 구시가를 중심으로 관광객 문화 체험용(?)으로 인식되고 있다. 쎄옴처럼 바가지가 심하고 탈 때와 내릴 때 가격이 달라질 수 있으므로 조심할 것.

Step to Vietnam 3 | 베트남 여행, 출국에서 도착까지

처음 베트남 여행을 가는 사람도, 여러 번 갔지만 출입국 절차가 늘 헷갈리는 사람도 걱정할 것 없다. 인천공항 출국부터 베트남 입국, 그리고 안전한 귀국까지~ 무조건 따라하면 만사 OK!

인천공항에서 출국하기

A 항공사 카운터 확인 → B 탑승수속 → C 보안검색 → D 출국수속 → E 탑승

A 항공사 카운터 확인

공항에 도착하면 가장 먼저 3층 출발층에 있는 운항정보안내 모니터에서 탑승할 항공사를 확인한 후 해당 카운터로 이동해 탑승수속을 밟는다.

B 탑승수속

항공사 탑승수속은 보통 출발 3시간 전부터 시작된다. 해당 카운터에 여권, 마일리지카드(소지자에 한함)를 제시한 후, 탑승권(보딩 패스Boarding Pass)을 받고, 짐을 부친다. 이때 수하물 보관표(배기지 클레임 태그Baggage Claim Tag)를 주는데 도착 후 짐을 찾을 때까지 잘 보관한다. 특히 베트남공항은 수하물과 수하물표를 대조하는 경우도 간혹 있으므로 주의한다.

수하물 부치기

- 100ml 이상의 액체류와 젤류(면세점 구입 제품 제외)는 기내에 반입이 안 되므로 수하물에 넣어 보낸다. 그 이하의 용량은 투명한 지퍼백에 넣어 휴대하면 좋다.
- 파손되기 쉬운 물건이나 고가의 귀중품, 중요 서류 등은 직접 휴대한다.
- 비슷한 유형의 가방들이 많아 다른 사람의 것을 가져가는 실수도 종종 발생한다. 자신의 것을 구별할 수 있도록 특별한 표시를 해놓는 것이 좋다.

Tip | 항공 마일리지 카드 만들기

마일리지 서비스는 각 항공사(대한항공의 스카이패스/아시아나의 스타얼라이언스)에서 탑승 거리만큼 마일리지를 적립해 주고 적립된 마일리지로 실제 항공권을 구입할 수 있도록 하는 서비스다. 대부분의 항공사에서는 출발 전에 카드를 만들어야 마일리지 적립을 해주기 때문에 여행 전 홈페이지에 들어가 미리 카드를 신청해 두자. 참고로 베트남항공을 이용할 경우(좌석 등급에 따라 다르지만), 대한항공의 스카이패스로 마일리지 적립이 가능하다.

C 보안검색
항공사 탑승수속을 마치면 출국장으로 이동, 보안요원에게 여권과 탑승권을 보여준 후 출국장 안쪽으로 들어간다. 출국장 안 보안검색대를 통과할 때는 비치된 바구니에 주머니 속 소지품과 노트북은 따로 꺼내 담는다. 휴대 물품과 바구니를 차례대로 엑스레이 검색대 벨트 위에 올려놓고 통과시킨다. 액체류, 젤류, 칼, 가위 등 규정 외의 물품은 압수당할 수 있으니 미리 수하물로 부쳐야 한다.

D 출국수속
보안검색대를 통과하면 바로 출국심사대가 나온다. 대기선 앞에서 차례를 기다린 후, 여권과 탑승권을 제시하고 출국심사를 받거나, 여권과 지문을 인식시키는 자동출국심사대를 거친다.

E 탑승
탑승구Gate에는 탑승권에 적혀진 보딩타임까지 반드시 도착해야 한다. 특히 셔틀트레인을 타고 별도의 청사로 이동해야 하는 경우에는 늦지 않도록 더욱 주의하자. 상황에 따라 탑승구가 변경되기도 하므로 공항 곳곳에 위치한 운항정보 모니터를 꼭 확인한다.

★ 도심공항터미널에서 탑승수속하기
인천국제공항에 도착하기 전, 훨씬 한산한 도심공항터미널에서 미리 탑승수속과 수하물 위탁, 출국심사를 마칠 수 있다(출발시간 3시간 20분 전까지 출국심사 완료 필수). 무거운 짐을 미리 부치고 편리하게 공항까지 이동할 수 있으며, 무엇보다 빠른 출국수속을 받을 수 있다는 장점이 있다. 서울역과 광명역, 코엑스, 수락 4곳에 도심공항터미널이 있으나, 2024년 기준 탑승수속이 가능한 곳은 서울역과 광명역 2곳이다. 이 역시 모든 항공사가 아닌, 국내 일부 항공사만 가능하다.

도심공항터미널 체크인 가능 항공사

서울역 터미널 대한항공, 아시아나, 제주항공, 티웨이

광명역 터미널 대한항공, 아시아나, 제주항공, 티웨이, 에어부산, 진에어, 에어서울

① 서울역 도심공항터미널 탑승수속

도심공항터미널 도착 → 직통열차 승차권 구입 → 탑승수속(수하물 위탁) → 출국심사 → 직통열차 승차 → 인천국제공항역 도착

② 광명역 도심공항터미널 탑승수속

도심공항터미널 도착 → 탑승수속(수하물 위탁) → 출국심사 → 리무진 티켓 구입 → 리무진 탑승 → 인천국제공항 도착

③ 도심공항터미널 탑승수속 후 인천국제공항에서 출국하기

인천국제공항 도착 → 출국장 측면 전용출국통로 이용 → 보안검색 → 도심공항 이용 승객 전용 출국심사 → 탑승구 이동 → 탑승

*도심공항터미널 이용의 꽃(?)은 전용출국통로다. 인천국제공항 3층 1~4번 출국장의 일반 통로는 이용자가 많아 대기시간이 긴데, 이 일반 통로에 서지 않고 그 측면에 있는 전용출국통로를 이용하면 한결 수월하다.

베트남으로 입국하기

A 공항 도착 → B 입국심사 → C 수하물 찾기 → D 세관

A 공항 도착 Arrival
안전벨트 사인에 불이 꺼지면 승무원의 안내에 따라 짐을 챙겨 내린다. 두고 내리는 물건이 없는지 확인하는 것을 잊지 말자.

B 입국심사 Immigration
입국심사대로 가 여권을 제출한다. 베트남은 45일까지 무비자로 여행할 수 있으며, 45일 이상 체류할 계획이라면 반드시 비자가 필요하다. 비자는 도착비자Arrival Visa와 전자비자E-Visa 두 가지가 있었으나, 2024년 기준으로 도착비자는 발행하지 않고 있다. 자세한 정보는 p.448 D-15 비자 만들기 참고.

C 수하물 찾기 Baggage Claim
자신의 해당 항공편 레일로 이동해 짐을 찾으면 된다. 만약 수하물이 분실됐다면 인천공항에서 받은 수하물 보관표(배기지 클레임 태그Baggage Claim Tag)를 가지고 수하물 분실 신고를 한다.

D 세관 Customs
보통은 가볍게 통과시키지만 간혹 면세점 쇼핑 봉투를 보고 붙잡기도 한다. 액체류를 제외한 다른 쇼핑 물건들은 개봉해서 일반 가방에 정리한 후 통과하는 것이 현명하다. 신고할 것이 없으면 녹색 사인 'Goods not to declare' 쪽으로 나간다.

베트남에서 출국하기

A 공항으로 이동하기 → B 탑승수속 → C 보안검색과 출국심사 → D 탑승

A 공항으로 이동하기
비행기 출발 2~3시간 전에는 해당 공항에 도착해야 한다. 시내에서 각 공항으로 이동하는 구체적인 방법은 해당 지역 일반 정보를 참고할 것.

B 탑승수속
전광판에서 자신이 타야 할 항공사의 카운터를 미리 확인하자. 카운터에서 여권과 항공권을 제시하고 짐을 부치면 된다.

C 보안검색과 출국심사
소지품을 바구니에 넣어 벨트 위에 올려놓고 자신은 검색대를 통과하여 나오면 된다.

D 탑승
면세점 쇼핑 및 식사 후 탑승권에 적힌 보딩타임에 맞춰 탑승구로 찾아간다.

Step to Vietnam 4 | 베트남 여행 초짜를 위한 여행 준비 A to Z

베트남 여행을 계획 중이지만 어떻게 여행을 준비해야 할지 막막한 생초보 여행자들을 위해 여행 준비 과정을 하나하나 정리했다. 항공권은 언제 구입해야 하는지, 호텔은 어떻게 예약해야 하는지, 천천히 준비 과정에 들어가 보자.

D-60 여행 그리기

베트남을 목적지로 정했다면 베트남에서 어떤 여행을 할지 생각해 보자. 고급호텔 및 리조트에 머물며 휴양을 할 것인지, 유적지, 박물관 등 문화 관광에 치중할 것인지, 친구와 함께 갈 건지, 가족들과 갈 건지, 며칠 동안 머무를지, 베트남의 어느 지역을 여행할지, 자유여행을 할지 아니면 패키지를 이용할지 등 예산을 고려해 여행을 구상해 보자.

D-50 여권 만들기

여권 만료 기간이 6개월 미만일 경우에는 반드시 여권을 새로 발급받아야 한다. 여권 만료 기간을 출발 전 반드시 확인하자.

여권

여권은 여행 시기를 기준으로 6개월 이상 유효 기간이 남아 있어야 하며 여권 발급은 서울은 각 구청에서, 지방은 시청, 도청에서 발급받을 수 있다. 여권을 새로 만들 경우 수수료와 함께 필요한 서류를 구비하여 본인이 직접 지정된 발급 기관에 접수, 교부받아야 한다. 단, 만 18세 이하의 미성년자는 법정 대리인인 부모가 대신 신청할 수 있다. 외교통상부의 여권 안내 페이지(passport.mofa.go.kr)를 이용해 미리 정보를 찾아두면 조금 더 편리하다. 여권 발급에 소요되는 기간은 신규 발급 및 재발급이 4~7일 정도다.

여권 발급 시 필요한 서류

- **여권 발급 신청서**
  구청, 시도청에 비치된 신청서를 이용한다. 외교통상부 홈페이지에서도 신청서를 내려받을 수 있다(www.0404.go.kr).
- **여권용 사진 1매**
  최근 6개월 이내 찍은 컬러 사진. 가로 3.5cm, 세로 4.5cm이며 흰색 바탕에 상반신 정면 사진이어야 한다(긴급사진부착식 여권 신청 시에는 2매 제출).
- **주민등록증 또는 운전면허증 원본**
- 병역 관련 서류(병역 의무자에 한함), 여권 발급 동의서(미성년자의 경우) 등

> **Tip | 여권을 분실했을 경우**
>
> 여행 중 여권을 분실했을 경우만큼 당황스러울 때가 없다. 여권을 분실하면 현지의 한국 대사관 혹은 영사관에 방문해 여행용 임시 증명서를 발급받아야 한다. 여행용 임시 증명서를 발급받기 위해서는 여권번호와 여권용 사진 2매가 필요하다. 따라서 여행을 떠나기 전 여권 분실에 대비해 여권 복사본과 여권 사진 2매를 준비해 두자.

D-40 항공권 예약하기

입출국 날짜가 확실하다면 항공권 예약을 서두르자. 스케줄과 가격이 좋은 항공권은 빨리 동이 난다. 인천에서 베트남으로 가는 직항 노선은 대한항공, 아시아나, 베트남항공이 있으며, 저비용 항공으로 제주항공과 비엣젯이 하노이에 취항한다. 비행시간은 4시간에서 4시간 30분 정도 소요된다. 항공권은 직접 항공사의 홈페이지나 전화를 이용해 구매가 가능하고, 여행사 혹은 구매 대행 사이트를 통해 구매하는 방법이 있다. 각 사이트마다 가격이 다를 수 있으므로 여러 곳을 비교하여 티켓을 구매한다(항공권 가격 비교 사이트 스카이스캐너 참고). 또한 일정 변경이 불가능하거나 마일리지 적립이 되지 않는 등 불리한 조건들이 붙는 경우도 있으니 반드시 꼼꼼하게 확인해야 한다.

항공사 홈페이지

대한항공 kr.koreanair.com
아시아나 www.flyasiana.com
제주항공 www.jejuair.net
베트남항공 www.vietnamairlines.com
비엣젯 www.vietjetair.com

항공권 비교 및 예약 사이트

와이페이모어 www.whypaymore.co.kr
인터파크투어 tour.interpark.com
온라인투어 www.onlinetour.co.kr
스카이스캐너 www.skyscanner.co.kr

D-30 숙소 예약하기

베트남은 숙소비가 천차만별인 여행지다. 여행 목적에 따라 숙소 예산은 많이 달라진다. 고급 리조트들이 몰려 있는 중부 지역을 제외하고, 하노이나 호찌민 시티는 최소 20달러 정도에도 조식이 포함된 미니 호텔을 예약할 수 있다. 나 홀로 여행객이 게스트하우스 도미토리를 이용할 시 조식 포함 8달러 정도로 예상하면 된다. 중급 호텔은 50달러 정도, 5성급 호텔은 130달러 이상이다. 베트남의 경우 중급 호텔에서도 만족스러운 시설과 서비스를 누릴 수 있기 때문에 무조건 고급 호텔만 고집할 필요는 없다. 예약은 호텔 예약 전문 사이트나 베트남 여행 카페, 호텔 공식 홈페이지에서 가능하다.

숙소 예약 사이트

아고다 www.agoda.com
익스피디아 www.expedia.co.kr
부킹닷컴 www.booking.com

아고다

D-20 여행 정보 모으기

항공권과 호텔 예약이 완료되었다면 큰 틀이 완성된 셈이다. 이제 그 틀을 채울 계획을 세울 차례. 베트남에서 꼭 가봐야 할 레스토랑, 명소, 꼭 사야 할 아이템, 해봐야 할 것 등 다양한 여행 정보를 모아보자. 각종 웹사이트와 카페, 개인 블로그 등의 리뷰는 여행을 준비하는 데 많은 도움이 된다.

베트남 그리기

베트남 그리기 cafe.naver.com/vietnamsketch

베트남을 사랑하는 사람들의 여행 커뮤니티. 다량의 후기와 리뷰가 올라와 그 어느 곳보다 생생한 정보를 얻을 수 있어서 추천한다.

D-15 비자 만들기(45일 이상 장기 여행자의 경우)

베트남은 45일까지 무비자로 여행할 수 있으며, 그 이상 베트남에 머물러야 할 경우 비자가 필요하다. 예전에는 도착비자와 전자비자가 가능했는데, 2024년 기준, 도착비자는 발행되지 않고 있다.

도착비자(Arrival Visa) 발급법(발급 재개 후 신청 가능)

1. 베트남 여행사로부터 초청장을 받아야 한다. 검색창에 '베트남 도착비자'라고 검색하면, 초청장을 발급해 주는 여행사가 나온다. 발급 기간은 5일 정도, 요금은 1만 원 전후로 천차만별이다. 여권과 전자항공권을 스캔해 보내고 발급비를 송금한다.
2. 베트남 도착비자 신청서를 인터넷에서 다운받아 작성한다. 증명사진 2장 준비.
3. 현지 도착하여 입국 심사대 근처에 위치한 도착비자 발급 사무소로 간다.
4. 여행사 초청장, 도착비자 신청서, 증명사진 1~2장, 여권, 전자항공권, 비자 비용(단수 25달러, 복수 50달러)을 제출하고 발급을 기다린다.

도착비자 신청서 작성법

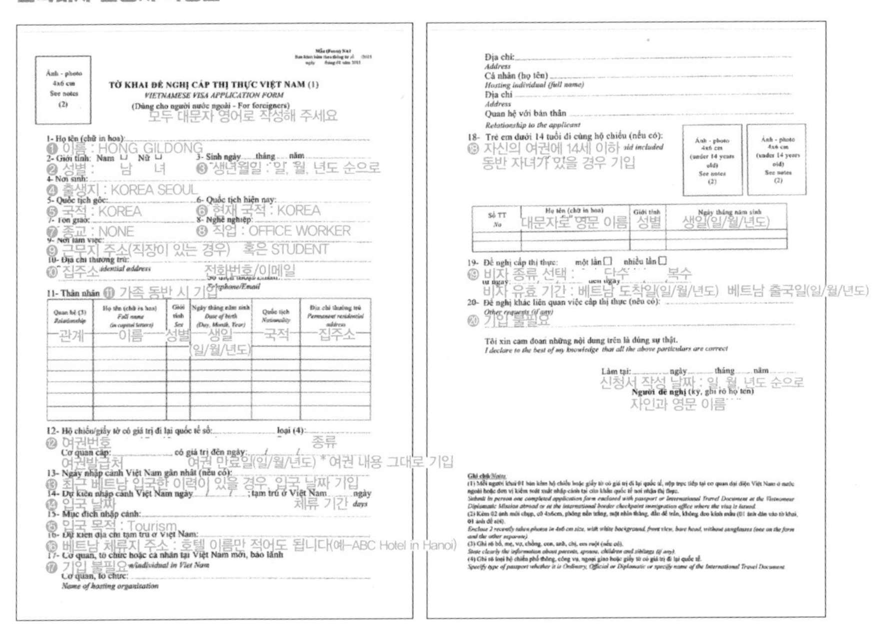

Ảnh - photo 4x6 cm See notes (2)

TỜ KHAI ĐỀ NGHỊ CẤP THỊ THỰC VIỆT NAM (1)
VIETNAMESE VISA APPLICATION FORM
(Dùng cho người nước ngoài - For foreigners)
모두 대문자 영어로 작성해 주세요

1- Họ tên (chữ in hoa):
① 이름 : HONG GILDONG
2- Giới tính: Nam ☐ Nữ ☐ 3- Sinh ngày ... tháng ... năm ...
② 성별 : 남 녀 ③ 생년월일 : 일, 월, 년도 순으로
4- Nơi sinh:
④ 출생지 : KOREA SEOUL
5- Quốc tịch gốc: 6- Quốc tịch hiện nay:
⑤ 국적 : KOREA ⑥ 현재 국적 : KOREA
7- Tôn giáo: 8- Nghề nghiệp:
⑦ 종교 : NONE ⑧ 직업 : OFFICE WORKER
9- Nơi làm việc:
⑨ 근무지 주소(직장이 있는 경우) 혹은 STUDENT
10- Địa chỉ thường trú:
⑩ 집주소 전화번호/이메일

11- Thân nhân ⑪ 가족 동반 시 기입

Quan hệ (3) Relationship	Họ tên (chữ in hoa) Full name (in capital letters)	Giới tính Sex	Ngày tháng năm sinh Date of birth (Day, Month, Year)	Quốc tịch Nationality	Địa chỉ thường trú Permanent residential address
관계	이름	성별	생일(일/월/년도)	국적	집주소

12- Hộ chiếu/giấy tờ có giá trị đi lại quốc tế số: ... loại (4):
⑫ 여권번호 종류
Cơ quan cấp: ... có giá trị đến ngày: / /
여권발급처 여권 만료일(일/월/년도) * 여권 내용 그대로 기입
13- Ngày nhập cảnh Việt Nam gần nhất (nếu có):
⑬ 최근 베트남 입국한 이력이 있을 경우, 입국 날짜 기입
14- Dự kiến nhập cảnh Việt Nam ngày / / ; tạm trú ở Việt Nam ... ngày days
⑭ 입국 날짜 체류 기간
15- Mục đích nhập cảnh:
⑮ 입국 목적 : Tourism
16- Dự kiến địa chỉ tạm trú ở Việt Nam:
⑯ 베트남 체류지 주소 : 호텔 이름만 적어도 됩니다(예-ABC Hotel in Hanoi)
17- Cơ quan, tổ chức hoặc cá nhân tại Việt Nam mời, bảo lãnh
⑰ 기입 불필요
Cơ quan, tổ chức:
Name of hosting organisation

Địa chỉ:
Address
Cá nhân (họ tên)
Hosting individual (full name)
Địa chỉ
Address
Quan hệ với bản thân
Relationship to the applicant
18- Trẻ em dưới 14 tuổi đi cùng hộ chiếu (nếu có):
⑱ 자신의 여권에 14세 이하 동반 자녀가 있을 경우 기입

Ảnh - photo 4x6 cm (under 14 years old) See notes (2)

Số TT No	Họ tên (chữ in hoa)	Giới tính	Ngày tháng năm sinh
	대문자로 영문 이름	성별	생일(일/월/년도)

19- Đề nghị cấp thị thực: một lần ☐ nhiều lần ☐
⑲ 비자 종류 선택 : 단수 복수
từ ngày ... đến ngày ...
비자 유효 기간 : 베트남 도착일(일/월/년도) 베트남 출국일(일/월/년도)
20- Đề nghị khác liên quan việc cấp thị thực (nếu có):
Other requests (if any)
⑳ 기입 불필요

Tôi xin cam đoan những nội dung trên là đúng sự thật.
I declare to the best of my knowledge that all the above particulars are correct

Làm tại: ... ngày ... tháng ... năm ...
신청서 작성 날짜 : 일, 월, 년도 순으로
Người đề nghị (ký, ghi rõ họ tên)
자인과 영문 이름

Ghi chú/Notes

Tip | 비자 없이 45일 이상 베트남 머물기

베트남 이민국 정책상, 베트남에 입국 45일 후에는 반드시 베트남을 출국해야 한다. 출국 후 다시 입국하기까지 정해진 기간은 없다. 즉, 출국 당일 다시 베트남으로 입국 가능하다. 이 규정을 이용해, 베트남과 국경을 마주하고 있는 이웃 나라로 출국 후 다시 입국하면, 입국하는 날로부터 다시 45일간 무비자로 지낼 수 있다. 이를 흔히 "비자런VISA Run" 혹은 "비자 클리어VISA Clear"라고 부른다. 비행기를 이용하기에는 부담스럽기 때문에, 버스로 출입국 할 수 있는 지역으로 다녀오는데, 호찌민 시티에서 가까운 목바이Mộc Bà가 대표적이다.

전자비자(E-Visa) 발급법

1. 전자비자 발급 사이트(evisa.xuatnhapcanh.gov.vn)에 접속해 전자비자 신청서(여권 사진 및 인적 사항 기입)를 작성한다.
2. 비자나 마스터 카드로 비자 발급비 25달러와 수수료 상당의 베트남 동을 결제하면, 비자 신청내역이 이메일로 전송된다. 비자 발급은 공휴일을 제외하고 3일 정도 소요된다(성수기에는 그 이상 소요될 수 있으므로 여유 있게 신청할 것).
3. 비자 발급 완료 안내 메일을 받으면, 전자비자 발급 사이트에 접속해 이메일에 적힌 비자 발급 코드를 입력하고 전자비자를 다운받은 후 프린트한다.
4. 현지 공항 도착 후, 비자 발급소를 거치지 않고 입국심사대로 간다. 출력한 전자비자와 여권을 제시하고 입국심사를 받는다.

전자비자 신청서 작성법

Personal Information(PNR)

Full name (First name Middle name Last name) * *(Use international character as in ICAO line)*	이름(이름, 성 순으로)	Sex * 성별	Male 남 / Female 여
Date of birth (DD/MM/YYYY) *	생년월일(일, 월, 년도 순으로)		Full date,month and year / Only year is known
Current nationality *	현재 국적	Nationality at birth	출생 국적
Religion *	종교	Occupation	직업
Permanent residential address	집주소		
Phone number	전화번호	Email *	이메일
		Re-enter email *	이메일 확인
Passport number *	여권번호	Type *	여권 종류
Expiry date (DD/MM/YYYY) *	여권 만료일(일/월/년도)	Intended date of entry (DD/MM/YYYY) *	예상 입국일(일/월/년도)
Intended length of stay in Viet Nam (number of days) *	체류 기간	Purpose of entry *	입국 목적
Intended temporary residential address in Viet Nam *	베트남 체류지 주소	City/Province *	도시/지역

Inviting/ guarentering agency/ organization (if any) — 초대 기관 / 단체(초대한 기관이나 단체가 있을 경우 기입)

Under 14 years old accompanying child(ren) included in your passport (if any) — 자신의 여권에 14세 이하 동반 자녀가 있을 경우 기입

Requested information

Grant Evisa valid from (DD/MM/YYYY) *	비자 발급 받을 날짜(일/월/년도)	To (DD/MM/YYYY) *	비자 만기 예정 날짜(일/월/년도)
Allowed to entry through checkpoint *	입국 시 이용할 공항	Exit through checkpoint *	출국 시 이용할 공항

I assure that I have truthfully declared all relevant details.

2465

Captcha*

주의사항

- 직업란에 무직, 휴학 등이라고 쓰면 안 된다. 반드시 직장인(OFFICE WORKER)이나 학생(STUDENT) 중 하나를 쓴다.
- 여권 종류는 일반여권(Ordinary Passport)을 선택한다.
- 비자 승인여부를 조회할 때 접수번호가 필요하다. 접수번호는 비자 신청 직후 전송된 이메일에 있다.
- 달랏 국제공항은 전자비자 입국을 허용하지 않는다.

D-12 환전하기&여행자 보험 가입하기

이제 현지에서 사용할 비용을 환전해 둬야 할 때다. 앞에서도 설명한 바 있지만, 한국에서 베트남 동으로 환전하는 것보다 미국 달러를 가지고 가 현지에서 베트남 동으로 환전하는 것이 더 낫다. 신용카드는 크게 도움이 되지 않지만 만약의 경우, 현지 ATM에서 바로 베트남 동으로 돈을 인출할 수 있도록 각 은행의 해외 직불카드 혹은 체크카드, 트래블월렛 중 한두 개는 챙기도록 한다(자세한 정보는 p.434 '통화 및 환전' 참고). 그리고 혹시 모를 사고에 대비해 자신의 여행 기간과 체류지, 보상 내용 등을 따져 보고 인터넷 여행자 보험에 가입하자.

인터넷 환전

인터넷뱅킹 외환 메뉴로 들어가면 간편하게 환전을 마칠 수 있다. 단, 외화는 지정한 날 지정한 은행 지점으로 가 직접 수령해야 한다. 은행이 멀거나 방문하기 번거롭다면, 외화 수령 날은 출국일, 수령 은행은 인천공항으로 하면 된다. 외화 수령은 출국 심사 전에만 가능하다(면세 구역에서는 불가).

국제 체크카드 만들기

국외에서 사용 가능한 체크카드를 준비해 가면 안전하고 편리하게 여행경비를 관리할 수 있다. 국내에서 사용 중인 체크카드에 VISA, MASTER 표시가 있다면, 대체로 해외에서도 동일하게 사용 가능하다. 그 외 각종 트래블 카드를 준비하면 편리하다(자세한 설명은 p.435 참고). 특정 은행 외의 일반 은행에서 ATM 인출 시 수수료가 청구되므로 현금 인출 서비스를 이용할 때는 가급적 한 번에 많은 금액을 인출하는 것이 유리하다.

D-7 면세점 쇼핑하기

여행을 앞두고 또 하나의 즐거움이 될 수 있는 것이 바로 면세점 쇼핑이다. 할인 혜택과 가격 비교를 통해 알뜰하고 똑똑하게 면세 쇼핑에 도전해 보자.

시내 면세점 방문하기

서울 시내에 위치한 면세점을 방문해 구입하는 경우, 직접 모든 물건들을 돌아보고 살 수 있는 즐거움이 있는 반면 가격적인 혜택은 적은 편이다.

면세점 홈페이지 이용하기

면세점 홈페이지를 이용해 인터넷 쇼핑을 한다. 오프라인 면세점보다 할인의 폭이 큰 편이며 쿠폰 등을 이용하면 좀 더 저렴하게 쇼핑할 수 있다. 물품은 출국 날 공항 인도장에서 받을 수 있다.

D-2 짐 꾸리기

우선 여행에서 필요한 물건 리스트를 작성해 보자. 그리고 정말 필요한 물건인지, 아니면 짐이 될 물건인지 한 번 더 생각해 보고 최종 리스트를 만든다. 리스트가 완성되면 물건들을 하나씩 하나씩 체크해 가며 짐을 꾸린다. 다음의 목록을 보고 빠진 것이 없는지 다시 한번 확인하자.

준비물 체크리스트

종류	세부 항목	확인	비고
여권 및 여행경비	여권		
	여권 복사본&여권 사진		여권 분실 시 현지 재발행에 필요하다.
	항공권(E-Ticket)		
	여행경비, 신용카드, 국제 현금카드		
	호텔 및 각종 바우처		
	여행자 보험		
의류	여름옷, 카디건, 취침 시 입을 옷, 속옷, 슬리퍼		카디건은 에어컨이 강하므로 챙기면 도움이 된다.
	수영복, 모자, 선글라스		
	아쿠아슈즈나 샌들		호핑 투어 시 필요하다.
세면도구 및 화장품	치약, 칫솔, 비누, 샤워 타월, 샴푸, 린스		현지 호텔에도 구비돼 있지만, 등급에 따라 없는 것이 있다. 또한 기대만큼 질이 좋지 않을 수도 있으니 개인 취향에 따라 챙겨 갈 것.
	면도기		
	기초화장품, 자외선 차단제		햇볕이 강하므로 자외선 차단제는 자주 듬뿍 발라준다.
의약품	지사제, 소화제, 진통제, 감기약, 대일밴드, 상처 연고		
	모기 퇴치 용품, 생리 용품		
기타	카메라 및 충전기		
	가이드북, 필기구, 책		
	보조 가방, 방수 가방, 비닐백, 지퍼백		호핑 계획이 있다면 유용하다.

D-Day 출발

드디어 출발이다. 마지막으로 빼놓은 것은 없는지 확인하자. 여권, 비자(45일 이상 여행할 경우), 항공권, 호텔바우처, 신용카드/국제 체크카드, 면세품 인도를 위한 영수증 등은 잊지 않도록 하자. 준비를 다 마쳤다면, 최소 비행 2시간 전에는 공항에 도착하도록 집을 나서자. 비행기는 절대 기다려 주는 법이 없으므로 늦는 것보다 빨리 가는 것이 현명하다.

Step to Vietnam 5

베트남 여행의 필수, 서바이벌 베트남어

★ 인사

안녕하세요.	Xin chào	씬 짜오
만나서 반갑습니다.	Rất vui được gặp	럿 부이 드억 갑
나는 한국인입니다.	Tôi là người Hàn Quốc	또이 라 응어이 한 꿕
영어 할 줄 아세요?	Chị có biết nói tiếng Anh không?	찌 꼬 비엣 노이 띠응 아잉 콩?
감사합니다.	Xin cảm ơn	씬 깜 언
미안합니다.	Xin lỗi	씬 러이
예.	Vâng	벙
아니오.	Không	콩

★ 교통수단 이용 시

공항	Sân bay	선 바이
기차역	Ga tàu	갸 띠우
버스정류장	Bến xe buýt	벤 쌔 뷧
택시를 불러주세요.	Hãy gọi tắc xi giúp tôi	하이 고이 딱씨 지윱 또이
요금이 얼마입니까?	Giá vé là bao nhiêu?	쟈 베 라 바오 니에우?
이 주소로 가주세요.	Cho tôi đến địa chỉ này	쪼 또이 덴 디아 찌 나이
(택시에서)여기서 세워주세요.	Dừng ở đây	이응 어 더이
버스정류장은 어디예요?	Bến xe buýt ở đâu?	벤 세 부잇 어 더우?
그곳에 도착하면 알려주세요.	Khi nào đến xin vui lòng cho tôi biết	키 나오 덴 씬 부이 롱 쪼 또이 비엣

★ 상점에서

얼마예요?	Bao nhiêu tiền?	바오 니에우 티엔?
비싸요.	Đắt quá	닷 꾸아
깎아주세요.	Giảm giá đi	잠 쟈 디
다른 것으로 바꿔주세요.	Đổi cho tôi cái khác	도이 쪼 또이 까이 칵

★ 식당에서

여기 메뉴판 주세요.	Cho tôi bản thực đơn	쪼 또이 반 특 던
영어 메뉴판이 있어요?	Có thực đơn tiếng Anh không ạ?	꼬 특 던 띠응 아잉 콩 아?
음식은 언제 나와요?	Đồ ăn bao giờ thì mang tới?	도안 바오 저 티 망 떠이?
물 주세요.	Cho tôi nước	쪼 또이 느억
어느 것이 가장 맛있어요?	Món nào anh thấy ngon nhất?	몬 나오 안 터이 응온 녓?
고수 빼주세요.	Không cho rau thơm	콩 쪼 라우 텀
여기를 좀 치워주세요.	Hãy dọn giúp tôi chỗ này	하이 존 즙 또이 쪼 나이
포장해주세요.	Hãy gói cho tôi	하이 고이 쪼 또이
계산서/영수증 주세요.	Cho tôi hóa đơn	쪼 또이 호아 던

★ 길을 잃었을 때

길을 잃었어요.	Tôi bị lạc đường	또이 비 락 드엉
~까지 가는 길을 알려주세요.	Hãy chỉ đường cho tôi tới~	하이 찌 드엉 보 또이 떠이~

★ 아플 때

배가 아파요.	Bụng bị đau	붕 비 다우
머리가 아파요.	Tôi đau đầu	또이 다우 더이
발목에 통증이 있어요.	Tôi bị đau cổ chân	또이 비 다우 꼬 쩐
여기가 아파요.	Đau ở đây	다우 어 더이
열이 있어요.	Bị sốt	비 솟
진료 받으러 왔어요.	Tôi đến để điều trị	또이 덴 데 디에우 찌
감기약 있어요?	Có thuốc cảm không?	꼬 투옥 깜 콩?
이 근처에 병원이 있어요?	Ở gần đây có bệnh viện không?	어 건 더이 꼬 벤 비엔 콩?

★ 도난당했을 때

도와주세요!	Giúp tôi với!	즙 또이 버이!
경찰서가 어디예요?	Đồn công an ở đâu ạ?	돈 꽁 안 어 더우 아?
제 지갑을 소매치기당했어요.	Tôi bị móc túi mất ví	또이 비 목 뚜이 멋 비

Step to Vietnam 6

알아두면 좋은 서바이벌 영어

★ 공항

창가 쪽/통로 쪽으로 주세요.	Window/Aisle seat, please.
저는 앞쪽 좌석에 앉기를 원합니다.	I Would like to be seated in the front.
탑승수속은 몇 시에 합니까?	What is the check-in time for my flight?
담요 한 장 주시겠어요?	May I have a blanket?
비행기가 지연된 이유는 무엇입니까?	What is the reason for the delay?

★ 호텔

체크인을 하고 싶습니다.	I'd like to check in, please.
몰리로 3일 예약했어요.	I made a reservation for three nights under the name of Molly.
전망 좋은 방으로 주세요.	I'd like a room with a nice view.
체크아웃은 몇 시죠?	When is check out time?
짐 좀 맡아주시겠어요?	Could you keep my baggage?
맡긴 짐을 찾고 싶어요.	May I have my baggage?
택시를 불러주시겠어요?	Would you get me a taxi?
다른 방으로 바꿔주세요.	Could you give me a different room?
에어컨이 작동하지 않아요.	This air conditioner doesn't work.
이틀 더 머물겠습니다.	I'd like to stay two days longer.
하루 일찍 떠나겠습니다.	I'd like to leave a day earlier.
체크아웃 좀 부탁합니다.	Check out, please.

★ 택시

공항으로 가주세요.	Take me to the airport, please.
공항까지 얼마나 걸리죠?	How long does it take to get to the airport?
호텔 입구에서 세워주세요.	Stop at the entrance to the hotel.

★ 레스토랑

6시에 3명 예약하고 싶어요.	Can I make a reservation for three at six?
창가 쪽 테이블로 주세요.	We'd like a table by the window, please.
여기를 좀 치워주세요.	Could you clean this up?
추천 좀 해주시겠어요?	What do you recommend?
이걸로 할게요.	This one, please.
내가 주문한 게 아직 안 나왔어요.	My order hasn't come yet.
요리가 덜 된 것 같아요.	This is not cooked enough.
이것 리필해 주세요.	Could I get a refill, please?
계산서 주세요.	Just the bill, please.
남은 것 좀 싸주시겠어요?	Can I have a doggy bag?

★ 쇼핑

그냥 구경하고 있어요.	I'm just looking.
저것 좀 보여주세요.	Would you show me that one?
더 작은/큰 것 없나요?	Do you have a smaller/bigger one?
입어 봐도 돼요?	May I try this on?
얼마예요?	How much is this?
너무 비싸요.	It's too expensive.
깎아주세요.	Can you give me a discount?
다른 것으로 바꿔주세요.	Can I exchange it for another one?
죄송한데 환불해 주세요.	Can I have a refund?
따로따로 포장해 주세요.	Please wrap them separately.

★ 위급 상황

나는 영어를 못 합니다.	I can't speak English.
한국어 하는 사람 있나요?	Is there anyone who can speak Korean?
도난 신고를 하고 싶어요.	I want to report a theft.
제 지갑을 소매치기당했어요.	My wallet was stolen.
이 근처에 병원이 있어요?	Is there a hospital nearby?
교통사고를 당했습니다.	I was in a car accident.

Index
인덱스 -가나다순-

셀프트래블

베트남

맵북 & 트래블 노트

Mapbook & Travel Note

믿고 보는 해외여행 가이드북
'25~'26
최신판

상상출판

All about Vietnam

베트남, 어디까지 가봤니?

베트남은 북부에 위치한 수도 하노이에서 경제, 문화의 수도 호찌민 시티까지 비행기로 2시간, 기차나 버스로 2일이 걸릴 만큼 큰 나라다. 하지만 '베트남' 하면 생각나는 곳은 하노이, 하롱베이, 호찌민 시티, 다낭 정도. 최근 나트랑도 가족 휴양지로 입소문이 나고 모 항공사의 적극적인 광고 공세가 시작되면서 베트남 전역의 숨은 진주 같은 관광지들까지 관심을 받기 시작했다. 자, 그렇다면 당신이 주목해야 할 베트남 관광지는 어디가 있을까?

Travel Note

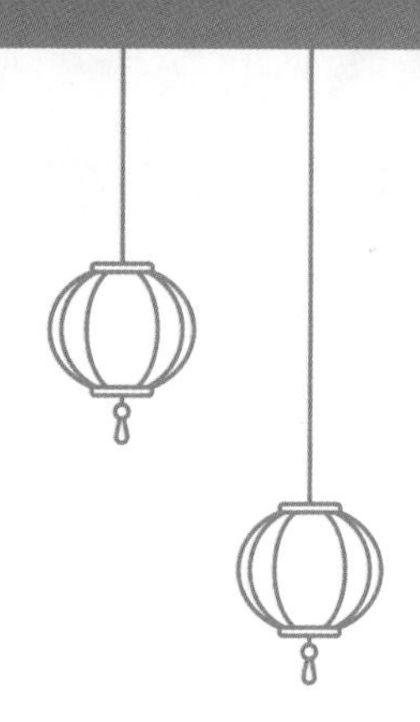

Travel Note

Travel Note

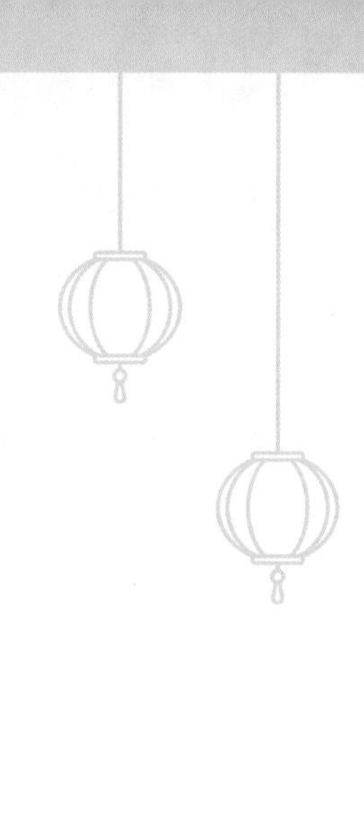

Travel Note

★ 식당에서

여기 메뉴판 주세요.	Cho tôi bản thực đơn	쪼 또이 반 특 던
영어 메뉴판이 있어요?	Có thực đơn tiếng Anh không ạ?	꼬 특 던 띠응 아잉 콩 아?
음식은 언제 나와요?	Đồ ăn bao giờ thì mang tới?	도안 바오 저 티 망 떠이?
물 주세요.	Cho tôi nước	쪼 또이 느억
어느 것이 가장 맛있어요?	Món nào anh thấy ngon nhất?	몬 나오 안 터이 응온 녓?
고수 빼주세요.	Không cho rau thơm	콩 쪼 라우 텀
여기를 좀 치워주세요.	Hãy dọn giúp tôi chỗ này	하이 존 즙 또이 쪼 나이
포장해주세요.	Hãy gói cho tôi	하이 고이 쪼 또이
계산서/영수증 주세요.	Cho tôi hóa đơn	쪼 또이 호아 던

★ 길을 잃었을 때

길을 잃었어요.	Tôi bị lạc đường	또이 비 락 드엉
~까지 가는 길을 알려주세요.	Hãy chỉ đường cho tôi tới~	하이 찌 드엉 보 또이 떠이~

★ 아플 때

배가 아파요.	Bụng bị đau	붕 비 다우
머리가 아파요.	Tôi đau đầu	또이 다우 더이
발목에 통증이 있어요.	Tôi bị đau cổ chân	또이 비 다우 꼬 쩐
여기가 아파요.	Đau ở đây	다우 어 더이
열이 있어요.	Bị sốt	비 솟
진료 받으러 왔어요.	Tôi đến để điều trị	또이 덴 데 디에우 찌
감기약 있어요?	Có thuốc cảm không?	꼬 투옥 깜 콩?
이 근처에 병원이 있어요?	Ở gần đây có bệnh viện không?	어 건 더이 꼬 벤 비엔 콩?

★ 도난당했을 때

도와주세요!	Giúp tôi với!	즙 또이 버이!
경찰서가 어디예요?	Đồn công an ở đâu ạ?	돈 꽁 안 어 더우 아?
제 지갑을 소매치기당했어요.	Tôi bị móc túi mất ví	또이 비 목 뚜이 멋 비

Step to Vietnam

베트남 여행의 필수, 서바이벌 베트남어

★ 인사

안녕하세요.	Xin chào	씬 짜오
만나서 반갑습니다.	Rất vui được gặp	럿 부이 드억 갑
나는 한국인입니다.	Tôi là người Hàn Quốc	또이 라 응어이 한 꿕
영어 할 줄 아세요?	Chị có biết nói tiếng Anh không?	찌 꼬 비엣 노이 띠응 아잉 콩?
감사합니다.	Xin cảm ơn	씬 깜 언
미안합니다.	Xin lỗi	씬 러이
예.	Vâng	벙
아니오.	Không	콩

★ 교통수단 이용 시

공항	Sân bay	선 바이
기차역	Ga tàu	갸 띠우
버스정류장	Bến xe buýt	벤 쌔 뷧
택시를 불러주세요.	Hãy gọi tắc xi giúp tôi	하이 고이 딱씨 지웁 또이
요금이 얼마입니까?	Giá vé là bao nhiêu?	쟈 베 라 바오 니에우?
이 주소로 가주세요.	Cho tôi đến địa chỉ này	쪼 또이 덴 디아 찌 나이
(택시에서)여기서 세워주세요.	Dừng ở đây	이응 어 더이
버스정류장은 어디예요?	Bến xe buýt ở đâu?	벤 세 부잇 어 더우?
그곳에 도착하면 알려주세요.	Khi nào đến xin vui lòng cho tôi biết	키 나오 덴 씬 부이 롱 쪼 또이 비엣

★ 상점에서

얼마예요?	Bao nhiêu tiền?	바오 니에우 티엔?
비싸요.	Đắt quá	닷 꾸아
깎아주세요.	Giảm giá đi	쟘 쟈 디
다른 것으로 바꿔주세요.	Đổi cho tôi cái khác	도이 쪼 또이 까이 칵

입체 카드(전 지역)
베트남 분위기가
물씬 풍기는 디자인 카드

농모자(전 지역)
베트남 다녀온 티 팍팍!
비 올 때, 햇빛 가릴 때도
최고 아이템

베트남 테디베어(전 지역)
베트남에서만 판매한다.
농모자 쓴 귀여운 곰 인형

장식 소품(전 지역)
농모자 쓰고 씨클로 끄는
사람처럼 베트남을 상기시키는
소품들

마스크(전 지역)
베트남의 매연과 자외선도
완벽 차단할 만큼 커다랗고
알록달록한 마스크

허브 스파 제품(사파)
고산지대의 싱싱한
허브로 만든 스파 용품

전통주(사파)
한국의 안동소주에 비견될 만큼
정성스레 빚은 맑은 곡주

방달랏(달랏)
달랏에서만 제조되는
베트남 와인 맛은 어떨까?

천연비누(전 지역)
피부에 좋은 자연 성분 100%의
미용비누. 너무너무 저렴해요.

메이드 인 베트남 제품
(하노이, 전 지역)
가성비가 훌륭한 진짜(?) 브랜드

다기 용품(하노이)
'다도'까진 아니라도 '제대로 한번
마셔봐?' 생각이 들 만큼 예쁜 다기구

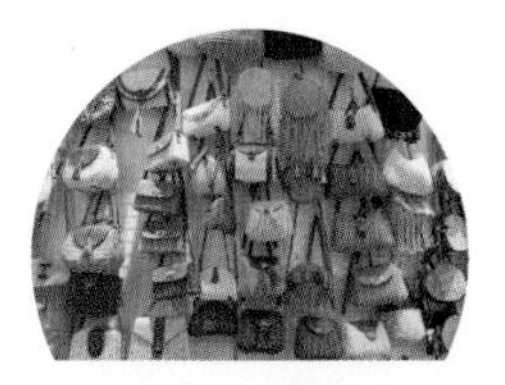

라탄백(전 지역)
더운 여름, 경쾌하고 시원한
느낌을 주는 라탄백 한번 들어봐?

Mission in Vietnam

알뜰살뜰 꼼꼼한 베트남 쇼핑 리스트

저렴한 가격에 꽤 괜찮은 아이템들을 소장할 수 있는 곳이 베트남이다. 소소한 기념품부터 맞춤옷, 메이드 인 베트남 브랜드까지, 꼼꼼히 찾아보고 똑똑하게 구매하자. 메이드 인 베트남 제품을 구입하는 꿀팁까지 제시했으니 놓치지 말자.

마그네틱(전 지역)
여행자들의 No.1 기념품. 각 지역을 대표하는 상징물들을 모아보자.

가죽 제품(호이안 구시가)
가죽이라고 생각하기 어려운 예쁜 색과 디자인, 착한 가격이 놀랍다!

맞춤옷(호이안 구시가)
내 몸에 꼭 맞게, 내 스타일대로 저렴하게 맞춰 입자.

소수민족 수공예품 (사파, 전 지역)
알록달록 토속적인 공예품

수예품(전 지역)
베트남 여인들의 솜씨 좋은 소박한 수예품들

아오자이(전 지역)
베트남 여인처럼 아오자이 입고 예쁜 스냅 사진 찰칵~

Tip | 'Made in Vietnam' 제품 구입법

1. 베트남에는 유명 브랜드(노스페이스, 나이키, 크록스 등)의 제조공장이 많다. 과거에는 약간의 흠이 있는 제품이 저렴한 가격으로 시장에 풀리기도 했고, 이때 짝퉁들도 많이 섞여 장사치들이 배를 불리기도 했다.
2. 제조공장들도 제품 단속을 더 철저히 하지만, 많은 공장들이 베트남을 떠났고 탈출을 모색 중이다. 이런 상황에서 진짜 '메이드 인 베트남'을 여행자 거리(혹은 재래시장) 여기저기에서 놀랄 만큼 저렴한 가격에 구입할 수 있다는 건 의심해 볼 일이다.
3. 진품을 가려내는 법(홀로그램 부착 여부 확인)도 전문가가 아니면 별 소용이 없다. 반드시 진품을 사야겠다는 마음보다 일단 디스플레이 제품들은 짝퉁이라 생각하고, 최대한 진품 같은 퀄리티와 지불 가능한 가격대, 자신의 만족도를 기준으로 쇼핑하는 것이 좋다.
4. 흥정은 필수! 구매를 망설이거나 나가려고 하면 원하는 가격이 얼마냐고 물어오는 게 대부분이다. 50% 싼 가격에서 시작해 조율해 나가면 된다.
5. 구입장소. 하노이_여행자 거리, 다낭_한시장, 호찌민시티_사이공 스퀘어, 벤탄 시장

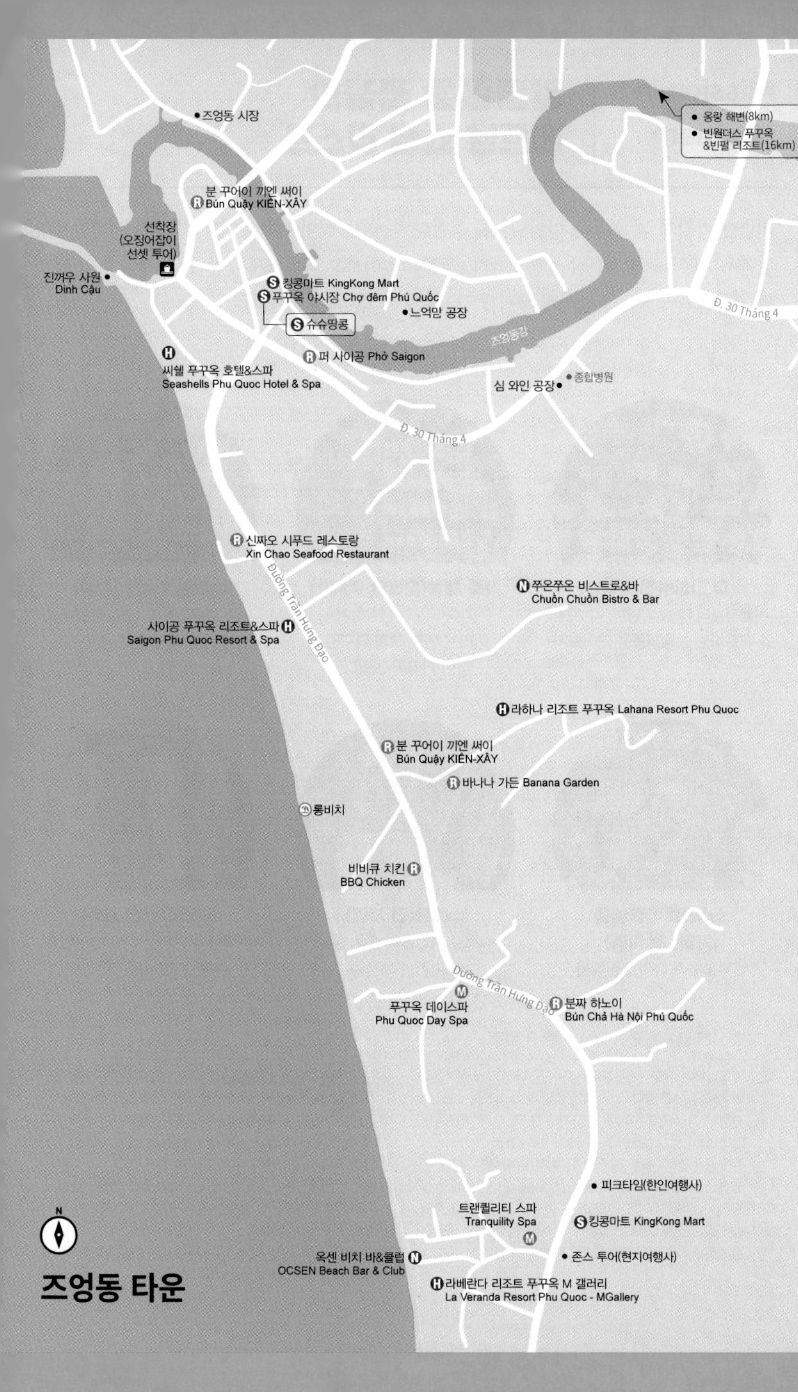

즈엉동 시장
옹랑 해변(8km)
빈원더스 푸꾸옥
&빈펄 리조트(16km)
분 꾸어이 끼엔 써이
Bún Quậy KIẾN-XÂY
선착장
(오징어잡이
선셋 투어)
진꺼우 사원
Dinh Cậu
킹콩마트 KingKong Mart
푸꾸옥 야시장 Chợ đêm Phú Quốc
느억맘 공장
슈슈땅콩
Đ. 30 Tháng 4
즈엉동강
퍼 사이공 Phở Saigon
씨쉘 푸꾸옥 호텔&스파
Seashells Phu Quoc Hotel & Spa
심 와인 공장
종합병원
Đ. 30 Tháng 4
신짜오 시푸드 레스토랑
Xin Chao Seafood Restaurant
Đường Trần Hưng Đạo
쭈온쭈온 비스트로&바
Chuồn Chuồn Bistro & Bar
사이공 푸꾸옥 리조트&스파
Saigon Phu Quoc Resort & Spa
라하나 리조트 푸꾸옥 Lahana Resort Phu Quoc
분 꾸어이 끼엔 써이
Bún Quậy KIẾN-XÂY
바나나 가든 Banana Garden
롱비치
비비큐 치킨
BBQ Chicken
Đường Trần Hưng Đạo
푸꾸옥 데이스파
Phu Quoc Day Spa
분짜 하노이
Bún Chả Hà Nội Phú Quốc
피크타임(한인여행사)
트랜퀄리티 스파
Tranquility Spa
킹콩마트 KingKong Mart
옥센 비치 바&클럽
OCSEN Beach Bar & Club
존스 투어(현지여행사)
라베란다 리조트 푸꾸옥 M 갤러리
La Veranda Resort Phu Quoc - MGallery
N

즈엉동 타운

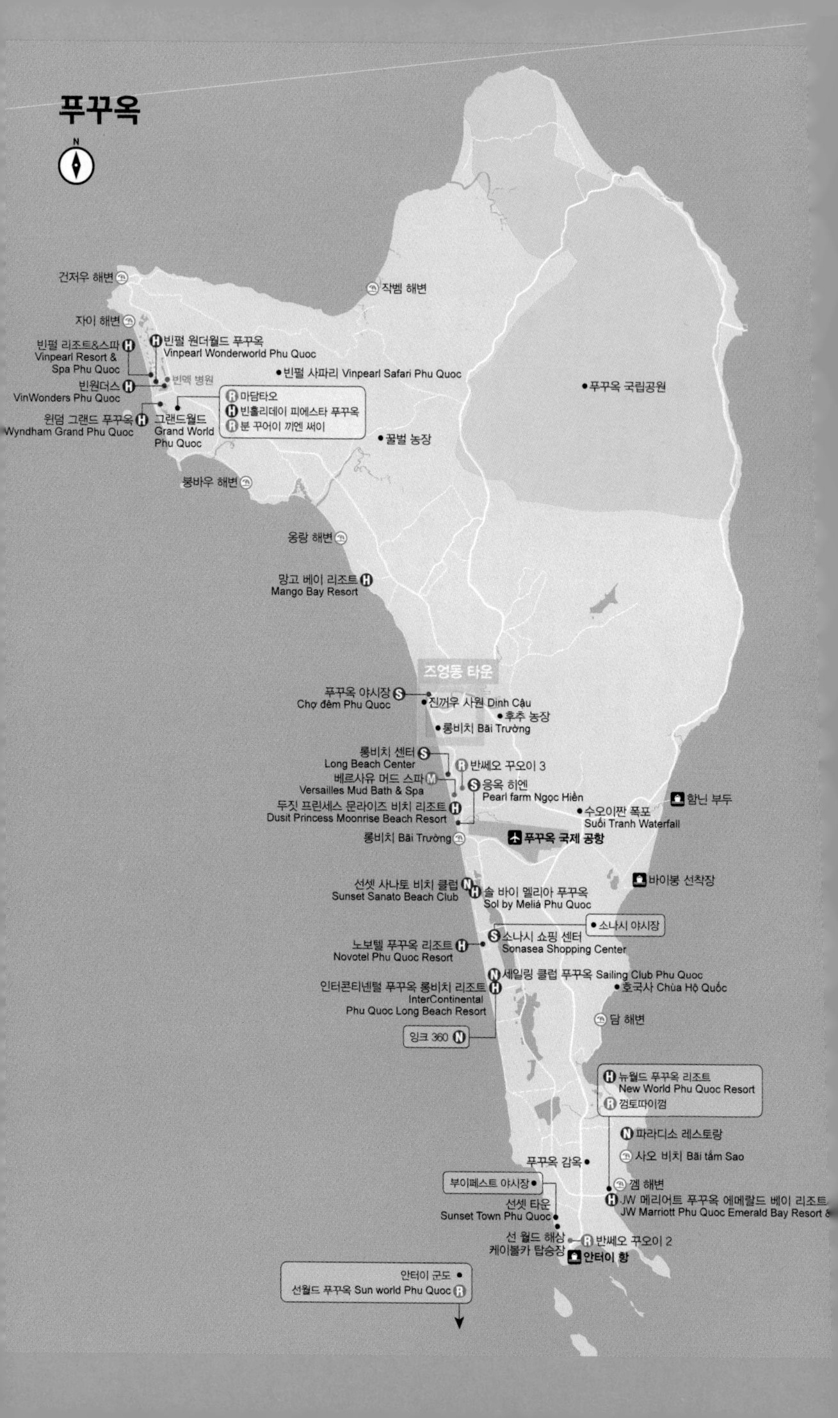

푸꾸옥
N
건저우 해변
작벰 해변
자이 해변
빈펄 리조트&스파
Vinpearl Resort & Spa Phu Quoc
빈펄 원더월드 푸꾸옥
Vinpearl Wonderworld Phu Quoc
빈멕 병원
빈펄 사파리 Vinpearl Safari Phu Quoc
빈원더스
VinWonders Phu Quoc
마담타오
빈홀리데이 피에스타 푸꾸옥
분 꾸어이 끼엔 써이
윈덤 그랜드 푸꾸옥
Wyndham Grand Phu Quoc
그랜드월드
Grand World Phu Quoc
꿀벌 농장
푸꾸옥 국립공원
붕바우 해변
옹랑 해변
망고 베이 리조트
Mango Bay Resort
즈엉동 타운
푸꾸옥 야시장
Chợ đêm Phu Quoc
진꺼우 사원 Dinh Cậu
후추 농장
롱비치 Bãi Trường
롱비치 센터
Long Beach Center
반쎄오 꾸오이 3
베르사유 머드 스파
Versailles Mud Bath & Spa
응옥 히엔
Pearl farm Ngọc Hiền
함닌 부두
두짓 프린세스 문라이즈 비치 리조트
Dusit Princess Moonrise Beach Resort
수오이짠 폭포
Suối Tranh Waterfall
롱비치 Bãi Trường
푸꾸옥 국제 공항
선셋 사나토 비치 클럽
Sunset Sanato Beach Club
솔 바이 멜리아 푸꾸옥
Sol by Meliá Phu Quoc
바이봉 선착장
소나시 야시장
소나시 쇼핑 센터
Sonasea Shopping Center
노보텔 푸꾸옥 리조트
Novotel Phu Quoc Resort
세일링 클럽 푸꾸옥 Sailing Club Phu Quoc
인터콘티넨털 푸꾸옥 롱비치 리조트
InterContinental Phu Quoc Long Beach Resort
호국사 Chùa Hộ Quốc
담 해변
잉크 360
뉴월드 푸꾸옥 리조트
New World Phu Quoc Resort
껌토따이껌
파라디소 레스토랑
사오 비치 Bãi tắm Sao
푸꾸옥 감옥
겜 해변
부이페스트 야시장
JW 메리어트 푸꾸옥 에메랄드 베이 리조트
JW Marriott Phu Quoc Emerald Bay Resort
선셋 타운
Sunset Town Phu Quoc
선 월드 해상 케이블카 탑승장
반쎄오 꾸오이 2
안터이 항
안터이 군도
선월드 푸꾸옥 Sun world Phu Quoc

통일궁 주변

소셜 클럽 루프톱
퍼 24
꿉마트
어쿠스틱 바
코코트 실라 어반 리빙
사이공 동식물원
피자 포피스
인터콘티넨털 아시아나 사이공 호텔
응우옌 반빈 책 거리
쭝응우옌 레전드 카페
중앙우체국
치즈 커피
템플 리프 스파
분짜 하노이 26
롯데 레전드 호텔
베트남 전쟁박물관
호찌민 노트르담 대성당
스파 갤러리
호아 뚝
더 리파이너리
홈 베지테리언 카페
프로파간다 레스토랑
빈컴 센터
콩 카페
푹롱 카페
판 응온 138
퍼 24
파크 하얏트 사이공
팍슨
호찌민 오페라 하우스
치즈 커피
쭝응우옌 레전드 카페
인민위원회 청사
사이공 헤리티지 스파
쉐라톤 사이공 호텔&타워스
통일궁
유니언 스퀘어
골든 드래건 수상인형극장
호찌민 시티 박물관
박당 수상버스정류장
센트럴 팰리스 호텔
메콩 퀼트
쭝응우옌 레전드 카페
파스퇴르 거리의 브루잉 컴퍼니
더 크래프트 하우스
아코야 사이공 센트럴 호텔
아트북 기념품숍
푹롱 커피
코코트 벤탄점
벱메인
사이공 에코 크래프트
붕따우행 그린라인 고속페리터미널
더카페 아파트먼츠
리버티 센트럴 사이공 리버사이드 호텔
피자 포피스
사이공 센터
더 크래프트 하우스
아반티 호텔 사이공
호텔 마제스틱 사이공
쭝응우옌 레전드 카페
시클로 레스토
퍼 2000
벤탄 시장
사이공 키치
쭝응우옌 레전드 카페
환전소(금은방)
사이공 스퀘어
에덴스타 사이공 호텔
푹롱 커피
푹롱 커피
반미 후엔 호아
푹롱 커피
카페 린
비텍스코 파이낸셜 타워
137 마사지숍
뉴 월드 사이공 호텔
벤탄 버스정류장
하일랜드 커피
치즈 커피
AB 타워
지온 스카이 라운지
사이공 스카이덱
반미 37
칠 스카이 바
더 크래프트 하우스
호찌민 미술관
오슬로 클럽
치즈 커피
풍짱버스 사무소
리틀 하노이 에그커피
하일랜드 커피
쭝응우옌 레전드 카페
리틀 하노이 에그커피
호아마이 VIP 미니버스 사무실(붕따우행)
호찌민 박물관
한카페 사무소
신투어리스트
푹롱 커피
퍼 꾸인
여행자 거리
부이비엔 워킹 스트리트
치즈 커피
꿉마트
파이브 보이 넘버 원
분짜 145 부이비엔
콩 카페
바바스 키친
꽌웃웃
호텔 니코 사이공
풀만 사이공 센터
쩌런
Nam Kỳ Khởi Nghĩa
Lê Duẩn
Hai Bà Trưng
Sài Gòn River
Tôn Đức Thắng
Trương Định
Võ Văn Tần
Pasteur
Lê Thánh Tôn
Lý Tự Trọng
Đồng Khởi
Đông Du
Mạc Thị Bưởi
Điện Biên Phủ
Hồ Xuân Hương
Nguyễn Du
Cách Mạng tháng Tám
Lê Lợi
Huỳnh Thúc Kháng
Tôn Thất Đạm
Hồ Tùng Mậu
Nguyễn Huệ
Nguyễn Đình Chiểu
Sương Nguyệt Anh
Nguyễn Thị Minh Khai
Lê Thị Riêng
Phạm Hồng Thái
Hàm Nghi
Lê Công Kiều
Mai Chí Thọ
Nguyễn Trãi
Lê Lai
Bùi Thị Xuân
Phạm Ngũ Lão
Đề Thám
Đỗ Quang Đẩu
Yersin
Nguyễn Công Trứ
Calmette
Võ Văn Kiệt
Nguyễn Trường Tộ
Nguyễn Tất Thành
Cống Quỳnh
Bến Vân Đồn
Nguyễn Văn Cừ
Nguyễn Cư Trinh
Trần Hưng Đạo
Cô Giang

호찌민 시티
N
떤선녓 국제공항
Trường Sơn
Nguyễn Thái Sơn
Nguyễn Kiệm
Phan Đăng Lưu
Bạch Đằng
Hoàng Văn Thụ
Nguyễn Văn Trỗi
Điện Biên Phủ
꾹갓 관
어쿠스틱
Phan Đình Phùng
껌땀 부이 사이공
꽌 94
Lê Văn Sỹ
반쎄오 46A
떤딘 성당
Đinh Tiên Hoàng
베트남 역사박물관
퍼호아 파스티르
꽌넴
치즈 커피
사이공 동식
Hai Bà Trưng
반미 362
무엉탄 사이공 센터 호텔
통일궁 주변
Nam Kỳ Khởi Nghĩa
피자 포피스
Lê Duẩn
Cách Mạng tháng Tám
소셜 클럽 루프톱
응우옌 반빈 책 거리
Võ Thị Sáu
Trần Quốc Thảo
꿉마트 Co.opmart
인터콘티넨털 아시아나 사이공
중앙우체국
베트남 전쟁박물관
Nguyễn Thị Minh Khai
Pasteur
호찌민 노트르담 대성당
Sài Gòn River
통일궁
인민위원회 청사
빈컴 센터
호찌민 오페라 하우스
골든 드래건 수상인형극장
호찌민 시티 박물관
Đồng Khởi
박당 수상버스정류
Lê Lợi
Nguyễn Huệ
봉따우행 그린 고속페리터미
Điện Biên Phủ
사이공 센터
사이공 스퀘어
호텔 마제스틱 사이
뉴 월드 사이공 호텔
벤탄 시장
Hàm Nghi
AB 타워
호찌민 미술관
Ba tháng Hai
Lê Lai
Phó Đức Chính
호찌민 박물
Phạm Ngũ Lão
여행자 거리
벤탄 버스정류장
꿉마트
Lý Thái Tổ
Bùi Viện
Lê Hồng Phong
Trần Hưng Đạo
Đề Thám
Nguyễn Thái Học
호텔 니코 사이공
Nguyễn Trãi
풀만 사이공 센터
Nguyễn Tất Th
Ngô Gia Tự
Hùng Vương
Trần Phú
An Dương Vương
Nguyễn Văn Cừ
Võ Văn Kiệt
Bến Vân Đồn
Dương Bá Trạc
❶ 비텍스코 파이낸셜 타워
사이공 스카이덱
❷ 쉐라톤 사이공 호텔&타워스
쩌런

무이네

N
판티엣 시내
S 롯데마트
S 꿉마트
포사누 참탑
Tháp Chăm Pôshanư
Nguyễn Thông
랑동 와인 캐슬
Rang Dong Wine Castle
시링크 골프 컨트리 클럽
시링크 시티 H
Sea Links City
아난타라 무이네 리조트 H
Anantara Mui Ne Resort
무이네 가든 H
Mui Ne Garden
Võ Nguyên Giáp
무이네 카이트서프 스쿨
Muine Kitesurf School
R 굿모닝 베트남
Good Morning Vietnam
H 세일링 클럽 리조트 무이네
Sailing Club Resort Mui Ne
R 샌들 레스토랑
무이네 미네랄 머드 센터 M
Trung Tâm Bùn Khoáng Mũi Né
람통 R
Lâm Tông
튤립 스파 M
Tulip spa
코코샌드 호텔 H
Cocosand Hotel
한카페 사무소
조스 카페 R
Joe's Cafe
R 마타도르 그릴 바& 레스토랑
Matador Grill Bar And Restaurant
R 꽌 비보 Quán Bi Bo
R 못낭 시푸드 MOT NANG Seafood
R 하이싼 홍팟 Hải Sản Hồng Phá
H 호앙 응옥 비치 리조트 Hoang Ngoc Beach Resort
함티엔 시장 S
Chợ Hàm Tiến
신투어리스트
R 투안 따오 180
Tuan Thao 180
R 미스터 크랩 Mr.Crab
R 초이오이 Choi Oi
R 신드바드 Sindbad
S 밧 호아 싼 Si êu thị Bách hoá XANH
요정의 시냇물 입구
Suối Tiên
풍짱 버스터미널
R 동부이 푸드코트
The Food Court Dong Vui
H 미뇽 호텔 MiNhon Hotel
H 에바 헛 무이네 비치 호스텔
EVA HUT Mui Ne Beach Hostel
Huỳnh Thúc Kháng
하얀 모래언덕(화이트 샌즈)
붉은 모래언덕 (레드 샌즈)
Doi Cat Vang
Xuân Thủy
어촌
Lang Chai
1 H 뱀부 빌리지 비치 리조트 Bamboo Village Beach Resort
2 H 로터스 빌리지 리조트–랑센 Lotus Village Resort-Langsen

달랏
랑비양산
라비엣 커피
La Viet Coffee
사랑의 계곡
달랏 자수 박물관
반쎄오 꾸에 흐엉
맹인 마사지
달랏 대학교
Trương Đại Học Đà Lạt
껌땀 118
Cơm Tấm 118 Hai Bà Trưng
린선사
Chùa Linh Sơn
분팃느엉 리엔 Bún Thịt Nướng Liên
퍼 히에우
Phở Hiếu
풍기 친구
Fungi Chingu
도멘드마리 성당
Nhà Thờ Domaine de Marie
껨 탄 타오
Kem Thanh Thảo
달랏 팰리스 골프클럽
Dalat Palace Golf Club
달랏 꽃 정원
Vườn Hoa Đà Lạt
넴느엉 꼬투
Nem Nướng Cô Thu
껌땀꼬하이
Cơm Tấm Cô Hai
반짱느엉 이딘
Bánh Tráng Nướng Dì Đinh
호아빈 극장
Hoa Binh Theatre
해피 데이 트래블
Happy Day Travel
신투어리스트
호텔 콜린 Hôtel Colline
달랏 시장 Da Lat Market
달랏 야시장
아나 만다라 빌라 달랏 리조트&스파
블루 워터 레스토랑
Blue Water Restaurant
풍기 친구 Fungi Chingu
미꽝 바씨
Mì Quảng Bà Xí
껌 냐꾸에
Cơm Nhà Quê
쑤언흐엉 호수
Hồ Xuân Hương
랑팜
Lang Farm
예르생 공원
Yersin Park
고! 달랏 GO! Đà Lạt
메링 커피 농장
땀찐 커피 체험관
코끼리 폭포
링언사
송신탑
달랏 팰리스 헤리티지 호텔
Dalat Palace Heritage Hotel
달랏 니콜라스바리 대성당
Nhà Thờ Chính Tòa Đà Lạt
달랏 호텔 뒤 파르크
Dalat Hotel Du Parc
크레이지 하우스
Ngôi Nhà Quái Dị
엇 케어 스파
Ót Care Spa
바오다이 여름 별장
버스터미널 · 케이블카
반미꼬홍
Bánh Mì Cô Hồng
달랏 기차역
나트랑
짜이맛
린프억 사원
꺼우닷 차밭
바이시클 업 카페
킴 오안 오키드 호텔
원 모어 카페
호아빈 극장 버스정류장
곡하탄
랑팜
필 굿 스파
호텔 콜린
해피 데이 트래블
달랏 시장
달랏 야시장
하나 호텔
랑팜
리엔 호아
호아빈 극장
랑팜
랑팜 (뷔페)
안 카페
풍기 친구
블루 워터 레스토랑
파이 부티크 호스텔
Xô Viết Nghệ Tĩnh
Nguyễn Công Trứ
Phù Đổng Thiên Vương
Phan Đình Phùng
Ngô Quyền
Thi Sách
Hai Bà Trưng
Bùi Thị Xuân
Trần Nhân Tông
Nguyễn Văn Trỗi
Đinh Tiên Hoàng
Trần Quốc Toản
Hải Thượng
Trương Công Định
Phan Bội Châu
Hoàng Diệu
Lê Đại Hành
Nguyễn Thị Minh Khai
Lê Thị Hồng Gấm
Nam Kỳ Khởi Nghĩa
Nguyễn Chí Thanh
Ba Tháng Hai
Nguyễn Văn Cừ
Hoàng Văn Thụ
Đoàn Thị Điểm
Bà Triệu
Hồ Tùng Mậu
Trần Phú
Pasteur
Huỳnh Thúc Kháng
Nguyễn Viết Xuân
Đào Duy Từ
Nhà Chung
Hà Huy Tập
Trần Hưng Đạo
Yersin
Nguyễn Trãi
Quang Trung
Hùng Vương

나트랑
식스센스 닌반 베이
아미아나 리조트
혼쫑
Hòn Chồng
Cao Văn Bé
Đoàn Trần Nghiệp
Nguyễn Đình Chiểu
Lạc Thiện
Phạm Văn Đồng
이리조트
탑바 온천
센 스파
Cai River
뽀나가르 참탑
Trần Phú
Nguyễn Bỉnh Khiêm
락깐
넴느엉
당반꾸엔
덤 시장
Nha Trang Bay
Phương Sài
Phan Đình Giót
Thủy Xưởng
롯데마트 나트랑
롱선사
Trần Quý Cáp
Thống Nhất
Hoàng Văn Thụ
Phan Chu Trinh
Yersin
공항행
버스터미널
알렉상드르
예르생 박물관
골드 코스트 나트랑
롯데마트
하일랜드 커피
코코넛 발마사지
나트랑 센터
나트랑
기차역
Thái Nguyên
퍼 63
Lý Tự Trọng
쭈온쭈온킴
쉐라톤 나트랑
나트랑 대성당
Nguyễn Chánh
인터콘티넨털 나트랑
스카이라이트 나트랑
쩜머이
시장
퍼한푹
퍼 홍
윈마트
빈컴 플라자 1
금은방 킴빈
금은방 킴청
안 카페 2
껌가 하응오쟈뜨
김치식당
반미판
신또반
향 타워
르모어 호텔 나트랑
퍼펙트 리얼리티
분짜 홍브엉
나트랑 야시장
안 카페
목 해산물 식당
갈리나 머드 스파
V프루트
짜오 마오
호텔 노보텔 나트랑
이비스 스타일 나트랑
반쎄오 짜오 85
콩 카페
럭키 풋 스파&마사지
응온갤러리
꽌옥응온
신투어
리스트
리버티 센트럴 나트랑 호텔
하이까
갈랑갈
맹인 마사지 킹
가네시 인디언 레스토랑
아주라 골드 호텔
Trần Quang Khải
세일링 클럽
빈컴 플라자 2
윈마트
국립 해양학박물관 · 빈원더스 나트랑
미아 리조트 나트랑
혼탐 머드 베스
깜란 공항
루이지애나 브루하우스
그릴 가든 2
덴드로 골드 호텔
1 Nguyễn Công Trứ
2 Lý Thường Kiệt

호이안

호이안
N
안방 비치
소울 키친
판다누스 스파
블루 기프트 스파
포시즌 리조트 더 남하이 호이안
신라 모노그램 꽝남
미선 유적
끄어다이 비치
코코넛 빌리지(그린 코코넛투어)
나항 바오한
빅토리아 호이안 비치 리조트&스파
Phan Bá Phiến
Trần Văn Dư
Hai Bà Trưng
Nguyễn Công Trứ
Nguyễn Trường Tộ
Lý Thường Kiệt
Lý Thái Tổ
Thái Phiên
Bà Triệu
Trần Cao Vân
Trần Hưng Đạo
Nguyễn Huệ
Hoàng Diệu
Lê Lợi
Phan Châu Trinh
Nguyễn Duy Hiệu
Nguyễn Thị Minh Khai
Trần Phú
Phạm Hồng Thái
Trần Quý Cáp
Hoàng Văn Thụ
Phan Bội Châu
Nguyễn Thái Học
Bạch Đằng
호로꽌 Hồ Lô Quán
신투어리스트
피 반미
Phi Bánh Mì
마담 칸
Madam Khánh
킴미
Kimmy Custom Tailor
아 동 실크
A Dong Silk
바리 안 트래블
호이안 박물관
Trung tâm Quản lý Bảo tồn Di sản Văn hóa Hội An
베베
Bebe Cloth Shop
뜨엉
Tuong Tailor
호이안 TNT 빌라
Hoi An TNT Villa
하일랜드 커피
Highlands Coffee
호이안 포 라이브러리 호텔
Hoi An Pho Library Hotel
그린그래스 스파
Green Grass Spa
베일 웰 레스토랑
Bale Well Restaurant
껌가 바부오이
Cơm Gà Bà Buội
반미 프엉
Bánh Mì Phượng
하일랜드 커피 Highlands Coffee
쩐 씨 가문 사당
Nhà Thờ Cổ Tộc Trần
포 슈아
Phố Xưa
바바스 키친 인디언 레스토랑
Babas Kitchen Indian Restauran
미스 리 카페
Miss Ly Cafe
찌에우 쩌우 회관
Hội Quán Triều Châu
꽌꽁 사당
Quan Công Miếu
리칭 아웃 티하우스
Reaching Out Teahouse
푹끼엔 회관
Hội Quán Phúc Kiến
호이안 시장
(제2건물, 원단)
호이안 시장
(제3건물, 의류 · 잡화)
지붕 덮인 일본인 다리
Cầu Nhật Bản
도자기 무역박물관
Bảo Tàng Gốm Sứ Mậu Dịch
꽝지에우 회관
Hội Quán Quảng Triệul
꽌탕 고가
Nhà Cổ Quân Thắng
풍훙 고가
Nhà Cổ Phùng Hưng
호이안 시장
Chợ Hội An
(제1건물, 음식 · 식료품)
포 슈아 강변 지점
Pho Xua Riverside Restaurant
호이안 로스터리 Hoi An Roastery
모닝글로리 레스토랑
Morning Glory Restaurant
싸후인 문화박물관
Bảo Tàng Văn Hóa Sa Huỳnh
콩 카페
Cộng Cà Phê
소중한 문화유산 박물관
Precious Heritage Art Gallery Museum
투본강 소원등 배 타는 곳
Lantern boat on Thu Bon River
떤끼 고가
Nhà Cổ Tấn Ký
카고 클럽
The Cargo Club
민속박물관
Bảo Tàng Văn Hóa Dân Gian
호이안 임프레션 테마파크 공연장
Hoi An Impression Theme Park
호이안 메모리즈 쇼
안호이 다리
Cầu An Hội
샴록 아이리시 펍 호이안
The Shamrock Irish Pub Hoi An
비스 마켓 레스토랑 쿠킹 스쿨
Vy's Market Restaurant & Cooking School
호이안 야시장
투본강
Thu Bồn River
벨 마리나 호이안 리조트

다낭
N
1 쏭한교
2 롱교
3 응우옌반쪼이교
4 띠엔선교
Chu Huy Mân
Ngô Quyền
린응사
인터콘티넨털 다낭 선 페닌슐라 리조트
Lê Văn Thủ
하우 스어 꽌
꽌 베만
Da Nang Bay
한강
3 Tháng 2
노보텔 다낭 프리미어 한 리버
마담 란
Bạch Đằng
Trần Hưng Đạo
Nguyễn Trung Trực
빈컴 플라자
멜리아 빈펄 다낭 리버프론트
포포인츠 바이 쉐라톤 다낭
Da Nang Beach
하다나 부티크 호텔 다낭
템플 다낭 비치 클럽
Ông Ích Khiêm
Đống Đa
Lê Lợi
Nguyễn Chí Thanh
다낭 미술관
하이반 패스&랑꼬 비치
Quang Trung
다낭 병원
다낭 기차역
Hải Phòng
Lê Duẩn
까오다이교 사원
Trần Phú
하나약국
Phạm Văn Đồng
퍼틴 13 Phở Thìn 13
바빌론 스테이크 가든 2호점
꼰 시장
Hùng Vương
한 시장
스카이 21 바
고! 다낭
다낭 대성당
패밀리 인디언 레스토랑
알라카르트 다낭
Điện Biên Phủ
Nguyễn Công Trứ
냐벱 쓰어
Nguyễn Tri Phương
사랑의 다리
Võ Văn Kiệt
목 해산물 식당
Tô Hiến Thành
퀸 스파
살라 다낭 비치 호텔
미케 비치
Nguyễn Văn Linh
참조각 박물관
Nguyễn Hoàng
Ngô Quyền
Lê Hữu Trác
무엉탄 다낭 호텔
머큐리 부티크 호텔 다낭
하이코이 닭 숯불구이
퍼틴 13
Trưng Nữ Vương
Núi Thành
Lê Quang Đạo
버거 브로스
소피아나 미케 호텔&스파
니르바 스파
Duy Tân
Trần Thị Lý
5군구 전쟁기념관
탄 탐 베이커리&커피
Tiểu La
Phan Tứ
East Vietnam Sea
냐벱
Châu Thượng Văn
30 Tháng 4
바빌론 스테이크 가든
풀만 다낭 비치 리조트
Hồ Xuân Hương
푸라마 리조트 다낭
다낭 다운타운
헬리오 레크리에이션 센터
티아 웰니스 리조트
롯데마트
헬리오 야시장
Xô Viết Nghệ Tĩnh
Non Nuoc Beach
Võ Nguyên Giáp
Lê Văn Hiến
마담 란
버거 브로스
퍼 홍
다낭 박물관
다낭 시청
노보텔 다낭 프리미어 한 리버
스카이 36
분짜까 109
하일랜드 커피
피자 포피스
다낭 미술관
다낭 병원
까오다이교 사원
쩨 쑤언 짱
다낭 기차역
인도차이나 리버사이드 타워
빈컴 플라자
멜리아 빈펄 다낭 리버프론트
콩 스파
반미 코티엔
퍼틴 13
콩 카페
한 시장
반미 해피 브레드 본점
브릴리언트 호텔
꼰 시장
콩 카페
관 껌 후에 응온
고! 다낭
다낭 대성당
퍼 박 허이
사티아 다낭 호텔
꽌 껌 가 A 허이
하일랜드 커피
무엉탄 다낭 호텔
반베오 바베
피자 포피스
선짜 야시장
사랑의 다리
Nguyễn Văn Linh
참조각 박물관
반쎄오 바두엉
Hàm Nghi
하얏트 리젠시 다낭 리조트&스파
Trường Sa
Lê Văn Hiến
다낭 메리어트 리조트&스파
응우한선 (오행산)
멜리아 다낭
다낭 골프클럽
남호이안 빈원더스
나만 리트리트
호이안

닌빈
N
QL38B
QL38B
QL38B
QL38B
DT491
DT491
QL1A
QL10
DT491C
Tràng An
Tràng An
Tràng An
Tràng An
호아루 옛 수도
Cố đô Hoa Lư
바이딘 사원
Chùa Bái Đính
짱안 풍경구
Danh Thắng Tràng An
나향 둥포누이
Nhà Hàng Dũng Phố Núi
윈마트
Winmart
더 밴쿠버 호텔
The Vancouver Hotel
닌빈 버스터미널 Ben Xe Ninh Binh
쭝뚜엣 레스토랑
Restaurant Trung Tuyết
꽌 웃 반쎄오
Quán Út Bánh Xèo
닌빈 센트럴 호텔
Ninh Binh Central Hotel
닌빈 기차역
고! 닌빈
Go! Ninh Binh
동민 레스토랑
Dong Minh Restaurant
로즈 가라 바&레스토랑
Rose's Gara Bar & Restaurant
항무아
Hang Múa
타이비 사원
Đền Thái Vi
땀꼭 네이처 로지
Tam Coc Nature Lodge
땀꼭-빗동 풍경구 Tam Cốc-Bích Động
땀꼭 홀리데이 호텔&빌라 Tam Coc Holiday Hotel & Villa
빗동사
Chùa Bích Động
땀꼭 보트 정류장

왕궁 주변
N
후에 왕궁
Hoàng Thành Huế
타이빈러우
Thái Bình Lâu
주엣티즈엉
Duyệt Thị Đường
하일랜드 커피
Highlands Coffee
후에 궁정박물관
Bảo Tàng Cổ Vật
Cung Đình Huế
꿍쯔엉산
Cung Trường Sanh
터부 Tả Vu
꿍디엔토
Cung Diên Thọ
후부
Hữu Vu
디엔타이호아
Điện Thái Hoà
응오몬
Ngọ Môn
대포 Cửu Vị Thần Công
응안몬 Ngăn Môn
홍또미에우
Hưng Tổ Miếu
테또미에우
Thế Tổ Miếu
끄우딘
Cửu Đỉnh
히엔럼깍
Hiển Lâm Các
깃발탑
Cột Cờ
대포
Cửu Vị Thần Công
동바 시장
Chợ Đông Ba
꿉마트
Co.opmart
꽌 깜 분보후에
Quán Cầm Bún Bò Huế
베스트 스파 마사지 후에
Best Spa Massage Hue
유람선 터미널
하일랜드 커피
Highlands Coffee
문라이트 호텔
Moonlight Hotel
골든 라이스
Golden Rice
게스트하우스 마이카
Guest House Maika
마담 투 레스토랑
Madam Thu Restaurant
후에 세린 팰리스 호텔
Hue Serene Palace Hotel
한옥 카페
HANOK CAFE
응우옌 딘 찌에우 워킹 스트리트
Nguyễn Đình Chiểu Walking Street
나이트 워킹 스트리트
Night Walking Street
눅 이터리
Nook Eatery
라포르트 커피
La Porte Coffee
따벳 커피&펍
Tà Vẹt Coff ee & Pub
꽌 한
Quán Hanh
사이공 모린 호텔
Saigon Morin Hotel
콩 카페
Cộng Cà Phê
TTC 임페리얼 호텔
TTC Imperial Hotel
하일랜드 커피
제이드 호텔 Jade Hotel
니나스 카페
Nina's Cafe
패밀리 홈 레스토랑
Family Home Restaurant
빈컴 플라자
Vincom Plaza
윈마트
하일랜드 커피
멜리아 빈펄 후에
인도친 팰리스 호텔
Indochine Palace Hotel
고! 후에
GO! Huế
꾸옥혹
Quoc Hoc
호찌민 박물관
Bảo Tàng Hồ Chí Minh
꽌노 껌헨
Quán Nhỏ - Cơm Hến
구세주회 성당
Nhà Thờ Dòng Chúa Cứu Thế
안딘 궁전
Cung An Định
후에 기차역
니엠 띤 마사지 본점
Cầu Trường Tiền
Cầu Phú Xuân
Trần Hưng Đạo
Lê Duẩn
Lê Lợi
Hà Nội
Hùng Vương
Bà Triệu
Lê Quý Đôn
Hai Bà Trưng
Lý Thường Kiệt
Nguyễn Huệ
Phan Đình Phùng
Điện Biên Phủ
Đống Đa
1 Kiệt 81 Phan Đình Phùng
2 Kiệt 147 Phan Đình Phùng
3 Kiệt 148-Nguyễn Huệ

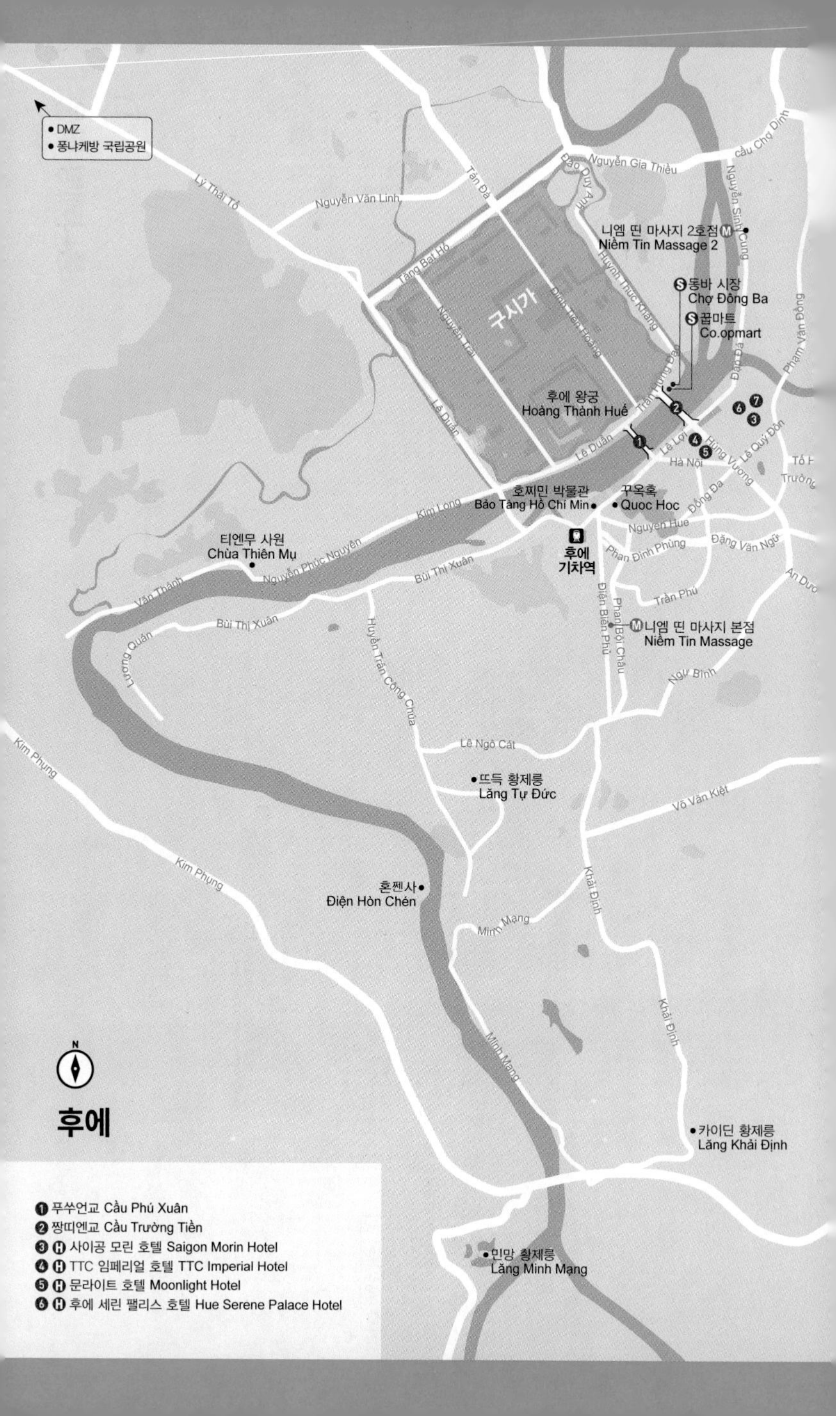

DMZ
퐁냐케방 국립공원
Lý Thái Tổ
Nguyễn Văn Linh
Tản Đà
Nguyễn Gia Thiều
cầu Chợ Dinh
Đào Duy Anh
니엠 띤 마사지 2호점
Niềm Tin Massage 2
Nguyễn Sinh Cung
Tăng Bạt Hổ
구시가
Huỳnh Thúc Kháng
동바 시장
Chợ Đông Ba
꿉마트
Co.opmart
Nguyễn Trãi
Đinh Tiên Hoàng
Trần Hưng Đạo
Phạm Văn Đồng
Đập Đá
후에 왕궁
Hoàng Thành Huế
Lê Duẩn
Lê Lợi
Hùng Vương
Lê Quý Đôn
Hà Nội
호찌민 박물관
Bảo Tàng Hồ Chí Min
꾸옥혹
Quoc Hoc
Kim Long
Đống Đa
Nguyen Hue
후에
기차역
Phan Đình Phùng
Đặng Văn Ngữ
티엔무 사원
Chùa Thiên Mụ
Nguyễn Phúc Nguyên
Bùi Thị Xuân
Văn Thánh
Trần Phú
Điện Biên Phủ
Phan Bội Châu
니엠 띤 마사지 본점
Niềm Tin Massage
Lương Quán
Huyền Trân Công Chúa
Ngự Bình
Kim Phụng
Lê Ngô Cát
뜨득 황제릉
Lăng Tự Đức
Võ Văn Kiệt
혼쩬사
Điện Hòn Chén
Khải Định
Minh Mạng
N
후에
카이딘 황제릉
Lăng Khải Định
민망 황제릉
Lăng Minh Mạng
❶ 푸쑤언교 Cầu Phú Xuân
❷ 짱띠엔교 Cầu Trường Tiền
❸ H 사이공 모린 호텔 Saigon Morin Hotel
❹ H TTC 임페리얼 호텔 TTC Imperial Hotel
❺ H 문라이트 호텔 Moonlight Hotel
❻ H 후에 세린 팰리스 호텔 Hue Serene Palace Hotel

퐁냐케방 타운

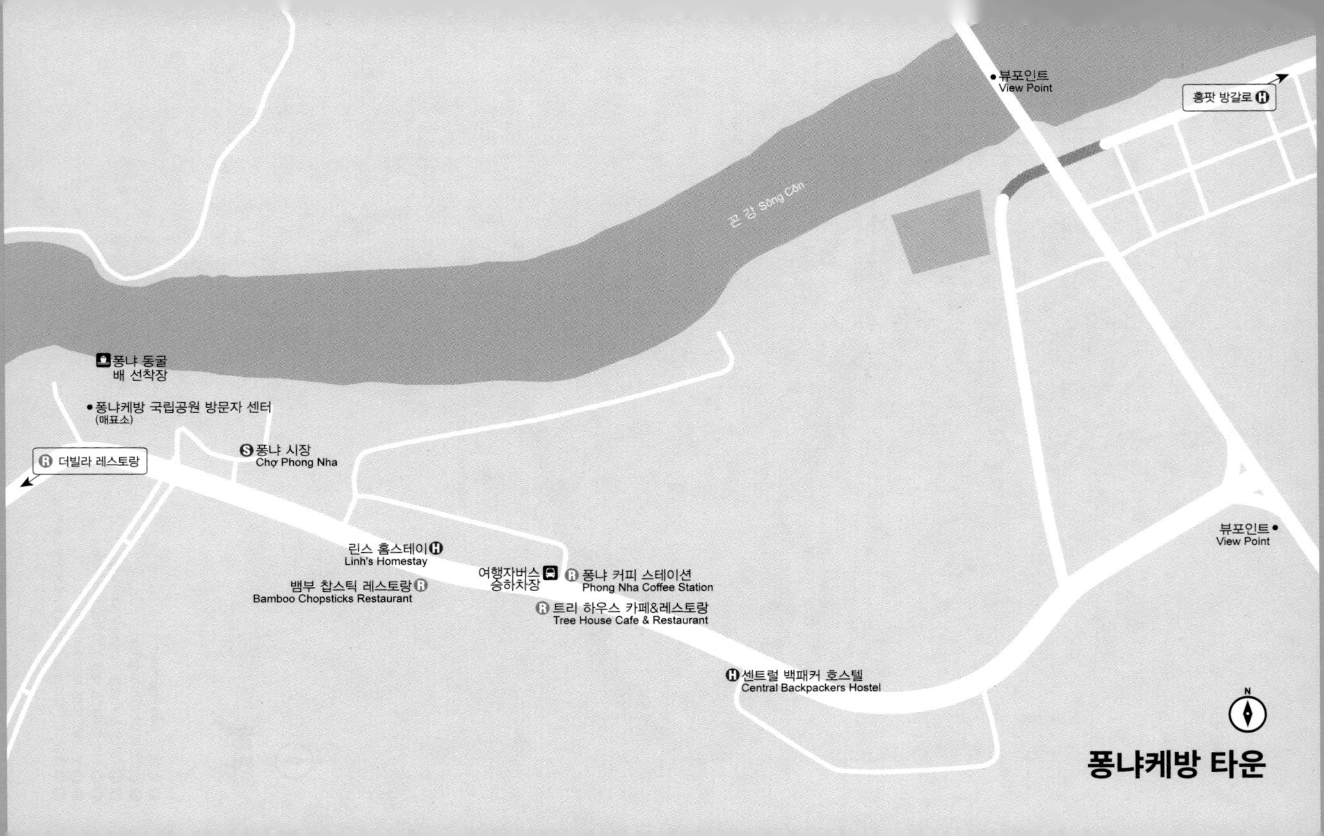

N
뷰포인트
View Point
홍팟 방갈로
꼰 강 Sông Côn
퐁냐 동굴
배 선착장
퐁냐케방 국립공원 방문자 센터
(매표소)
퐁냐 시장
Chợ Phong Nha
더빌라 레스토랑
린스 홈스테이
Linh's Homestay
뱀부 찹스틱 레스토랑
Bamboo Chopsticks Restaurant
여행자버스
승하차장
퐁냐 커피 스테이션
Phong Nha Coffee Station
트리 하우스 카페&레스토랑
Tree House Cafe & Restaurant
센트럴 백패커 호스텔
Central Backpackers Hostel
뷰포인트
View Point

퐁냐케방

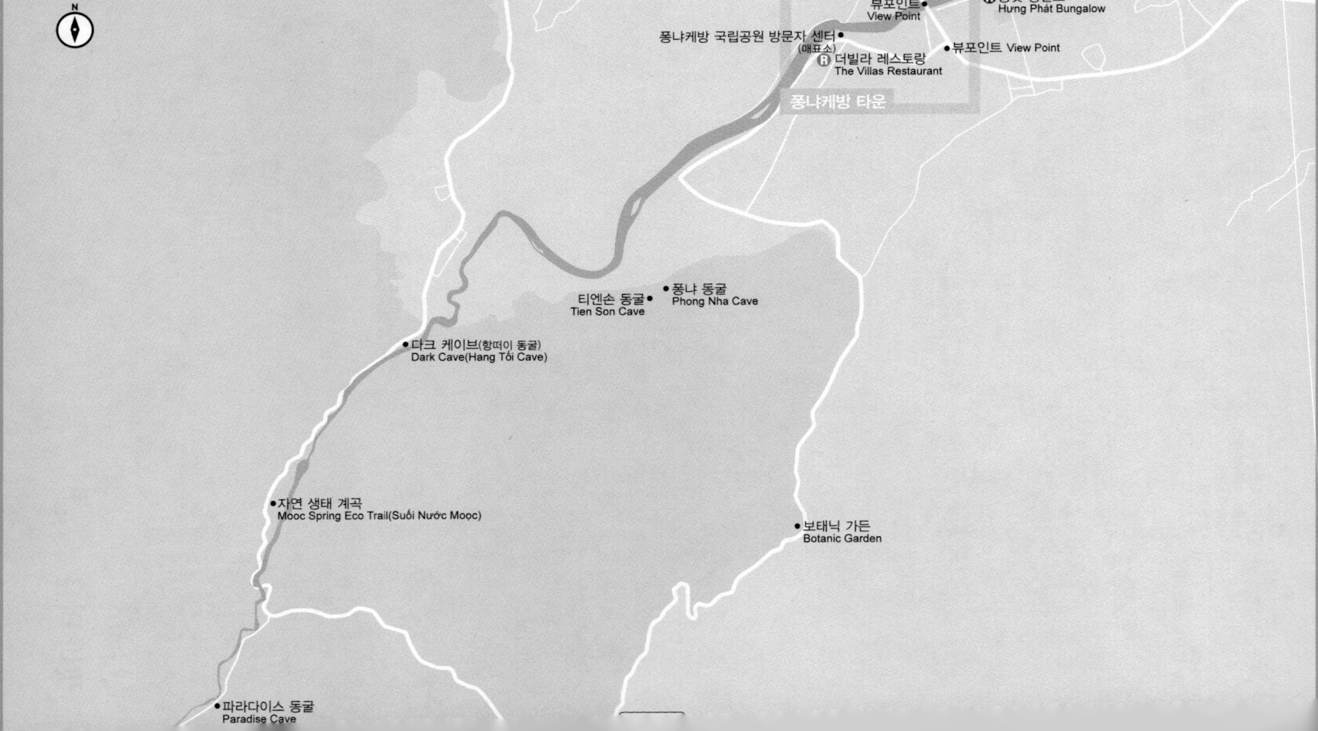

N
끈 강 Sông Côn
뷰포인트
View Point
홍팟 방갈로
Hưng Phát Bungalow
퐁냐케방 국립공원 방문자 센터
(매표소)
뷰포인트 View Point
더빌라 레스토랑
The Villas Restaurant
퐁냐케방 타운
퐁냐 동굴
Phong Nha Cave
티엔손 동굴
Tien Son Cave
다크 케이브(항떠이 동굴)
Dark Cave(Hang Tối Cave)
자연 생태 계곡
Mooc Spring Eco Trail(Suối Nước Mooc)
보태닉 가든
Botanic Garden
파라다이스 동굴
Paradise Cave

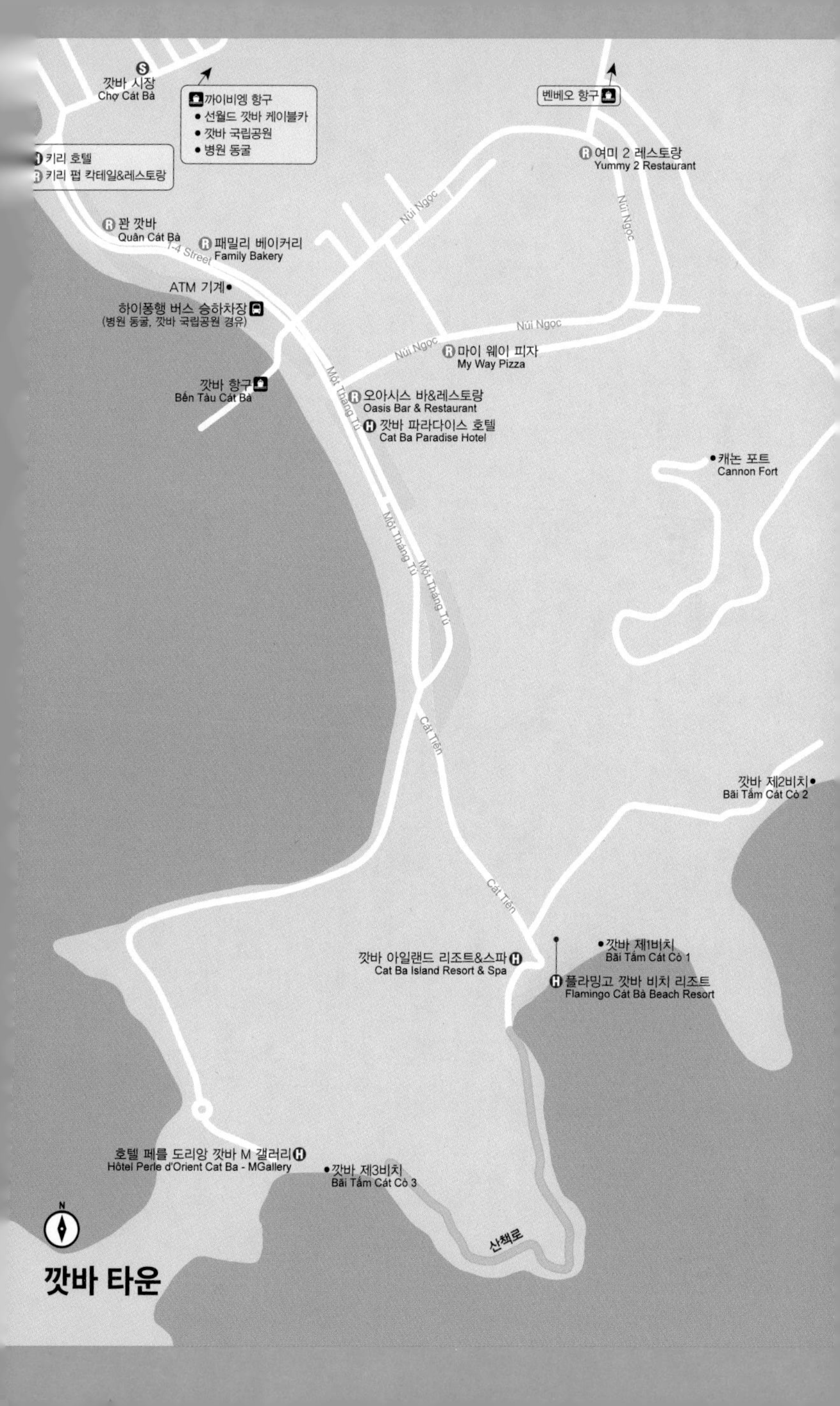

깟바 시장
Chợ Cát Bà
까이비엥 항구
• 선월드 깟바 케이블카
• 깟바 국립공원
• 병원 동굴
벤베오 항구
키리 호텔
키리 펍 칵테일&레스토랑
여미 2 레스토랑
Yummy 2 Restaurant
꽌 깟바
Quán Cát Bà
패밀리 베이커리
Family Bakery
1-4 Street
Núi Ngọc
ATM 기계
하이퐁행 버스 승하차장
(병원 동굴, 깟바 국립공원 경유)
마이 웨이 피자
My Way Pizza
깟바 항구
Bến Tàu Cát Bà
오아시스 바&레스토랑
Oasis Bar & Restaurant
깟바 파라다이스 호텔
Cat Ba Paradise Hotel
Một Tháng Tư
캐논 포트
Cannon Fort
Cát Tiên
깟바 제2비치
Bãi Tắm Cát Cò 2
깟바 제1비치
Bãi Tắm Cát Cò 1
깟바 아일랜드 리조트&스파
Cat Ba Island Resort & Spa
플라밍고 깟바 비치 리조트
Flamingo Cát Bà Beach Resort
호텔 페를 도리앙 깟바 M 갤러리
Hôtel Perle d'Orient Cat Ba - MGallery
깟바 제3비치
Bãi Tắm Cát Cò 3
산책로
N
깟바 타운

하롱베이

N
바이짜이 버스터미널
QL18
Ha Long
바이짜이
바이짜이 시장
Chợ Vườn Đào
알렉스 호텔
Alex Hotel
하일랜드 커피 무엉탄 호텔 지점
Highlands Coffee Mường Thanh
린단 레스토랑
Nhà Hàng Linh Đan
나향 꾸어방
Nhà Hàng Cua Vàng
마사지 거리
Đường Hoàng Quốc Việt
선월드 하롱파크 입구
Sun World Ha Long Complex
하롱베이 야시장
Ha Long Bay Night Market
까이잠 시장
Chợ Cái Dăm
시타딘 마리나 하롱
Citadines Marina Halong
짜믁 꽝퐁
Chả Mực Quang Phong
Bãi Cháy
맥주 거리
파파스 바비큐 레스토랑
Papas BBQ Restaurant
플라워 마사지
Flower Massage
콩 카페
Cộng Cà Phê
하롱 바자르
Hạ Long Bazaar
빈펄 리조트&스파 하롱베이
Vinpearl Resort & Spa Ha Long
퀸케이블카 탑승장
Queen Cable Car
타이푼 워터파크
Typhoon Water Park
드래건 파크
Dragon Park
나향 홍한 3호점
Nhà Hàng Hồng Hạnh 3
윈덤 레전드 하롱
Wyndham Legend Ha Long
하롱 플라자 호텔
Ha Long Plaza Hotel
바이짜이 다리
Cầu Bãi Cháy
미스틱산
Mystic Mountain
대관람차
Sun Wheel
혼가이 성당
Nhà thờ Hòn Gai
Trần Hưng Đạo
루프톱 카페&바
Rooftop Cafe & Bar
25 Tháng 4
시계탑
하롱 꽃 정원
Công Viên Hoa Hạ Long
홍가이
롱티엔사
Chùa Long Tiên
광닌 박물관
Bảo tàng Quảng Ninh
하롱 시장
Chợ Hạ Long
광닌 종합전시장
Quảng Ninh Exhibition Center
산야 타이
SANYA THAI
빈컴 플라자
Vincom Plaza
하일랜드 커피
투언쩌우섬
Ngọc Châu
투언쩌우항 여객터미널
파라다이스 스위트 호텔
Paradise Suites Hotel
투언쩌우 깟바 페리터미널

사파
N
사파 엘레강스 호텔
Sapa Elegance Hotel
Hoàng Diệu
아니스 사파 레스토랑
Anise Sapa Restaurant
콩 카페
Cộng Cà Phê
Xuân Viên
Ngũ Chỉ Sơn
BIDV 은행
Lê Văn Tám
Thủ Dầu Một
사파 시장
Thạch Sơn
에덴 마사지&스파
Eden Massage & Spa
판시판산 케이블카 탑승장
Thác Bạc
모먼트 로맨틱 레스토랑
Moment Romantic
Restaurant
사파 공원
라오까이행
버스정류장
사파 박물관
Bảo Tàng Sapa
사파 광장
사파 노트르담 성당
Notre Dame Cathedral
사파 인포메이션 센터
Cầu Mây
사파 그린 호텔&스파
Sapa Green Hotel & Spa
BB 호텔
BB Hotel
아그리 뱅크
Hàm Rồng
Đường Lên Núi Hàm Rồng
함롱산
Khu Du Lịch Hàm Rồng
선 플라자
Sun Plaza
사파 센터 호텔
Sapa Centre Hotel
꼬치구이 숯불 바비큐
BBQ Restaurants
Hoàng Liên
Tuệ Tĩnh
호텔 드 라쿠폴 M 갤러리
Hôtel de la Coupole - MGallery
Fansipan
리틀 사파 레스토랑
Little Sapa Restaurant
24 레스토랑
24 Restaurant
Đồng Lợi
하트 오브 사파 호텔
Heart of Sapa Hotel
판시판 테라스 카페
판시판 테라스 홈스테이
Fansipan Terrace Homestay
깟깟 마을
굿모닝 베트남 레스토랑
Good Morning Vietnam Restaurant
화이트 클라우드 커피
White cloud coffee
Violet
Ngõ Cầu Mây
Mường Hoa
파라다이스 레스토랑
Paradise Restaurant

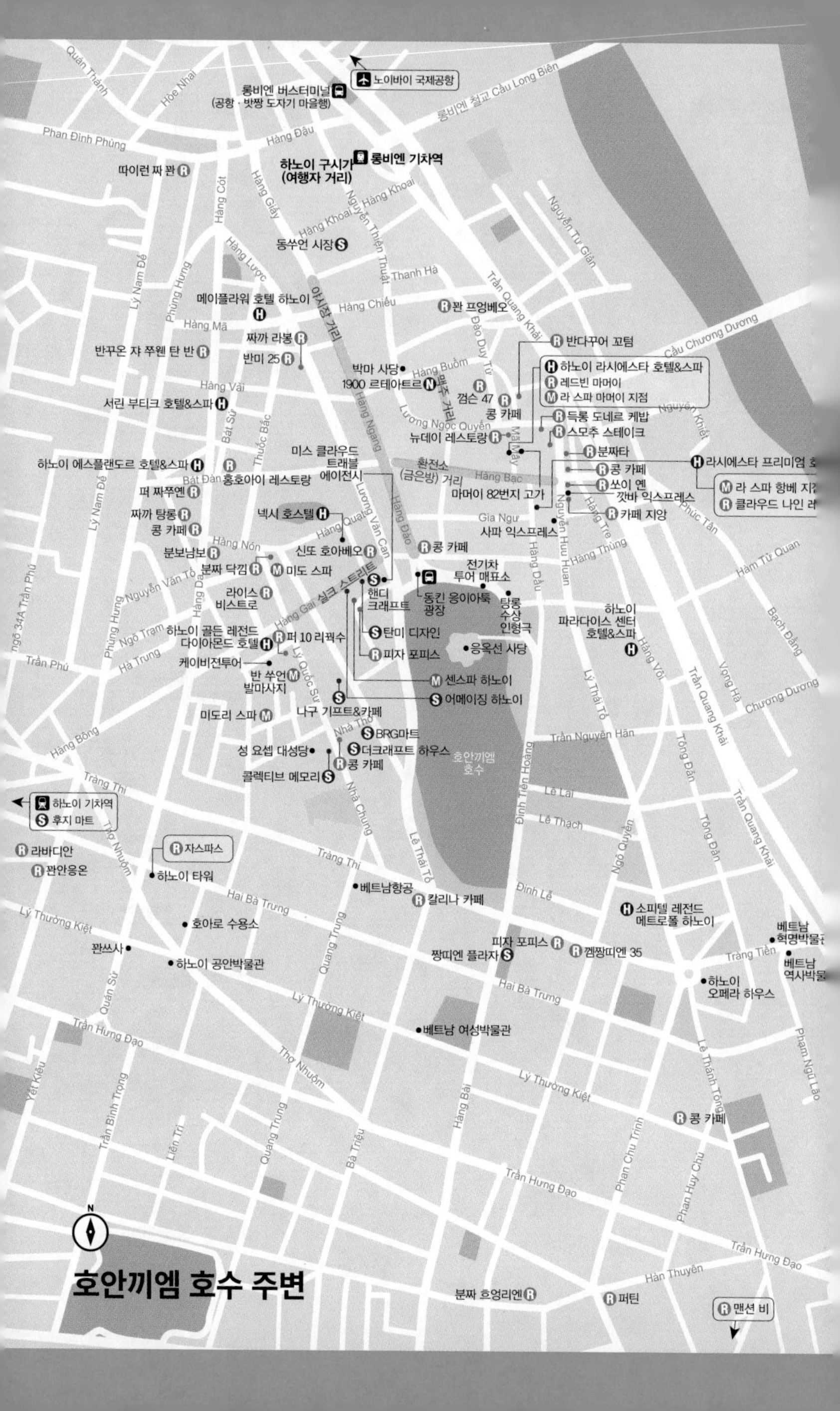
노이바이 국제공항
롱비엔 버스터미널
(공항 · 밧짱 도자기 마을행)
롱비엔 철교 Cầu Long Biên
하노이 구시가
(여행자 거리)
롱비엔 기차역
따이런 짜 꽌
동쑤언 시장
메이플라워 호텔 하노이
야시장 거리
꽌 프엉베오
짜까 라봉
반꾸온 쟈 쭈웬 탄 반
반미 25
박마 사당
1900 르테아트르
맥주 거리
껌슨 47
콩 카페
반다꾸어 꼬텀
하노이 라시에스타 호텔&스파
레드빈 마머이
라 스파 마머이 지점
득롱 도네르 케밥
스모추 스테이크
서린 부티크 호텔&스파
뉴데이 레스토랑
분짜타
라시에스타 프리미엄 호
콩 카페
라 스파 항베 지
클라우드 나인 레
쏘이 옌
깟바 익스프레스
카페 지앙
미스 클라우드
트래블
에이전시
하노이 에스플랜도르 호텔&스파
홍호아이 레스토랑
환전소
(금은방) 거리
마머이 82번지 고가
퍼 짜쭈옌
짜까 탕롱
콩 카페
넥시 호스텔
신또 호아베오
콩 카페
사파 익스프레스
분보남보
분짜 닥낌
미도 스파
실크 스트리트
전기차
투어 매표소
라이스
비스트로
핸디
크래프트
동킨 응이아툭
광장
탑롱
수상
인형극
하노이
파라다이스 센터
호텔&스파
하노이 골든 레전드
다이아몬드 호텔
퍼 10 리꿕수
탄미 디자인
피자 포피스
응옥선 사당
케이비전투어
반 쑤언
발마사지
센스파 하노이
어메이징 하노이
미도리 스파
나구 기프트&카페
BRG마트
더크래프트 하우스
성 요셉 대성당
콩 카페
콜렉티브 메모리
호안끼엠
호수
하노이 기차역
후지 마트
자스파스
라바디안
꽌안응온
하노이 타워
베트남항공
칼리나 카페
호아로 수용소
소피텔 레전드
메트로폴 하노이
꽌쓰사
하노이 공안박물관
피자 포피스
짱띠엔 플라자
껨짱띠엔 35
베트남
혁명박물
베트남
역사박물
하노이
오페라 하우스
베트남 여성박물관
콩 카페
분짜 흐엉리엔
퍼틴
맨션 비
Quán Thánh
Hòe Nhai
Phan Đình Phùng
Hàng Đậu
Hàng Cót
Hàng Giấy
Nguyễn Thiện Thuật
Hàng Khoai
Hàng Lược
Nguyễn Tư Giản
Thanh Hà
Lý Nam Đế
Phùng Hưng
Hàng Chiếu
Trần Quang Khải
Hàng Mã
Đào Duy Từ
Cầu Chương Dương
Hàng Buồm
Hàng Vải
Hàng Ngang
Lương Ngọc Quyến
Mã Mây
Nguyễn Khiết
Bát Sứ
Thuốc Bắc
Hàng Bạc
Bát Đàn
Lương Văn Can
Hàng Đào
Gia Ngư
Phúc Tân
Hàng Quạt
Nguyễn Hữu Huân
Hàng Tre
Hàng Nón
Hàng Thùng
Hàm Tử Quan
Nguyễn Văn Tố
Hàng Dầu
Hàng Da
ngõ 34A Trần Phú
Hàng Gai
Bạch Đằng
Ngõ Trạm
Hàng Vôi
Trần Phú
Hà Trung
Lý Quốc Sư
Lý Thái Tổ
Vọng Hà
Chương Dương
Hàng Bông
Nhà Thờ
Trần Nguyên Hãn
Tông Đản
Tràng Thi
Đinh Tiên Hoàng
Lê Lai
Nhà Chung
Lê Thạch
Thợ Nhuộm
Ngô Quyền
Lê Thái Tổ
Tràng Thi
Đinh Lễ
Hai Bà Trưng
Lý Thường Kiệt
Quang Trung
Tràng Tiền
Quán Sứ
Hai Bà Trưng
Lý Thường Kiệt
Trần Hưng Đạo
Thợ Nhuộm
Phạm Ngũ Lão
Lê Thánh Tông
Yết Kiêu
Trần Bình Trọng
Liên Trì
Quang Trung
Bà Triệu
Hàng Bài
Lý Thường Kiệt
Phan Chu Trinh
Phan Huy Chú
Trần Hưng Đạo
Trần Hưng Đạo
Hàn Thuyên
N

호안끼엠 호수 주변

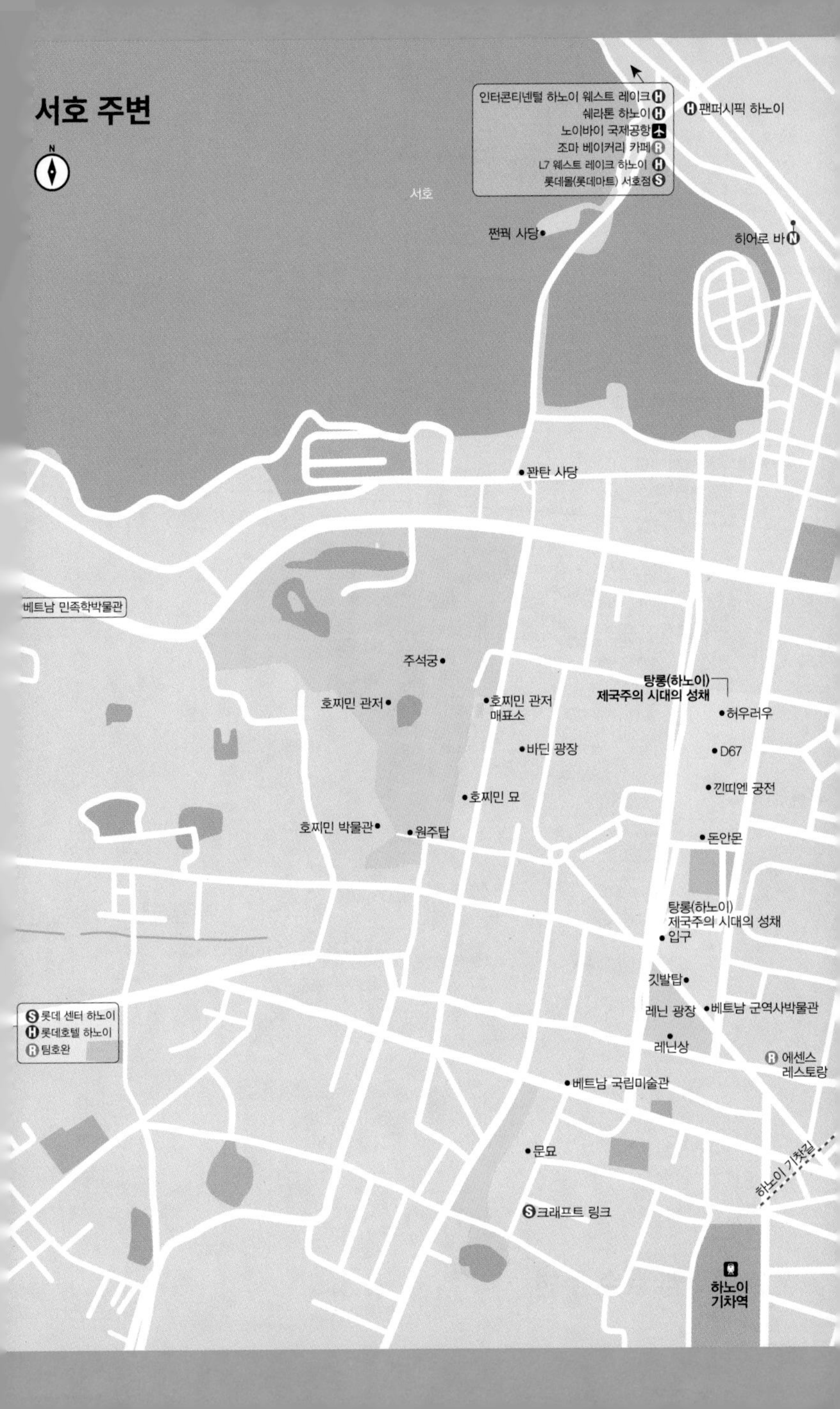
서호 주변
N
인터콘티넨털 하노이 웨스트 레이크
쉐라톤 하노이
노이바이 국제공항
조마 베이커리 카페
L7 웨스트 레이크 하노이
롯데몰(롯데마트) 서호점
팬퍼시픽 하노이
서호
쩐꾸옥 사당
히어로 바
꽌탄 사당
베트남 민족학박물관
주석궁
탕롱(하노이) 제국주의 시대의 성채
호찌민 관저
호찌민 관저 매표소
허우러우
바딘 광장
D67
호찌민 묘
낀띠엔 궁전
호찌민 박물관
원주탑
돈안몬
탕롱(하노이) 제국주의 시대의 성채 입구
깃발탑
레닌 광장
베트남 군역사박물관
롯데 센터 하노이
롯데호텔 하노이
팀호완
레닌상
에센스 레스토랑
베트남 국립미술관
문묘
하노이 기찻길
크래프트 링크
하노이 기차역

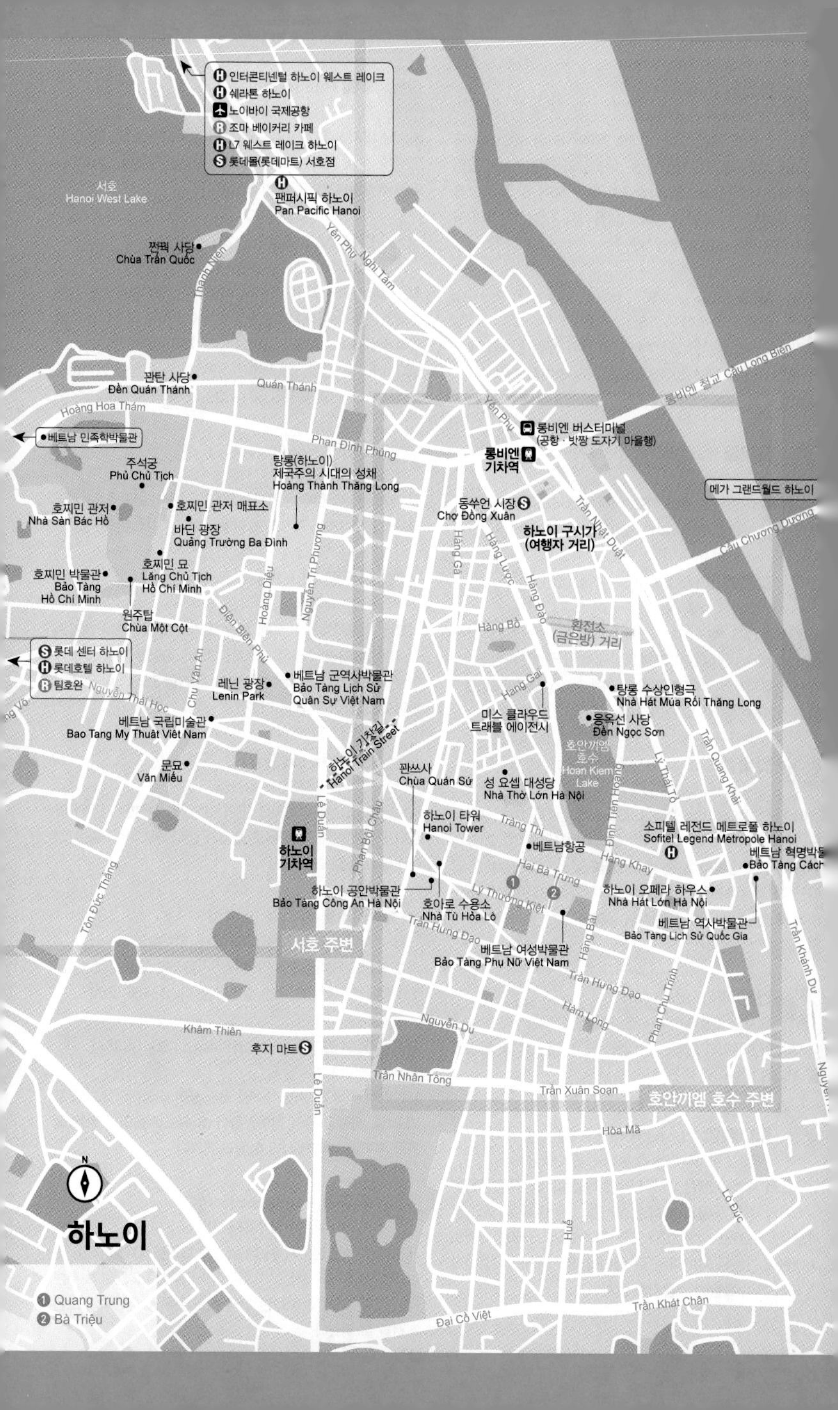

인터콘티넨털 하노이 웨스트 레이크
쉐라톤 하노이
노이바이 국제공항
조마 베이커리 카페
L7 웨스트 레이크 하노이
롯데몰(롯데마트) 서호점
서호
Hanoi West Lake
팬퍼시픽 하노이
Pan Pacific Hanoi
쩐꾸옥 사당
Chùa Trấn Quốc
Thanh Niên
Yên Phụ
Nghi Tàm
꽌탄 사당
Đền Quán Thánh
Quán Thánh
Hoàng Hoa Thám
베트남 민족학박물관
Phan Đình Phùng
롱비엔 철교 Cầu Long Biên
롱비엔 버스터미널
(공항 · 밧짱 도자기 마을행)
롱비엔
기차역
메가 그랜드월드 하노이
주석궁
Phủ Chủ Tịch
탕롱(하노이)
제국주의 시대의 성채
Hoàng Thành Thăng Long
호찌민 관저
Nhà Sàn Bác Hồ
호찌민 관저 매표소
바딘 광장
Quảng Trường Ba Đình
동쑤언 시장
Chợ Đồng Xuân
하노이 구시가
(여행자 거리)
Trần Nhật Duật
Cầu Chương Dương
호찌민 박물관
Bảo Tàng
Hồ Chí Minh
호찌민 묘
Lăng Chủ Tịch
Hồ Chí Minh
원주탑
Chùa Một Cột
Hoàng Diệu
Nguyễn Tri Phương
Điện Biên Phủ
Hàng Gà
Hàng Lược
Hàng Đào
Hàng Bồ
환전소
(금은방) 거리
롯데 센터 하노이
롯데호텔 하노이
팀호완
Nguyễn Thái Học
Chu Văn An
레닌 광장
Lenin Park
베트남 군역사박물관
Bảo Tàng Lịch Sử
Quân Sự Việt Nam
Hàng Gai
탕롱 수상인형극
Nhà Hát Múa Rối Thăng Long
미스 클라우드
트래블 에이전시
옹옥선 사당
Đền Ngọc Sơn
베트남 국립미술관
Bao Tang My Thuat Viet Nam
하노이 기찻길
Hanoi Train Street
호안끼엠
호수
Hoan Kiem
Lake
Lý Thái Tổ
Trần Quang Khải
문묘
Văn Miếu
꽌쓰사
Chùa Quán Sứ
성 요셉 대성당
Nhà Thờ Lớn Hà Nội
Đinh Tiên Hoàng
하노이 타워
Hanoi Tower
Tràng Thi
소피텔 레전드 메트로폴 하노이
Sofitel Legend Metropole Hanoi
하노이
기차역
Lê Duẩn
Phan Bội Châu
베트남항공
Hàng Khay
Hai Bà Trưng
Tôn Đức Thắng
하노이 공안박물관
Bảo Tàng Công An Hà Nội
호아로 수용소
Nhà Tù Hỏa Lò
Lý Thường Kiệt
하노이 오페라 하우스
Nhà Hát Lớn Hà Nội
베트남 역사박물관
Bảo Tàng Lịch Sử Quốc Gia
Trần Hưng Đạo
서호 주변
베트남 여성박물관
Bảo Tàng Phụ Nữ Việt Nam
Hàng Bài
Phan Chu Trinh
Trần Khánh Dư
Hàm Long
Khâm Thiên
Nguyễn Du
후지 마트
Lê Duẩn
Trần Nhân Tông
Trần Xuân Soạn
호안끼엠 호수 주변
Hòa Mã
N
하노이
Huế
Lò Đúc
① Quang Trung
② Bà Triệu
Trần Khát Chân
Đại Cồ Việt

1 하노이 Hanoi (p.64)

역사와 문화의 관광 1번지

|트남의 수도. 생전 모습 그대로 방부 처리된 베트남의 국 · 영웅 호찌민을 볼 수 있는 곳. 베트남의 역사가 살아 있는 광지와 베트남 최고의 박물관이 모두 모여 있다. 최고급 크 제품부터 소소한 수공예 기념품까지 저렴한 가격과 뛰 난 디자인에 쇼핑마저 즐거운 곳.

2 사파 Sapa (p.110)

푸른 자연 속에서 트레킹을 즐긴다

|트남 북단에 위치한 고산지대 소수민족 거주지. 숲과 계 곡, 계단식 논을 지나 소수민족 마을까지 하이킹을 떠난다. 복잡한 도심을 떠나 푸른 자연의 아름다움이 가득한 곳.

3 하이퐁 Hải Phòng (p.128)

하롱베이의 관문

|트남에서 3번째로 큰 도시로, 베트남의 국제공항 중 한국 에서 가장 가깝다. 하롱베이와 깟바섬을 오갈 때 방문한다.

4 하롱베이 Ha Long Bay (p.140)

기암괴석 아름다운 바다 위의 크루즈 여행

1,969개의 크고 작은 섬들이 신비하고 아름다운 광경을 선사하는 곳. CF에 등장한 이래 베트남에서 한국인이 가장 많이 찾는 관광지가 되었다. 저렴한 가격에 1박 2일 크루즈를 즐길 수 있다는 점에서도 큰 인기를 끌고 있다.

5 깟바섬 Cat Ba Island (p.158)

하롱베이의 업그레이드 버전!

깟바섬은 하롱베이의 절경을 고스란히 간직하고 있으면서도 덜 북적이고 여행객을 위한 편의시설을 잘 갖추고 있는 휴양지다. 호핑 투어를 통해 에메랄드빛 바다를 만날 수 있다는 점 역시 독보적인 장점이다. 육지의 하롱베이로 불리는 깟바 국립공원은 산과 트레킹을 좋아하는 사람들에게 또 다른 매력을 선사한다.

6 닌빈 Ninh Binh (p.170)

육지의 하롱베이에서 강 따라 뱃놀이를!

육지의 하롱베이라 불리는 곳. 배를 타고 기암괴석과 동굴들을 지나며 뱃놀이를 즐긴다.

7 퐁냐케방 Phong Nha-Ke Bang (p.186)

'지상의 파라다이스'라 불리는 동굴의 세계

유네스코 세계자연유산에 등재돼 있는 퐁냐케방 국립공원은 300개의 석회 동굴과 석회암 산지를 보유한 세계에서 2번째로 큰 카르스트 지형이다. 태곳적 신비와 원시미, 자연의 위대함이 감탄을 자아내는 곳. 액티비티를 즐기는 사람이라면 다크 케이브 탐험을 놓치지 말자.

8 후에 Hue (p.198)

세계문화유산의 고대 도시

베트남 마지막 왕조의 수도로 우리나라 경주에 비견될 만한 도시다. 황실 요리로도 유명하다. 베트남 전쟁의 상흔을 돌아볼 수 있는 DMZ 투어의 출발점이다.

9 다낭 Da Nang (p.228)

비치에서 보내는 완벽한 휴가

최근 필리핀과 태국을 벗어나 새로운 동남아 휴양지를 찾는 한국인 가족 여행객들에게 가장 핫한 여행지로 급부상하고 있으며 장장 30km 길이의 해변을 따라 고급 리조트들이 늘어서 있다. 바나힐, 응우한선(오행산), 린응사 등 다양한 볼거리도 있다. 휴식 공간과 볼거리, 둘 다 갖춘 매력적인 관광지다.

10 호이안 Hoi An (p.260)

노란빛의 찬란한 구시가

전 세계 문화가 한데 혼합된 19세기 가옥들이 보존돼 있는 곳. 역사와 문화, 예술, 먹거리, 쇼핑 등 모든 면에서 손색이 없다.

11 나트랑 Nha Trang (p.286)

동양의 나폴리라 불리는 곳

최고급 리조트들을 비롯해 해안 휴양지가 일찍부터 개발된 곳. 비치를 따라 수많은 레스토랑과 바, 클럽들이 들어서 있어 좀 더 활기차고 들뜬 분위기다. 유쾌한 20달러짜리 호핑 투어로도 명성이 자자하다.

12 달랏 Da Lat (p.312)

산과 계곡, 호수가 있는 꽃의 도시

베트남 국내 신혼여행지로 인기 있는 곳. 선선한 기후와 아름다운 자연이 눈과 마음을 즐겁게 한다. 캐니어닝 같은 액티비티도 즐길 수 있다.

13 무이네 Mui Ne (p.340)

사막과 리틀 그랜드 캐니언을 갖추다

리틀 그랜드 캐니언과 사막의 분위기를 전해주는 모래언덕은 베트남에서 가장 인상적인 관광지 중 하나일지도 모른다.

14 호찌민 시티 Ho Chi Minh City (p.354)

문화와 쇼핑을 즐긴다

프랑스식 건물과 파인 다이닝, 쇼핑몰이 즐비하다. 그 외 꾸찌 터널, 메콩강 유역 원주민들의 삶 속으로 들어가 보는 메콩강 투어는 호찌민 시티 여행의 백미다.

15 푸꾸옥 Phu Quoc (p.400)

베트남 휴양지의 신흥 강자

세계적인 여행 전문지 《콘데 나스트 트래블러》가 아시아 인기 휴양섬 6위에 선정한 "베트남의 진주섬"이다. 맑고 푸른 바다, 고운 백사장, 저렴한 고급 리조트들 등 휴양지의 모든 조건을 잘 갖췄다.